碳达峰碳中和政策汇编

TANDAFENG TANZHONGHE ZHENGCE HUIBIAN

碳达峰碳中和工作领导小组办公室　编

中国计划出版社

北　京

图书在版编目（ＣＩＰ）数据

碳达峰碳中和政策汇编 ／ 碳达峰碳中和工作领导小
组办公室编. -- 北京：中国计划出版社，2023.1(2023.4 重印)
ISBN 978-7-5182-1503-4

Ⅰ．①碳… Ⅱ．①碳… Ⅲ．①二氧化碳－节能减排－
环境政策－汇编－中国 Ⅳ．①X511

中国版本图书馆CIP数据核字(2022)第244701号

策划编辑：张　颖　李　陵　　封面设计：思齐·星尚
责任编辑：李　陵　周姿汝　　责任印制：李　晨　王亚军
责任校对：杨奇志

中国计划出版社出版发行
网址：www.jhpress.com
地址：北京市西城区木樨地北里甲11号国宏大厦C座3层
邮政编码：100038　电话：（010）63906433（发行部）
北京市科星印刷有限责任公司印刷

787mm×1092mm　1/16　25.75印张　575千字
2023年1月第1版　2023年4月第3次印刷

定价：88.00元

出 版 说 明

　　2020年9月22日，习近平主席在第七十五届联合国大会一般性辩论上郑重宣示，中国将提高国家自主贡献力度，采取更加有力的政策和措施，二氧化碳排放力争于2030年前达到峰值，努力争取2060年前实现碳中和。党中央作出碳达峰碳中和重大决策以来，国家发展改革委认真履行碳达峰碳中和工作领导小组办公室职责，推动各部门、各地区以习近平新时代中国特色社会主义思想为指导，认真贯彻习近平总书记关于碳达峰碳中和重要讲话和指示批示精神，落实党中央、国务院决策部署，有力有序有效推进各项任务，"双碳"工作取得良好开局。

　　党中央、国务院印发《关于完整准确全面贯彻新发展理念做好碳达峰碳中和工作的意见》，国务院印发《2030年前碳达峰行动方案》，各有关部门制定了分领域分行业实施方案和支撑保障方案，已构建起碳达峰碳中和"1+N"政策体系。同时，各省（区、市）制定了本地区碳达峰实施方案。系列文件已构建起目标明确、分工合理、措施有力、衔接有序的碳达峰碳中和政策体系，形成各方面共同推进的良好格局，为实现"双碳"目标提供重要保障。

　　为认真贯彻落实党的二十大关于"积极稳妥推进碳达峰碳中和"重要部署，便于社会各界深入理解碳达峰碳中和政策体系，准确把握推进"双碳"工作的指导思想、基本原则、主要目标和各领域各地区重点任务、实施路径、工作要求，推动党中央碳达峰碳中和决策部署落实落地，我们对目前部门和地方已印发和公开的"双碳"政策文件进行了汇编，由中国计划出版社形成《碳达峰碳中和政策汇编》，后续印发或公开的文件将在修订或再版时进行补充。本书可作为政府有关部门、企事业单位、研究机构等学习了解"双碳"政策的参考书，如有不足之处，敬请批评指正。

碳达峰碳中和工作领导小组办公室

2022年12月

目　录

政　策　篇

地　方　篇

政　策　篇

第一部分　顶层设计

中共中央　国务院关于完整准确全面贯彻新发展理念做好碳达峰碳中和工作的意见

（2021年9月22日）

实现碳达峰、碳中和，是以习近平同志为核心的党中央统筹国内国际两个大局作出的重大战略决策，是着力解决资源环境约束突出问题、实现中华民族永续发展的必然选择，是构建人类命运共同体的庄严承诺。为完整、准确、全面贯彻新发展理念，做好碳达峰、碳中和工作，现提出如下意见。

一、总体要求

（一）指导思想。以习近平新时代中国特色社会主义思想为指导，全面贯彻党的十九大和十九届二中、三中、四中、五中全会精神，深入贯彻习近平生态文明思想，立足新发展阶段，贯彻新发展理念，构建新发展格局，坚持系统观念，处理好发展和减排、整体和局部、短期和中长期的关系，把碳达峰、碳中和纳入经济社会发展全局，以经济社会发展全面绿色转型为引领，以能源绿色低碳发展为关键，加快形成节约资源和保护环境的产业结构、生产方式、生活方式、空间格局，坚定不移走生态优先、绿色低碳的高质量发展道路，确保如期实现碳达峰、碳中和。

（二）工作原则。

实现碳达峰、碳中和目标，要坚持"全国统筹、节约优先、双轮驱动、内外畅通、防范风险"原则。

全国统筹。全国一盘棋，强化顶层设计，发挥制度优势，实行党政同责，压实各方责任。根据各地实际分类施策，鼓励主动作为、率先达峰。

节约优先。把节约能源资源放在首位，实行全面节约战略，持续降低单位产出能源资源消耗和碳排放，提高投入产出效率，倡导简约适度、绿色低碳生活方式，从源头和入口形成有效的碳排放控制阀门。

双轮驱动。政府和市场两手发力，构建新型举国体制，强化科技和制度创新，加快绿色低碳科技革命。深化能源和相关领域改革，发挥市场机制作用，形成有效激励约束机制。

4

内外畅通。立足国情实际，统筹国内国际能源资源，推广先进绿色低碳技术和经验。统筹做好应对气候变化对外斗争与合作，不断增强国际影响力和话语权，坚决维护我国发展权益。

防范风险。处理好减污降碳和能源安全、产业链供应链安全、粮食安全、群众正常生活的关系，有效应对绿色低碳转型可能伴随的经济、金融、社会风险，防止过度反应，确保安全降碳。

二、主要目标

到2025年，绿色低碳循环发展的经济体系初步形成，重点行业能源利用效率大幅提升。单位国内生产总值能耗比2020年下降13.5%；单位国内生产总值二氧化碳排放比2020年下降18%；非化石能源消费比重达到20%左右；森林覆盖率达到24.1%，森林蓄积量达到180亿立方米，为实现碳达峰、碳中和奠定坚实基础。

到2030年，经济社会发展全面绿色转型取得显著成效，重点耗能行业能源利用效率达到国际先进水平。单位国内生产总值能耗大幅下降；单位国内生产总值二氧化碳排放比2005年下降65%以上；非化石能源消费比重达到25%左右，风电、太阳能发电总装机容量达到12亿千瓦以上；森林覆盖率达到25%左右，森林蓄积量达到190亿立方米，二氧化碳排放量达到峰值并实现稳中有降。

到2060年，绿色低碳循环发展的经济体系和清洁低碳安全高效的能源体系全面建立，能源利用效率达到国际先进水平，非化石能源消费比重达到80%以上，碳中和目标顺利实现，生态文明建设取得丰硕成果，开创人与自然和谐共生新境界。

三、推进经济社会发展全面绿色转型

（三）强化绿色低碳发展规划引领。将碳达峰、碳中和目标要求全面融入经济社会发展中长期规划，强化国家发展规划、国土空间规划、专项规划、区域规划和地方各级规划的支撑保障。加强各级各类规划间衔接协调，确保各地区各领域落实碳达峰、碳中和的主要目标、发展方向、重大政策、重大工程等协调一致。

（四）优化绿色低碳发展区域布局。持续优化重大基础设施、重大生产力和公共资源布局，构建有利于碳达峰、碳中和的国土空间开发保护新格局。在京津冀协同发展、长江经济带发展、粤港澳大湾区建设、长三角一体化发展、黄河流域生态保护和高质量发展等区域重大战略实施中，强化绿色低碳发展导向和任务要求。

（五）加快形成绿色生产生活方式。大力推动节能减排，全面推进清洁生产，加快发展循环经济，加强资源综合利用，不断提升绿色低碳发展水平。扩大绿色低碳产品供给和消费，倡导绿色低碳生活方式。把绿色低碳发展纳入国民教育体系。开展绿色低碳社会行动示范创建。凝聚全社会共识，加快形成全民参与的良好格局。

四、深度调整产业结构

（六）**推动产业结构优化升级**。加快推进农业绿色发展，促进农业固碳增效。制定能源、钢铁、有色金属、石化化工、建材、交通、建筑等行业和领域碳达峰实施方案。以节能降碳为导向，修订产业结构调整指导目录。开展钢铁、煤炭去产能"回头看"，巩固去产能成果。加快推进工业领域低碳工艺革新和数字化转型。开展碳达峰试点园区建设。加快商贸流通、信息服务等绿色转型，提升服务业低碳发展水平。

（七）**坚决遏制高耗能高排放项目盲目发展**。新建、扩建钢铁、水泥、平板玻璃、电解铝等高耗能高排放项目严格落实产能等量或减量置换，出台煤电、石化、煤化工等产能控制政策。未纳入国家有关领域产业规划的，一律不得新建改扩建炼油和新建乙烯、对二甲苯、煤制烯烃项目。合理控制煤制油气产能规模。提升高耗能高排放项目能耗准入标准。加强产能过剩分析预警和窗口指导。

（八）**大力发展绿色低碳产业**。加快发展新一代信息技术、生物技术、新能源、新材料、高端装备、新能源汽车、绿色环保以及航空航天、海洋装备等战略性新兴产业。建设绿色制造体系。推动互联网、大数据、人工智能、第五代移动通信（5G）等新兴技术与绿色低碳产业深度融合。

五、加快构建清洁低碳安全高效能源体系

（九）**强化能源消费强度和总量双控**。坚持节能优先的能源发展战略，严格控制能耗和二氧化碳排放强度，合理控制能源消费总量，统筹建立二氧化碳排放总量控制制度。做好产业布局、结构调整、节能审查与能耗双控的衔接，对能耗强度下降目标完成形势严峻的地区实行项目缓批限批、能耗等量或减量替代。强化节能监察和执法，加强能耗及二氧化碳排放控制目标分析预警，严格责任落实和评价考核。加强甲烷等非二氧化碳温室气体管控。

（十）**大幅提升能源利用效率**。把节能贯穿于经济社会发展全过程和各领域，持续深化工业、建筑、交通运输、公共机构等重点领域节能，提升数据中心、新型通信等信息化基础设施能效水平。健全能源管理体系，强化重点用能单位节能管理和目标责任。瞄准国际先进水平，加快实施节能降碳改造升级，打造能效"领跑者"。

（十一）**严格控制化石能源消费**。加快煤炭减量步伐，"十四五"时期严控煤炭消费增长，"十五五"时期逐步减少。石油消费"十五五"时期进入峰值平台期。统筹煤电发展和保供调峰，严控煤电装机规模，加快现役煤电机组节能升级和灵活性改造。逐步减少直至禁止煤炭散烧。加快推进页岩气、煤层气、致密油气等非常规油气资源规模化开发。强化风险管控，确保能源安全稳定供应和平稳过渡。

（十二）**积极发展非化石能源**。实施可再生能源替代行动，大力发展风能、太阳能、生物质能、海洋能、地热能等，不断提高非化石能源消费比重。坚持集中式与分布式

并举，优先推动风能、太阳能就地就近开发利用。因地制宜开发水能。积极安全有序发展核电。合理利用生物质能。加快推进抽水蓄能和新型储能规模化应用。统筹推进氢能"制储输用"全链条发展。构建以新能源为主体的新型电力系统，提高电网对高比例可再生能源的消纳和调控能力。

（十三）深化能源体制机制改革。全面推进电力市场化改革，加快培育发展配售电环节独立市场主体，完善中长期市场、现货市场和辅助服务市场衔接机制，扩大市场化交易规模。推进电网体制改革，明确以消纳可再生能源为主的增量配电网、微电网和分布式电源的市场主体地位。加快形成以储能和调峰能力为基础支撑的新增电力装机发展机制。完善电力等能源品种价格市场化形成机制。从有利于节能的角度深化电价改革，理顺输配电价结构，全面放开竞争性环节电价。推进煤炭、油气等市场化改革，加快完善能源统一市场。

六、加快推进低碳交通运输体系建设

（十四）优化交通运输结构。加快建设综合立体交通网，大力发展多式联运，提高铁路、水路在综合运输中的承运比重，持续降低运输能耗和二氧化碳排放强度。优化客运组织，引导客运企业规模化、集约化经营。加快发展绿色物流，整合运输资源，提高利用效率。

（十五）推广节能低碳型交通工具。加快发展新能源和清洁能源车船，推广智能交通，推进铁路电气化改造，推动加氢站建设，促进船舶靠港使用岸电常态化。加快构建便利高效、适度超前的充换电网络体系。提高燃油车船能效标准，健全交通运输装备能效标识制度，加快淘汰高耗能高排放老旧车船。

（十六）积极引导低碳出行。加快城市轨道交通、公交专用道、快速公交系统等大容量公共交通基础设施建设，加强自行车专用道和行人步道等城市慢行系统建设。综合运用法律、经济、技术、行政等多种手段，加大城市交通拥堵治理力度。

七、提升城乡建设绿色低碳发展质量

（十七）推进城乡建设和管理模式低碳转型。在城乡规划建设管理各环节全面落实绿色低碳要求。推动城市组团式发展，建设城市生态和通风廊道，提升城市绿化水平。合理规划城镇建筑面积发展目标，严格管控高能耗公共建筑建设。实施工程建设全过程绿色建造，健全建筑拆除管理制度，杜绝大拆大建。加快推进绿色社区建设。结合实施乡村建设行动，推进县城和农村绿色低碳发展。

（十八）大力发展节能低碳建筑。持续提高新建建筑节能标准，加快推进超低能耗、近零能耗、低碳建筑规模化发展。大力推进城镇既有建筑和市政基础设施节能改造，提升建筑节能低碳水平。逐步开展建筑能耗限额管理，推行建筑能效测评标识，开展建筑领域低碳发展绩效评估。全面推广绿色低碳建材，推动建筑材料循环利用。发展绿色农房。

（十九）加快优化建筑用能结构。深化可再生能源建筑应用，加快推动建筑用能电气化和低碳化。开展建筑屋顶光伏行动，大幅提高建筑采暖、生活热水、炊事等电气化普及率。在北方城镇加快推进热电联产集中供暖，加快工业余热供暖规模化发展，积极稳妥推进核电余热供暖，因地制宜推进热泵、燃气、生物质能、地热能等清洁低碳供暖。

八、加强绿色低碳重大科技攻关和推广应用

（二十）强化基础研究和前沿技术布局。制定科技支撑碳达峰、碳中和行动方案，编制碳中和技术发展路线图。采用"揭榜挂帅"机制，开展低碳零碳负碳和储能新材料、新技术、新装备攻关。加强气候变化成因及影响、生态系统碳汇等基础理论和方法研究。推进高效率太阳能电池、可再生能源制氢、可控核聚变、零碳工业流程再造等低碳前沿技术攻关。培育一批节能降碳和新能源技术产品研发国家重点实验室、国家技术创新中心、重大科技创新平台。建设碳达峰、碳中和人才体系，鼓励高等学校增设碳达峰、碳中和相关学科专业。

（二十一）加快先进适用技术研发和推广。深入研究支撑风电、太阳能发电大规模友好并网的智能电网技术。加强电化学、压缩空气等新型储能技术攻关、示范和产业化应用。加强氢能生产、储存、应用关键技术研发、示范和规模化应用。推广园区能源梯级利用等节能低碳技术。推动气凝胶等新型材料研发应用。推进规模化碳捕集利用与封存技术研发、示范和产业化应用。建立完善绿色低碳技术评估、交易体系和科技创新服务平台。

九、持续巩固提升碳汇能力

（二十二）巩固生态系统碳汇能力。强化国土空间规划和用途管控，严守生态保护红线，严控生态空间占用，稳定现有森林、草原、湿地、海洋、土壤、冻土、岩溶等固碳作用。严格控制新增建设用地规模，推动城乡存量建设用地盘活利用。严格执行土地使用标准，加强节约集约用地评价，推广节地技术和节地模式。

（二十三）提升生态系统碳汇增量。实施生态保护修复重大工程，开展山水林田湖草沙一体化保护和修复。深入推进大规模国土绿化行动，巩固退耕还林还草成果，实施森林质量精准提升工程，持续增加森林面积和蓄积量。加强草原生态保护修复。强化湿地保护。整体推进海洋生态系统保护和修复，提升红树林、海草床、盐沼等固碳能力。开展耕地质量提升行动，实施国家黑土地保护工程，提升生态农业碳汇。积极推动岩溶碳汇开发利用。

十、提高对外开放绿色低碳发展水平

（二十四）加快建立绿色贸易体系。持续优化贸易结构，大力发展高质量、高技术、

8

高附加值绿色产品贸易。完善出口政策，严格管理高耗能高排放产品出口。积极扩大绿色低碳产品、节能环保服务、环境服务等进口。

（二十五）推进绿色"一带一路"建设。加快"一带一路"投资合作绿色转型。支持共建"一带一路"国家开展清洁能源开发利用。大力推动南南合作，帮助发展中国家提高应对气候变化能力。深化与各国在绿色技术、绿色装备、绿色服务、绿色基础设施建设等方面的交流与合作，积极推动我国新能源等绿色低碳技术和产品走出去，让绿色成为共建"一带一路"的底色。

（二十六）加强国际交流与合作。积极参与应对气候变化国际谈判，坚持我国发展中国家定位，坚持共同但有区别的责任原则、公平原则和各自能力原则，维护我国发展权益。履行《联合国气候变化框架公约》及其《巴黎协定》，发布我国长期温室气体低排放发展战略，积极参与国际规则和标准制定，推动建立公平合理、合作共赢的全球气候治理体系。加强应对气候变化国际交流合作，统筹国内外工作，主动参与全球气候和环境治理。

十一、健全法律法规标准和统计监测体系

（二十七）健全法律法规。全面清理现行法律法规中与碳达峰、碳中和工作不相适应的内容，加强法律法规间的衔接协调。研究制定碳中和专项法律，抓紧修订节约能源法、电力法、煤炭法、可再生能源法、循环经济促进法等，增强相关法律法规的针对性和有效性。

（二十八）完善标准计量体系。建立健全碳达峰、碳中和标准计量体系。加快节能标准更新升级，抓紧修订一批能耗限额、产品设备能效强制性国家标准和工程建设标准，提升重点产品能耗限额要求，扩大能耗限额标准覆盖范围，完善能源核算、检测认证、评估、审计等配套标准。加快完善地区、行业、企业、产品等碳排放核查核算报告标准，建立统一规范的碳核算体系。制定重点行业和产品温室气体排放标准，完善低碳产品标准标识制度。积极参与相关国际标准制定，加强标准国际衔接。

（二十九）提升统计监测能力。健全电力、钢铁、建筑等行业领域能耗统计监测和计量体系，加强重点用能单位能耗在线监测系统建设。加强二氧化碳排放统计核算能力建设，提升信息化实测水平。依托和拓展自然资源调查监测体系，建立生态系统碳汇监测核算体系，开展森林、草原、湿地、海洋、土壤、冻土、岩溶等碳汇本底调查和碳储量评估，实施生态保护修复碳汇成效监测评估。

十二、完善政策机制

（三十）完善投资政策。充分发挥政府投资引导作用，构建与碳达峰、碳中和相适应的投融资体系，严控煤电、钢铁、电解铝、水泥、石化等高碳项目投资，加大对节能

环保、新能源、低碳交通运输装备和组织方式、碳捕集利用与封存等项目的支持力度。完善支持社会资本参与政策，激发市场主体绿色低碳投资活力。国有企业要加大绿色低碳投资，积极开展低碳零碳负碳技术研发应用。

（三十一）**积极发展绿色金融**。有序推进绿色低碳金融产品和服务开发，设立碳减排货币政策工具，将绿色信贷纳入宏观审慎评估框架，引导银行等金融机构为绿色低碳项目提供长期限、低成本资金。鼓励开发性政策性金融机构按照市场化法治化原则为实现碳达峰、碳中和提供长期稳定融资支持。支持符合条件的企业上市融资和再融资用于绿色低碳项目建设运营，扩大绿色债券规模。研究设立国家低碳转型基金。鼓励社会资本设立绿色低碳产业投资基金。建立健全绿色金融标准体系。

（三十二）**完善财税价格政策**。各级财政要加大对绿色低碳产业发展、技术研发等的支持力度。完善政府绿色采购标准，加大绿色低碳产品采购力度。落实环境保护、节能节水、新能源和清洁能源车船税收优惠。研究碳减排相关税收政策。建立健全促进可再生能源规模化发展的价格机制。完善差别化电价、分时电价和居民阶梯电价政策。严禁对高耗能、高排放、资源型行业实施电价优惠。加快推进供热计量改革和按供热量收费。加快形成具有合理约束力的碳价机制。

（三十三）**推进市场化机制建设**。依托公共资源交易平台，加快建设完善全国碳排放权交易市场，逐步扩大市场覆盖范围，丰富交易品种和交易方式，完善配额分配管理。将碳汇交易纳入全国碳排放权交易市场，建立健全能够体现碳汇价值的生态保护补偿机制。健全企业、金融机构等碳排放报告和信息披露制度。完善用能权有偿使用和交易制度，加快建设全国用能权交易市场。加强电力交易、用能权交易和碳排放权交易的统筹衔接。发展市场化节能方式，推行合同能源管理，推广节能综合服务。

十三、切实加强组织实施

（三十四）**加强组织领导**。加强党中央对碳达峰、碳中和工作的集中统一领导，碳达峰碳中和工作领导小组指导和统筹做好碳达峰、碳中和工作。支持有条件的地方和重点行业、重点企业率先实现碳达峰，组织开展碳达峰、碳中和先行示范，探索有效模式和有益经验。将碳达峰、碳中和作为干部教育培训体系重要内容，增强各级领导干部推动绿色低碳发展的本领。

（三十五）**强化统筹协调**。国家发展改革委要加强统筹，组织落实2030年前碳达峰行动方案，加强碳中和工作谋划，定期调度各地区各有关部门落实碳达峰、碳中和目标任务进展情况，加强跟踪评估和督促检查，协调解决实施中遇到的重大问题。各有关部门要加强协调配合，形成工作合力，确保政策取向一致、步骤力度衔接。

（三十六）**压实地方责任**。落实领导干部生态文明建设责任制，地方各级党委和政府要坚决扛起碳达峰、碳中和责任，明确目标任务，制定落实举措，自觉为实现碳达峰、碳中和作出贡献。

（三十七）**严格监督考核**。各地区要将碳达峰、碳中和相关指标纳入经济社会发展综合评价体系，增加考核权重，加强指标约束。强化碳达峰、碳中和目标任务落实情况考核，对工作突出的地区、单位和个人按规定给予表彰奖励，对未完成目标任务的地区、部门依规依法实行通报批评和约谈问责，有关落实情况纳入中央生态环境保护督察。各地区各有关部门贯彻落实情况每年向党中央、国务院报告。

国务院关于印发《2030年前碳达峰行动方案》的通知

（国发〔2021〕23号）

各省、自治区、直辖市人民政府，国务院各部委、各直属机构：

现将《2030年前碳达峰行动方案》印发给你们，请认真贯彻执行。

国务院

2021年10月24日

（本文有删减）

2030年前碳达峰行动方案

为深入贯彻落实党中央、国务院关于碳达峰、碳中和的重大战略决策，扎实推进碳达峰行动，制定本方案。

一、总体要求

（一）**指导思想**。以习近平新时代中国特色社会主义思想为指导，全面贯彻党的十九大和十九届二中、三中、四中、五中全会精神，深入贯彻习近平生态文明思想，立足新发展阶段，完整、准确、全面贯彻新发展理念，构建新发展格局，坚持系统观念，处理好发展和减排、整体和局部、短期和中长期的关系，统筹稳增长和调结构，把碳达峰、碳中和纳入经济社会发展全局，坚持"全国统筹、节约优先、双轮驱动、内外畅通、防范风险"的总方针，有力有序有效做好碳达峰工作，明确各地区、各领域、各行业目标任务，加快实现生产生活方式绿色变革，推动经济社会发展建立在资源高效利用和绿色低碳发展的基础之上，确保如期实现2030年前碳达峰目标。

（二）**工作原则**。

总体部署、分类施策。坚持全国一盘棋，强化顶层设计和各方统筹。各地区、各领域、各行业因地制宜、分类施策，明确既符合自身实际又满足总体要求的目标任务。

系统推进、重点突破。全面准确认识碳达峰行动对经济社会发展的深远影响，加强政策的系统性、协同性。抓住主要矛盾和矛盾的主要方面，推动重点领域、重点行业和有条件的地方率先达峰。

双轮驱动、两手发力。更好发挥政府作用，构建新型举国体制，充分发挥市场机制作用，大力推进绿色低碳科技创新，深化能源和相关领域改革，形成有效激励约束机制。

稳妥有序、安全降碳。立足我国富煤贫油少气的能源资源禀赋，坚持先立后破，稳住存量，拓展增量，以保障国家能源安全和经济发展为底线，争取时间实现新能源的逐渐替代，推动能源低碳转型平稳过渡，切实保障国家能源安全、产业链供应链安全、粮食安全和群众正常生产生活，着力化解各类风险隐患，防止过度反应，稳妥有序、循序渐进推进碳达峰行动，确保安全降碳。

二、主要目标

"十四五"期间，产业结构和能源结构调整优化取得明显进展，重点行业能源利用效率大幅提升，煤炭消费增长得到严格控制，新型电力系统加快构建，绿色低碳技术研发和推广应用取得新进展，绿色生产生活方式得到普遍推行，有利于绿色低碳循环发展的政策体系进一步完善。到2025年，非化石能源消费比重达到20%左右，单位国内生产总值能源消耗比2020年下降13.5%，单位国内生产总值二氧化碳排放比2020年下降18%，为实现碳达峰奠定坚实基础。

"十五五"期间，产业结构调整取得重大进展，清洁低碳安全高效的能源体系初步建立，重点领域低碳发展模式基本形成，重点耗能行业能源利用效率达到国际先进水平，非化石能源消费比重进一步提高，煤炭消费逐步减少，绿色低碳技术取得关键突破，绿色生活方式成为公众自觉选择，绿色低碳循环发展政策体系基本健全。到2030年，非化石能源消费比重达到25%左右，单位国内生产总值二氧化碳排放比2005年下降65%以上，顺利实现2030年前碳达峰目标。

三、重点任务

将碳达峰贯穿于经济社会发展全过程和各方面，重点实施能源绿色低碳转型行动、节能降碳增效行动、工业领域碳达峰行动、城乡建设碳达峰行动、交通运输绿色低碳行动、循环经济助力降碳行动、绿色低碳科技创新行动、碳汇能力巩固提升行动、绿色低碳全民行动、各地区梯次有序碳达峰行动等"碳达峰十大行动"。

（一）能源绿色低碳转型行动。

能源是经济社会发展的重要物质基础，也是碳排放的最主要来源。要坚持安全降碳，在保障能源安全的前提下，大力实施可再生能源替代，加快构建清洁低碳安全高效的能源体系。

1.推进煤炭消费替代和转型升级。加快煤炭减量步伐，"十四五"时期严格合理控制煤炭消费增长,"十五五"时期逐步减少。严格控制新增煤电项目,新建机组煤耗标准达到国际先进水平,有序淘汰煤电落后产能,加快现役机组节能升级和灵活性改造,积极推进供热改造,推动煤电向基础保障性和系统调节性电源并重转型。严控跨区外送可再生能源电力配套煤电规模,新建通道可再生能源电量比例原则上不低于50%。推动重点用煤行业减煤限煤。大力推动煤炭清洁利用,合理划定禁止散烧区域,多措并举、积极有序推进散煤替代,逐步减少直至禁止煤炭散烧。

2.大力发展新能源。全面推进风电、太阳能发电大规模开发和高质量发展,坚持集中式与分布式并举,加快建设风电和光伏发电基地。加快智能光伏产业创新升级和特色应用,创新"光伏+"模式,推进光伏发电多元布局。坚持陆海并重,推动风电协调快速发展,完善海上风电产业链,鼓励建设海上风电基地。积极发展太阳能光热发电,推动建立光热发电与光伏发电、风电互补调节的风光热综合可再生能源发电基地。因地制宜发展生物质发电、生物质能清洁供暖和生物天然气。探索深化地热能以及波浪能、潮流能、温差能等海洋新能源开发利用。进一步完善可再生能源电力消纳保障机制。到2030年,风电、太阳能发电总装机容量达到12亿千瓦以上。

3.因地制宜开发水电。积极推进水电基地建设,推动金沙江上游、澜沧江上游、雅砻江中游、黄河上游等已纳入规划、符合生态保护要求的水电项目开工建设,推进雅鲁藏布江下游水电开发,推动小水电绿色发展。推动西南地区水电与风电、太阳能发电协同互补。统筹水电开发和生态保护,探索建立水能资源开发生态保护补偿机制。"十四五""十五五"期间分别新增水电装机容量4000万千瓦左右,西南地区以水电为主的可再生能源体系基本建立。

4.积极安全有序发展核电。合理确定核电站布局和开发时序,在确保安全的前提下有序发展核电,保持平稳建设节奏。积极推动高温气冷堆、快堆、模块化小型堆、海上浮动堆等先进堆型示范工程,开展核能综合利用示范。加大核电标准化、自主化力度,加快关键技术装备攻关,培育高端核电装备制造产业集群。实行最严格的安全标准和最严格的监管,持续提升核安全监管能力。

5.合理调控油气消费。保持石油消费处于合理区间,逐步调整汽油消费规模,大力推进先进生物液体燃料、可持续航空燃料等替代传统燃油,提升终端燃油产品能效。加快推进页岩气、煤层气、致密油(气)等非常规油气资源规模化开发。有序引导天然气消费,优化利用结构,优先保障民生用气,大力推动天然气与多种能源融合发展,因地制宜建设天然气调峰电站,合理引导工业用气和化工原料用气。支持车船使用液化天然气作为燃料。

6.加快建设新型电力系统。构建新能源占比逐渐提高的新型电力系统,推动清洁电力资源大范围优化配置。大力提升电力系统综合调节能力,加快灵活调节电源建设,引导自备电厂、传统高载能工业负荷、工商业可中断负荷、电动汽车充电网络、虚拟电厂等参与系统调节,建设坚强智能电网,提升电网安全保障水平。积极发展"新能源+储能"、源网荷储一体化和多能互补,支持分布式新能源合理配置储能系统。制定新一轮抽水蓄能电站中长期发展规划,完善促进抽水蓄能发展的政策机制。加快新型储能示范推广应用。深化电力体制改革,加快构建全国统一电力市场体系。到2025年,新型储能装机容量达到3000万千瓦以上。到2030年,抽水蓄能电站装机容量达到1.2亿千瓦左右,省级电网基本具备5%以上的尖峰负荷响应能力。

(二)节能降碳增效行动。

落实节约优先方针,完善能源消费强度和总量双控制度,严格控制能耗强度,合理控制能源消费总量,推动能源消费革命,建设能源节约型社会。

1.全面提升节能管理能力。推行用能预算管理,强化固定资产投资项目节能审查,对项目用能和碳排放情况进行综合评价,从源头推进节能降碳。提高节能管理信息化水平,完善重点用能单位能耗在线监测系统,建立全国性、行业性节能技术推广服务平台,推动高耗能企业建立能源管理中心。完善能源计量体系,鼓励采用认证手段提升节能管理水平。加强节能监察能力建设,健全省、市、县三级节能监察体系,建立跨部门联动机制,综合运用行政处罚、信用监管、绿色电价等手段,增强节能监察约束力。

2.实施节能降碳重点工程。实施城市节能降碳工程,开展建筑、交通、照明、供热等基础设施节能升级改造,推进先进绿色建筑技术示范应用,推动城市综合能效提升。实施园区节能降碳工程,以高耗能高排放项目(以下称"两高"项目)集聚度高的园区为重点,推动能源系统优化和梯级利用,打造一批达到国际先进水平的节能低碳园区。实施重点行业节能降碳工程,推动电力、钢铁、有色金属、建材、石化化工等行业开展节能降碳改造,提升能源资源利用效率。实施重大节能降碳技术示范工程,支持已取得突破的绿色低碳关键技术开展产业化示范应用。

3.推进重点用能设备节能增效。以电机、风机、泵、压缩机、变压器、换热器、工业锅炉等设备为重点,全面提升能效标准。建立以能效为导向的激励约束机制,推广先进高效产品设备,加快淘汰落后低效设备。加强重点用能设备节能审查和日常监管,强化生产、经营、销售、使用、报废全链条管理,严厉打击违法违规行为,确保能效标准和节能要求全面落实。

4.加强新型基础设施节能降碳。优化新型基础设施空间布局,统筹谋划、科学配置数据中心等新型基础设施,避免低水平重复建设。优化新型基础设施用能结构,采用直流供电、分布式储能、"光伏+储能"等模式,探索多样化能源供应,提高非化石能源消费比重。对标国际先进水平,加快完善通信、运算、存储、传输等设备能效标准,提升准入门槛,淘汰落后设备和技术。加强新型基础设施用能管理,将年综合能耗超过1万吨标准煤的数据中心全部纳入重点用能单位能耗在线监测系统,开展能源计量审查。推动既有设施绿色升级改造,积极推广使用高效制冷、先进通风、余热利用、智能化用能控制等技术,提高设施能效水平。

(三)工业领域碳达峰行动。

工业是产生碳排放的主要领域之一,对全国整体实现碳达峰具有重要影响。工业领域要加快绿色低碳转型和高质量发展,力争率先实现碳达峰。

1.推动工业领域绿色低碳发展。优化产业结构,加快退出落后产能,大力发展战略性新兴产业,加快传统产业绿色低碳改造。促进工业能源消费低碳化,推动化石能源清洁高效利用，提高可再生能源应用比重，加强电力需求侧管理，提升工业电气化水平。深入实施绿色制造工程，大力推行绿色设计，完善绿色制造体系，建设绿色工厂和绿色工业园区。推进工业领域数字化智能化绿色化融合发展，加强重点行业和领域技术改造。

2.推动钢铁行业碳达峰。深化钢铁行业供给侧结构性改革，严格执行产能置换，严禁新增产能，推进存量优化，淘汰落后产能。推进钢铁企业跨地区、跨所有制兼并重组，提高行业集中度。优化生产力布局，以京津冀及周边地区为重点，继续压减钢铁产能。促进钢铁行业结构优化和清洁能源替代，大力推进非高炉炼铁技术示范，提升废钢资源回收利用水平，推行全废钢电炉工艺。推广先进适用技术，深挖节能降碳潜力，鼓励钢化联产，探索开展氢冶金、二氧化碳捕集利用一体化等试点示范，推动低品位余热供暖发展。

3.推动有色金属行业碳达峰。巩固化解电解铝过剩产能成果，严格执行产能置换，严控新增产能。推进清洁能源替代，提高水电、风电、太阳能发电等应用比重。加快再生有色金属产业发展，完善废弃有色金属资源回收、分选和加工网络，提高再生有色金属产量。加快推广应用先进适用绿色低碳技术，提升有色金属生产过程余热回收水平，推动单位产品能耗持续下降。

4.推动建材行业碳达峰。加强产能置换监管，加快低效产能退出，严禁新增水泥熟料、平板玻璃产能，引导建材行业向轻型化、集约化、制品化转型。推动水泥错峰生产常态化，合理缩短水泥熟料装置运转时间。因地制宜利用风能、太阳能等可再生能源，逐步提高电力、天然气应用比重。鼓励建材企业使用粉煤灰、工业废渣、尾矿渣等作为原料或水泥混合材。加快推进绿色建材产品认证和应用推广，加强新型胶凝材料、低碳混凝土、木竹建材等低碳建材产品研发应用。推广节能技术设备，开展能源管理体系建设，实现节能增效。

5.推动石化化工行业碳达峰。优化产能规模和布局，加大落后产能淘汰力度，有效化解结构性过剩矛盾。严格项目准入，合理安排建设时序，严控新增炼油和传统煤化工生产能力，稳妥有序发展现代煤化工。引导企业转变用能方式，鼓励以电力、天然气等替代煤炭。调整原料结构，控制新增原料用煤，拓展富氢原料进口来源，推动石化化工原料轻质化。优化产品结构，促进石化化工与煤炭开采、冶金、建材、化纤等产业协同发展，加强炼厂干气、液化气等副产气体高效利用。鼓励企业节能升级改造，推动能量梯级利用、物料循环利用。到2025年，国内原油一次加工能力控制在10亿吨以内，主要产品产能利用率提升至80%以上。

6.坚决遏制"两高"项目盲目发展。采取强有力措施，对"两高"项目实行清单管理、分类处置、动态监控。全面排查在建项目，对能效水平低于本行业能耗限额准入值的，按有关规定停工整改，推动能效水平应提尽提，力争全面达到国内乃至国际先进水平。科学评估拟建项目，对产能已饱和的行业，按照"减量替代"原则压减产能；对产能尚未饱和的行业，按照国家布局和审批备案等要求，对标国际先进水平提高准入门槛；对能耗量较大的新兴产业，支持引导企业应用绿色低碳技术，提高能效水平。深入挖潜存量项目，加快淘汰落后产能，通过改造升级挖掘节能减排潜力。强化常态化监管，坚决拿下不符合要求的"两高"项目。

（四）城乡建设碳达峰行动。

加快推进城乡建设绿色低碳发展，城市更新和乡村振兴都要落实绿色低碳要求。

1.推进城乡建设绿色低碳转型。 推动城市组团式发展，科学确定建设规模，控制新增建设用地过快增长。倡导绿色低碳规划设计理念，增强城乡气候韧性，建设海绵城市。推广绿色低碳建材和绿色建造方式，加快推进新型建筑工业化，大力发展装配式建筑，推广钢结构住宅，推动建材循环利用，强化绿色设计和绿色施工管理。加强县城绿色低碳建设。推动建立以绿色低碳为导向的城乡规划建设管理机制，制定建筑拆除管理办法，杜绝大拆大建。建设绿色城镇、绿色社区。

2.加快提升建筑能效水平。 加快更新建筑节能、市政基础设施等标准，提高节能降碳要求。加强适用于不同气候区、不同建筑类型的节能低碳技术研发和推广，推动超低能耗建筑、低碳建筑规模化发展。加快推进居住建筑和公共建筑节能改造，持续推动老旧供热管网等市政基础设施节能降碳改造。提升城镇建筑和基础设施运行管理智能化水平，加快推广供热计量收费和合同能源管理，逐步开展公共建筑能耗限额管理。到2025年，城镇新建建筑全面执行绿色建筑标准。

3.加快优化建筑用能结构。 深化可再生能源建筑应用，推广光伏发电与建筑一体化应用。积极推动严寒、寒冷地区清洁取暖，推进热电联产集中供暖，加快工业余热供暖规模化应用，积极稳妥开展核能供热示范，因地制宜推行热泵、生物质能、地热能、太阳能等清洁低碳供暖。引导夏热冬冷地区科学取暖，因地制宜采用清洁高效取暖方式。提高建筑终端电气化水平，建设集光伏发电、储能、直流配电、柔性用电于一体的"光储直柔"建筑。到2025年，城镇建筑可再生能源替代率达到8%，新建公共机构建筑、新建厂房屋顶光伏覆盖率力争达到50%。

4.推进农村建设和用能低碳转型。 推进绿色农房建设，加快农房节能改造。持续推进农村地区清洁取暖，因地制宜选择适宜取暖方式。发展节能低碳农业大棚。推广节能环保灶具、电动农用车辆、节能环保农机和渔船。加快生物质能、太阳能等可再生能源在农业生产和农村生活中的应用。加强农村电网建设，提升农村用能电气化水平。

（五）交通运输绿色低碳行动。

加快形成绿色低碳运输方式，确保交通运输领域碳排放增长保持在合理区间。

1.推动运输工具装备低碳转型。 积极扩大电力、氢能、天然气、先进生物液体燃料等新能源、清洁能源在交通运输领域应用。大力推广新能源汽车，逐步降低传统燃油汽车在新车产销和汽车保有量中的占比，推动城市公共服务车辆电动化替代，推广电力、氢燃料、液化天然气动力重型货运车辆。提升铁路系统电气化水平。加快老旧船舶更新改造，发展电动、液化天然气动力船舶，深入推进船舶靠港使用岸电，因地制宜开展沿海、内河绿色智能船舶示范应用。提升机场运行电动化智能化水平，发展新能源航空器。到2030年，当年新增新能源、清洁能源动力的交通工具比例达到40%

左右，营运交通工具单位换算周转量碳排放强度比2020年下降9.5%左右，国家铁路单位换算周转量综合能耗比2020年下降10%。陆路交通运输石油消费力争2030年前达到峰值。

2.构建绿色高效交通运输体系。发展智能交通，推动不同运输方式合理分工、有效衔接，降低空载率和不合理客货运周转量。大力发展以铁路、水路为骨干的多式联运，推进工矿企业、港口、物流园区等铁路专用线建设，加快内河高等级航道网建设，加快大宗货物和中长距离货物运输"公转铁""公转水"。加快先进适用技术应用，提升民航运行管理效率，引导航空企业加强智慧运行，实现系统化节能降碳。加快城乡物流配送体系建设，创新绿色低碳、集约高效的配送模式。打造高效衔接、快捷舒适的公共交通服务体系，积极引导公众选择绿色低碳交通方式。"十四五"期间，集装箱铁水联运量年均增长15%以上。到2030年，城区常住人口100万以上的城市绿色出行比例不低于70%。

3.加快绿色交通基础设施建设。将绿色低碳理念贯穿于交通基础设施规划、建设、运营和维护全过程，降低全生命周期能耗和碳排放。开展交通基础设施绿色化提升改造，统筹利用综合运输通道线位、土地、空域等资源，加大岸线、锚地等资源整合力度，提高利用效率。有序推进充电桩、配套电网、加注（气）站、加氢站等基础设施建设，提升城市公共交通基础设施水平。到2030年，民用运输机场场内车辆装备等力争全面实现电动化。

（六）循环经济助力降碳行动。

抓住资源利用这个源头，大力发展循环经济，全面提高资源利用效率，充分发挥减少资源消耗和降碳的协同作用。

1.推进产业园区循环化发展。以提升资源产出率和循环利用率为目标，优化园区空间布局，开展园区循环化改造。推动园区企业循环式生产、产业循环式组合，组织企业实施清洁生产改造，促进废物综合利用、能量梯级利用、水资源循环利用，推进工业余压余热、废气废液废渣资源化利用，积极推广集中供气供热。搭建基础设施和公共服务共享平台，加强园区物质流管理。到2030年，省级以上重点产业园区全部实施循环化改造。

2.加强大宗固废综合利用。提高矿产资源综合开发利用水平和综合利用率，以煤矸石、粉煤灰、尾矿、共伴生矿、冶炼渣、工业副产石膏、建筑垃圾、农作物秸秆等大宗固废为重点，支持大掺量、规模化、高值化利用，鼓励应用于替代原生非金属矿、砂石等资源。在确保安全环保前提下，探索将磷石膏应用于土壤改良、井下充填、路基修筑等。推动建筑垃圾资源化利用，推广废弃路面材料原地再生利用。加快推进秸秆高值化利用，完善收储运体系，严格禁烧管控。加快大宗固废综合利用示范建设。到2025年，大宗固废年利用量达到40亿吨左右；到2030年，年利用量达到45亿吨左右。

3.健全资源循环利用体系。完善废旧物资回收网络，推行"互联网+"回收模式，实现再生资源应收尽收。加强再生资源综合利用行业规范管理，促进产业集聚发展。高水平建设现代化"城市矿产"基地，推动再生资源规范化、规模化、清洁化利用。推进退役动力电池、光伏组件、风电机组叶片等新兴产业废物循环利用。促进汽车零部件、工程机械、文办设备等再制造产业高质量发展。加强资源再生产品和再制造产品推广应用。到2025年，废钢铁、废铜、废铝、废铅、废锌、废纸、废塑料、废橡胶、废玻璃等9种主要再生资源循环利用量达到4.5亿吨，到2030年达到5.1亿吨。

4.大力推进生活垃圾减量化资源化。 扎实推进生活垃圾分类，加快建立覆盖全社会的生活垃圾收运处置体系，全面实现分类投放、分类收集、分类运输、分类处理。加强塑料污染全链条治理，整治过度包装，推动生活垃圾源头减量。推进生活垃圾焚烧处理，降低填埋比例，探索适合我国厨余垃圾特性的资源化利用技术。推进污水资源化利用。到2025年，城市生活垃圾分类体系基本健全，生活垃圾资源化利用比例提升至60%左右。到2030年，城市生活垃圾分类实现全覆盖，生活垃圾资源化利用比例提升至65%。

（七）绿色低碳科技创新行动。

发挥科技创新的支撑引领作用，完善科技创新体制机制，强化创新能力，加快绿色低碳科技革命。

1.完善创新体制机制。 制定科技支撑碳达峰碳中和行动方案，在国家重点研发计划中设立碳达峰碳中和关键技术研究与示范等重点专项，采取"揭榜挂帅"机制，开展低碳零碳负碳关键核心技术攻关。将绿色低碳技术创新成果纳入高等学校、科研单位、国有企业有关绩效考核。强化企业创新主体地位，支持企业承担国家绿色低碳重大科技项目，鼓励设施、数据等资源开放共享。推进国家绿色技术交易中心建设，加快创新成果转化。加强绿色低碳技术和产品知识产权保护。完善绿色低碳技术和产品检测、评估、认证体系。

2.加强创新能力建设和人才培养。 组建碳达峰碳中和相关国家实验室、国家重点实验室和国家技术创新中心，适度超前布局国家重大科技基础设施，引导企业、高等学校、科研单位共建一批国家绿色低碳产业创新中心。创新人才培养模式，鼓励高等学校加快新能源、储能、氢能、碳减排、碳汇、碳排放权交易等学科建设和人才培养，建设一批绿色低碳领域未来技术学院、现代产业学院和示范性能源学院。深化产教融合，鼓励校企联合开展产学合作协同育人项目，组建碳达峰碳中和产教融合发展联盟，建设一批国家储能技术产教融合创新平台。

3.强化应用基础研究。 实施一批具有前瞻性、战略性的国家重大前沿科技项目，推动低碳零碳负碳技术装备研发取得突破性进展。聚焦化石能源绿色智能开发和清洁低碳利用、可再生能源大规模利用、新型电力系统、节能、氢能、储能、动力电池、二氧化碳捕集利用与封存等重点，深化应用基础研究。积极研发先进核电技术，加强可控核聚变等前沿颠覆性技术研究。

4.加快先进适用技术研发和推广应用。 集中力量开展复杂大电网安全稳定运行和控制、大容量风电、高效光伏、大功率液化天然气发动机、大容量储能、低成本可再生能源制氢、低成本二氧化碳捕集利用与封存等技术创新，加快碳纤维、气凝胶、特种钢材等基础材料研发，补齐关键零部件、元器件、软件等短板。推广先进成熟绿色低碳技术，开展示范应用。建设全流程、集成化、规模化二氧化碳捕集利用与封存示范项目。推进熔盐储能供热和发电示范应用。加快氢能技术研发和示范应用，探索在工业、交通运输、建筑等领域规模化应用。

（八）碳汇能力巩固提升行动。

坚持系统观念，推进山水林田湖草沙一体化保护和修复，提高生态系统质量和稳定性，提升生态系统碳汇增量。

1.巩固生态系统固碳作用。结合国土空间规划编制和实施，构建有利于碳达峰、碳中和的国土空间开发保护格局。严守生态保护红线，严控生态空间占用，建立以国家公园为主体的自然保护地体系，稳定现有森林、草原、湿地、海洋、土壤、冻土、岩溶等固碳作用。严格执行土地使用标准，加强节约集约用地评价，推广节地技术和节地模式。

2.提升生态系统碳汇能力。实施生态保护修复重大工程。深入推进大规模国土绿化行动，巩固退耕还林还草成果，扩大林草资源总量。强化森林资源保护，实施森林质量精准提升工程，提高森林质量和稳定性。加强草原生态保护修复，提高草原综合植被盖度。加强河湖、湿地保护修复。整体推进海洋生态系统保护和修复，提升红树林、海草床、盐沼等固碳能力。加强退化土地修复治理，开展荒漠化、石漠化、水土流失综合治理，实施历史遗留矿山生态修复工程。到2030年，全国森林覆盖率达到25%左右，森林蓄积量达到190亿立方米。

3.加强生态系统碳汇基础支撑。依托和拓展自然资源调查监测体系，利用好国家林草生态综合监测评价成果，建立生态系统碳汇监测核算体系，开展森林、草原、湿地、海洋、土壤、冻土、岩溶等碳汇本底调查、碳储量评估、潜力分析，实施生态保护修复碳汇成效监测评估。加强陆地和海洋生态系统碳汇基础理论、基础方法、前沿颠覆性技术研究。建立健全能够体现碳汇价值的生态保护补偿机制，研究制定碳汇项目参与全国碳排放权交易相关规则。

4.推进农业农村减排固碳。大力发展绿色低碳循环农业，推进农光互补、"光伏+设施农业"、"海上风电+海洋牧场"等低碳农业模式。研发应用增汇型农业技术。开展耕地质量提升行动，实施国家黑土地保护工程，提升土壤有机碳储量。合理控制化肥、农药、地膜使用量，实施化肥农药减量替代计划，加强农作物秸秆综合利用和畜禽粪污资源化利用。

（九）绿色低碳全民行动。

增强全民节约意识、环保意识、生态意识，倡导简约适度、绿色低碳、文明健康的生活方式，把绿色理念转化为全体人民的自觉行动。

1.加强生态文明宣传教育。将生态文明教育纳入国民教育体系，开展多种形式的资源环境国情教育，普及碳达峰、碳中和基础知识。加强对公众的生态文明科普教育，将绿色低碳理念有机融入文艺作品，制作文创产品和公益广告，持续开展世界地球日、世界环境日、全国节能宣传周、全国低碳日等主题宣传活动，增强社会公众绿色低碳意识，推动生态文明理念更加深入人心。

2.推广绿色低碳生活方式。 坚决遏制奢侈浪费和不合理消费，着力破除奢靡铺张的歪风陋习，坚决制止餐饮浪费行为。在全社会倡导节约用能，开展绿色低碳社会行动示范创建，深入推进绿色生活创建行动，评选宣传一批优秀示范典型，营造绿色低碳生活新风尚。大力发展绿色消费，推广绿色低碳产品，完善绿色产品认证与标识制度。提升绿色产品在政府采购中的比例。

3.引导企业履行社会责任。 引导企业主动适应绿色低碳发展要求，强化环境责任意识，加强能源资源节约，提升绿色创新水平。重点领域国有企业特别是中央企业要制定实施企业碳达峰行动方案，发挥示范引领作用。重点用能单位要梳理核算自身碳排放情况，深入研究碳减排路径，"一企一策"制定专项工作方案，推进节能降碳。相关上市公司和发债企业要按照环境信息依法披露要求，定期公布企业碳排放信息。充分发挥行业协会等社会团体作用，督促企业自觉履行社会责任。

4.强化领导干部培训。 将学习贯彻习近平生态文明思想作为干部教育培训的重要内容，各级党校（行政学院）要把碳达峰、碳中和相关内容列入教学计划，分阶段、多层次对各级领导干部开展培训，普及科学知识，宣讲政策要点，强化法治意识，深化各级领导干部对碳达峰、碳中和工作重要性、紧迫性、科学性、系统性的认识。从事绿色低碳发展相关工作的领导干部要尽快提升专业素养和业务能力，切实增强推动绿色低碳发展的本领。

（十）各地区梯次有序碳达峰行动。

各地区要准确把握自身发展定位，结合本地区经济社会发展实际和资源环境禀赋，坚持分类施策、因地制宜、上下联动，梯次有序推进碳达峰。

1.科学合理确定有序达峰目标。 碳排放已经基本稳定的地区要巩固减排成果，在率先实现碳达峰的基础上进一步降低碳排放。产业结构较轻、能源结构较优的地区要坚持绿色低碳发展，坚决不走依靠"两高"项目拉动经济增长的老路，力争率先实现碳达峰。产业结构偏重、能源结构偏煤的地区和资源型地区要把节能降碳摆在突出位置，大力优化调整产业结构和能源结构，逐步实现碳排放增长与经济增长脱钩，力争与全国同步实现碳达峰。

2.因地制宜推进绿色低碳发展。 各地区要结合区域重大战略、区域协调发展战略和主体功能区战略，从实际出发推进本地区绿色低碳发展。京津冀、长三角、粤港澳大湾区等区域要发挥高质量发展动力源和增长极作用，率先推动经济社会发展全面绿色转型。长江经济带、黄河流域和国家生态文明试验区要严格落实生态优先、绿色发展战略导向，在绿色低碳发展方面走在全国前列。中西部和东北地区要着力优化能源结构，按照产业政策和能耗双控要求，有序推动高耗能行业向清洁能源优势地区集中，积极培育绿色发展动能。

3.上下联动制定地方达峰方案。 各省、自治区、直辖市人民政府要按照国家总体部署，结合本地区资源环境禀赋、产业布局、发展阶段等，坚持全国一盘棋，不抢跑，科学制定本地区碳达峰行动方案，提出符合实际、切实可行的碳达峰时间表、路线图、施工图，避免"一刀切"限电限产或运动式"减碳"。各地区碳达峰行动方案经碳达峰碳中和工作领导小组综合平衡、审核通过后，由地方自行印发实施。

4.组织开展碳达峰试点建设。加大中央对地方推进碳达峰的支持力度，选择100个具有典型代表性的城市和园区开展碳达峰试点建设，在政策、资金、技术等方面对试点城市和园区给予支持，加快实现绿色低碳转型，为全国提供可操作、可复制、可推广的经验做法。

四、国际合作

（一）**深度参与全球气候治理。**大力宣传习近平生态文明思想，分享中国生态文明、绿色发展理念与实践经验，为建设清洁美丽世界贡献中国智慧、中国方案、中国力量，共同构建人与自然生命共同体。主动参与全球绿色治理体系建设，坚持共同但有区别的责任原则、公平原则和各自能力原则，坚持多边主义，维护以联合国为核心的国际体系，推动各方全面履行《联合国气候变化框架公约》及其《巴黎协定》。积极参与国际航运、航空减排谈判。

（二）**开展绿色经贸、技术与金融合作。**优化贸易结构，大力发展高质量、高技术、高附加值绿色产品贸易。加强绿色标准国际合作，推动落实合格评定合作和互认机制，做好绿色贸易规则与进出口政策的衔接。加强节能环保产品和服务进出口。加大绿色技术合作力度，推动开展可再生能源、储能、氢能、二氧化碳捕集利用与封存等领域科研合作和技术交流，积极参与国际热核聚变实验堆计划等国际大科学工程。深化绿色金融国际合作，积极参与碳定价机制和绿色金融标准体系国际宏观协调，与有关各方共同推动绿色低碳转型。

（三）**推进绿色"一带一路"建设。**秉持共商共建共享原则，弘扬开放、绿色、廉洁理念，加强与共建"一带一路"国家的绿色基建、绿色能源、绿色金融等领域合作，提高境外项目环境可持续性，打造绿色、包容的"一带一路"能源合作伙伴关系，扩大新能源技术和产品出口。发挥"一带一路"绿色发展国际联盟等合作平台作用，推动实施《"一带一路"绿色投资原则》，推进"一带一路"应对气候变化南南合作计划和"一带一路"科技创新行动计划。

五、政策保障

（一）**建立统一规范的碳排放统计核算体系。**加强碳排放统计核算能力建设，深化核算方法研究，加快建立统一规范的碳排放统计核算体系。支持行业、企业依据自身特点开展碳排放核算方法学研究，建立健全碳排放计量体系。推进碳排放实测技术发展，加快遥感测量、大数据、云计算等新兴技术在碳排放实测技术领域的应用，提高统计核算水平。积极参与国际碳排放核算方法研究，推动建立更为公平合理的碳排放核算方法体系。

（二）**健全法律法规标准**。构建有利于绿色低碳发展的法律体系，推动能源法、节约能源法、电力法、煤炭法、可再生能源法、循环经济促进法、清洁生产促进法等制定修订。加快节能标准更新，修订一批能耗限额、产品设备能效强制性国家标准和工程建设标准，提高节能降碳要求。健全可再生能源标准体系，加快相关领域标准制定修订。建立健全氢制、储、输、用标准。完善工业绿色低碳标准体系。建立重点企业碳排放核算、报告、核查等标准，探索建立重点产品全生命周期碳足迹标准。积极参与国际能效、低碳等标准制定修订，加强国际标准协调。

（三）**完善经济政策**。各级人民政府要加大对碳达峰、碳中和工作的支持力度。建立健全有利于绿色低碳发展的税收政策体系，落实和完善节能节水、资源综合利用等税收优惠政策，更好发挥税收对市场主体绿色低碳发展的促进作用。完善绿色电价政策，健全居民阶梯电价制度和分时电价政策，探索建立分时电价动态调整机制。完善绿色金融评价机制，建立健全绿色金融标准体系。大力发展绿色贷款、绿色股权、绿色债券、绿色保险、绿色基金等金融工具，设立碳减排支持工具，引导金融机构为绿色低碳项目提供长期限、低成本资金，鼓励开发性政策性金融机构按照市场化法治化原则为碳达峰行动提供长期稳定融资支持。拓展绿色债券市场的深度和广度，支持符合条件的绿色企业上市融资、挂牌融资和再融资。研究设立国家低碳转型基金，支持传统产业和资源富集地区绿色转型。鼓励社会资本以市场化方式设立绿色低碳产业投资基金。

（四）**建立健全市场化机制**。发挥全国碳排放权交易市场作用，进一步完善配套制度，逐步扩大交易行业范围。建设全国用能权交易市场，完善用能权有偿使用和交易制度，做好与能耗双控制度的衔接。统筹推进碳排放权、用能权、电力交易等市场建设，加强市场机制间的衔接与协调，将碳排放权、用能权交易纳入公共资源交易平台。积极推行合同能源管理，推广节能咨询、诊断、设计、融资、改造、托管等"一站式"综合服务模式。

六、组织实施

（一）**加强统筹协调**。加强党中央对碳达峰、碳中和工作的集中统一领导，碳达峰碳中和工作领导小组对碳达峰相关工作进行整体部署和系统推进，统筹研究重要事项、制定重大政策。碳达峰碳中和工作领导小组成员单位要按照党中央、国务院决策部署和领导小组工作要求，扎实推进相关工作。碳达峰碳中和工作领导小组办公室要加强统筹协调，定期对各地区和重点领域、重点行业工作进展情况进行调度，科学提出碳达峰分步骤的时间表、路线图，督促将各项目标任务落实落细。

（二）**强化责任落实**。各地区各有关部门要深刻认识碳达峰、碳中和工作的重要性、紧迫性、复杂性，切实扛起责任，按照《中共中央 国务院关于完整准确全面贯彻新发展理念做好碳达峰碳中和工作的意见》和本方案确定的主要目标和重点任务，着力抓好各项任务落实，确保政策到位、措施到位、成效到位，落实情况纳入中央和省级生态环境保护督察。各相关单位、人民团体、社会组织要按照国家有关部署，积极发挥自身作用，推进绿色低碳发展。

（三）**严格监督考核**。实施以碳强度控制为主、碳排放总量控制为辅的制度，对能源消费和碳排放指标实行协同管理、协同分解、协同考核，逐步建立系统完善的碳达峰碳中和综合评价考核制度。加强监督考核结果应用，对碳达峰工作成效突出的地区、单位和个人按规定给予表彰奖励，对未完成目标任务的地区、部门依规依法实行通报批评和约谈问责。各省、自治区、直辖市人民政府要组织开展碳达峰目标任务年度评估，有关工作进展和重大问题要及时向碳达峰碳中和工作领导小组报告。

第二部分　重点领域重点行业实施方案

工业和信息化部　国家发展改革委　生态环境部关于印发《工业领域碳达峰实施方案》的通知

（工信部联节〔2022〕88号）

外交部、科技部、司法部、财政部、住房城乡建设部、交通运输部、商务部、人民银行、国资委、税务总局、市场监管总局、统计局、银保监会、证监会、能源局、林草局、邮政局，各省、自治区、直辖市及计划单列市、新疆生产建设兵团工业和信息化主管部门、发展改革委、生态环境厅（局）：

《工业领域碳达峰实施方案》已经碳达峰碳中和工作领导小组审议通过，现印发给你们，请认真贯彻落实。

工业和信息化部
国家发展改革委
生态环境部
2022年7月7日

工业领域碳达峰实施方案

为深入贯彻落实党中央、国务院关于碳达峰碳中和决策部署，加快推进工业绿色低碳转型，切实做好工业领域碳达峰工作，根据《中共中央　国务院关于完整准确全面贯彻新发展理念做好碳达峰碳中和工作的意见》和《2030年前碳达峰行动方案》，结合相关规划，制定本实施方案。

一、总体要求

（一）指导思想。以习近平新时代中国特色社会主义思想为指导，全面贯彻党的十九大和十九届历次全会精神，深入贯彻习近平生态文明思想，按照党中央、国务院决策部署，坚持稳中求进工作总基调，立足新发展阶段，完整、准确、全面贯彻新发展理念，构建新发展格局，坚定不移实施制造强国和网络强国战略，锚定碳达峰碳中和目标愿景，坚持系统观念，统筹处理好工业发展和减排、整体和局部、长远目标和短期目标、政府和市场的关系，以深化供给侧结构性改革为主线，以重点行业达峰为突破，着力构建绿色制造体系，提高资源能源利用效率，推动数字化智能化绿色化融合，扩大绿色低碳产品供给，加快制造业绿色低碳转型和高质量发展。

（二）工作原则。

统筹谋划，系统推进。坚持在保持制造业比重基本稳定、确保产业链供应链安全、满足合理消费需求的同时，将碳达峰碳中和目标愿景贯穿工业生产各方面和全过程，积极稳妥推进碳达峰各项任务，统筹推动各行业绿色低碳转型。

效率优先，源头把控。坚持把节约能源资源放在首位，提升利用效率，优化用能和原料结构，推动企业循环式生产，加强产业间耦合链接，推进减污降碳协同增效，持续降低单位产出能源资源消耗，从源头减少二氧化碳排放。

创新驱动，数字赋能。坚持把创新作为第一驱动力，强化技术创新和制度创新，推进重大低碳技术工艺装备攻关，强化新一代信息技术在绿色低碳领域的创新应用，以数字化智能化赋能绿色化。

政策引领，市场主导。坚持双轮驱动，发挥市场在资源配置中的决定性作用，更好发挥政府作用，健全以碳减排为导向的激励约束机制，充分调动企业积极性，激发市场主体低碳转型发展的内生动力。

（三）总体目标。

"十四五"期间，产业结构与用能结构优化取得积极进展，能源资源利用效率大幅提升，建成一批绿色工厂和绿色工业园区，研发、示范、推广一批减排效果显著的低碳零碳负碳技术工艺装备产品，筑牢工业领域碳达峰基础。到2025年，规模以上工业单位增加值能耗较2020年下降13.5%，单位工业增加值二氧化碳排放下降幅度大于全社会下降幅度，重点行业二氧化碳排放强度明显下降。

"十五五"期间，产业结构布局进一步优化，工业能耗强度、二氧化碳排放强度持续下降，努力达峰削峰，在实现工业领域碳达峰的基础上强化碳中和能力，基本建立以高效、绿色、循环、低碳为重要特征的现代工业体系。确保工业领域二氧化碳排放在2030年前达峰。

二、重点任务

（四）深度调整产业结构。

推动产业结构优化升级，坚决遏制高耗能高排放低水平项目盲目发展，大力发展绿色低碳产业。

1.构建有利于碳减排的产业布局。贯彻落实产业发展与转移指导目录，推进京津冀、长江经济带、粤港澳大湾区、长三角地区、黄河流域等重点区域产业有序转移和承接。落实石化产业规划布局方案，科学确定东中西部产业定位，合理安排建设时序。引导有色金属等行业产能向可再生能源富集、资源环境可承载地区有序转移。鼓励钢铁、有色金属等行业原生与再生、冶炼与加工产业集群化发展。围绕新一代信息技术、生物技术、新能源、新材料、高端装备、新能源汽车、绿色环保以及航空航天、海洋装备等战略性新兴产业，打造低碳转型效果明显的先进制造业集群。（国家发展改革委、工业和信息化部、生态环境部、国务院国资委、国家能源局等按职责分工负责）

2.坚决遏制高耗能高排放低水平项目盲目发展。采取强有力措施，对高耗能高排放低水平项目实行清单管理、分类处置、动态监控。严把高耗能高排放低水平项目准入关，加强固定资产投资项目节能审查、环境影响评价，对项目用能和碳排放情况进行综合评价，严格项目审批、备案和核准。全面排查在建项目，对不符合要求的高耗能高排放低水平项目按有关规定停工整改。科学评估拟建项目，对产能已饱和的行业要按照"减量替代"原则压减产能，对产能尚未饱和的行业要按照国家布局和审批备案等要求对标国内领先、国际先进水平提高准入标准。（国家发展改革委、工业和信息化部、生态环境部等按职责分工负责）

3.优化重点行业产能规模。修订产业结构调整指导目录。严格落实钢铁、水泥、平板玻璃、电解铝等行业产能置换政策，加强重点行业产能过剩分析预警和窗口指导，加快化解过剩产能。完善以环保、能耗、质量、安全、技术为主的综合标准体系，严格常态化执法和强制性标准实施，持续依法依规淘汰落后产能。（国家发展改革委、工业和信息化部、生态环境部、市场监管总局、国家能源局等按职责分工负责）

4.推动产业低碳协同示范。强化能源、钢铁、石化化工、建材、有色金属、纺织、造纸等行业耦合发展，推动产业循环链接，实施钢化联产、炼化一体化、林浆纸一体化、林板一体化。加强产业链跨地区协同布局，减少中间产品物流量。鼓励龙头企业联合上下游企业、行业间企业开展协同降碳行动，构建企业首尾相连、互为供需、互联互通的产业链。建设一批"产业协同""以化固碳"示范项目。（国家发展改革委、工业和信息化部、国务院国资委、国家能源局、国家林草局等按职责分工负责）

（五）深入推进节能降碳。

把节能提效作为满足能源消费增长的最优先来源，大幅提升重点行业能源利用效率和重点产品能效水平，推进用能低碳化、智慧化、系统化。

1.调整优化用能结构。重点控制化石能源消费，有序推进钢铁、建材、石化化工、有色金属等行业煤炭减量替代，稳妥有序发展现代煤化工，促进煤炭分质分级高效清洁利用。有序引导天然气消费，合理引导工业用气和化工原料用气增长。推进氢能制储输运销用全链条发展。鼓励企业、园区就近利用清洁能源，支持具备条件的企业开展"光伏+储能"等自备电厂、自备电源建设。（国家发展改革委、工业和信息化部、生态环境部、国家能源局等按职责分工负责）

2.推动工业用能电气化。综合考虑电力供需形势，拓宽电能替代领域，在铸造、玻璃、陶瓷等重点行业推广电锅炉、电窑炉、电加热等技术，开展高温热泵、大功率电热储能锅炉等电能替代，扩大电气化终端用能设备使用比例。重点对工业生产过程

1000℃以下中低温热源进行电气化改造。加强电力需求侧管理，开展工业领域电力需求侧管理示范企业和园区创建，示范推广应用相关技术产品，提升消纳绿色电力比例，优化电力资源配置。（国家发展改革委、工业和信息化部、生态环境部、国家能源局等按职责分工负责）

3.加快工业绿色微电网建设。增强源网荷储协调互动，引导企业、园区加快分布式光伏、分散式风电、多元储能、高效热泵、余热余压利用、智慧能源管控等一体化系统开发运行，推进多能高效互补利用，促进就近大规模高比例消纳可再生能源。加强能源系统优化和梯级利用，因地制宜推广园区集中供热、能源供应中枢等新业态。加快新型储能规模化应用。（国家发展改革委、工业和信息化部、国家能源局等按职责分工负责）

4.加快实施节能降碳改造升级。落实能源消费强度和总量双控制度，实施工业节能改造工程。聚焦钢铁、建材、石化化工、有色金属等重点行业，完善差别电价、阶梯电价等绿色电价政策，鼓励企业对标能耗限额标准先进值或国际先进水平，加快节能技术创新与推广应用。推动制造业主要产品工艺升级与节能技术改造，不断提升工业产品能效水平。在钢铁、石化化工等行业实施能效"领跑者"行动。（国家发展改革委、工业和信息化部、市场监管总局等按职责分工负责）

5.提升重点用能设备能效。实施变压器、电机等能效提升计划，推动工业窑炉、锅炉、压缩机、风机、泵等重点用能设备系统节能改造升级。重点推广稀土永磁无铁芯电机、特大功率高压变频变压器、三角形立体卷铁芯结构变压器、可控热管式节能热处理炉、变频无极变速风机、磁悬浮离心风机等新型节能设备。（国家发展改革委、工业和信息化部、市场监管总局等按职责分工负责）

6.强化节能监督管理。持续开展国家工业专项节能监察，制定节能监察工作计划，聚焦重点企业、重点用能设备，加强节能法律法规、强制性节能标准执行情况监督检查，依法依规查处违法用能行为，跟踪督促、整改落实。健全省、市、县三级节能监察体系，开展跨区域交叉执法、跨级联动执法。全面实施节能诊断和能源审计，鼓励企业采用合同能源管理、能源托管等模式实施改造。发挥重点领域中央企业、国有企业引领作用，带头开展节能自愿承诺。（国家发展改革委、工业和信息化部、国务院国资委、市场监管总局等按职责分工负责）

（六）积极推行绿色制造。

完善绿色制造体系，深入推进清洁生产，打造绿色低碳工厂、绿色低碳工业园区、绿色低碳供应链，通过典型示范带动生产模式绿色转型。

1.建设绿色低碳工厂。培育绿色工厂，开展绿色制造技术创新及集成应用。实施绿色工厂动态化管理，强化对第三方评价机构监督管理，完善绿色制造公共服务平台。鼓励绿色工厂编制绿色低碳年度发展报告。引导绿色工厂进一步提标改造，对标国际先进水平，建设一批"超级能效"和"零碳"工厂。（工业和信息化部、生态环境部、市场监管总局等按职责分工负责）

2.构建绿色低碳供应链。支持汽车、机械、电子、纺织、通信等行业龙头企业，在供应链整合、创新低碳管理等关键领域发挥引领作用，将绿色低碳理念贯穿于产品设计、原料采购、生产、运输、储存、使用、回收处理的全过程，加快推进构建统一的绿色产品认证与标识体系，推动供应链全链条绿色低碳发展。鼓励"一链一策"制定低碳发展方案，发布核心供应商碳减排成效报告。鼓励有条件的工业企业加快铁路专用线和管道基础设施建设，推动优化大宗货物运输方式和厂内物流运输结构。（国家发展改革委、工业和信息化部、生态环境部、交通运输部、商务部、国务院国资委、市场监管总局等按职责分工负责）

3.打造绿色低碳工业园区。通过"横向耦合、纵向延伸"，构建园区内绿色低碳产业链条，促进园区内企业采用能源资源综合利用生产模式，推进工业余压余热、废水废气废液资源化利用，实施园区"绿电倍增"工程。到2025年，通过已创建的绿色工业园区实践形成一批可复制、可推广的碳达峰优秀典型经验和案例。（国家发展改革委、工业和信息化部、生态环境部、国家能源局等按职责分工负责）

4.促进中小企业绿色低碳发展。优化中小企业资源配置和生产模式，探索开展绿色低碳发展评价，引导中小企业提升碳减排能力。实施中小企业绿色发展促进工程，开展中小企业节能诊断服务，在低碳产品开发、低碳技术创新等领域培育专精特新"小巨人"。创新低碳服务模式，面向中小企业打造普惠集成的低碳环保服务平台，助推企业增强绿色制造能力。（工业和信息化部、生态环境部等按职责分工负责）

5.全面提升清洁生产水平。深入开展清洁生产审核和评价认证，推动钢铁、建材、石化化工、有色金属、印染、造纸、化学原料药、电镀、农副食品加工、工业涂装、包装印刷等行业企业实施节能、节水、节材、减污、降碳等系统性清洁生产改造。清洁生产审核和评价认证结果作为差异化政策制定和实施的重要依据。（国家发展改革委、工业和信息化部、生态环境部等按职责分工负责）

（七）大力发展循环经济。

优化资源配置结构，充分发挥节约资源和降碳的协同作用，通过资源高效循环利用降低工业领域碳排放。

1.推动低碳原料替代。在保证水泥产品质量的前提下，推广高固废掺量的低碳水泥生产技术，引导水泥企业通过磷石膏、钛石膏、氟石膏、矿渣、电石渣、钢渣、镁渣、粉煤灰等非碳酸盐原料制水泥。推进水泥窑协同处置垃圾衍生可燃物。鼓励有条件的地区利用可再生能源制氢，优化煤化工、合成氨、甲醇等原料结构。支持发展生物质化工，推动石化原料多元化。鼓励依法依规进口再生原料。（国家发展改革委、工业和信息化部、生态环境部、商务部、市场监管总局、国家能源局等按职责分工负责）

2.加强再生资源循环利用。实施废钢铁、废有色金属、废纸、废塑料、废旧轮胎等再生资源回收利用行业规范管理，鼓励符合规范条件的企业公布碳足迹。延伸再生资源精深加工产业链条，促进钢铁、铜、铝、铅、锌、镍、钴、锂、钨等高效再生循环利用。研究退役光伏组件、废弃风电叶片等资源化利用的技术路线和实施路径。围绕电器电子、汽车等产品，推行生产者责任延伸制度。推动新能源汽车动力电池回收利用体系建设。（国家发展改革委、科技部、工业和信息化部、生态环境部、交通运输部、商务部、市场监管总局、国家能源局等按职责分工负责）

3.推进机电产品再制造。围绕航空发动机、盾构机、工业机器人、服务器等高值关键件再制造，打造再制造创新载体。加快增材制造、柔性成型、特种材料、无损检测等关键再制造技术创新与产业化应用。面向交通、钢铁、石化化工等行业机电设备维护升级需要，培育50家再制造解决方案供应商，实施智能升级改造。加强再制造产品认定，建立自愿认证和自我声明结合的产品合格评定制度。（国家发展改革委、工业和信息化部、市场监管总局等按职责分工负责）

4.强化工业固废综合利用。落实资源综合利用税收优惠政策，鼓励地方开展资源利用评价。支持尾矿、粉煤灰、煤矸石等工业固废规模化高值化利用，加快全固废胶凝材料、全固废绿色混凝土等技术研发推广。深入推动工业资源综合利用基地建设，探索形成基于区域产业特色和固废特点的工业固废综合利用产业发展路径。到2025年，大宗工业固废综合利用率达到57%，2030年进一步提升至62%。（国家发展改革委、科技部、工业和信息化部、财政部、生态环境部、税务总局、市场监管总局等按职责分工负责）

（八）加快工业绿色低碳技术变革。

推进重大低碳技术、工艺、装备创新突破和改造应用，以技术工艺革新、生产流程再造促进工业减碳去碳。

1.推动绿色低碳技术重大突破。部署工业低碳前沿技术研究，实施低碳零碳工业流程再造工程，研究实施氢冶金行动计划。布局"减碳去碳"基础零部件、基础工艺、关键基础材料、低碳颠覆性技术研究，突破推广一批高效储能、能源电子、氢能、碳捕集利用封存、温和条件二氧化碳资源化利用等关键核心技术。推动构建以企业为主体，产学研协作、上下游协同的低碳零碳负碳技术创新体系。（国家发展改革委、科技部、工业和信息化部、生态环境部、国家能源局等按职责分工负责）

2.加大绿色低碳技术推广力度。发布工业重大低碳技术目录，组织制定技术推广方案和供需对接指南，促进先进适用的工业绿色低碳新技术、新工艺、新设备、新材料推广应用。以水泥、钢铁、石化化工、电解铝等行业为重点，聚焦低碳原料替代、短流程制造等关键技术，推进生产制造工艺革新和设备改造，减少工业过程温室气体排放。鼓励各地区、各行业探索绿色低碳技术推广新机制。（国家发展改革委、科技部、工业和信息化部、生态环境部等按职责分工负责）

3.开展重点行业升级改造示范。围绕钢铁、建材、石化化工、有色金属、机械、轻工、纺织等行业，实施生产工艺深度脱碳、工业流程再造、电气化改造、二氧化碳回收循环利用等技术示范工程。鼓励中央企业、大型企业集团发挥引领作用，加大在绿色低碳技术创新应用上的投资力度，形成一批可复制可推广的技术经验和行业方案。以企业技术改造投资指南为依托，聚焦绿色低碳编制升级改造导向计划。（国家发展改革委、科技部、工业和信息化部、生态环境部、国务院国资委、国家能源局等按职责分工负责）

（九）主动推进工业领域数字化转型。

推动数字赋能工业绿色低碳转型，强化企业需求和信息服务供给对接，加快数字化低碳解决方案应用推广。

1.推动新一代信息技术与制造业深度融合。利用大数据、第五代移动通信（5G）、工业互联网、云计算、人工智能、数字孪生等对工艺流程和设备进行绿色低碳升级改造。深入实施智能制造，持续推动工艺革新、装备升级、管理优化和生产过程智能化。在钢铁、建材、石化化工、有色金属等行业加强全流程精细化管理，开展绿色用能监测评价，持续加大能源管控中心建设力度。在汽车、机械、电子、船舶、轨道交通、航空航天等行业打造数字化协同的绿色供应链。在家电、纺织、食品等行业发挥信息技术在个性化定制、柔性生产、产品溯源等方面优势，推行全生命周期管理。推进绿色低碳技术软件化封装。开展新一代信息技术与制造业融合发展试点示范。（国家发展改革委、科技部、工业和信息化部等按职责分工负责）

2.建立数字化碳管理体系。加强信息技术在能源消费与碳排放等领域的开发部署。推动重点用能设备上云上平台，形成感知、监测、预警、应急等能力，提升碳排放的数字化管理、网络化协同、智能化管控水平。促进企业构建碳排放数据计量、监测、分析体系。打造重点行业碳达峰碳中和公共服务平台，建立产品全生命周期碳排放基础数据库。加强对重点产品产能产量监测预警，提高产业链供应链安全保障能力。（国家发展改革委、工业和信息化部、生态环境部、市场监管总局、国家统计局等按职责分工负责）

3.推进"工业互联网+绿色低碳"。鼓励电信企业、信息服务企业和工业企业加强合作，利用工业互联网、大数据等技术，统筹共享低碳信息基础数据和工业大数据资源，为生产流程再造、跨行业耦合、跨区域协同、跨领域配给等提供数据支撑。聚焦能源管理、节能降碳等典型场景，培育推广标准化的"工业互联网+绿色低碳"解决方案和工业APP，助力行业和区域绿色化转型。（国家发展改革委、工业和信息化部、国务院国资委、国家能源局等按职责分工负责）

三、重大行动

（十）重点行业达峰行动。

聚焦重点行业，制定钢铁、建材、石化化工、有色金属等行业碳达峰实施方案，研究消费品、装备制造、电子等行业低碳发展路线图，分业施策、持续推进，降低碳排放强度，控制碳排放量。

1.钢铁。严格落实产能置换和项目备案、环境影响评价、节能评估审查等相关规定，切实控制钢铁产能。强化产业协同，构建清洁能源与钢铁产业共同体。鼓励适度稳步提高钢铁先进电炉短流程发展。推进低碳炼铁技术示范推广。优化产品结构，提高高强高韧、耐蚀耐候、节材节能等低碳产品应用比例。到2025年，废钢铁加工准入企业年加工能力超过1.8亿吨，短流程炼钢占比达15%以上。到2030年，富氢碳循环高炉冶炼、氢基竖炉直接还原铁、碳捕集利用封存等技术取得突破应用，短流程炼钢占比达20%以上。（国家发展改革委、科技部、工业和信息化部、生态环境部、国务院国资委、市场监管总局、国家能源局等按职责分工负责）

2.建材。严格执行水泥、平板玻璃产能置换政策，依法依规淘汰落后产能。加快全氧、富氧、电熔等工业窑炉节能降耗技术应用，推广水泥高效篦冷机、高效节能粉磨、低阻旋风预热器、浮法玻璃一窑多线、陶瓷干法制粉等节能降碳装备。到2025年，水泥熟料单位产品综合能耗水平下降3%以上。到2030年，原燃料替代水平大幅提高，突破玻璃熔窑窑外预热、窑炉氢能煅烧等低碳技术，在水泥、玻璃、陶瓷等行业改造建设一批减污降碳协同增效的绿色低碳生产线，实现窑炉碳捕集利用封存技术产业化示范。（国家发展改革委、科技部、工业和信息化部、生态环境部、国务院国资委、市场监管总局等按职责分工负责）

3.石化化工。增强天然气、乙烷、丙烷等原料供应能力，提高低碳原料比重。合理控制煤制油气产能规模。推广应用原油直接裂解制乙烯、新一代离子膜电解槽等技术装备。开发可再生能源制取高值化学品技术。到2025年，"减油增化"取得积极进展，新建炼化一体化项目成品油产量占原油加工量比例降至40%以下，加快部署大规模碳捕集利用封存产业化示范项目。到2030年，合成气一步法制烯烃、乙醇等短流程合成技术实现规模化应用。（国家发展改革委、科技部、工业和信息化部、生态环境部、国务院国资委、市场监管总局、国家能源局等按职责分工负责）

4.有色金属。坚持电解铝产能总量约束，研究差异化电解铝减量置换政策，防范铜、铅、锌、氧化铝等冶炼产能盲目扩张，新建及改扩建冶炼项目须符合行业规范条件，且达到能耗限额标准先进值。实施铝用高质量阳极示范、铜锍连续吹炼、大直径竖罐双蓄热底出渣炼镁等技改工程。突破冶炼余热回收、氨法炼锌、海绵钛颠覆性制备等技术。依法依规管理电解铝出口，鼓励增加高品质再生金属原料进口。到2025年，铝水直接合金化比例提高到90%以上，再生铜、再生铝产量分别达到400万吨、1150万吨，再生金属供应占比达24%以上。到2030年，电解铝使用可再生能源比例提至30%以上。（国家发展改革委、科技部、工业和信息化部、生态环境部、国务院国资委、国家能源局等按职责分工负责）

5.消费品。造纸行业建立农林生物质剩余物回收储运体系，研发利用生物质替代化石能源技术，推广低能耗蒸煮、氧脱木素、宽压区压榨、污泥余热干燥等低碳技术装备。到2025年，产业集中度前30位企业达75%，采用热电联产占比达85%；到2030年，热电联产占比达90%以上。纺织行业发展化学纤维智能化高效柔性制备技术，推广低能耗印染装备，应用低温印染、小浴比染色、针织物连续印染等先进工艺。加快推动废旧纺织品循环利用。到2025年，差别化高品质绿色纤维产量和比重大幅提升，低温、短流程印染低能耗技术应用比例达50%，能源循环利用技术占比达70%。到2030年，印染低能耗技术占比达60%。（国家发展改革委、科技部、工业和信息化部、生态环境部、国务院国资委、国家能源局等按职责分工负责）

6.装备制造。围绕电力装备、石化通用装备、重型机械、汽车、船舶、航空等领域绿色低碳需求，聚焦重点工序，加强先进铸造、锻压、焊接与热处理等基础制造工艺与新技术融合发展，实施智能化、绿色化改造。加快推广抗疲劳制造、轻量化制造等节能节材工艺。研究制定电力装备及技术绿色低碳发展路线图。到2025年，一体化压铸成形、无模铸造、超高强钢热成形、精密冷锻、异质材料焊接、轻质高强合金轻量化、激光热处理等先进近净成形工艺技术实现产业化应用。到2030年，创新研发一批先进绿色制造技术，大幅降低生产能耗。（国家发展改革委、科技部、工业和信息化部、生态环境部、国务院国资委等按职责分工负责）

7.电子。强化行业集聚和低碳发展，进一步降低非电能源的应用比例。以电子材料、元器件、典型电子整机产品为重点，大力推进单晶硅、电极箔、磁性材料、锂电材料、电子陶瓷、电子玻璃、光纤及光纤预制棒等生产工艺的改进。加快推广多晶硅闭环制造工艺、先进拉晶技术、节能光纤预制及拉丝技术、印制电路板清洁生产技术等研发和产业化应用。到2025年，连续拉晶技术应用范围95%以上，锂电材料、光纤行业非电能源占比分别在7%、2%以下。到2030年，电子材料、电子整机产品制造能耗显著下降。（国家发展改革委、科技部、工业和信息化部、生态环境部、国务院国资委、国家能源局等按职责分工负责）

（十一）绿色低碳产品供给提升行动。

发挥绿色低碳产品装备在碳达峰碳中和工作中的支撑作用，完善设计开发推广机制，为能源生产、交通运输、城乡建设等领域提供高质量产品装备，打造绿色低碳产品供给体系，助力全社会达峰。

1.构建绿色低碳产品开发推广机制。推行工业产品绿色设计，按照全生命周期管理要求，探索开展产品碳足迹核算。聚焦消费者关注度高的工业产品，以减污降碳协同增效为目标，鼓励企业采用自我声明或自愿性认证方式，发布绿色低碳产品名单。推行绿色产品认证与标识制度。到2025年，创建一批生态（绿色）设计示范企业，制修订300项左右绿色低碳产品评价相关标准，开发推广万种绿色低碳产品。（工业和信息化部、生态环境部、市场监管总局等按职责分工负责）

2.加大能源生产领域绿色低碳产品供给。加强能源电子产业高质量发展统筹规划，推动光伏、新型储能、重点终端应用、关键信息技术产品协同创新。实施智能光伏产业发展行动计划并开展试点示范，加快基础材料、关键设备升级。推进先进太阳能电池及部件智能制造，提高光伏产品全生命周期信息化管理水平。支持低成本、高效率光伏技术研发及产业化应用，优化实施光伏、锂电等行业规范条件、综合标准体系。持续推动陆上风电机组稳步发展，加快大功率固定式海上风电机组和漂浮式海上风电机组研制，开展高空风电机组预研。重点攻克变流器、主轴承、联轴器、电控系统及核心元器件，完善风电装备产业链。（国家发展改革委、工业和信息化部、国家能源局等按职责分工负责）

3.加大交通运输领域绿色低碳产品供给。大力推广节能与新能源汽车，强化整车集成技术创新，提高新能源汽车产业集中度。提高城市公交、出租汽车、邮政快递、环卫、城市物流配送等领域新能源汽车比例，提升新能源汽车个人消费比例。开展电动重卡、氢燃料汽车研发及示范应用。加快充电桩建设及换电模式创新，构建便利高效适度超前的充电网络体系。对标国际领先标准，制修订汽车节能减排标准。到2030年，当年新增新能源、清洁能源动力的交通工具比例达到40%左右，乘用车和商用车新车二氧化碳排放强度分别比2020年下降25%和20%以上。大力发展绿色智能船舶，加强船用混合动力、LNG动力、电池动力、氨燃料、氢燃料等低碳清洁能源装备研发，推动内河、沿海老旧船舶更新改造，加快新一代绿色智能船舶研制及示范应用。推动下一代国产民机绿色化发展，积极发展电动飞机等新能源航空器。（国家发展改革委、工业和信息化部、住房城乡建设部、交通运输部、市场监管总局、国家能源局、国家邮政局等按职责分工负责）

4.加大城乡建设领域绿色低碳产品供给。将水泥、玻璃、陶瓷、石灰、墙体材料等产品碳排放指标纳入绿色建材标准体系，加快推进绿色建材产品认证。开展绿色建材试点城市创建和绿色建材下乡行动，推广节能玻璃、高性能门窗、新型保温材料、建筑用热轧型钢和耐候钢、新型墙体材料，推动优先选用获得绿色建材认证标识的产品，促进绿色建材与绿色建筑协同发展。推广高效节能的空调、照明器具、电梯等用能设备，扩大太阳能热水器、分布式光伏、空气热泵等清洁能源设备在建筑领域应用。（国家发展改革委、工业和信息化部、生态环境部、住房城乡建设部、市场监管总局等按职责分工负责）

四、政策保障

（十二）健全法律法规。构建有利于绿色低碳发展的法律体系，统筹推动制修订节约能源法、可再生能源法、循环经济促进法、清洁生产促进法等法律法规。制定出台工业节能监察管理办法、机电产品再制造管理办法、新能源汽车动力电池回收利用管理办法等部门规章。完善工业领域碳达峰相关配套制度。（国家发展改革委、工业和信息化部、司法部、生态环境部、市场监管总局、国家能源局等按职责分工负责）

（十三）构建标准计量体系。加快制修订能耗限额、产品设备能效强制性国家标准，提升重点产品能效能耗要求，扩大覆盖范围。建立健全工业领域碳达峰标准体系，重点制定基础通用、碳排放核算、低碳工艺技术等领域标准。强化标准实施，推进标准实施效果评价。鼓励各地区结合实际依法制定更严格地方标准。积极培育先进团体标准，完善标准采信机制。鼓励行业协会、企业、标准化机构等积极参与国际标准化活动，共同制定国际标准。开展工业领域关键计量测试和技术研究，逐步建立健全碳计量体系。（国家发展改革委、工业和信息化部、生态环境部、市场监管总局等按职责分工负责）

（十四）完善经济政策。建立健全有利于绿色低碳发展的税收政策体系，落实节能节水、资源综合利用等税收优惠政策，更好发挥税收对市场主体绿色低碳发展的促进作用。落实可再生能源有关政策。统筹发挥现有资金渠道促进工业领域碳达峰碳中和。完善首台（套）重大技术装备、重点新材料首批次应用政策，支持符合条件的绿色低碳技术装备材料应用。优化关税结构。（国家发展改革委、工业和信息化部、财政部、生态环境部、商务部、税务总局等按职责分工负责）

（十五）完善市场机制。健全全国碳排放权交易市场配套制度，逐步扩大行业覆盖范围，统筹推进碳排放权交易、用能权、电力交易等市场建设。研究重点行业排放基准，科学制定工业企业碳排放配额。开展绿色电力交易试点，推动绿色电力在交易组织、电网调度、市场价格机制等方面体现优先地位。打通绿电认购、交易、使用绿色通道。建立健全绿色产品认证与标识制度，强化绿色低碳产品、服务、管理体系认证。（国家发展改革委、工业和信息化部、生态环境部、市场监管总局、国家能源局等按职责分工负责）

（十六）发展绿色金融。按照市场化法治化原则，构建金融有效支持工业绿色低碳发展机制，加快研究制定转型金融标准，将符合条件的绿色低碳项目纳入支持范围。发挥国家产融合作平台作用，支持金融资源精准对接企业融资需求。完善绿色金融激励机制，引导金融机构扩大绿色信贷投放。建立工业绿色发展指导目录和项目库。在依法合规、风险可控前提下，利用绿色信贷加快制造业绿色低碳改造，在钢铁、建材、石化化工、有色金属、轻工、纺织、机械、汽车、船舶、电子等行业支持一批低碳技改项目。审慎稳妥推动在绿色工业园区开展基础设施领域不动产投资信托基金试点。引导气候投融资试点地方加强对工业领域碳达峰的金融支持。（国家发展改革委、工业和信息化部、财政部、生态环境部、人民银行、银保监会、证监会等按职责分工负责）

（十七）开展国际合作。秉持共商共建共享原则，深度参与全球工业绿色低碳发展，深化绿色技术、绿色装备、绿色贸易等方面交流合作。落实《对外投资合作绿色发展工作指引》。推动共建绿色"一带一路"，完善绿色金融和绿色投资支持政策，务实推进绿色低碳项目合作。利用现有双多边机制，加强工业绿色低碳发展政策交流，聚焦绿色制造、智能制造、高端装备等领域开展多层面对接，充分挖掘新合作契合点。鼓励绿色低碳相关企业服务和产品"走出去"，提供系统解决方案。（外交部、国家发展改革委、工业和信息化部、生态环境部、商务部等按职责分工负责）

五、组织实施

（十八）加强统筹协调。贯彻落实碳达峰碳中和工作领导小组对碳达峰相关工作的整体部署，统筹研究重要事项，制定重大政策。做好工业和信息化、发展改革、科技、财政、生态环境、住房和城乡建设、交通运输、商务、市场监管、金融、能源等部门间协同，形成政策合力。加强对地方指导，及时调度各地区工业领域碳达峰工作进展。（碳达峰碳中和工作领导小组办公室成员单位按职责分工负责）

（十九）强化责任落实。各地区相关部门要充分认识工业领域碳达峰工作的重要性、紧迫性和复杂性，结合本地区工业发展实际，按照本方案编制本地区相关方案，提出符合实际、切实可行的碳达峰时间表、路线图、施工图，明确工作目标、重点任务、达峰路径，加大对工业绿色低碳转型支持力度，切实做好本地区工业碳达峰工作，有关落实情况纳入中央生态环境保护督察。国有企业要结合自身实际制定实施企业碳达峰方案，落实任务举措，开展重大技术示范，发挥引领作用。中小企业要提高环境意识，加强碳减排信息公开，积极采用先进适用技术工艺，加快绿色低碳转型。（各地区相关部门、各有关部门按职责分工负责）

（二十）**深化宣传交流**。充分发挥行业协会、科研院所、标准化组织、各类媒体、产业联盟等机构的作用，利用全国节能宣传周、全国低碳日、六五环境日，开展多形式宣传教育。加大高校、科研院所、企业低碳相关技术人才培养力度，建立完善多层次人才培养体系。引导企业履行社会责任，鼓励企业组织碳减排相关公众开放日活动，引导建立绿色生产消费模式，为工业绿色低碳发展营造良好环境。（国家发展改革委、教育部、工业和信息化部、生态环境部、国务院国资委、市场监管总局等按职责分工负责）

住房和城乡建设部　国家发展改革委关于印发《城乡建设领域碳达峰实施方案》的通知

（建标〔2022〕53号）

国务院有关部门，各省、自治区住房和城乡建设厅、发展改革委，直辖市住房和城乡建设（管）委、发展改革委，新疆生产建设兵团住房和城乡建设局、发展改革委：

《城乡建设领域碳达峰实施方案》已经碳达峰碳中和工作领导小组审议通过，现印发给你们，请认真贯彻落实。

住房和城乡建设部
国家发展改革委
2022年6月30日

城乡建设领域碳达峰实施方案

城乡建设是碳排放的主要领域之一。随着城镇化快速推进和产业结构深度调整，城乡建设领域碳排放量及其占全社会碳排放总量比例均将进一步提高。为深入贯彻落实党中央、国务院关于碳达峰碳中和决策部署，控制城乡建设领域碳排放量增长，切实做好城乡建设领域碳达峰工作，根据《中共中央　国务院关于完整准确全面贯彻新发展理念做好碳达峰碳中和工作的意见》《2030年前碳达峰行动方案》，制定本实施方案。

一、总体要求

（一）**指导思想。**以习近平新时代中国特色社会主义思想为指导，全面贯彻党的十九大和十九届历次全会精神，深入贯彻习近平生态文明思想，按照党中央、国务院决策部署，坚持稳中求进工作总基调，立足新发展阶段，完整、准确、全面贯彻新发展理念，构建新发展格局，坚持生态优先、节约优先、保护优先，坚持人与自然和谐共生，坚持系统观念，统筹发展和安全，以绿色低碳发展为引领，推进城市更新行动和乡村建设行动，加快转变城乡建设方式，提升绿色低碳发展质量，不断满足人民群众对美好生活的需要。

（二）**工作原则。**坚持系统谋划、分步实施，加强顶层设计，强化结果控制，合理确定工作节奏，统筹推进实现碳达峰。坚持因地制宜，区分城市、乡村、不同气候区，科学确定节能降碳要求。坚持创新引领、转型发展，加强核心技术攻坚，完善技术体系，强化机制创新，完善城乡建设碳减排管理制度。坚持双轮驱动、共同发力，充分发挥政府主导和市场机制作用，形成有效的激励约束机制，实施共建共享，协同推进各项工作。

（三）主要目标。

2030年前，城乡建设领域碳排放达到峰值。城乡建设绿色低碳发展政策体系和体制机制基本建立；建筑节能、垃圾资源化利用等水平大幅提高，能源资源利用效率达到国际先进水平；用能结构和方式更加优化，可再生能源应用更加充分；城乡建设方式绿色低碳转型取得积极进展，"大量建设、大量消耗、大量排放"基本扭转；城市整体性、系统性、生长性增强，"城市病"问题初步解决；建筑品质和工程质量进一步提高，人居环境质量大幅改善；绿色生活方式普遍形成，绿色低碳运行初步实现。

力争到2060年前，城乡建设方式全面实现绿色低碳转型，系统性变革全面实现，美好人居环境全面建成，城乡建设领域碳排放治理现代化全面实现，人民生活更加幸福。

二、建设绿色低碳城市

（四）优化城市结构和布局。城市形态、密度、功能布局和建设方式对碳减排具有基础性重要影响。积极开展绿色低碳城市建设，推动组团式发展。每个组团面积不超过50平方公里，组团内平均人口密度原则上不超过1万人/平方公里，个别地段最高不超过1.5万人/平方公里。加强生态廊道、景观视廊、通风廊道、滨水空间和城市绿道统筹布局，留足城市河湖生态空间和防洪排涝空间，组团间的生态廊道应贯通连续，净宽度不少于100米。推动城市生态修复，完善城市生态系统。严格控制新建超高层建筑，一般不得新建超高层住宅。新城新区合理控制职住比例，促进就业岗位和居住空间均衡融合布局。合理布局城市快速干线交通、生活性集散交通和绿色慢行交通设施，主城区道路网密度应大于8公里/平方公里。严格既有建筑拆除管理，坚持从"拆改留"到"留改拆"推动城市更新，除违法建筑和经专业机构鉴定为危房且无修缮保留价值的建筑外，不大规模、成片集中拆除现状建筑，城市更新单元（片区）或项目内拆除建筑面积原则上不应大于现状总建筑面积的20%。盘活存量房屋，减少各类空置房。

（五）开展绿色低碳社区建设。社区是形成简约适度、绿色低碳、文明健康生活方式的重要场所。推广功能复合的混合街区，倡导居住、商业、无污染产业等混合布局。按照《完整居住社区建设标准（试行）》配建基本公共服务设施、便民商业服务设施、市政配套基础设施和公共活动空间，到2030年地级及以上城市的完整居住社区覆盖率提高到60%以上。通过步行和骑行网络串联若干个居住社区，构建十五分钟生活圈。推进绿色社区创建行动，将绿色发展理念贯穿社区规划建设管理全过程，60%的城市社区先行达到创建要求。探索零碳社区建设。鼓励物业服务企业向业主提供居家养老、家政、托幼、健身、购物等生活服务，在步行范围内满足业主基本生活需求。鼓励选用绿色家电产品，减少使用一次性消费品。鼓励"部分空间、部分时间"等绿色低碳用能方式，倡导随手关灯，电视机、空调、电脑等电器不用时关闭插座电源。鼓励选用新能源汽车，推进社区充换电设施建设。

（六）**全面提高绿色低碳建筑水平**。持续开展绿色建筑创建行动，到2025年，城镇新建建筑全面执行绿色建筑标准，星级绿色建筑占比达到30%以上，新建政府投资公益性公共建筑和大型公共建筑全部达到一星级以上。2030年前严寒、寒冷地区新建居住建筑本体达到83%节能要求，夏热冬冷、夏热冬暖、温和地区新建居住建筑本体达到75%节能要求，新建公共建筑本体达到78%节能要求。推动低碳建筑规模化发展，鼓励建设零碳建筑和近零能耗建筑。加强节能改造鉴定评估，编制改造专项规划，对具备改造价值和条件的居住建筑要应改尽改，改造部分节能水平应达到现行标准规定。持续推进公共建筑能效提升重点城市建设，到2030年地级以上重点城市全部完成改造任务，改造后实现整体能效提升20%以上。推进公共建筑能耗监测和统计分析，逐步实施能耗限额管理。加强空调、照明、电梯等重点用能设备运行调适，提升设备能效，到2030年实现公共建筑机电系统的总体能效在现有水平上提升10%。

（七）**建设绿色低碳住宅**。提升住宅品质，积极发展中小户型普通住宅，限制发展超大户型住宅。依据当地气候条件，合理确定住宅朝向、窗墙比和体形系数，降低住宅能耗。合理布局居住生活空间，鼓励大开间、小进深，充分利用日照和自然通风。推行灵活可变的居住空间设计，减少改造或拆除造成的资源浪费。推动新建住宅全装修交付使用，减少资源消耗和环境污染。积极推广装配化装修，推行整体卫浴和厨房等模块化部品应用技术，实现部品部件可拆改、可循环使用。提高共用设施设备维修养护水平，提升智能化程度。加强住宅共用部位维护管理，延长住宅使用寿命。

（八）**提高基础设施运行效率**。基础设施体系化、智能化、生态绿色化建设和稳定运行，可以有效减少能源消耗和碳排放。实施30年以上老旧供热管网更新改造工程，加强供热管网保温材料更换，推进供热场站、管网智能化改造，到2030年城市供热管网热损失比2020年下降5个百分点。开展人行道净化和自行车专用道建设专项行动，完善城市轨道交通站点与周边建筑连廊或地下通道等配套接驳设施，加大城市公交专用道建设力度，提升城市公共交通运行效率和服务水平，城市绿色交通出行比例稳步提升。全面推行垃圾分类和减量化、资源化，完善生活垃圾分类投放、分类收集、分类运输、分类处理系统，到2030年城市生活垃圾资源化利用率达到65%。结合城市特点，充分尊重自然，加强城市设施与原有河流、湖泊等生态本底的有效衔接，因地制宜，系统化全域推进海绵城市建设，综合采用"渗、滞、蓄、净、用、排"方式，加大雨水蓄滞与利用，到2030年全国城市建成区平均可渗透面积占比达到45%。推进节水型城市建设，实施城市老旧供水管网更新改造，推进管网分区计量，提升供水管网智能化管理水平，力争到2030年城市公共供水管网漏损率控制在8%以内。实施污水收集处理设施改造和城镇污水资源化利用行动，到2030年全国城市平均再生水利用率达到30%。加快推进城市供气管道和设施更新改造。推进城市绿色照明，加强城市照明规划、设计、建设运营全过程管理，控制过度亮化和光污染，到2030年LED等高效节能灯具使用占比超过80%，30%以上城市建成照明数字化系统。开展城市园林绿化提升行动，完善城市公园体系，推进中心城区、老城区绿道网络建设，加强立体绿化，提高乡土和本地适生植物应用比例，到2030年城市建成区绿地率达到38.9%，城市建成区拥有绿道长度超过1公里/万人。

（九）**优化城市建设用能结构**。推进建筑太阳能光伏一体化建设，到2025年新建公共机构建筑、新建厂房屋顶光伏覆盖率力争达到50%。推动既有公共建筑屋顶加装太阳能光伏系统。加快智能光伏应用推广。在太阳能资源较丰富地区及有稳定热水需求的建筑中，积极推广太阳能光热建筑应用。因地制宜推进地热能、生物质能应用，推广空气源等各类电动热泵技术。到2025年城镇建筑可再生能源替代率达到8%。引导建筑供暖、生活热水、炊事等向电气化发展，到2030年建筑用电占建筑能耗比例超过65%。推动开展新建公共建筑全面电气化，到2030年电气化比例达到20%。推广热泵热水器、高效电炉灶等替代燃气产品，推动高效直流电器与设备应用。推动智能微电网、"光储直柔"、蓄冷蓄热、负荷灵活调节、虚拟电厂等技术应用，优先消纳可再生能源电力，主动参与电力需求侧响应。探索建筑用电设备智能群控技术，在满足用电需求前提下，合理调配用电负荷，实现电力少增容、不增容。根据既有能源基础设施和经济承受能力，因地制宜探索氢燃料电池分布式热电联供。推动建筑热源端低碳化，综合利用热电联产余热、工业余热、核电余热，根据各地实际情况应用尽用。充分发挥城市热电供热能力，提高城市热电生物质耦合能力。引导寒冷地区达到超低能耗的建筑不再采用市政集中供暖。

（十）**推进绿色低碳建造**。大力发展装配式建筑，推广钢结构住宅，到2030年装配式建筑占当年城镇新建建筑的比例达到40%。推广智能建造，到2030年培育100个智能建造产业基地，打造一批建筑产业互联网平台，形成一系列建筑机器人标志性产品。推广建筑材料工厂化精准加工、精细化管理，到2030年施工现场建筑材料损耗率比2020年下降20%。加强施工现场建筑垃圾管控，到2030年新建建筑施工现场建筑垃圾排放量不高于300吨/万平方米。积极推广节能型施工设备，监控重点设备耗能，对多台同类设备实施群控管理。优先选用获得绿色建材认证标识的建材产品，建立政府工程采购绿色建材机制，到2030年星级绿色建筑全面推广绿色建材。鼓励有条件的地区使用木竹建材。提高预制构件和部品部件通用性，推广标准化、少规格、多组合设计。推进建筑垃圾集中处理、分级利用，到2030年建筑垃圾资源化利用率达到55%。

三、打造绿色低碳县城和乡村

（十一）**提升县城绿色低碳水平**。开展绿色低碳县城建设，构建集约节约、尺度宜人的县城格局。充分借助自然条件、顺应原有地形地貌，实现县城与自然环境融合协调。结合实际推行大分散与小区域集中相结合的基础设施分布式布局，建设绿色节约型基础设施。要因地制宜强化县城建设密度与强度管控，位于生态功能区、农产品主产区的县城建成区人口密度控制在0.6—1万人/平方公里，建筑总面积与建设用地比值控制在0.6—0.8；建筑高度要与消防救援能力相匹配，新建住宅以6层为主，最高不超过18层，6层及以下住宅建筑面积占比应不低于70%；确需建设18层以上居住建筑的，应严格充分论证，并确保消防应急、市政配套设施等建设到位；推行"窄马路、密路网、小街区"，县城内部道路红线宽度不超过40米，广场集中硬地面积不超过2公顷，步行道网络应连续通畅。

（十二）**营造自然紧凑乡村格局。**合理布局乡村建设，保护乡村生态环境，减少资源能源消耗。开展绿色低碳村庄建设，提升乡村生态和环境质量。农房和村庄建设选址要安全可靠，顺应地形地貌，保护山水林田湖草沙生态脉络。鼓励新建农房向基础设施完善、自然条件优越、公共服务设施齐全、景观环境优美的村庄聚集，农房群落自然、紧凑、有序。

（十三）**推进绿色低碳农房建设。**提升农房绿色低碳设计建造水平，提高农房能效水平，到2030年建成一批绿色农房，鼓励建设星级绿色农房和零碳农房。按照结构安全、功能完善、节能降碳等要求，制定和完善农房建设相关标准。引导新建农房执行《农村居住建筑节能设计标准》等相关标准，完善农房节能措施，因地制宜推广太阳能暖房等可再生能源利用方式。推广使用高能效照明、灶具等设施设备。鼓励就地取材和利用乡土材料，推广使用绿色建材，鼓励选用装配式钢结构、木结构等建造方式。大力推进北方地区农村清洁取暖。在北方地区冬季清洁取暖项目中积极推进农房节能改造，提高常住房间舒适性，改造后实现整体能效提升30%以上。

（十四）**推进生活垃圾污水治理低碳化。**推进农村污水处理，合理确定排放标准，推动农村生活污水就近就地资源化利用。因地制宜，推广小型化、生态化、分散化的污水处理工艺，推行微动力、低能耗、低成本的运行方式。推动农村生活垃圾分类处理，倡导农村生活垃圾资源化利用，从源头减少农村生活垃圾产生量。

（十五）**推广应用可再生能源。**推进太阳能、地热能、空气热能、生物质能等可再生能源在乡村供气、供暖、供电等方面的应用。大力推动农房屋顶、院落空地、农业设施加装太阳能光伏系统。推动乡村进一步提高电气化水平，鼓励炊事、供暖、照明、交通、热水等用能电气化。充分利用太阳能光热系统提供生活热水，鼓励使用太阳能灶等设备。

四、强化保障措施

（十六）**建立完善法律法规和标准计量体系。**推动完善城乡建设领域碳达峰相关法律法规，建立健全碳排放管理制度，明确责任主体。建立完善节能降碳标准计量体系，制定完善绿色建筑、零碳建筑、绿色建造等标准。鼓励具备条件的地区制定高于国家标准的地方工程建设强制性标准和推荐性标准。各地根据碳排放控制目标要求和产业结构情况，合理确定城乡建设领域碳排放控制目标。建立城市、县城、社区、行政村、住宅开发项目绿色低碳指标体系。完善省市公共建筑节能监管平台，推动能源消费数据共享，加强建筑领域计量器具配备和管理。加强城市、县城、乡村等常住人口调查与分析。

（十七）构建绿色低碳转型发展模式。以绿色低碳为目标，构建纵向到底、横向到边、共建共治共享发展模式，健全政府主导、群团带动、社会参与机制。建立健全"一年一体检、五年一评估"的城市体检评估制度。建立乡村建设评价机制。利用建筑信息模型（BIM）技术和城市信息模型（CIM）平台等，推动数字建筑、数字孪生城市建设，加快城乡建设数字化转型。大力发展节能服务产业，推广合同能源管理，探索节能咨询、诊断、设计、融资、改造、托管等"一站式"综合服务模式。

（十八）建立产学研一体化机制。组织开展基础研究、关键核心技术攻关、工程示范和产业化应用，推动科技研发、成果转化、产业培育协同发展。整合优化行业产学研科技资源，推动高水平创新团队和创新平台建设，加强创新型领军企业培育。鼓励支持领军企业联合高校、科研院所、产业园区、金融机构等力量，组建产业技术创新联盟等多种形式的创新联合体。鼓励高校增设碳达峰碳中和相关课程，加强人才队伍建设。

（十九）完善金融财政支持政策。完善支持城乡建设领域碳达峰的相关财政政策，落实税收优惠政策。完善绿色建筑和绿色建材政府采购需求标准，在政府采购领域推广绿色建筑和绿色建材应用。强化绿色金融支持，鼓励银行业金融机构在风险可控和商业自主原则下，创新信贷产品和服务支持城乡建设领域节能降碳。鼓励开发商投保全装修住宅质量保险，强化保险支持，发挥绿色保险产品的风险保障作用。合理开放城镇基础设施投资、建设和运营市场，应用特许经营、政府购买服务等手段吸引社会资本投入。完善差别电价、分时电价和居民阶梯电价政策，加快推进供热计量和按供热量收费。

五、加强组织实施

（二十）加强组织领导。在碳达峰碳中和工作领导小组领导下，住房和城乡建设部、国家发展改革委等部门加强协作，形成合力。各地区各有关部门要加强协调，科学制定城乡建设领域碳达峰实施细化方案，明确任务目标，制定责任清单。

（二十一）强化任务落实。各地区各有关部门要明确责任，将各项任务落实落细，及时总结好经验好做法，扎实推进相关工作。各省（区、市）住房和城乡建设、发展改革部门于每年11月底前将当年贯彻落实情况报住房和城乡建设部、国家发展改革委。

（二十二）加大培训宣传。将碳达峰碳中和作为城乡建设领域干部培训重要内容，提高绿色低碳发展能力。通过业务培训、比赛竞赛、经验交流等多种方式，提高规划、设计、施工、运行相关单位和企业人才业务水平。加大对优秀项目、典型案例的宣传力度，配合开展好"全民节能行动""节能宣传周"等活动。编写绿色生活宣传手册，积极倡导绿色低碳生活方式，动员社会各方力量参与降碳行动，形成社会各界支持、群众积极参与的浓厚氛围。开展减排自愿承诺，引导公众自觉履行节能减排责任。

农业农村部 国家发展改革委关于印发《农业农村减排固碳实施方案》的通知

（农科教发〔2022〕2号）

各省、自治区、直辖市农业农村（农牧）厅（局、委）、发展改革委，新疆生产建设兵团农业农村局、发展改革委：

为贯彻落实碳达峰碳中和重大决策部署，推进农业农村绿色低碳发展，我们制定了《农业农村减排固碳实施方案》，现印发你们，请结合实际贯彻落实。

农业农村部
国家发展改革委
2022年5月7日

农业农村减排固碳实施方案

2030年前实现碳排放达峰、2060年前实现碳中和，农业农村减排固碳既是重要举措，也是潜力所在。为贯彻落实党中央、国务院决策部署，做好农业农村减排固碳工作，根据《中共中央 国务院关于完整准确全面贯彻新发展理念做好碳达峰碳中和工作的意见》和《2030年前碳达峰行动方案》，制定本实施方案。

一、重要意义

（一）推进农业农村减排固碳，是农业生态文明建设的重要内容。习近平总书记在中央财经委员会第九次会议上强调，实现碳达峰碳中和是一场广泛而深刻的经济社会系统性变革，要把碳达峰碳中和纳入生态文明建设整体布局。农业具有"绿色"属性和多重功能，是生态产品的重要供给者，是生态系统的重要组成部分。当前，农业资源高度消耗的经营方式尚未根本改变，种养业绿色生产和低碳加工技术相对落后，一些地区农业面源污染严重，生产生活使用散煤造成的大气污染和碳排放问题突出。加快推进农业农村减排固碳，提高农业资源利用效率，改善农业农村生态环境，实现农业绿色发展，将农业农村建设成为美丽中国的"生态屏障"，是建设农业生态文明的内在要求。

（二）推进农业农村减排固碳，是农业农村现代化建设的重要方向。实现农业农村现代化是全面建设社会主义现代化国家的重大任务。以推动高质量发展为主题，统筹发展和安全，守牢国家粮食安全底线，实现农业农村生产生活方式绿色低碳转型，是农业农村现代化建设的重要内容。加快推进农业农村减排固碳，坚持质量兴农、绿色兴农，加快发展生态循环农业，构建节约资源、保护环境的空间格局，形成农业发展与资源环境承载力相匹配、与生产生活条件相协调的总体布局，有利于保障粮食安全和重要农产品有效供给、推动农业提质增效、促进农业农村现代化建设。

（三）推进农业农村减排固碳，是推进乡村振兴的重要任务。乡村振兴是实现中华民族伟大复兴的一项重大任务，生态振兴是乡村振兴的重要内容。实施乡村建设行动，推动农业农村废弃物资源化利用，发展生物质能等清洁能源，促进农村生产生活节能降耗，改善农村人居环境，是实现乡村生态宜居的关键所在。加快推进农业农村减排固碳，进一步推广循环利用、绿色低碳的生产生活方式，让良好生态成为乡村振兴的支撑点，让低碳产业成为乡村振兴新的经济增长点，有利于促进农业高质高效、乡村宜居宜业、农民富裕富足，助力全面推进乡村振兴。

（四）推进农业农村减排固碳，是应对气候变化的重要途径。全球气候变化深刻影响着人类生存和发展，是各国共同面临的重大挑战。应对气候变化是我国可持续发展的内在要求，也是负责任大国应尽的国际义务。加快推进农业农村减排固碳，降低农业农村生产生活温室气体排放强度，提高农田土壤固碳能力，发展农村可再生能源，有利于提升我国农业生产适应气候变化能力，为全球应对气候变化作出积极贡献。

二、总体要求

（一）总体思路。以习近平新时代中国特色社会主义思想为指导，深入贯彻党的十九大和十九届历次全会精神，按照二氧化碳排放力争于2030年前达到峰值、努力争取2060年前实现碳中和的总体要求，落实把碳达峰碳中和纳入生态文明整体布局的决策部署，以保障粮食安全和重要农产品有效供给为前提，以全面推进乡村振兴、加快农业农村现代化为引领，以农业农村绿色低碳发展为关键，以实施减污降碳、碳汇提升重大行动为抓手，全面提升农业综合生产能力，降低温室气体排放强度，提高农田土壤固碳能力，大力发展农村可再生能源，建立完善监测评价体系，强化科技创新支撑，构建政策保障机制，加快形成节约资源和保护环境的农业农村产业结构、生产方式、生活方式、空间格局，为全国实现碳达峰碳中和作出贡献。

（二）基本原则。

坚持系统观念。加强农业农村减排固碳与粮食和重要农产品有效供给、农业农村污染治理等重点工作的有效衔接，统一谋划、统一部署、统一推进，建立统筹融合的战略规划和行动体系，处理好发展和减排、整体和局部、长远目标和短期目标、政府和市场的关系。

坚持分类施策。根据区域资源禀赋、产业基础、生产规模、经营方式、生态功能等差异，因地制宜提出不同区域、不同行业的解决方案，明确重点任务和减排途径，推动形成各具特色、平衡协调的农业农村减排固碳路线图。

坚持创新驱动。把创新作为农业农村减排固碳的根本支撑，加快构建支撑绿色生态种养、废弃物资源化利用、可再生能源开发、生态系统碳汇提升等技术体系，协同推进温室气体减排、耕地质量提升、农业面源污染防治、生态循环农业建设，提升农业对气候变化韧性，提高农业农村绿色低碳发展水平。

坚持政策激励。注重激励性措施与约束性措施相结合，强化优惠政策的引导作用，在资金、项目等方面对农业农村减排固碳给予有力的激励约束。建立农业农村减排固碳监测体系，积极探索碳排放交易有效路径。

（三）主要目标。

"十四五"期间，在增强适应气候变化能力、保障粮食安全基础上，坚持降低排放强度为主、控制排放总量为辅的方针，着力构建政策激励、市场引导和监管约束的多向引导机制，探索全社会协同推进农业农村减排固碳的实施路径。

到2025年，农业农村减排固碳与粮食安全、乡村振兴、农业农村现代化统筹融合的格局基本形成，粮食和重要农产品供应保障更加有力，农业农村绿色低碳发展取得积极成效，农业生产结构和区域布局明显优化，种植业、养殖业单位农产品排放强度稳中有降，农田土壤固碳能力增强，农业农村生产生活用能效率提升。

到2030年，农业农村减排固碳与粮食安全、乡村振兴、农业农村现代化统筹推进的合力充分发挥，种植业温室气体、畜牧业反刍动物肠道发酵、畜禽粪污管理温室气体排放和农业农村生产生活用能排放强度进一步降低，农田土壤固碳能力显著提升，农业农村发展全面绿色转型取得显著成效。

三、重点任务

（一）种植业节能减排。 在强化粮食安全保障能力的基础上，优化稻田水分灌溉管理，降低稻田甲烷排放。推广优良品种和绿色高效栽培技术，提高氮肥利用效率，降低氧化亚氮排放。

（二）畜牧业减排降碳。 推广精准饲喂技术，推进品种改良，提高畜禽单产水平和饲料报酬，降低反刍动物肠道甲烷排放强度。提升畜禽养殖粪污资源化利用水平，减少畜禽粪污管理的甲烷和氧化亚氮排放。

（三）渔业减排增汇。 发展稻渔综合种养、大水面生态渔业、多营养层次综合养殖等生态健康养殖模式，减少甲烷排放。有序发展滩涂和浅海贝藻类增养殖，建设国家级海洋牧场，构建立体生态养殖系统，增加渔业碳汇潜力。推进渔船渔机节能减排。

（四）农田固碳扩容。 落实保护性耕作、秸秆还田、有机肥施用、绿肥种植等措施，加强高标准农田建设，加快退化耕地治理，加大黑土地等保护力度，提升农田土壤的有机质含量。发挥果园茶园碳汇功能。

（五）农机节能减排。 加快老旧农机报废更新力度，推广先进适用的低碳节能农机装备，降低化石能源消耗和二氧化碳排放。推广新能源技术，优化农机装备结构，加快绿色、智能、复式、高效农机化技术装备普及应用。

（六）可再生能源替代。因地制宜推广应用生物质能、太阳能、风能、地热能等绿色用能模式，增加农村地区清洁能源供应。推动农村取暖炊事、农业生产加工等用能侧可再生能源替代，强化能效提升。

四、重大行动

（一）稻田甲烷减排行动。以水稻主产区为重点，强化稻田水分管理，因地制宜推广稻田节水灌溉技术，提高水资源利用效率，减少甲烷生成。改进稻田施肥管理，推广有机肥腐熟还田等技术，选育推广高产、优质、低碳水稻品种，降低水稻单产甲烷排放强度。

（二）化肥减量增效行动。以粮食主产区、果菜茶优势产区、农业绿色发展先行区等为重点，推进氮肥减量增效。研发推广作物吸收、利用率高的新型肥料产品，推广水肥一体化等高效施肥技术，提高肥料利用率。推进有机肥与化肥结合使用，增加有机肥投入，替代部分化肥。

（三）畜禽低碳减排行动。推动畜牧业绿色低碳发展，以畜禽规模养殖场为重点，推广低蛋白日粮、全株青贮等技术和高产低排放畜禽品种，改进畜禽饲养管理，实施精准饲喂，降低单位畜禽产品肠道甲烷排放强度。改进畜禽粪污处理设施装备，推广粪污密闭处理、气体收集利用或处理等技术，建立粪污资源化利用台账，探索实施畜禽粪污养分平衡管理，提高畜禽粪污处理水平，降低畜禽粪污管理的甲烷和氧化亚氮排放。

（四）渔业减排增汇行动。以重要渔业产区为重点，推进渔业设施和渔船装备节能改造，大力发展水产低碳养殖，推广节能养殖机械。淘汰老旧木质渔船，鼓励建造玻璃钢等新材料渔船，推动渔船节能装备配置和升级换代。发展稻渔综合种养、鱼菜共生、大水面增殖等生态健康养殖模式。推进池塘标准化改造和尾水治理，发展工厂化、集装箱等循环水养殖。在近海及滩涂等主要渔业水域，开展多营养层级立体生态养殖，提升贝类藻类固碳能力，增加渔业碳汇。在沿海地区继续开展国家级海洋牧场示范区建设，实现渔业生物固碳。

（五）农机绿色节能行动。以粮食和重要农产品生产所需农机为重点，推进节能减排。实施更为严格的农机排放标准，减少废气排放。因地制宜发展复式、高效农机装备和电动农机装备，培育壮大新型农机服务组织，提供高效便捷的农机作业服务，减少种子、化肥、农药、水资源用量，提升作业效率，降低能源消耗。加快侧深施肥、精准施药、节水灌溉、高性能免耕播种等机械装备推广应用，大力示范推广节种节水节能节肥节药的农机化技术。实施农机报废更新补贴政策，加大能耗高、排放高、损失大、安全性能低的老旧农机淘汰力度。

（六）农田碳汇提升行动。以耕地土壤有机质提升为重点，增强农田土壤固碳能力。实施国家黑土地保护工程，推广有机肥施用、秸秆科学还田、绿肥种植、粮豆轮作、有机无机肥配施等技术，构建用地养地结合的培肥固碳模式，提升土壤有机质含量。实施保护性耕作，因地制宜推广秸秆覆盖还田免少耕播种技术，有效减轻土壤风蚀水蚀，增加土壤有机质。推进退化耕地治理，重点加强土壤酸化、盐碱化治理，消除土壤障碍因素，提高土壤肥力，提升固碳潜力。加强高标准农田建设，加快补齐农业基础设施短板，提高水土资源利用效率。

（七）秸秆综合利用行动。坚持农用优先、就地就近，以秸秆集约化、产业化、高值化为重点，推进秸秆综合利用。持续推进秸秆肥料化、饲料化和基料化利用，发挥好秸秆耕地保育和种养结合功能。推进秸秆能源化利用，因地制宜发展秸秆生物质能供气供热供电。拓宽秸秆原料化利用途径，支持秸秆浆替代木浆造纸，推动秸秆资源转化为环保板材、炭基产品等。健全秸秆收储运体系，完善秸秆资源台账。

（八）可再生能源替代行动。以清洁低碳转型为重点，大力推进农村可再生能源开发利用。因地制宜发展农村沼气，鼓励有条件地区建设规模化沼气/生物天然气工程，推进沼气集中供气供热、发电上网，及生物天然气车用或并入燃气管网等应用，替代化石能源。推广生物质成型燃料、打捆直燃、热解炭气联产等技术，配套清洁炉具和生物质锅炉，助力农村地区清洁取暖。推广太阳能热水器、太阳能灯、太阳房，利用农业设施棚顶、鱼塘等发展光伏农业。

（九）科技创新支撑行动。系统梳理农业农村减排固碳重大科技需求，加大国家科技计划支持力度。依托现代农业产业技术体系、国家农业科技创新联盟等，组织开展农业农村减排固碳联合攻关，形成一批综合性技术解决方案，补齐农业农村绿色低碳的科技短板。发布农业农村减排固碳技术目录。组建农业农村减排固碳专家指导委员会，加强技术指导、技术培训和技术服务。健全农业农村减排固碳标准体系，制修订一批国家标准、行业标准和地方标准。

（十）监测体系建设行动。完善农业农村减排固碳的监测指标、关键参数、核算方法。统筹中央和地方各级力量，优化不同区域稻田、农用地、养殖场等监测点位设置，推动构建科学布局、分级负责的监测评价体系，开展甲烷、氧化亚氮排放和农田、渔业固碳等定位监测。做好农村可再生能源等监测调查，开展常态化的统计分析。创新监测方式和手段，加快智能化、信息化技术在农业农村减排固碳监测领域的推广应用。

五、保障措施

（一）加强组织领导。农业农村部、国家发展改革委加强统筹协调，审议农业农村减排固碳的总体部署、重要规划，统筹研究重大政策和重要工作安排，协调解决重点难点问题，指导督促扎实开展工作。农业农村部具体负责组织实施农业农村减排固碳工作，开展跟踪评价，加强督促指导。各地农业农村、发展改革部门加强政策衔接和工作对接，结合地方实际情况，编制区域农业农村减排固碳实施方案，确保上下政策取向一致、步伐力度一致。

（二）加强政策创设。强化现有农业农村减排固碳支持政策的落实落地。研究完善重点任务支持政策，推进重大问题研究和政策法规制定，强化正向激励和负面约束等措施，创设完善有利于推进农业农村减排固碳的扶持政策。研究建立核算认证体系，探索农业碳排放交易有效路径。有序开展典型技术模式应用试点，打造一批农业农村低碳零碳先导区。

（三）**加强产业培育**。大力发展以绿色低碳、生态循环为增长点的农业新产业新业态，推动大数据、人工智能等新技术与产业发展深度融合，带动农业转型升级。探索低碳农产品、节能农产品的认证和管理，引导农业企业、经营主体强化减排固碳技术应用。打造一批农业绿色低碳产品品牌，建立健全农产品碳足迹追溯体系，拓展供给方式和供给渠道，不断壮大新型产业增长动能。

（四）**加强宣传引导**。充分利用各类传统媒体和新媒体，拓宽宣传渠道，加强对农业农村减排固碳良好做法和典型模式的宣传报道，形成多方合力推进的浓厚氛围。加强农业农村减排固碳科普工作力度，创作一批公众喜闻乐见的科普作品。定期举办专题培训和观摩交流等活动，选树一批有代表性的区域和实施主体，打造典型样板。

生态环境部等七部门关于印发《减污降碳协同增效实施方案》的通知

（环综合〔2022〕42号）

各省、自治区、直辖市和新疆生产建设兵团生态环境厅（局）、发展改革委、工业和信息化主管部门、住房和城乡建设厅（局）、交通运输厅（局、委）、农业农村（农牧）厅（局、委）、能源局：

《减污降碳协同增效实施方案》已经碳达峰碳中和工作领导小组同意，现印发给你们，请结合实际认真贯彻落实。

生态环境部

国家发展改革委

工业和信息化部

住房和城乡建设部

交通运输部

农业农村部

国家能源局

2022年6月10日

减污降碳协同增效实施方案

为深入贯彻落实党中央、国务院关于碳达峰碳中和决策部署，落实新发展阶段生态文明建设有关要求，协同推进减污降碳，实现一体谋划、一体部署、一体推进、一体考核，制定本实施方案。

一、面临形势

党的十八大以来，我国生态文明建设和生态环境保护取得历史性成就，生态环境质量持续改善，碳排放强度显著降低。但也要看到，我国发展不平衡、不充分问题依然突出，生态环境保护形势依然严峻，结构性、根源性、趋势性压力总体上尚未根本缓解，实现美丽中国建设和碳达峰碳中和目标愿景任重道远。与发达国家基本解决环境污染问题后转入强化碳排放控制阶段不同，当前我国生态文明建设同时面临实现生态环境根本好转和碳达峰碳中和两大战略任务，生态环境多目标治理要求进一步凸显，协同推进减污降碳已成为我国新发展阶段经济社会发展全面绿色转型的必然选择。

面对生态文明建设新形势新任务新要求，基于环境污染物和碳排放高度同根同源的特征，必须立足实际，遵循减污降碳内在规律，强化源头治理、系统治理、综合治理，切实发挥好降碳行动对生态环境质量改善的源头牵引作用，充分利用现有生态环境制度体系协同促进低碳发展，创新政策措施，优化治理路线，推动减污降碳协同增效。

二、总体要求

（一）指导思想。以习近平新时代中国特色社会主义思想为指导，全面贯彻党的十九大和十九届历次全会精神，按照党中央、国务院决策部署，深入贯彻习近平生态文明思想，坚持稳中求进工作总基调，立足新发展阶段，完整、准确、全面贯彻新发展理念，构建新发展格局，推动高质量发展，把实现减污降碳协同增效作为促进经济社会发展全面绿色转型的总抓手，锚定美丽中国建设和碳达峰碳中和目标，科学把握污染防治和气候治理的整体性，以结构调整、布局优化为关键，以优化治理路径为重点，以政策协同、机制创新为手段，完善法规标准，强化科技支撑，全面提高环境治理综合效能，实现环境效益、气候效益、经济效益多赢。

（二）工作原则。

突出协同增效。坚持系统观念，统筹碳达峰碳中和与生态环境保护相关工作，强化目标协同、区域协同、领域协同、任务协同、政策协同、监管协同，增强生态环境政策与能源产业政策协同性，以碳达峰行动进一步深化环境治理，以环境治理助推高质量达峰。

强化源头防控。紧盯环境污染物和碳排放主要源头，突出主要领域、重点行业和关键环节，强化资源能源节约和高效利用，加快形成有利于减污降碳的产业结构、生产方式和生活方式。

优化技术路径。统筹水、气、土、固废、温室气体等领域减排要求，优化治理目标、治理工艺和技术路线，优先采用基于自然的解决方案，加强技术研发应用，强化多污染物与温室气体协同控制，增强污染防治与碳排放治理的协调性。

注重机制创新。充分利用现有法律、法规、标准、政策体系和统计、监测、监管能力，完善管理制度、基础能力和市场机制，一体推进减污降碳，形成有效激励约束，有力支撑减污降碳目标任务落地实施。

鼓励先行先试。发挥基层积极性和创造力，创新管理方式，形成各具特色的典型做法和有效模式，加强推广应用，实现多层面、多领域减污降碳协同增效。

（三）主要目标。

到2025年，减污降碳协同推进的工作格局基本形成；重点区域、重点领域结构优化调整和绿色低碳发展取得明显成效；形成一批可复制、可推广的典型经验；减污降碳协同度有效提升。

到2030年，减污降碳协同能力显著提升，助力实现碳达峰目标；大气污染防治重点区域碳达峰与空气质量改善协同推进取得显著成效；水、土壤、固体废物等污染防治领域协同治理水平显著提高。

三、加强源头防控

（四）**强化生态环境分区管控**。构建城市化地区、农产品主产区、重点生态功能区分类指导的减污降碳政策体系。衔接国土空间规划分区和用途管制要求，将碳达峰碳中和要求纳入"三线一单"（生态保护红线、环境质量底线、资源利用上线和生态环境准入清单）分区管控体系。增强区域环境质量改善目标对能源和产业布局的引导作用，研究建立以区域环境质量改善和碳达峰目标为导向的产业准入及退出清单制度。加大污染严重地区结构调整和布局优化力度，加快推动重点区域、重点流域落后和过剩产能退出。依法加快城市建成区重污染企业搬迁改造或关闭退出。（生态环境部、国家发展改革委、工业和信息化部、自然资源部、水利部按职责分工负责）

（五）**加强生态环境准入管理**。坚决遏制高耗能、高排放、低水平项目盲目发展，高耗能、高排放项目审批要严格落实国家产业规划、产业政策、"三线一单"、环评审批、取水许可审批、节能审查以及污染物区域削减替代等要求，采取先进适用的工艺技术和装备，提升高耗能项目能耗准入标准，能耗、物耗、水耗要达到清洁生产先进水平。持续加强产业集群环境治理，明确产业布局和发展方向，高起点设定项目准入类别，引导产业向"专精特新"转型。在产业结构调整指导目录中考虑减污降碳协同增效要求，优化鼓励类、限制类、淘汰类相关项目类别。优化生态环境影响相关评价方法和准入要求，推动在沙漠、戈壁、荒漠地区加快规划建设大型风电光伏基地项目。大气污染防治重点区域严禁新增钢铁、焦化、炼油、电解铝、水泥、平板玻璃（不含光伏玻璃）等产能。（生态环境部、国家发展改革委、工业和信息化部、水利部、市场监管总局、国家能源局按职责分工负责）

（六）**推动能源绿色低碳转型**。统筹能源安全和绿色低碳发展，推动能源供给体系清洁化低碳化和终端能源消费电气化。实施可再生能源替代行动，大力发展风能、太阳能、生物质能、海洋能、地热能等，因地制宜开发水电，开展小水电绿色改造，在严监管、确保绝对安全前提下有序发展核电，不断提高非化石能源消费比重。严控煤电项目，"十四五"时期严格合理控制煤炭消费增长、"十五五"时期逐步减少。重点削减散煤等非电用煤，严禁在国家政策允许的领域以外新（扩）建燃煤自备电厂。持续推进北方地区冬季清洁取暖。新改扩建工业炉窑采用清洁低碳能源，优化天然气使用方式，优先保障居民用气，有序推进工业燃煤和农业用煤天然气替代。（国家发展改革委、国家能源局、工业和信息化部、自然资源部、生态环境部、住房城乡建设部、农业农村部、水利部、市场监管总局按职责分工负责）

（七）**加快形成绿色生活方式**。倡导简约适度、绿色低碳、文明健康的生活方式，从源头上减少污染物和碳排放。扩大绿色低碳产品供给和消费，加快推进构建统一的绿色产品认证与标识体系，完善绿色产品推广机制。开展绿色社区等建设，深入开展全社会反对浪费行动。推广绿色包装，推动包装印刷减量化，减少印刷面积和颜色种类。引导公众优先选择公共交通、自行车和步行等绿色低碳出行方式。发挥公共机构特别是党政机关节能减排引领示范作用。探索建立"碳普惠"等公众参与机制。（国家发展改革委、生态环境部、工业和信息化部、财政部、住房城乡建设部、交通运输部、商务部、市场监管总局、国管局按职责分工负责）

四、突出重点领域

（八）**推进工业领域协同增效**。实施绿色制造工程，推广绿色设计，探索产品设计、生产工艺、产品分销以及回收处置利用全产业链绿色化，加快工业领域源头减排、过程控制、末端治理、综合利用全流程绿色发展。推进工业节能和能效水平提升。依法实施"双超双有高耗能"企业强制性清洁生产审核，开展重点行业清洁生产改造，推动一批重点企业达到国际领先水平。研究建立大气环境容量约束下的钢铁、焦化等行业去产能长效机制，逐步减少独立烧结、热轧企业数量。大力支持电炉短流程工艺发展，水泥行业加快原燃料替代，石化行业加快推动减油增化，铝行业提高再生铝比例，推广高效低碳技术，加快再生有色金属产业发展。2025年和2030年，全国短流程炼钢占比分别提升至15%、20%以上。2025年再生铝产量达到1150万吨，2030年电解铝使用可再生能源比例提高至30%以上。推动冶炼副产能源资源与建材、石化、化工行业深度耦合发展。鼓励重点行业企业探索采用多污染物和温室气体协同控制技术工艺，开展协同创新。推动碳捕集、利用与封存技术在工业领域应用。（工业和信息化部、国家发展改革委、生态环境部、国家能源局按职责分工负责）

（九）**推进交通运输协同增效**。加快推进"公转铁""公转水"，提高铁路、水运在综合运输中的承运比例。发展城市绿色配送体系，加强城市慢行交通系统建设。加快新能源车发展，逐步推动公共领域用车电动化，有序推动老旧车辆替换为新能源车辆和非道路移动机械使用新能源清洁能源动力，探索开展中重型电动、燃料电池货车示范应用和商业化运营。到2030年，大气污染防治重点区域新能源汽车新车销售量达到汽车新车销售量的50%左右。加快淘汰老旧船舶，推动新能源、清洁能源动力船舶应用，加快港口供电设施建设，推动船舶靠港使用岸电。（交通运输部、国家发展改革委、工业和信息化部、生态环境部、住房城乡建设部、中国国家铁路集团有限公司按职责分工负责）

（十）**推进城乡建设协同增效**。优化城镇布局，合理控制城镇建筑总规模，加强建筑拆建管理，多措并举提高绿色建筑比例，推动超低能耗建筑、近零碳建筑规模化发展。稳步发展装配式建筑，推广使用绿色建材。推动北方地区建筑节能绿色改造与清洁取暖同步实施，优先支持大气污染防治重点区域利用太阳能、地热、生物质能等可再生能源满足建筑供热、制冷及生活热水等用能需求。鼓励在城镇老旧小区改造、农村危房改造、农房抗震改造等过程中同步实施建筑绿色化改造。鼓励小规模、渐进式更新和微改造，推进建筑废弃物再生利用。合理控制城市照明能耗。大力发展光伏建筑一体化应用，开展光储直柔一体化试点。在农村人居环境整治提升中统筹考虑减污降碳要求。（住房城乡建设部、自然资源部、生态环境部、农业农村部、国家能源局、国家乡村振兴局等按职责分工负责）

（十一）推进农业领域协同增效。推行农业绿色生产方式，协同推进种植业、畜牧业、渔业节能减排与污染治理。深入实施化肥农药减量增效行动，加强种植业面源污染防治，优化稻田水分灌溉管理，推广优良品种和绿色高效栽培技术，提高氮肥利用效率，到2025年，三大粮食作物化肥、农药利用率均提高到43%。提升秸秆综合利用水平，强化秸秆焚烧管控。提高畜禽粪污资源化利用水平，适度发展稻渔综合种养、渔光一体、鱼菜共生等多层次综合水产养殖模式，推进渔船渔机节能减排。加快老旧农机报废更新力度，推广先进适用的低碳节能农机装备。在农业领域大力推广生物质能、太阳能等绿色用能模式，加快农村取暖炊事、农业及农产品加工设施等可再生能源替代。（农业农村部、生态环境部、国家能源局按职责分工负责）

（十二）推进生态建设协同增效。坚持因地制宜，宜林则林，宜草则草，科学开展大规模国土绿化行动，持续增加森林面积和蓄积量。强化生态保护监管，完善自然保护地、生态保护红线监管制度，落实不同生态功能区分级分区保护、修复、监管要求，强化河湖生态流量管理。加强土地利用变化管理和森林可持续经营。全面加强天然林保护修复。实施生物多样性保护重大工程。科学推进荒漠化、石漠化、水土流失综合治理，科学实施重点区域生态保护和修复综合治理项目，建设生态清洁小流域。坚持以自然恢复为主，推行森林、草原、河流、湖泊、湿地休养生息，加强海洋生态系统保护，改善水生态环境，提升生态系统质量和稳定性。加强城市生态建设，完善城市绿色生态网络，科学规划、合理布局城市生态廊道和生态缓冲带。优化城市绿化树种，降低花粉污染和自然源挥发性有机物排放，优先选择乡土树种。提升城市水体自然岸线保有率。开展生态改善、环境扩容、碳汇提升等方面效果综合评估，不断提升生态系统碳汇与净化功能。（国家林草局、国家发展改革委、自然资源部、生态环境部、住房城乡建设部、水利部按职责分工负责）

五、优化环境治理

（十三）推进大气污染防治协同控制。优化治理技术路线，加大氮氧化物、挥发性有机物（VOCs）以及温室气体协同减排力度。一体推进重点行业大气污染深度治理与节能降碳行动，推动钢铁、水泥、焦化行业及锅炉超低排放改造，探索开展大气污染物与温室气体排放协同控制改造提升工程试点。VOCs等大气污染物治理优先采用源头替代措施。推进大气污染治理设备节能降耗，提高设备自动化智能化运行水平。加强消耗臭氧层物质和氢氟碳化物管理，加快使用含氢氯氟烃生产线改造，逐步淘汰氢氯氟烃使用。推进移动源大气污染物排放和碳排放协同治理。（生态环境部、国家发展改革委、

工业和信息化部、交通运输部、国家能源局按职责分工负责）

（十四）推进水环境治理协同控制。大力推进污水资源化利用。提高工业用水效率，推进产业园区用水系统集成优化，实现串联用水、分质用水、一水多用、梯级利用和再生利用。构建区域再生水循环利用体系，因地制宜建设人工湿地水质净化工程及再生水调蓄设施。探索推广污水社区化分类处理和就地回用。建设资源能源标杆再生水厂。推进污水处理厂节能降耗，优化工艺流程，提高处理效率；鼓励污水处理厂采用高效水力输送、混合搅拌和鼓风曝气装置等高效低能耗设备；推广污水处理厂污泥沼气热电联产及水源热泵等热能利用技术；提高污泥处置和综合利用水平；在污水处理厂推广建设太阳能发电设施。开展城镇污水处理和资源化利用碳排放测算，优化污水处理设施能耗和碳排放管理。以资源化、生态化和可持续化为导向，因地制宜推进农村生活污水集中或分散式治理及就近回用。（生态环境部、国家发展改革委、工业和信息化部、住房城乡建设部、农业农村部按职责分工负责）

（十五）推进土壤污染治理协同控制。合理规划污染地块土地用途，鼓励农药、化工等行业中重度污染地块优先规划用于拓展生态空间，降低修复能耗。鼓励绿色低碳修复，优化土壤污染风险管控和修复技术路线，注重节能降耗。推动严格管控类受污染耕地植树造林增汇，研究利用废弃矿山、采煤沉陷区受损土地、已封场垃圾填埋场、污染地块等因地制宜规划建设光伏发电、风力发电等新能源项目。（生态环境部、国家发展改革委、自然资源部、住房城乡建设部、国家能源局、国家林草局按职责分工负责）

（十六）推进固体废物污染防治协同控制。强化资源回收和综合利用，加强"无废城市"建设。推动煤矸石、粉煤灰、尾矿、冶炼渣等工业固废资源利用或替代建材生产原料，到2025年，新增大宗固废综合利用率达到60%，存量大宗固废有序减少。推进退役动力电池、光伏组件、风电机组叶片等新型废弃物回收利用。加强生活垃圾减量化、资源化和无害化处理，大力推进垃圾分类，优化生活垃圾处理处置方式，加强可回收物和厨余垃圾资源化利用，持续推进生活垃圾焚烧处理能力建设。减少有机垃圾填埋，加强生活垃圾填埋场垃圾渗滤液、恶臭和温室气体协同控制，推动垃圾填埋场填埋气收集和利用设施建设。因地制宜稳步推进生物质能多元化开发利用。禁止持久性有机污染物和添汞产品的非法生产，从源头减少含有毒有害化学物质的固体废物产生。（生态环境部、国家发展改革委、工业和信息化部、住房城乡建设部、商务部、市场监管总局、国家能源局按职责分工负责）

六、开展模式创新

（十七）开展区域减污降碳协同创新。基于深入打好污染防治攻坚战和碳达峰目标要求，在国家重大战略区域、大气污染防治重点区域、重点海湾、重点城市群，加快探索减污降碳协同增效的有效模式，优化区域产业结构、能源结构、交通运输结构，培育绿色低碳生活方式，加强技术创新和体制机制创新，助力实现区域绿色低碳发展目标。（生态环境部、国家发展改革委等按职责分工负责）

（十八）**开展城市减污降碳协同创新**。统筹污染治理、生态保护以及温室气体减排要求，在国家环境保护模范城市、"无废城市"建设中强化减污降碳协同增效要求，探索不同类型城市减污降碳推进机制，在城市建设、生产生活各领域加强减污降碳协同增效，加快实现城市绿色低碳发展。（生态环境部、国家发展改革委、住房城乡建设部等按职责分工负责）

（十九）**开展产业园区减污降碳协同创新**。鼓励各类产业园区根据自身主导产业和污染物、碳排放水平，积极探索推进减污降碳协同增效，优化园区空间布局，大力推广使用新能源，促进园区能源系统优化和梯级利用、水资源集约节约高效循环利用、废物综合利用，升级改造污水处理设施和垃圾焚烧设施，提升基础设施绿色低碳发展水平。（生态环境部、国家发展改革委、科技部、工业和信息化部、住房城乡建设部、水利部、商务部等按职责分工负责）

（二十）**开展企业减污降碳协同创新**。通过政策激励、提升标准、鼓励先进等手段，推动重点行业企业开展减污降碳试点工作。鼓励企业采取工艺改进、能源替代、节能提效、综合治理等措施，实现生产过程中大气、水和固体废物等多种污染物以及温室气体大幅减排，显著提升环境治理绩效，实现污染物和碳排放均达到行业先进水平，"十四五"期间力争推动一批企业开展减污降碳协同创新行动；支持企业进一步探索深度减污降碳路径，打造"双近零"排放标杆企业。（生态环境部负责）

七、强化支撑保障

（二十一）**加强协同技术研发应用**。加强减污降碳协同增效基础科学和机理研究，在大气污染防治、碳达峰碳中和等国家重点研发项目中设置研究任务，建设一批相关重点实验室，部署实施一批重点创新项目。加强氢能冶金、二氧化碳合成化学品、新型电力系统关键技术等研发，推动炼化系统能量优化、低温室效应制冷剂替代、碳捕集与利用等技术试点应用，推广光储直柔、可再生能源与建筑一体化、智慧交通、交通能源融合技术。开展烟气超低排放与碳减排协同技术创新，研发多污染物系统治理、VOCs源头替代、低温脱硝等技术和装备。充分利用国家生态环境科技成果转化综合服务平台，实施百城千县万名专家生态环境科技帮扶行动，提升减污降碳科技成果转化力度和效率。加快重点领域绿色低碳共性技术示范、制造、系统集成和产业化。开展水土保持措施碳汇效应研究。加强科技创新能力建设，推动重点方向学科交叉研究，形成减污降碳领域国家战略科技力量。（科技部、国家发展改革委、生态环境部、住房城乡建设部、交通运输部、水利部、国家能源局按职责分工负责）

（二十二）**完善减污降碳法规标准**。制定实施《碳排放权交易管理暂行条例》。推动将协同控制温室气体排放纳入生态环境相关法律法规。完善生态环境标准体系，制修订相关排放标准，强化非二氧化碳温室气体管控，研究制订重点行业温室气体排放标准，制定污染物与温室气体排放协同控制可行技术指南、监测技术指南。完善汽车等移动源排放标准，推动污染物与温室气体排放协同控制。（生态环境部、司法部、工业和信息

化部、交通运输部、市场监管总局按职责分工负责）

（二十三）**加强减污降碳协同管理**。研究探索统筹排污许可和碳排放管理，衔接减污降碳管理要求。加快全国碳排放权交易市场建设，严厉打击碳排放数据造假行为，强化日常监管，建立长效机制，严格落实履约制度，优化配额分配方法。开展相关计量技术研究，建立健全计量测试服务体系。开展重点城市、产业园区、重点企业减污降碳协同度评价研究，引导各地区优化协同管理机制。推动污染物和碳排放量大的企业开展环境信息依法披露。（生态环境部、国家发展改革委、工业和信息化部、市场监管总局、国家能源局按职责分工负责）

（二十四）**强化减污降碳经济政策**。加大对绿色低碳投资项目和协同技术应用的财政政策支持，财政部门要做好减污降碳相关经费保障。大力发展绿色金融，用好碳减排货币政策工具，引导金融机构和社会资本加大对减污降碳的支持力度。扎实推进气候投融资，建设国家气候投融资项目库，开展气候投融资试点。建立有助于企业绿色低碳发展的绿色电价政策。将清洁取暖财政政策支持范围扩大到整个北方地区，有序推进散煤替代和既有建筑节能改造工作。加强清洁生产审核和评价认证结果应用，将其作为阶梯电价、用水定额、重污染天气绩效分级管控等差异化政策制定和实施的重要依据。推动绿色电力交易试点。（财政部、国家发展改革委、生态环境部、住房城乡建设部、交通运输部、人民银行、银保监会、证监会按职责分工负责）

（二十五）**提升减污降碳基础能力**。拓展完善天地一体监测网络，提升减污降碳协同监测能力。健全排放源统计调查、核算核查、监管制度，按履约要求编制国家温室气体排放清单，建立温室气体排放因子库。研究建立固定源污染物与碳排放核查协同管理制度，实行一体化监管执法。依托移动源环保信息公开、达标监管、检测与维修等制度，探索实施移动源碳排放核查、核算与报告制度。（生态环境部、国家发展改革委、国家统计局按职责分工负责）

八、加强组织实施

（二十六）**加强组织领导**。各地区各有关部门要认真贯彻落实党中央、国务院决策部署，充分认识减污降碳协同增效工作的重要性、紧迫性，坚决扛起责任，抓好贯彻落实。各有关部门要加强协调配合，各司其职，各负其责，形成合力，系统推进相关工作。各地区生态环境部门要结合实际，制定实施方案，明确时间目标，细化工作任务，确保各项重点举措落地见效。（各相关部门、地方按职责分工负责）

（二十七）**加强宣传教育**。将绿色低碳发展纳入国民教育体系。加强干部队伍能力建设，组织开展减污降碳协同增效业务培训，提升相关部门、地方政府、企业管理人员能力水平。加强宣传引导，选树减污降碳先进典型，发挥榜样示范和价值引领作用，利用六五环境日、全国低碳日、全国节能宣传周等广泛开展宣传教育活动。开展生态环境保护和应对气候变化科普活动。加大信息公开力度，完善公众监督和举报反馈机制，提高环境决策公众参与水平。（生态环境部、国家发展改革委、教育部、科技部按职责分

工负责）

（二十八）**加强国际合作**。积极参与全球气候和环境治理，广泛开展应对气候变化、保护生物多样性、海洋环境治理等生态环保国际合作，与共建"一带一路"国家开展绿色发展政策沟通，加强减污降碳政策、标准联通，在绿色低碳技术研发应用、绿色基础设施建设、绿色金融、气候投融资等领域开展务实合作。加强减污降碳国际经验交流，为实现2030年全球可持续发展目标贡献中国智慧、中国方案。（生态环境部、国家发展改革委、科技部、财政部、住房城乡建设部、人民银行、市场监管总局、中国气象局、证监会、国家林草局等按职责分工负责）

（二十九）**加强考核督察**。统筹减污降碳工作要求，将温室气体排放控制目标完成情况纳入生态环境相关考核，逐步形成体现减污降碳协同增效要求的生态环境考核体系。（生态环境部牵头负责）

工业和信息化部　国家发展改革委 生态环境部关于印发《有色金属行业 碳达峰实施方案》的通知

（工信部联原〔2022〕153号）

科技部、财政部、人力资源社会保障部、交通运输部、商务部、应急部、人民银行、国资委、海关总署、税务总局、市场监管总局、统计局、银保监会、证监会、能源局，各省、自治区、直辖市及计划单列市、新疆生产建设兵团工业和信息化主管部门、发展改革委、生态环境厅（局），有关协会，有关中央企业：

现将《有色金属行业碳达峰实施方案》印发给你们，请认真贯彻落实。

工业和信息化部
国家发展改革委
生态环境部
2022年11月10日

有色金属行业碳达峰实施方案

有色金属行业是国民经济的重要基础产业，是建设制造强国的重要支撑，也是我国工业领域碳排放的重点行业。为深入贯彻落实党中央、国务院关于碳达峰碳中和决策部署，切实做好有色金属行业碳达峰工作，根据《关于完整准确全面贯彻新发展理念做好碳达峰碳中和工作的意见》《2030年前碳达峰行动方案》，结合《工业领域碳达峰实施方案》，制定本实施方案。

一、总体要求

（一）指导思想。以习近平新时代中国特色社会主义思想为指导，全面贯彻党的二十大精神，坚持稳中求进工作总基调，立足新发展阶段，完整、准确、全面贯彻新发展理念，构建新发展格局，坚持系统观念，处理好发展和减排、整体和局部、长远目标和短期目标、政府和市场的关系，围绕有色金属行业碳达峰总体目标，以深化供给侧结构性改革为主线，以优化冶炼产能规模、调整优化产业结构、强化技术节能降碳、推进清洁能源替代、建设绿色制造体系为着力点，提高全产业链减污降碳协同效能，加快构建绿色低碳发展格局，确保如期实现碳达峰目标。

（二）工作原则。

坚持双轮驱动。坚持政府和市场两手发力，完善有色金属行业绿色低碳发展政策体系，强化激励约束机制，充分调动市场主体积极性，多措并举推动绿色低碳发展。

坚持技术创新。发挥技术创新的支撑引领作用，加强产学研用协同，强化创新能力建设，推动有色金属行业低碳零碳技术开发，增强关键共性技术供给，推广应用先进适用技术。

坚持重点突破。强化全流程、全过程碳减排理念，紧盯能耗量大碳排放量大的大宗品种、冶炼等关键环节、大气污染防治和生态环境脆弱重点区域，精准施策突破碳达峰瓶颈问题，带动全行业能效和碳减排水平提升。

坚持有序推进。统筹考虑碳达峰工作与有色金属行业平稳运行、保障有效供给、维护产业链供应链安全的关系，尊重规律，实事求是，科学有序推进碳达峰工作。

（三）主要目标。"十四五"期间，有色金属产业结构、用能结构明显优化，低碳工艺研发应用取得重要进展，重点品种单位产品能耗、碳排放强度进一步降低，再生金属供应占比达到24%以上。"十五五"期间，有色金属行业用能结构大幅改善，电解铝使用可再生能源比例达到30%以上，绿色低碳、循环发展的产业体系基本建立。确保2030年前有色金属行业实现碳达峰。

二、重点任务

（一）优化冶炼产能规模。

1.巩固化解电解铝过剩产能成果。坚持电解铝产能总量约束，严格执行产能置换办法，研究差异化电解铝产能减量置换政策。压实地方政府、相关企业责任，加强事中事后监管，将严控电解铝新增产能纳入中央生态环境保护督察重要内容。（工业和信息化部、发展改革委牵头，生态环境部参加）

2.防范重点品种冶炼产能无序扩张。防范铜、铅、锌、氧化铝等冶炼产能盲目扩张，加快建立防范产能严重过剩的市场化、法治化长效机制。强化工业硅、镁等行业政策引导，促进形成更高水平的供需动态平衡。（工业和信息化部、发展改革委按职责分工负责）

3.提高行业准入门槛。新建和改扩建冶炼项目严格落实项目备案、环境影响评价、节能审查等政策规定，符合行业规范条件、能耗限额标准先进值、清洁运输、污染物区域削减措施等要求，国家或地方已出台超低排放要求的，应满足超低排放要求，大气污染防治重点区域须同时符合重污染天气绩效分级A级、煤炭减量替代等要求。（工业和信息化部、发展改革委、生态环境部、能源局按职责分工负责）

（二）调整优化产业结构。

4.引导行业高效集约发展。强化低碳发展理念，修订完善行业规范条件，支持制定行业自律公约，推动企业技术进步和规范发展，促进要素资源向绿色低碳优势企业集聚。完善国有企业考核体系，鼓励企业开展兼并重组或减碳战略合作。推动有色金属行业集中集聚发展，提高集约化、现代化水平，形成规模效益，降低单位产品能耗和碳排放。（工业和信息化部、发展改革委、国资委按职责分工负责）

5.强化产业协同耦合。鼓励原生与再生、冶炼与加工产业集群化发展，通过减少中间产品物流运输、推广铝水直接合金化等短流程工艺、共用园区或电厂蒸汽等，建立有利于碳减排的协同发展模式，降低总体碳排放。到2025年铝水直接合金化比例提高到90%以上。支持有色金属行业与石化化工、钢铁、建材等行业耦合发展，鼓励发展再生有色金属产业，实现能源资源梯级利用和产业循环衔接。（工业和信息化部、发展改革委按职责分工负责）

6.加快低效产能退出。修订完善《产业结构调整指导目录》，强化碳减排导向，坚决淘汰落后生产工艺、技术、装备，依据能效标杆水平，推动电解铝等行业改造升级。完善阶梯电价等绿色电价政策，引导电解铝等主要行业节能减排，加速低效产能退出。鼓励优势企业实施跨区域、跨所有制兼并重组，推动环保绩效差、能效水平低、工艺落后的产能依法依规加快退出。（发展改革委、工业和信息化部、生态环境部、能源局按职责分工负责）

（三）强化技术节能降碳。

7.加强关键技术攻关。研究有色金属行业低碳技术发展路线图，开展余热回收等共性关键技术、氨法炼锌等前沿引领技术、原铝低碳冶炼等颠覆性技术攻关和示范应用。强化企业创新主体地位，支持企业联合开展低碳技术创新和国际技术合作交流。围绕绿色冶金等重点领域，建设有色金属低碳制造业创新载体。（工业和信息化部、发展改革委、科技部按职责分工负责）

8.推广绿色低碳技术。大力推动先进节能工艺技术改造，重点推广高效稳定铝电解、铜锍连续吹炼、蓄热式竖罐炼镁等一批节能减排技术，进一步提高节能降碳水平。对技术节能降碳项目开展安全评估工作。（工业和信息化部、发展改革委、应急部按职责分工负责）

专栏　节能低碳技术重点方向

铝：重点推广铝电解槽及氧化铝生产线大型化技术、铝电解能源管理关键技术、新型稳流保温铝电解槽节能技术，重点研发氧化铝无钙溶出、赤泥固碳除碱、铝冶炼中低位余热回收利用、原铝低碳冶炼等技术。

铜：重点推广低品位铜矿绿色循环生物提铜技术、绿色高效短流程大型浮选装备成套技术、氧气底吹连续炼铜技术、铜锍连续吹炼技术、双炉连续炼铜技术、阳极炉纯氧燃烧技术、废杂铜低碳处理技术，重点研发铜火法冶炼中低位余热利用等技术。

  铅锌：重点推广锌精矿大型焙烧技术、液态高铅渣直接还原技术、以底吹为基础的富氧熔池熔炼技术、复杂多金属铁闪锌矿绿色高效炼锌新技术、锌二次资源萃取关键技术，重点研发难选冶难处理铅锌复合矿熔池熔炼、铅冶炼低碳还原、氨法炼锌、锌加压湿法冶金等技术。

  镁：重点推广大直径竖罐双蓄热底出渣镁冶炼技术，重点研发镁冶炼还原剂替代、再生镁提纯等技术。

  硅：重点推广大型矿热炉生产技术、余热回收发电技术，重点研发全密闭炉型、新型还原剂等技术。

  其他品种：重点推广短流程镍冶炼技术，重点研发离子型稀土矿绿色高效浸萃一体化新技术、海绵钛颠覆性制备等技术。

（四）推进清洁能源替代。

9.控制化石能源消费。推进有色金属行业燃煤窑炉以电代煤，提升用能电气化水平。在气源有保障、气价可承受的条件下有序推进以气代煤。推动落后自备燃煤机组淘汰关停或采用清洁燃料替代。严禁在国家政策允许的领域以外新（扩）建燃煤自备电厂，推动电解铝行业从使用自备电向网电转化。支持企业参与光伏、风电等可再生能源和氢能、储能系统开发建设。加强企业节能管理，严格落实国家强制性节能标准，持续开展工业节能监察，规范企业用能行为。（发展改革委、工业和信息化部、生态环境部、市场监管总局、能源局按职责分工负责）

10.鼓励消纳可再生能源。提高可再生能源使用比例，鼓励企业在资源环境可承载的前提下向可再生能源富集地区有序转移，逐步减少使用火电的电解铝产能。利用电解铝、工业硅等有色金属生产用电量大、负荷稳定等特点，支持企业参与以消纳可再生能源为主的微电网建设，支持具备条件的园区开展新能源电力专线供电，提高消纳能力。鼓励和引导有色金属企业通过绿色电力交易、购买绿色电力证书等方式积极消纳可再生能源，确保可再生能源电力消纳责任权重高于本区域最低消纳责任权重。力争2025年、2030年电解铝使用可再生能源比例分别达到25%、30%以上。（发展改革委、工业和信息化部、能源局按职责分工负责）

（五）建设绿色制造体系。

11.发展再生金属产业。完善再生有色金属资源回收和综合利用体系，引导在废旧金属产量大的地区建设资源综合利用基地，布局一批区域回收预处理配送中心。完善再生有色金属原料标准，鼓励企业进口高品质再生资源，推动资源综合利用标准化，提高保级利用水平。到2025年再生铜、再生铝产量分别达到400万吨、1150万吨，再生金属供应占比达24%以上。（发展改革委、工业和信息化部、商务部、海关总署、市场监管总局按职责分工负责）

12.构建绿色清洁生产体系。引导有色金属生产企业选用绿色原辅料、技术、装备、物流，建立绿色低碳供应链管理体系。对标国际领先水平，全面开展清洁生产审核评价和认证，实施清洁生产改造，推动减污降碳协同治理。提高有色金属企业厂外物料和产品清洁运输比例，优化厂内物流运输结构，全面实施皮带、轨道、辊道运输系统建设，推动大气污染防治重点区域淘汰国四及以下厂内车辆和国二及以下的非道路移动机械。基于产品全生命周期的绿色低碳发展理念，开展工业产品绿色设计，引导下游行业选用绿色有色金属产品。（发展改革委、工业和信息化部、生态环境部、交通运输部按职责分工负责）

13.加快产业数字化转型。统筹推进重点领域智能矿山和智能工厂建设，建立具有工艺流程优化、动态排产、能耗管理、质量优化等功能的智能生产系统，构建全产业链智能制造体系。探索运用工业互联网、云计算、第五代移动通信（5G）等技术加强对企业碳排放在线实时监测，追踪重点产品全生命周期碳足迹，建立行业碳排放大数据中心。鼓励企业完善能源管理体系，建设能源管控中心，利用信息化、数字化和智能化技术加强能耗监控，完善能源计量体系，提升能源精细化管理水平。（工业和信息化部、市场监管总局按职责分工负责）

三、保障措施

（一）加强统筹协调。各相关部门协同配合，统筹推进有色金属行业碳达峰工作，细化落实各项任务举措。各地区要提高认识，压实工作责任，严格执行环保、节能、安全生产等相关政策法规，结合本地实际提出落实措施。有色金属企业要强化低碳发展意识，结合自身实际明确企业碳达峰目标和路径，行业龙头企业体现责任担当，统筹兼顾企业发展和碳达峰需要，力争率先实现碳达峰，做好行业表率。（工业和信息化部、发展改革委牵头，各有关部门参加）

（二）强化激励约束。利用现有资金渠道，加大有色金属行业绿色低碳技术攻关力度，支持有色金属企业开展低碳冶炼、绿色化智能化改造。探索开展低碳绩效评价，鼓励地方对采用引领性绿色低碳新技术、新工艺的企业给予差别化政策。落实资源综合利用税收优惠政策，继续实行电解铝等冶炼产品进口暂定零关税。完善电解铝、工业硅等进出口政策。研究将有色金属行业重点品种纳入全国碳排放权交易市场，通过市场化手段，形成成本梯度，促进行业绿色低碳转型。（发展改革委、科技部、工业和信息化部、财政部、生态环境部、商务部、海关总署、税务总局按职责分工负责）

（三）加强金融支持。持续完善绿色金融标准体系，加快研究制定转型金融标准，健全金融机构绿色金融评价体系和激励机制，发挥国家产融合作平台作用，加强碳排放等信息对接，支持有色金属行业高耗能高排放项目转型升级。用好碳减排支持工具，支持金融机构在依法合规、风险可控和商业可持续前提下向具有显著碳减排效应的重点项目提供高质量金融服务。发展绿色直接融资，支持符合条件的绿色低碳企业上市融资、挂牌融资和再融资。有序推动绿色金融产品研发，支持发行碳中和债券、可持续发展挂钩债券等金融创新产品。鼓励社会资本设立有色金属行业低碳发展相关的股权投资基金，推动绿色低碳项目落地。强化企业社会责任意识，健全企业碳排放报告与信息披露制度，鼓励重点企业编制低碳发展报告，完善碳排放信用监管机制。（发展改革委、工业和信息化部、生态环境部、人民银行、银保监会、证监会按职责分工负责）

（四）健全标准计量体系。建立健全以碳达峰、碳中和为目标的有色金属行业碳排放标准计量体系。研究制定重点领域碳排放核算、产品碳足迹等核算核查类标准，低碳产品、企业、园区等评价类标准，低碳工艺流程等技术类标准，监测方法、设备等监测监控类标准，碳排放限额、碳资产管理等管理服务类标准。制修订重点品种的能耗限额标准。建立完善有色金属行业绿色产品、绿色工厂、绿色园区、绿色供应链等绿色制造标准体系。开展关键计量测试和评价技术研究，逐步建立健全有色金属行业碳排放计量体系。推动建立绿色用能监测与评价体系，建立完善基于绿证的绿色能源消费认证、标准、制度和标识体系。及时调整更新各类能源的碳排放系数，推进有色金属行业碳排放核算标准化。强化标准实施，完善团体标准采信机制，推进重点标准技术水平评价和实施效果评估，推动有色金属行业将温室气体管控纳入环评管理。加强低碳标准国际合作。（工业和信息化部、发展改革委、生态环境部、人民银行、市场监管总局、统计局、能源局按职责分工负责）

（五）完善公共服务。建设有色金属行业绿色低碳发展公共服务平台，面向重点领域提供产业咨询、碳排放核算、技术验证、分析检测、绿色评价、人才培训、金融投资等专业服务，支持行业龙头企业积极参与公共服务平台建设。结合有色金属行业特点和需求，组织开展碳排放核算、交易、管理等专业化、系统化培训，加强碳排放管理人才队伍建设，提升企业碳资产管理水平。鼓励企业参与组建低碳发展联盟等行业组织，通过技术交流、资源共享、产业耦合等方式推动协同降碳。（工业和信息化部、发展改革委、科技部、人力资源社会保障部、生态环境部按职责分工负责）

（六）加强示范引导。支持具有典型代表性的企业和园区开展碳达峰试点建设，在政策、资金、技术等方面对试点企业和园区给予支持，遴选公布一批低碳示范技术，培育一批标杆企业，打造一批标杆园区，为全行业提供可操作、可复制、可推广的经验做法。发挥舆论宣传引导作用，传播有色金属行业绿色低碳发展理念，加大低碳技术、绿色产品、绿色园区等典型案例宣传力度，推广先进经验与做法。发挥行业协会支撑政府、服务企业作用，做好政策宣贯落实，通过多种形式增进行业共识，推动行业自律。加强信息公开，及时发布行业动态，积极回应舆情热点和群众合理关切，为有色金属行业绿色低碳发展营造良好社会氛围。（工业和信息化部牵头，各有关部门参加）

工业和信息化部等四部门关于印发《建材行业碳达峰实施方案》的通知

（工信部联原〔2022〕149号）

教育部、科技部、财政部、交通运输部、农业农村部、商务部、人民银行、市场监管总局、统计局、工程院、银保监会、能源局、林草局，各省、自治区、直辖市及计划单列市、新疆生产建设兵团工业和信息化主管部门、发展改革委、生态环境厅（局）、住房城乡建设厅（局），有关协会，有关中央企业：

现将《建材行业碳达峰实施方案》印发给你们，请认真贯彻落实。

工业和信息化部
国家发展改革委
生态环境部
住房和城乡建设部
2022年11月2日

建材行业碳达峰实施方案

建材行业是国民经济和社会发展的重要基础产业，也是工业领域能源消耗和碳排放的重点行业。为深入贯彻落实党中央、国务院关于碳达峰碳中和决策部署，切实做好建材行业碳达峰工作，根据《关于完整准确全面贯彻新发展理念做好碳达峰碳中和工作的意见》《2030年前碳达峰行动方案》，结合《工业领域碳达峰实施方案》，制定本实施方案。

一、总体要求

（一）指导思想。以习近平新时代中国特色社会主义思想为指导，全面贯彻党的二十大精神，坚持稳中求进工作总基调，立足新发展阶段，完整、准确、全面贯彻新发展理念，构建新发展格局，坚持系统观念，处理好发展和减排、整体和局部、长远目标和短期目标、政府和市场的关系，围绕建材行业碳达峰总体目标，以深化供给侧结构性改革为主线，以总量控制为基础，以提升资源综合利用水平为关键，以低碳技术创新为动力，全面提升建材行业绿色低碳发展水平，确保如期实现碳达峰。

（二）工作原则。

坚持统筹推进。加强顶层设计，强化公共服务，加强建材行业上下游产业链协同，保障有效供给，促进减污降碳协同增效，稳妥有序推进碳达峰工作。

坚持双轮驱动。政府和市场两手发力，完善建材行业绿色低碳发展政策体系，健全激励约束机制，充分调动市场主体节能降碳积极性。

坚持创新引领。强化科技创新，促进科技成果转化，加快节能低碳技术和装备的研发和产业化，为建材行业绿色低碳转型夯实基础、增强动力。

坚持突出重点。注重分类施策，以排放占比最高的水泥、石灰等行业为重点，充分发挥资源循环利用优势，加大力度实施原燃料替代，实现碳减排重大突破。

（三）主要目标。"十四五"期间，建材产业结构调整取得明显进展，行业节能低碳技术持续推广，水泥、玻璃、陶瓷等重点产品单位能耗、碳排放强度不断下降，水泥熟料单位产品综合能耗水平降低3%以上。"十五五"期间，建材行业绿色低碳关键技术产业化实现重大突破，原燃料替代水平大幅提高，基本建立绿色低碳循环发展的产业体系。确保2030年前建材行业实现碳达峰。

二、重点任务

（一）强化总量控制。

1.引导低效产能退出。修订《产业结构调整指导目录》，进一步提高行业落后产能淘汰标准，通过综合手段依法依规淘汰落后产能。发挥能耗、环保、质量等指标作用，引导能耗高、排放大的低效产能有序退出。鼓励建材领军企业开展资源整合和兼并重组，优化生产资源配置和行业空间布局。鼓励第三方机构、骨干企业等联合设立建材行业产能结构调整基金或平台，进一步探索市场化、法治化产能退出机制。（工业和信息化部、国家发展改革委、生态环境部、市场监管总局按职责分工负责）

2.防范过剩产能新增。严格落实水泥、平板玻璃行业产能置换政策，加大对过剩产能的控制力度，坚决遏制违规新增产能，确保总产能维持在合理区间。加强石灰、建筑卫生陶瓷、墙体材料等行业管理，加快建立防范产能严重过剩的市场化、法治化长效机制，防范产能无序扩张。支持国内优势企业"走出去"，开展国际产能合作。（工业和信息化部、国家发展改革委、生态环境部、商务部按职责分工负责）

3.完善水泥错峰生产。分类指导，差异管控，精准施策安排好错峰生产，推动全国水泥错峰生产有序开展，有效避免水泥生产排放与取暖排放叠加。加大落实和检查力度，健全激励约束机制，充分调动企业依法依规执行错峰生产的积极性。（工业和信息化部、生态环境部按职责分工负责）

（二）推动原料替代。

4.逐步减少碳酸盐用量。强化产业间耦合，加快水泥行业非碳酸盐原料替代，在保障水泥产品质量的前提下，提高电石渣、磷石膏、氟石膏、锰渣、赤泥、钢渣等含钙资源替代石灰石比重，全面降低水泥生产工艺过程的二氧化碳排放。加快高贝利特水泥、硫（铁）铝酸盐水泥等低碳水泥新品种的推广应用。研发含硫硅酸钙矿物、粘土煅烧水泥等材料，降低石灰石用量。（工业和信息化部、科技部按职责分工负责）

5.加快提升固废利用水平。支持利用水泥窑无害化协同处置废弃物。鼓励以高炉矿渣、粉煤灰等对产品性能无害的工业固体废弃物为主要原料的超细粉生产利用，提高混合材产品质量。提升玻璃纤维、岩棉、混凝土、水泥制品、路基填充材料、新型墙体和屋面材料生产过程中固废资源利用水平。支持在重点城镇建设一批达到重污染天气绩效分级B级及以上水平的墙体材料隧道窑处置固废项目。（工业和信息化部、国家发展改革委、生态环境部按职责分工负责）

6.推动建材产品减量化使用。精准使用建筑材料，减量使用高碳建材产品。提高水泥产品质量和应用水平，促进水泥减量化使用。开发低能耗制备与施工技术，加大高性能混凝土推广应用力度。加快发展新型低碳胶凝材料，鼓励固碳矿物材料和全固废免烧新型胶凝材料的研发。（工业和信息化部、住房和城乡建设部、科技部按职责分工负责）

（三）转换用能结构。

7.加大替代燃料利用。支持生物质燃料等可燃废弃物替代燃煤，推动替代燃料高热值、低成本、标准化预处理。完善农林废弃物规模化回收等上游产业链配套，形成供给充足稳定的衍生燃料制造新业态，提升水泥等行业燃煤替代率。（工业和信息化部、农业农村部、能源局、林草局按职责分工负责）

8.加快清洁绿色能源应用。优化建材行业能源结构，促进能源消费清洁低碳化，在气源、电源等有保障，价格可承受的条件下，有序提高平板玻璃、玻璃纤维、陶瓷、矿物棉、石膏板、混凝土制品、人造板等行业的天然气和电等使用比例。推动大气污染防治重点区域逐步减少直至取消建材行业燃煤加热、烘干炉（窑）、燃料类煤气发生炉等用煤。引导建材企业积极消纳太阳能、风能等可再生能源，促进可再生能源电力消纳责任权重高于本区域最低消纳责任权重，减少化石能源消费。（工业和信息化部、生态环境部、能源局、林草局按职责分工负责）

9.提高能源利用效率水平。引导企业建立完善能源管理体系，建设能源管控中心，开展能源计量审查，实现精细化能源管理。加强重点用能单位的节能管理，严格执行强制性能耗限额标准，加强对现有生产线的节能监察和新建项目的节能审查，树立能效"领跑者"标杆，推进企业能效对标达标。开展企业节能诊断，挖掘节能减碳空间，进一步提高能效水平。（国家发展改革委、工业和信息化部、市场监管总局按职责分工负责）

（四）加快技术创新。

10.加快研发重大关键低碳技术。突破水泥悬浮沸腾煅烧、玻璃熔窑窑外预热、窑炉氢能煅烧等重大低碳技术。研发大型玻璃熔窑大功率"火-电"复合熔化，以及全氧、富氧、电熔等工业窑炉节能降耗技术。加快突破建材窑炉碳捕集、利用与封存技术，加强与二氧化碳化学利用、地质利用和生物利用产业链的协同合作，建设一批标杆引领项目。探索开展负排放应用可行性研究。加大低温余热高效利用技术研发推广力度。加快气凝胶材料研发和推广应用。（工业和信息化部、国家发展改革委、科技部、生态环境部按职责分工负责）

11.加快推广节能降碳技术装备。每年遴选公布一批节能低碳建材技术和装备，到2030年累计推广超过100项。水泥行业加快推广低阻旋风预热器、高效烧成、高效篦冷机、高效节能粉磨等节能技术装备，玻璃行业加快推广浮法玻璃一窑多线等技术，陶瓷行业加快推广干法制粉工艺及装备，岩棉行业加快推广电熔生产工艺及技术装备，石灰行业加快推广双膛立窑、预热器等节能技术装备，墙体材料行业加快推广窑炉密封保温节能技术装备，提高砖瓦窑炉装备水平。（工业和信息化部、国家发展改革委按职责分工负责）

12.以数字化转型促进行业节能降碳。加快推进建材行业与新一代信息技术深度融合，通过数据采集分析、窑炉优化控制等提升能源资源综合利用效率，促进全链条生产工序清洁化和低碳化。探索运用工业互联网、云计算、第五代移动通信（5G）等技术加强对企业碳排放在线实时监测，追踪重点产品全生命周期碳足迹，建立行业碳排放大数据中心。针对水泥、玻璃、陶瓷等行业碳排放特点，提炼形成10套以上数字化、智能化、集成化绿色低碳系统解决方案，在全行业进行推广。（工业和信息化部、国家发展改革委、生态环境部按职责分工负责）

专栏　关键低碳技术推广路线图

2025年前：重点研发低钙熟料水泥、非碳酸盐钙质等原料替代技术，生物质燃料、垃圾衍生燃料等燃料替代技术，低温余热高效利用技术，全氧、富氧、电熔及"火-电"复合熔化技术等。重点推广水泥高效篦冷机、高效节能粉磨、低阻旋风预热器、浮法玻璃一窑多线、陶瓷干法制粉、岩棉电熔生产、石灰双膛立窑、墙体材料窑炉密封保温等节能降碳技术装备。

2030年前：重点推广新型低碳胶凝材料，突破玻璃熔窑窑外预热、水泥电窑炉、水泥悬浮沸腾煅烧、窑炉氢能煅烧等重大低碳技术，实现窑炉碳捕集、利用与封存技术的产业化应用。

（五）推进绿色制造。

13.构建高效清洁生产体系。强化建材企业全生命周期绿色管理，大力推行绿色设计，建设绿色工厂，协同控制污染物排放和二氧化碳排放，构建绿色制造体系。推动制定"一行一策"清洁生产改造提升计划，全面开展清洁生产审核评价和认证，推动一批重点企业达到国际清洁生产领先水平。在水泥、石灰、玻璃、陶瓷等重点行业加快实施污染物深度治理和二氧化碳超低排放改造，促进减污降碳协同增效，到2030年改造建设1000条绿色低碳生产线。推进绿色运输，打造绿色供应链，中长途运输优先采用铁路或水路，中短途运输鼓励采用管廊、新能源车辆或达到国六排放标准的车辆，厂内物流运输加快建设皮带、轨道、辊道运输系统，减少厂内物料二次倒运以及汽车运输量。推动大气污染防治重点区域淘汰国四及以下厂内车辆和国二及以下的非道路移动机械。（工业和信息化部、国家发展改革委、生态环境部、交通运输部按职责分工负责）

14.构建绿色建材产品体系。将水泥、玻璃、陶瓷、石灰、墙体材料、木竹材等产品碳排放指标纳入绿色建材标准体系，加快推进绿色建材产品认证，扩大绿色建材产品供给，提升绿色建材产品质量。大力提高建材产品深加工比例和产品附加值，加快向轻型化、集约化、制品化、高端化转型。加快发展生物质建材。（工业和信息化部、生态环境部、住房和城乡建设部、市场监管总局、林草局按职责分工负责）

15.加快绿色建材生产和应用。鼓励各地因地制宜发展绿色建材，培育一批骨干企业，打造一批产业集群。持续开展绿色建材下乡活动，助力美丽乡村建设。通过政府采购支持绿色建材促进建筑品质提升试点城市建设，打造宜居绿色低碳城市。促进绿色建材与绿色建筑协同发展，提升新建建筑与既有建筑改造中使用绿色建材，特别是节能玻璃、新型保温材料、新型墙体材料的比例，到2030年星级绿色建筑全面推广绿色建材。（工业和信息化部、财政部、住房和城乡建设部、市场监管总局按职责分工负责）

三、保障措施

（一）加强统筹协调。各相关部门要加强协同配合，细化工作措施，着力抓好各项任务落实，全面统筹推进建材行业碳达峰各项工作。各地区要高度重视，明确本地区目标，分解具体任务，压实工作责任，加强事中事后监管，结合本地实际提出落实举措。充分发挥行业协会作用，做好各项工作支撑。大型建材企业要发挥表率作用，结合自身实际，明确碳达峰碳减排时间表和路线图，加大技术创新力度，逐年降低碳排放强度，加快低碳转型升级。（工业和信息化部、国家发展改革委牵头，各有关部门参加）

（二）加大政策支持。严格落实水泥玻璃产能置换办法，组织开展专项检查，对弄虚作假、"批小建大"、违规新增产能等行为依法依规严肃处理。加大对建材行业低碳技术研发和产业化的支持力度。建立健全绿色建筑和绿色建材政府采购需求标准体系，加大绿色建材采购力度。在依法合规、风险可控、商业可持续的前提下，支持金融机构对符合条件的建材企业碳减排项目和技术、绿色建材消费等提供融资支持，支持社会资本以市场化方式设立建材行业绿色低碳转型基金。加强建材行业二氧化碳排放总量控制，研究将水泥等重点行业纳入全国碳排放权交易市场。完善阶梯电价等绿色电价政策，强化与产业和环保政策的协同。实行差别化的低碳环保管控政策，适时纳入重污染天气行业绩效分级管控体系。加强建材行业高耗能、高排放项目的环境影响评价和节能审查，充分发挥其源头防控作用。强化企业社会责任意识，健全企业碳排放报告与信息披露制度，鼓励重点企业编制绿色低碳发展报告，完善信用评价体系。（工业和信息化部、国家发展改革委、科技部、财政部、生态环境部、住房和城乡建设部、人民银行、银保监

会按职责分工负责）

（三）**健全标准计量体系**。明确核算边界，完善建材行业碳排放核算体系。加强碳计量技术研究和应用，建立完善碳排放计量体系。研究制定重点行业和产品碳排放限额标准，修订重点领域单位产品能耗限额标准，提高行业能效水平。加强建材行业节能降碳新技术、新工艺、新装备的标准制定，充分发挥计量、标准、认证、检验检测等质量基础设施对行业碳达峰工作的支撑作用。推动建材行业建立绿色用能监测与评价体系，建立完善基于绿证的绿色能源消费认证、标准、制度和标识体系。研究制定水泥、石灰、陶瓷、玻璃、墙体材料、耐火材料等分行业碳减排技术指南，有效引导企业实施碳减排行动。推动建材行业将温室气体管控纳入环评管理。加强低碳标准国际合作。（国家发展改革委、统计局、工业和信息化部、生态环境部、市场监管总局、能源局、林草局按职责分工负责）

（四）**营造良好环境**。建立建材行业碳达峰碳减排专家咨询委员会，发挥战略咨询、技术支撑、政策建议等作用。整合骨干企业、科研院所、行业协会等资源，建设建材重点行业碳达峰碳减排公共服务平台，提供排放核算、测试评价、技术推广等绿色低碳服务。加快"双碳"领域人才培养，建设一批现代产业学院。积极推动建材行业节能降碳设施向公众开放，保障公众知情权、参与权和监督权。定期召开行业大会，加大对建材行业节能降碳典型案例、优秀项目、先进个人的宣传力度，全面动员行业力量，广泛交流经验，形成建材行业绿色低碳发展合力。（工业和信息化部、国家发展改革委、教育部、生态环境部、中国工程院按职责分工负责）

第三部分　重要支撑保障方案

科技部等九部门关于印发《科技支撑碳达峰碳中和实施方案（2022—2030年）》的通知

（国科发社〔2022〕157号）

各有关单位：

为深入贯彻落实党中央、国务院关于碳达峰碳中和的重大战略决策，做好科技支撑碳达峰碳中和相关工作，依据《中共中央　国务院关于完整准确全面贯彻新发展理念做好碳达峰碳中和工作的意见》《2030年前碳达峰行动方案》，结合碳达峰碳中和领域科技创新工作新形势新情况，科技部、国家发展改革委、工业和信息化部、生态环境部、住房城乡建设部、交通运输部、中科院、工程院、国家能源局共同研究制定了《科技支撑碳达峰碳中和实施方案（2022—2030年）》。现印发给你们，请遵照执行。

科技部
国家发展改革委
工业和信息化部
生态环境部
住房城乡建设部
交通运输部
中科院
工程院
国家能源局
2022年6月24日

科技支撑碳达峰碳中和实施方案

（2022—2030 年）

为深入贯彻落实党中央、国务院关于碳达峰碳中和的重大战略部署，充分发挥科技创新对实现碳达峰碳中和目标的关键支撑作用，特制定本方案。

我国已进入全面建设社会主义现代化国家的新发展阶段，充分发挥科技创新的支撑作用，统筹推进工业化城镇化与能源、工业、城乡建设、交通等领域碳减排，对于保障经济社会高质量发展与碳达峰碳中和目标实现具有极其重要的意义。方案以习近平新时代中国特色社会主义思想为指导，全面贯彻党的十九大和十九届历次全会精神，按照党中央、国务院决策部署，坚持稳中求进工作总基调，立足新发展阶段，完整、准确、全面贯彻新发展理念，构建新发展格局，坚持系统观念，处理好发展和减排、整体和局部、长远目标和短期目标、政府和市场的关系，坚持创新驱动作为发展的第一动力，坚持目标导向和问题导向，构建低碳零碳负碳技术创新体系，统筹提出支撑2030年前实现碳达峰目标的科技创新行动和保障举措，并为2060年前实现碳中和目标做好技术研发储备。

通过实施方案，到2025年实现重点行业和领域低碳关键核心技术的重大突破，支撑单位国内生产总值（GDP）二氧化碳排放比2020年下降18%，单位GDP能源消耗比2020年下降13.5%；到2030年，进一步研究突破一批碳中和前沿和颠覆性技术，形成一批具有显著影响力的低碳技术解决方案和综合示范工程，建立更加完善的绿色低碳科技创新体系，有力支撑单位GDP二氧化碳排放比2005年下降65%以上，单位GDP能源消耗持续大幅下降。

一、能源绿色低碳转型科技支撑行动

聚焦国家能源发展战略任务，立足以煤为主的资源禀赋，抓好煤炭清洁高效利用，增加新能源消纳能力，推动煤炭和新能源优化组合，保障国家能源安全并降低碳排放，是我国低碳科技创新的重中之重。充分发挥国家战略科技力量和各类创新主体作用，深入推进跨专业、跨领域深度协同、融合创新，构建适应碳达峰碳中和目标的能源科技创新体系。针对能源绿色低碳转型迫切需求，加强基础性、原创性、颠覆性技术研究，为煤炭清洁高效利用、新能源并网消纳、可再生能源高效利用，以及煤制清洁燃料和大宗化学品等提供科技支撑。到2030年，大幅提升能源技术自主创新能力，带动化石能源有序替代，推动能源绿色低碳安全高效转型。

专栏1　能源绿色低碳转型支撑技术

煤炭清洁高效利用。加强煤炭先进、高效、低碳、灵活智能利用的基础性、原创性、颠覆性技术研究。实现工业清洁高效用煤和煤炭清洁转化，攻克近零排放的煤制清洁燃料和化学品技术；研发低能耗的百万吨级二氧化碳捕集利用与封存全流程成套工艺和关键技术。研发重型燃气轮机和高效燃气发动机等关键装备。研究掺氢天然气、掺烧生物质等高效低碳工业锅炉技术、装备及检测评价技术。

新能源发电。研发高效硅基光伏电池、高效稳定钙钛矿电池等技术，研发碳纤维风机叶片、超大型海上风电机组整机设计制造与安装试验技术、抗台风型海上漂浮式风电机组、漂浮式光伏系统。研发高可靠性、低成本太阳能热发电与热电联产技术，突破高温吸热传热储热关键材料与装备。研发具有高安全性的多用途小型模块式反应堆和超高温气冷堆等技术。开展地热发电、海洋能发电与生物质发电技术研发。

智能电网。以数字化、智能化带动能源结构转型升级，研发大规模可再生能源并网及电网安全高效运行技术，重点研发高精度可再生能源发电功率预测、可再生能源电力并网主动支撑、煤电与大规模新能源发电协同规划与综合调节技术、柔性直流输电、低惯量电网运行与控制等技术。

储能技术。研发压缩空气储能、飞轮储能、液态和固态锂离子电池储能、钠离子电池储能、液流电池储能等高效储能技术；研发梯级电站大型储能等新型储能应用技术以及相关储能安全技术。

可再生能源非电利用。研发太阳能采暖及供热技术、地热能综合利用技术，探索干热岩开发与利用技术等。研发推广生物航空煤油、生物柴油、纤维素乙醇、生物天然气、生物质热解等生物燃料制备技术，研发生物质基材料及高附加值化学品制备技术、低热值生物质燃料的高效燃烧关键技术。

氢能技术。研发可再生能源高效低成本制氢技术、大规模物理储氢和化学储氢技术、大规模及长距离管道输氢技术、氢能安全技术等；探索研发新型制氢和储氢技术。

节能技术。在资源开采、加工，能源转换、运输和使用过程中，以电力输配和工业、交通、建筑等终端用能环节为重点，研发和推广高效电能转换及能效提升技术；发展数据中心节能降耗技术，推进数据中心优化升级；研发高效换热技术、装备及能效检测评价技术。

二、低碳与零碳工业流程再造技术突破行动

针对钢铁、水泥、化工、有色等重点工业行业绿色低碳发展需求，以原料燃料替

代、短流程制造和低碳技术集成耦合优化为核心，深度融合大数据、人工智能、第五代移动通信等新兴技术，引领高碳工业流程的零碳和低碳再造和数字化转型。瞄准产品全生命周期碳排放降低，加强高品质工业产品生产和循环经济关键技术研发，加快跨部门、跨领域低碳零碳融合创新。到2030年，形成一批支撑降低粗钢、水泥、化工、有色金属行业二氧化碳排放的科技成果，实现低碳流程再造技术的大规模工业化应用。

专栏2　低碳零碳工业流程再造技术

低碳零碳钢铁。 研发全废钢电炉流程集成优化技术、富氢或纯氢气体冶炼技术、钢－化一体化联产技术、高品质生态钢铁材料制备技术。

低碳零碳水泥。 研发低钙高胶凝性水泥熟料技术、水泥窑燃料替代技术、少熟料水泥生产技术及水泥窑富氧燃烧关键技术等。

低碳零碳化工。 针对石油化工、煤化工等高碳排放化工生产流程，研发可再生能源规模化制氢技术、原油炼制短流程技术、多能耦合过程技术，研发绿色生物化工技术以及智能化低碳升级改造技术。

低碳零碳有色。 研发新型连续阳极电解槽、惰性阳极铝电解新技术、输出端节能等余热利用技术，金属和合金再生料高效提纯及保级利用技术，连续铜冶炼技术、生物冶金和湿法冶金新流程技术。

资源循环利用与再制造。 研发废旧物资高质循环利用、含碳固废高值材料化与低碳能源化利用、多源废物协同处理与生产生活系统循环链接、重型装备智能再制造等技术。

三、城乡建设与交通低碳零碳技术攻关行动

围绕城乡建设和交通领域绿色低碳转型目标，以脱碳减排和节能增效为重点，大力推进低碳零碳技术研发与示范应用。推进绿色低碳城镇、乡村、社区建设、运行等环节绿色低碳技术体系研究，加快突破建筑高效节能技术，建立新型建筑用能体系。开展建筑部件、外墙保温、装修的耐久性和外墙安全技术研究与集成应用示范，加强建筑拆除及回用关键技术研发，突破绿色低碳建材、光储直柔、建筑电气化、热电协同、智能建造等关键技术，促进建筑节能减碳标准提升和全过程减碳。到2030年，建筑节能减碳各项技术取得重大突破，科技支撑实现新建建筑碳排放量大幅降低，城镇建筑可再生能源替代率明显提升。

突破化石能源驱动载运装备降碳、非化石能源替代和交通基础设施能源自洽系统

等关键技术，加快建设数字化交通基础设施，推动交通系统能效管理与提升、交通减污降碳协同增效、先进交通控制与管理、城市交通新业态与传统业态融合发展等技术研发，促进交通领域绿色化、电气化和智能化。力争到2030年，动力电池、驱动电机、车用操作系统等关键技术取得重大突破，新能源汽车安全水平全面提升，纯电动乘用车新车平均电耗大幅下降；科技支撑单位周转量能耗强度和铁路综合能耗强度持续下降。

专栏3　城乡建设与交通低碳零碳技术

　　光储直柔供配电。研究光储直柔供配电关键设备与柔性化技术，建筑光伏一体化技术体系，区域—建筑能源系统源网荷储用技术及装备。

　　建筑高效电气化。研究面向不同类型建筑需求的蒸汽、生活热水和炊事高效电气化替代技术和设备，研发夏热冬冷地区新型高效分布式供暖制冷技术和设备，以及建筑环境零碳控制系统，不断扩大新能源在建筑电气化中的使用。

　　热电协同。研究利用新能源、火电与工业余热区域联网、长距离集中供热技术发展针对北方沿海核电余热利用的水热同产、水热同供和跨季节水热同储新技术。

　　低碳建筑材料与规划设计。研发天然固碳建材和竹木、高性能建筑用钢、纤维复材、气凝胶等新型建筑材料与结构体系；研发与建筑同寿命的外围护结构高效保温体系；研发建材循环利用技术及装备；研究各种新建零碳建筑规划、设计、运行技术和既有建筑的低碳改造成套技术。

　　新能源载运装备。研发高性能电动、氢能等低碳能源驱动载运装备技术，突破重型陆路载运装备混合动力技术以及水运载运装备应用清洁能源动力技术、航空器非碳基能源动力技术、高效牵引变流及电控系统技术。

　　绿色智慧交通。研究交通能源自洽及多能变换、交通自洽能源系统高效能与高弹性等技术，研究轨道交通、民航、水运和道路交通系统绿色化、数字化、智能化等技术，建设绿色智慧交通体系。

四、负碳及非二氧化碳温室气体减排技术能力提升行动

　　围绕碳中和愿景下对负碳技术的研发需求，着力提升负碳技术创新能力。聚焦碳捕集利用与封存（CCUS）技术的全生命周期能效提升和成本降低，当前以二氧化碳捕集和利用技术为重点，开展CCUS与工业过程的全流程深度耦合技术研发及示范；着眼长远加大CCUS与清洁能源融合的工程技术研发，开展矿化封存、陆上和海洋地

质封存技术研究，力争到2025年实现单位二氧化碳捕集能耗比2020年下降20%，到2030年下降30%，实现捕集成本大幅下降。加强气候变化成因及影响、陆地和海洋生态系统碳汇核算技术和标准研发，突破生态系统稳定性、持久性增汇技术，提出生态系统碳汇潜力空间格局，促进生态系统碳汇能力提升。加强甲烷、氧化亚氮及含氟气体等非二氧化碳温室气体的监测和减量替代技术研发及标准研究，支撑非二氧化碳温室气体排放下降。

专栏4　CCUS、碳汇与非二氧化碳温室气体减排技术

CCUS技术。研究CCUS与工业流程耦合技术及示范、应用于船舶等移动源的CCUS技术、新型碳捕集材料与新型低能耗低成本碳捕集技术、与生物质结合的负碳技术（BECCS），开展区域封存潜力评估及海洋咸水封存技术研究与示范。

碳汇核算与监测技术。研究碳汇核算中基线判定技术与标准、基于大气二氧化碳浓度反演的碳汇核算关键技术，研发基于卫星实地观测的生态系统碳汇关键参数确定和计量技术、基于大数据融合的碳汇模拟技术，建立碳汇核算与监测技术及其标准体系。

生态系统固碳增汇技术。开发森林、草原、湿地、农田、冻土等陆地生态系统和红树林、海草床和盐沼等海洋生态系统固碳增汇技术，评估现有自然碳汇能力和人工干预增强碳汇潜力，重点研发生物炭土壤固碳技术、秸秆可控腐熟快速还田技术、微藻肥技术、生物固氮增汇肥料技术、岩溶生态系统固碳增汇技术、黑土固碳增汇技术、生态系统可持续经营管理技术等。研究盐藻/蓝藻固碳增强技术、海洋微生物碳泵增汇技术等。

非二氧化碳温室气体减排与替代技术。研究非二氧化碳温室气体监测与核算技术，研发煤矿乏风瓦斯蓄热及分布式热电联供、甲烷重整及制氢等能源及废弃物领域甲烷回收利用技术，研发氧化亚氮热破坏等工业氧化亚氮及含氟气体的替代、减量和回收技术，研发反刍动物低甲烷排放调控技术等农业非二气体减排技术。

五、前沿颠覆性低碳技术创新行动

面向国家碳达峰碳中和目标和国际碳减排科技前沿，加强前沿和颠覆性低碳技术创新。围绕驱动产业变革的目标，聚焦新能源开发、二氧化碳捕集利用、前沿储能等重点方向基础研究最新突破，加强学科交叉融合，加快建立健全以国家碳达峰

碳中和目标为导向、有力宣扬科学精神和发挥企业创新主体作用的研究模式，加快培育颠覆性技术创新路径，引领实现产业和经济发展方式的迭代升级。建立前沿和颠覆性技术的预测、发现和评估预警机制，定期更新碳中和前沿颠覆性技术研究部署。

专栏5　前沿和颠覆性低碳技术

新型高效光伏电池技术。研究可突破单结光伏电池理论效率极限的光电转换新原理，研究高效薄膜电池、叠层电池等基于新材料和新结构的光伏电池新技术。

新型核能发电技术。研究四代堆、核聚变反应堆等新型核能发电技术。

新型绿色氢能技术。研究基于合成生物学、太阳能直接制氢等绿氢制备技术。

前沿储能技术。研究固态锂离子、钠离子电池等更低成本、更安全、更长寿命更高能量效率、不受资源约束的前沿储能技术。

电力多元高效转换技术。研究将电力转换成热能、光能，以及利用电力合成燃料和化学品技术，实现可再生能源电力的转化储存和多元化高效利用。

二氧化碳高值化转化利用技术。研究基于生物制造的二氧化碳转化技术，构建光–酶与电–酶协同催化、细菌/酶和无机/有机材料复合体系二氧化碳转化系统，制备淀粉、乳酸、乙二醇等化学品；研究以水、二氧化碳和氮气等为原料直接高效合成甲醇等绿色可再生燃料的技术。

空气中二氧化碳直接捕集技术。加强空气中直接捕集二氧化碳技术理论创新研发高效、低成本的空气中二氧化碳直接捕集技术。

六、低碳零碳技术示范行动

以促进成果转移转化为目标，开展一批典型低碳零碳技术应用示范，到2030年建成50个不同类型重点低碳零碳技术应用示范工程，形成一批先进技术和标准引领的节能降碳技术综合解决方案。在基础条件好、有积极意愿的地方，开展多种低碳零碳技术跨行业跨领域耦合优化与综合集成，开展管理政策协同创新。加强科技成果转化服务体系建设，结合国家绿色技术推广目录和国家绿色技术交易中心等平台网络，综合提升低碳零碳技术成果转化能力，推动低碳零碳技术转移转化。完善低碳零碳技术标准体系，加强前沿低碳零碳技术标准研究与制定，促进低碳零碳技术研发和示范应用。

专栏6　低碳零碳技术示范应用

先进低碳零碳技术示范工程。（1）零碳/低碳能源示范工程：建设大规模高效光伏、漂浮式海上风电示范工程；在可再生能源分布集中区域建设"风光互补"等示范工程；建立一批适用于分布式能源的"源-网-荷-储-数"综合虚拟电厂；强化氢的制-储-输-用全链条技术研究，组织实施"氢进万家"科技示范工程；在煤炭资源富集地区建设煤炭清洁高效利用、燃煤机组灵活调峰、煤炭制备化学品等示范工程。（2）低碳/零碳工业流程再造示范工程：在钢铁、水泥、化工、有色等重点行业建设规模富氢气体冶炼、生物质燃料/氢/可再生能源电力替代、可再生能源生产化学品、高性能惰性阳极和全新流程再造等集成示范工程。（3）绿色智慧交通示范工程：开展场景驱动的交通自洽能源系统技术示范，实施低碳智慧道路、航道、港口和枢纽示范工程。（4）低碳零碳建筑示范工程：建设规模化的光储直柔新型建筑供配电示范工程，长距离工业余热低碳集中供热示范工程，在北方沿海地区建设核电余热水热同输供热示范工程，在典型气候区组织实施一批高性能绿色建筑科技示范工程。（5）CCUS技术示范工程：建设大型油气田CCUS技术全流程示范工程推动CCUS与工业流程耦合应用、二氧化碳高值利用示范。

低碳技术创新综合区域示范。支持地方集成各类创新要素，实施低碳技术重大项目和重点示范工程，探索低碳技术和管理政策协同创新，打造低碳技术创新驱动低碳发展典范。支持国家高新区等重点园区实施循环化、低碳化改造，开展跨行业绿色低碳技术耦合优化与集成应用；以数据中心电源、电动车充电设施等应用场景为重点，开展"百城亿芯"应用示范工程，建设绿色低碳工业园区。支持基础条件好的地级市在规划区域内围绕绿色低碳建筑、绿色智能交通、城市废物循环利用等方面开展跨行业跨领域集成示范；在有条件的地方开展零碳社区示范。在典型农业县域内结合自身特点，综合开展光伏农业、光储直柔建筑、农林废物清洁能源转化利用、分布式能源等技术集成示范。

低碳技术成果转移转化。建立低碳科技成果转化数据库，形成登记、查询、公布、应用一体化的信息交汇系统。结合国家绿色技术推广目录和国家绿色技术交易中心等目录或网络平台，加快推进低碳技术、工艺、装备等大规模应用。

低碳零碳负碳技术标准。加快推动强制性能效、能耗标准制（修）订工作，完善新能源和可再生能源、绿色低碳工业、建筑、交通、CCUS、储能等前沿低碳零碳负碳技术标准，加快构建低碳零碳负碳技术标准体系。

七、碳达峰碳中和管理决策支撑行动

研究国家碳达峰碳中和目标与国内经济社会发展相互影响和规律等重大问题。开展碳减排技术预测和评估，提出不同产业门类的碳达峰碳中和技术支撑体系。加强科技创新对碳排放监测、计量、核查、核算、认证、评估、监管以及碳汇的技术体系和标准体系建设的支撑保障，为国家碳达峰碳中和工作提供决策支持。研究我国参与全球气候治理的动态方案以及履约中的关键问题，支撑我国深度参与全球气候治理及相关规则和标准制定。

专栏7 管理决策支撑技术体系

碳中和技术发展路线图。围绕支撑我国碳中和目标实现的零碳电力、零碳非电能源、原料/燃料与过程替代、CCUS/碳汇与负排放、集成耦合与优化技术等关键技术方向，研究构建碳中和技术分类体系、技术图谱和关键技术清单，评估明确主要部门碳中和技术选择以及分阶段亟需部署的重点研发任务清单并定期更新。

二氧化碳排放监测计量核查系统。提升单点碳排放监测和大气本底站监测能力，充分发挥碳卫星优势，构建空天地立体监测网络，开展动态实时全覆盖的二氧化碳排放智能监测和排放量反演。构建支撑二氧化碳排放核查与监管技术体系，研究二氧化碳排放计量评估技术，碳储量调查监测和管理决策技术，开发基于区块链技术和智能合约的数字监测、报告、核查流程，支撑监测数据质量不断提升。

二氧化碳排放核算技术。加强科技创新对健全二氧化碳排放核算方法体系的支撑保障，加强高精度温室气体排放因子研究与标准参考数据库建设，加强先进碳排放测量和计量方法应用，开发企业、园区、城市和重点行业等层面碳排放核算和测量技术，研究直接排放、间接排放和全生命周期排放的标准与适用范围。

低碳发展研究与决策支持平台。研究与国家经济社会发展需求相协调，与生态文明建设目标协同的气候治理策略和路径，研究《联合国气候变化框架公约》及其《巴黎协定》履约中的关键问题，研究国家碳排放清单计量反演技术，实现碳数据的国际互认。开发基于新兴信息技术的碳达峰碳中和综合决策支撑模型，评估相关技术大规模应用的社会经济影响与潜在风险。

碳达峰碳中和科技发展评估报告。在开展碳达峰碳中和进展评估与趋势预判基础上，评估科技创新对实现碳达峰碳中和的支撑引领作用，动态评估国内外碳中和科技发展对社会经济和全球治理的影响。

八、碳达峰碳中和创新项目、基地、人才协同增效行动

面向碳达峰碳中和目标需求，国家科技计划着力加强低碳科技创新的系统部署，推动国家绿色低碳创新基地建设和人才培养，加强项目、基地、人才协同，推动组建碳达峰碳中和产教融合发展联盟，推进低碳技术开源体系建设，提升创新驱动合力和创新体系整体效能。建立碳达峰碳中和科技创新中央财政科技经费支持机制，引导地方、企业和社会资本联动投入，支持关键核心技术研发项目和重大示范工程落地。持续加强碳达峰碳中和领域全国重点实验室和国家技术创新中心总体布局，优化碳达峰碳中和领域的国家科技创新基地平台体系，培养壮大绿色低碳领域国家战略科技力量，强化科研育人。面向人才队伍长期需求，培养和发展壮大碳达峰碳中和领域战略科学家、科技领军人才和创新团队、青年人才和创新创业人才，建立面向实现碳达峰碳中和目标的可持续人才队伍。

专栏8　碳达峰碳中和创新项目、基地和人才

　　碳达峰碳中和科技创新项目支持体系。采取"揭榜挂帅"等机制，设立专门针对碳达峰碳中和科技创新的重大项目；国家重点研发计划在可再生能源、新能源汽车、循环经济、绿色建筑、地球系统与全球变化等方向实施一批重点专项，充分加大低碳科技创新的支持力度；国家自然科学基金实施"面向国家碳中和的重大基础科学问题与对策"专项项目。

　　碳达峰碳中和技术实验室体系。在可再生能源、规模化储能、新能源汽车等绿色低碳领域加强全国重点实验室建设。

　　碳达峰碳中和国家技术创新中心。在工业节能与清洁生产、绿色智能建筑与交通、CCUS等方向建设国家技术创新中心。

　　碳达峰碳中和技术新型研发机构。鼓励地方政府与高等院校、科研机构、科技企业合作建立低碳技术新型研发机构，面向中小企业提供高质量的低碳技术和科技服务。

　　碳达峰碳中和战略科学家、科技领军和创业人才培养。在国家重大科研项目组织、实施和管理过程中发现和培养一批战略科学家、科技领军人才和创新团队；依托国家双创基地、科技企业孵化器等培养一批高层次科技创新创业人才。

　　碳达峰碳中和青年科技人才培养储备。在人才计划中，加大对碳达峰碳中和青年科技人才的支持力度，在国家重点研发计划、国家自然科学基金等科研计划中设立专门的青年项目，加大对碳达峰碳中和领域的倾斜，培养一批聚焦前沿颠覆性技术创新的青年科技人才。

九、绿色低碳科技企业培育与服务行动

加快完善绿色低碳科技企业孵化服务体系，优化碳达峰碳中和领域创新创业生态。遴选、支持500家左右低碳科技创新企业，培育一批低碳科技领军企业。支持科技企业积极主持参与国家科技计划项目，加快提升企业低碳技术创新能力。提升低碳技术知识产权服务能力，建立低碳技术验证服务平台，为企业开展绿色低碳技术创新提供服务和支撑。依托国家高新区，打造绿色低碳科技企业聚集区，推动绿色低碳产业集群化发展。

专栏9　低碳科技企业培育与服务

绿色低碳科技企业孵化平台。 支持地方建立一批专注于绿色低碳技术的科技企业孵化器、众创空间等公共服务平台和创新载体，做大绿色科技服务业，深度孵化一批掌握绿色低碳前沿技术的"硬科技"企业。

遴选发布绿色低碳科技企业。 从国家高新技术企业、科技型中小企业、全国技术合同登记企业中，按照"低碳""零碳""负碳"分类筛选和发布绿色低碳科技企业，促进技术、金融等要素市场对接，引导各类创新要素向绿色低碳科技企业集聚。

培育绿色低碳科技领军企业。 支持绿色低碳领域创新基础好的各类企业，逐步发展成为科技领军企业，支持其牵头组建创新联合体承担国家重大科技项目。

绿色低碳企业专业赛事。 在中国创新创业大赛、中国创新挑战赛、科技成果直通车等活动中，设立绿色低碳技术专场赛，搭建核心技术攻关交流平台，为绿色低碳科技企业对接各类创新资源。

绿色低碳科技金融。 通过国家科技成果转化引导基金支持碳中和科技成果转移转化，引导贷款、债券、天使投资、创业投资企业等支持低碳技术创新成果转化。

低碳技术知识产权服务。 建设低碳技术知识产权专题数据库，不断提升低碳科技企业知识产权信息检索分析利用能力。支持建设一批低碳技术专利导航服务基地和产业知识产权运营中心。

低碳技术验证服务平台。 支持龙头企业、科研院所搭建低碳技术验证服务平台开放技术资源，为行业提供产品设计仿真、技术转化加工、产品样机制造、模拟试验、计量测试检测、评估评价、审定核查等技术验证服务。

十、碳达峰碳中和科技创新国际合作行动

围绕实现全球碳中和愿景与共识，持续深化低碳科技创新领域国际合作，支撑构建人类命运共同体。深度参与全球绿色低碳创新合作，拓展与有关国家、有影响力的双边和多边机制的绿色低碳创新合作，组织实施碳中和国际科技创新合作计划，支持建设区域性低碳国际组织和绿色低碳技术国际合作平台，充分参与清洁能源多边机制，深入开展"一带一路"科技创新行动计划框架下碳达峰碳中和技术研发与示范国际合作，探讨发起碳中和科技创新国际论坛。适时启动相关领域国际大科学计划。积极发挥香港、澳门科学家在低碳创新国际合作中的有效作用。

专栏10　碳达峰碳中和国际科技合作

多双边低碳零碳负碳科技创新合作。深度参与清洁能源部长级会议、创新使命部长级会议等多边机制下的创新合作，深化与有关国家面向碳中和目标的技术创新交流与合作。积极参与国际热核聚变实验堆计划等国际大科学工程。加大国家科技计划对碳中和领域的支持和对外开放力度，组织实施碳中和国际科技创新合作计划，探索发起碳中和相关国际大科学计划。

低碳零碳负碳技术国际合作平台。与有关国家探索联合建立碳中和技术联合研究中心和跨国技术转移机构。依托南南合作技术转移中心、中国-上海合作组织技术转移中心等技术转移平台，汇聚优势力量构建"一带一路"净零碳排放技术创新与转移联盟。

碳中和科技创新国际论坛。围绕可再生能源、储能、氢能、低碳工业流程再造二氧化碳捕集利用与封存等推动设立碳中和科技创新国际论坛。深度参与第四代核能系统等国际论坛，宣传交流我国碳中和技术进展。

低碳零碳负碳创新国际组织。在国际能源署、金砖国家、国际热核聚变实验堆计划等合作框架下拓展低碳国际科技合作。围绕亚太、东盟等区域低碳技术创新需求，支持区域性绿色低碳科技合作国际组织建设。

为做好实施方案落实工作，科技部将联合有关部门，按程序建立碳达峰碳中和科技创新部际协调机制，协调指导相关任务落实。组织成立国家碳中和科技专家委员会，跟踪评价国内外绿色低碳技术发展动态，对国内碳达峰碳中和技术发展趋势和战略路径进行评估和研判，为决策提供支撑。建立碳达峰碳中和科技考核评价机制，建立重点排放行业碳中和技术进步指数，将碳中和新技术研发和应用投入作为关键指标进行监测。

完善国家科技知识产权与成果转化等相关法律法规建设，加大对低碳、零碳和负碳

技术知识产权的保护力度，促进科技成果转化和技术迭代。创新财政政策工具，形成激励碳达峰碳中和技术创新的财政制度和政策体系。加强对全民碳达峰碳中和科学知识的普及，提高公众对碳达峰碳中和的科学认识，引导形成绿色生产和生活方式。

按照国家科技体制改革和创新体系建设要求，持续推进科研体制机制改革，完善碳达峰碳中和科技创新体系，释放创新活力，营造适宜碳达峰碳中和科技发展的创新环境，为实现碳达峰碳中和目标持续发挥支撑和引领作用。

国家发展改革委等七部门关于印发《促进绿色消费实施方案》的通知

（发改就业〔2022〕107号）

中央和国家机关有关部门、有关直属机构，全国总工会、全国妇联，各省、自治区、直辖市及计划单列市、新疆生产建设兵团发展改革委、工业和信息化主管部门、住房和城乡建设厅（委、管委、局）、商务主管部门、市场监管局（厅、委）、机关事务管理局：

为深入贯彻落实《中共中央　国务院关于完整准确全面贯彻新发展理念做好碳达峰碳中和工作的意见》和《2030年前碳达峰行动方案》有关要求，根据碳达峰碳中和工作领导小组部署安排，国家发展改革委、工业和信息化部、住房和城乡建设部、商务部、市场监管总局、国管局、中直管理局会同有关部门研究制定了《促进绿色消费实施方案》。现印发给你们，请结合实际，认真抓好贯彻落实。

国家发展改革委
工业和信息化部
住房和城乡建设部
商务部
市场监管总局
国管局
中直管理局
2022年1月18日

促进绿色消费实施方案

绿色消费是各类消费主体在消费活动全过程贯彻绿色低碳理念的消费行为。近年来，我国促进绿色消费工作取得积极进展，绿色消费理念逐步普及，但绿色消费需求仍待激发和释放，一些领域依然存在浪费和不合理消费，促进绿色消费长效机制尚需完善，绿色消费对经济高质量发展的支撑作用有待进一步提升。促进绿色消费是消费领域的一场深刻变革，必须在消费各领域全周期全链条全体系深度融入绿色理念，全面促进消费绿色低碳转型升级，这对贯彻新发展理念、构建新发展格局、推动高质量发展、实现碳达峰碳中和目标具有重要作用，意义十分重大。按照《中共中央　国务院关于完整准确全面贯彻新发展理念做好碳达峰碳中和工作的意见》和《2030年前碳达峰行动方案》有关要求，制定本方案。

一、总体要求

（一）**指导思想**。以习近平新时代中国特色社会主义思想为指导，全面贯彻党的十九大和十九届历次全会精神，深入贯彻习近平生态文明思想，落实立足新发展阶段、贯彻新发展理念、构建新发展格局的要求，面向碳达峰、碳中和目标，大力发展绿色消费，增强全民节约意识，反对奢侈浪费和过度消费，扩大绿色低碳产品供给和消费，完善有利于促进绿色消费的制度政策体系和体制机制，推进消费结构绿色转型升级，加快形成简约适度、绿色低碳、文明健康的生活方式和消费模式，为推动高质量发展和创造高品质生活提供重要支撑。

（二）**工作原则**。

坚持系统推进。全面推动吃、穿、住、行、用、游等各领域消费绿色转型，统筹兼顾消费与生产、流通、回收、再利用各环节顺畅衔接，强化科技、服务、制度、政策等全方位支撑，实现系统化节约减损和节能降碳。

坚持重点突破。牢牢把握目标导向和问题导向，聚焦消费重点领域、重点产品和主要矛盾、突出问题，加强改革创新、攻坚克难和试点示范，鼓励有条件的地区和行业先行先试、探索经验。

坚持社会共治。充分发挥市场机制作用，更好发挥政府作用，着力调动社会各方面积极性主动性创造性，努力形成政府大力促进、企业积极自律、社会全面协同、公众广泛参与的共治格局，凝聚工作合力，形成全社会共同参与的良好风尚。

坚持激励约束并举。紧扣绿色低碳目标，深化完善消费领域相关法律、标准、统计等制度体系，优化创新财政、金融、价格、信用、监管等政策措施，形成有效激励约束机制。

（三）**主要目标**。

到2025年，绿色消费理念深入人心，奢侈浪费得到有效遏制，绿色低碳产品市场占有率大幅提升，重点领域消费绿色转型取得明显成效，绿色消费方式得到普遍推行，绿色低碳循环发展的消费体系初步形成。

到2030年，绿色消费方式成为公众自觉选择，绿色低碳产品成为市场主流，重点领域消费绿色低碳发展模式基本形成，绿色消费制度政策体系和体制机制基本健全。

二、全面促进重点领域消费绿色转型

（四）**加快提升食品消费绿色化水平**。完善粮食、蔬菜、水果等农产品生产、储存、运输、加工标准，加强节约减损管理，提升加工转化率。大力推广绿色有机食品、农产品。引导消费者树立文明健康的食品消费观念，合理、适度采购、储存、制作食品和点餐、用餐。建立健全餐饮行业相关标准和服务规范，鼓励"种植基地+中央厨房"等新模式发展，督促餐饮企业、餐饮外卖平台落实好反食品浪费的法律法规和要求，推动餐饮持续向绿色、健康、安全和规模化、标准化、规范化发展。加强对食品生产经营者反食品浪费情况的监督。推动各类机关、企事业单位、学校等建立健全食堂用餐管理制度，制定实施防止食品浪费措施。加强接待、会议、培训等活动的用餐管理，杜绝用餐浪费，机关事业单位要带头落实。深入开展"光盘"等粮食节约行动。推进厨余垃圾回收处置和资源化利用。加强食品绿色消费领域科学研究和平台支撑。把节粮减损、文明餐桌等要求融入市民公约、村规民约、行业规范等。（国家发展改革委、教育部、工业和信息化部、民政部、农业农村部、商务部、国务院国资委、市场监管总局、国家粮食和储备局等部门按职责分工负责）

（五）**鼓励推行绿色衣着消费**。推广应用绿色纤维制备、高效节能印染、废旧纤维循环利用等装备和技术，提高循环再利用化学纤维等绿色纤维使用比例，提供更多符合绿色低碳要求的服装。推动各类机关、企事业单位、学校等更多采购具有绿色低碳相关认证标识的制服、校服。倡导消费者理性消费，按照实际需要合理、适度购买衣物。规范旧衣公益捐赠，鼓励企业和居民通过慈善组织向有需要的困难群众依法捐赠合适的旧衣物。鼓励单位、小区、服装店等合理布局旧衣回收点，强化再利用。支持开展废旧纺织品服装综合利用示范基地建设。（国家发展改革委、教育部、工业和信息化部、民政部、住房和城乡建设部、商务部、国务院国资委等部门按职责分工负责）

（六）**积极推广绿色居住消费**。加快发展绿色建造。推动绿色建筑、低碳建筑规模化发展，将节能环保要求纳入老旧小区改造。推进农房节能改造和绿色农房建设。因地制宜推进清洁取暖设施建设改造。全面推广绿色低碳建材，推动建筑材料循环利用，鼓励有条件的地区开展绿色低碳建材下乡活动。大力发展绿色家装。鼓励使用节能灯具、节能环保灶具、节水马桶等节能节水产品。倡导合理控制室内温度、亮度和电器设备使用。持续推进农村地区清洁取暖，提升农村用能电气化水平，加快生物质能、太阳能等可再生能源在农村生活中的应用。（国家发展改革委、工业和信息化部、自然资源部、住房和城乡建设部、农业农村部、市场监管总局、国家能源局等部门按职责分工负责）

（七）**大力发展绿色交通消费**。大力推广新能源汽车，逐步取消各地新能源车辆购买限制，推动落实免限行、路权等支持政策，加强充换电、新型储能、加氢等配套基础设施建设，积极推进车船用LNG发展。推动开展新能源汽车换电模式应用试点工作，有序开展燃料电池汽车示范应用。深入开展新能源汽车下乡活动，鼓励汽车企业研发推广适合农村居民出行需要、质优价廉、先进适用的新能源汽车，推动健全农村运维服务体系。合理引导消费者购买轻量化、小型化、低排放乘用车。大力推动公共领域车辆电动化，提高城市公交、出租（含网约车）、环卫、城市物流配送、邮政快递、民航机场以及党政机关公务领域等新能源汽车应用占比。深入开展公交都市建设，打造高效衔接、快捷舒适的公共交通服务体系，进一步提高城市公共汽电车、轨道交通出行占比。鼓励建设行人友好型城市，加强行人步道和自行车专用道等城市慢行系统建设。鼓励共享单车规范发展。（国家发展改革委、工业和信息化部、住房和城乡建设部、交通运输

部、商务部、市场监管总局、国家能源局、国家邮政局等部门按职责分工负责）

（八）**全面促进绿色用品消费**。加强绿色低碳产品质量和品牌建设。鼓励引导消费者更换或新购绿色节能家电、环保家具等家居产品。大力推广智能家电，通过优化开关时间、错峰启停，减少非必要耗能、参与电网调峰。推动电商平台和商场、超市等流通企业设立绿色低碳产品销售专区，在大型促销活动中设置绿色低碳产品专场，积极推广绿色低碳产品。鼓励有条件的地区开展节能家电、智能家电下乡行动。大力发展高质量、高技术、高附加值的绿色低碳产品贸易，积极扩大绿色低碳产品进口。推进过度包装治理，推动生产经营者遵守限制商品过度包装的强制性标准，实施减色印刷，逐步实现商品包装绿色化、减量化和循环化。建立健全一次性塑料制品使用、回收情况报告制度，督促指导商品零售场所开办单位、电子商务平台企业、快递企业和外卖企业等落实主体责任。（国家发展改革委、工业和信息化部、商务部、市场监管总局、国家邮政局等部门按职责分工负责）

（九）**有序引导文化和旅游领域绿色消费**。制定大型活动绿色低碳展演指南，引导优先使用绿色环保型展台、展具和展装，加强绿色照明等节能技术在灯光舞美领域应用，大幅降低活动现场声光电和物品的污染、消耗。完善机场、车站、码头等游客集聚区域与重点景区景点交通转换条件，推进骑行专线、登山步道等建设，鼓励引导游客采取步行、自行车和公共交通等低碳出行方式。将绿色设计、节能管理、绿色服务等理念融入景区运营，降低对资源和环境消耗，实现景区资源高效、循环利用。促进乡村旅游消费健康发展，严格限制林区耕地湿地等占用和过度开发，保护自然碳汇。制定发布绿色旅游消费公约或指南，加强公益宣传，规范引导景区、旅行社、游客等践行绿色旅游消费。（国家发展改革委、自然资源部、生态环境部、交通运输部、商务部、文化和旅游部等部门按职责分工负责）

（十）**进一步激发全社会绿色电力消费潜力**。落实新增可再生能源和原料用能不纳入能源消费总量控制要求，统筹推动绿色电力交易、绿证交易。引导用户签订绿色电力交易合同，并在中长期交易合同中单列。鼓励行业龙头企业、大型国有企业、跨国公司等消费绿色电力，发挥示范带动作用，推动外向型企业较多、经济承受能力较强的地区逐步提升绿色电力消费比例。加强高耗能企业使用绿色电力的刚性约束，各地可根据实际情况制定高耗能企业电力消费中绿色电力最低占比。各地应组织电网企业定期梳理、公布本地绿色电力时段分布，有序引导用户更多消费绿色电力。在电网保供能力许可的范围内，对消费绿色电力比例较高的用户在实施需求侧管理时优先保障。建立绿色电力交易与可再生能源消纳责任权重挂钩机制，市场化用户通过购买绿色电力或绿证完成可再生能源消纳责任权重。加强与碳排放权交易的衔接，结合全国碳市场相关行业核算报告技术规范的修订完善，研究在排放量核算中将绿色电力相关碳排放量予以扣减的可行性。持续推动智能光伏创新发展，大力推广建筑光伏应用，加快提升居民绿色电力消费占比。（国家发展改革委、工业和信息化部、生态环境部、住房和城乡建设部、国务院国资委、国家能源局等部门按职责分工负责）

（十一）**大力推进公共机构消费绿色转型**。推动国家机关、事业单位、团体组织类公共机构率先采购使用新能源汽车，新建和既有停车场配备电动汽车充电设施或预留充电设施安装条件。积极推行绿色办公，提高办公设备和资产使用效率，鼓励无纸化办公和双面打印，鼓励使用再生制品。严格执行党政机关厉行节约反对浪费条例，确保各类公务活动规范开支，提高视频会议占比，严格公务用车管理。鼓励和推动文明、节俭举办活动。（国家发展改革委、财政部、住房和城乡建设部、国管局等部门按职责分工负责）

三、强化绿色消费科技和服务支撑

（十二）推广应用先进绿色低碳技术。引导企业提升绿色创新水平，积极研发和引进先进适用的绿色低碳技术，大力推行绿色设计和绿色制造，生产更多符合绿色低碳要求、生态环境友好、应用前景广阔的新产品新设备，扩大绿色低碳产品供给。推广低挥发性有机物含量产品生产、使用。加强低碳零碳负碳技术、智能技术、数字技术等研发推广和转化应用，提升餐饮、居住、交通、物流和商品生产等领域智慧化水平和运行效率。（国家发展改革委、科技部、工业和信息化部、生态环境部、住房和城乡建设部、交通运输部、商务部、国家邮政局等部门按职责分工负责）

（十三）推动产供销全链条衔接畅通。推行涵盖上中下游各主体、产供销各环节的全生命周期绿色供应链制度体系，推动电子商务、商贸流通等绿色创新和转型，带动上游供应商和服务商生产领域绿色化改造，鼓励下游企业、商户和居民自觉开展绿色采购，激发全社会生产和消费绿色低碳产品和服务的内生动力。鼓励国有企业率先推进绿色供应链转型。（国家发展改革委、工业和信息化部、商务部、国务院国资委等部门按职责分工负责）

（十四）加快发展绿色物流配送。积极推广绿色快递包装，引导电商企业、快递企业优先选购使用获得绿色认证的快递包装产品，促进快递包装绿色转型。鼓励企业使用商品和物流一体化包装，更多采用原箱发货，大幅减少物流环节二次包装。推广应用低克重高强度快递包装纸箱、免胶纸箱、可循环配送箱等快递包装新产品，鼓励通过包装结构优化减少填充物使用。加快城乡物流配送体系和快递公共末端设施建设，完善农村配送网络，创新绿色低碳、集约高效的配送模式，大力发展集中配送、共同配送、夜间配送。（国家发展改革委、交通运输部、商务部、市场监管总局、国家邮政局等部门按职责分工负责）

（十五）拓宽闲置资源共享利用和二手交易渠道。有序发展出行、住宿、货运等领域共享经济，鼓励闲置物品共享交换。积极发展二手车经销业务，推动落实全面取消二手车限迁政策，进一步扩大二手车流通。积极发展家电、消费电子产品和服装等二手交易，优化交易环境。允许有条件的地区在社区周边空闲土地或划定的特定空间有序发展旧货市场，鼓励社区定期组织二手商品交易活动，促进辖区内居民家庭闲置物品交易和流通。规范开展二手商品在线交易，加强信用和监管体系建设，完善交易纠纷解决规则。鼓励二手检测中心、第三方评测实验室等配套发展。（国家发展改革委、公安部、自然资源部、交通运输部、商务部、市场监管总局等部门按职责分工负责）

（十六）**构建废旧物资循环利用体系**。将废旧物资回收设施、报废机动车回收拆解经营场地等纳入相关规划，保障合理用地需求，统筹推进废旧物资回收网点与生活垃圾分类网点"两网融合"，合理布局、规范建设回收网络体系。放宽废旧物资回收车辆进城、进小区限制并规范管理，保障合理路权。积极推行"互联网＋回收"模式。加强废旧家电、消费电子等耐用消费品回收处理，鼓励家电生产企业开展回收目标责任制行动。因地制宜完善乡村回收网络，推动城乡废旧物资循环利用体系一体化发展。推动再生资源规模化、规范化、清洁化利用，促进再生资源产业集聚发展。加强废弃电器电子产品、报废机动车、报废船舶、废铅蓄电池等拆解利用企业规范管理和环境监管，依法查处违法违规行为。稳步推进"无废城市"建设。（国家发展改革委、工业和信息化部、公安部、自然资源部、生态环境部、住房和城乡建设部、农业农村部、商务部等部门按职责分工负责）

四、建立健全绿色消费制度保障体系

（十七）**加快健全法律制度**。研究论证绿色消费相关法律法规，倡导遵循减量化、再利用、资源化三原则，清晰界定围绕绿色消费所进行的采购、制造、流通、使用、回收、处理等各环节要求，明确政府、企业、社会组织、消费者等各主体责任义务。推进修订《招标投标法》和《政府采购法》，完善绿色采购政策。（国家发展改革委、工业和信息化部、司法部、财政部、商务部等部门按职责分工负责）

（十八）**优化完善标准认证体系**。进一步完善并强化绿色低碳产品和服务标准、认证、标识体系，加强与国际标准衔接，大力提升绿色标识产品和绿色服务市场认可度和质量效益。健全绿色能源消费认证标识制度，引导提高绿色能源在居住、交通、公共机构等终端能源消费中的比重。完善绿色设计和绿色制造标准体系，加快节能标准更新升级，提升重点产品能耗限额要求，大力淘汰低能效产品。制定重点行业和产品温室气体排放标准，探索建立重点产品全生命周期碳足迹标准。制修订工业原辅材料和居民消费品挥发性有机物限量标准。完善并落实好水效等"领跑者"制度和标准，引领带动产品和服务持续提升绿色化水平。（国家发展改革委、工业和信息化部、生态环境部、农业农村部、商务部、市场监管总局、国家能源局等部门按职责分工负责）

（十九）**探索建立统计监测评价体系**。探索建立绿色消费统计制度，加强对绿色消费的数据收集、统计监测和分析预测。研究建立综合与分类相结合的绿色消费指数和评价指标体系，科学评价不同地区、不同领域绿色消费水平和发展变化情况。（国家发展改革委、国家统计局等部门按职责分工负责）

（二十）**推动建立绿色消费信息平台**。探索搭建专门性的绿色消费指导机构和全国统一的绿色消费信息平台，统筹指导并定期发布绿色低碳产品清单和购买指南，提高绿色低碳产品生产和消费透明度，引导并便利机构、消费者等选择和采购。（国家发展改革委、商务部、市场监管总局等部门按职责分工负责）

五、完善绿色消费激励约束政策

（二十一）增强财政支持精准性。完善政府绿色采购标准，加大绿色低碳产品采购力度，扩大绿色低碳产品采购范围，提升绿色低碳产品在政府采购中的比例。落实和完善资源综合利用税收优惠政策，更好发挥税收对市场主体绿色低碳发展的促进作用。鼓励有条件的地区对智能家电、绿色建材、节能低碳产品等消费品予以适当补贴或贷款贴息。（国家发展改革委、工业和信息化部、财政部、商务部、税务总局等部门按职责分工负责）

（二十二）加大金融支持力度。引导银行保险机构规范发展绿色消费金融服务，推动消费金融公司绿色业务发展，为生产、销售、购买绿色低碳产品的企业和个人提供金融服务，提升金融服务的覆盖面和便利性。稳步扩大绿色债券发行规模，鼓励金融机构和非金融企业发行绿色债券，更好地为绿色低碳技术产品认证和推广等提供服务支持。鼓励社会资本以市场化方式设立绿色消费相关基金。鼓励开发新能源汽车保险产品，鼓励保险公司为绿色建筑提供保险保障。（国家发展改革委、财政部、人民银行、银保监会、证监会等部门按职责分工负责）

（二十三）充分发挥价格机制作用。进一步完善居民用水、用电、用气阶梯价格制度。完善分时电价政策，有效拉大峰谷价差和浮动幅度，引导用户错峰储能和用电。逐步扩大新能源车和传统燃料车辆使用成本梯度。完善城市公共交通运输价格形成机制，综合考虑城市承载能力、企业运营成本和交通供求状况，建立多层次、差别化的价格体系，增强公共交通吸引力。探索实行有利于缓解城市交通拥堵、有效促进公共交通优先发展的停车收费政策。建立健全餐饮企业厨余垃圾计量收费机制，逐步实行超定额累进加价。建立健全城镇生活垃圾处理收费制度，逐步实行分类计价和计量收费。鼓励有条件的地方建立农村生活污水和生活垃圾处理收费制度。（国家发展改革委牵头，工业和信息化部、生态环境部、住房和城乡建设部、交通运输部、农业农村部、国家能源局等部门按职责分工负责）

（二十四）推广更多市场化激励措施。探索实施全国绿色消费积分制度，鼓励地方结合实际建立本地绿色消费积分制度，以兑换商品、折扣优惠等方式鼓励绿色消费。鼓励各类销售平台制定绿色低碳产品消费激励办法，通过发放绿色消费券、绿色积分、直接补贴、降价降息等方式激励绿色消费。鼓励行业协会、平台企业、制造企业、流通企业等共同发起绿色消费行动计划，推出更丰富的绿色低碳产品和绿色消费场景。鼓励市场主体通过以旧换新、抵押金等方式回收废旧物品。（国家发展改革委、工业和信息化部、商务部、市场监管总局等部门按职责分工负责）

（二十五）强化对违法违规等行为处罚约束。发展针对绿色低碳产品的质量安全责任保障，严厉打击虚标绿色低碳产品行为，有关行政处罚等信息纳入全国信用信息共享平台和国家企业信用信息公示系统。严格依法处罚生产、销售列入淘汰名录的产品、设备行为。完善短视频直播、直播带货等网络直播标准，进一步规范直播行为，严厉打击虚假广告、虚假宣传、数据流量造假等违法违规和不良行为，禁止欺骗、误导消费者消费，遏制诱导消费者过度消费，倡导理性、健康的直播文化。（中央网信办、国家发展改革委、工业和信息化部、商务部、市场监管总局、广电总局等部门按职责分工负责）

六、组织实施

（二十六）**加强组织领导**。把加强党的全面领导贯穿促进绿色消费各方面和全过程。各地区要切实承担主体责任，结合实际抓紧抓好贯彻落实，不断完善体制机制和政策支持体系。各有关部门要积极按照职能分工加强协同配合，努力形成政策和工作合力，扎实推进各项任务。国家发展改革委要加强统筹协调和督促指导，充分发挥完善促进消费体制机制部际联席会议制度作用，会同相关部门统筹推进本方案组织实施。（国家发展改革委等有关部门按职责分工负责）

（二十七）**开展试点示范**。组织开展促进绿色消费试点示范工作，鼓励具备条件的重点地区、重点行业、重点企业先行先试、走在前列，积极探索有效模式和有益经验。广泛开展创建节约型机关、绿色家庭、绿色社区、绿色出行等行动。（国家发展改革委、民政部、住房和城乡建设部、交通运输部、国管局、中直管理局、全国妇联等部门按职责分工负责）

（二十八）**强化宣传教育**。弘扬勤俭节约等中华优秀传统文化，培育全民绿色消费意识和习惯，厚植绿色消费社会文化基础。推进绿色消费宣传教育进机关、进学校、进企业、进社区、进农村、进家庭，引导职工、学生和居民开展节粮、节水、节电、绿色出行、绿色购物等绿色消费实践。综合运用报纸、电视、广播、网络、微博、微信等各类媒介，探索采取群众喜闻乐见的形式，加大绿色消费公益宣传，及时、准确、生动地向社会公众和企业做好政策宣传解读，切实提高政策知晓度。（中央宣传部、国家发展改革委、教育部、民政部、农业农村部、商务部、国务院国资委、市场监管总局、广电总局、国管局、中直管理局、全国总工会、全国妇联等部门按职责分工负责）

（二十九）**注重经验推广**。及时总结推广各地区各有关部门和市场主体促进绿色消费的好经验好做法，探索编制绿色消费发展年度报告。持续开展全国节能宣传周、全国低碳日、六五环境日等活动，鼓励地方政府和社会机构组织举办以绿色消费为主题的论坛、展览等活动，助力绿色消费理念、经验、政策等的研讨、交流与传播，促进绿色低碳产品和服务推广使用。（国家发展改革委、生态环境部等部门按职责分工负责）

国家发展改革委　国家能源局关于完善能源绿色低碳转型体制机制和政策措施的意见

（发改能源〔2022〕206号）

各省、自治区、直辖市人民政府，新疆生产建设兵团，国务院有关部门，有关中央企业，有关行业协会：

能源生产和消费相关活动是最主要的二氧化碳排放源，大力推动能源领域碳减排是做好碳达峰碳中和工作，以及加快构建现代能源体系的重要举措。党的十八大以来，各地区、各有关部门围绕能源绿色低碳发展制定了一系列政策措施，推动太阳能、风能、水能、生物质能、地热能等清洁能源开发利用取得了明显成效，但现有的体制机制、政策体系、治理方式等仍然面临一些困难和挑战，难以适应新形势下推进能源绿色低碳转型的需要。为深入贯彻落实《中共中央　国务院关于完整准确全面贯彻新发展理念做好碳达峰碳中和工作的意见》和《2030年前碳达峰行动方案》有关要求，经国务院同意，现就完善能源绿色低碳转型的体制机制和政策措施提出以下意见。

一、总体要求

（一）指导思想。以习近平新时代中国特色社会主义思想为指导，全面贯彻党的十九大和十九届历次全会精神，深入贯彻习近平生态文明思想，坚持稳中求进工作总基调，立足新发展阶段，完整、准确、全面贯彻新发展理念，构建新发展格局，深入推动能源消费革命、供给革命、技术革命、体制革命，全方位加强国际合作，从国情实际出发，统筹发展与安全、稳增长和调结构，深化能源领域体制机制改革创新，加快构建清洁低碳、安全高效的能源体系，促进能源高质量发展和经济社会发展全面绿色转型，为科学有序推动如期实现碳达峰、碳中和目标和建设现代化经济体系提供保障。

（二）基本原则。

坚持系统观念、统筹推进。加强顶层设计，发挥制度优势，处理好发展和减排、整体和局部、短期和中长期的关系，处理好转型各阶段不同能源品种之间的互补、协调、替代关系，推动煤炭和新能源优化组合，统筹推进全国及各地区能源绿色低碳转型。

坚持保障安全、有序转型。在保障能源安全的前提下有序推进能源绿色低碳转型，先立后破，坚持全国"一盘棋"，加强转型中的风险识别和管控。在加快形成清洁低碳能源可靠供应能力基础上，逐步对化石能源进行安全可靠替代。

坚持创新驱动、集约高效。完善能源领域创新体系和激励机制，提升关键核心技术创新能力。贯彻节约优先方针，着力降低单位产出资源消耗和碳排放，增强能源系统运行和资源配置效率，提高经济社会综合效益。加快形成减污降碳的激励约束机制。

坚持市场主导、政府引导。深化能源领域体制改革，充分发挥市场在资源配置中的决定性作用，构建公平开放、有效竞争的能源市场体系。更好发挥政府作用，在规划引领、政策扶持、市场监管等方面加强引导，营造良好的发展环境。

（三）**主要目标。**"十四五"时期，基本建立推进能源绿色低碳发展的制度框架，形成比较完善的政策、标准、市场和监管体系，构建以能耗"双控"和非化石能源目标制度为引领的能源绿色低碳转型推进机制。到2030年，基本建立完整的能源绿色低碳发展基本制度和政策体系，形成非化石能源既基本满足能源需求增量又规模化替代化石能源存量、能源安全保障能力得到全面增强的能源生产消费格局。

二、完善国家能源战略和规划实施的协同推进机制

（四）**强化能源战略和规划的引导约束作用。**以国家能源战略为导向，强化国家能源规划的统领作用，各省（自治区、直辖市）结合国家能源规划部署和当地实际制定本地区能源规划，明确能源绿色低碳转型的目标和任务，在规划编制及实施中加强各能源品种之间、产业链上下游之间、区域之间的协同互济，整体提高能源绿色低碳转型和供应安全保障水平。加强能源规划实施监测评估，健全规划动态调整机制。

（五）**建立能源绿色低碳转型监测评价机制。**重点监测评价各地区能耗强度、能源消费总量、非化石能源及可再生能源消费比重、能源消费碳排放系数等指标，评估能源绿色低碳转型相关机制、政策的执行情况和实际效果。完善能源绿色低碳发展考核机制，按照国民经济和社会发展规划纲要、年度计划及能源规划等确定的能源相关约束性指标，强化相关考核。鼓励各地区通过区域协作或开展可再生能源电力消纳量交易等方式，满足国家规定的可再生能源消费最低比重等指标要求。

（六）**健全能源绿色低碳转型组织协调机制。**国家能源委员会统筹协调能源绿色低碳转型相关战略、发展规划、行动方案和政策体系等。建立跨部门、跨区域的能源安全与发展协调机制，协调开展跨省跨区电力、油气等能源输送通道及储备等基础设施和安全体系建设，加强能源领域规划、重大工程与国土空间规划以及生态环境保护等专项规划衔接，及时研究解决实施中的问题。按年度建立能源绿色低碳转型和安全保障重大政策实施、重大工程建设台账，完善督导协调机制。

三、完善引导绿色能源消费的制度和政策体系

（七）**完善能耗"双控"和非化石能源目标制度。**坚持把节约能源资源放在首位，强化能耗强度降低约束性指标管理，有效增强能源消费总量管理弹性，新增可再生能源和原料用能不纳入能源消费总量控制，合理确定各地区能耗强度降低目标，加强能耗"双控"政策与碳达峰、碳中和目标任务的衔接。逐步建立能源领域碳排放控制机制。制修订重点用能行业单位产品能耗限额强制性国家标准，组织对重点用能企业落实情况

进行监督检查。研究制定重点行业、重点产品碳排放核算方法。统筹考虑各地区可再生能源资源状况、开发利用条件和经济发展水平等，将全国可再生能源开发利用中长期总量及最低比重目标科学分解到各省（自治区、直辖市）实施，完善可再生能源电力消纳保障机制。推动地方建立健全用能预算管理制度，探索开展能耗产出效益评价。加强顶层设计和统筹协调，加快建设全国碳排放权交易市场、用能权交易市场、绿色电力交易市场。

（八）建立健全绿色能源消费促进机制。推进统一的绿色产品认证与标识体系建设，建立绿色能源消费认证机制，推动各类社会组织采信认证结果。建立电能替代推广机制，通过完善相关标准等加强对电能替代的技术指导。完善和推广绿色电力证书交易，促进绿色电力消费。鼓励全社会优先使用绿色能源和采购绿色产品及服务，公共机构应当作出表率。各地区应结合本地实际，采用先进能效和绿色能源消费标准，大力宣传节能及绿色消费理念，深入开展绿色生活创建行动。鼓励有条件的地方开展高水平绿色能源消费示范建设，在全社会倡导节约用能。

（九）完善工业领域绿色能源消费支持政策。引导工业企业开展清洁能源替代，降低单位产品碳排放，鼓励具备条件的企业率先形成低碳、零碳能源消费模式。鼓励建设绿色用能产业园区和企业，发展工业绿色微电网，支持在自有场所开发利用清洁低碳能源，建设分布式清洁能源和智慧能源系统，对余热余压余气等综合利用发电减免交叉补贴和系统备用费，完善支持自发自用分布式清洁能源发电的价格政策。在符合电力规划布局和电网安全运行条件的前提下，鼓励通过创新电力输送及运行方式实现可再生能源电力项目就近向产业园区或企业供电，鼓励产业园区或企业通过电力市场购买绿色电力。鼓励新兴重点用能领域以绿色能源为主满足用能需求并对余热余压余气等进行充分利用。

（十）完善建筑绿色用能和清洁取暖政策。提升建筑节能标准，推动超低能耗建筑、低碳建筑规模化发展，推进和支持既有建筑节能改造，积极推广使用绿色建材，健全建筑能耗限额管理制度。完善建筑可再生能源应用标准，鼓励光伏建筑一体化应用，支持利用太阳能、地热能和生物质能等建设可再生能源建筑供能系统。在具备条件的地区推进供热计量改革和供热设施智能化建设，鼓励按热量收费，鼓励电供暖企业和用户通过电力市场获得低谷时段低价电力，综合运用峰谷电价、居民阶梯电价和输配电价机制等予以支持。落实好支持北方地区农村冬季清洁取暖的供气价格政策。

（十一）完善交通运输领域能源清洁替代政策。推进交通运输绿色低碳转型，优化交通运输结构，推行绿色低碳交通设施装备。推行大容量电气化公共交通和电动、氢能、先进生物液体燃料、天然气等清洁能源交通工具，完善充换电、加氢、加气（LNG）站点布局及服务设施，降低交通运输领域清洁能源用能成本。对交通供能场站布局和建设在土地空间等方面予以支持，开展多能融合交通供能场站建设，推进新能源汽车与电网能量互动试点示范，推动车桩、船岸协同发展。对利用铁路沿线、高速公路服务区等建设新能源设施的，鼓励对同一省级区域内的项目统一规划、统一实施、统一核准（备案）。

四、建立绿色低碳为导向的能源开发利用新机制

（十二）建立清洁低碳能源资源普查和信息共享机制。结合资源禀赋、土地用途、生态保护、国土空间规划等情况，以市（县）级行政区域为基本单元，全面开展全国清洁低碳能源资源详细勘查和综合评价，精准识别可开发清洁低碳能源资源并进行数据整合，完善并动态更新全国清洁低碳能源资源数据库。加强与国土空间基础信息平台的衔接，及时将各类清洁低碳能源资源分布等空间信息纳入同级国土空间基础信息平台和国土空间规划"一张图"，并以适当方式与地方各级政府、企业、行业协会和研究机构等共享。提高可再生能源相关气象观测、资源评价以及预测预报技术能力，为可再生能源资源普查、项目开发和电力系统运行提供支撑。构建国家能源基础信息及共享平台，整合能源全产业链信息，推动能源领域数字经济发展。

（十三）推动构建以清洁低碳能源为主体的能源供应体系。以沙漠、戈壁、荒漠地区为重点，加快推进大型风电、光伏发电基地建设，对区域内现有煤电机组进行升级改造，探索建立送受两端协同为新能源电力输送提供调节的机制，支持新能源电力能建尽建、能并尽并、能发尽发。各地区按照国家能源战略和规划及分领域规划，统筹考虑本地区能源需求和清洁低碳能源资源等情况，在省级能源规划总体框架下，指导并组织制定市（县）级清洁低碳能源开发利用、区域能源供应相关实施方案。各地区应当统筹考虑本地区能源需求及可开发资源量等，按就近原则优先开发利用本地清洁低碳能源资源，根据需要积极引入区域外的清洁低碳能源，形成优先通过清洁低碳能源满足新增用能需求并逐渐替代存量化石能源的能源生产消费格局。鼓励各地区建设多能互补、就近平衡、以清洁低碳能源为主体的新型能源系统。

（十四）创新农村可再生能源开发利用机制。在农村地区优先支持屋顶分布式光伏发电以及沼气发电等生物质能发电接入电网，电网企业等应当优先收购其发电量。鼓励利用农村地区适宜分散开发风电、光伏发电的土地，探索统一规划、分散布局、农企合作、利益共享的可再生能源项目投资经营模式。鼓励农村集体经济组织依法以土地使用权入股、联营等方式与专业化企业共同投资经营可再生能源发电项目，鼓励金融机构按照市场化、法治化原则为可再生能源发电项目提供融资支持。加大对农村电网建设的支持力度，组织电网企业完善农村电网。加强农村电网技术、运行和电力交易方式创新，支持新能源电力就近交易，为农村公益性和生活用能以及乡村振兴相关产业提供低成本绿色能源。完善规模化沼气、生物天然气、成型燃料等生物质能和地热能开发利用扶持政策和保障机制。

（十五）建立清洁低碳能源开发利用的国土空间管理机制。围绕做好碳达峰碳中和工作，统筹考虑清洁低碳能源开发以及能源输送、储存等基础设施用地用海需求。完善能源项目建设用地分类指导政策，调整优化可再生能源开发用地用海要求，制定利用沙漠、戈壁、荒漠土地建设可再生能源发电工程的土地支持政策，完善核电、抽水蓄能厂（场）址保护制度并在国土空间规划中予以保障，在国土空间规划中统筹考虑输电通道、

油气管道走廊用地需求，建立健全土地相关信息共享与协同管理机制。严格依法规范能源开发涉地（涉海）税费征收。符合条件的海上风电等可再生能源项目可按规定申请减免海域使用金。鼓励在风电等新能源开发建设中推广应用节地技术和节地模式。

五、完善新型电力系统建设和运行机制

（十六）加强新型电力系统顶层设计。推动电力来源清洁化和终端能源消费电气化，适应新能源电力发展需要制定新型电力系统发展战略和总体规划，鼓励各类企业等主体积极参与新型电力系统建设。对现有电力系统进行绿色低碳发展适应性评估，在电网架构、电源结构、源网荷储协调、数字化智能化运行控制等方面提升技术和优化系统。加强新型电力系统基础理论研究，推动关键核心技术突破，研究制定新型电力系统相关标准。推动互联网、数字化、智能化技术与电力系统融合发展，推动新技术、新业态、新模式发展，构建智慧能源体系。加强新型电力系统技术体系建设，开展相关技术试点和区域示范。

（十七）完善适应可再生能源局域深度利用和广域输送的电网体系。整体优化输电网络和电力系统运行，提升对可再生能源电力的输送和消纳能力。通过电源配置和运行优化调整尽可能增加存量输电通道输送可再生能源电量，明确最低比重指标并进行考核。统筹布局以送出可再生能源电力为主的大型电力基地，在省级电网及以上范围优化配置调节性资源。完善相关省（自治区、直辖市）政府间协议与电力市场相结合的可再生能源电力输送和消纳协同机制，加强省际、区域间电网互联互通，进一步完善跨省跨区电价形成机制，促进可再生能源在更大范围消纳。大力推进高比例容纳分布式新能源电力的智能配电网建设，鼓励建设源网荷储一体化、多能互补的智慧能源系统和微电网。电网企业应提升新能源电力接纳能力，动态公布经营区域内可接纳新能源电力的容量信息并提供查询服务，依法依规将符合规划和安全生产条件的新能源发电项目和分布式发电项目接入电网，做到应并尽并。

（十八）健全适应新型电力系统的市场机制。建立全国统一电力市场体系，加快电力辅助服务市场建设，推动重点区域电力现货市场试点运行，完善电力中长期、现货和辅助服务交易有机衔接机制，探索容量市场交易机制，深化输配电等重点领域改革，通过市场化方式促进电力绿色低碳发展。完善有利于可再生能源优先利用的电力交易机制，开展绿色电力交易试点，鼓励新能源发电主体与电力用户或售电公司等签订长期购售电协议。支持微电网、分布式电源、储能和负荷聚合商等新兴市场主体独立参与电力交易。积极推进分布式发电市场化交易，支持分布式发电（含电储能、电动车船等）与同一配电网内的电力用户通过电力交易平台就近进行交易，电网企业（含增量配电网企业）提供输电、计量和交易结算等技术支持，完善支持分布式发电市场化交易的价格政策及市场规则。完善支持储能应用的电价政策。

（十九）完善灵活性电源建设和运行机制。全面实施煤电机组灵活性改造，完善煤电机组最小出力技术标准，科学核定煤电机组深度调峰能力；因地制宜建设既满足电力

运行调峰需要，又对天然气消费季节差具有调节作用的天然气"双调峰"电站；积极推动流域控制性调节水库建设和常规水电站扩机增容，加快建设抽水蓄能电站，探索中小型抽水蓄能技术应用，推行梯级水电储能；发挥太阳能热发电的调节作用，开展废弃矿井改造储能等新型储能项目研究示范，逐步扩大新型储能应用。全面推进企业自备电厂参与电力系统调节，鼓励工业企业发挥自备电厂调节能力就近利用新能源。完善支持灵活性煤电机组、天然气调峰机组、水电、太阳能热发电和储能等调节性电源运行的价格补偿机制。鼓励新能源发电基地提升自主调节能力，探索一体化参与电力系统运行。完善抽水蓄能、新型储能参与电力市场的机制，更好发挥相关设施调节作用。

（二十）**完善电力需求响应机制**。推动电力需求响应市场化建设，推动将需求侧可调节资源纳入电力电量平衡，发挥需求侧资源削峰填谷、促进电力供需平衡和适应新能源电力运行的作用。拓宽电力需求响应实施范围，通过多种方式挖掘各类需求侧资源并组织其参与需求响应，支持用户侧储能、电动汽车充电设施、分布式发电等用户侧可调节资源，以及负荷聚合商、虚拟电厂运营商、综合能源服务商等参与电力市场交易和系统运行调节。明确用户侧储能安全发展的标准要求，加强安全监管。加快推进需求响应市场化建设，探索建立以市场为主的需求响应补偿机制。全面调查评价需求响应资源并建立分级分类清单，形成动态的需求响应资源库。

（二十一）**探索建立区域综合能源服务机制**。探索同一市场主体运营集供电、供热（供冷）、供气为一体的多能互补、多能联供区域综合能源系统，鼓励地方采取招标等竞争性方式选择区域综合能源服务投资经营主体。鼓励增量配电网通过拓展区域内分布式清洁能源、接纳区域外可再生能源等提高清洁能源比重。公共电网企业、燃气供应企业应为综合能源服务运营企业提供可靠能源供应，并做好配套设施运行衔接。鼓励提升智慧能源协同服务水平，强化共性技术的平台化服务及商业模式创新，充分依托已有设施，在确保能源数据信息安全的前提下，加强数据资源开放共享。

六、完善化石能源清洁高效开发利用机制

（二十二）**完善煤炭清洁开发利用政策**。立足以煤为主的基本国情，按照能源不同发展阶段，发挥好煤炭在能源供应保障中的基础作用。建立煤矿绿色发展长效机制，优化煤炭产能布局，加大煤矿"上大压小、增优汰劣"力度，大力推动煤炭清洁高效利用。制定矿井优化系统支持政策，完善绿色智能煤矿建设标准体系，健全煤矿智能化技术、装备、人才发展支持政策体系。完善煤矸石、矿井水、煤矿井下抽采瓦斯等资源综合利用及矿区生态治理与修复支持政策，加大力度支持煤矿充填开采技术推广应用，鼓励利用废弃矿区开展新能源及储能项目开发建设。依法依规加快办理绿色智能煤矿等优质产能和保供煤矿的环保、用地、核准、采矿等相关手续。科学评估煤炭企业产量减少和关闭退出的影响，研究完善煤炭企业退出和转型发展以及从业人员安置等扶持政策。

（二十三）**完善煤电清洁高效转型政策**。在电力安全保供的前提下，统筹协调有序

控煤减煤，推动煤电向基础保障性和系统调节性电源并重转型。按照电力系统安全稳定运行和保供需要，加强煤电机组与非化石能源发电、天然气发电及储能的整体协同。推进煤电机组节能提效、超低排放升级改造，根据能源发展和安全保供需要合理建设先进煤电机组。充分挖掘现有大型热电联产企业供热潜力，鼓励在合理供热半径内的存量凝汽式煤电机组实施热电联产改造，在允许燃煤供热的区域鼓励建设燃煤背压供热机组，探索开展煤电机组抽汽蓄能改造。有序推动落后煤电机组关停整合，加大燃煤锅炉淘汰力度。原则上不新增企业燃煤自备电厂，推动燃煤自备机组公平承担社会责任，加大燃煤自备机组节能减排力度。支持利用退役火电机组的既有厂址和相关设施建设新型储能设施或改造为同步调相机。完善火电领域二氧化碳捕集利用与封存技术研发和试验示范项目支持政策。

（二十四）**完善油气清洁高效利用机制**。提升油气田清洁高效开采能力，推动炼化行业转型升级，加大减污降碳协同力度。完善油气与地热能以及风能、太阳能等能源资源协同开发机制，鼓励油气企业利用自有建设用地发展可再生能源和建设分布式能源设施，在油气田区域内建设多能融合的区域供能系统。持续推动油气管网公平开放并完善接入标准，梳理天然气供气环节并减少供气层级，在满足安全和质量标准等前提下，支持生物燃料乙醇、生物柴油、生物天然气等清洁燃料接入油气管网，探索输气管道掺氢输送、纯氢管道输送、液氢运输等高效输氢方式。鼓励传统加油站、加气站建设油气电氢一体化综合交通能源服务站。加强二氧化碳捕集利用与封存技术推广示范，扩大二氧化碳驱油技术应用，探索利用油气开采形成地下空间封存二氧化碳。

七、健全能源绿色低碳转型安全保供体系

（二十五）**健全能源预测预警机制**。加强全国以及分级分类的能源生产、供应和消费信息系统建设，建立跨部门跨区域能源安全监测预警机制，各省（自治区、直辖市）要建立区域能源综合监测体系，电网、油气管网及重点能源供应企业要完善经营区域能源供应监测平台并及时向主管部门报送相关信息。加强能源预测预警的监测评估能力建设，建立涵盖能源、应急、气象、水利、地质等部门的极端天气联合应对机制，提高预测预判和灾害防御能力。健全能源供应风险应对机制，完善极端情况下能源供应应急预案和应急状态下的协同调控机制。

（二十六）**构建电力系统安全运行和综合防御体系**。各类发电机组运行要严格遵守《电网调度管理条例》等法律法规和技术规范，建立煤电机组退出审核机制，承担支持电力系统运行和保供任务的煤电机组未经许可不得退出运行，可根据机组性能和电力系统运行需要经评估后转为应急备用机组。建立各级电力规划安全评估制度，健全各类电源并网技术标准，从源头管控安全风险。完善电力电量平衡管理，制定年度电力系统安全保供方案。建立电力企业与燃料供应企业、管输企业的信息共享与应急联动机制，确保极端情况下能源供应。建立重要输电通道跨部门联防联控机制，提升重要输电通道运行安全保障能力。建立完善负荷中心和特大型城市应急安全保障电源体系。完善电力监

控系统安全防控体系，加强电力行业关键信息基础设施安全保护。严格落实地方政府、有关电力企业的电力安全生产和供应保障主体责任，统筹协调推进电力应急体系建设，强化新型储能设施等安全事故防范和处置能力，提升本质安全水平。健全电力应急保障体系，完善电力应急制度、标准和预案。

（二十七）健全能源供应保障和储备应急体系。统筹能源绿色低碳转型和能源供应安全保障，提高适应经济社会发展以及各种极端情况的能源供应保障能力，优化能源储备设施布局，完善煤电油气供应保障协调机制。加快形成政府储备、企业社会责任储备和生产经营库存有机结合、互为补充，实物储备、产能储备和其他储备方式相结合的石油储备体系。健全煤炭产品、产能储备和应急储备制度，完善应急调峰产能、可调节库存和重点电厂煤炭储备机制，建立以企业为主体、市场化运作的煤炭应急储备体系。建立健全地方政府、供气企业、管输企业、城镇燃气企业各负其责的多层次天然气储气调峰和应急体系。制定煤制油气技术储备支持政策。完善煤炭、石油、天然气产供储销体系，探索建立氢能产供储销体系。按规划积极推动流域龙头水库电站建设，提升水库储能、运行调节和应急调用能力。

八、建立支撑能源绿色低碳转型的科技创新体系

（二十八）建立清洁低碳能源重大科技协同创新体系。建设并发挥好能源领域国家实验室作用，形成以国家战略科技力量为引领、企业为主体、市场为导向、产学研用深度融合的能源技术创新体系，加快突破一批清洁低碳能源关键技术。支持行业龙头企业联合高等院校、科研院所和行业上下游企业共建国家能源领域研发创新平台，推进各类科技力量资源共享和优化配置。围绕能源领域相关基础零部件及元器件、基础软件、基础材料、基础工艺等关键技术开展联合攻关，实施能源重大科技协同创新研究。加强新型储能相关安全技术研发，完善设备设施、规划布局、设计施工、安全运行等方面技术标准规范。

（二十九）建立清洁低碳能源产业链供应链协同创新机制。推动构建以需求端技术进步为导向，产学研用深度融合、上下游协同、供应链协作的清洁低碳能源技术创新促进机制。依托大型新能源基地等重大能源工程，推进上下游企业协同开展先进技术装备研发、制造和应用，通过工程化集成应用形成先进技术及产业化能力。加快纤维素等非粮生物燃料乙醇、生物航空煤油等先进可再生能源燃料关键技术协同攻关及产业化示范。推动能源电子产业高质量发展，促进信息技术及产品与清洁低碳能源融合创新，加快智能光伏创新升级。依托现有基础完善清洁低碳能源技术创新服务平台，推动研发设计、计量测试、检测认证、知识产权服务等科技服务业与清洁低碳能源产业链深度融合。建立清洁低碳能源技术成果评价、转化和推广机制。

（三十）完善能源绿色低碳转型科技创新激励政策。探索以市场化方式吸引社会资本支持资金投入大、研究难度高的战略性清洁低碳能源技术研发和示范项目。采取"揭榜挂帅"等方式组织重大关键技术攻关，完善支持首台（套）先进重大能源技术装备示

范应用的政策，推动能源领域重大技术装备推广应用。强化国有能源企业节能低碳相关考核，推动企业加大能源技术创新投入，推广应用新技术，提升技术水平。

九、建立支撑能源绿色低碳转型的财政金融政策保障机制

（三十一）完善支持能源绿色低碳转型的多元化投融资机制。加大对清洁低碳能源项目、能源供应安全保障项目投融资支持力度。通过中央预算内投资统筹支持能源领域对碳减排贡献度高的项目，将符合条件的重大清洁低碳能源项目纳入地方政府专项债券支持范围。国家绿色发展基金和现有低碳转型相关基金要将清洁低碳能源开发利用、新型电力系统建设、化石能源企业绿色低碳转型等作为重点支持领域。推动清洁低碳能源相关基础设施项目开展市场化投融资，研究将清洁低碳能源项目纳入基础设施领域不动产投资信托基金（REITs）试点范围。中央财政资金进一步向农村能源建设倾斜，利用现有资金渠道支持农村能源供应基础设施建设、北方地区冬季清洁取暖、建筑节能等。

（三十二）完善能源绿色低碳转型的金融支持政策。探索发展清洁低碳能源行业供应链金融。完善清洁低碳能源行业企业贷款审批流程和评级方法，充分考虑相关产业链长期成长性及对碳达峰、碳中和的贡献。创新适应清洁低碳能源特点的绿色金融产品，鼓励符合条件的企业发行碳中和债等绿色债券，引导金融机构加大对具有显著碳减排效益项目的支持；鼓励发行可持续发展挂钩债券等，支持化石能源企业绿色低碳转型。探索推进能源基础信息应用，为金融支持能源绿色低碳转型提供信息服务支撑。鼓励能源企业践行绿色发展理念，充分披露碳排放相关信息。

十、促进能源绿色低碳转型国际合作

（三十三）促进"一带一路"绿色能源合作。鼓励金融产品和服务创新，支持"一带一路"清洁低碳能源开发利用。推进"一带一路"绿色能源务实合作，探索建立清洁低碳能源产业链上下游企业协同发展合作机制。引导企业开展清洁低碳能源领域对外投资，在相关项目开展中注重资源节约、环境保护和安全生产。推动建设能源合作最佳实践项目。依法依规管理碳排放强度高的产品生产、流通和出口。

（三十四）积极推动全球能源治理中绿色低碳转型发展合作。建设和运营好"一带一路"能源合作伙伴关系和国际能源变革论坛等，力争在全球绿色低碳转型进程中发挥更好作用。依托中国–阿盟、中国–非盟、中国–东盟、中国–中东欧、亚太经合组织（APEC）可持续能源中心等合作平台，持续支持可再生能源、电力、核电、氢能等清洁低碳能源相关技术人才合作培养，开展能力建设、政策、规划、标准对接和人才交流。提升与国际能源署（IEA）、国际可再生能源署（IRENA）等国际组织的合作水平，积极参与并引导在联合国、二十国集团（G20）、APEC、金砖国家、上合组织等多边框架下的能源绿色低碳转型合作。

（三十五）充分利用国际要素助力国内能源绿色低碳发展。落实鼓励外商投资产业

目录，完善相关支持政策，吸引和引导外资投入清洁低碳能源产业领域。完善鼓励外资融入我国清洁低碳能源产业创新体系的激励机制，严格知识产权保护。加强绿色电力认证国际合作，倡议建立国际绿色电力证书体系，积极引导和参与绿色电力证书核发、计量、交易等国际标准研究制定。推动建立中欧能源技术创新合作平台等清洁低碳能源技术创新国际合作平台，支持跨国企业在华设立清洁低碳能源技术联合研发中心，促进清洁低碳、脱碳无碳领域联合攻关创新与示范应用。

十一、完善能源绿色低碳发展相关治理机制

（三十六）健全能源法律和标准体系。加强能源绿色低碳发展法制建设，修订和完善能源领域法律制度，健全适应碳达峰碳中和工作需要的能源法律制度体系。增强相关法律法规的针对性和有效性，全面清理现行能源领域法律法规中与碳达峰碳中和工作要求不相适应的内容。健全清洁低碳能源相关标准体系，加快研究和制修订清洁高效火电、可再生能源发电、核电、储能、氢能、清洁能源供热以及新型电力系统等领域技术标准和安全标准。推动太阳能发电、风电等领域标准国际化。鼓励各地区和行业协会、企业等依法制定更加严格的地方标准、行业标准和企业标准。制定能源领域绿色低碳产业指导目录，建立和完善能源绿色低碳转型相关技术标准及相应的碳排放量、碳减排量等核算标准。

（三十七）深化能源领域"放管服"改革。持续推动简政放权，继续下放或取消非必要行政许可事项，进一步优化能源领域营商环境，增强市场主体创新活力。破除制约市场竞争的各类障碍和隐性壁垒，落实市场准入负面清单制度，支持各类市场主体依法平等进入负面清单以外的能源领域。优化清洁低碳能源项目核准和备案流程，简化分布式能源投资项目管理程序。创新综合能源服务项目建设管理机制，鼓励各地区依托全国投资项目在线审批监管平台建立综合能源服务项目多部门联审机制，实行一窗受理、并联审批。

（三十八）加强能源领域监管。加强对能源绿色低碳发展相关能源市场交易、清洁低碳能源利用等监管，维护公平公正的能源市场秩序。稳步推进能源领域自然垄断行业改革，加强对有关企业在规划落实、公平开放、运行调度、服务价格、社会责任等方面的监管。健全对电网、油气管网等自然垄断环节企业的考核机制，重点考核有关企业履行能源供应保障、科技创新、生态环保等职责情况。创新对综合能源服务、新型储能、智慧能源等新产业新业态监管方式。

国家发展改革委
国家能源局
2022年1月30日

财政部关于印发《财政支持做好碳达峰碳中和工作的意见》的通知

（财资环〔2022〕53号）

各省、自治区、直辖市、计划单列市财政厅（局），新疆生产建设兵团财政局，财政部各地监管局：

为贯彻落实党中央、国务院关于推进碳达峰碳中和的重大决策部署，充分发挥财政职能作用，推动如期实现碳达峰碳中和目标，现将《财政支持做好碳达峰碳中和工作的意见》印发给你们，请遵照执行。

财政部
2022年5月25日

财政支持做好碳达峰碳中和工作的意见

为深入贯彻落实党中央、国务院关于碳达峰碳中和重大战略决策，根据《中共中央　国务院关于完整准确全面贯彻新发展理念做好碳达峰碳中和工作的意见》和《2030年前碳达峰行动方案》（国发〔2021〕23号）有关工作部署，现就财政支持做好碳达峰碳中和工作提出如下意见。

一、总体要求

（一）指导思想。以习近平新时代中国特色社会主义思想为指导，全面贯彻党的十九大和十九届历次全会精神，深入贯彻习近平生态文明思想，按照党中央、国务院决策部署，坚持稳中求进工作总基调，立足新发展阶段，完整、准确、全面贯彻新发展理念，构建新发展格局，推动高质量发展，坚持系统观念，把碳达峰碳中和工作纳入生态文明建设整体布局和经济社会发展全局。坚持降碳、减污、扩绿、增长协同推进，积极构建有利于促进资源高效利用和绿色低碳发展的财税政策体系，推动有为政府和有效市场更好结合，支持如期实现碳达峰碳中和目标。

（二）工作原则。

立足当前，着眼长远。围绕如期实现碳达峰碳中和目标，加强财政支持政策与国家

"十四五"规划纲要衔接，抓住"十四五"碳达峰工作的关键期、窗口期，落实积极的财政政策要提升效能，更加注重精准、可持续的要求，合理规划财政支持碳达峰碳中和政策体系。

因地制宜，统筹推进。各地财政部门统筹考虑当地工作基础和实际，稳妥有序推进工作，分类施策，制定和实施既符合自身实际又满足总体要求的财政支持措施。加强财政资源统筹，常态化实施财政资金直达机制。推动资金、税收、政府采购等政策协同发力，提升财政政策效能。

结果导向，奖优罚劣。强化预算约束和绩效管理，中央财政对推进相关工作成效突出的地区给予奖励支持；对推进相关工作不积极或成效不明显地区适当扣减相关转移支付资金，形成激励约束机制。

加强交流，内外畅通。坚持共同但有区别的责任原则、公平原则和各自能力原则，强化多边、双边国际财经对话交流合作，统筹国内国际资源，推广国内外先进绿色低碳技术和经验，深度参与全球气候治理，积极争取国际资源支持。

（三）**主要目标**。到2025年，财政政策工具不断丰富，有利于绿色低碳发展的财税政策框架初步建立，有力支持各地区各行业加快绿色低碳转型。2030年前，有利于绿色低碳发展的财税政策体系基本形成，促进绿色低碳发展的长效机制逐步建立，推动碳达峰目标顺利实现。2060年前，财政支持绿色低碳发展政策体系成熟健全，推动碳中和目标顺利实现。

二、支持重点方向和领域

（一）**支持构建清洁低碳安全高效的能源体系**。有序减量替代，推进煤炭消费转型升级。优化清洁能源支持政策，大力支持可再生能源高比例应用，推动构建新能源占比逐渐提高的新型电力系统。支持光伏、风电、生物质能等可再生能源，以及出力平稳的新能源替代化石能源。完善支持政策，激励非常规天然气开采增产上量。鼓励有条件的地区先行先试，因地制宜发展新型储能、抽水蓄能等，加快形成以储能和调峰能力为基础支撑的电力发展机制。加强对重点行业、重点设备的节能监察，组织开展能源计量审查。

（二）**支持重点行业领域绿色低碳转型**。支持工业部门向高端化智能化绿色化先进制造发展。深化城乡交通运输一体化示范县创建，提升城乡交通运输服务均等化水平。支持优化调整运输结构。大力支持发展新能源汽车，完善充换电基础设施支持政策，稳妥推动燃料电池汽车示范应用工作。推动减污降碳协同增效，持续开展燃煤锅炉、工业炉窑综合治理，扩大北方地区冬季清洁取暖支持范围，鼓励因地制宜采用清洁能源供暖供热。支持北方采暖地区开展既有城镇居住建筑节能改造和农房节能改造，促进城乡建设领域实现碳达峰碳中和。持续推进工业、交通、建筑、农业农村等领域电能替代，实施"以电代煤""以电代油"。

（三）**支持绿色低碳科技创新和基础能力建设**。加强对低碳零碳负碳、节能环保等绿色技术研发和推广应用的支持。鼓励有条件的单位、企业和地区开展低碳零碳负碳和储能新材料、新技术、新装备攻关，以及产业化、规模化应用，建立完善绿色低碳技术评估、交易体系和科技创新服务平台。强化碳达峰碳中和基础理论、基础方法、技术标准、实现路径研究。加强生态系统碳汇基础支撑。支持适应气候变化能力建设，提高防灾减灾抗灾救灾能力。

（四）**支持绿色低碳生活和资源节约利用**。发展循环经济，推动资源综合利用，加强城乡垃圾和农村废弃物资源利用。完善废旧物资循环利用体系，促进再生资源回收利用提质增效。建立健全汽车、电器电子产品的生产者责任延伸制度，促进再生资源回收行业健康发展。推动农作物秸秆和畜禽粪污资源化利用，推广地膜回收利用。支持"无废城市"建设，形成一批可复制可推广的经验模式。

（五）**支持碳汇能力巩固提升**。支持提升森林、草原、湿地、海洋等生态碳汇能力。开展山水林田湖草沙一体化保护和修复。实施重要生态系统保护和修复重大工程。深入推进大规模国土绿化行动，全面保护天然林，巩固退耕还林还草成果，支持森林资源管护和森林草原火灾防控，加强草原生态修复治理，强化湿地保护修复。支持牧区半牧区省份落实好草原补奖政策，加快推进草牧业发展方式转变，促进草原生态环境稳步恢复。整体推进海洋生态系统保护修复，提升红树林、海草床、盐沼等固碳能力。支持开展水土流失综合治理。

（六）**支持完善绿色低碳市场体系**。充分发挥碳排放权、用能权、排污权等交易市场作用，引导产业布局优化。健全碳排放统计核算和监管体系，完善相关标准体系，加强碳排放监测和计量体系建设。支持全国碳排放权交易的统一监督管理，完善全国碳排放权交易市场配额分配管理，逐步扩大交易行业范围，丰富交易品种和交易方式，适时引入有偿分配。全面实施排污许可制度，完善排污权有偿使用和交易制度，积极培育交易市场。健全企业、金融机构等碳排放报告和信息披露制度。

三、财政政策措施

（一）**强化财政资金支持引导作用**。加强财政资源统筹，优化财政支出结构，加大对碳达峰碳中和工作的支持力度。财政资金安排紧紧围绕党中央、国务院关于碳达峰碳中和有关工作部署，资金分配突出重点，强化对重点行业领域的保障力度，提高资金政策的精准性。中央财政在分配现有中央对地方相关转移支付资金时，对推动相关工作成效突出、发挥示范引领作用的地区给予奖励支持。

（二）**健全市场化多元化投入机制**。研究设立国家低碳转型基金，支持传统产业和资源富集地区绿色转型。充分发挥包括国家绿色发展基金在内的现有政府投资基金的引导作用。鼓励社会资本以市场化方式设立绿色低碳产业投资基金。将符合条件的绿色低碳发展项目纳入政府债券支持范围。采取多种方式支持生态环境领域政府和社会资本合作（PPP）项目，规范地方政府对PPP项目履约行为。

（三）**发挥税收政策激励约束作用**。落实环境保护税、资源税、消费税、车船税、车辆购置税、增值税、企业所得税等税收政策；落实节能节水、资源综合利用等税收优惠政策，研究支持碳减排相关税收政策，更好地发挥税收对市场主体绿色低碳发展的促进作用。按照加快推进绿色低碳发展和持续改善环境质量的要求，优化关税结构。

（四）完善政府绿色采购政策。建立健全绿色低碳产品的政府采购需求标准体系，分类制定绿色建筑和绿色建材政府采购需求标准。大力推广应用装配式建筑和绿色建材，促进建筑品质提升。加大新能源、清洁能源公务用车和用船政府采购力度，机要通信等公务用车除特殊地理环境等因素外原则上采购新能源汽车，优先采购提供新能源汽车的租赁服务，公务用船优先采购新能源、清洁能源船舶。强化采购人主体责任，在政府采购文件中明确绿色低碳要求，加大绿色低碳产品采购力度。

（五）加强应对气候变化国际合作。立足我国发展中国家定位，稳定现有多边和双边气候融资渠道，继续争取国际金融组织和外国政府对我国的技术、资金、项目援助。积极参与联合国气候资金谈判，推动《联合国气候变化框架公约》及其《巴黎协定》全面有效实施，打造"一带一路"绿色化、低碳化品牌，协同推进全球气候和环境治理。密切跟踪并积极参与国际可持续披露准则制定。

四、保障措施

（一）强化责任落实。各级财政部门要切实提高政治站位，高度重视碳达峰碳中和相关工作，按照中央与地方财政事权和支出责任划分有关要求，推动如期实现碳达峰碳中和目标。省级财政部门要健全工作机制，研究制定本地区财政支持做好碳达峰碳中和政策措施，层层压实责任，明确责任分工，加强对市县财政部门的督促和指导。市县财政部门负责本行政区域财政支持碳达峰碳中和工作，并抓好中央和省级政策落实。

（二）加强协调配合。建立健全财政部门上下联动、财政与其他部门横向互动的工作协同推进机制。各级财政部门要加快梳理现有政策，明确支持碳达峰碳中和相关资金投入渠道，将符合规定的碳达峰碳中和相关工作任务纳入支持范围，加强与发展改革、科技、工业和信息化、自然资源、生态环境、住房和城乡建设、交通运输、水利、农业农村、能源、林草、气象等部门协调配合，充分调动各方面工作积极性，形成工作合力。

（三）严格预算管理。不断提升财政资源配置效率和财政支持碳达峰碳中和资金使用效益。推动预算资金绩效管理在支持做好碳达峰碳中和工作领域全覆盖，加强预算资金绩效评价和日常监管，硬化预算约束。健全支持碳达峰碳中和工作的相关资金预算安排与绩效结果挂钩的激励约束机制。坚持资金投入与政策规划、工作任务相衔接，强化对目标任务完成情况的监督评价。财政部各地监管局要对支持碳达峰碳中和工作的相关资金开展评估评价，及时发现问题，提出改进措施，并监督地方落实整改措施。

（四）加大学习宣传力度。各级财政干部要自觉加强碳达峰碳中和相关政策和基础知识的学习研究，将碳达峰碳中和有关内容作为财政干部教育培训体系的重要内容，增强各级财政干部做好碳达峰碳中和工作的本领。加大财政支持做好碳达峰碳中和宣传和科普工作力度，鼓励有条件的地区采取多种方式加强生态文明宣传教育，建设碳达峰碳中和主题科普基地，推动生态文明理念更加深入人心，促进形成绿色低碳发展的良好氛围。

国家发展改革委　国家统计局　生态环境部印发《关于加快建立统一规范的碳排放统计核算体系实施方案》的通知

（发改环资〔2022〕622号）

各有关单位，各省、自治区、直辖市及计划单列市、新疆生产建设兵团发展改革委、统计局、生态环境厅（局）：

《关于加快建立统一规范的碳排放统计核算体系实施方案》已经碳达峰碳中和工作领导小组审议通过，现印发给你们，请认真抓好贯彻落实。

国家发展改革委
国家统计局
生态环境部
2022年4月22日

（本文有删减）

关于加快建立统一规范的碳排放统计核算体系实施方案

碳排放统计核算是做好碳达峰碳中和工作的重要基础，是制定政策、推动工作、开展考核、谈判履约的重要依据。为贯彻落实《中共中央　国务院关于完整准确全面贯彻新发展理念做好碳达峰碳中和工作的意见》和《2030年前碳达峰行动方案》部署要求，加快建立统一规范的碳排放统计核算体系，制定本方案。

一、总体要求

（一）**指导思想**。以习近平新时代中国特色社会主义思想为指导，全面贯彻党的十九大和十九届历次全会精神，深入贯彻习近平生态文明思想，全面贯彻落实党中央、国务院关于碳达峰碳中和的重大战略决策，立足新发展阶段，完整、准确、全面贯彻新发展理念，构建新发展格局，推动高质量发展，坚持系统观念，加快建立统一规范的碳排放统计核算体系，完善工作机制，建立科学核算方法，系统掌握我国碳排放总体情况，为统筹有序做好碳达峰碳中和工作、促进经济社会发展全面绿色转型提供坚实的数据支撑与基础保障。

（二）工作原则。

坚持从实际出发。立足于国情实际和工作基础，围绕我国碳达峰碳中和工作的阶段特征和目标任务，加快建立统一规范的碳排放统计核算体系。

坚持系统推进。加强碳达峰碳中和工作领导小组对碳排放统计核算工作的统一领导，理顺工作机制，优化工作流程，形成各司其职、协同高效的工作格局。

坚持问题导向。聚焦碳排放统计核算工作面临的突出困难挑战，深入分析、科学谋划，推动补齐短板弱项、强化支撑保障，筑牢工作基础。

坚持科学适用。借鉴国际成熟经验，充分结合我国国情特点，按照急用先行、先易后难的顺序，有序制定各级各类碳排放统计核算方法，做到体系完备、方法统一、形式规范。

二、主要目标

到2023年，职责清晰、分工明确、衔接顺畅的部门协作机制基本建立，相关统计基础进一步加强，各行业碳排放统计核算工作稳步开展，碳排放数据对碳达峰碳中和各项工作支撑能力显著增强，统一规范的碳排放统计核算体系初步建成。

到2025年，统一规范的碳排放统计核算体系进一步完善，碳排放统计基础更加扎实，核算方法更加科学，技术手段更加先进，数据质量全面提高，为碳达峰碳中和工作提供全面、科学、可靠数据支持。

三、重点任务

（三）**建立全国及地方碳排放统计核算制度**。由国家统计局统一制定全国及省级地区碳排放统计核算方法，明确有关部门和地方对能源活动、工业生产过程、排放因子、电力输入输出等相关基础数据的统计责任，组织开展全国及各省级地区年度碳排放总量核算。鼓励各地区参照国家和省级地区碳排放统计核算方法，按照数据可得、方法可行、结果可比的原则，制定省级以下地区碳排放统计核算方法。

（四）**完善行业企业碳排放核算机制**。由生态环境部、市场监管总局会同行业主管部门组织制修订电力、钢铁、有色、建材、石化、化工、建筑等重点行业碳排放核算方法及相关国家标准，加快建立覆盖全面、算法科学的行业碳排放核算方法体系。企业碳排放核算应依据所属主要行业进行，有序推进重点行业企业碳排放报告与核查机制。生态环境部、人民银行等有关部门可根据碳排放权交易、绿色金融领域工作需要，在与重点行业碳排放统计核算方法充分衔接的基础上，会同行业主管部门制定进一步细化的企业或设施碳排放核算方法或指南。

（五）建立健全重点产品碳排放核算方法。由生态环境部会同行业主管部门研究制定重点行业产品的原材料、半成品和成品的碳排放核算方法，优先聚焦电力、钢铁、电解铝、水泥、石灰、平板玻璃、炼油、乙烯、合成氨、电石、甲醇及现代煤化工等行业和产品，逐步扩展至其他行业产品和服务类产品。推动适用性好、成熟度高的核算方法逐步形成国家标准，指导企业和第三方机构开展产品碳排放核算。

（六）完善国家温室气体清单编制机制。持续推进国家温室气体清单编制工作，建立常态化管理和定期更新机制。由生态环境部会同有关部门组织开展数据收集、报告撰写和国际审评等工作，按照履约要求编制国家温室气体清单。进一步加强动态排放因子等新方法学在国家温室气体清单编制中的应用，推动清单编制方法与国际要求接轨。鼓励有条件的地区编制省级温室气体清单。

四、保障措施

（七）夯实统计基础。加强碳排放统计核算基层机构和队伍建设，提高核算能力和水平。强化能源、工业等领域相关统计信息的收集和处理能力，逐步建立完善与全国及省级碳排放统计核算要求相适应的活动水平数据统计体系。加强行业碳排放统计监测能力建设，健全电力、钢铁、有色、建材、石化、化工等重点行业能耗统计监测和计量体系。

（八）建立排放因子库。由生态环境部、国家统计局牵头建立国家温室气体排放因子数据库，统筹推进排放因子测算，提高精准度，扩大覆盖范围，建立数据库常态化、规范化更新机制，逐步建立覆盖面广、适用性强、可信度高的排放因子编制和更新体系，为碳排放核算提供基础数据支撑。

（九）应用先进技术。加强碳排放统计核算信息化能力建设，加快推进5G、大数据、云计算、区块链等现代信息技术的应用，优化数据采集、处理、存储方式。探索卫星遥感高精度连续测量技术等监测技术的应用。支持有关研究机构开展大气级、场地级和设备级温室气体排放监测、校验、模拟等基础研究。

（十）开展方法学研究。鼓励高校、科研院所、企事业单位开展碳排放方法学研究，加强消费端碳排放、人均累计碳排放、隐含碳排放、重点行业产品碳足迹等各类延伸测算研究工作。推动对非二氧化碳温室气体排放、碳捕集封存与利用、碳汇等领域的核算研究，进一步夯实方法学基础。加强碳排放核算领域国际交流，积极参与碳排放国际标准制定。

（十一）完善支持政策。做好全国及省级地区碳排放统计核算、国家温室气体清单编制的资金支持，按照分级保障原则合理安排财政经费预算。各地区要高度重视碳排放统计核算工作，切实提供保障支持。统筹各行业统计核算人才，组建碳排放统计核算专家队伍，研究解决重点难点问题，提供政策、理论和技术咨询服务。加强行业机构资质和从业人员管理，全面提升从业人员专业水平。

五、工作要求

（十二）**加强组织协调**。碳达峰碳中和工作领导小组加强对碳排放统计核算工作的统一领导。全国及省级地区碳排放统计核算方法、重点领域和行业碳排放统计核算方法、重点产品碳排放核算方法、国家温室气体清单编制方案等，须报碳达峰碳中和工作领导小组审核。碳排放权交易、绿色金融、绿色采购、固定资产投资等领域涉及碳排放的统计核算方法、指南、标准等，须报碳达峰碳中和领导小组办公室备案。各有关部门要密切加强配合，充分发挥碳排放统计核算工作组作用，强化工作协调，形成推进合力。

（十三）**严格数据管理**。全国及省级地区碳排放数据、重点行业碳排放数据和国家温室气体清单须报碳达峰碳中和工作领导小组审核。各有关单位要高度重视数据管理。省级以下地区碳排放数据由所在省级地区碳达峰碳中和工作领导小组负责管理。

（十四）**加强成果应用**。合理利用各级各类碳排放核算成果，稳妥有序做好国内碳排放现状分析、达峰形势预测等工作，为碳达峰碳中和政策制定、工作推进和监督考核等工作提供数据支撑。

市场监管总局等九部门关于印发《建立健全碳达峰碳中和标准计量体系实施方案》的通知

（国市监计量发〔2022〕92号）

教育部、科技部、财政部、农业农村部、商务部、国家卫生健康委、人民银行、国务院国资委、国管局、中科院、工程院、银保监会、证监会、国家能源局、国家铁路局、中国民航局，各省、自治区、直辖市和新疆生产建设兵团市场监管局（厅、委）、发展改革委、工业和信息化主管部门、自然资源主管部门、生态环境厅（局）、住房城乡建设厅（局）、交通运输厅（局、委）、气象局、林业和草原主管部门：

　　《建立健全碳达峰碳中和标准计量体系实施方案》已经碳达峰碳中和工作领导小组审议通过，现印发给你们，请结合实际认真贯彻落实。

市场监管总局

国家发展改革委

工业和信息化部

自然资源部

生态环境部

住房城乡建设部

交通运输部

中国气象局

国家林草局

2022年10月18日

建立健全碳达峰碳中和标准计量体系实施方案

　　实现碳达峰碳中和，是以习近平同志为核心的党中央统筹国内国际两个大局作出的重大战略决策。计量、标准是国家质量基础设施的重要内容，是资源高效利用、能源绿色低碳发展、产业结构深度调整、生产生活方式绿色变革、经济社会发展全面绿色转型的重要支撑，对如期实现碳达峰碳中和目标具有重要意义。为深入贯彻落实党中央、国务院决策部署，扎实推进碳达峰碳中和标准计量体系建设，制定本方案。

一、总体要求

（一）指导思想。以习近平新时代中国特色社会主义思想为指导，全面贯彻党的十九大和十九届历次全会精神，深入践行习近平生态文明思想，立足新发展阶段，完整、准确、全面贯彻新发展理念，构建新发展格局，按照《中共中央　国务院关于完整准确全面贯彻新发展理念做好碳达峰碳中和工作的意见》《国家标准化发展纲要》《2030年前碳达峰行动方案》《计量发展规划（2021—2035年）》的总体部署，坚持系统观念，统筹推进碳达峰碳中和标准计量体系建设，加快计量、标准创新发展，发挥计量、标准的基础性、引领性作用，支撑如期实现碳达峰碳中和目标。

（二）工作原则。

系统谋划，统筹推进。围绕碳达峰碳中和主要目标和重点任务，加强碳达峰碳中和计量与标准顶层设计与协同联动，系统谋划，稳妥实施，完善量值传递溯源体系，优化政府颁布标准与市场自主制定标准二元结构，积极构建统一协调、运行高效、资源共享的计量、标准协同发展机制。

科技驱动，技术引领。加强计量、标准技术研究，推动关键共性技术突破和应用。围绕绿色低碳技术成果，推进科技研发、计量测试、标准研制和产业转型升级融合发展，形成一批重大计量科研成果，研制一批国际引领标准，发挥计量、标准的先行带动和创新引领作用。

夯实基础，完善体系。聚焦重点领域和重点行业，加强基础通用标准制修订，实现标准重点突破和整体提升，推动计量智能化、数字化转型升级，建立健全碳达峰碳中和计量技术体系、管理体系和服务体系，提升计量、标准支撑保障能力和水平。

开放融合，协同共享。充分发挥部门、地方、行业、企业作用，加强产学研用结合，促进计量、标准等国家质量基础设施的协同发展和综合应用。积极参与国际和区域计量、标准组织活动，加强计量、标准国际衔接，加大中国标准国外推广力度，促进国内国际协调一致。

（三）主要目标。

到2025年，碳达峰碳中和标准计量体系基本建立。碳相关计量基准、计量标准能力稳步提升，关键领域碳计量技术取得重要突破，重点排放单位碳排放测量能力基本具备，计量服务体系不断完善。碳排放技术和管理标准基本健全，主要行业碳核算核查标准实现全覆盖，重点行业和产品能耗能效标准指标稳步提升，碳捕集利用与封存（CCUS）等关键技术标准与科技研发、示范推广协同推进。新建或改造不少于200项计量基准、计量标准，制修订不少于200项计量技术规范，筹建一批碳计量中心，研制不少于200种标准物质/样品，完成不少于1000项国家标准和行业标准（包括外文版本），实质性参与不少于30项相关国际标准制修订，市场自主制定标准供给数量和质量大幅提升。

到2030年，碳达峰碳中和标准计量体系更加健全。碳相关计量技术和管理水平得到明显提升，碳计量服务市场健康有序发展，计量基础支撑和引领作用更加凸显。重点行业和产品能耗能效标准关键技术指标达到国际领先水平，非化石能源标准体系全面升级，碳捕集利用与封存及生态碳汇标准逐步健全，标准约束和引领作用更加显著，标准化工作重点实现从支撑碳达峰向碳中和目标转变。

到2060年，技术水平更加先进、管理效能更加突出、服务能力更加高效、引领国际的碳中和标准计量体系全面建成，服务经济社会发展全面绿色转型，有力支撑碳中和目标实现。

（四）体系框架。按照碳达峰碳中和目标与重点任务的要求，围绕应用领域和应用场景，构建碳达峰碳中和标准计量体系总体框架（如图1所示）。

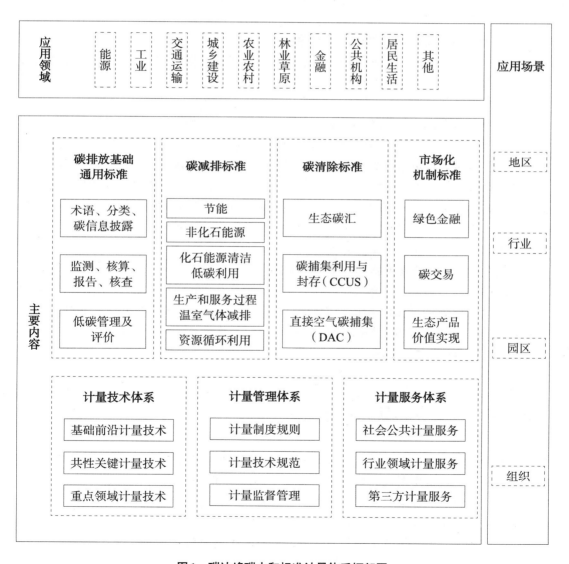

图1　碳达峰碳中和标准计量体系框架图

二、重点任务

（一）完善碳排放基础通用标准体系。碳排放基础通用标准为碳达峰碳中和工作提供关键的基础支撑。开展碳排放术语、分类、碳信息披露等基础标准制定。完善地区、行业、企业、产品等不同层面碳排放监测、核算、报告、核查标准。探索建立重点产品生命周期碳足迹标准，制定绿色低碳产品、企业、园区、技术等通用评价类标准。制定重点行业和产品温室气体排放标准。研究制定不同应用场景的碳达峰碳中和相关规划设计、实施评价等通用标准。（市场监管总局、生态环境部牵头，国家发展改革委、工业和信息化部等按职责分工负责，地方各级人民政府落实。以下均需地方各级人民政府落实，不再列出）

（二）加强重点领域碳减排标准体系建设。

碳减排标准为能源、工业、交通运输、城乡建设、农业农村等重点领域节能降碳、非化石能源推广利用、化石能源清洁低碳利用以及生产和服务过程温室气体减排、资源循环利用等提供关键支撑。

1.加强节能基础共性标准制修订。加快节能标准更新升级，推动减污降碳协同控制，抓紧制修订一批能耗限额、产品设备能效强制性国家标准，提升重点产品能耗限额要求，扩大能耗限额标准覆盖范围。完善能源核算、检测认证、评估、审计等配套标准。推动系统节能、能量回收、能量系统优化、高效节能设备、能源管理体系、节能监测控制、能源绩效评估、能源计量、区域能源等节能共性技术标准制修订。推动能效"领跑者"和企标"领跑者"工作。（国家发展改革委、工业和信息化部、市场监管总局、国家能源局等按职责分工负责）

2.健全非化石能源技术标准。围绕风电和光伏发电全产业链条，开展关键装备和系统的设计、制造、维护、废弃后回收利用等标准制修订。建立覆盖制储输用等各环节的氢能标准体系，加快完善海洋能、地热能、核能、生物质能、水力发电等标准体系，推进多能互补、综合能源服务等标准的研制。（国家发展改革委、工业和信息化部、市场监管总局、国家能源局等按职责分工负责）

专栏1　非化石能源技术重点标准

风力发电。 开展大容量海上风力发电机组及关键零部件技术要求和检测标准研究。加快海上风力发电机组漂浮式、固定式基础标准研究。推进风电机组主要设备修复、改造、延寿标准研究。开展风电场智能运维检修、运行技术标准研究。研究制定风能设备回收再利用、风资源和发电量评估等风力发电检验标准。

光伏发电。 开展高效光伏组件、大容量逆变器等关键产品技术要求和检测标准研究。推进光伏组件、支架、逆变器等主要产品及设备修复、改造、延寿标准制定。加快推进智能光伏产品、设备及光伏发电系统智能运维检修、安全标准制定。

光热利用。开展塔式、槽式、菲涅尔式等型式光热发电设备安装、调试、运行、检修、维护、监造、性能、评估等标准，以及二氧化碳超临界机组、特殊介质机组标准研究。研究制定中高温太阳能热利用系列标准。

氢能。开展氢燃料品质和氢能检测及评价等基础通用标准制修订。做好氢能风险评价、氢密封、临氢材料等氢安全标准研制。推进可再生能源水电解制氢等绿氢制备标准制定，开展高压气态储氢和固态储氢系统、液氢储存容器等氢储存标准研制，推动管道输氢（掺氢）、中长距离运氢技术和装备等氢输运标准制定，完善加氢机、加注协议、加氢站用氢气阀门、氢气压缩机等氢加注标准，研制相关的标准样品。

海洋能、地热能、核能发电。开展海洋能发电设备测试标准、装置技术成熟度评估、阵列部署、运行等标准研制。研究制定地热能发电设备标准。推动完善自主成熟先进的压水堆核电标准体系，推进第四代核电技术标准的研制，强化核电机组供热改造设计、施工、调试、验收以及运行方面的全过程标准研制。

生物质能。推进生物质成型燃料及专用设备（炉膛、进料系统、排料系统、户用灶具）标准和生物质发电标准制定。

水力发电。重点开展水电机组扩容增效、机组宽负荷稳定运行、机组运行状态评估与延寿等方面标准制修订。

3.加快新型电力系统标准制修订。围绕构建新型电力系统，开展电网侧、电源侧、负荷侧标准研究，重点推进智能电网、新型储能标准制定，逐步完善源网荷储一体化标准体系。（工业和信息化部、市场监管总局、国家能源局等按职责分工负责）

专栏2 新型电力系统重点标准

电网侧。开展支撑大规模新能源接入的特高压交直流混联电网标准制定，制定电网仿真分析、继电保护、安全稳定控制、调度自动化、网源协调、新能源调度等关键技术标准。进一步完善新能源并网标准。开展能源互联网、数字电网等领域标准化工作，在电力人工智能、电力区块链、电力集成电路、电力智能传感等领域开展标准制定工作。加强电力市场、电能替代、需求侧管理、虚拟电厂等领域标准制修订。针对分布式电源等多电源接入系统，开展智能配电电器、控制与保护电器、终端电器等标准研制。围绕电气化转型，研究电池保护用熔断体、半导体断路器、新能源用直流接触器等低压直流配用电专用设备标准。

　　火力发电。开展机组性能提升、机组灵活性改造、机组运行状态评估与延寿等标准制修订。制定完善天然气发电及调峰相关技术标准。

　　新型储能。围绕新型锂离子电池、铅炭电池、液流电池、燃料电池、钠离子电池等，开展系统与设备检验监测、性能评估、安全管理和消防灭火相关标准制修订。推进飞轮储能、压缩空气储能、超导储能、超级电容器、梯级电站储能等物理储能系统及设备标准研制。开展储能系统接入电网技术、并网性能评价方法等标准制修订。推进储能系统、储能与传统电源联合运行相关安全、运维、检修标准研究。开展储能电站安装、调试、智能运维等标准研究。

　　4.完善化石能源清洁低碳利用标准。开展煤炭绿色智能开采、选煤洁净生产以及煤炭清洁低碳高效利用标准研制。研制煤炭含碳量和热值分析测试方法标准及相关的标准样品。完善煤炭废弃物及资源综合利用标准。开展石油天然气开采、储存、加工、运输等节能低碳生产技术标准研制。（市场监管总局、国家能源局等按职责分工负责）

　　5.加强工业绿色低碳转型标准制修订。围绕钢铁、石化化工、有色金属、建材、机械、造纸、纺织等重点行业绿色低碳转型要求，开展标准体系建设。加快节能低碳技术、绿色制造、资源综合利用等关键技术标准制修订工作，研制配套标准样品。（国家发展改革委、工业和信息化部、生态环境部、市场监管总局等按职责分工负责）

专栏3　工业绿色低碳转型重点标准

　　钢铁行业。制定氢气竖炉直接还原、氢气熔融还原、富氢高炉、氧气高炉、电弧炉短流程炼钢、转底炉法金属化球团、薄板坯连铸连轧技术等标准。

　　石化化工行业。推动制定炼化、化肥、氯碱、电石、纯碱、磷化工、高分子材料等重点产品原料工艺优化、新型生产设备、吸附剂/吸收剂材料制备、化学品综合利用等技术标准。

　　有色金属行业。研究制定低品位有色金属矿绿色冶炼、新型铝电解工艺、再生有色金属原料及产品、锌二次资源利用、再生硅原料提纯、有色金属冶炼中低温余热利用等产品和技术标准。

　　建材行业。制定高温窑炉等建材装备标准，建材领域节能减污降碳和组合脱碳等成套设备标准，以及轻型化、集约化、部品化等建材标准。加强绿色低碳建材、利废建材标准研制。

　　机械行业。研究制定热加工铸造等生产工艺领域节能低碳产品和技术标准。针对工程机械、矿山机械等非道路移动机械的原燃料结构优化，开展相关标准研制。

6.加强交通运输低碳发展标准制修订。针对公路、水运、铁路和城市轨道交通、民航等交通基础设施和运输装备，开展节能降碳设计、建设、运营、监控、评价等标准制修订，完善物流绿色设备设施、运输和评价等标准。（工业和信息化部、生态环境部、住房城乡建设部、交通运输部、商务部、市场监管总局、国家铁路局、中国民航局等按职责分工负责）

专栏4　交通运输低碳发展重点标准

电动汽车及充电设施。完善电动汽车整车、关键系统部件等标准。制定电动汽车能量消耗量限值、能耗测试方法标准。制修订动力蓄电池循环寿命、电性能、传导充电安全、综合利用等标准。加强充电设备安全、车辆到电网（V2G）、大功率直流充电、无线充电互操作、共享换电、重卡换电等领域的关键技术标准。

道路运输与车辆。研究制定公路节能降碳技术、运输组织模式标准。开展机动车燃料消耗量限值标准制定，开展汽车节能技术相关标准的研制，开展汽车排放污染诊断与维修等技术标准制修订。完善汽车生产过程清洁化、生命周期能源低碳化、产品设计绿色化标准和汽车零部件再制造、再利用标准。

船舶。研究制定船舶造修、营运及拆解的节能降碳和低碳化改造等标准，重点开展低碳/零碳排放船型开发、船型优化设计、配套设备及关键零部件和材料、节能装置标准研制。做好电动船舶充电设备、能源管理等标准制修订工作。

港口。加强港口设备节能降耗技术、水运工程节能技术、绿色港口评价等标准制修订。完善港口岸电设备、岸基充换电设备操作及运维等相关标准。

铁路和城市轨道交通。研究制定铁路和城市轨道交通列车电能测量系统、储能电源监控系统、牵引系统铅酸蓄电池组等标准。推动铁路和城市轨道交通系统节能、电气化铁路节能降耗技术等标准研究。

民航。研究制修订航空燃料可持续认证、机场新能源车辆及充电设施等标准。推动可持续航空燃料适航审定、机场碳排放管理评价、机场微电网建设运行等标准研究。

物流。制定物流设施设备的绿色选型、绿色物流园区、绿色包装、包装循环使用、绿色作业模式、逆向物流、周转箱技术和回收物流标准，以及绿色物流服务评价等标准。

燃料电池。开展质子交换膜燃料电池及关键零部件标准制修订。面向道路和非道路交通、铁路、船舶、航空等应用场景开展燃料电池应用系统标准制定。研究固体氧化物燃料电池、甲醇燃料电池、聚合物燃料电池、融熔盐燃料电池等新型燃料电池标准。

7.**加强基础设施低碳升级标准制修订**。研究制定城市基础设施节能低碳建设、污水垃圾资源化利用、农房节能改造、绿色建造等标准。完善建筑垃圾、余能余热再生及循环利用设备标准。研究制定大规模无线局域网节能通信协议等标准。制定面向节能低碳目标的数据中心等信息基础设施参考架构、规划布局、使用计量、运营管理等标准。（工业和信息化部、住房城乡建设部、市场监管总局等按职责分工负责）

8.**加强农业农村降碳增效标准制修订**。重点开展降低碳排放强度、可再生能源抵扣标准研制，推动种植业与养殖业生产过程中的温室气体减排技术标准研究，完善工厂化农业、规模化养殖、农业机械等节能低碳标准。（生态环境部、农业农村部、市场监管总局等按职责分工负责）

专栏5　农业农村降碳增效重点标准

　　种植业。开展主要作物绿色增产增效、种养加循环、区域低碳循环、田园综合体等农业绿色发展标准制修订。

　　畜牧业。研究制修订畜禽养殖环境、肠道甲烷控制、畜禽粪污处理等畜牧业碳减排技术标准。推动节能低耗智能畜牧业机械装备、圈舍、绿色投入品标准制修订。

　　水产。开展海洋牧场建设与管理、藻类养殖、工厂化循环水养殖、生态养殖小区、集装箱养殖、稻鱼综合种养、大水面生态渔业等绿色健康养殖标准研制。

　　农村可再生能源。研究制定农村可再生能源节能降碳监测评价相关标准。制修订秸秆打捆直燃、沼气、生物天然气等农村可再生能源相关标准。

9.**加强公共机构节能低碳标准制修订**。构建公共机构节约能源资源标准体系，完善公共机构低碳建设、低碳评估考核等相关标准。分类编制节约型机关、绿色学校、绿色场馆等评价标准。（国管局、市场监管总局牵头，教育部等按职责分工负责）

10.**加强资源循环利用标准制修订**。健全资源循环利用标准体系，加快循环经济相关标准研制。围绕园区循环化改造，推进能量梯级利用、水资源综合利用、废弃物综合利用、产业循环链接等标准制修订。健全清洁生产、再生资源回收利用、大宗固废综合利用标准。（国家发展改革委、工业和信息化部、生态环境部、市场监管总局等按职责分工负责）

（三）**加快布局碳清除标准体系**。碳清除标准为固碳、碳汇、碳捕集利用与封存等提供支撑。加快生态系统固碳和增汇、碳捕集利用与封存、直接空气碳捕集（DAC）等碳清除技术标准研制。（国家发展改革委、工业和信息化部、自然资源部、生态环境部、市场监管总局、国家能源局、国家林草局等按职责分工负责）

専栏6　碳清除领域重点标准

生态系统固碳和增汇。制定覆盖陆地和海洋生态系统碳汇及木质林产品碳汇相关术语、分类、边界、监测、计量等通用标准。制定森林、草原、湿地、荒漠、矿山、海洋等资源保护、生态修复和经营增汇减排技术标准，以及林草资源保护和经营技术等标准。开展碳汇林经营、木竹替代、林业生物质产品标准研制，推动生物碳移除和利用、高效固碳树种草种藻种的选育繁育等标准制修订。

碳捕集利用与封存。加快制定碳捕集利用与封存相关的术语、监测、分类评估等基础标准。制定工业分离、化石燃料燃烧前捕集、燃烧后捕集、富氧燃烧捕集等碳捕集技术标准，碳运输技术标准，地质封存、海洋封存、碳酸盐矿石封存等碳封存技术标准。开展地质利用、化工利用、生物利用等碳应用技术标准研制。

（四）健全市场化机制标准体系。

市场化机制标准为绿色金融、碳排放交易、生态产品价值实现等提供关键保障。

1.加强绿色金融标准制修订。加快制定绿色、可持续金融相关术语等基础通用标准。完善绿色金融产品服务、绿色征信、绿色债券信用评级、碳中和债券评级评估、绿色金融信息披露、绿色金融统计等标准。（国家发展改革委、人民银行、市场监管总局、银保监会、证监会等按职责分工负责）

2.加快碳排放交易相关标准规范制修订。加快制定碳排放配额分配、调整、清缴、抵销等标准规范及重点排放行业应用指南，建立健全信息披露标准，研究碳排放交易实施规范、交易机构和人员要求等标准。推动温室气体自愿减排交易相关标准制修订工作，研究制定合格减排及抵销标准。丰富环境权益融资工具，制定绿色能源消费相关核算、监测、评估等标准。完善合同能源管理等绿色低碳服务标准。（国家发展改革委、生态环境部、人民银行、市场监管总局、银保监会、证监会、国家能源局等按职责分工负责）

3.加强生态产品价值实现标准制修订。研究完善生态产品调查监测、价值评价、经营开发、保护补偿等标准。加快推进生态产品价值核算、生态产品认证评价、生态产品减碳成效评估标准制定。（国家发展改革委、自然资源部、生态环境部、市场监管总局、国家统计局、中科院、中国气象局、国家林草局等按职责分工负责）

（五）完善计量技术体系。

1.加强基础前沿计量技术研究。加强基于量子效应和物理常数的量子传感技术和碳计量技术研究，开展在线、动态、远程量值传递溯源技术和精密测量技术研究与应用，建立健全碳计量基准、计量标准和标准物质体系。开展碳计量核心器件和高精度仪器研制。加强复杂环境、复杂基体、多种组分的碳计量标准物质研制，研究建立碳计量标准参考数据库。开展碳排放和碳监测计量技术研究，完善碳排放测量方法，提升碳排放测量和碳监测能力水平。（市场监管总局牵头，国家发展改革委、科技部、自然资源部、生态环境部、中科院、工程院、中国气象局等按职责分工负责）

2.加强共性关键计量技术研究。 加快绿色低碳共性关键计量技术研究，攻克相关基础关键参量的准确测量难题，开展碳计量方法学、碳排放因子、碳排放量在线监测、碳汇、碳捕集利用与封存、区域综合能源利用、城市时空碳排放计量监测反演、全生命周期碳计量、碳排放测量不确定度评定方法等关键计量技术研究，加强碳计量监测设备和校准设备的研制与应用，推动相关计量器具的智能化、数字化、网络化。（国家发展改革委、科技部、工业和信息化部、自然资源部、生态环境部、住房城乡建设部、交通运输部、农业农村部、市场监管总局、中国气象局、国家能源局、国家林草局等按职责分工负责）

3.加强重点领域计量技术研究。 加强煤炭、石油、天然气、电力、钢铁、有色金属、石化化工、交通运输、城乡建设、农业农村、林业草原等重点行业和领域碳计量技术研究，服务绿色低碳发展。开展重点行业和领域用能设施及系统碳排放计量测试方法研究和碳排放连续在线监测计量技术研究，提升碳排放和碳监测数据准确性和一致性，探索推动具备条件的行业领域由宏观"碳核算"向精准"碳计量"转变。（国家发展改革委、工业和信息化部、自然资源部、生态环境部、住房城乡建设部、交通运输部、农业农村部、国务院国资委、市场监管总局、中国气象局、国家能源局、国家林草局等按职责分工负责）

专栏7　碳达峰碳中和关键计量技术研究

　　碳排放领域。 完善碳排放计量体系，提升碳排放计量监测能力和水平。开展多行业典型用能设施及用能系统碳排放计量测试方法研究和碳排放基准数据库建设。开展基于激光雷达、区域和城市尺度反演、卫星遥感等碳排放测量技术研究与应用，开展综合能源系统、工业企业无组织排放、大气环境碳含量、燃料燃烧碳排放、用电信息推算碳排放量、烟气排放等测量技术研究与应用。加强计量测试技术在碳足迹中的应用。完善生态系统碳汇监测和计量体系。

　　能源领域。 开展清洁能源材料和器件性能参数准确测量方法研究和标准物质研制，推进光伏、风电、核电、水电等清洁能源相关计量技术研究，加强新能源汽车和储供能设施计量测试技术研究与应用。开展温室气体转化处理技术研究与应用。加强交直流输配电智能传感和计量测试技术研究应用。开展液态氢、天然气（含液化天然气）、高含氢天然气体积和热值及高压氢气品质计量测试技术研究。推进综合能源和能效智能感知、采集和监测技术研究和应用。开展石化产品碳排放计量技术研究与应用。

　　生态环境监测领域。 建立温室气体监测标尺，开展温室气体精密测量技术研究和标准物质研制，加强辐射监测计量测试技术研究和应用，开展飞机噪声监测设备计量方法、振动和光污染监测设备计量方法研究，加强环境自动监测系统现场在线检定校准方法研究，健全完善温室气体量值传递溯源体系。开展固定排放源和移动污染源排放计量监测技术研究。

应对气候变化领域。开展气候监测关键计量技术研究，研制气候环境模拟测试系统，开展温室气体、气溶胶、臭氧、干湿沉降及化学组分的地面、垂直廓线和柱总量观测计量技术研究与应用，开展遥感监测计量技术研究。

自然资源领域。开展自然资源节约集约利用和调查评价监测、地质、海洋、气象和水旱灾害监测预警、海洋和测绘地理信息仪器计量测试技术研究和应用。

（六）加强计量管理体系建设。

1. 完善计量制度规则。加强碳达峰碳中和相关计量制度研究，明确各部门各行业碳计量工作职责和要求，研究制定碳计量监督管理办法和重点行业碳计量监督管理规定。修订《能源计量监督管理办法》，研究建立碳计量监测、碳计量审查和评价等制度，推进能源计量与碳计量有效衔接。（国家发展改革委、工业和信息化部、自然资源部、生态环境部、住房城乡建设部、交通运输部、农业农村部、国务院国资委、市场监管总局、中国气象局、国家能源局、国家林草局等按职责分工负责）

2. 制定计量技术规范。成立碳达峰碳中和计量技术委员会，加强碳计量政策研究和计量技术规范制修订。加快制定碳计量器具配备和管理、在线监测设备校准、碳排放与碳监测关键参数测量方法、企业碳排放直接测量方法、城市碳排放时空反演方法、碳汇计量等计量技术规范，推进不同区域、行业、企业碳排放测量。强化碳排放和碳监测计量数据规范性要求，研究制定碳排放计量模型、碳排放计量数据质量评价方法等计量技术规范，为碳交易、碳核查等提供计量支撑。（市场监管总局牵头，国家发展改革委、工业和信息化部、自然资源部、生态环境部、住房城乡建设部、交通运输部、农业农村部、国务院国资委、中国气象局、国家能源局、国家林草局等按职责分工负责）

专栏8　碳达峰碳中和计量技术规范

基础通用。制定碳计量相关名词术语、碳计量审查、碳计量数据质量评价、碳排放因子、碳足迹等相关计量技术规范。

碳排放。制定碳排放计量器具选型、配备、安装、使用、检定、校准、维护和管理等相关计量技术规范。制定支撑国家温室气体排放清单、企业温室气体排放量、产品温室气体排放量、区域性温室气体排放量反演、交通温室气体排放量等相关计量技术规范。

碳监测。制定温室气体监测方法、监测仪器和观测网络等相关计量技术规范。

能源利用。制定太阳能、风能、氢能、生物质能、潮汐能等能源利用相关计量技术规范。

行业管理。制定煤炭、石油、天然气、电力、钢铁、建材、有色金属、石化化工等重点行业碳计量相关计量技术规范。

3.加强计量监督管理。开展重点排放单位能源计量审查和碳排放计量审查，强化重点排放单位的碳计量要求，督促重点排放单位合理配备和使用计量器具，建立健全碳排放测量管理体系。开展碳相关计量基准、计量标准、标准物质量值比对，加强碳相关计量技术机构的监督管理。（市场监管总局牵头，国家发展改革委、工业和信息化部、自然资源部、生态环境部、住房城乡建设部、国务院国资委、中国气象局、国家能源局、国家林草局等按职责分工负责）

（七）健全计量服务体系。

1.强化社会公共计量服务。充分发挥社会各方资源和力量，建立一批碳计量中心，开展碳计量技术研究与攻关，搭建碳计量公共服务平台，共享碳计量技术资源，为政府、行业、企业提供差异化、多样化、专业化的碳计量服务。进一步发挥国家（城市）能源计量中心作用，加强重点用能单位能耗在线监测系统建设，推动能源计量数据与碳计量数据的有效衔接和综合利用。（市场监管总局牵头，国家发展改革委、工业和信息化部、自然资源部、生态环境部、住房城乡建设部、交通运输部、农业农村部、国务院国资委、中国气象局、国家能源局、国家林草局等按职责分工负责）

2.完善行业领域计量服务。建立健全电力、钢铁、建筑等行业领域能耗统计监测和计量体系，强化重点行业领域计量数据的采集、监测、分析和应用。衔接国际温室气体清单编制技术方法，加快构建全国统一、与国际接轨、覆盖陆地海洋生态系统全类型的碳汇计量服务体系。（国家发展改革委、工业和信息化部、自然资源部、生态环境部、住房城乡建设部、交通运输部、农业农村部、国务院国资委、市场监管总局、中国气象局、国家能源局、国家林草局等按职责分工负责）

3.加强第三方计量服务。充分发挥市场在资源配置中的决定性作用，积极培育和发展第三方碳计量服务机构，根据市场需求开展碳排放测量与核算、碳排放量预测分析与路径推演、碳计量数据质量分析评价等服务，强化对第三方机构的监督管理。（市场监管总局牵头，国家发展改革委、工业和信息化部、自然资源部、生态环境部、住房城乡建设部、交通运输部、农业农村部、国务院国资委、中国气象局、国家能源局、国家林草局等按职责分工负责）

三、重点工程和行动

（一）**实施碳计量科技创新工程**。针对绿色低碳重大科技攻关迫切需要解决的关键计量技术瓶颈问题，加强碳计量关键核心技术攻关和科技成果转化应用，推动实现计量协同创新，为低碳技术研究、清洁能源使用、能源资源利用、碳汇能力提升、碳排放核算、碳排放在线监测、碳排放量反演等提供计量技术支持。（国家发展改革委、科技部、工业和信息化部、自然资源部、生态环境部、住房城乡建设部、交通运输部、农业农村部、国务院国资委、市场监管总局、国家能源局、国家林草局等按职责分工负责）

（二）**实施碳计量基础能力提升工程**。面向实现碳达峰碳中和目标的重大战略需要，布局一批计量基准、计量标准及配套基础设施，加快碳达峰碳中和相关量值传递溯源体系建设，发布碳达峰碳中和相关计量基准和计量标准名录、标准物质清单，夯实绿色低碳计量基础。（市场监管总局牵头，国家发展改革委、工业和信息化部、自然资源部、生态环境部、国务院国资委、国家能源局等按职责分工负责）

（三）**实施碳计量标杆引领工程**。在部分企业、园区和城市开展低碳计量试点，探索碳计量路径和模式。梳理形成碳计量典型经验和做法，树立一批碳计量应用服务标杆，在全国范围内进行推广示范。（市场监管总局、国家发展改革委牵头，工业和信息化部、生态环境部、住房城乡建设部、交通运输部、国务院国资委、国家能源局等按职责分工负责）

（四）**开展碳计量精准服务工程**。鼓励各级计量技术机构组建碳计量技术服务队，开展计量专家走进企业、走进社区服务低碳行活动，为企业、居民提供节能降耗、绿色生活等绿色低碳技术咨询服务。组织编制企业碳计量服务指南，通过政策引导、技术服务，推进企业提升碳排放计量能力，为有条件的地方和重点行业、重点企业率先实现碳达峰提供计量技术支持，引导企业通过技术改进主动适应绿色低碳发展要求，提升绿色创新水平。（市场监管总局、工业和信息化部牵头，国家发展改革委、住房城乡建设部、交通运输部、国务院国资委、国家能源局等按职责分工负责）

（五）**实施碳计量国际交流合作工程**。加强碳达峰碳中和计量国际交流合作，积极参与国际和区域组织的碳计量相关技术研究和计量比对，借鉴吸收国外先进的碳计量技术与管理经验，推动我国碳计量能力与国际接轨和互认。发挥我国在全球计量治理中的作用，深度参与国际碳计量相关战略制定，积极参与和主导国际碳计量规则和规范的制修订，推动碳计量领域"一带一路"国家的对接合作和共建共享，提升我国在国际上的话语权和影响力。（市场监管总局牵头，国家发展改革委、工业和信息化部、国家能源局等按职责分工负责）

（六）**开展双碳标准强基行动**。围绕碳达峰碳中和目标实现需求，加快完善碳排放监测、核算、核查、报告与评估等碳达峰急需的基础通用标准，积极研究制定碳中和基础与管理标准。建立标准快速制定机制和渠道，按年度集中申报、集中立项，急需标准随时立项，标准制修订周期控制在18个月以内，2023年前完成30项国家标准制修订。

围绕重点行业的绿色低碳发展，加快行业标准制修订。支持具有影响力的社会团体制定高质量团体标准，将技术水平高、实施效果好的团体标准转化为国家标准、行业标准。推动在京津冀、长江经济带、粤港澳大湾区、黄河流域生态保护和高质量发展先行区及重点生态环境保护和自然保护区等地区，结合实际建立区域协同的标准实施机制。（市场监管总局牵头，国家发展改革委、工业和信息化部、生态环境部等按职责分工负责）

（七）开展百项节能降碳标准提升行动。加大制冷产品、工业设备、农业机械等重点用能产品强制性能效标准及测量评估标准制修订工作。加快钢铁、石化化工、有色金属、建材、煤炭等行业的能耗限额标准提升工作。推进车辆燃油经济性及能效标准制修订工作。加快建立能效能耗标准实施监测统计系统，做好标准实施与宣贯培训，2025年前完成100项能效能耗标准及配套标准的制修订工作。推动能效"领跑者"和企标"领跑者"工作。鼓励重点区域根据碳达峰需要提前实施更高的能耗限额指标。（市场监管总局、国家发展改革委牵头，工业和信息化部、生态环境部、交通运输部、农业农村部等按职责分工负责）

（八）开展低碳前沿技术标准引领行动。布局若干碳达峰碳中和领域重点研发计划项目，推进技术研发与标准研制。开展碳达峰碳中和领域国家标准验证点建设，切实提升标准水平。推动建设若干产学研用有机结合的碳达峰碳中和领域国家技术标准创新基地，培育形成技术研发–标准研制–产业推广应用联动的科技创新机制。发挥市场自主制定标准优势，积极引导社会团体制定原创性、高质量生态碳汇、碳捕集利用与封存等碳清除前沿技术、绿色低碳技术相关标准，以标准先行带动绿色低碳技术创新突破。2025年前完成30项前沿低碳技术标准制定。（科技部、工业和信息化部、生态环境部、市场监管总局等按职责分工负责）

（九）开展绿色低碳标准国际合作行动。坚持联合国相关会员国进程在规则标准制定中的主渠道作用，同时加强同相关国际组织合作。积极参与国际和区域组织的碳达峰碳中和标准研制，强化国际衔接协调。开展我国标准与相关国际标准比对分析，优先支持碳达峰碳中和领域国际标准转化项目立项，推进节能低碳国家标准及其外文版同步立项、同步制定、同步发布，推动先进国际标准在我国转化应用。开展绿色低碳国际标准化培训，培育绿色低碳国际标准专家队伍，积极承担国际标准组织绿色低碳领域相关技术机构秘书处和领导职务。加大节能、新能源、碳排放、碳汇、碳捕集利用与封存等领域国际标准的实质性参与力度，2025年前提交不少于30项国际标准提案，推动我国绿色低碳技术转化为国际标准，分享中国经验，支持发展中国家提升可持续发展的能力。（市场监管总局牵头，各有关部门按职责分工负责）

四、保障措施

（一）加强组织领导。加强碳达峰碳中和标准计量体系的整体部署和系统推进，依托国务院标准化协调推进部际联席会议和全国计量工作部际联席会议制度，统筹研究重要事项。建立碳达峰碳中和标准专项协调机制，加强技术协调和标准实施。各部门、各地方要按照标准计量体系的统一要求，研究制定具体落实方案，明确任务分工，确保各项目标任务稳步、有序推进。（各有关部门按职责分工负责）

（二）**加强激励支持**。统筹利用现有资金渠道，积极引导社会资本投入，支持碳达峰碳中和关键计量技术研究、量值传递溯源体系建设以及相关基础通用和重要标准的研究、制定、实施等工作。按照国家有关规定对推动碳达峰碳中和标准计量体系建设中成绩突出的单位和个人进行表彰。（各有关部门按职责分工负责）

（三）**加强队伍建设**。研究建立碳达峰碳中和标准计量智库，加强顶层制度研究和政策推进，培育一批具有国际视野和创新理念的应用型、复合型专家队伍。加强碳达峰碳中和标准计量人员与碳排放管理员的培训，提高碳排放监测、统计核算、核查、交易和咨询等人才队伍的计量标准专业能力。（各有关部门按职责分工负责）

（四）**加强实施评估**。加强对实施方案落实情况的定期评估，分析进展情况，提出改进措施，适时调整标准计量体系建设重点。各部门、各地方要根据职责分工，开展标准计量体系实施情况的监测，及时总结典型案例，推广先进经验做法，做好与碳达峰碳中和各项工作部署的有效衔接。（各有关部门按职责分工负责）

教育部关于印发《绿色低碳发展国民教育体系建设实施方案》的通知

（教发〔2022〕2号）

各省、自治区、直辖市教育厅（教委），新疆生产建设兵团教育局，部属各高等学校、部省合建各高等学校：

为深入贯彻落实习近平总书记关于碳达峰碳中和工作的重要讲话和指示批示精神，认真落实党中央、国务院决策部署，落实《中共中央　国务院关于完整准确全面贯彻新发展理念做好碳达峰碳中和工作的意见》和《国务院关于印发2030年前碳达峰行动方案的通知》要求，把绿色低碳发展纳入国民教育体系，现将《绿色低碳发展国民教育体系建设实施方案》印发给你们，请结合实际，认真抓好贯彻落实。

教育部
2022年10月26日

绿色低碳发展国民教育体系建设实施方案

为深入贯彻落实习近平总书记关于碳达峰碳中和工作的重要讲话和指示批示精神，认真落实党中央、国务院决策部署，落实《中共中央　国务院关于完整准确全面贯彻新发展理念做好碳达峰碳中和工作的意见》、国务院《2030年前碳达峰行动方案》要求，把绿色低碳发展理念全面融入国民教育体系各个层次和各个领域，培养践行绿色低碳理念、适应绿色低碳社会、引领绿色低碳发展的新一代青少年，发挥好教育系统人才培养、科学研究、社会服务、文化传承的功能，为实现碳达峰碳中和目标作出教育行业的特有贡献，制定本实施方案。

一、总体要求

（一）指导思想。以习近平新时代中国特色社会主义思想为指导，全面贯彻党的二十大精神，深入贯彻习近平生态文明思想，立足新发展阶段，完整、准确、全面贯彻新发展理念，构建新发展格局，聚焦绿色低碳发展融入国民教育体系各个层次的切入点和关键环节，采取有针对性的举措，构建特色鲜明、上下衔接、内容丰富的绿色低碳发展国民教育体系，引导青少年牢固树立绿色低碳发展理念，为实现碳达峰碳中和目标奠定坚实思想和行动基础。

（二）工作原则。

坚持全国统筹。强化总体设计和工作指导，发挥制度优势，压实各方责任。根据各地实际分类施策，鼓励主动作为，示范引领。以理念建构和习惯养成为重点，将绿色低碳导向融入国民教育体系各领域各环节，加快构建绿色低碳国民教育体系。

坚持节约优先。把节约能源资源放在首位，积极建设绿色学校，持续降低大中小学能源资源消耗和碳排放，重视校园节能降耗技术改造和校园绿化工作，倡导简约适度、绿色低碳生活方式，从源头上减少碳排放。

坚持全程育人。在注重绿色低碳纳入大中小学教育教学活动的同时，在教师培养培训环节增加生态文明建设的最新成果、碳达峰碳中和的目标任务要求等内容。既要注重学校节能技术改造、能源管理，也要注重校园软环境的创设，达到润物细无声的效果。

坚持开放融合。绿色低碳理念和技术进步成果优先在学校传播，行业领军企业要免费向大中小学开设社会实践课堂。高等院校要加大对绿色低碳科学研究和技术的投入，为碳达峰碳中和贡献教育力量。

二、主要目标

到2025年，绿色低碳生活理念与绿色低碳发展规范在大中小学普及传播，绿色低碳理念进入大中小学教育体系；有关高校初步构建起碳达峰碳中和相关学科专业体系，科技创新能力和创新人才培养水平明显提升。

到2030年，实现学生绿色低碳生活方式及行为习惯的系统养成与发展，形成较为完善的多层次绿色低碳理念育人体系并贯通青少年成长全过程，形成一批具有国际影响力和权威性的碳达峰碳中和一流学科专业和研究机构。

三、将绿色低碳发展融入教育教学

（一）**把绿色低碳要求融入国民教育各学段课程教材。**将习近平生态文明思想、习近平总书记关于碳达峰碳中和重要论述精神充分融入国民教育中，开展形式多样的资源环境国情教育和碳达峰碳中和知识普及工作。针对不同年龄阶段青少年心理特点和接受能力，系统规划、科学设计教学内容，改进教育方式，鼓励开发地方和校本课程教材。学前教育阶段着重通过绘本、动画启蒙幼儿的生态保护意识和绿色低碳生活的习惯养成。基础教育阶段在政治、生物、地理、物理、化学等学科课程教材教学中普及碳达峰碳中和的基本理念和知识。高等教育阶段加强理学、工学、农学、经济学、管理学、法学等学科融合贯通，建立覆盖气候系统、能源转型、产业升级、城乡建设、国际政治经济、外交等领域的碳达峰碳中和核心知识体系，加快编制跨领域综合性知识图谱，编写一批碳达峰碳中和领域精品教材，形成优质资源库。职业教育阶段逐步设立碳排放统计核算、碳排放与碳汇计量监测等新兴专业或课程。

（二）加强教师绿色低碳发展教育培训。各级教育行政部门和师范院校、教师继续教育学院要结合实际在师范生课程体系、校长培训和教师培训课程体系中加入碳达峰碳中和最新知识、绿色低碳发展最新要求、教育领域职责与使命等内容，推动教师队伍率先树立绿色低碳理念，提升传播绿色低碳知识能力。

（三）把党中央关于碳达峰碳中和的决策部署纳入高等学校思政工作体系。发挥课堂主渠道作用，将绿色低碳发展有关内容有机融入高校思想政治理论课。通过高校形势与政策教育宣讲、专家报告会、专题座谈会等，引导大学生围绕绿色低碳发展进行学习研讨，提升大学生对实现碳达峰碳中和战略目标重要性的认识，推动绿色低碳发展理念进思政、进课堂、进头脑。统筹线上线下教育资源，充分发挥高校思政类公众号的示范引领作用，广泛开展碳达峰碳中和宣传教育。

（四）加强绿色低碳相关专业学科建设。根据国家碳达峰碳中和工作需要，鼓励有条件、有基础的高等学校、职业院校加强相关领域的学科、专业建设，创新人才培养模式，支持具备条件和实力的高等学校加快储能、氢能、碳捕集利用与封存、碳排放权交易、碳汇、绿色金融等学科专业建设。鼓励高校开设碳达峰碳中和导论课程。建设一批绿色低碳领域未来技术学院、现代产业学院和示范性能源学院，开展国际合作与交流，加大绿色低碳发展领域的高层次专业化人才培养力度。深化产教融合，鼓励校企联合开展产学合作协同育人项目，组建碳达峰碳中和产教融合发展联盟。引导职业院校增设相关专业，到2025年，全国绿色低碳领域相关专业布点数不少于600个，发布专业教学标准，支持职业院校根据需要在低碳建筑、光伏、水电、风电、环保、碳排放统计核算、计量监测等相关专业领域加大投入，充实师资力量，推动生态文明与职业规范相结合，职业资格与职业认证绿色标准相结合，完善课程体系和实践实训条件，规划建设100种左右有关课程教材，适度扩大技术技能人才培养规模。

（五）将践行绿色低碳作为教育活动重要内容。创新绿色低碳教育形式，充分利用智慧教育平台开发优质教育资源、普及有关知识、开展线上活动。以全国节能宣传周、全国城市节水宣传周、全国低碳日、世界环境日、世界地球日等主题宣传节点为契机，组织主题班会、专题讲座、知识竞赛、征文比赛等多种形式教育活动，持续开展节水、节电、节粮、垃圾分类、校园绿化等生活实践活动，引导中小学生从小树立人与自然和谐共生观念，自觉践行节约能源资源、保护生态环境各项要求。强化社会实践，组织大学生通过实地参观、社会调研、志愿服务、撰写调研报告等形式，走进厂矿企业、乡村社区了解碳达峰碳中和工作进展。

四、以绿色低碳发展引领提升教育服务贡献力

（六）支持高等学校开展碳达峰碳中和科研攻关。加强碳达峰碳中和相关领域全国重点实验室、国家技术创新中心、国家工程研究中心等国家级创新平台的培育，组建一批攻关团队，加快绿色低碳相关领域基础理论研究和关键共性技术新突破。优化高校相

关领域创新平台布局，推进前沿科学中心、关键核心技术集成攻关大平台建设，构建从基础研究、技术创新到产业化的全链条攻关体系。支持高校联合科技企业建立技术研发中心、产业研究院、中试基地、协同创新中心等，构建碳达峰碳中和相关技术发展产学研全链条创新网络，围绕绿色低碳领域共性需求和难点问题，开展绿色低碳技术联合攻关，并促进科技成果转移转化，服务经济社会高质量发展。

（七）**支持高等学校开展碳达峰碳中和领域政策研究和社会服务**。引导高校发挥人才优势，组织专业力量，围绕碳达峰碳中和开展前沿理论和政策研究，为碳达峰碳中和工作提供政策咨询服务。协助有关行政管理部门做好重要政策调研、决策评估、政策解读相关工作，积极参与碳达峰碳中和有关各类规划和标准研制、项目评审论证等，支持和保障重点工作、重点项目推进实施。

五、将绿色低碳发展融入校园建设

（八）**完善校园能源管理工作体系**。鼓励各地各校开展校园能耗调研，建立校园能耗监测体系，对校园能耗数据进行实时跟踪和精准分析，针对校园能源消耗和师生学习工作需求，建立涵盖节约用电、用水、用气，以及倡导绿色出行等全方位的校园能源管理工作体系。加快推进移动互联网、云计算、物联网、大数据等现代信息技术在校园教学、科研、基建、后勤、社会服务等方面的应用，实现高校后勤领域能源管理的智能化与动态化，助推学校绿色发展提质增效、转型升级。

（九）**在新校区建设和既有校区改造中优先采用节能减排新技术产品和服务**。在校园建设与管理领域广泛运用先进的节能新能源技术产品和服务。有序逐步降低传统化石能源应用比例，提高绿色清洁能源的应用比例，从源头上减少碳排放。加快推进超低能耗、近零能耗、低碳建筑规模化发展，提升学校新建建筑节能水平。大力推进学校既有建筑、老旧供热管网等节能改造，全面推广节能门窗、绿色建材等节能产品，降低建筑本体用能需求。鼓励采用自然通风、自然采光等被动式技术；因地制宜采用高效制冷机房技术，智慧供热技术，智慧能源管控平台等新技术手段降低能源消耗。优化学校建筑用能结构。加快推动学校建筑用能电气化和低碳化，深入推进可再生能源在学校建设领域的规模化应用。在有条件的地区开展学校建筑屋顶光伏行动，推动光伏与建筑一体化发展。大力提高学校生活热水、炊事等电气化普及率。重视校园绿化工作，鼓励采用屋顶绿化、垂直绿化、增加自然景观水体等绿化手段，增加校园自然碳汇面积。

六、保障措施

（十）**加强组织领导**。各级教育行政部门要高度重视绿色低碳发展国民教育体系建设，以服务碳达峰碳中和重大战略决策为目标，统筹各类资源、加大探索力度，结合本地实际和绿色学校创建工作，制定工作方案。充分发挥教育系统人才智力优势，加快绿色低碳发展国民教育体系建设工作。

（十一）**推动协同保障**。加大绿色低碳发展国民教育体系建设工作领导，加大各部门协作力度，形成协同推进绿色低碳发展国民教育体系建设工作机制。对绿色低碳发展国民教育体系建设工作重大科技任务、重大课题、重点学科、重点实验室予以资金和政策保障，稳步推进绿色低碳进校园工作。

（十二）**强化宣传引导**。各地要多措并举、积极倡导绿色低碳发展理念，及时宣传绿色低碳发展国民教育体系建设工作进展，总结推广各级各类学校的经验做法，加强先进典型的正面宣传，发挥榜样示范作用，达到良好宣传实效，引导教育系统师生形成简约适度生活方式，营造绿色低碳良好社会氛围。

地　方　篇

北京市人民政府关于印发《北京市碳达峰实施方案》的通知

（京政发〔2022〕31号）

各区人民政府，市政府各委、办、局，各市属机构：

现将《北京市碳达峰实施方案》印发给你们，请认真贯彻落实。

北京市人民政府
2022年10月11日

北京市碳达峰实施方案

为深入贯彻党中央、国务院关于碳达峰、碳中和决策部署，体现负责任大国首都担当，扎实推进本市相关工作，为如期实现碳达峰、碳中和目标贡献北京力量，制定本方案。

一、总体要求

（一）指导思想。以习近平新时代中国特色社会主义思想为指导，全面贯彻党的十九大和十九届历次全会精神，深入贯彻习近平生态文明思想和习近平总书记对北京一系列重要讲话精神，立足新发展阶段，完整、准确、全面贯彻新发展理念，服务和融入新发展格局，坚持以新时代首都发展为统领，深入实施人文北京、科技北京、绿色北京战略，深入实施京津冀协同发展战略，牢牢牵住北京非首都功能疏解这个"牛鼻子"，坚定不移走生态优先、绿色低碳的高质量发展道路，把碳达峰、碳中和纳入首都经济社会发展全局，坚持系统观念，处理好发展和减排、整体和局部、长远目标和短期目标、政府和市场的关系，以经济社会发展全面绿色转型为引领，以能源绿色低碳发展为关键，加快形成节约资源和保护环境的产业结构、生产方式、生活方式、空间格局，让绿色低碳成为社会主义现代化强国首都的鲜明底色，聚焦效率引领、科技支撑、机制创新，为全国实现碳达峰作出北京贡献。

（二）工作原则。

统筹谋划，协调推动。坚持全市统筹，突出系统观念，强化总体部署，实行党政同责，压实各方责任。鼓励各区、各领域主动作为，因地制宜，分类施策。加强区域协同，发挥北京驱动引领作用，促进京津冀绿色低碳转型发展。

节约优先，重点推进。坚持将节约能源资源放在首位，实行全面节约战略，持续降低单位产出能源资源消耗和碳排放。围绕建筑、交通、工业等重点领域，发挥技术、管理和工程的协同作用，推动能源资源利用效率从全国领先逐步达到国际先进。倡导简约适度、绿色低碳生活方式，培育绿色文化。

创新驱动，深化改革。充分发挥国际科技创新中心作用，大力推动绿色低碳技术研发、示范和应用，为全国实现碳达峰提供重要科技支撑。强化政府引导，构建有利于绿色低碳发展的法规制度标准体系，深化能源和相关领域改革，充分发挥市场机制作用，形成有效激励约束机制，积极发挥先行示范作用。

先立后破，防范风险。牢固树立底线思维，立足超大型城市特点，有序推进能源结构调整优化，有效应对绿色低碳转型可能伴随的经济、金融、社会风险，确保首都经济社会平稳运行，实现安全降碳。

二、主要目标

"十四五"期间，单位地区生产总值能耗和二氧化碳排放持续保持省级地区最优水平，安全韧性低碳的能源体系建设取得阶段性进展，绿色低碳技术研发和推广应用取得明显进展，具有首都特点的绿色低碳循环发展的经济体系基本形成，碳达峰、碳中和的政策体系和工作机制进一步完善。到2025年，可再生能源消费比重达到14.4%以上，单位地区生产总值能耗比2020年下降14%，单位地区生产总值二氧化碳排放下降确保完成国家下达目标。

"十五五"期间，单位地区生产总值能耗和二氧化碳排放持续下降，部分重点行业能源利用效率达到国际先进水平，具有国际影响力和区域辐射力的绿色技术创新中心基本建成，经济社会发展全面绿色转型率先取得显著成效，碳达峰、碳中和的法规政策标准体系基本健全。到2030年，可再生能源消费比重达到25%左右，单位地区生产总值二氧化碳排放确保完成国家下达目标，确保如期实现2030年前碳达峰目标。

三、深化落实城市功能定位，推动经济社会发展全面绿色转型

（三）**强化绿色低碳发展规划引领**。将碳达峰、碳中和目标要求全面融入国土空间规划、国民经济社会发展中长期规划和各级各类规划。加强各级各类规划间衔接协调，确保各区、各领域落实碳达峰、碳中和的主要目标、发展方向、重大政策、重大工程等协调一致。（市规划自然资源委、市发展改革委、各区政府、北京经济技术开发区管委会等按职责分工负责）

（四）**构建差异化绿色低碳发展格局**。坚定不移疏解非首都功能，构建推动减量发展的体制机制，合理控制开发强度，促进人口均衡发展和职住平衡，实现生产空间集约高效、生活空间宜居适度、生态空间山清水秀。基于不同区域功能定位，综合考虑经

济社会发展水平、资源禀赋、减排潜力等因素，推动各区探索差异化碳达峰、碳中和路径。中心城区要持续疏解非首都功能，以低碳化为导向推动城市更新。平原新城要加强低碳技术示范应用，探索实施碳排放总量和强度双控，实现低碳发展转型升级。生态涵养区要以可再生能源规模化利用为抓手探索碳达峰、碳中和路径。加快建设绿色社区，推进农村绿色低碳发展。（市规划自然资源委、市发展改革委、市生态环境局、市碳达峰碳中和工作领导小组办公室、市农业农村局、各区政府、北京经济技术开发区管委会等按职责分工负责）

（五）北京城市副中心建设国家绿色发展示范区。贯彻绿色低碳理念，高水平推进北京城市副中心规划建设和高质量发展，碳达峰、碳中和各项工作力争走在全市前列，建设国家绿色发展示范区。强化绿色技术示范应用，推进可再生能源和超低能耗建筑项目示范，建设近零碳排放示范园区，在张家湾、宋庄、台湖等特色小镇打造一批绿色低碳样板。构建绿色智慧基础设施体系，布局智能高效电网，实现新建公共建筑光伏应用全覆盖，推动北京城市副中心行政办公区绿色电力替代。构建大尺度绿色空间，创建国家森林城市。（城市副中心党工委管委会、市发展改革委、市科委中关村管委会、市住房城乡建设委、市城市管理委、市园林绿化局、市机关事务局、通州区政府等按职责分工负责）

（六）构筑绿色低碳全民共同行动格局。加强教育引导，推动生态文明教育纳入国民教育体系，鼓励高校设立应对气候变化专业，建设科普教育基地和碳达峰、碳中和展区，注重青少年低碳知识和行为培养。加强碳达峰、碳中和工作宣传，新闻媒体要及时宣传报道先进典型、经验和做法，引导购买节能低碳产品，减少一次性物品使用，积极参与垃圾分类、"光盘行动"、义务植树和低碳出行，倡导推广简约适度、绿色低碳、文明健康的消费习惯和生活方式，让绿色生活方式成为全社会广泛共识和自觉行动。（市教委、市委宣传部、市发展改革委、市生态环境局、市住房城乡建设委、市交通委、市城市管理委、市园林绿化局、市商务局、市妇联等按职责分工负责）

四、强化科技创新引领作用，构建绿色低碳经济体系

（七）强化低碳技术创新。围绕碳达峰、碳中和重大战略技术需求，推进能源领域国家实验室建设，谋划布局一批新型研发机构和科研平台。开展碳达峰、碳中和科技创新专项行动，打造能源技术迭代验证平台，围绕新能源利用、智慧能源互联网、新能源汽车、智慧交通系统、氢能、储能、建筑零碳技术、碳捕集利用与封存（CCUS）、森林增汇等重点领域开展技术研发攻关，尽快实现关键技术突破和产业化示范应用。充分发挥"三城一区"主平台作用，加速碳达峰、碳中和科技成果转化，搭建应用场景，在智慧低碳能源供应、低碳交通和低碳建筑等方面逐步形成完备的技术支撑能力，将北京建设成为具有国际影响力和区域辐射力的绿色技术创新中心。（市科委中关村管委会、市发展改革委、市教委、市经济和信息化局、市生态环境局、市交通委、市住房城乡建设委、市园林绿化局、北京经济技术开发区管委会、中关村科学城管委会、未来科学城管

委会、怀柔科学城管委会等按职责分工负责）

（八）积极培育绿色发展新动能。围绕碳达峰、碳中和激发的产业需求，持续推进绿色制造体系和绿色供应链体系建设，大力发展新能源、新材料、新能源汽车、氢能、储能等战略性新兴产业。积极培育龙头企业，抢占绿色产业发展制高点。培育壮大绿色低碳产业咨询和智能化技术服务新业态，为绿色低碳发展提供全方位技术服务。打造具有国际竞争力的绿色产业集群，积极推动国家鼓励的绿色技术和服务的出口，带动绿色产业的辐射和输出。（市经济和信息化局、市国资委、市发展改革委、市生态环境局、市科委中关村管委会、市商务局、各区政府、北京经济技术开发区管委会等按职责分工负责）

（九）推动产业结构深度优化。加快推动科技含量高、能效水平高、污染物和碳排放低的高精尖产业发展，综合提升劳动生产率和产业附加值。持续推进不符合首都功能定位的一般制造业调整退出，严控、压减在京石化生产规模和剩余水泥产能，研究制定石化行业低碳转型工作方案。适时修订新增产业的禁止和限制目录，统筹纳入碳排放控制要求，坚决遏制高能耗、高排放、低水平项目盲目发展。在为建设数字经济标杆城市提供有力保障的基础上，合理控制数据中心建设规模，提升新建数据中心能效标准，持续开展数据中心节能降碳改造。开展重点行业绿色化改造，降低产品全生命周期碳排放。（市经济和信息化局、市发展改革委、市生态环境局、市市场监管局、各区政府、北京经济技术开发区管委会等按职责分工负责）

（十）大力发展循环经济。构建循环型产业体系，推动资源综合利用。全面推行清洁生产，健全废旧物资和材料循环利用体系，促进再生资源回收利用，强化生产与生活系统循环连接。推进园区循环化发展，形成产业循环耦合。推动各类园区开展绿色低碳循环化改造升级，鼓励建设多种能源协同互济的综合能源项目，实现能源梯级利用、资源循环利用和污染物集中安全处置。到2025年，城市生活垃圾分类体系基本健全，生活垃圾资源化利用率提升至80%。到2030年，城市生活垃圾分类实现全覆盖，生活垃圾资源化利用率保持在80%以上。（市发展改革委、市城市管理委、市经济和信息化局、市生态环境局、市商务局、各区政府、北京经济技术开发区管委会等按职责分工负责）

五、持续提升能源利用效率，全面推动能源绿色低碳转型

（十一）持续提升能源利用效率。坚持节约优先的能源发展战略，完善能源消费强度和总量双控制度，严格控制能耗强度，增强能耗总量管理弹性，在政策激励和考核指标设计等方面，促进社会主体积极主动提高可再生能源应用。强化节能监察和执法。深挖工程节能潜力，综合实施能量系统优化、供热系统改造、余热余压利用、电网节能降损、绿色高效制冷、节能产品惠民等工程建设。强化能源精细化、智能化管控，健全能源管理体系，完善能效领跑者制度，创新合同能源管理模式。（市发展改革委、市城市管理委、市经济和信息化局、市住房城乡建设委、市市场监管局、市国资委、市机关事

务局、市财政局、各区政府、北京经济技术开发区管委会等按职责分工负责）

（十二）**严控化石能源利用规模。**近期按照"节能、净煤、减气、少油"总体思路，推进终端能源消费电气化，通过实施农村供暖"煤改电"、机动车"油换电"、燃气机组热电解耦、可再生能源替代等措施，实现化石能源消费总量逐步下降。远期通过电力供应脱碳化，持续削减化石能源消费。加强应急备用和调峰电源建设及相关政策研究，大幅提升天然气应急储备能力，确保能源安全稳定供应和平稳过渡。非应急情况下基本不使用煤炭。（市发展改革委、市城市管理委、市住房城乡建设委、市交通委、市经济和信息化局、市农业农村局等按职责分工负责）

（十三）**积极发展非化石能源。**大力发展本市可再生能源，将可再生能源利用作为各级规划体系的约束性指标，以灵活多样的方式推动光伏、地热及热泵应用，适度发展风电，实现经济可得的本地可再生能源规模化利用。在产业园区、公共机构和建筑领域推广使用分布式光伏发电系统，推进光伏建筑一体化应用。开展能源互联网试点示范建设，大力促进分布式发电就地并网使用。大力发展地热及热泵、太阳能、储能蓄热等清洁供热模式，实现平原地区地热资源有序利用。积极争取国家宏观政策、电力设施规划、核算和调度等方面支持，逐步理顺外调绿电输配、交易和消纳机制，加强需求侧管理，形成有利于促进绿色电力调入和消纳的政策环境。深化与河北、内蒙古、山西可再生能源电力开发利用方面合作，大力推动绿电进京输送通道和调峰储能设施建设，建设以新能源为主的新型电力系统。到2025年，新型储能装机容量达到70万千瓦，电网高峰负荷削峰能力达到最高用电负荷3%—5%，市外调入绿色电力规模力争达到300亿千瓦时，太阳能、风电总装机容量达到280万千瓦，新能源和可再生能源供暖面积达到1.45亿平方米左右。到2030年，太阳能、风电总装机容量达到500万千瓦左右，新能源和可再生能源供暖面积比重约为15%。（市发展改革委、市规划自然资源委、市经济和信息化局、市住房城乡建设委、市城市管理委、市机关事务局、各区政府、北京经济技术开发区管委会按职责分工负责）

六、推动重点领域低碳发展，提升生态系统碳汇能力

（十四）**大力推动建筑领域绿色低碳转型。**大力发展绿色建筑，新建政府投资和大型公共建筑执行绿色建筑二星级及以上标准，到2025年，新建居住建筑执行绿色建筑二星级及以上标准，新建公共建筑力争全面执行绿色建筑二星级及以上标准。推广绿色低碳建材和绿色建造方式，进一步发展装配式建筑，到2025年，实现装配式建筑占新建建筑面积的比例达到55%。积极推广超低能耗建筑，到2025年，力争累计推广超低能耗建筑规模达到500万平方米。按照碳达峰目标和阶段性要求，完善低碳建筑标准体系，加快制修订公共建筑节能设计标准和农宅抗震节能标准等节能减碳标准。建筑领域因地制宜推广太阳能光伏、光热和热泵技术应用，具备条件的新建建筑应安装太阳能系统，新建政府投资工程至少使用一种可再生能源，其中，新建公共机构建筑、新建园区、新建厂房屋顶光伏覆盖率不低于50%。提高炊事等电气化普及率，开展产能建筑

试点。建立既有建筑绿色改造长效机制，结合生命周期管理，在城市更新中持续推进建筑节能改造，到2025年，力争完成3000万平方米公共建筑节能绿色化改造。健全建筑拆除管理。加快推进农房节能改造，提升农房设计建造水平，推广使用绿色建材。到2025年，新增热泵供暖应用建筑面积4500万平方米。"十五五"期间，建筑领域碳排放持续下降。（市住房城乡建设委、市发展改革委、市规划自然资源委、市农业农村局、市城市管理委、市机关事务局、市经济和信息化局、各区政府、北京经济技术开发区管委会等按职责分工负责）

（十五）**深度推进供热系统重构**。禁止新建和扩建燃气独立供暖系统，坚持可再生能源供热优先原则，推动供热系统能源低碳转型替代，有序开展地热及再生水源热泵替代燃气供暖行动，全面布局新能源和可再生能源供热。大力推进供热系统节能改造，充分利用余热资源，逐步建立绿色低碳的热源结构。统筹实施智能化控制、供热资源整合、热网系统重组等措施，提升可再生能源供热比重，持续降低供热系统碳排放。（市城市管理委、市发展改革委等按职责分工负责）

（十六）**着力构建绿色低碳交通体系**。优化出行结构，践行低碳理念，加强自行车专用道和行人步道等城市慢行系统建设，持续推进轨道交通体系建设，逐步降低小客车出行强度。调整车辆结构，制定新能源汽车中长期发展规划，大力推进机动车"油换电"，"十四五"时期市属公交车（山区线路及应急保障车辆除外）、巡游出租车（社会保障和个体车辆除外）、新增轻型环卫车（无替代车型除外）全面实现新能源化，办理货车通行证的4.5吨以下物流配送车辆（不含危险品运输车辆、冷链运输车辆、邮政机要通信车和郊区邮路盘驳邮政车）基本使用新能源汽车，推动氢燃料汽车规模化应用，逐步完善城市公路充换电和加氢网络。在符合条件的地铁车辆段和检修场、公交场站设施、停车设施、高速公路边坡闲置空间、服务区及隔音墙等交通基础设施建设光伏发电系统。改善货运结构，推动大宗货物公转铁，实现铁路运输与城市配送有效对接。推动航空运输企业加强节能减碳管理，加强新能源航空器和可持续航空燃料研发应用。提升机场运行电动化智能化水平，除消防、救护、加油、除冰雪、应急保障等车辆外，机场场内车辆设备力争全面实现电动化。到2025年，中心城区绿色出行比例达到76.5%，新能源汽车累计保有量力争达到200万辆，公交、巡游出租、环卫等公共领域用车基本实现电动化。到2030年，当年新增新能源、清洁能源动力交通工具比例不低于40%，营运交通工具单位换算周转量碳排放强度比2020年下降10%，中心城区绿色出行比例力争达到78%。（市交通委、市发展改革委、市经济和信息化局、市机关事务局、市国资委、市公安局公安交通管理局、市邮政管理局、市规划自然资源委、市城市管理委、北京铁路局、首都机场集团公司等按职责分工负责）

（十七）**巩固提升生态系统碳汇能力**。统筹推动建设空间减量和生态空间增量，继续实施重要生态系统保护和修复重大工程，形成以生态涵养区为屏障、森林为主体、河流为脉络、农田湖泊为点缀，生物多样性丰富的城市生态系统，推进林地、绿地增汇。加强林业生态系统管护，研究建立适合本地生态系统的高碳汇、低挥发性有机物排放树种库。加强湿地保护，逐步提升湿地碳汇功能。建立生态高效的耕作制度，开展耕地资源保护，加强土壤培肥，增加土壤有机碳储量，提升农田土壤碳汇能力。加强水生态系统保护修复，健全完善河流湖泊保护修复制度。到2025年，森林覆盖率达到45%，森林蓄积量达到3450万立方米。"十五五"期间，森林覆盖率持续增长。（市园林绿化局、市发展改革委、市农业农村局、市生态环境局、市水务局、各区政府等按职责分工负责）

（十八）**控制非二氧化碳温室气体排放**。加强对本市甲烷、六氟化硫、氧化亚氮、全氟碳化物等非二氧化碳温室气体的监测统计和排放控制。研究制定甲烷等非二氧化碳温室气体排放控制目标和标准，开展燃气泄漏、生活垃圾处理过程中的甲烷排放控制和污水处理设施甲烷收集利用等示范工程建设。推动污水处理厂采用节能、污水余热利用、可再生能源利用及甲烷回收等综合措施减少温室气体排放。降低农药、化肥使用强度，减少农业领域甲烷和氧化亚氮排放。（市生态环境局、市城市管理委、市水务局、市农业农村局等按职责分工负责）

七、加强改革创新，健全法规政策标准保障体系

（十九）**着力构建低碳法规标准体系**。推动应对气候变化、节约能源、可再生能源利用和建筑绿色发展等方面地方性法规、制度的制修订。发挥标准约束引领作用，加快地方节能、低碳标准更新升级，逐步形成严于国家的节能、低碳标准体系，积极参与相关国际标准制定。落实国家节能、低碳产品标准标识制度，推动节能、低碳产品认证。（市生态环境局、市发展改革委、市住房城乡建设委、市市场监管局、市司法局等按职责分工负责）

（二十）**提升统计、计量和监测能力**。按照国家要求，建立市、区两级碳排放统计核算体系，强化统计核算能力建设。建立健全建筑、可再生能源等重点行业领域能耗计量、监测和统计体系。加强重点用能单位能耗在线监测系统建设。利用大数据、区块链等技术手段完善二氧化碳排放统计监测体系，实现碳排放智能化管理，确保数据的可测量、可报告、可核实。建立生态系统碳汇监测核算体系，开展森林、草地、湿地、土壤等生态系统碳汇本底调查和碳储量评估，实施生态保护修复碳汇成效监测评估。（市统计局、市市场监管局、市发展改革委、市生态环境局、市住房城乡建设委、市经济和信息化局、市园林绿化局等按职责分工负责）

（二十一）**完善重点碳排放单位管理制度**。研究制定重点碳排放单位管理办法，明确排放单位减排主体责任，提升企业自主自愿减排动力。推动重点排放单位建立碳排放管理制度，充分挖掘节能潜力，推广应用低碳技术，主动公开碳排放信息。实施低碳领跑者行动，开展行业对标。在京中央企业和市属国有企业要发挥示范带动作用，积极制定企业碳达峰、碳中和发展战略，开展低碳技术研发应用，形成一批绿色低碳的灯塔企业。"十四五"期间，市管企业率先实施可再生能源替代行动，实现所属建筑、基础设施分布式光伏发电等可再生能源应用尽用。（市生态环境局、市发展改革委、市经济和信息化局、市国资委等按职责分工负责）

（二十二）**持续完善政策体系和市场机制**。制定与碳达峰、碳中和相适应的投融资政策和价格政策，落实国家相关税收优惠政策，建立市场机制。深化电力、热力、天然气价格改革，研究完善差别电价、分时电价、居民阶梯电价和供热计量收费政策。继续完善碳市场要素建设，充分发挥碳排放权交易机制的作用，创新自愿减排交易机制和碳普惠机制，引导多元主体参与，扩大碳市场影响力。实现本市碳市场与全国碳市场有序衔接，做好温室气体自愿减排交易机构建设。率先探索建立用能权有偿使用和交易制度。持续推进绿电交易，加强电力交易、用能权交易和碳排放权交易的统筹衔接。加大财政资金对低碳技术和项目的支持力度，逐步削减对燃气供暖等化石能源消费的政策补贴，加强对光伏发电、地热及热泵等可再生能源开发利用的政策支持。推动构建绿色金融体系，大力推进气候投融资发展，引导更多社会资金流向低碳领域，支持有利于低碳发展的信贷、债券、基金、期货、保险等绿色金融创新实践。（市发展改革委、市财政局、国家税务总局北京市税务局、市城市管理委、市金融监管局、市生态环境局、人民银行营业管理部、北京证监局、北京银保监局等按职责分工负责）

（二十三）**积极推动碳达峰、碳中和先行示范**。推动开展多领域、多层级、多方位的低碳试点示范，为深入推进全市碳达峰、碳中和工作积累经验。鼓励重点区域、工业园区、街乡社区从规划设计和项目示范入手建设近零碳排放示范区。开展低碳学校、低碳社区、低碳建筑创建活动，推动大型活动碳中和实践。支持绿色低碳、零碳及负排放技术的应用示范。党政机关等公共机构在低碳发展中要发挥示范引领作用。（市碳达峰碳中和工作领导小组办公室、市生态环境局、市经济和信息化局、市科委中关村管委会、市发展改革委、市教委、市住房城乡建设委、市机关事务局、各区政府、北京经济技术开发区管委会等按职责分工负责）

八、创新区域低碳合作机制，协同合力推动碳达峰、碳中和

（二十四）**弘扬冬奥碳中和遗产**。推进冬奥遗产可持续利用，以北京2022年冬奥会和冬残奥会为标杆，总结大型活动可持续性管理典型经验和实施路径，持续推进在北京市举办大型活动的可持续性管理标准及体系建设，探索大型活动碳中和评估方法。（市碳达峰碳中和工作领导小组办公室、市生态环境局）

（二十五）**推动京津冀能源低碳转型**。加强区域低碳能源合作开发，推进能源基础设施互联互通。大力开发区域风电、光伏和绿氢资源，研究建设抽水蓄能电站，优先安排可再生能源上网，扩大绿色电力消纳，助力张家口高标准建设可再生能源示范区。探索开展区域化石能源消费总量控制，严格实施煤炭消费减量替代，加快推动能源清洁低碳转型。协同推进碳达峰工作，以北京率先碳达峰带动京津冀区域能源低碳转型。（市发展改革委、市城市管理委、市委市政府京津冀协同办等按职责分工负责）

（二十六）**加强区域绿色低碳合作**。发挥北京科技优势，推动京津冀区域创新资源开放共享，促进区域节能环保、新能源开发、新能源汽车等领域合作，支持头部企业加强资源对接，推动区域产业绿色化改造，实现区域产业低碳转型升级。推动京津冀规模

化、协同化布局氢能产业，打造氢能产业集群，联合开展氢燃料电池核心技术攻关、新材料研发和商业化应用。合作扩大绿色生态空间，积极开发区域林业碳汇项目，促进跨区域生态补偿。（市经济和信息化局、市发展改革委、市生态环境局、市科委中关村管委会、市园林绿化局、市委市政府京津冀协同办等按职责分工负责）

（二十七）**深化国际合作**。积极参与应对气候变化国际合作，学习借鉴国际先进经验，深化与国际友好城市和国际组织的低碳政策对话、务实合作和经验分享，宣传北京低碳发展实践成效，讲好北京故事。支持科研机构联合开展技术研发，推动低碳技术转移和服务输出，为建设绿色"一带一路"作出北京贡献。（市生态环境局、市委宣传部、市科委中关村管委会、市发展改革委、市政府外办等按职责分工负责）

九、加强组织领导，强化实施保障

（二十八）**强化统筹协调**。加强党对碳达峰工作的组织领导，市碳达峰碳中和工作领导小组做好统筹协调，各区、各有关部门要加强协同配合，形成工作合力，强化工作落实，明确主要领导为第一责任人，形成逐级管理推动的工作格局。各区、各有关部门按照职责分工，研究制定本区域、本领域碳达峰工作时间表、路线图和施工图，扎实推动重点任务落实。将碳达峰、碳中和作为干部教育培训体系的重要内容，增强各级领导干部推动绿色低碳发展的本领。（市碳达峰碳中和工作领导小组办公室、市委组织部、各区政府、北京经济技术开发区管委会等按职责分工负责）

（二十九）**建立健全目标责任管理制度**。将碳达峰、碳中和相关指标纳入经济社会发展综合评价体系，增加权重。率先探索能耗双控向碳排放总量和强度双控转变，将碳排放控制目标和可再生能源利用目标分解到各区、各行业部门，研究制定考核评估体系。将碳达峰、碳中和目标任务落实情况纳入市级生态环境保护督察范围。对工作突出的区、部门、单位和个人按规定给予表彰奖励，对未完成目标的区、部门、单位依规实行通报批评和约谈问责。各区、各有关部门贯彻落实情况每年向市委、市政府报告。（市碳达峰碳中和工作领导小组办公室、市生态环境局、市人力资源社会保障局等按职责分工负责）

（三十）**开展动态评估**。建立碳达峰、碳中和工作进展动态评估机制，根据国家总体要求、技术进步和阶段性工作进展等情况，科学优化政策措施，及时调整、完善和细化相关目标、技术路径和具体任务。（市碳达峰碳中和工作领导小组办公室）

天津市人民政府关于印发
《天津市碳达峰实施方案》的通知

（津政发〔2022〕18号）

各区人民政府，市政府各委、办、局：

现将《天津市碳达峰实施方案》印发给你们，望遵照执行。

天津市人民政府
2022年8月25日

（本文有删减）

天津市碳达峰实施方案

为深入贯彻习近平生态文明思想，贯彻落实党中央、国务院关于碳达峰、碳中和的重大战略决策，稳妥有序推进本市碳达峰行动，根据《中共中央　国务院关于完整准确全面贯彻新发展理念做好碳达峰碳中和工作的意见》和国务院《2030年前碳达峰行动方案》部署要求，结合本市实际，制定本方案。

一、总体要求

（一）指导思想。以习近平新时代中国特色社会主义思想为指导，全面贯彻党的十九大和十九届历次全会精神，深入贯彻落实习近平总书记对天津工作"三个着力"重要要求和一系列重要指示批示精神，坚定捍卫"两个确立"，坚决做到"两个维护"，全面落实市第十二次党代会精神，深入落实京津冀协同发展重大国家战略要求，立足新发展阶段，完整、准确、全面贯彻新发展理念，构建新发展格局，坚持系统观念，处理好发展和减排、整体和局部、长远目标和短期目标、政府和市场的关系，统筹稳增长和调结构，把碳达峰、碳中和纳入经济社会发展各领域、各层次、全过程，按照"全国统筹、节约优先、双轮驱动、内外畅通、防范风险"的总方针，有力有序有效做好碳达峰工作，明确各区、各领域、各行业目标任务，加快实现生产生活方式绿色变革，推动经济社会发展建立在资源高效利用和绿色低碳发展的基础之上，确保如期实现2030年前碳达峰目标。

（二）工作原则。

坚持系统思维、变革思维、创新思维、战略思维，用碳达峰、碳中和引领产业结构、生产方式、生活方式、空间格局转型。

找准定位、突出发展。全面准确认识碳达峰行动对经济社会发展的深远影响，紧扣京津冀协同发展重大国家战略和"一基地三区"功能定位，围绕《天津市国民经济和社会发展第十四个五年规划和二〇三五年远景目标纲要》，系统推进、重点突破，着力构建绿色低碳循环发展的经济体系。

节约优先、提高效率。把节约能源资源放在首位，实行全面节约战略，发挥政策协同作用，持续降低单位产出能源资源消耗和碳排放，倡导简约适度、绿色低碳生活方式，从源头和入口形成有效的碳排放控制阀门。

双轮驱动、两手发力。更好发挥政府引导作用，完善绿色低碳政策体系，充分发挥市场机制作用，推动有为政府和有效市场更好结合。大力推动绿色低碳科技创新和制度创新，推进能源和相关领域改革，形成有效激励约束机制。

市区联动、试点先行。围绕构建"津城""滨城"双城发展格局，加强全市统筹、上下联动，根据各区功能定位，因地制宜、分类施策。开展试点建设，探索可操作、可复制、可推广的低碳发展模式。

稳妥有序、安全降碳。加强风险识别和管控，稳存量、拓增量，在降碳的同时确保能源安全、产业链供应链安全、粮食安全，确保群众正常生活，稳增长、调结构，避免"一刀切"和"运动式"降碳，循序渐进推进碳达峰行动。

（三）主要目标。

"十四五"期间，产业结构和能源结构更加优化，火电、钢铁、石化化工等重点行业中的重点企业能源利用效率力争达到标杆水平，煤炭消费继续减少，新型电力系统加快构建，绿色低碳技术研发和推广应用取得新进展，绿色生产生活方式得到普遍推行，有利于绿色低碳循环发展的政策体系进一步完善。到2025年，单位地区生产总值能源消耗和二氧化碳排放确保完成国家下达指标；非化石能源消费比重力争达到11.7%以上，为实现碳达峰奠定坚实基础。

"十五五"期间，产业结构调整取得重大进展，清洁低碳安全高效的能源体系初步建立，重点领域低碳发展模式基本形成，重点耗能行业能源利用效率达到国际先进水平，非化石能源消费比重进一步提高，煤炭消费进一步减少，绿色低碳技术取得关键突破，绿色生活方式成为公众自觉选择，绿色低碳循环发展政策体系基本健全。到2030年，单位地区生产总值能源消耗大幅下降，单位地区生产总值二氧化碳排放比2005年下降65%以上；非化石能源消费比重力争达到16%以上，如期实现2030年前碳达峰目标。

二、重点任务

（一）能源绿色低碳转型行动。

坚持安全降碳，立足本市能源资源禀赋，以能源绿色发展为关键，在保障能源安全供应基础上，深入推进能源革命，深化能源体制机制改革，合理控制化石能源消费，大力实施清洁能源替代，加快构建清洁低碳安全高效的能源体系。

1.推进煤炭消费减量替代。 在保障能源安全的前提下，持续做好控煤工作，推进煤炭清洁高效利用，"十四五"时期煤炭消费继续减少，完成国家下达的控煤任务目标，"十五五"时期煤炭消费进一步减少。严控新上耗煤项目，对确需建设的耗煤项目，严格实行煤炭减量替代。优化本地煤电机组运行，强化能源电力保供风险管控，合理管控机组煤耗。有序推动自备燃煤机组改燃关停。推进现役煤电机组节能升级和灵活性改造，推动煤电向基础保障性和系统调节性电源并重转型。加强钢铁、焦化、化工等重点耗煤行业管理，推动工业终端减煤限煤。加大燃煤锅炉改燃关停力度，提高煤炭集约利用水平。（市发展改革委、市工业和信息化局、市生态环境局、市城市管理委、市住房城乡建设委，各区人民政府按职责分工负责）

2.大力发展新能源。 坚持分布式和集中式并重，充分挖掘可再生能源资源潜力，不断扩大可再生能源电力装机容量。加快开发太阳能，充分利用建筑屋顶，盘活盐碱地等低效闲置土地资源，大力发展光伏发电。有效利用风能资源，结合区域资源条件，积极开发陆上风电，稳妥推进海上风电。有序开发地热能，积极推进地热资源综合高效利用。因地制宜开发生物质能，鼓励生物质能多种形式综合利用。落实可再生能源电力消纳保障机制，完成可再生能源电力消纳责任权重。到2025年，全市投产可再生能源电力装机容量超过800万千瓦，除风电、光伏外其他非化石能源消费量达到388万吨标准煤。到2030年，全市可再生能源电力装机容量进一步增长。（市发展改革委、市规划资源局，各区人民政府按职责分工负责）

3.强化天然气保障。 进一步深化与上游供气企业合作，巩固多元化、多渠道供气格局，保障全市天然气安全稳定供应。有序引导天然气消费，优化利用结构，优先保障民生用气，大力推动天然气与多种能源融合发展，合理引导工业用气和化工原料用气，鼓励建设天然气分布式能源系统。支持车船采用液化天然气作为燃料。到2025年，全市天然气消费量力争提高至145亿立方米。（市发展改革委、市城市管理委、市工业和信息化局，各区人民政府按职责分工负责）

4.推进新型电力系统建设。 拓展跨区域送电通道，到2025年，全市外受电能力力争达到1000万千瓦。扩大外受电规模，在保障电力系统安全稳定的前提下，到2025年，力争外受电量占全市用电量比重超过三分之一、外受电中绿电比重达到三分之一。推动新能源占比逐渐提高的新型电力系统建设，打造坚强智能电网，促进清洁电力资源优化配置。挖掘煤电调峰潜力，因地制宜布局调峰电源，提升电力系统综合调节能力。推动新型储能应用，积极发展"可再生能源+储能"、源网荷储一体化和多能互补，支持新能源合理配置储能，鼓励建设集中式共享储能，到2025年，新型储能装机容量力争达到50万千瓦以上。加快推进虚拟电厂建设，优化灵活性负荷控制，扩大需求侧响应规模，到2025年，本市电网基本具备5%以上的尖峰负荷响应能力。深化能源体制机制改革，深入推进电力市场建设，扩大电力交易，推进分布式发电市场化交易，探索开展电力现货交易。（市发展改革委、市工业和信息化局、国网天津市电力公司，各区人民政府按职责分工负责）

（二）节能降碳增效行动。

坚持节约优先，完善能源消费强度和总量双控制度，实施重点节能工程，推动重点用能设备、新型基础设施能效水平提升，建设能源节约型社会。

1.全面提升节能管理能力。 推动节能管理源头化，严格落实固定资产投资项目节能审查制度，对项目用能和碳排放情况进行综合评价，开展节能审查意见落实情况监督检查。推进节能管理精细化，科学有序实行用能预算管理，合理配置能源要素，加强对符合产业规划和产业政策、能效环保指标先进项目的用能保障。强化节能管理智能化，推进高耗能企业能源管理中心建设，完善重点用能单位能耗在线监测系统，提高上传数据质量，加强数据分析应用，搭建节能技术推广服务平台。深化节能管理标准化，完善能源计量体系，健全能源统计制度，建立健全能源管理体系，开展重点用能单位体系建设效果评价，鼓励开展能源管理体系认证。加强节能管理法治化，完善节能监察法治保障，加强节能监察能力建设，健全市、区两级节能监察体系，明确市、区节能监察执法权限和裁量权基准，严肃查处违法用能行为，探索建立跨部门联动机制，综合运用行政处罚、信用监管、绿色电价等手段，增强节能监察约束力。（市发展改革委、市工业和信息化局、市市场监管委、市统计局，各区人民政府按职责分工负责）

2.实施节能降碳重点工程。 组织实施重点领域节能降碳工程，持续深化工业、建筑、交通运输、商业、公共机构等重点领域节能。严格落实能效约束，对标高耗能行业重点领域能效标杆水平和基准水平，科学有序推进电力、钢铁、建材、石化化工等高耗能行业开展节能降碳改造，分行业制定改造目标，提升能源资源利用效率。组织实施园区节能降碳工程，以高耗能高排放项目集聚度高的园区为重点，推动能源系统优化和梯级利用，支持建设分布式能源系统，推广综合能源服务模式，探索发展智慧能源系统。组织实施城市节能降碳工程，推动建筑、交通、照明、供热等基础设施节能升级改造，推进先进绿色建筑技术示范应用，推动城市综合能效提升。聚焦重点行业和重点企业，大力推广已取得突破的绿色低碳关键技术，支持开展产业化示范应用。开展公益性节能诊断服务，针对重点企业的主要工序、重点用能系统等查找用能薄弱环节，深入挖掘节能潜力，到2025年，累计为400家企业提供公益性节能诊断服务。（市发展改革委、市工业和信息化局、市住房城乡建设委、市交通运输委、市城市管理委、市商务局、市机关事务管理局、市科技局，各区人民政府按职责分工负责）

3.推进重点用能设备节能增效。 以电机、风机、泵、压缩机、变压器、换热器、工业锅炉等设备为重点，严格执行能效标准，制定落后低效重点用能设备淘汰路线图。建立以能效为导向的激励约束机制，推广先进高效产品设备，加快淘汰落后低效设备。加强重点用能设备节能审查和日常监管，强化生产、经营、销售、使用、报废全链条管理，严厉打击违法违规行为，确保能效标准和节能要求全面落实。（市发展改革委、市工业和信息化局、市市场监管委，各区人民政府按职责分工负责）

4.加强新型基础设施节能降碳。落实行业主管部门责任，加强新型基础设施用能管理，优化用能结构，鼓励采用直流供电、分布式储能、"光伏+储能"等模式，探索多样化能源供应方式，倡导使用可再生能源，鼓励数据中心就地消纳可再生能源，推行用能指标市场化交易，提高绿电使用比例。推动新型基础设施绿色设计，新建大型、超大型数据中心电能利用效率不超过1.3，严格执行通信、运算、存储、传输等设备能效标准，淘汰落后设备和技术，推动高密度、高能效、低能耗的设备应用，加强绿色数据中心的示范引领带动作用。推动既有设施绿色升级改造，鼓励采用高效制冷、先进通风等先进节能技术，开展中型及以上数据中心能耗计量监控系统和负荷管理系统建设，统筹数据中心余热资源与周边区域热力需求，提高设施能效水平。对大型、超大型数据中心加强能源计量审查和节能监察，规范用能行为。到2025年，数据中心电能利用效率普遍不超过1.5。（市发展改革委、市委网信办、市工业和信息化局、市市场监管委，各区人民政府按职责分工负责）

（三）工业领域碳达峰行动。

坚持突出发展，持续优化工业内部结构，强化串链补链强链，大力发展战略性新兴产业、高技术产业，推动传统产业绿色低碳升级，构建现代工业绿色制造体系，持续提高能源资源利用水平。

1.推动工业领域绿色低碳发展。坚持制造业立市，立足全国先进制造研发基地功能定位，以创新为核心动力，统筹工业发展与环境保护，强化碳减排对产业发展的引领作用，全力打造国家制造业高质量发展示范区。促进工业能源消费低碳化，推动化石能源清洁高效利用，提高可再生能源应用比重，加强电力需求侧管理，提升工业电气化水平。推进工业领域数字化、智能化、绿色化融合发展，探索"互联网+"绿色制造新模式，加强重点行业和领域技术改造。到2025年，规模以上工业单位增加值能源消耗下降高于全市单位地区生产总值能源消耗下降水平。（市工业和信息化局、市发展改革委，各区人民政府按职责分工负责）

2.积极构建低碳工业体系。依法依规加快淘汰落后产能，确保已退出产能的设备不得恢复生产。围绕产业基础高级化、产业链现代化，以智能科技产业为引领，着力壮大生物医药、新能源、新材料等新兴产业，巩固提升装备制造、汽车、石油化工、航空航天等优势产业，推动冶金、轻纺等传统产业高端化、绿色化、智能化升级。围绕构建现代工业产业体系，聚焦重点产业和关键领域，优选10条以上重点产业链，全面实施"链长制"，强化串链补链强链，提升产业链韧性和竞争力，构建自主可控、安全高效的产业链。到2025年，全市工业战略性新兴产业增加值占规模以上工业增加值比重力争达到40%，高技术产业（制造业）增加值占规模以上工业增加值比重力争达到30%以上。（市工业和信息化局、市发展改革委，各区人民政府按职责分工负责）

3.推动钢铁、建材和石化化工行业碳达峰。深化钢铁行业供给侧结构性改革，严格落实产能置换、项目备案、环境影响评价等相关规定；推动钢铁企业优化产品结构，延伸产业链条，提高钢材档次；大力提升废钢资源回收利用水平，支持企业逐步提高电炉钢比例，推行全废钢电炉工艺；推广先进适用技术，深挖节能降碳潜力，推动低品位余热供暖发展。到2025年，超过30%的钢铁产能，高炉工序单位产品能耗达到361千克标准煤/吨，转炉工序单位产品能耗达到−30千克标准煤/吨。加强建材行业产能置换监管，加快低效产能退出，引导建材行业向轻型化、集约化、制品化转型；鼓励建材企业使用粉煤灰、工业废渣、尾矿渣等作为原料或水泥混合材。严格石化化工行业项目准入，加大落后产能淘汰力度；引导企业转变用能方式，鼓励以电力、天然气等替代煤炭；调整原料结构，控制新增原料用煤，推动石化化工原料轻质化；鼓励企业节能升级改造，推动能量梯级利用、物料循环利用。到2025年，原油一次加工能力控制在1750万吨左右，主要产品产能利用率提升至85%以上；超过30%的炼油产能，单位能量因数综合能耗达到7.5千克标准油/吨·能量因数；超过30%的乙烯（石脑烃类）产能，单位产品能耗达到590千克标准油/吨。（市工业和信息化局、市发展改革委，各区人民政府按职责分工负责）

4.坚决遏制高耗能、高排放、低水平项目盲目发展。 建立管理台账，以石化、化工、煤电、建材、有色、煤化工、钢铁、焦化等行业为重点，全面梳理拟建、在建、存量高耗能高排放项目，实行清单管理、分类处置、动态监控。科学评估拟建项目，严格审批准入，深入论证必要性、可行性和合规性，科学稳妥推进项目立项；全面排查在建项目，对能效水平低于本行业能耗限额准入值的，按有关规定停工整改，推动能效水平应提尽提；深入挖潜存量项目，排查节能减排潜力，加快淘汰落后产能，推动节能技术改造，将存量高耗能高排放项目纳入能耗在线监测系统，加强用能管理。严格落实国家有关要求，对于行业产能已饱和的高耗能高排放项目，落实压减产能和能耗指标以及煤炭消费减量替代、污染物排放区域削减等要求，主要产品设计能效水平应对标行业能耗限额先进值或国际先进水平；对于行业产能尚未饱和的高耗能高排放项目，在能耗限额准入值、污染物排放标准等基础上，对标国际先进水平提高准入门槛；对于能耗量较大的新兴产业，引导企业应用绿色低碳技术，提高能效和污染物排放控制水平。强化常态化监管，重点监管项目相关手续合法合规性，对不符合政策要求、违规审批、未批先建、批建不符、超标用能排污的高耗能高排放项目，坚决叫停，依法依规严肃查处。（市发展改革委、市工业和信息化局、市生态环境局、市住房城乡建设委，各区人民政府按职责分工负责）

（四）城乡建设碳达峰行动。

坚持城乡统筹，优化空间布局，提升建筑能效水平，优化建筑用能结构，推进供热计量收费，发展绿色农房和节能低碳农业大棚，加快城乡建设绿色低碳发展。

1.推进城乡建设绿色低碳转型。 科学合理制定国土空间规划，优化城市空间布局，促进职住平衡，推动城市多中心、组团式发展，提高城市活力。倡导绿色低碳规划设计理念，增强城乡气候韧性，持续推进海绵城市建设。推广绿色低碳建材和绿色建造方式，加快绿色建材规模应用与循环利用。加快推进新型建筑工业化，大力发展装配式建筑，积极推广钢结构住宅，强化绿色设计和绿色施工管理，到2025年，全市国有建设用地新建民用建筑具备条件的，实施装配式建筑比例达到100%。在城市更新工作中，倡导绿色低碳理念，坚持"留改拆"并举，防止大拆大建。到2025年，新建绿色生态城区1至2个。（市住房城乡建设委、市规划资源局，各区人民政府按职责分工负责）

2.加快提升建筑能效水平。加快编制本市居住建筑五步节能设计标准，更新市政基础设施等标准，提高节能降碳要求。加强适用于天津本土气候、不同建筑类型的节能低碳技术研发和推广。推动超低能耗建筑、低碳建筑规模化发展，扎实建设近零能耗建筑、零能耗建筑、零碳小屋等试点项目。加快推进居住建筑、老旧小区改造，推动公共建筑能效提升改造。逐步推行能效标识及能耗限额制度，不断提升公共建筑运行节能水平及管理智能化水平。研发基于综合气象参数的智慧供热动态调控技术，提高居民室内热舒适及节能水平。持续推进供热旧管网改造工程实施，有序推进供热计量收费，下达供热计量项目计划，定期发布采暖期供热计量修正系数。到2025年，城镇新建建筑中绿色建筑面积占比达到100%，新建居住建筑五步节能设计标准执行比例达到100%，实施公共建筑能效提升改造面积150万平方米以上。（市住房城乡建设委、市城市管理委、市发展改革委、市机关事务管理局、市气象局，各区人民政府按职责分工负责）

3.加快优化建筑用能结构。深化可再生能源建筑应用，推广光伏发电与建筑一体化应用，不断提升可再生能源建筑应用比例。深入推进清洁取暖，推进工业余热供暖规模化应用。提高建筑终端电气化水平，建设集光伏发电、储能、直流配电、柔性用电于一体的"光储直柔"建筑。到2025年，城镇建筑可再生能源替代率达到8%，新建公共机构建筑、新建厂房屋顶光伏覆盖率力争达到50%。（市住房城乡建设委、市发展改革委、市城市管理委、市机关事务管理局，各区人民政府按职责分工负责）

4.推进农村建设和用能低碳转型。推进绿色农房建设，加快农房节能改造。持续巩固农村地区清洁取暖成果，坚持因地制宜选择取暖方式。加快生物质能、太阳能等可再生能源在农业生产和农村生活中的应用。发展节能低碳农业大棚。推广节能环保灶具、电动农用车辆、节能环保农机和标准化渔船。加强农村电网建设，提升农村用能电气化水平。（市农业农村委、市住房城乡建设委、市发展改革委、市生态环境局、国网天津市电力公司，有农业的区人民政府按职责分工负责）

（五）交通运输绿色低碳行动。

坚持一体推进，加快建设综合立体交通网，大力发展多式联运，建设绿色交通基础设施，推广节能低碳型交通工具，引导低碳出行，整合运输资源，提高运输效率。

1.推动运输工具装备低碳转型。加快运输服务领域新能源的推广应用，鼓励公交、环卫、城市邮政、城市物流配送（接入城配平台）领域新增及更新车辆优先选用新能源车型，推动城市公共服务车辆电动化替代。积极推广新能源重型货运车辆和城市货运配送车辆，打造氢燃料电池车辆推广应用试点示范区。加快老旧船舶更新改造，发展新能源和清洁能源动力船舶。到2025年，新能源汽车新车销售量达到汽车新车销售总量的25%左右，营运交通工具单位换算周转量碳排放强度比2020年下降5%左右。到2030

年，新能源汽车新车销售量达到汽车新车销售总量的50%左右，营运交通工具单位换算周转量碳排放强度比2020年下降9.5%左右。陆路交通运输石油消费力争2030年前达到峰值。（市交通运输委、市工业和信息化局、市发展改革委、市邮政管理局、市城市管理委、市商务局、市生态环境局，各区人民政府按职责分工负责）

2.着力构建绿色交通出行体系。加快推进"津城""滨城"轨道线路建设，建设轨道交通骨架网络，稳步推进市域（郊）铁路建设，按需推进轨道站点交通接驳设施建设。打造公交都市标杆城市，实施公交场站补短板工程、公交线网年度优化工程、中途站提升改造工程。优化慢行交通出行环境，改善行人过街条件，加强共享单车投放及秩序治理。推进智慧赋能低碳出行，建立出行服务支持体系，拓展电子不停车收费系统（ETC）等电子化收费方式在停车场（楼）应用。优化公共交通服务体系，积极引导公众选择绿色低碳交通方式。到2025年，绿色出行比例达到75%以上。到2030年，绿色出行比例达到80%左右。（市交通运输委、市住房城乡建设委、市发展改革委、市规划资源局、市城市管理委，各区人民政府按职责分工负责）

3.持续优化货物运输结构。加强货运铁路线网建设，完善西向、北向货运铁路通道，优化市域港口集疏运通道，加快推进铁路线扩容。持续提高大宗货物运输"公转铁"比例，提升铁路货运量占比。合理配置城乡物流配送点，加快乡物流配送体系建设。提高大型工业企业铁路专用线接入比例，大力提倡新建大宗散货年运量150万吨以上的大型工业企业和物流园区同步建设铁路专用线。推动集装箱海铁联运，探索发展联运高效组织模式，打造精品线路。"十四五"时期，集装箱海铁联运量年均增长达到15%。（市交通运输委、市工业和信息化局、市发展改革委、中国铁路北京局集团有限公司天津铁路办事处、天津港集团，各区人民政府按职责分工负责）

4.打造世界一流绿色港口。实施新型基础设施建设，开发智能水平运输系统，实现港口基础设施智慧化。推进港口低碳设备应用，推进码头岸电设施建设，加快新能源和清洁能源大型港口作业机械、水平运输等设备的推广应用，到2025年，天津港靠港船舶岸电使用率力争达到100%。优化港口运输结构，落实天津港铁路集装箱箱源保障，完善港口集疏运铁路运价形成和动态调整机制。搭建天津港智慧物流平台，实现全程物流跟踪服务。创建"低碳码头"试点，推进港口太阳能、风能等分布式能源建设。到2025年，天津港生产综合能源单耗低于2.74吨标准煤/万吨吞吐量。（市交通运输委、市生态环境局、市发展改革委、天津海事局、天津港集团，滨海新区人民政府按职责分工负责）

5.建设绿色交通基础设施。实施交通基础设施、交通枢纽场站等绿色化提升改造，推进复合型运输通道建设，强化土地、海域、岸线等空间资源集约利用，促进区域航道、锚地、引航等资源共享共用。有序推进充电桩、配套电网、加注（气）站、加氢站等基础设施建设。建设精品示范绿色公路，强化资源循环利用，推进公路节能型施工机械应用，引导新建的高速公路、有条件的国省干线按照绿色公路标准建设。持续推进绿色续航行动，探索太阳能光伏在高速公路沿线设施应用。创建国际先进绿色机场，建设"绿色三星"标准的天津滨海国际机场T3航站楼。到2030年，天津滨海国际机场场内通用车辆全面实现电动化，具备条件的特种车辆设备力争全面实现电动化。（市交通运输委、市规划资源局、市发展改革委、市城市管理委、市住房城乡建设委、天津滨海国际机场，各区人民政府按职责分工负责）

（六）碳汇能力巩固提升行动。

坚持系统观念，强化国土空间规划和用途管制，推进山水林田湖海一体化保护和系统治理，提高生态系统质量和稳定性，提升生态系统碳汇增量。

1.巩固生态系统固碳作用。建立健全本市国土空间规划体系，统筹布局农业空间、生态空间、城镇空间，构建有利于碳达峰、碳中和的国土空间开发保护格局。严控生态空间占用，将严守永久基本农田、生态保护红线、城镇开发边界作为加强生态保护、调整经济结构、规划产业发展、推进城镇化不可逾越的红线。落实以国家公园为主体的自然保护地体系建立要求，稳定森林、湿地、海洋、土壤固碳作用。严格管控自然保护地范围内非生态活动，稳妥推进核心保护区居民、耕地等有序退出。严格执行土地使用标准，加强节约集约用地评价，推广节地技术和节地模式。到2025年，自然保护地占陆域国土面积9.6%以上，自然岸线保有率不低于5%。（市规划资源局、市生态环境局、市农业农村委，各区人民政府按职责分工负责）

2.提升生态系统碳汇能力。实施重点生态保护修复工程。科学推进国土绿化行动，扩大森林资源总量。强化森林资源保护，全面推行林长制，精准提升森林质量和稳定性。推进"871"重大生态建设工程，全面加强七里海、大黄堡、北大港、团泊4个湿地保护和修复，加快实施生态补水等工程，深入推进双城中间绿色生态屏障区建设，重点推动造林绿化、水系连通、生态修复等工程，强化近岸海域滩涂、岸线、海湾保护修复。加快推进矿山生态修复，实施山区重点公益林管护和封山育林。统筹推进城市生态修复，建设环城生态公园带。到2025年，全市森林覆盖率达到13.6%，森林蓄积量达到550万立方米以上。到2030年，全市森林覆盖率和森林蓄积量保持基本稳定，力争有所增长。（市规划资源局、市发展改革委、市农业农村委、市城市管理委、市生态环境局、市水务局，各区人民政府按职责分工负责）

3.加强生态系统碳汇基础支撑。落实自然资源调查监测体系要求，高效利用国家林草生态综合监测评价结果，依据国家关于森林、湿地、海洋、土壤等碳汇监测核算标准及体系，开展森林、湿地、海洋、土壤等碳汇本底调查、碳储量估算、潜力分析。构建森林、湿地等生态系统碳汇数据库与动态监测系统，实施生态保护修复碳汇成效监测评估。（市规划资源局、市生态环境局、市农业农村委、市气象局，相关区人民政府按职责分工负责）

4.推进农业农村减排固碳。构建用地养地结合的培肥固碳模式，逐步提升土壤有机质含量。实施保护性耕作、退化耕地治理，改良土壤结构，增加耕层厚度，培肥地力、控污修复，不断提升土壤固碳潜力。以畜禽规模养殖场为重点，推广畜禽粪污资源化利用、就近还田新技术，推动畜牧业绿色低碳发展。以滨海新区现代农业产业园建设为依托，积极发展以海水养殖业为主体的碳汇渔业。（市农业农村委，有农业的区人民政府按职责分工负责）

（七）循环经济助力降碳行动。

坚持循环高效，充分发挥减少资源消耗和降碳的协同作用，构建新型资源循环利用体系，加强固体废弃物综合利用和垃圾分类，健全回收体系，壮大海水淡化和再制造产业，以产业园区为重点，全面提高资源利用效率。

1.推进产业园区低碳循环发展。以提升资源产出率和循环利用率为目标，持续开展园区循环化改造，优化园区产业空间布局，促进产业循环链接，推动节能降碳，加强污染集中治理。推动企业开展清洁生产审核，促进废物综合利用、能量梯级利用、水资源循环利用，推进工业余压余热、废气废液废渣资源化利用，积极推广集中供气供热。搭建基础设施和公共服务共享平台，加强园区物质流管理。到2030年，市级以上重点产业园区全部实施循环化改造。（市发展改革委、市工业和信息化局、市生态环境局，各区人民政府按职责分工负责）

2.健全资源循环利用体系。完善废旧物资回收网络，推动"两网融合"，建设"交投点、中转站、分拣中心"三级回收体系，推行"互联网＋回收"模式，推动再生资源应收尽收。推进天津子牙经济技术开发区国家"城市矿产"示范基地建设，加强再生资源综合利用行业规范管理，促进产业集聚发展，推动再生资源规范化、规模化、清洁化利用。鼓励探索退役动力电池、光伏组件、风电机组叶片、储能系统等新兴产业废物高效回收以及可循环、高值化的再生利用模式，加强资源再生产品推广应用。实施京津冀及周边地区工业资源综合利用产业协同转型提升计划，聚焦区域典型固体废弃物，探索跨地区产业协同发展新模式。（市商务局、市城市管理委、市发展改革委、市工业和信息化局、市生态环境局、市供销合作总社，各区人民政府按职责分工负责）

3.着力壮大海水淡化与综合利用产业。推动海水淡化水的规模化应用，强化海水淡化水统筹配置，促进海水淡化浓盐水的综合利用。研发推广高效率、低能耗海水提溴、提镁、提钾等工艺及装备，不断提高回收率和产能，建设浓海水梯级利用示范基地和高端盐化工产业基地。支持建设集研发、孵化、生产、集成、检验检测和工程技术服务于一体的国家海水资源利用技术创新中心。发挥天津海水淡化产业（人才）联盟作用，整合规划设计、装备制造、工艺集成、科学研究、终端用户等各个环节企业优质资源，进一步做强上下游产业链，加速海水淡化产业集聚，集中力量突破海水淡化核心技术，开展反渗透膜、海水高压泵、能量回收装置、大型蒸发器、化学资源提取等"卡脖子"技术攻关，为海水淡化产业发展提供强有力的技术支撑。到2025年，海水淡化工程规模达到55万吨/日，海水淡化水年供水量达到1亿立方米左右。（市发展改革委、市规划资源局、市水务局、市科技局，相关区人民政府按职责分工负责）

4.大力推进生活垃圾减量化资源化。加强生活垃圾分类管理，加快建立覆盖全社会的生活垃圾收运处置体系，全面推进分类投放、分类收集、分类运输、分类处理。坚持定期评估、科学预测垃圾处理需求增长和焚烧处理能力之间的匹配关系，稳步推进焚烧处理设施建设，实现原生生活垃圾"零填埋"。按照"集中处理为主、相对集中为辅"的原则，建设一批厨余垃圾资源化处理设施。加强塑料污染全链条治理，整治过度包装，推动生活垃圾源头减量。推进污水资源化利用。到2025年，城市生活垃圾分类体系基本健全，城市生活垃圾资源化利用比例提升至80%左右。到2030年，城市生活垃圾分类实现全覆盖。（市城市管理委、市发展改革委、市生态环境局、市水务局、市邮政管理局，各区人民政府按职责分工负责）

5.持续推动综合利用与再制造业发展。加强大宗固废综合利用，推动粉煤灰、冶炼渣、工业副产石膏、建筑垃圾等大宗固废大掺量、规模化、高值化利用。推进粉煤灰在盐碱地生态修复、新兴墙体材料、装饰装修等绿色建材领域的推广应用。推动建筑垃圾资源化利用，推广废弃路面材料原地再生利用。深入落实农作物秸秆综合利用工作，拓宽秸秆资源化利用途径，完善秸秆资源台账，健全农作物秸秆收储运体系，严格禁烧管控。以天津自贸试验区和天津子牙经济技术开发区为重点，在保持航空、船舶保税维修再制造优势的基础上，推动汽车零部件、医疗器械、高端装备、消费电子产品等领域再制造产业发展。到2025年，一般工业固体废弃物综合利用率和主要农作物秸秆综合利用率均保持在98%以上，城市建筑垃圾资源化利用率达到30%以上。（市发展改革委、市工业和信息化局、市城市管理委、市住房城乡建设委、市商务局、市农业农村委、市生态环境局、天津海关、天津自贸试验区管委会，各区人民政府按职责分工负责）

（八）绿色低碳科技创新行动。

坚持科技支撑，完善科技创新体制机制，加强人才引育和关键领域基础研究，强化创新能力，加快先进适用技术研发和推广，推动绿色低碳科技革命。

1.完善创新体制机制。落实"政策+市场"双轮驱动，强化科技创新体制机制，加快绿色低碳科技革命。制定科技支撑碳达峰碳中和实施方案，研究碳中和技术发展路线图，明确科技攻关路线。制定科技重大专项实施方案，采用"揭榜挂帅"等机制，开展低碳零碳负碳关键核心技术攻关。鼓励企业牵头或参与财政资金支持的绿色技术研发项目、市场导向明确的绿色技术创新项目。推广生态环保技术成果，支持绿色低碳技术成果转化应用。加强绿色低碳技术和产品知识产权保护。（市科技局、市发展改革委、市工业和信息化局、市生态环境局、市市场监管委，各区人民政府按职责分工负责）

2.加强创新能力建设和人才培养。谋划未来国家重大科研设施建设，对标国家实验室高标准筹建海河实验室。鼓励科研院所、科技型企业建设一批节能降碳和新能源技术产品研发的创新平台。通过促进各类创新要素聚集，优化配置科研力量，建设科技资源共享的开放平台。培养碳达峰碳中和创新人才，促进学科交叉融合，打造一支多层次、复合型碳达峰碳中和人才队伍。完善科技奖励、科技人才评价机制，优化科技人才计划与布局，构建科学合理的科技人才评价体系，完善科技人才评价管理与服务。（市科技局、市教委、市发展改革委、市工业和信息化局、市人社局，各区人民政府按职责分工负责）

3.强化共性关键技术研究。组织实施一批引领作用突出、协同效应明显、支撑作用有力的重大科技专项，力争形成一批具有前沿性、引领性和实效性的创新成果。鼓励科研院所和企业积极争取国家重大科技项目、国家重点研发计划、国家自然科学基金等项目在津实施。聚焦能源、工业、交通运输、城乡建设、农业、生态保护修复等重点领域，强化科技支撑重点研发布局。鼓励科研机构、高等院校和企业等单位开展碳达峰、碳中和领域应用基础研究，加强节能降碳、碳排放监测和陆地、海洋生态系统碳汇等基础理论、方法和技术研究，推进化石能源绿色智能开发和清洁低碳利用、可再生能源大规模利用、储能、动力电池、二氧化碳捕集利用与封存（CCUS）等技术研究，提高科学研究支撑能力。（市科技局、市发展改革委、市工业和信息化局、市交通运输委、市住房城乡建设委、市农业农村委、市生态环境局、市规划资源局、市教委，各区人民政府按职责分工负责）

4.加快先进适用技术研发和推广应用。围绕本市在碳达峰、碳中和方面的科技需求，制定技术攻关清单。利用国家及天津市科技项目，支持高校、科研院所、科技型企业攻克低成本智能电网、可再生能源制氢、氢能冶炼、零碳工业流程再造、储能、农业减排固碳等关键核心技术。狠抓绿色低碳技术攻关，推进碳减排关键技术的突破与创新，鼓励二氧化碳规模化利用，支持二氧化碳捕集利用与封存（CCUS）技术研发和示范应用。打造创新应用场景，促进新型功能材料、新能源、智能网联汽车、海水淡化、农业等优势领域的先进成熟绿色低碳技术加速迭代，快速形成成果产业化规模化应用示范。推动氢能技术研发和示范应用，探索在工业、交通运输等领域规模化应用。加强可再生能源、绿色制造、碳捕集封存等技术对钢铁、石化化工、建材等传统产业绿色低碳转型升级的支撑。（市科技局、市发展改革委、市工业和信息化局、市交通运输委、市住房城乡建设委、市农业农村委、市生态环境局、市教委，各区人民政府按职责分工负责）

（九）绿色低碳全民行动。

坚持宣传引导，提倡简约适度、绿色低碳、文明健康的生活方式，督促企业自觉履行社会责任，强化干部培训，把绿色低碳理念转化为全体人民的自觉行动。

1.加强生态文明宣传教育。将生态文明教育纳入国民教育体系，开展多种形式的资源环境国情教育，普及碳达峰、碳中和基础知识，开展碳达峰、碳中和知识进中小学科普活动。加强对公众的生态文明科普教育。持续开展世界地球日、世界环境日、全国节能宣传周、全国低碳日等主题宣传活动，增强社会公众绿色低碳意识，推动生态文明理念更加深入人心。（市委宣传部、市生态环境局、市教委、市发展改革委，各区人民政府按职责分工负责）

2.推广绿色低碳生活方式。深入开展节约型机关、绿色家庭、绿色学校、绿色社区、绿色出行、绿色商场、绿色建筑等绿色生活创建行动，广泛宣传推广简约适度、绿色低碳、文明健康的生活理念和生活方式，坚决制止餐饮浪费行为。加强节能环保技术推广应用，引导企业和居民采购绿色产品。推动电商平台设立绿色产品销售专区，加强绿色产品集中展示和宣传，挖掘绿色消费需求。（市发展改革委、市工业和信息化局、市商务局，各区人民政府按职责分工负责）

3.引导企业履行社会责任。引导企业主动适应绿色低碳发展要求，强化环境责任意识，加强能源资源节约，提升绿色创新水平。重点领域国有企业要制定实施企业碳达峰行动方案，发挥示范引领作用。重点用能单位要梳理核算自身碳排放情况，深入研究碳减排路径，"一企一策"制定专项工作方案，推进节能降碳。纳入碳市场管控的重点排放单位，应按照国家要求公开相关温室气体排放信息。相关上市公司和发债企业要按照环境信息依法披露要求，定期公布企业碳排放信息。充分发挥行业协会等社会团体作用，督促企业自觉履行社会责任。（市国资委、市生态环境局、市发展改革委、天津证监局、市民政局，各区人民政府按职责分工负责）

4.强化领导干部培训。将学习贯彻习近平生态文明思想作为干部教育培训的重要内容，各级党校（行政学院）要把碳达峰、碳中和相关内容列入教学计划，分阶段、多层次对各级领导干部开展培训，普及科学知识，宣讲政策要点，强化法治意识，深化各级领导干部对碳达峰、碳中和工作重要性、紧迫性、科学性、系统性的认识。从事绿色低碳发展相关工作的领导干部要尽快提升专业素养和业务能力，切实增强推动绿色低碳发展的本领。（市委组织部、市碳达峰碳中和工作领导小组办公室，各区人民政府按职责分工负责）

（十）试点有序推动碳达峰行动。

坚持试点先行，推进公共机构能源节约、资源绿色低碳发展，开展区域、园区、重点企业等多层次、多领域试点工程，加快实现绿色低碳转型，提供可操作、可复制、可推广的经验做法。

1.组织开展绿色公共机构试点建设。推动太阳能供应生活热水项目建设，开展太阳能供暖试点。鼓励在机关、学校等场所设置回收交投点，加强废弃电器电子类资产、废旧家具类资产等循环利用，鼓励有条件的公共机构实施"公物仓"管理制度。抓好公共机构食堂用餐节约，常态化开展"光盘行动"等反食品浪费活动，实施机关食堂反食品浪费工作成效评估和通报制度。到2025年，全市公共机构用能结构持续优化，用能效率持续提升，在2020年的基础上单位建筑面积能源消耗下降5%、碳排放下降7%，力争80%以上的处级及以上机关达到节约型机关创建要求，建成一批节能低碳的绿色公共机构典型试点。（市机关事务管理局，各区人民政府按职责分工负责）

2.组织开展碳达峰试点建设。积极推动区级行政区、功能区、商务区、工业园区，以及企业、社区等开展低碳（近零碳排放）试点建设。支持津南区创建碳达峰先行示范区，在产业绿色转型升级、绿色生态屏障碳汇、重点领域节能降耗、社会低碳文明发展等方面形成示范。加快天津电力碳达峰先行示范区建设，围绕能源供应清洁化、能源消费电气化、能源配置智慧化、能源利用高效化、能源服务便捷化、能源行动社会化，构建整体协同、各有侧重的综合解决方案。（市碳达峰碳中和工作领导小组办公室、市生态环境局、市工业和信息化局，各区人民政府按职责分工负责）

3.组织开展重点领域绿色转型示范。有序推进全域"无废城市"建设，制定全域"无废城市"建设总体方案，健全组织推进、制度政策、技术保障、监督管理体系，以工业园区、街镇为基本单元，分类分批推动创建，到2025年，和平区、河东区、河西区、南开区、河北区、红桥区、东丽区、滨海高新区、天津东疆综合保税区、中新天津生态城基本建成"无废城市"，其他区域创建工作取得明显成效，为全域"无废城市"建设奠定基础。推进绿色制造体系建设制度化、常态化，打造绿色园区、绿色工厂、绿色供应链和绿色产品，到2025年，全市绿色制造单位达到300家。深度融入京津冀协同发展大局，重点依托天津港保税区临港片区，推动氢能产业集聚发展。鼓励钢化联产，探索开展氢冶金、二氧化碳捕集利用一体化等试点。（市生态环境局、市工业和信息化局、市发展改革委，各区人民政府按职责分工负责）

三、对外合作

（一）加强京津冀区域交流合作。加强京津冀油气管网设施互联互通互济，强化石油、天然气主干管线建设，完善C型贯通高压管网架构，着力打造区域能源枢纽。配合推进张家口可再生能源示范区综合应用创新，推动清洁电力与北京、河北雄安新区市场互联互通。着眼增强产业链供应链自主可控能力，充分发挥京津冀协同发展基金的引导作用，打造区域上下关联度高、带动性强的世界级产业链集群。参与建设全国一体化算力网络京津冀国家枢纽节点，深化京津冀大数据综合试验区建设，实施京津冀大数据基地、大数据中心等项目，建设全国领先的大数据产业发展高地。积极融入京津冀国家技术创新中心建设，协同健全京津冀科技成果转化对接机制，完善科技成果转化和交易信息服务平台，推进滨海-中关村科技园、宝坻京津中关村科技城等建设，促进科技成果孵化转化。（市发展改革委、市科技局、市委网信办、市工业和信息化局，相关区人民政府按职责分工负责）

（二）推进绿色"一带一路"建设。落实国家部署，深度融入中蒙俄、中巴经济走廊建设，加强与共建"一带一路"国家的绿色基建、绿色能源、绿色金融等领域合作，提高境外项目环境可持续性，深度融入"绿色丝绸之路"建设。参与巴基斯坦达苏水电站一期项目建设，积极推动已建成项目绿色低碳发展。加强与东南亚、南亚、中东欧、非洲、大洋洲等地区的风电、太阳能等清洁能源合作。鼓励中埃·苏伊士经贸合作区、中蒙合作蔬菜科技示范园区、天津中欧先进制造产业园、天津意大利中小企业产业园等境内外产业园区践行绿色低碳理念，开展节能环保领域国际合作。充分利用友城合作交流平台，积极开展政策经验交流、低碳技术转移、资金引进等合作，促进与发达国家城市间合作。发挥亚太经合组织绿色供应链合作网络天津示范中心作用，探索建立绿色供应链管理体系，搭建融入共建"一带一路"合作桥梁。（市发展改革委、市商务局、市外办、市生态环境局、市金融局、市农业农村委、市科技局，相关区人民政府按职责分工负责）

（三）开展国际绿色经贸合作。积极优化贸易结构，大力发展高质量、高技术、高附加值绿色产品贸易。积极扩大绿色低碳产品、节能环保服务、环境服务等进出口。鼓励企业对标国际绿色标准进行技术革新、绿色生产。依托国家会展中心（天津），筹划举办碳达峰碳中和相关论坛、展览活动。支持绿色低碳产品生产经营企业参加境外展会、开展绿色环保相关管理体系认证和产品认证、申请境外专利，不断提高产品质量和附加值。持续深化天津自贸试验区改革开放，以开放促改革、促发展、促创新，形成一批绿色贸易制度创新成果。（市商务局、市工业和信息化局、市发展改革委、市生态环境局、市市场监管委、天津自贸试验区管委会，各区人民政府按职责分工负责）

（四）**深化参与绿色金融国际合作**。深化与国际金融机构以及各类商业银行合作，优化境外投资综合服务，鼓励金融机构按市场化原则持续加强对"一带一路"等领域绿色项目的金融服务，推进"一带一路"投资合作绿色转型。落实全口径跨境融资宏观审慎政策，充分利用跨境人民币政策优势，切实支持相关企业及绿色低碳转型项目持续稳健发展。用好自由贸易（FT）账户，为相关企业及绿色低碳转型项目跨境融资提供便利化金融服务。发挥跨境电商收款创新业务溢出效应，支持小微跨境电商企业降低结算成本，推动企业实现绿色低碳转型。积极推广国家绿色金融标准，为金融机构开展绿色金融业务提供指引。（市金融局、人民银行天津分行、天津银保监局、市发展改革委、市商务局、各区人民政府按职责分工负责）

四、政策保障

（一）**加强碳排放统计核算能力建设**。按照国家统一规范的碳排放统计核算体系有关要求，建立规范本市碳排放统计核算体系。支持本市行业、企业依据自身特点开展碳排放核算方法学研究，建立健全碳排放计量体系。加快遥感测量、大数据、云计算等新兴技术在碳排放实测技术领域的应用，提升信息化实测水平。按照国家有关要求，探索开展森林、湿地等碳汇计量监测研究。（市统计局、市碳达峰碳中和工作领导小组办公室、市生态环境局、市规划资源局、市市场监管委、市气象局按职责分工负责）

（二）**加强法规标准体系建设**。构建有利于绿色低碳发展的法规体系，研究修订《天津市节约能源条例》《天津市建筑节约能源条例》《天津市清洁生产促进条例》，推动制定天津市生态保护补偿方面的政府规章。制修订绿色建筑、节能审查后评价等地方标准。鼓励本市相关单位参与国际标准、国家标准和行业标准的制修订工作。积极参与绿色金融标准体系建设，研究制定绿色租赁标准。全面清理地方性法规和市政府规章中与碳达峰、碳中和工作不相适应的内容，严格执行《天津市碳达峰碳中和促进条例》。（市人大常委会法工委、财经预算工委、城乡建设环境保护办公室，市发展改革委、市住房城乡建设委、市司法局、市金融局、人民银行天津分行、市市场监管委按职责分工负责）

（三）**完善财税价格政策**。各级财政要加大对绿色低碳产业发展、技术研发等支持力度，加大绿色低碳产品政府采购力度。落实环境保护、节能节水、资源综合利用、新能源和清洁能源车船、合同能源管理等税收优惠。落实国家能源价格改革部署，健全居民用电、用气阶梯价格制度，进一步理顺供热计量价格政策。按照国家产业政策，对高耗能高排放行业依法完善差别价格、阶梯价格政策，引导节约和合理使用水、电、气等资源和能源。探索建立绿色项目库，研究制定企业绿色评级、投资项目评级指南或办法，组织金融机构与绿色企业和绿色项目精准对接。（市财政局、市税务局、市发展改革委、市生态环境局、市城市管理委、市工业和信息化局、市水务局、市金融局按职责分工负责）

（四）**大力发展绿色低碳金融**。健全完善绿色金融工作机制，加快构建完善支持绿色低碳发展的金融体系，引导金融机构加大对绿色低碳产业、项目的金融支持，鼓励金融机构持续深化绿色信贷、绿色保险、绿色租赁、绿色基金、绿色债券等绿色金融产品和服务模式创新。推动金融机构成立绿色专营机构和建设碳中和网点。鼓励金融机构充分运用碳减排支持工具和煤炭清洁高效利用专项贷款两项创新工具，加大对绿色低碳和能源高效利用领域的信贷资金供给。支持符合条件的企业发行绿色债券、碳中和债券等，支持符合条件的融资租赁企业利用资产证券化工具融资，推动气候友好型企业上市融资。鼓励融资租赁、商业保理、融资担保等企业积极参与绿色金融业务，为绿色低碳转型提供多样化金融服务。完善支持社会资本参与政策，鼓励社会资本以市场化方式设立绿色低碳产业投资基金。鼓励开发性、政策性金融机构按照市场化法治化原则为碳达峰行动提供长期稳定融资支持。完善绿色金融信息共享机制，提高金融支持绿色项目的精准度。（市金融局、市发展改革委、人民银行天津分行、天津银保监局、天津证监局、市生态环境局、市财政局按职责分工负责）

（五）建立健全市场化机制。深化天津碳排放权交易试点市场建设，完善重点排放单位温室气体排放报告核查制度，加强碳排放权交易试点市场运行管理。积极对接全国碳排放权交易市场建设，按照国家部署要求，将符合条件的重点排放单位全部纳入全国碳排放权交易市场，推动其做好碳排放报告和履约工作。鼓励重点排放单位按规定购买经核证的温室气体减排量，用于完成碳排放配额的清缴。推进用能权交易和碳排放权交易的统筹衔接，将碳排放权、用能权交易纳入统一公共资源交易平台。积极推行合同能源管理，推广节能咨询、诊断、设计、融资、改造、托管等"一站式"综合服务模式。（市生态环境局、市发展改革委、市政务服务办，各区人民政府按职责分工负责）

五、组织实施

（一）加强统筹协调。市碳达峰碳中和工作领导小组对碳达峰相关工作进行整体部署和系统推进，统筹研究重要事项、制定重大政策。市碳达峰碳中和工作领导小组成员单位要按照党中央、国务院决策部署和市委、市政府部署要求，扎实推进相关工作。市碳达峰碳中和工作领导小组办公室要加强统筹协调，定期对各区和重点领域、重点行业工作进展情况进行调度，督促各项目标任务落实落细。（市碳达峰碳中和工作领导小组办公室、各相关部门，各区人民政府按职责分工负责）

（二）强化责任落实。各区和各有关部门要深刻认识碳达峰、碳中和工作的重要性、紧迫性、复杂性，切实扛起责任，按照本方案确定的主要目标和重点任务，着力抓好各项任务落实，确保政策到位、措施到位、成效到位。各区要结合本区定位、产业布局、发展阶段等，科学制定区级碳达峰实施方案。各有关部门要加强向国家对口部委请示沟通，制定重点行业、领域实施方案和保障方案，加快形成目标明确、分工合理、措施有力、衔接有序的碳达峰、碳中和"1+N"政策体系。将碳达峰、碳中和工作落实情况纳入市级生态环境保护督察。（市碳达峰碳中和工作领导小组办公室、市生态环境保护督察工作领导小组办公室、各相关部门，各区人民政府按职责分工负责）

（三）**严格监督考核**。落实以碳强度控制为主、碳排放总量控制为辅的制度，对能源消费和碳排放指标实行协同管理、协同分解、协同考核，逐步建立系统完善的碳达峰碳中和综合评价考核制度。加强监督考核结果应用，对碳达峰工作成效突出的区、部门和单位、个人按规定给予表彰奖励，对未完成目标任务的区、部门依规依法实行通报批评和约谈问责。各区人民政府要组织开展碳达峰目标任务年度评估，有关工作进展和重大问题要及时向市碳达峰碳中和工作领导小组报告。（市碳达峰碳中和工作领导小组办公室、各相关部门，各区人民政府按职责分工负责）

河北省人民政府
关于印发《河北省碳达峰实施方案》的通知

（冀政发〔2022〕3号）

各市（含定州、辛集市）人民政府，雄安新区管委会，省政府各部门：

现将《河北省碳达峰实施方案》印发给你们，请结合本地本部门实际，认真贯彻落实。

河北省人民政府
2022年6月19日

（本文有删减）

河北省碳达峰实施方案

为深入贯彻党中央、国务院关于碳达峰、碳中和的重大决策部署，扎实推进全省碳达峰行动，根据《国务院关于印发2030年前碳达峰行动方案的通知》（国发〔2021〕23号），结合我省实际，制定本实施方案。

一、总体要求

（一）指导思想。以习近平新时代中国特色社会主义思想为指导，全面贯彻党的十九大和十九届历次全会精神，深入贯彻习近平生态文明思想，贯彻落实京津冀协同发展战略要求，立足新发展阶段、完整准确全面贯彻新发展理念、积极服务和融入新发展格局，将碳达峰、碳中和工作纳入生态文明建设整体布局和经济社会发展全局，强化系统观念，处理好发展与减排、整体与局部、长远目标和短期目标、政府和市场的关系，明确各地、各领域、各行业目标任务，重点实施十大专项行动，健全政策体系和市场机制，推动经济社会发展全面绿色低碳转型，加快形成节约资源和保护环境的产业结构、生产方式、生活方式、空间格局，确保如期实现碳达峰目标。

（二）工作原则。

整体谋划、分类实施。树牢全国一盘棋思想，积极服务和融入全国大局。加强全省统筹，将碳达峰贯穿于经济社会发展全过程和各方面，加强政策的系统性、协同性。因地制宜、分类施策，推动各地、各领域、各行业梯次有序达峰。

立足实际、兼顾长远。结合资源环境禀赋、产业布局、发展阶段等，明确符合实际、满足要求、切实可行的目标任务，既避免运动式"减碳"，又防止"冲高峰"，有力有序有效做好碳达峰工作，为碳中和奠定坚实基础。

双轮驱动、两手发力。充分发挥市场在资源配置中的决定性作用，更好发挥政府作用，建立健全与碳达峰相适应的财政、价格、金融等政策体系，加快形成绿色低碳循环发展的经济体系和市场机制。

防范风险、安全降碳。统筹发展和安全，坚持先立后破，稳住存量，拓展增量，以保障能源安全和经济发展为底线，处理好减污降碳与能源安全、产业链供应链安全、粮食安全、群众正常生活的关系，加强风险识别和管控，做好重大风险应对，确保经济社会平稳运行，能源转型平稳过渡，安全有序降碳。

二、主要目标

"十四五"期间，产业结构和能源结构明显优化，能源资源配置更加合理、利用效率大幅提高，煤炭消费总量持续减少，新型电力系统加快构建，绿色低碳技术研发和推广应用取得新进展，生产生活方式绿色转型成效显著，有利于绿色低碳循环发展的政策体系进一步完善，绿色低碳循环发展的经济体系初步形成，为实现碳达峰奠定坚实基础。到2025年，非化石能源消费比重达到13%以上；单位地区生产总值能耗和二氧化碳排放确保完成国家下达指标。

"十五五"期间，产业结构调整取得重大进展，清洁低碳安全高效的能源体系初步建立，重点领域低碳发展模式基本形成，重点耗能行业能源利用效率达到国际先进水平，绿色低碳技术取得关键突破，绿色生活方式成为公众自觉选择，绿色低碳循环发展政策体系基本健全，经济社会发展绿色转型取得显著成效，二氧化碳排放量达到峰值并实现稳中有降，2030年前碳达峰目标顺利实现。到2030年，煤炭消费比重降至60%以下，非化石能源消费比重达到19%以上，单位地区生产总值能耗和二氧化碳排放在2025年基础上继续大幅下降。

三、重点任务

（一）能源绿色低碳转型行动。

1.大力削减煤炭消费。严控新增煤电项目，有序淘汰煤电落后产能，等容量置换建设大容量、高参数机组，推进煤电节能升级、灵活性和供热改造，推动煤电逐步向基础保障性和系统调节性电源转变。谋划建设新的输电通道，大幅提升可再生能源调入比例，新建通道可再生能源电量比例原则上不低于50%。推动重点行业通过工艺优化、技术改造等方式减少煤炭消费。实施工业、采暖等领域电能和天然气替代，置换锅炉和工业窑炉燃煤。有序推进散煤替代，逐步减少直至禁止煤炭散烧，合理划定高污染燃料禁燃区。严格落实煤炭减（等）量替代政策，严控新增产能的新改扩建耗煤项目。

2.加快发展可再生能源。坚持集中式与分布式开发并举，全面推进风电、太阳能发电大规模开发利用和高质量发展。打造张家口、承德、唐山、沧州及太行山沿线等百万千瓦级光伏发电基地，探索农光、林光、牧光互补和矿山修复等特色光伏开发模式，大力发展农村分布式光伏发电，加快发展城市屋顶分布式光伏发电。推进张家口、承德千万千瓦级风电基地建设。鼓励建设太阳能光热发电示范项目。在粮食主产区和林业发达地区有序推动生物质热电联产项目建设。因地制宜发展地热能。完善可再生能源消纳保障机制，创新支持政策，推进可再生能源在大数据、制氢等产业和清洁供暖、公共交通领域应用，提高可再生能源就地消纳能力，完成国家下达的可再生能源电力消纳责任权重任务。到2030年，风电、光伏发电装机容量达到1.35亿千瓦以上。

3.积极发展氢能。统筹推进氢能"制储输用"全链条发展，占据氢能发展新高地。加快推进坝上地区氢能基地列入国家氢能产业发展规划，推进河北氢燃料电池汽车推广应用示范城市群建设。加快发展电解水制氢、工业副产气纯化制氢，扩大氢气供给能力。加快氢燃料电池汽车推广应用，鼓励加氢站与加油站、加气站和充电站多站合一布局，逐步扩展氢能在大型应急电源、通信基站、分布式发电、户用热电联供等领域的应用，支持长距离、大规模储运技术研究，开展氢能多领域应用示范。建立健全氢能安全监管制度与标准规范。到2030年，氢能产业产值达到1200亿元以上，利用量达到10%。

4.合理调控油气消费。持续控制交通领域成品油消费，加快推动交通领域燃料替代，实施以电代油、以氢代油，提升终端燃油产品效能。推进页岩气等非常规天然气资源有序开发，强化高炉制气、生物天然气等工业制气，推动天然气管网互联互通，加强天然气储备基础设施建设。有序引导天然气消费，优先保障民生用气，合理引导工业用气和化工原料用气，在LNG接收站、电力负荷中心等区域合理布局、适度发展天然气调峰电站，支持发展天然气分布式能源系统，提高系统调峰能力和能源利用效率。到2030年，油气消费占比控制在20%左右。

5.加快建设新型电力系统。构建适应高比例新能源接入的坚强智能电网，推动清洁电力资源全省范围优化配置。构建河北南网"四横两纵"、冀北东部"三横四纵"环网结构，加快可再生能源基地电力送出通道建设，推进城乡电网建设改造，构建结构合理、安全可靠、运行高效的网架结构。加快灵活调节电源建设，引导自备电厂传统高载能工业负荷、工商业可中断负荷、虚拟电厂等参与系统调节，提升电网数字化和智能调度水平，加快完善智能化电力调度管理系统，探索多种能源联合调度机制。积极发展"新能源+储能"、源网荷储一体化和多能互补，支持分布式新能源合理配置储能系统。谋划实施一批抽水蓄能重大工程，加快化学储能、压缩空气储能等规模化应用。深入推进电力市场化和电网体制改革。到2025年，新型储能装机容量达到400万千瓦以上。到2030年，抽水蓄能电站装机容量达到867万千瓦，省级电网基本具备5%以上的尖峰负荷响应能力。

（二）节能降碳增效行动。

1.全面提升节能管理能力。完善能源消费强度和总量双控制度。实行用能预算管理，探索开展能耗产出效益评价，推动能源要素向单位能耗产出效益高的产业和项目倾斜。加强固定资产投资项目节能审查，新上高耗能项目必须符合国家产业政策且能效达到行业先进水平。未达到能耗强度降低目标进度要求、用能空间不足的地区，对高耗能项目缓批限批，实行能耗减（等）量替代。加强重点用能单位能耗在线监测系统建设及应用，推动高耗能企业建立能源管理中心，提高节能管理信息化水平。完善能源计量体系，鼓励开展能源管理体系认证，提升能源计量服务能力和水平。完善重点用能单位能源利用状况报告制度，开展重点用能单位能源审计，促进重点用能单位能效水平持续提高。强化节能诊断服务机构建设，开展重点企业节能诊断。建立省级重点行业能效"领跑者"制度。加强节能监察能力建设，综合运用行政处罚、信用监管、绿色电价等手段，增强节能监察约束力。完善省、市、县三级节能监察体系，强化人员力量保障。

2.实施节能降碳重点工程。 加快实施节能降碳改造，发布重点行业节能降碳技术改造导向目录，实施节能、节水和综合利用技术改造及示范项目。选择高耗能高排放项目聚集度高的产业园区开展节能改造，加强园区能源资源梯级利用和系统优化，提升产业园区循环化水平，全面提高能源资源产出率。实施城市节能降碳工程，开展建筑、交通、照明、供热等基础设施节能升级改造，推进先进绿色建筑技术示范应用，推动城市综合能效提升。大力推进科技创新，加速钢铁、煤电、水泥、焦化等重点行业关键共性技术攻关，打造一批典型示范样板。

3.推进重点用能设备能效提升。 全面落实国家能效标准和节能要求，新建高耗能项目重点用能设备要达到一级能效。鼓励企业以电机、风机、变压器、工业锅炉、压缩机等主要用能设备为重点，开展节能改造。发布工业节能、资源综合利用等先进适用技术及"能效之星"产品目录，推广先进高效产品设备，加快淘汰落后低效设备。加强重点用能设备日常监管，强化生产、经营、销售、使用、报废全链条管理，严禁使用国家明令淘汰的用能设备，严肃查处违法违规用能行为。

4.加强新型基础设施节能降碳。 优化数据中心等新型基础设施空间布局，新建大型、超大型数据中心原则上布局在国家枢纽节点数据中心集群范围内，避免低水平重复建设。鼓励数据中心企业与风电、光伏企业开展深度合作，优先支持可再生能源用电比例达到50%及以上的数据中心建设。对标国际先进水平，加快完善通信、运算、存储、传输等设备能效标准，提升准入门槛，淘汰落后设备和技术。加大数据中心节能改造力度，加快推进全闪存、液冷技术、间接蒸发冷却机组等绿色节能设备应用，鼓励数据中心回收余热供暖。加强新型基础设施用能管理，将年综合能耗超过1万吨标准煤的数据中心全部纳入重点用能单位能耗在线监测系统，开展能源计量审查。

（三）工业领域碳达峰行动。

1.推动工业领域绿色低碳发展。 优化产业结构，调整产业布局，巩固去产能成果，打造一批优势产业集群。深入实施"万企转型"行动，加快传统产业工艺、技术、装备、产品升级，推进高碳行业绿色低碳改造和清洁生产。促进工业企业化石能源消费低碳替代和清洁高效利用，推广应用可再生能源，加强电力需求侧管理，提升工业电气化水平。健全"散乱污"企业监管长效机制，持续保持动态清零。加快发展信息智能、生物医药健康、新材料、新能源、绿色环保等战略性新兴产业。推行产品绿色设计，建设绿色制造体系，构建绿色供应链，支持创建一批绿色工厂、绿色园区、绿色设计示范企业和绿色设计产品。推动互联网、大数据、人工智能等与各产业深度融合。在高碳行业率先推广应用碳捕集利用与封存技术。建立以碳排放、污染物排放、能耗总量为依据的产量约束机制，探索实施钢铁、水泥等高碳行业以污控产、以煤定产。

2.推动钢铁行业碳达峰。严控钢铁行业产能和产量规模，严格执行产能置换规定，严禁新增钢铁产能，推进存量优化，合理控制钢铁产量。优化产业布局，推动产能"走出去"，加快企业兼并重组和搬迁改造。推进钢铁行业短流程改造，加快清洁能源替代。提高废钢资源保障能力，打造回收、加工、配送、流通体系，提升废钢资源化利用水平。推广高效节能降碳技术，鼓励钢化联产，试点示范富氢燃气炼铁，推动低品位余热供暖发展。

3.推动建材行业碳达峰。加强产能置换监管，严禁新增水泥熟料、平板玻璃产能，引导建材行业向轻型化、集约化、制品化转型。推动水泥错峰生产常态化，合理缩短水泥熟料装置运行时间。推进建材行业非化石能源替代，推广应用光伏发电、风能、氢能技术，促进能源结构清洁低碳转型。鼓励使用粉煤灰、工业废渣、尾矿渣等作为原料或水泥混合材，加强低碳建材产品的研发应用。推动水泥窑协同处理固体废物。推广节能技术设备，开展能源管理体系建设，实现节能增效。

4.推动石化化工行业碳达峰。严格落实国家石化布局规划和政策规定，有序实施列入国家规划的重大石化项目，合理控制煤化工、煤制油气等行业产能。转变行业用能方式，推动太阳能、风能、氢能、地热等可再生能源替代。促进石化化工与冶金、建材、化纤等产业协同发展，加强炼厂干气、液化气等副产气体高效利用。优化技术工艺路线，调整原料结构，提升产品催化剂效率，加强废物综合利用。鼓励企业节能升级改造，推动能量梯级利用、物料循环利用。

5.坚决遏制高耗能、高排放、低水平项目盲目发展。加强规划和产业政策约束，严格核准备案、节能审查、环境影响评价等审批，对高耗能、高排放、低水平项目实行清单管理、分类处置、动态监控，严禁建设不符合要求的高耗能、高排放、低水平项目。严把拟建项目准入关，对产能已饱和的行业，按照"减量替代"原则压减产能；对产能尚未饱和的行业，严格落实国家布局和审批备案等要求，对标国际先进水平提高准入门槛；对能耗量较大的新兴产业，支持引导企业应用绿色低碳技术，提高能效水平。全面排查清理在建项目，对能效水平低于本行业能耗限额准入值的，按照有关规定停工整改，提高能效水平。深入挖潜存量项目，依法依规加快淘汰落后产能，通过改造升级深挖节能减排潜力。

（四）城乡建设碳达峰行动。

1.推进城乡建设绿色低碳转型。推动城市组团式发展，优化城市空间布局，构建京津冀世界级城市群，建设现代化、国际化美丽省会，打造雄安新区绿色生态宜居新城。倡导绿色低碳规划设计理念，增强城乡气候韧性，在设市城市建成区系统化推进海绵城市建设。大力发展装配式建筑，重点推动钢结构装配式住宅建设，推动建材循环利用，强化绿色设计和绿色施工管理。加强县城绿色低碳建设。推动建立以绿色低碳为导向的城乡规划建设管理机制，严格建筑拆除管理，杜绝"大拆大建"。建设绿色城镇、绿色社区。

2.加快提升建筑能效水平。 城镇民用建筑全面推行超低能耗建筑标准。加快发展近零能耗建筑。推进既有居住建筑和公共建筑节能改造，持续推动老旧供热管网改造。提升城镇建筑和基础设施运行管理智能化水平，逐步开展公共建筑能耗限额管理。推动高质量绿色建筑规模化发展，2025年城镇新建建筑全面执行绿色建筑标准。

3.加快优化建筑用能结构。 鼓励可再生能源与绿色建筑融合创新发展，推广光伏发电与建筑一体化，开展整县屋顶分布式光伏开发试点。推进热电联产集中供暖，加快工业余热供暖规模化应用，因地制宜推行热泵、生物质能、地热能、太阳能等清洁低碳供暖。加快建筑领域电气化进程，建设集光伏发电、储能、直流配电、柔性用电于一体的"光储直柔"建筑。到2025年，城镇建筑可再生能源替代率达到8%以上，新建公共机构建筑、新建厂房屋顶光伏覆盖率力争达到50%。

4.推进农村建设和用能低碳转型。 深入开展农村住房建设试点，推广农村住房建筑导则，推进既有农村住房节能改造，引导建设绿色环保宜居型农村住房。持续推进农村地区清洁取暖，因地制宜选择适宜取暖方式，建立健全农村冬季清洁取暖常态化管理机制。发展节能低碳农业大棚。推广节能环保灶具、电动农用车辆、节能环保农机和渔船。优化农村用能结构，提升农村清洁能源占比，加快推广生物质能资源化利用，鼓励采用太阳能、空气源热能、浅层地热能等清洁能源满足农业农村用能需求。加快农村电网、天然气管网、热力管网等建设改造。

（五）交通运输绿色低碳行动。

1.推动运输工具装备低碳转型。 积极扩大电力、氢能、天然气、先进生物液体燃料等新能源、清洁能源在交通运输领域应用。加大电动汽车支持推广力度，持续推进城市公交、出租汽车、市政、城市配送、邮政快递、铁路货场、水运、机场、大宗物料和产品运输等车辆电动化进程。加快氢燃料电池重卡推广应用。加快淘汰高能耗老旧营运车辆，积极推广智能化、轻量化、高能效、低排放的营运车辆。推进船舶靠港使用岸电，新建码头（油气化工码头除外）同步规划、设计和建设岸基供电设施，推进建成码头岸基供电设施改造，鼓励靠港船舶积极使用岸电。到2025年，港口5万吨级以上专业化泊位（不含危化品泊位）岸电覆盖率达到80%。到2030年，城市公共交通领域新增的机动车基本采用新能源和清洁能源，营运车辆及船舶单位换算周转量碳排放强度比2020年下降9.5%左右。陆路交通运输石油消费力争2030年前达到峰值。

2.构建绿色高效交通运输体系。 发展智能交通，推动不同运输方式合理分工、有效衔接，降低空载率和不合理客货运周转量。加快推进钢铁、煤炭、电力、汽车制造等大型企业及物流园区、交易集散基地铁路专用线建设。加快铁路扩能改造，提升铁路货运能力，加快大宗货物和中长距离货物运输"公转铁"、"公转水"。推动铁水、公铁、公水、空陆等联运发展，实施多式联运示范工程，推进内陆港建设。大力发展智慧物流，推动国家物流枢纽承载城市建设，构建集约高效、绿色智能的城市货运配送服务体系。

加快完善县、乡、村三级农村物流网络体系，提升农村物流配送效率。落实公交优先发展战略，加快构建以公共交通为主的城市出行体系。推进自行车、步行道慢行系统建设。"十四五"期间，港口集装箱铁水联运量年均增长15%以上。到2030年，城区常住人口100万以上城市绿色出行比例不低于70%。

3.加快绿色交通基础设施建设。将绿色低碳理念贯穿于交通基础设施规划、建设、运营和维护全过程，推动交通基础设施与可再生能源发电、储能与充电设施一体化建设。提高资源利用效率，统筹利用综合运输通道线位、土地、空域、海域等资源。推动交通基础设施节能降碳改造，推广清洁能源应用和智能控制新技术与新设备，推行废旧沥青路面、钢材等材料深度再生和循环利用。加快充电桩（站）布局，在高速公路服务区、港区、交通枢纽、快递转运中心、物流园区、公交场站等建设充电基础设施。到2030年，民用运输机场场内车辆装备等力争全面实现电动化。

（六）循环经济助力降碳行动。

1.推进产业园区循环化发展。深入实施园区循环化改造，优化园区空间格局，合理延伸产业链条并循环链接，推动园区内企业清洁生产，深化副产物交换利用，促进能源梯级利用、水资源循环利用、废物综合利用，推进工业余压余热、废气废液废渣资源化利用，推广集中供气供热，实现园区资源高效、循环利用和废物"零排放"，全面提高园区资源产出率。搭建公共基础设施和物质流管理服务平台，创新组织形式和管理机制，推广合同能源管理、合同节水管理、污染第三方治理等模式。到2030年，省级以上重点产业园区全部实施循环化改造。

2.加强大宗固废综合利用。提高矿产资源综合开发利用水平和综合利用率，以低品位矿、共伴生矿、难选冶矿、尾矿等为重点，推进有价组分高效提取利用，鼓励替代水泥原料，协同生产建筑材料。推动煤矸石、粉煤灰、高炉渣、脱硫石膏等工业固废在工业和建筑领域高值化、梯级化、规模化利用。加强建筑垃圾分类处理，推动工程渣土就地回填、堆土造景、生产建材。推进国家大宗固废综合利用基地建设。推动国家工业资源综合利用基地高质量发展，创建一批示范企业和示范基地（开发区）。到2025年，新增大宗固废综合利用处置率达到95%；到2030年，综合利用处置率进一步提高。

3.健全资源循环利用体系。完善废旧物资回收网络，合理布局建设"交投点、中转站、分拣中心"三级回收体系，推进垃圾分类与再生资源回收"两网融合"。推行"互联网+回收"模式，推广智能回收终端，培育新型商业模式。鼓励有基础的市建立再生资源区域交易中心，争创废旧物资循环利用体系建设示范市。依托国家"城市矿产"基地、资源循环利用基地，推动再生资源产业聚集发展，加强再生资源回收利用。推进退役动力电池、光伏组件、风电机组叶片等新兴产业废物循环利用。促进汽车零部件、工程机械等领域再制造产业发展，加快国家再制造产业示范基地和机电产品再制造试点建设，加强再制造产品认证与推广应用。到2025年，主要再生资源循环利用量比2020年增长10%以上；到2030年，比2025年增长8%以上。

4.大力推进生活垃圾减量化资源化。全面推行生活垃圾分类，加快建设分类投放、分类收集、分类运输、分类处理的生活垃圾处理系统。推进生活垃圾焚烧处理设施建设，提高垃圾资源化利用水平，加快实现全省原生生活垃圾零填埋、全焚烧。强化塑料污染全链条治理，持续加大监督执法、替代产品推广和宣传引导力度，有序禁止限制一批塑料制品。严格执行限制商品过度包装强制性标准，推进快递包装绿色转型。加强厨余垃圾资源化利用。推进污水资源化利用。到2025年，城市生活垃圾分类体系基本健全，生活垃圾资源化利用比例达到60%。到2030年，城市生活垃圾分类实现全覆盖，生活垃圾资源化利用比例达到65%。

（七）绿色低碳科技创新行动。

1. 完善创新体制机制。实施省碳达峰碳中和创新专项，采取"揭榜挂帅"等方式，持续推动绿色低碳关键核心技术攻关和典型场景应用示范。将绿色低碳技术创新成果纳入高等学校、科研单位、国有企业有关绩效考核。支持企业联合高校、院所承担国家和省绿色低碳重大科技项目，鼓励设施、数据等资源开放共享。充分发挥省科技成果展示交易中心和省产业技术研究院作用，推动低碳技术成果转化和产业化。加强绿色低碳技术和产品知识产权保护。完善绿色低碳技术和产品检测、评估体系，加快开展绿色低碳产品认证。

2. 加强创新能力建设和人才培养。培育壮大绿色低碳领域创新平台，建设省级重大科技基础设施和科技成果中试熟化基地。高水平建设省产业技术研究院和省科技成果转化中心。鼓励高等学校加快新能源、储能、氢能、碳减排、碳汇、碳排放权交易等学科建设和人才培养，推进绿色低碳相关基础学科交叉研究，以及相关应用学科的多领域融合研究。鼓励京津冀地区科研院所、高校和企业开展科技交流和区域性绿色低碳技术研发合作，引进国际创新团队，建设国际科技合作基地，强化科技卓越人才国际交流。深化产教融合，鼓励校企联合开展产学合作协同育人项目。

3. 强化应用基础研究。围绕钢铁、电力、建材、化工石化重点行业，开展低碳零碳负碳关键技术基础理论研究，推动重点行业降碳技术取得明显进展。聚焦高效可再生能源利用、新型光电储能材料、生物质化学品制造和碳捕集利用与封存、森林和海洋碳汇等重点方向，开展前沿引领技术研究，为重点领域碳达峰碳中和提供技术支撑。

4. 加快先进适用技术研发和推广应用。在新型节能材料、高效节能电机及拖动设备、余热余压利用、高效光伏电池及组件、高效储能、智能电网工程、氢能制运储加、大型风力发电机组、可再生能源与建筑一体化、轨道交通能量回收、新能源汽车能效提升等方面，加大科技攻关力度。深入推进电网、光电转换效率提升、氢能、储能等技术装备研发和规模化应用。加快高效低成本的氢气制取、储运、加注和燃料电池等关键技术研发和示范应用。推进碳减排关键技术的突破与创新，鼓励二氧化碳规模化利用，支持二氧化碳捕集利用与封存技术研发和示范应用。

（八）碳汇能力巩固提升行动。

1. 巩固生态系统固碳作用。结合国土空间规划编制和实施，构建有利于碳达峰、碳中和的国土空间开发保护格局。落实主体功能区和生态功能分区定位，严守生态保护红线，严格保护各类重要生态系统，科学划定城镇开发边界，严肃查处违规占用生态用地行为，全面完成责任主体灭失矿山迹地综合治理，稳定森林、草原、湿地、海洋、耕地等固碳作用。

2.提升森林草原碳汇能力。开展大规模国土绿化行动，扎实推进京津风沙源治理、三北防护林、太行山、燕山、"三沿三旁"、规模化林场等重点国土绿化工程，深入创建森林城市，高标准建设雄安郊野公园，加强城市绿化，持续增加绿化面积。加强森林抚育，调整优化林分结构，提高森林生态系统稳定性和蓄积量。实施草原生态保护修复，以坝上、太行山、燕山等地区为重点，推进沙化、退化、盐碱化草原治理。到2030年，森林覆盖率达到38%左右，森林蓄积量达到2.20亿立方米。

3.增强湿地海洋等系统固碳能力。加强湿地保护，实施白洋淀、衡水湖、南大港等湿地修复工程，逐步恢复湿地面积、提升湿地生态质量。深入推进地下水超采综合治理，加大生态补水力度，实施河湖连通工程，全面恢复重要河流湿地功能，逐步实现有河有水、有草有鱼。实施最严格的岸线管制措施，除国家重大项目外，全面停止新增围填海项目审批。推进"蓝色海湾"和海岸带整治修复，实施海草床、盐沼等海洋蓝碳生态系统修复工程，推动海洋碳汇开发利用。

4.加强生态系统碳汇基础支撑。充分利用国家自然资源调查和林草生态综合监测评价成果，建立生态系统碳汇监测核算体系，开展森林、草原、湿地、海洋、土壤等碳汇本底调查、碳储量评估、潜力分析，实施生态保护修复碳汇成效监测评估。健全生态产品价值实现和生态补偿机制，推动我省碳汇项目参与温室气体自愿减排交易。

5.推进农业农村减排固碳。加快发展"生态绿色、品质优良、环境友好"为基本特征的绿色低碳循环农业。增加农田有机质投入，提高土壤有机碳储量。推进化肥农药减量增效，提升秸秆、畜禽粪污等农业废弃物综合利用水平。

（九）绿色低碳全民行动。

1.加强生态文明宣传教育。把生态文明教育纳入国民教育体系。组织各类新闻媒体广泛宣传，加强对公众生态文明科普教育，普及碳达峰、碳中和基础知识，树立绿色低碳生活理念。把节能降碳纳入文明城市、文明村镇、文明单位、文明家庭、文明校园创建及有关教育示范基地建设要求。深入实施节能减排降碳全民行动，办好世界地球日、世界环境日、全国节能宣传周、全国低碳日等主题宣传活动，推动生态文明理念更加深入人心。

2.推广绿色低碳生活方式。坚决遏制奢侈浪费和不合理消费，着力破除奢靡铺张的歪风陋习，坚决制止餐饮浪费行为。深入开展节约型机关、绿色家庭、绿色学校、绿色社区、绿色出行、绿色商场、绿色建筑创建行动，广泛宣传推广简约适度、绿色低碳、文明健康的生活理念和生活方式。完善绿色消费激励机制，健全绿色产品、能效、水效和环保标识制度，引导消费者购买节能与新能源汽车、高效家电、节水型器具等绿色低碳产品。

3.引导企业履行社会责任。钢铁、电力、建材、化工等重点领域国有企业要制定实施企业碳达峰行动方案，明确碳达峰路线图和时间表，发挥示范引领作用。重点用能单位要梳理核算自身碳排放情况，制定专项工作方案，落实节能降碳措施。相关上市公司和发债企业要按照环境信息依法披露的要求，定期公布企业碳排放信息。充分发挥行业协会等社会团体作用，督促企业自觉履行社会责任。

4.强化领导干部培训。将学习贯彻习近平生态文明思想作为干部教育培训的重要内容，把碳达峰、碳中和相关内容列入省委党校（河北行政学院）教学计划，分阶段、分层次对各级领导干部开展培训，提高各级领导干部抓好绿色低碳发展的能力和水平。从事绿色低碳发展相关工作的领导干部要加快知识更新、加强实践锻炼，尽快提升专业素养和业务能力，努力成为做好工作的行家里手。

（十）梯次有序推进区域碳达峰行动。

1.统筹推进各地梯次达峰。根据各地资源禀赋、产业布局、发展阶段、排放总量等，坚持分类施策、因地制宜、上下联动，推动分区域分梯次达峰。产业结构较轻、能源结构较优的地区要坚持绿色低碳发展，坚决不走依靠高耗能、高排放、低水平项目拉动经济增长的老路。产业结构偏重、能源结构偏煤的地区和资源型地区要把节能降碳摆在突出位置，大力优化调整产业结构和能源结构，逐步实现碳排放增长与经济增长脱钩，力争与全省同步实现碳达峰。

2.协调联动制定区域达峰方案。各地要按照全省统一部署，科学制定本地碳达峰行动方案，提出符合实际、满足要求、切实可行的碳达峰时间表、路线图、施工图，严禁"一刀切"限电限产或运动式"减碳"。各地碳达峰行动方案报经省碳达峰碳中和工作领导小组审核通过后，由本地自行印发实施。

3.积极创建国家碳达峰试点。按照国家统一部署，选择具有典型代表性的城市和园区开展碳达峰创建工作，对列入国家碳达峰试点的城市和园区，加大政策、资金等方面支持力度，确保试点取得预期效果，打造一批具有地方特色、可复制可推广的典型样板。

四、国际合作

（一）开展绿色经贸、技术与金融合作。持续优化贸易结构，大力发展高质量、高技术、高附加值绿色产品贸易。扩大绿色低碳产品、节能环保服务、环境服务等进口。加大绿色技术合作力度，推动开展可再生能源、储能、氢能、碳捕集利用与封存等领域科研合作和技术交流。积极参与绿色金融国际合作。

（二）推进绿色"一带一路"建设。深化与"一带一路"国家在绿色技术、绿色装备、绿色服务、绿色基础设施建设等方面的合作，带动先进技术、装备、产能走出去，引进我省急需的绿色低碳发展关键技术装备并消化吸收再创新。加强绿色标准国际合作，积极引领和参与钢铁、氢能等优势领域国际标准制定。积极参与"一带一路"应对气候变化南南合作计划和"一带一路"科技创新行动计划。

五、政策保障

（一）建立完善碳排放统计核算体系。提升碳排放统计核算能力，加强人才队伍建设，严格执行国家碳排放统计核算体系，支持行业、企业依据自身特点开展碳排放核算方法学研究，建立健全碳排放计量体系。在能源利用、工业、交通、城乡建设、农林等重点领域开展碳减排量评估、低碳评价等河北省地方性标准的研究制定，开展移动源大气污染物和温室气体排放协同控制相关标准可行性研究。推进碳排放信息化体系建设，加快遥感测量、大数据、云计算等新兴技术在碳排放实测技术领域的整合利用和分析应用，提高统计核算水平。

（二）**完善地方法规政策标准**。推进全面清理现行地方性法规规章行政规范性文件中与碳达峰工作不相适应的内容，加强法规规章间的衔接。在资源能源节约利用、城乡规划建设、生态环境保护等地方性法规规章制修订过程中，增加与碳达峰、碳中和相适应的内容，鼓励市级层面制定支持绿色低碳发展地方性法规规章。加快节能标准更新，制修订一批严于强制性国家标准的能耗限额地方标准。完善工业绿色低碳标准体系。健全可再生能源标准体系，加快相关领域标准制定修订。

（三）**完善经济政策**。各地要加大对碳达峰、碳中和工作的支持力度，各级财政要加大对绿色降碳项目、技术研发等支持力度。强化节能减排、环境保护、资源综合利用等税收优惠政策落实，加快市场主体绿色低碳发展。加大节能低碳、节水、资源综合利用技术工艺装备示范项目和节能环保产业支持力度。优化完善首台（套）重大技术装备、重点新材料首批次应用保险补偿机制。完善惩罚性电价、差别电价等环保电价政策，健全分时电价和居民阶梯电价政策。大力发展绿色金融工具，引导金融机构为绿色低碳项目提供长期限低成本资金支持，鼓励开发性政策性金融机构按照市场化法治化原则为碳达峰行动提供长期稳定融资支持。在防范政府债务风险的前提下，鼓励各级政府将符合条件的绿色低碳发展项目纳入政府债券支持范围。支持符合条件的绿色企业挂牌上市融资。建立省级绿色低碳转型基金，积极参与国家低碳转型基金，鼓励社会资本以市场化方式设立绿色低碳产业投资基金。

（四）**加快市场化机制建设**。积极参与全国碳排放权交易市场建设，落实碳排放配额总量确定和分配方案，组织重点行业企业入市交易、履约清缴，严肃查处弄虚作假和违约行为。积极组建中国雄安绿色交易所，推动北京与雄安联合争取设立国家级CCER交易市场。加快培育碳排放服务机构，探索碳减排咨询设计、减碳量核证、碳交易经纪、碳金融等"一揽子"服务。加快融入全国用能权交易市场建设，完善用能权有偿使用和交易制度，发展市场化节能方式，做好与能耗双控制度的衔接。大力发展节能服务行业，推广节能咨询、诊断、设计、改造、托管等"一站式"合同能源管理服务模式。

六、组织实施

（一）**加强组织领导**。加强党对碳达峰、碳中和工作的领导，省碳达峰碳中和工作领导小组负责统筹推进碳达峰、碳中和工作，研究解决重大事项。省有关部门要抓紧制定重点行业领域碳达峰方案和碳达峰碳中和保障方案，扎实推进相关工作。省领导小组办公室负责全省碳达峰工作的统筹协调，定期对各地和重点领域、重点行业工作进展情况进行调度，督促各项目标任务落地落实。

（二）**压实工作责任**。各地各有关部门和单位要深刻认识碳达峰工作的重要性、紧迫性和复杂性，切实扛起责任，严格落实中央和省委、省政府决策部署，明确工作目标、细化工作举措，推动各项目标任务落实落细。加强督导检查，将碳达峰行动落实情况纳入省级生态环境保护督察。各地要加强对本地碳达峰工作的自检自查，确保碳达峰行动方案目标任务落实到位。

（三）**严格评估考核**。建立健全碳达峰碳中和综合评价考核制度，落实以碳强度控制为主、碳排放总量控制为辅的制度，对能源消费和碳排放指标实行协同管理、协同分解、协同考核，确保目标任务落实。组织开展碳达峰目标任务年度考核评估，对碳达峰工作成效突出的地方、单位和个人按规定给予表彰奖励，对未完成目标任务的地方、部门依规依法实行通报批评和约谈问责。

山西省人民政府
关于印发《山西省碳达峰实施方案》的通知

（晋政发〔2022〕29号）

各市、县人民政府，省人民政府各委、办、厅、局：

现将《山西省碳达峰实施方案》印发给你们，请认真贯彻执行。

山西省人民政府
2023年1月5日

山西省碳达峰实施方案

为深入贯彻落实党中央、国务院关于碳达峰碳中和重大战略决策，认真落实省委、省政府《关于完整准确全面贯彻新发展理念切实做好碳达峰碳中和工作的实施意见》，扎实推进我省碳达峰工作，制定本方案。

一、总体要求

（一）指导思想。以习近平新时代中国特色社会主义思想为指导，全面贯彻党的二十大精神，深入贯彻习近平生态文明思想和习近平总书记考察调研山西重要指示精神，立足新发展阶段，完整准确全面贯彻新发展理念，服务和融入新发展格局，扎实实施黄河流域生态保护和高质量发展国家战略，按照全方位推动高质量发展的目标要求，把碳达峰碳中和纳入全省生态文明建设整体布局和经济社会发展全局，立足我省能源资源禀赋，坚持"系统推进、节约优先、双轮驱动、内外畅通、防范风险"的总方针，先立后破，通盘谋划，统筹发展和减排，统筹省内排放和能源输出，统筹传统能源和新能源，有计划分步骤实施山西碳达峰十大行动，加快实现生产生活方式绿色变革，实现降碳、减污、扩绿、增长协同推进，推动经济社会发展建立在资源高效利用和绿色低碳发展的基础之上，力争实现碳达峰目标。

（二）主要目标。"十四五"期间，绿色低碳循环发展的经济体系初步形成，电力、煤炭、钢铁、焦化、化工、有色金属、建材等重点行业能源利用效率大幅提升，煤炭清洁高效利用积极推进，煤炭消费增长得到严格控制，新型电力系统加快构建，绿色低碳技术研发和推广取得新进展，绿色生产生活方式得到普遍推行，有利于绿色低碳发展的政策保障制度体系进一步完善。到2025年，非化石能源消费比重达到12%，新能源和清洁能源装机占比达到50%、发电量占比达到30%，单位地区生产总值能源消耗和二氧化碳排放下降确保完成国家下达目标，为实现碳达峰奠定坚实基础。

"十五五"期间，资源型经济转型任务基本完成，经济社会发展全面绿色转型取得显著成效，重点耗能行业能源利用效率达到国内先进水平，部分达到国际先进水平，清洁低碳安全高效的现代能源体系初步建立，煤炭消费逐步减少，绿色低碳技术取得关键突破，绿色生活方式成为公众自觉选择，绿色低碳发展的政策制度体系基本健全。到2030年，非化石能源消费比重达到18%，新能源和清洁能源装机占比达到60%以上，单位地区生产总值能源消耗和二氧化碳排放持续下降，在保障国家能源安全的前提下二氧化碳排放量力争达到峰值。

二、深化能源革命试点，夯实碳达峰基石

立足山西作为能源大省的基本省情，以保障国家能源安全为根本，坚持煤炭和煤电、煤电和新能源、煤炭和煤化工、煤炭产业和数字技术、煤炭产业和降碳技术"五个一体化"融合发展的主要战略方向，引深能源革命综合改革试点，加强煤炭清洁高效利用，实施传统能源绿色低碳转型、新能源和清洁能源替代、节能降碳增效三大行动，加快规划建设新型能源体系，促进能源生产和消费结构调整，有效控制碳排放的源头和入口。

（一）传统能源绿色低碳转型行动。

1.夯实国家能源安全基石。发挥好煤炭"压舱石"和煤电基础性调节性作用，打造国家能源保供基地。统筹晋北、晋中、晋东三大煤炭基地资源潜力、煤矿服务年限、环境容量等，合理控制煤炭生产总量，增强煤炭稳定供应、市场调节和应急保障能力，坚决兜住能源安全底线。以坑口煤电一体化为重点，支持大型现代化煤矿和先进高效环保煤电机组同步布局建设。统筹煤电发展和电力供应安全，有序发展大容量、高参数、低消耗、少排放煤电机组。推动煤电联营和煤电与可再生能源联营，新增风光发电指标向煤炭及煤电企业倾斜布局，促进传统能源企业向综合能源服务供应商转型。推进山西-京津唐等通道建设，加快实施"两交"（晋北、晋中交流）特高压联网山西电网、500千伏"西电东送"通道优化调整工程，持续提升晋电外送能力。（省能源局、省自然资源厅、国网山西省电力公司等按职责分工负责。各项任务均需各市政府贯彻落实，以下不再逐一列出）

2.推动煤电清洁低碳发展。统筹煤电发展和保供调峰，有序推动在建煤电项目投产，加快推动煤电向基础保障性和系统调节性电源并重转型，兼顾省内自用和外送需求。积极推进煤电机组"上大压小"，以30万千瓦以下煤电机组为重点，分类推进落后机组淘汰整合。科学统筹热电联产与供热、供气需求，实施煤电机组节能降碳改造、灵活性改造、供热改造"三改联动"。开辟干熄焦余热发电并网绿色通道。合理控制新增

煤电规模，开展燃煤机组节煤降耗和延寿改造，到2025年，全省煤电机组平均供电煤耗力争降至300克标准煤/千瓦时以下。（省能源局等按职责分工负责）

3.推动煤炭清洁高效利用。以高端化、多元化、低碳化为方向，加快煤炭由燃料向原料、材料、终端产品转变，推动煤炭向高端高固碳率产品发展。聚焦高端炭材料和碳基合成新材料，推动高端碳纤维实现低成本生产，构建煤层气制备碳基新材料产业链条，打造高性能纤维及复合材料产业集群。加快碳纤维、石墨烯、电容炭、碳化硅、煤层气合成金刚石、全合成润滑油、费托合成蜡等高端碳基新材料开发。支持"分质分级、能化结合、集成联产"新型煤炭利用示范项目，加快低阶煤利用试点项目建设，探索中低温热解产品高质化利用。（省发展改革委、省能源局、省工信厅等按职责分工负责）

4.推动煤炭绿色安全开发。推动智慧矿山建设，提升数字化、智能化、无人化煤矿占比，提高煤炭产业全要素生产率和本质安全水平，实现煤炭行业整体数字化转型。大力推动井下充填开采、保水开采、煤与瓦斯共采等煤炭绿色开采。在全省新建煤矿开展井下煤矸石智能分选系统和不可利用矸石返井试点示范工程。推广煤与瓦斯共采技术，持续开展煤矿瓦斯综合利用试点示范，有效减少煤炭生产甲烷排放。开展煤铝共采试点。适应山西煤炭资源逐步向深部开采的特点，积极推广深井废热利用技术。坚持产能置换长效机制，持续淘汰落后产能，推动资源枯竭煤矿关闭退出，适度布局先进接续产能项目和核增部分优质产能，到2025年，平均单井规模提升到175万吨/年以上，煤矿数量减少至820座左右，先进产能占比达到95%左右。（省能源局、省应急厅、省发展改革委等按职责分工负责）

（二）新能源和清洁能源替代行动。

1.全面推进风电光伏高质量发展。坚持集中式和分布式并举，统筹风光资源开发和国土空间约束，加快建设一批大型风电光伏基地，重点建设晋北风光火储一体化外送基地、忻朔多能互补综合能源基地、晋西沿黄百里风光基地、晋东"新能源+"融合发展基地、晋南源网荷储一体化示范基地。创新推广"光伏+"融合发展模式，推进分布式光伏与建筑、交通、农业等产业和设施协同发展，充分利用高速公路边坡等沿线资源发展分布式光伏发电，积极推广"板上发电、板下种植养殖"光伏立体发展模式。优先推动风能、太阳能就地就近开发利用。开展风能、太阳能功率预报，有效降低弃风弃光。到2025年，风电、光伏发电装机容量达到8000万千瓦左右，2030年达到1.2亿千瓦左右。（省发展改革委、省自然资源厅、省能源局、省交通厅、省农业农村厅、省气象局等按职责分工负责）

2.建设国家非常规天然气基地。发挥山西非常规天然气资源和产业优势，以沁水盆地和鄂尔多斯盆地东缘为重点，加快探明地质储量区块资源增储和产能提升，重点建设晋城、吕梁、临汾非常规天然气示范基地。推进煤层气、页岩气、致密气"三气"综合开发，加快大宁–吉县和石楼西等区块致密气规模化开发。探索关闭煤矿（废弃矿井）剩余煤层气资源利用。有序推进管网规划建设运营，打造以太原为核、高压干线为圈、各区域管网为环的"一核一圈多环"管网格局。建立晋南、晋北两大区域储气调峰中心，构建"2+1+N"储气调峰体系。严格管道气密性管理和放散管理，有效控制甲烷逸散。（省发展改革委、省能源局、省自然资源厅等按职责分工负责）

3.积极发展抽水蓄能和新型储能。发挥山西多山地丘陵的地形优势，将抽水蓄能作为构建新型电力系统的重要基础和主攻方向，加快浑源、垣曲抽水蓄能电站建设，积极推进纳入国家规划"十四五"重要实施项目的抽水蓄能前期工作，因地制宜规划建设中小型抽水蓄能电站，加快储能规模化应用，加强储能电站安全管理，推进电化学、压缩空气等新型储能试点示范，到2025年力争形成基本与新能源装机相适应的1000万千瓦储能容量。充分发挥源网荷储协调互剂能力，开展源网荷储一体化和多能互补示范，积极实施存量"风光火储一体化"，稳妥推进增量"风光水（储）一体化"，探索增量"风光储一体化"。（省发展改革委、省能源局、省自然资源厅等按职责分工负责）

4.打造氢能高地。加强氢能发展顶层设计，系统谋划氢能产业重点发展方向、区域布局和关键技术突破，分层次、分阶段逐步实施，有序推进氢能产业布局的落地和关键技术突破。谋划布局氢能产业化应用示范项目，统筹推进氢能"制储输加用"全链条发展。探索可再生能源制氢，充分发挥山西焦炉煤气富氢优势，鼓励就近消纳，降低工业副产氢供给成本，逐步推动构建清洁化、低碳化、低成本的多元制氢体系。统筹推进氢能基础设施建设，持续提升关键核心技术水平，稳步推进氢能多元化示范应用，有序推动氢燃料重卡生产、氢燃料电池生产、氢能关键零部件制造等多产业结合的氢能产业集群建设。（省发展改革委、省工信厅、省能源局、省科技厅、省财政厅等按职责分工负责）

5.有序推进地热、甲醇等其他可再生能源发展。加快地热资源勘探开发，积极推进浅层地热能规模化利用，积极开展中深层地热能利用试点示范，支持太原、忻州、运城等市创建地热供暖示范区，支持大同建设高温地热发电示范区，支持晋北地区先行建设地热高质量发展示范区。加大地热能在城市基础设施、公共机构的应用，在武宿机场航站楼、太原西站等重大公共基础设施建设地热技术运用示范项目。到2025年，地热能供暖（制冷）面积比2020年增加50%以上，进一步推动地热能发电项目。统筹推动甲醇燃料生产及输配体系建设，支持晋中市打造国家级甲醇经济示范区。推进繁峙、代县、广灵等光热取暖试点。稳步发展城镇生活垃圾焚烧发电，推进临汾、长治、运城等生物质能源综合利用项目试点。因地制宜开发水电项目，加快推动黄河古贤水利枢纽前期手续、争取尽快开工建设。（省发展改革委、省能源局、省自然资源厅、省住建厅、省水利厅、省机关事务管理局等按职责分工负责）

6.加快构建新型电力系统。立足可再生能源有效消纳，持续加强新能源发电并网和送出工程建设，到2025年建成10座500千伏新能源汇集站。加快煤电机组灵活性改造，完善煤电调峰补偿政策，大幅提升煤电调峰能力。加快灵活调节电源建设，引导自备电厂、传统高载能工业负荷、工商业可中断负荷、电动汽车充电网络、虚拟电厂等参与系统调节。合理统筹新能源发电建设和电力灵活性调节资源供给，大力推动煤炭和新能源优化组合，新建通道可再生能源电量比例原则上不低于50%。完善推广电力需求侧管理，提高电网对高比例可再生能源的消纳和调控能力。到2025年，电网削峰能力达到

最高负荷5%左右，到2030年达到5%—10%。（省能源局、省发展改革委、国网山西省电力公司等按职责分工负责）

（三）节能降碳增效行动。

1.全面提升用能管理能力。完善能源消费强度和总量"双控"，严格控制能耗和二氧化碳排放强度，增强能耗总量管理弹性，逐步实现能耗"双控"向碳排放总量和强度"双控"转变。推行用能预算管理，强化固定资产投资项目节能审查，对项目用能和碳排放情况进行综合评价，从源头推进节能降碳。提高节能管理信息化水平，完善重点用能单位能耗在线监测系统，推动高耗能企业建立能源管理中心。完善能源计量体系，鼓励采用认证手段提升节能管理水平。健全省、市、县三级节能监察体系，建立跨部门联动机制，综合运用行政处罚、信用监管、绿色电价等手段，增强节能监察约束力。（省能源局、省工信厅、省发展改革委、省生态环境厅等按职责分工负责）

2.严格合理控制煤炭消费增长。有序推动煤炭减量替代，巩固"禁煤区"成果，深化分散燃煤锅炉、工业窑炉和居民散煤治理，大力推广适用洁净燃料和高效清洁燃烧炉具，逐步实现全省范围散煤清零。严格落实固定资产投资项目燃料用煤消费减量替代要求，推动重点用煤行业减煤限煤，鼓励可再生能源消费。因地制宜推广"煤改气"，积极推进"煤改电"，加强电力需求侧管理，加快提升电力占终端能源消费比重。（省能源局、省发展改革委、省生态环境厅等按职责分工负责）

3.实施节能降碳重点工程。实施重点行业节能降碳工程，推动煤电、钢铁、有色金属、建材等行业开展节能降碳改造。深入实施能效"领跑者"制度，组织重点用能企业开展能效达标对标活动。实施园区节能降碳工程，以"两高"项目聚集度高的园区为重点，推动能源系统优化和梯级利用，鼓励园区优先使用可再生能源，打造一批达到国际先进水平的节能低碳园区。实施城市节能降碳工程，围绕建筑、交通、照明、供热等重点领域，大力开展节能升级改造，推进绿色建筑创新技术应用示范，推动城市综合能效提升。（省发展改革委、省能源局、省工信厅、省商务厅、省住建厅、省交通厅、省生态环境厅等按职责分工负责）

4.推进重点用能设备节能增效。以电机、风机、泵、压缩机、变压器、换热器、工业锅炉等设备为重点，全面提升能效水平。依托龙头骨干企业，发展高效粉煤锅炉、循环流化床锅炉等产品，提升高效锅炉应用推广水平，培育壮大三相异步电机、稀土永磁电机等高效节能电机产品装备。建立能效导向的激励约束机制，推广先进高效产品设备，加快淘汰落后低效设备。加强重点用能设备节能审查和日常监管，强化生产、经营、销售、使用、报废全链条管理，严厉打击违法违规行为，确保能效标准和节能要求全面落实。（省工信厅、省能源局、省市场监管局等按职责分工负责）

5.加强新型基础设施节能降碳。统筹谋划、优化布局、科学配置数据中心等新型基础设施，避免低水平重复建设。优化新型基础设施用能结构，探索直流供电、分布式储能、"光伏+储能"等多样化能源供应模式，提高非化石能源消费比重。深度应用互联网、大数据、人工智能等技术，推动能源、水利、市政、交通等领域传统基础设施智能化、低碳化升级。引导新建数据中心强化绿色设计、深化绿色施工和采购，提升数据中心绿色节能水平。加强新型基础设施用能管理，将年综合能耗超过5000吨标准煤的数据中心全部纳入重点用能单位能耗在线监测系统，开展能源计量审查。积极推广使用高效制冷、先进通风、余热利用、智能化用能控制等技术，提高设施能效水平。（省能源局、省发展改革委、省住建厅、省交通厅、省水利厅、省工信厅、省市场监管局、省通信管理局等按职责分工负责）

三、聚焦重点领域突破，打好碳达峰攻坚战

统筹推进产业结构升级、原料工艺提质、清洁能源替代等源头治理，开展工业领域碳达峰、城乡建设碳达峰、交通运输绿色低碳三大行动，优化存量排放，控制增量排放，切实推动重点领域清洁低碳转型，实现安全有序达峰。

（一）工业领域碳达峰行动。

1.推动钢铁行业碳达峰。深化钢铁行业供给侧结构性改革，严禁新增产能，严格执行产能置换，加快限制类工艺装备产能置换和升级改造，进一步提升先进产能占比。加快钢铁行业结构优化和清洁能源替代，提升废钢资源回收利用水平，推行全废钢电炉工艺。深挖节能降碳潜力，大力推进非高炉炼铁等低碳冶金技术示范，重点推广烧结烟气脱硫脱硝、低温轧制等炼钢、轧钢节能减排技术。鼓励钢焦化联产，探索开展氢冶金、二氧化碳捕集利用一体化等试点示范。以生产过程中的燃气、蒸气、余热、余压等二次能源，废水及炉渣、粉尘、粉煤灰等固体废弃物为重点，促进资源综合利用。到2025年，达到能效标杆水平的产能比例超过30%。（省工信厅、省发展改革委等按职责分工负责）

2.推动焦化行业碳达峰。全面开展节能技术改造，推动化产品加工高端延伸和企业综合管理水平提升。加快大型焦化升级改造项目建设，确保2023年底前全面退出4.3米焦炉，全面实施全干熄焦改造。支持焦化企业分系统、分阶段实施数字化改造。锚定单位产品能耗先进值目标，推动实现能源高效利用、资源高效转化。力争到2025年炭化室高度5.5米及以上先进焦炉产能占比达到95%以上，现有已建成的大型焦炉全部通过节能改造达到单位产品能耗先进值，全面建成国家绿色焦化产业基地。（省工信厅、省发展改革委、省能源局、省生态环境厅等按职责分工负责）

3.推动化工行业碳达峰。优化产能规模和布局，推动传统煤化工落后产能限期分批实施改造升级和淘汰。严格项目准入，合理安排建设时序，严控新增尿素、电石等传统煤化工生产能力。建设现代煤化工示范基地，提高煤炭作为化工原料的综合利用效能，促进煤化工产业高端化、多元化、低碳化发展。引导化工企业转变用能方式，鼓励以新能源、天然气等替代煤炭。调整原料结构，控制新增原料用煤，拓展富氢原料进口来源，推动化工原料轻质化。鼓励化工企业以市场为导向调整产品结构，提高产品附加值，延伸产业链条，形成高端碳纤维、超级电容炭、煤层气合成金刚石、煤基特种燃料、全合成润滑油、高端合成蜡、可降解塑料等拳头产品，建成国内高端炭材料技术高地和碳基合成新材料产业研发和制造基地。到2025年，重点产品单位能耗达到先进水

平。（省工信厅、省发展改革委等按职责分工负责）

4.推动有色金属行业碳达峰。严控新增氧化铝产能，严格执行电解铝产能置换。推进清洁能源替代，逐渐提高可再生能源在电解铝生产中的比重，从源头削减二氧化碳排放。完善废旧有色金属回收网络，提高分拣加工的科学化、精细化水平，推动再生有色金属产业可持续发展。加快新型稳流保温铝电解、铜连续熔炼、蓄热式竖罐炼镁等低碳工艺装备和技术的推广应用，实现能源高效利用。提升有色金属生产过程余热回收利用水平，推动单位产品能耗持续下降。到2025年，铝冶炼（电解铝）、铜冶炼行业能效达到标杆水平的产能比例超过30%。（省工信厅、省发展改革委等按职责分工负责）

5.推动建材行业碳达峰。加强产能置换监管，加快低效产能退出，对能效低于本行业基准水平的存量项目，合理设置政策实施过渡期，引导企业有序开展节能降碳技术改造。持续整合优化产能布局，严禁新增水泥熟料、平板玻璃产能，引导建材行业向轻型化、集约化、制品化转型。因地制宜利用风能、太阳能等可再生能源，逐步提高电力、天然气应用比重。在保障水泥产品质量的前提下，鼓励建材企业综合利用煤矸石、粉煤灰、冶炼渣、电石渣、城市污泥等固废作为原料或水泥混合材。加快推进绿色建材产品认证和应用推广，加强新型胶凝材料、低碳混凝土等低碳建材产品研发应用。到2025年，水泥熟料能效达到标杆水平的产能比例超过30%。（省工信厅、省发展改革委、省住建厅、省市场监管局等按职责分工负责）

6.坚决遏制高耗能高排放低水平项目盲目发展。对"两高"项目实行清单管理、分类处置、动态监控，强化常态化监管。全面排查在建项目，对能效水平低于本行业能耗限额准入值的，按有关规定停工整改，推动能效水平应提尽提，力争全面达到国内乃至国际先进水平。坚持"上大压小、产能置换、淘汰落后、先立后破"，新扩建钢铁、焦化、电解铝、水泥、平板玻璃等高耗能高排放项目严格落实产能等量或减量置换政策，深入挖潜存量项目。严格执行国家高耗能高排放项目能耗准入标准。积极推进"两高"项目开展碳排放环境评价试点工作，指导"两高"项目密集的产业园区在环境评价中增加碳排放情况与减排潜力的分析，推动实现减污降碳协同效应。（省发展改革委、省工信厅、省生态环境厅、省能源局等按职责分工负责）

（二）城乡建设碳达峰行动。

1.推动城乡建设绿色低碳转型。构建"一群两区三圈"绿色集约城乡区域新格局，率先推动山西中部城市群组团式发展，实施太忻一体化经济区高质量发展战略，建设融入京津冀和服务雄安新区的重要经济走廊，支持山西综改示范区创建国家级新区，统筹推进晋北、晋南、晋东南城镇圈绿色低碳发展，加强城市生态和通风廊道建设，提升城市绿化水平。加强快速交通联系和基础设施对接，推动开发区与中心城市融合发展，引导发展功能复合的产业社区，促进产城融合、职住平衡。加强县城绿色低碳建设，推进城乡建设和管理模式低碳转型，严格实施国土空间用途管控，优化用地指标分配方式。合理规划城镇建筑面积发展目标，实施工程建设全过程绿色建造。在城市更新工作中落实绿色低碳要求，加强建筑拆除管理，杜绝大拆大建。支持有条件的城市和园区申报建设国家级碳达峰试点。推动装配式建筑全产业链协同发展，大力发展以装配式建筑为代表的新型建筑工业。增强城乡气候韧性，因地制宜建设地下综合管廊，建设海绵城市。建设绿色城镇、绿色社区。到2030年，城市建成区绿地率不低于38.9%，城市建成区公园绿化活动场地服务半径覆盖率达到85%。（省发展改革委、省住建厅、省自然资源厅、省商务厅、山西综改示范区管委会、省太忻经济一体化发展促进中心等按职责分工负责）

2.加快提升建筑能效水平。城镇新建建筑严格执行节能标准和绿色建筑标准，大力发展装配式建筑，加快推广超低能耗、近零能耗建筑，开展零碳建筑试点，稳步提高节能水平。统筹推进城镇既有居住建筑、市政基础设施节能改造和老旧小区改造，鼓励运用市场化模式实施公共建筑绿色化改造。加快推进供热计量收费和合同能源管理，逐步开展公共建筑能耗限额管理，建立城市建筑用水、用电、用气、用热等数据共享机制，提升建筑能耗监测能力。到2030年，新建建筑能效再提升30%。（省住建厅、省工信厅等按职责分工负责）

3.加快优化建筑用能结构。优化供热方式，推动城市、企业低品位余热综合利用，加大可再生能源应用，持续推进太阳能光热光电一体化应用。因地制宜推广地源热泵技术，积极推广空气源热泵技术，合理发展生物质能取暖。推进党政机关、学校、医院等公共建筑屋顶加装光伏系统，重点推进26个国家级整县屋顶分布式光伏开发试点。探索建筑用电设备智能群控技术，引导建筑供暖、生活热水、炊事等向电气化发展。巩固清洁取暖成果，持续提高农村地区清洁取暖覆盖率。加快建设"光储直柔"新型建筑电力系统，优先消纳可再生能源电力。到2025年，城镇建筑可再生能源替代率达到8%，新建公共机构建筑、新建厂房屋顶光伏覆盖率力争达到50%。（省住建厅、省能源局、省机关事务管理局、国网山西省电力公司等按职责分工负责）

4.推进农村建设和用能低碳转型。推进绿色农房建设，提升农房设计和建筑水平，新建农房执行《农村宅基地自建住房技术指南（标准）》。引导农村自建住房节能改造，积极推广应用节能建材、节能洁具等新材料、新产品，大力推广钢结构装配式住宅等新型建造方式。鼓励农村推广适宜节能技术，在墙体、门窗、屋面、地面等农房围护结构积极采取节能措施，提升农村建筑能源利用效率和室内热舒适环境。推进农村用能绿色低碳发展，充分利用太阳能、生物质能等清洁能源技术，形成高效、清洁的建筑采暖系统。提升农村用能电气化水平。（省住建厅、省农业农村厅等按职责分工负责）

（三）交通运输绿色低碳行动。

1.推动运输工具装备低碳转型。加快普及电动汽车，积极推进电力、氢能、天然气、先进生物液体燃料等新能源、清洁能源在交通运输领域的有序发展应用，逐步降低燃油车辆占比。继续推进太原、临汾国家"公交都市"建设，鼓励其他有条件的市创建"公交都市"。到2030年，城区常住人口100万以上的城市绿色出行比例不低于70%。加快推动城市公共交通工具全部实现新能源化、电动化和清洁化。有序发展氢燃料电池汽车，开展氢能重载汽车推广应用试点示范。推动铁路装备升级，稳步推进铁路电气化改造。到2030年，当年新增新能源、清洁能源动力的交通工具比例达到40%左右，营运交通工具单位换算周转量碳排放强度比2020年下降9.5%左右，铁路单位换算周转量综合能耗下降完成国家下达目标，陆路交通运输石油消费力争达峰。（省交通厅、省工信厅、省生态环境厅、省发展改革委、中国铁路太原局集团有限公司等按职责分工负责）

2.着力调整优化运输结构。 深入实施交通强国山西试点，打造黄河流域绿色交通发展高地。积极发展多式联运、甩挂式运输等高效运输组织模式，开通至连云港、青岛港、唐山港等主要港口的常态化铁水联运班列，在晋中等市开展公路运输"散改集"试点，持续降低运输能耗和二氧化碳排放强度。积极推进"公转铁"，煤炭主产区大型工矿企业中长距离运输（运距500公里以上）的煤炭和焦炭中，铁路运输比例力争达到90%。推进交通运输数字化智能化改造，开展智能网联重载货运车路协同发展试点，提升全要素生产率。推进国道207晋城、长治重载交通试验路建设，打造全国重载运输"建管养运"协同发展示范区。大力发展城乡集中配送、共同配送，打造太原、大同绿色货运配送示范城市。强化太原、大同、临汾等国家物流枢纽城市建设，积极推动晋中国家骨干冷链物流基地建设，提升现代物流组织效率。支持道路客运经营主体之间通过重组或并购提高行业的规模化、集约化、公司化水平。（省交通厅、省发展改革委、省工信厅、省商务厅、中国铁路太原局集团有限公司等按职责分工负责）

3.加快绿色交通基础设施建设。 将绿色低碳理念贯穿交通基础设施规划、建设、运营和维护全过程，降低全生命周期能耗与碳排放。完善多式联运骨干通道，提高交通基础设施一体化布局和建设水平，全面构建"两纵四横一环"综合交通运输通道，重点推进雄忻、集大原、太绥等高铁和汾石、浮临等高速公路建设，加快太原机场改扩建、朔州机场新建工程等项目建设，积极推进晋城机场等项目前期工作。加快建设太原、大同国家级综合交通枢纽。加快开展交通基础设施绿色化、生态化改造，重点建设沿黄、沿汾绿色交通廊道。加强自行车专用道和行人步道等城市慢行系统建设。完善公路服务区、城乡区域充电换电设施，构建便利高效、适度超前的充换电网络体系。有序推进加注（气）站、加氢站等基础设施建设。到2030年，民用运输机场场内车辆装备等力争全面实现电动化。（省交通厅、省发展改革委、省能源局、省住建厅、中国铁路太原局集团有限公司、山西航产集团等按职责分工负责）

四、大力推动精准赋能，助力实现碳达峰

开展循环经济助力、科技创新赋能、碳汇能力提升、全民参与四大行动，全面提高资源利用效率，加快绿色低碳科技革命，提升生态系统碳汇增量，增强全民节约意识、环保意识、生态意识，支撑实现碳达峰目标。

（一）循环经济助力降碳行动。

1.推进产业园区循环化改造。 以提升资源产出率和循环利用率为目标，优化园区空间布局，开展园区循环化改造。推动园区内企业循环式生产、产业循环式组合，促进废物综合利用、能量梯级利用、水资源循环使用，提升工业余压余热、废水废气废液资源化利用水平，积极推广集中供气供热，推动供水、污水处理等基础设施建设及升级改造。鼓励园区推进绿色工厂建设，实现厂房集约化、原料无害化、生产洁净化、废物资

源化、能源低碳化、建材绿色化。推动园区基础设施和公共服务共享平台建设，加强园区物质流管理。推进具备条件的省级以上园区开展循环化改造，按照"一园一策"原则逐个制定循环化改造方案，到2030年省级以上重点产业园区全部实施循环化改造。（省发展改革委、省工信厅、省商务厅、省生态环境厅等按职责分工负责）

2.推进大宗固体废物综合利用。以提高矿产资源综合开发利用水平和综合利用率为目标，以煤矸石、粉煤灰、尾矿、赤泥、共伴生矿、冶炼渣、建筑垃圾、农作物秸秆等大宗固废为重点，支持大掺量、规模化、高值化利用，推动建设一批国家大宗固体废物综合利用示范基地。鼓励建筑垃圾再生骨料及制品在建筑工程和道路工程中的应用。加快推进秸秆高值化利用，完善收储运体系，严格焚烧管控。依托朔州、长治、晋城等国家工业资源综合利用基地建设，推进大宗固废综合利用产业与上游煤炭、电力、钢铁、化工等产业协同发展，与下游建筑、建材、市政、交通、环境治理等产品应用领域深度融合。到2025年，新增大宗工业固废综合利用率达到60%，到2030年，新增大宗固废综合利用率显著提升。（省发展改革委、省工信厅、省自然资源厅、省生态环境厅、省住建厅、省农业农村厅等按职责分工负责）

3.健全完善资源循环利用体系。以再生资源循环利用为目标，完善废旧物资回收网络，推行"互联网+"回收模式，实现再生资源应收尽收。加强城市废旧物资回收体系建设，构建"社区回收点+分拣中心+综合利用处理"废旧物资回收体系，支持有条件的城市率先打造无废城市。鼓励回收企业运用连锁经营方式，发展直营或加盟回收站点，提高组织化程度。依托武宿综合保税区，加快航空科技再制造基地维修中心达产达效，打造太原飞机拆解基地。加强资源再生产品和再制造产品推广力度，推进退役动力电池、光伏组件、风电机组叶片等新兴产业废物循环利用，促进煤机装备、工程机械等再制造产业高质量发展。（省发展改革委、省商务厅、省工信厅、省生态环境厅、山西综改示范区管委会等按职责分工负责）

4.推进生活垃圾减量化资源化。以生活垃圾源头减量和分类处置为重点，全面推进城市生活垃圾分类，开展农村生活垃圾就地分类源头减量试点。加强城乡生活垃圾收运处置设施规划建设，推动生活垃圾分类网点建设，规划建设一批集中分拣中心和集散场地，推进垃圾分类回收与再生资源回收"两网融合"，打造生活垃圾协同处置利用产业园区。分类施策推动垃圾焚烧设施建设，加快城市生活垃圾和厨余垃圾回收和资源化利用。遏制过度包装，推广"布袋子"和"菜篮子"，限制一次性用品，有效促进垃圾源头减量。到2025年，城市生活垃圾分类体系基本健全，生活垃圾资源化利用比例提升至60%左右。到2030年，城市生活垃圾分类实现全覆盖，生活垃圾资源化利用比例提升至65%。（省住建厅、省发展改革委、省生态环境厅、省农业农村厅等按职责分工负责）

（二）科技创新赋能碳达峰行动。

1.完善绿色低碳科技创新体制机制。在省级科技计划中设立碳达峰碳中和关键技术研究与示范等重点专项，围绕节能环保、清洁生产、清洁能源等领域布局一批前瞻性、战略性、颠覆性绿色技术创新攻关项目，采取"揭榜挂帅"、"赛马制"、委托定向、并行支持等机制，形成一批低碳零碳负碳关键核心技术。推动将绿色低碳技术创新成果纳入高等学校、科研单位、国有企业有关绩效考核。强化企业创新主体地位，支持企业联合高校、科研院所、产业园区等力量建立市场化运行的绿色技术创新联合体，鼓励企业牵头或参与财政资金支持的绿色技术研发项目。统筹省级科技专项资金，支持绿色低碳科技项目研发和科技成果在晋转化。开展碳潜力和有效性评估。高效运行山西省知识产权保护中心和各类知识产权运营机构，加强绿色低碳技术和产品知识产权运营、保护。（省科技厅、省教育厅、省市场监管局、省财政厅、省国资委、省气象局、省国资运营公司等按职责分工负责）

2. 加强绿色低碳科技创新能力建设。 面向碳达峰碳中和重大战略需求，争取煤转化、煤基能源清洁高效利用、煤炭大型气化领域国家重点实验室、国家技术创新中心等重大科技创新平台落地山西或建设山西基地、山西分中心，推动怀柔实验室山西基地、中国科学院大学太原能源材料学院等建设，布局建设一批绿色低碳领域省重点实验室、省级技术创新中心，打造碳达峰碳中和战略科技力量。超前布局绿色低碳重大创新平台，与清华大学等单位开展合作，加快能源互联网试点建设，推动建立覆盖能源互联网主要技术的实验平台。引导企业、高等学校、科研单位共建一批绿色低碳产业技术研究中心、联合实验室、科技创新中心等新型研发机构。完善碳达峰碳中和创新人才培育体系，支持高等院校围绕碳达峰碳中和加强学科专业建设，培育建设新型学院。支持有关单位加强碳监测和评估工作，深化产学合作协同育人，鼓励校企联合组建山西碳达峰碳中和产教融合发展联盟，争取建设国家储能技术产教融合创新平台。（省科技厅、省工信厅、省能源局、省发展改革委、省教育厅、省气象局等按职责分工负责）

3. 强化碳达峰碳中和应用基础研究。 主动对接国家科技项目，加强煤炭清洁高效利用、煤成气开发利用、智能电网、大规模储能、氢燃料电池等原始创新和颠覆性技术研究，提升低碳零碳负碳技术装备研发"山西能力"。聚焦化石能源绿色智能开发和清洁低碳利用、可再生能源大规模利用、新型电力系统、节能、氢能、储能、动力电池、二氧化碳捕集利用与封存等重点领域，深化二氧化碳低能耗大规模捕集、富氧燃烧减排、CO_2-N_2O 催化减排、二氧化碳捕集的高性能吸收剂（吸附材料）及工艺、传统优势产业节能降碳减污技术等应用基础研究，提升共性关键技术、前沿引领技术和"卡脖子"技术供给能力。（省科技厅、省能源局、省发展改革委、省生态环境厅等按职责分工负责）

4. 加快绿色低碳技术的研发应用。 支持煤炭产业和降碳技术一体化推进，重点在二氧化碳深部煤层封存及驱替煤层气、碳纳米管制造、加氢制甲醇等方面强化技术攻关和产业应用。加快碳纤维、气凝胶、特种钢材等基础材料研发和应用，推动T800、T1000级碳纤维制品的产业化和工程化应用，加快推动气凝胶研发应用，加快发展高品质特殊钢，加速推动储氢用钢、汽车用钢、低成本装配式建筑用钢等市场推广和应用。加快先进适用节能低碳技术研发和产业化应用，加强电化学、压缩空气等新型储能技术攻关、示范和产业化应用，加强氢能生产、储存、应用关键技术研发、示范和规模化应用，推广园区能源梯级利用等节能低碳技术，探索创建省级零碳产业创新区。（省科技厅、省工信厅、省能源局、省发展改革委、省生态环境厅等按职责分工负责）

5.大力开展低碳技术推广示范。加快建设山西合成生物产业生态园,探索实现生物基材料替代化工材料,打造全国最大的生物基新材料研发和生产基地。实施近零碳排放示范工程,探索应用变温变压吸附法碳捕集工艺,开展二氧化碳捕集利用封存全流程、集成化、规模化示范项目。支持建设工业化空气二氧化碳捕集(DAC)系统、超临界二氧化碳发泡塑料系统。支持二氧化碳-甲烷干重整示范项目,推动实现烟道气捕碳高效转化利用。加快生物碳减排技术应用,探索工业尾气生产燃料乙醇技术路线。(省科技厅、省工信厅、省发展改革委、省生态环境厅、山西综改示范区管委会等按职责分工负责)

(三)碳汇能力巩固提升行动。

1.巩固生态系统固碳作用。严格遵守国土空间规划,健全用途管制制度,全面落实"三区三线""三线一单",严控生态空间占用,制定林地、草地、湿地使用负面清单、禁止区域、限制区域,落实用途管制和空间管制措施,构建有利于碳达峰碳中和的国土空间开发保护格局。落实有序有量有度的林木采伐原则,加强森林草原防灭火和有害生物监测防治,严格征占用林地、草地、湿地审核审批,稳固现有森林、草地、湿地、土壤等固碳作用。严守生态保护红线,建设太行山(中条山)国家公园,开展自然保护地整合优化,建立以国家公园为主体,自然保护区为基础,风景名胜区、湿地公园、地质公园、森林公园、沙漠公园、草原公园等各类自然公园为补充的自然保护地体系。严格执行土地使用标准,加强节约集约用地评价,推广节地技术和节地模式。(省自然资源厅、省林草局、省生态环境厅等按职责分工负责)

2.提升生态系统碳汇增量。扎实推进"两山七河一流域"生态修复治理,统筹推进山水林田湖草沙生态系统综合治理、源头治理、系统治理。有序推进国土绿化,持续实施森林质量精准提升工程,科学规划森林、草原布局及品种,积极创建森林城市、森林乡村,扎实落实国家储备林战略,提升森林质量和稳定性。开展草原生态保护修复治理,实施退化草地封育、亚高山草甸、河漫滩草地生态保护工程,推进沿黄沿汾地区禁牧休牧轮牧,依法划定和严格保护基本草原,扩大基本草场面积,加强现有湿地保护,科学修复退化湿地。推动出台《山西省湿地保护条例》《山西省湿地生态保护补偿办法》,加快国家级、省级湿地公园建设。加强退化土地修复治理,开展荒漠化、石漠化、水土流失综合治理,实施历史遗留矿山生态修复工程,加大采煤沉陷区、工矿废弃地等地质环境治理和生态修复。到2025年,森林覆盖率力争比2020年提高2.5个百分点。到2030年,森林覆盖率和森林蓄积量稳步增长。(省林草局、省自然资源厅、省发展改革委、省生态环境厅等按职责分工负责)

3.增强生态系统碳汇基础支撑。依托和拓展自然资源调查监测体系,推动构建省、市、县三级一体的林草生态综合监测评价体系,开展森林、草原、湿地等碳汇本底调查、碳储量评估、潜力分析。加强森林、草原、湿地等生态系统碳汇功能研究,强化森林经营技术、绿化配置模式、造林方法研究,开展智慧林业建设。探索建立造林碳汇抵消碳排放机制,探索林业碳汇参与碳排放权交易模式和路径,探索建立体现碳汇价值的生态保护补偿机制,探索基于增强林草碳汇能力的生态产品价值实现路径。(省林草局、

省自然资源厅、省生态环境厅等按职责分工负责）

4.推进农业农村减排固碳。大力发展绿色低碳循环农业，推进农光互补、"光伏+设施农业"等低碳农业模式。依托晋中国家农高区，聚焦特色优质产业和有机旱作农业，推动增汇型农业技术的研发应用和示范推广。强化农业面源污染综合治理，开展生态农场建设，实施畜禽粪肥资源化利用整县推进，持续加强农药化肥减量增效，推进农膜回收。加强农作物秸秆综合利用，建设全省秸秆资源数据共享平台，完善秸秆收储运体系，实施秸秆综合利用重点县和全量利用县项目。到2025年，秸秆综合利用率保持在90%以上，禽畜粪污综合利用率达到80%。开展耕地质量提升行动，推进高标准农田建设，提升农田有机质，增加农田土壤有机碳储量。到2025年，建成高标准农田2400万亩以上。推进农机、渔机节能减排，加快淘汰能耗高、损失大、污染重、安全性能低的老旧农业机械，引导农民选用低碳节能装备，全面提高农机产品质量和生产效率。（省农业农村厅、省科技厅、省发展改革委、省生态环境厅等按职责分工负责）

（四）全民参与碳达峰行动。

1.加强生态文明宣传教育。将生态文明教育纳入国民教育体系，开展多种形式的资源环境国情省情教育，普及碳达峰碳中和基础知识。加强对公众的生态文明科普教育，开展世界地球日、世界环境日、节能宣传周、全国低碳日等主题宣传活动，充分调动全民参与碳达峰碳中和的积极性。建设绿色校园、绿色社区，将绿色低碳理念有机融入到日常教育和生活。加强绿色低碳舆论宣传，树立学习榜样，按照统一部署曝光反面典型，增强社会公众绿色低碳意识，推动生态文明理念更加深入人心。（省委宣传部、省发展改革委、省自然资源厅、省教育厅、省能源局、省生态环境厅、省住建厅等按职责分工负责）

2.推广绿色低碳生活方式。坚决遏制奢侈浪费和不合理消费，着力破除奢靡铺张的歪风陋习，坚决制止餐饮浪费行为。深化绿色家庭创建行动，引导居民优先购买使用节能节水器具，减少塑料购物袋等一次性物品使用，倡导步行、公交和共享出行方式，杜绝食品浪费，自觉实行垃圾减量分类，营造简约适度、绿色低碳的生活新风尚。充分发挥公共机构示范引领作用，严格落实绿色产品认证和标识制度，提升绿色产品在政府采购中的比例，优先使用循环再生办公产品，推进无纸化办公，积极开展节约型机关创建行动。（省发展改革委、省商务厅、省住建厅、省机关事务管理局、省市场监管局、省财政厅、省妇联等按职责分工负责）

3.引导企业履行社会责任。引导企业主动适应绿色低碳发展要求，将绿色低碳理念融入企业文化，强化环境责任意识，加强能源资源节约，提升绿色创新水平。加快构建绿色供应链体系，在绿色产品设计、绿色材料、绿色工艺、绿色设备、绿色回收、绿色包装等全流程实施工艺技术革新。鼓励企业建立健全内部绿色管理制度体系，参与绿色认证与标准体系建设，主动开展绿色产品认证，激励绿色低碳产品消费。发挥国有企业示范引领作用，制定实施企业碳达峰行动方案。重点用能单位要深入研究碳减排路径，"一企一策"制定专项工作方案，推动构建内部碳排放管理体系，推进节能降碳。符合规定情形的上市公司和发债企业要按照环境信息依法披露要求，定期公布企业碳排放信息。充分发挥行业协会等社会团体作用，督促企业自觉履行社会责任。（省发展改革委、省工信厅、省国资委、省国资运营公司、省生态环境厅、省市场监管局、山西证监局等按职责分工负责）

4.强化领导干部培训学习。 支持省委党校（山西行政学院）将碳达峰碳中和纳入各级党校（行政学院）、干部学院培训教学内容，作为党校（行政学院）主体班次必修课。将碳达峰碳中和等内容纳入全省各级干部专业化能力提升专题培训班次，加强对省直单位、市县党政领导干部的教育培训。用好"学习强国"山西学习平台、山西干部在线学院、"三晋先锋"等网络学习平台，为广大干部提供碳达峰碳中和相关学习资源。（省委组织部、省委宣传部等按职责分工负责）

五、构建绿色低碳开放合作体系

加强国际国内绿色低碳技术交流、项目合作、人才培训等，切实提高推动绿色低碳发展的能力和水平，为推动全国"一盘棋"实现碳达峰作出山西贡献。

（一）开展碳达峰区域协同联动。深入对接国家部委，结合区域重大战略和主体功能区战略，完善能源调出地与调入地的联动机制，在做好能源保供的前提下，在全国统筹碳达峰中主动作为、协同达峰。加强与京津冀、长三角、粤港澳大湾区在可再生能源、节能、储能、氢能、高效光伏、低成本二氧化碳捕集利用封存等领域的深度合作，引进一批低碳零碳负碳产业项目，推动跨区域科技攻关和科研合作，加快绿色低碳科技成果跨区域转化，深化碳达峰领域师资交流和人才培养合作。加强黄河流域、中部地区各省（区）的碳达峰战略合作，推动协同降碳。（省能源局、省发展改革委、省商务厅、省科技厅、省教育厅、省工信厅等按职责分工负责）

（二）加强国际低碳交流合作。强化与发达国家、"一带一路"沿线国家、区域全面经济伙伴关系协定（RCEP）国家的绿色低碳合作，推动联合共建科技合作基地和设立联合研发项目，提升绿色低碳技术研发与转移承接能力，重点参与共建"一带一路"国家和RCEP国家的绿色基建、绿色能源、绿色金融等领域合作。围绕绿色低碳和可持续发展，加强与世界银行、亚洲开发银行、国际能源署等合作，推动太原能源低碳发展论坛成为能源低碳领域国际高端对话交流平台、科技成果发布平台和国际合作对接平台。（省商务厅、省生态环境厅、省发展改革委、省科技厅、人行太原中心支行等按职责分工负责）

（三）推动绿色贸易扩量提质。加强与国际绿色低碳贸易规则、机制对接，落实好国家进出口政策，持续优化外贸结构，积极扩大绿色低碳先进技术和产品的对外贸易，推动节能环保和环境服务贸易快速发展，支持制造业企业自主品牌产品出口，大力发展高质量绿色产品贸易。推动出口产品碳足迹认证，提高产品竞争力，积极支持外向型产业发展。优化外商投资产业导向，鼓励外商投资绿色低碳重点领域，打造利用外资集聚区。培育一批外贸转型升级示范基地，积极申建以合成生物新材料为特色的中国（山

西）自由贸易试验区，支持太原创建全面深化服务贸易创新发展试点城市。（省商务厅、山西综改示范区管委会等按职责分工负责）

六、完善政策保障

（一）建立健全碳排放统计核算体系。按照国家碳排放统计核算方法，建立完善山西省碳排放核算体系。加强碳排放统计能力建设，夯实能源统计基层基础，强化能源消费数据审核，科学编制能源平衡表。探索建立省级温室气体综合管理平台，建立山西省重点领域碳排放核算与跟踪预警体系框架。建设重点行业、企业碳排放监测体系，推动重点企业日常碳排放监控和年度碳排放报告核查，率先开展太原国家级碳监测评估试点。综合运用地面环境二氧化碳浓度监测、卫星遥感反演、模式模拟的二氧化碳浓度分布等数据，科学评估各市碳达峰行动成效。推进全省企业碳账户管理体系建设，提高企业碳资产管理意识和能力。（省发展改革委、省统计局、省生态环境厅、省能源局、省工信厅、省气象局等按职责分工负责）

（二）完善地方性法规和标准体系。推动清理现行地方性法规中与碳达峰碳中和工作不相适应的内容，推动制定、修订《山西省节约能源条例》《山西省煤炭管理条例》《山西省循环经济促进条例》《山西省大气污染防治条例》等促进应对气候变化和碳达峰碳中和工作的相关地方性法规，增强相关法规的针对性和有效性。落实国家各项绿色标准，支持重点企业和机构积极参与国际、国家、行业能效和低碳标准制定。（省能源局、省发展改革委、省生态环境厅、省自然资源厅、省市场监管局、省工信厅等按职责分工负责）

（三）完善财税金融及价格政策。加大财政对高碳行业低碳转型、绿色低碳产业发展和技术研发等支持力度。强化环境保护、节能节水、新能源和清洁能源车船税收优惠政策落实。持续落实销售自产的利用风力生产的电力产品增值税即征即退50%政策，落实国家关于可再生能源并网消纳等财税支持政策。完善与可再生能源规模化发展相适应的价格机制，全面放开竞争性环节电价，完善分时电价、阶梯电价等绿色电价政策，加大峰谷电价差，全面落实战略性新兴产业电价机制。推动山西能源转型发展基金投资向碳达峰碳中和领域倾斜。鼓励支持企业采取基础设施领域不动产投资信托基金（REITs）等方式盘活存量资产，投资相关项目建设。完善绿色金融激励机制，支持有条件的地区申报国家气候投融资试点。（省财政厅、省税务局、省发展改革委、省能源局、省工信厅、省生态环境厅、人行太原中心支行、省地方金融监管局等按职责分工负责）

（四）建立健全市场化机制。积极参与全国碳排放权交易市场建设，按国家要求逐步扩大交易行业范围，强化数据质量监督管理，探索制定碳普惠、公益性碳交易等激励政策。积极参与国家碳排放权、用能权等市场交易。深化电力市场化改革，推进电力现货交易试点。明确新型储能独立市场主体地位，加快推动储能进入电力市场参与独立调峰。加快建立可再生能源绿色电力证书交易制度，鼓励可再生能源发电企业通过绿电、

绿证交易等获得合理收益补偿。(省生态环境厅、省能源局、省发展改革委、国网山西省电力公司等按职责分工负责)

七、加强组织实施

(一)加强统筹协调。各地、各部门、各单位要全面贯彻党中央、国务院关于碳达峰碳中和的重大决策部署,切实加强对碳达峰碳中和工作的领导。省推进碳达峰碳中和工作领导小组负责研究审议重大问题、协调重大政策、制定重大规划、安排重大项目。领导小组成员单位要按照省委、省政府决策部署,扎实推进相关工作。领导小组办公室要加强统筹协调,定期对各地和重点领域、行业工作进展情况进行调度,督促各项目标任务落细落实。各市人民政府要因地制宜制定碳达峰实施方案,方案经省推进碳达峰碳中和工作领导小组综合平衡、审核通过后自行印发实施。

(二)强化责任落实。各市、各有关部门要深刻认识碳达峰碳中和工作的重要性、紧迫性、复杂性,切实扛起责任,按照省委、省政府《关于完整准确全面贯彻新发展理念切实做好碳达峰碳中和工作的实施意见》和本方案确定的主要目标和重点任务,着力抓好各项任务落实,避免"一刀切"限电限产或运动式"减碳",确保政策到位、措施到位、成效到位,工作落实情况纳入省级生态环境保护督察。各相关单位、人民团体、社会组织要按照国家及我省有关部署,积极发挥自身作用,推进绿色低碳发展。

(三)严格监督考核。落实国家碳强度控制为主、碳排放总量控制为辅的制度,实行能源消费和碳排放指标协同管理、协同分解、协同考核,逐步建立系统完善的碳达峰碳中和综合评价考核制度。加强监督考核结果应用,对碳达峰工作成效突出的地区、单位和个人按规定给予表彰奖励,对未完成目标任务的地区、部门依规依法实行通报批评和约谈问责。各市人民政府、省直相关单位要组织开展碳达峰年度任务评估,有关工作进展和重大问题及时向省推进碳达峰碳中和工作领导小组报告。

内蒙古自治区党委　自治区人民政府关于印发《内蒙古自治区碳达峰实施方案》的通知

（内党发〔2022〕19号）

各盟市委，盟行政公署、市人民政府，自治区直属各部门单位：

为贯彻落实党中央、国务院关于碳达峰碳中和重大战略部署，自治区党委和政府编制了《内蒙古自治区碳达峰实施方案》（以下简称《实施方案》）和科技、能源、工业、交通运输、城乡建设、农牧、商贸、生活、公共机构等9个领域子方案。现将《实施方案》印发给你们，相关子方案由自治区碳达峰碳中和工作领导小组印发，请结合实际认真贯彻落实。

各地区各部门要深刻认识碳达峰碳中和工作的重要性、紧迫性、复杂性，切实扛起政治责任，按照方案确定的目标任务，全力抓好工作落实，确保政策到位、措施到位、成效到位。各地区各部门主要负责同志要自觉将碳达峰碳中和工作作为"一把手"工程，主动担当作为，狠抓责任落实，确保方案提出的各项措施落地落实。

中共内蒙古自治区委员会

内蒙古自治区人民政府

2022年7月13日

内蒙古自治区碳达峰实施方案

为深入贯彻党中央、国务院关于碳达峰碳中和重大战略部署，全面落实《2030年前碳达峰行动方案》，推动全区有力有序有效做好碳达峰工作，制定本方案。

一、总体要求

（一）**指导思想**。以习近平新时代中国特色社会主义思想为指导，全面贯彻党的十九大和十九届历次全会精神，深入贯彻习近平生态文明思想，全面落实习近平总书记对内蒙古重要讲话重要指示批示精神，立足新发展阶段，完整、准确、全面贯彻新发展理念，积极服务和融入新发展格局，牢牢把握"两个屏障""两个基地"和"一个桥头堡"战略定位，坚持系统观念，处理好发展和减排、整体和局部、短期和中长期的关系、统筹稳增长和调结构，把碳达峰碳中和纳入经济社会发展全局，以能源结构调整和产业结构优化为主线，以科技创新和制度创新为动力，明确各领域、各行业碳达峰目标任务，加快实现生产生活方式绿色变革，确保如期实现2030年前碳达峰目标。

（二）工作原则。

总体谋划、分类施策。 加强自治区党委和政府对碳达峰工作的统一部署，充分发挥自治区碳达峰碳中和工作领导小组的统筹协调作用，强化整体谋划和各方统筹。各地区各领域各行业分类施策，明确既符合自身实际又满足总体要求的目标任务。

系统推进、重点突破。 全面准确把握碳达峰行动对经济社会发展的深远影响，加强政策的系统性、协同性。抓住主要矛盾和矛盾的主要方面，推动碳排放绝对量大、增幅快的重点地区、重点领域和重点行业尽早实现碳达峰。

双轮驱动、两手发力。 充分发挥市场在资源要素配置中的决定性作用，更好发挥政府作用，引导资源和要素向降碳方向聚集，健全绿色低碳发展市场机制，大力推进绿色低碳科技创新，形成有效激励约束机制。

稳妥有序、安全降碳。 立足自治区能源资源禀赋，坚持先立后破，推动能源低碳转型平稳过渡，切实保障国家能源安全、产业链供应链安全、粮食安全和群众正常生产生活，着力防范化解各类风险隐患，稳妥有序、循序渐进推进碳达峰工作，确保安全降碳。

（三）主要目标。

"十四五"期间，自治区产业结构、能源结构明显优化，低碳产业比重显著提升，重点用能行业能源利用效率持续提高，煤炭消费增长得到严格控制，以新能源为主体的新型电力系统加快构建，基础设施绿色化水平不断提高，绿色低碳技术推广应用取得新进展，生产生活方式绿色转型成效显著，以林草碳汇为主的碳汇能力巩固提升，绿色低碳循环发展政策进一步完善。到2025年，非化石能源消费比重提高到18%，煤炭消费比重下降至75%以下，自治区单位地区生产总值能耗和单位地区生产总值二氧化碳排放下降率完成国家下达的任务，为实现碳达峰奠定坚实基础。

"十五五"期间，自治区产业结构、能源结构调整取得重大进展，低碳产业规模迈上新台阶，重点用能行业能源利用效率达到国内先进水平，煤炭消费逐步减少，新型电力系统稳定运行，清洁低碳、安全高效的现代能源体系初步建立，绿色低碳技术取得重大突破，绿色生产生活方式成为公众自觉选择，以林草碳汇为主的碳汇能力持续提升，绿色低碳循环发展制度机制健全完善。到2030年，非化石能源消费比重提高到25%左右，自治区单位地区生产总值能耗和单位地区生产总值二氧化碳排放下降率完成国家下达的任务，顺利实现2030年前碳达峰目标。

二、重点任务

（一）能源低碳绿色转型行动。

1.建设国家现代能源经济示范区。 重点推进大型风电光伏基地项目建设，打造高水平新能源基地。大力推进新能源大规模高比例开发利用，构建新能源开发与生态保护协同融合发展格局。推进风光农牧互补综合能源建设。有序推进生物质热电联产。加大重点地区垃圾焚烧发电项目和大中型沼气发电项目建设。推动新能源产业从单一发电卖电向全产业链发展转变。到2025年，新能源装机规模超过火电装机规模，完成国家下达的可再生能源电力消纳任务。到2030年，新能源发电总量超过火电发电总量，风电、太阳能等新能源发电总装机容量超过2亿千瓦。

2.加快构建新型电力系统。加快推进存量煤电机组"三改联动"。稳步推进电网改革。推动乌兰察布源网荷储一体化试点和通辽风光火储制研一体化试点建设。积极推广"新能源+储能"建设模式。建设一批多能互补型电站。合理布局抽水蓄能电站建设。拓展储能多场景应用。建立健全储能产业发展政策机制，培育可持续的商业模式。到2025年，新型储能装机容量达到500万千瓦以上，完成3000万千瓦左右的煤电机组灵活性改造。到2030年，抽水蓄能电站装机容量达到240万千瓦，自治区级电网基本具备5%以上的尖峰负荷响应能力。

3.严格控制煤炭消费。改善煤电装机结构，提升煤电整体能效。积极推进"煤改气""煤改电"工程。推动煤电节能改造。鼓励燃煤电厂就近开发使用清洁能源替代厂用电。打造一批清洁取暖示范项目。严控跨区外送可再生电力配套煤电规模，新建通道可再生能源电量比例不低于50%。

4.推动实施绿氢经济工程。推动风光氢储产业集群发展。加快推进氢能基础设施建设。积极推进绿氢在冶金、化工、电力等领域的应用。到2030年，氢能产业初具规模，氢燃料电池汽车、燃料电池电堆、储氢容器和材料等氢能产业稳定发展。

5.合理调控油气消耗。石油消费增速保持在合理区间，提升燃油油品和利用效率，加大生物柴油推广和使用力度。统筹规划建设自治区天然气管网，构建"全区一张网"。优化天然气消费结构，保障民生用气需求，鼓励多气源保障管道气未覆盖区域用气需求。加大电动汽车推广使用，推进电动汽车充换电基础设施建设。

（二）节能降碳增效行动。

1.提升节能管理能力。全面实施用能预算管理。强化固定资产投资项目节能审查，强化新建高耗能项目对地区能耗双控特别是能耗强度的影响评估。提高节能管理信息化水平。建立健全能源管理体系和能源计量体系。完善能源利用状况报告制度。加强重点用能单位节能目标责任考核，加快形成减污降碳激励约束机制。加强自治区、盟市、旗县三级节能监察队伍建设，完善常态化节能监察制度。

2.实施节能降碳工程。实施重点行业节能降碳工程，全面开展节能诊断和能效评估。有序推进现役煤电机组节能改造，到2025年力争完成煤电机组节能改造3000万千瓦，煤电机组平均供电煤耗达到305克标准煤/千瓦时左右。实施重点园区节能降碳工程。实施城市节能降碳工程，到2025年全区完成建筑节能改造面积1000万平方米。实施重大节能降碳技术示范工程。

3.推进重点用能设备节能增效。严格执行国家能效标准。建立以能效为导向的激励约束机制。实施电机能效提升计划。加强重点用能设备节能监督检查和日常监管，完善全链条管理。

4.加强新型基础设施节能降碳。优化新型基础设施建设规划布局。新建数据中心须达到绿色数据中心建设标准，电能利用效率达到国家或行业先进水平。严格执行国家能效标准，提高准入门槛，淘汰落后设备和技术。优化新型基础设施用能结构。加强新型基础设施用能管理，强化数据中心节能审查和能耗在线监测。推动绿色低碳升级改造。

5.推动减污降碳协同增效。加快补齐环境基础设施短板。完善大气污染物与温室气体协同控制相关政策。建立减污降碳协同治理管理工作机制，统筹碳排放权交易和排污权交易管理，建立温室气体清单报告、重点企业温室气体排放报告、重点企业排污许可执行情况报告等制度。

（三）工业领域碳达峰行动。

1.推动工业领域绿色低碳发展。加快发展战略性新兴产业。推动工业能源消费结构低碳化转型，提高工业电气化水平和可再生能源应用比重。深入实施绿色制造工程。实施绿色低碳技术示范工程。推进工业领域数字化、智能化、绿色化融合发展，加强重点行业和领域技术改造。

2.推动钢铁行业碳达峰。深入推动钢铁行业供给侧结构性改革。严格实行产能置换，调整优化存量产能，严禁新增产能，依法依规淘汰落后产能。加快推进企业兼并重组。促进工艺流程改造和清洁能源替代。鼓励钢化联产，探索开展氢冶金、碳捕集利用等试点示范，推动低品位余热利用。

3.推动有色金属行业碳达峰。严格实行产能置换，严把准入标准，严控新增产能。加强有色金属技术装备研发应用，延伸加工能力，丰富终端产品种类，推动绿电冶加、探采选冶加一体化发展。强化有色金属精深加工和产业链上下游配套衔接，巩固提升优势产业链条。推进清洁能源替代。加快再生有色金属产业发展。加快推广应用绿色低碳新技术。加强生产过程余热回收，积极推进电解铝、铜铅锌等冶炼技术改造升级。

4.推动建材行业碳达峰。推动传统建材行业技术创新。推动建材产品转型，加快推进绿色建材产品认证及应用推广。扩大绿色建材产业规模，积极发展绿色新型建材，提高大宗固废的综合利用率。加强产能置换监管，加快淘汰低效产能，严控新增产能。推广节能技术设备，加强用能管理，深挖节能增效空间。

5.推动化工行业碳达峰。优化产能规模和布局。严格项目准入，严控传统煤化工产能。打造绿色化、精细化、循环化现代煤化工产业集群。促进煤化工与煤炭开采、建材、冶金、化纤等产业协同发展。加大淘汰落后产能、化解过剩产能力度。引导企业转变用能方式。加大化工原料结构调整力度。加强工艺余热余压回收。

6.坚决遏制高耗能高排放低水平项目盲目发展。实行在建已建存量高耗能高排放项目"清单式＋责任制"管理。开展在建项目能效排查。严格控制煤电、石化、煤化工等行业新增产能。建立拟建高耗能高排放项目审批前评估制度。对产能过剩的传统低端高耗能高排放行业，按照减量替代原则，压减产能和能耗；对产能尚未饱和的高耗能高排放行业，按照要求提高准入门槛。支持引导企业应用绿色低碳技术，提升新兴产业能效水平。深入挖潜存量项目，坚决淘汰落后产能。

（四）农牧业绿色发展行动。

1.提高农牧业"增汇控源"。 优化农牧业区域布局和生产结构。坚决遏制耕地"非农化"、防止"非粮化"，开展耕地质量提升行动，加强高标准农田建设和黑土地保护，到2025年高标准农田达到5470万亩，实施黑土地保护面积达到1500万亩。加快种植业结构调整。持续强化土地污染治理。到2030年全区农牧业集中地生态环境进一步改善。

2.发展生态循环农牧业。 推进农业循环经济示范建设。加大秸秆还田力度，推进农作物秸秆综合利用。加快发展以草畜一体化为重点的现代畜牧业。加强农牧业地方标准建设。加强畜禽粪污资源化利用。推进水产生态健康养殖。大力推动废旧农资回收利用，加强农膜污染治理。

（五）城乡建设碳达峰行动。

1.推进城乡建设绿色低碳发展。 合理规划建筑面积发展目标。推进海绵城市建设。加强建筑节能和绿色建筑新技术、新工艺、新材料、新产品推广应用，发展绿色建材。推广混凝土装配式建筑，引导和推进装配式钢结构建筑，因地制宜发展特色装配式木结构建筑。到2025年，全区装配式建筑占当年新建建筑面积比例达到30%左右，其中，呼和浩特、包头主城区达到40%左右；到2030年，全区装配式建筑占当年新建建筑面积比例达到40%左右。

2.加快提升建筑能效水平。 持续推进绿色社区、绿色生态小区、绿色生态城区建设。推动低碳建筑规模化发展，加快老旧小区建筑和老旧供热管网等市政基础设施节能改造，推进全区既有公共建筑节能改造。推广供热计量收费，推行建筑能效测评标识，逐步开展公共建筑能耗限额管理。

3.推进可再生能源建筑应用。 优化民用建筑用能结构。推动"光储直柔"建筑发展。推进热电联产与工业余热供暖。稳步提高城镇建筑可再生能源替代率。

4.推动农村用能结构低碳转型。 鼓励绿色农房建设。推动新建、改扩建的农村牧区居住建筑，按照自治区农村牧区居住建筑节能标准设计和建造。推动生物质能、太阳能等可再生能源在农牧业生产和农村牧区生活中应用。

（六）交通运输绿色低碳行动。

1.推动交通运输工具装备低碳转型。 积极扩大清洁能源在交通领域应用。推动应用新能源和清洁能源车辆，到2025年，全区新增和更新新能源公交车占比达到85%。城市物流配送领域及物流园区、枢纽场站等区域，优先使用新能源和清洁能源车辆、作业机械。制定重卡、矿卡新能源和清洁能源推广计划。提升铁路系统电气化水平。推动机场运行车辆电动化替代。到2025年，营运车辆单位换算周转量碳排放强度比2020年下降5%，当年新增新能源、清洁能源动力的交通工具（不含摩托车）比例达到20%左右。到2030年，营运车辆单位换算周转量碳排放强度比2020年下降10%，当年新增新能源、清洁能源动力的交通工具（不含摩托车）比例达到40%左右。

2.构建绿色高效交通运输体系。 规范网络货运平台持续健康发展，降低空载率和不合理客货运周转量。充分发挥铁路在大宗货物中长距离运输中的骨干作用。推进多式联运型和干支衔接型货运枢纽（物流园区）建设。全面推进城乡绿色货运配送发展。深入实施公共交通优先发展战略，构建多层次公共交通服务体系，完善慢行交通系统建设。到2025年，城市公共交通机动化出行分担率达到20%，城区绿色出行分担率达到65%；到2030年，城区常住人口100万以上的城市绿色出行比例不低于70%。

3.加快绿色交通基础设施建设。积极推广应用节能环保技术和产品。全面实施高速公路标准化施工。推进绿色服务区建设与运营，鼓励公路服务区和收费站实施节能技术改造。加快规划建设充电桩、换电站、加气站、加氢站等配套设施。推进交通基础设施与新能源深度融合发展。

（七）循环经济助力降碳行动。

1.深化产业园区循环化改造。优化产业园区空间布局，推动园区企业循环式生产、产业循环式组合。搭建资源共享、服务高效的基础设施和公共平台，强化园区物质流、能量流、信息流智能化管理。扎实推进园区循环化改造。完善园区产业共生体系，深化副产物资源化利用、废物综合利用、余热余压回收利用、水资源循环利用。加强清洁生产审核，推进园区清洁生产改造。到2030年，自治区级以上重点产业园区全部实施循环化改造。

2.加强大宗固废综合利用。积极推进工业固废减量化、无害化、资源化和再利用。建立建筑垃圾减量化工作机制，积极推广建筑垃圾资源化利用技术，加快建设建筑垃圾消纳场所和处理设施。大力培育资源综合利用产业，打造资源循环利用示范标杆。

3.健全资源循环利用体系。完善废旧物资回收网络，大力推广"互联网+"资源回收利用模式。建立以城带乡的再生资源回收体系。打造一批再生资源产业集聚试点。加大新兴产业废弃物回收力度。大力发展报废汽车、废旧电子电器等资源再利用产业。推动再制造产业高质量发展，建立再制造产品质量保障体系。加强资源再生产品和再制造产品推广应用。深化生产者责任延伸制度建设。

4.大力推进生活垃圾减量化资源化。扎实推进生活垃圾分类，扩大生活垃圾收集覆盖面。加快建立覆盖全社会的生活垃圾收运处置体系，推进以焚烧发电为主的生活垃圾处理体系建设；加快餐厨废弃物处置设施建设。全面加强塑料污染全链条治理，大力整治过度包装。推进污水资源化利用，开展再生水综合利用试点示范。到2025年，全区生活垃圾焚烧发电规模达到1万吨/日以上，旗县级以上城市生活垃圾无害化处理率达到100%，全区再生水回用率不低于40%。到2030年，全区生活垃圾焚烧发电规模提高到1.2万吨/日以上，再生水回用率显著提高。

（八）绿色低碳科技创新行动。

1.完善绿色低碳科技创新体制机制。实施自治区碳达峰碳中和科技创新重大示范工程，推行"揭榜挂帅"制度，持续推动绿色低碳关键创新技术攻关。提高绿色低碳技术创新成果在相关绩效考核中的权重。强化企业创新主体地位，加速科技成果转化应用。积极推动绿色低碳新技术、新产品、新装备评估和认证。加强知识产权保护。

2.加强绿色低碳技术创新能力建设和人才培养。加快科技团队和人才引进培养。支持企业和高等学校、科研院所共建工程实验室、新型研发机构，支持高等学校、科研院所建立研发和成果转化基地，鼓励高等学校、科研院所、企业申报博士后科研流动站和工作站。支持呼和浩特建设绿色低碳创新中心。支持驻区中央企业、自治区国有企业联合设立研发中心或协同创新联合体。

3.强化应用基础研究。大力实施"科技兴蒙"行动，聚焦稀土、化石能源清洁低碳利用、石墨（烯）、储能、氢能、新型电力系统、节能等重点领域，深入开展创新及研究工作。

4.加快先进低碳技术攻关和推广应用。推进碳减排关键技术突破与创新，开展近零碳试点示范。探索可再生能源开发与零碳技术、负碳技术、绿氢制取技术、绿氢与二氧化碳利用转化的耦合技术研究。有序推进全区源网荷储一体化协调运行，开展储能技术攻关和示范应用。开展森林、草原、湿地等生态系统固碳增汇技术研究。

（九）碳汇能力巩固提升行动。

1.巩固生态系统固碳作用。科学划定生态保护红线、永久基本农田、城镇开发边界等空间管控边界，稳定现有森林、草原、湿地、耕地等重要生态空间的固碳作用。推动建立以国家公园为主体、各级自然保护区为基础、各类自然公园为补充的自然保护地体系。严格执行土地使用标准，加强节约集约用地评价，推广节地技术和节地模式。

2.提升生态系统碳汇能力。推进自然保护地建设工程、湿地和野生动植物保护工程。深入推进大规模国土绿化行动。推进生态廊道建设。全面加强资源保护，严格落实草畜平衡和禁牧休牧制度。持续加强重要湖泊、湿地生态修复，改善湖泊生态环境，恢复湿地生态功能。到2025年，完成林草生态建设10800万亩，完成沙化土地综合治理面积2650万亩，森林覆盖率达到23.5%，森林草原质量和生态系统功能得到明显提高，生态产品供给能力显著增强，林草生态系统碳汇增量稳步提升。到2030年，生态系统质量和稳定性明显增强，生态安全屏障更加稳固。

3.加强生态系统碳汇基础支撑。积极开展碳汇计量监测，建立健全碳汇监测指标和监测管理制度。开展生态系统碳汇助力碳达峰碳中和战略研究。积极推动中国核证减排量林业碳汇项目和国际核证碳减排标准林业碳汇项目开发储备，鼓励社会资本参与林草增汇行动，充分利用市场机制减碳固碳。完善生态保护补偿机制。

（十）绿色低碳全民行动。

1.加强生态文明宣传教育。开展多种形式的国情区情生态环境与自然资源教育，普及碳达峰碳中和基础知识。开展绿色低碳主题宣传活动，引导社会公众树立生态文明理念。

2.推广绿色低碳生活方式。倡导简约适度、绿色低碳的生活方式。深入推进节约型机关、绿色家庭、绿色学校、绿色社区、绿色出行、绿色商场、绿色建筑创建行动。全面推行勤俭节约，坚决遏制奢侈浪费和不合理消费。健全完善自治区绿色产品认证体系，建立绿色产品消费清单，积极推广绿色产品消费。

3.引导企业履行社会责任。充分发挥国有企业示范作用，带动企业主动适应绿色低碳发展要求。支持重点用能单位核算自身碳排放情况，深入研究碳减排路径，主动开展清洁生产评价认证。充分发挥社会团体引导规范作用，督促企业履行社会责任。

（十一）梯次有序碳达峰行动。

1.科学合理确定碳达峰目标。产业结构较轻、碳排放水平较低的盟市，要坚持绿色低碳发展。风光资源丰富的盟市，要加快发展清洁能源。产业结构偏重、能源结构偏煤的地区和资源型盟市，要把节能降碳摆在首要位置，大力优化调整产业结构和能源结构，逐步实现经济增长与碳排放脱钩。

2.上下联动制定碳达峰方案。 各盟市要结合本地区资源禀赋、产业布局、发展阶段等，制定本地区碳达峰实施方案，经自治区碳达峰碳中和工作领导小组审核后印发实施。

（十二）碳达峰碳中和试点示范建设行动。

1.全面开展碳达峰碳中和试点建设。 分类探索园区碳达峰模式，探索差异化发展路径，推动试点项目"串点成线、连线成网、结网成面"。培育打造绿色低碳城市，建设一批绿色低碳园区。

2.加强碳达峰典型经验宣传。 充分发挥自治区向北开放重要桥头堡作用，加大碳达峰碳中和成功经验、优秀成果宣传力度，全面助力我区对外交流合作，提升我区绿色低碳产品、节能环保技术服务自主品牌影响力。

三、政策保障

（一）建立健全统计核算体系和标准。 完善自治区碳排放核算体系。加强能源生产、消费、流通等数据的采集、审核和评估，科学核算自治区能源消费数据，研判能耗发展趋势，加强预警管理。落实国家各项绿色标准，严格节能标准实施与监督，推进地方标准的制定修订工作，健全完善自治区绿色标准。

（二）完善财税价格金融政策。 各级财政要加大对碳达峰碳中和相关工作的支持力度。全面落实资源综合利用、节能节水等税收优惠政策。严格执行绿色电价政策。完善绿色金融体系，大力发展金融工具，引导金融机构向具有显著碳减排效应的项目提供优惠利率融资。鼓励社会资本以市场化方式设立绿色低碳产业投资基金。

（三）建立健全市场化机制。 加强碳排放数据质量监管。按照国家统一部署开展用能权交易。积极推行合同能源管理。拓展生态产品价值实现路径，完善林草碳汇多元化、市场化价值实现机制。

四、组织实施

（一）加强组织领导。 各级党委要加强对碳达峰碳中和工作的领导。自治区碳达峰碳中和工作领导小组要加强统筹协调，领导小组办公室要定期调度工作进展情况，督促各项目标任务落实落细。领导小组成员单位要强化责任落实。各盟市要树立"一盘棋"思想，坚持分类施策、因地适宜，确保各项任务落到实处。

（二）严格监督考核。 完善碳排放控制考核机制，逐步建立综合考核制度，稳步推动能耗双控向碳排放总量和强度双控转变，加快形成减污降碳的激励约束机制。强化监督考核结果应用，对碳达峰工作成效突出的盟市、单位和个人按规定给予表彰奖励，对未完成碳排放控制目标的通报批评和约谈问责。

吉林省人民政府关于印发
《吉林省碳达峰实施方案》的通知

（吉政发〔2022〕11号）

各市（州）人民政府，长白山管委会，长春新区、中韩（长春）国际合作示范区管委会，各县（市）人民政府，省政府各厅委办、各直属机构，驻吉中直有关部门、单位：

现将《吉林省碳达峰实施方案》印发给你们，请认真贯彻执行。

吉林省人民政府
2022年7月22日

吉林省碳达峰实施方案

为深入贯彻落实党中央、国务院关于碳达峰、碳中和重大战略决策部署，做好我省碳达峰工作，制定本方案。

一、总体要求

（一）指导思想。以习近平新时代中国特色社会主义思想为指导，全面贯彻党的十九大和十九届历次全会精神，忠实践行习近平生态文明思想，深入落实习近平总书记关于碳达峰、碳中和重要讲话重要指示批示精神，按照省第十二次党代会工作部署，完整、准确、全面贯彻新发展理念，全面实施"一主六双"高质量发展战略，加快生态强省建设，把碳达峰、碳中和纳入经济社会发展全局，深入扎实推进碳达峰行动，推动经济社会发展建立在资源高效利用和绿色低碳发展的基础之上，确保2030年前实现碳达峰，提前布局碳中和。

（二）工作原则。

系统谋划、科学施策。坚持全省一盘棋，全局统筹、战略谋划、整体推进，强化对碳达峰工作的总体部署。充分考虑区域和领域之间差异，针对不同区域、不同领域特点，制定差异化政策措施，加强分类指导，分阶段、分步骤有序达峰。

突出重点、优化路径。以产业结构优化和能源结构调整为重点，强化科技支撑，深入推进工业、农业、能源、建筑、交通运输、生活消费等重点领域降碳，巩固提升生态系统碳汇能力。

政府引导、市场发力。加强政策引导，推动体制机制改革创新，充分发挥市场在资源配置中的决定性作用，健全完善投资、价格、财税、金融等经济政策以及碳排放权交易等市场化机制，形成有效激励约束。

先立后破、安全降碳。强化底线思维，处理好降碳与能源安全、产业链供应链安全、粮食安全、群众正常生产生活的关系，着力化解各类风险隐患，确保安全稳定降碳。

二、主要目标

"十四五"期间，产业结构和能源结构调整优化取得明显进展，能源资源利用效率持续提高，以新能源为主体的新型电力系统加快构建，绿色低碳技术研发和推广应用取得新进展，绿色生产生活方式得到普遍推行，有利于绿色低碳循环发展的政策体系进一步完善。到2025年，非化石能源消费比重达到17.7%，单位地区生产总值能源消耗和单位地区生产总值二氧化碳排放确保完成国家下达目标任务，为2030年前碳达峰奠定坚实基础。

"十五五"期间，产业结构调整取得重大进展，重点领域低碳发展模式基本形成，清洁低碳安全高效的能源体系初步建立，非化石能源消费占比进一步提高，绿色低碳技术取得关键突破，绿色生活方式成为公众自觉选择，绿色低碳循环发展的政策体系基本健全。到2030年，非化石能源消费比重达到20%左右，单位地区生产总值二氧化碳排放比2005年下降65%以上，确保2030年前实现碳达峰。

三、重点任务

（一）能源绿色低碳转型行动。

制定能源领域碳达峰实施方案，立足我省能源禀赋，推动煤炭和新能源优化组合，提升能源安全底线保障能力，加快构建清洁低碳安全高效的能源体系。

1.大力发展新能源。推动风电、太阳能发电大规模开发和高质量发展，充分发挥我省西部地区丰富的风光资源和盐碱地、河滩地等未利用土地资源优势，全力推进西部国家级清洁能源生产基地建设，实施"陆上风光三峡"工程，新增跨省跨区通道可再生能源电量比例原则上不低于50%。鼓励生物质发电、生物质清洁供暖、生物天然气等生物质能多元化发展，以长春、吉林、松原、白城等地为重点，建设生物质热电联产项目。推广干热岩地热采暖示范工程，积极开展地热能开发利用。制定氢能产业发展规划，有序推动"北方氢谷"和"长春－松原－白城"氢能走廊建设，推进氢能"制储输用"全链条发展。稳妥实施核能供热示范工程。加快白城、松原"绿电"示范园区建设，提升清洁能源本地消纳能力，落实完成国家下达的可再生能源电力消纳责任权重，推动可再生能源项目有序开发建设。到2025年，非化石能源装机比重提高到50%以上。到2030

年，风电、太阳能发电装机容量达到6000万千瓦左右，生物质发电装机容量达到160万千瓦左右。（省能源局、省发展改革委、省自然资源厅、省农业农村厅按职责分工负责，各市、县级政府负责落实。以下均需各市、县级政府落实，不再列出）

2.严格控制煤炭消费。制定煤炭消费总量控制目标，规范实行煤炭消费指标管理和减量（等量）替代管理。合理控制煤电规模，严控新建、扩建大型常规煤电机组，有序推进老旧燃煤机组等容量替代。加快升级现役煤电机组，积极推进煤电供热改造、节能降耗改造和灵活性改造。大力推动煤炭清洁高效利用。积极稳妥实施散煤治理，建立完善散煤监管体系，合理划定禁止散烧区域，有序推进散煤替代，逐步削减小型燃煤锅炉、民用散煤用煤量，严控新建燃煤锅炉，县级及以上城市建成区原则上不再新建每小时35蒸吨以下燃煤锅炉。强化风险管控，完善煤炭供应体系和应急保障能力，统筹煤电发展和保供调峰，确保能源安全稳定供应和平稳过渡。到2025年，全省煤炭消费量控制在9000万吨以内，煤炭消费比重下降到59.7%。（省能源局、省发展改革委、省工业和信息化厅、省住房城乡建设厅、省市场监管厅、省生态环境厅按职责分工负责）

3.合理引导油气消费。控制石油消费增速保持在合理区间，提升终端燃油产品能效，推动先进生物液体燃料等替代传统燃油。持续推进"气化吉林"惠民工程，加强天然气分级调峰能力建设，优化天然气利用结构，优先保障民生用气，合理引导工业燃料用气和化工原料用气。积极引进黑龙江石油资源和俄罗斯油气资源，健全油气供应体系，加快建设形成"两横三纵一中心"的油气管网，天然气长输管道基本覆盖县级及以上城市，扫除"用气盲区、供气断点"。开展油页岩勘查，进一步加强油页岩原位等技术攻关，推进国家油页岩原位转化松原先导试验示范区建设。（省能源局、省发展改革委、省科技厅、省市场监管厅按职责分工负责）

4.加快建设新型电力系统。充分发挥我省西部清洁能源基地开发、东部抽水蓄能建设、全省煤电灵活性改造、电池储能示范推广的组合优势，提升电力系统消纳新能源的能力，实施可再生能源替代行动，构建以新能源为主体的新型电力系统。大力提升电力系统综合调节能力，加快灵活调节电源建设，引导自备电厂、传统高载能工业负荷、工商业可中断负荷、电动汽车充电网络、虚拟电厂等参与系统调节，建设坚强智能电网。加快推进"新能源+储能"、源网荷储一体化和多能互补发展，在白城、松原等工业负荷发展潜力大、新能源资源条件好的地区优先开展源网荷储一体化试点工程。打造涵盖技术研发、装备制造、资源开发、应用服务的完整储能产业链，推动储能设施建设。加快实施东部"山水蓄能三峡"工程，打造千万千瓦级东北应急调峰调频保障基地。依托全省新基建"761"工程，促进能源与现代信息技术深度融合，加快能源基础设施数字化、智能化建设。深化电力体制改革，推进电力市场建设。到2025年，新型储能装机容量达到25万千瓦以上。到2030年，全省抽水蓄能电站装机容量达到1210万千瓦左右，省级电网基本具备5%的尖峰负荷响应能力。（省能源局、省发展改革委、省工业和信息化厅、省水利厅、省电力公司按职责分工负责）

（二）节能降碳增效行动。

坚持节约优先方针，落实能源消费强度和总量双控制度，强化能耗强度约束性指标管控，有效增强能源消费总量管理弹性，把节能降碳贯穿于经济社会发展全过程和各领域。

1. 全面加强节能管理。强化固定资产投资项目节能审查，加强与能耗双控制度衔接。推进重点用能单位能耗在线监测系统建设，加快完善能源计量体系，实施能耗强度形势分析和预测预警，提高能源管理精细化水平。加强节能监察执法，健全省市县三级节能监察体系，综合运用行政处罚、信用监管、差别电价等手段，增强节能监察约束力。（省发展改革委、省工业和信息化厅、省市场监管厅、省政务服务和数字化局按职责分工负责）

2. 实施节能降碳重点工程。实施城市节能降碳工程，统筹城市能源基础设施规划和建设，推动建筑、交通、照明、供热等基础设施节能升级改造。探索开展多能互补耦合供能，推广余热供暖、可再生能源供暖、电能供暖等取暖方式，提升城市综合能效。实施重点园区节能降碳工程，在园区规划环评中增加碳排放情况与减排潜力分析，优化园区供能用能系统。实施重点行业节能降碳工程，严格落实高耗能行业重点领域能效标杆水平和基准水平，突出标准引领作用，推动电力、钢铁、石化、建材等行业开展节能降碳改造，提升重点行业能源资源利用效率。实施节能降碳技术示范工程，支持新型能源技术和低碳技术示范应用和推广。（省发展改革委、省工业和信息化厅、省生态环境厅、省住房城乡建设厅、省能源局按职责分工负责）

3. 提升用能设备能效水平。以通用用能设备为重点，鼓励用能企业对标国内先进水平，提升设备能效。建立以能效为导向的激励约束机制，加快先进高效产品设备推广应用，淘汰落后低效设备。加强对重点用能设备的日常监管，强化生产、经营、销售、使用、报废全链条管理，严厉打击违法违规行为，确保能效标准和节能要求全面落地见效。（省发展改革委、省工业和信息化厅、省市场监管厅按职责分工负责）

4. 推动新型基础设施节能降碳。以"数字吉林"建设为引领，优化新型基础设施空间布局，加强数据中心绿色高质量发展。加快新型基础设施用能结构调整，采用直流供电、"光伏+储能"等模式，探索多样化能源供应方式。提高通信、运算、存储、传输等设备能效，淘汰落后设备和技术，推动既有设施绿色升级改造。加强新型基础设施用能管理，年综合能耗超过1万吨标准煤的数据中心全部纳入重点用能单位能耗在线监测系统。（省通信管理局、省政务服务和数字化局、省发展改革委、省自然资源厅、省市场监管厅、省能源局按职责分工负责）

（三）工业领域碳达峰行动。

制定工业领域碳达峰实施方案，深入实施绿色制造，加快工业领域绿色低碳转型，推动钢铁、水泥、传统煤化工等重点行业碳达峰行动。

1. 推动工业领域绿色低碳发展。进一步优化产业结构，依法依规淘汰落后产能和化解过剩产能，推动传统行业绿色低碳改造。把握新一轮科技革命和产业变革趋势，加快发展新能源、新装备、新材料、新一代信息技术、生物技术等新兴产业。发展风电主机、发电机、叶片及光伏电池、组件等装备制造业，支持重点企业提升核心创新能力，推动氢能装备、氢燃料电池研制，打造新能源装备产业链。依托吉林化纤等龙头企业，推动碳纤维产业转型升级和集群化发展，打造"中国碳谷"。推广厂房光伏、多元储能、高效热泵余热余压利用、智慧能源管控，开展电气化改造，提高工业电气化水平和可再生能源应用比重。以绿色工厂、绿色产品、绿色园区、绿色供应链为重点，着力构建高效、清洁、低碳、循环的绿色制造体系。聚焦钢铁、石化化工、建材等行业，实施生产工艺深度脱碳、二氧化碳资源化利用等绿色低碳技术示范工程。到2025年，规模以上企业单位工业增加值能耗比2020年下降13.5%。（省工业和信息化厅、省发展改革委、省生态环境厅、省能源局按职责分工负责）

2. 推动钢铁行业碳达峰。深化钢铁行业供给侧结构性改革，严格执行产能置换，严禁新增产能，加快淘汰落后产能，鼓励发展短流程炼钢。加强能效标准对标，推动钢铁企业开展节能降碳技术改造。依托我省汽车和轨道车辆制造产业优势，加快钢铁行业产品结构优化升级，重点研发生产冷轧薄板（镀锌钢板）、热成型高强钢、冷作及热作模具用钢、耐候钢、转向架用钢等钢铁材料。加强生产过程二氧化碳排放控制，推动企业清洁生产。探索开展氢冶金、二氧化碳捕集利用一体化等试点示范。（省发展改革委、省工业和信息化厅、省生态环境厅按职责分工负责）

3. 推动石化化工行业碳达峰。着力构建"一核心两拓展三延伸"的产业发展新格局，严格项目审批，优化产业布局，加大落后产能淘汰力度，严控传统煤化工生产能力。重点建设吉化公司转型升级及下游项目，打造吉林市千亿级化工产业。调整原料结构，合理控制新增原料用煤，推动石化化工原料轻质化。优化用能结构，鼓励以电力、天然气等替代煤炭，支持西部清洁能源生产基地为石化化工行业新增产能提供能源保障。促进石化化工与煤炭开采、冶金、建材、化纤等产业协同发展，高效利用副产气体。推动化工园区循环化改造，打造全国石化产业绿色低碳发展示范区。到2025年，省内原油一次加工能力控制在1075万吨以内，主要产品产能利用率提升至80%以上。（省发展改革委、省工业和信息化厅、省生态环境厅、省能源局按职责分工负责）

4. 推动建材行业碳达峰。加强产能置换监管，严格执行国家水泥熟料、平板玻璃相关产业政策和投资管理规定，引导建材行业向轻型化、集约化、制品化转型。提升水泥产品等级，优化水泥产品结构，鼓励发展特种水泥和水泥基材料，提高水泥等建材产品中尾矿渣、粉煤灰、废石粉、煤矸石等大宗固体废弃物掺加比例，加大对水泥窑协同处置城市污泥、生活垃圾及其他有害废弃物的技术装备研发和推广力度。通过省内水泥产能置换，提高单线规模和能效水平，研究利用综合标准推动低效干法水泥熟料生产线退出。支持发展硅藻土、硅灰石、石墨、伊利石等特色非金属矿产业。推广节能技术设备，开展能源管理体系建设，减少生产过程碳排放。（省工业和信息化厅、省住房城乡建设厅、省发展改革委按职责分工负责）

5. 坚决遏制高耗能、高排放、低水平项目盲目发展。对高耗能高排放项目实行清单管理、分类处置、动态监控，建立长效管理机制，坚决拿下不符合要求的高耗能、高排放、低水平项目。进一步梳理排查在建高耗能高排放项目，对照能效标杆水平建设实施。科学稳妥推进拟建项目，严格项目审批，深入论证项目建设必要性、可行性，认真分析评估对本地能耗双控、碳排放、产业高质量发展和环境质量的影响。强化存量项目监管，对能效低于本行业基准水平的项目，合理设置政策实施过渡期，引导企业有序开展节能降碳技术改造，提高生产运行能效，坚决依法依规淘汰落后产能、落后工艺、落后产品。（省发展改革委、省工业和信息化厅、省生态环境厅按职责分工负责）

（四）城乡建设碳达峰行动。

制定城乡建设领域和农业农村领域碳达峰实施方案，以优化城乡空间布局和节约能源为核心，加快推动城市更新和乡村振兴绿色低碳发展。

1.推动城乡建设绿色低碳转型。优化城乡功能布局和空间结构，科学划定城镇开发边界，明确乡村分类布局，严控新增建设用地过快增长。倡导绿色低碳设计理念，实施城市生态修复和功能完善、新型城市基础设施提升等城市更新重点工程，提高城市防洪排涝能力，建设安全韧性城市、海绵城市。推动新型建筑工业化，大力发展绿色建材、装配式建筑部品部件，强化绿色设计和绿色施工管理。推动建立以绿色低碳为突出导向的城乡规划建设管理机制，加强建筑拆除管控，杜绝大拆大建。开展绿色社区创建行动。（省住房城乡建设厅、省自然资源厅按职责分工负责）

2.加快提升建筑能效水平。结合我省气候特点，加强建筑节能低碳技术研发和推广，适当提高城镇新建建筑相关节能设计标准，推行建筑能耗测评标识和建筑能耗限额管理，加快发展超低能耗、低碳建筑。持续推进居住建筑、公共建筑等既有建筑和老旧供热管网等市政基础设施节能低碳改造。加大公共机构能耗定额标准供给，推进公共机构能耗定额管理落地。提升城镇建筑和基础设施智能化运行管理水平，因地制宜开展供热计量收费，加快推进合同能源管理。到2025年，城镇新建建筑全面执行绿色建筑标准。（省住房城乡建设厅、省市场监管厅、省发展改革委、省管局按职责分工负责）

3.优化建筑用能结构。加快可再生能源建筑规模化应用，大力推进光伏发电在城乡建筑中分布式、一体化应用。积极推动冬季清洁取暖，推进热电联产集中供暖，推广工业余热供暖应用。提高建筑终端电气化水平，建设集光伏发电、储能、直流配电、柔性用电为一体的"光储直柔"建筑。鼓励有条件的公共机构建设连接光伏发电、储能设备和充放电设施的微网系统，实现高效消纳利用。（省住房城乡建设厅、省能源局、省发展改革委、省管局按职责分工负责）

4.推进农村用能低碳转型。大力发展绿色低碳循环农业，开展新能源乡村振兴工程，因地制宜发展分散式风电、分布式光伏、农光互补、渔光互补，推进"光伏+设施农业"等低碳农业模式。持续推进农村地区清洁取暖，构建以电采暖、生物质区域锅炉等为主的清洁供暖体系。加快太阳能、地热能在农用生产和农村生活中的应用，推动示范项目建设。发展节能低碳农业大棚，推广节能环保灶具、农机具。持续推进农村电网改造升级，基本实现城乡供电服务均等化，提升农村用能电气化水平。引导新建农房执行节能及绿色建筑标准，鼓励农房节能改造。到2025年，建成一批绿色环保的宜居型农房。（省农业农村厅、省住房城乡建设厅、省发展改革委、省生态环境厅、省能源局按职责分工负责）

（五）交通运输绿色低碳行动。

制定交通运输领域碳达峰实施方案，全方位、全领域、全过程推动交通运输绿色低碳发展，确保交通运输领域碳排放增长保持在合理区间。

1.大力推广新能源汽车。支持新能源汽车产业发展，构建以新能源智能网联汽车产业链为核心，融合智能绿色交通出行链、新型消费链、智慧能源链、新基建链等"五链"一体的汽车生态系统。以一汽集团为重要依托，加快推进奥迪一汽新能源汽车等重大项目建设，深入实施"旗E春城、旗动吉林"行动。推进新能源、清洁能源车辆在城市公交、城市配送等领域应用。公共机构加快淘汰报废老旧柴油公务用车，加大新能源汽车配备使用力度，新增及更新用于机要通信和相对固定路线的执法执勤、通勤等车辆时，原则上配备新能源汽车。探索推广氢能等新能源交通工具。到2030年，当年新增新能源、清洁能源动力的交通工具比例达到40%左右，营运车辆单位换算周转量碳排放强度比2020年下降8.5%左右。（省工业和信息化厅、省交通运输厅、省发展改革委、省管局按职责分工负责）

2.优化交通运输结构。深入推动大宗货物"公转铁"，围绕汽车、粮食等大宗货物运输，大力发展铁路集装箱运输、多式联运、甩挂运输。推进铁路专用线规划建设，扩大铁路专用线覆盖范围，满足大型工矿企业及大型物流园区"公转铁"需求。加强与辽宁丹东港、营口港铁海联运合作，推进长春–四平–营口陆海联运通道建设。加快构建绿色出行体系，深入实施公共交通优先发展战略，发展城市轨道交通，强化城际铁路、轨道交通、地面公交有机衔接，提升公共交通品质与吸引力。完善城市步行和自行车等慢行服务系统，倡导绿色出行。到2030年，长春市、吉林市绿色出行比例不低于70%。（省交通运输厅、省发展改革委、省住房城乡建设厅、沈阳铁路监管局、中铁沈阳局集团按职责分工负责）

3.加快绿色交通基础设施建设。将绿色低碳理念贯穿于交通基础设施规划、建设、运营和维护全过程，降低全生命周期能耗和碳排放，建设绿色公路、绿色铁路、绿色航空。鼓励不同类别、不同等级的交通基础设施共用通道、线位、桥位，提高通道利用效率。有序推进充电桩、配套电网、加气站、加氢站等基础设施建设，鼓励在枢纽场站和停车场内建设充电设施，进一步完善以哈长城市群和长春都市圈为核心的高速公路充（换）电设施布局。加快机场设施"油改电"建设和改造，全面规范飞机辅助动力装置替代。到2025年，全省力争建成充（换）电站500座，充电桩数量达到1.2万个。到2030年，长春龙嘉国际机场等民用运输机场内可电动化车辆装备等全面实现电动化。（省交通运输厅、省发展改革委、省能源局、省自然资源厅、省住房城乡建设厅、民航吉林监管局按职责分工负责）

（六）循环经济助力降碳行动。

大力发展循环经济，全面提高资源利用效率，充分发挥减少资源消耗和降碳的协同作用。

1.推动产业园区循环化发展。围绕空间布局优化、产业结构调整、企业清洁生产、公共基础设施建设、环境保护、组织管理创新等方面，组织园区企业实施清洁生产改造，积极利用余热余压，推行热电联产、分布式能源及光伏储能一体化应用，推动能源梯级利用。建设园区污水集中收集处理及回用设施，开展污水处理和循环再利用。搭建园区公共信息服务平台，加强园区物质流管理。严格落实《国家级经济技术开发区综合发展水平考核评价办法（2021年版）》，将二氧化碳排放量增长率等指标纳入国家级经济技术开发区考核评价。到2030年，省级及以上重点产业园区全部实施循环化改造。（省发展改革委、省工业和信息化厅、省商务厅、省生态环境厅、省统计局按职责分工负责）

2.加强大宗固体废弃物综合利用。以尾矿、煤矸石、粉煤灰、冶炼渣、工业副产石膏、建筑垃圾、农作物秸秆等大宗固体废弃物为重点，研发推广大宗固体废弃物综合利用先进技术、装备及高附加值产品。加快白山市和蛟河天岗石材产业园区大宗固体废弃物综合利用基地建设。加强煤矸石和粉煤灰在工程建设、塌陷区治理以及盐碱地生态修复等领域应用，推动采矿废石制备砂石骨料、陶粒、干混砂浆等砂源替代材料和凝胶回填利用。到2025年，秸秆综合利用率达到86%。（省发展改革委、省工业和信息化厅、省自然资源厅、省生态环境厅、省住房城乡建设厅、省农业农村厅按职责分工负责）

3.完善废旧资源回收利用体系。合理布局、规范建设交投点、中转站、分拣中心三级回收体系，加强废纸、废塑料、废旧轮胎等再生资源利用，推动废旧资源回收与生活垃圾分类"两网融合"，构建城市再生资源回收利用体系。加快"无废城市"建设。落实生产者责任延伸制度，以电器电子产品、汽车产品、动力蓄电池等为重点，鼓励有条件的生产企业加快建立逆向物流回收体系。推动废旧家电回收线上线下结合，推广"互联网＋回收"新模式。推进退役动力电池、光伏组件、风电机组叶片等新兴产业废弃物循环利用。促进汽车零部件等再制造产业高质量发展，加强再制造产品推广应用。推进长春循环经济产业园区建设。（省发展改革委、省商务厅、省工业和信息化厅、省住房城乡建设厅、省生态环境厅、省供销社按职责分工负责）

4.推进生活垃圾减量化资源化。因地制宜推进生活垃圾分类，完善生活垃圾分类投放、分类收集、分类运输、分类处理体系。加强塑料污染全链条治理，整治过度包装，积极推行无纸化办公。科学合理布局生活垃圾焚烧处理设施，加快项目建设。到2025年，城镇生活垃圾分类体系基本健全，生活垃圾资源化利用比例提升至60%左右。到2030年，城镇生活垃圾分类实现全覆盖，生活垃圾资源化利用比例提升至65%。（省住房城乡建设厅、省发展改革委、省生态环境厅、省市场监管厅、省管局按职责分工负责）

（七）绿色低碳科技创新行动。

发挥科技创新的支撑引领作用，加快绿色低碳科技革命，构建形成研究开发、应用推广、产业发展贯通融合的绿色低碳技术创新格局。

1.完善绿色低碳技术创新机制。编制科技支撑碳达峰、碳中和实施方案，统筹推进我省绿色低碳技术创新。将绿色低碳技术创新成果纳入省内高校、科研单位、国有企业绩效考核，增加相关成果在高校、科研院所职称评定中所占比重。完善绿色技术全链条转移转化机制，建立绿色技术转移、交易和产业化服务平台。加强知识产权保护，建设中国（吉林）和中国（长春）知识产权保护中心。（省科技厅、省委组织部、省人力资源社会保障厅、省国资委、省市场监管厅按职责分工负责）

2.加强绿色低碳技术创新能力建设。鼓励企业、高校和科研单位组建重点实验室和科技创新中心，通过合作开发、技术入股等方式，联合承担各类绿色低碳科技研发项目，共建绿色低碳产业创新中心。实施科技创新企业研发投入、转化成果、新产品产值"三跃升"计划和科技企业上市工程。鼓励高校加快绿色低碳技术相关学科建设，提升绿色低碳人才培养能力。深化产教融合，积极创建国家级储能技术产教融合创新平台。（省科技厅、省发展改革委、省教育厅按职责分工负责）

3.强化绿色低碳技术研究攻关和推广应用。开展绿色低碳技术攻关，推进碳减排技术的突破与创新，鼓励二氧化碳规模化利用，支持化石能源清洁低碳利用、可再生能源大规模利用、二氧化碳捕集利用与封存技术研发和示范应用。加强新能源汽车、动力电池、智能电网、新型储能等关键技术攻关，加快补齐碳纤维、气凝胶等基础材料和关键零部件、元器件等技术短板，将相关项目纳入省科技发展计划项目指南。谋划实施绿色低碳领域重大科技专项，解决制约产业发展方面的重大关键核心技术问题。推广先进成熟绿色低碳技术，开展示范应用。打造全球卫星及应用产业创新高地，开展二氧化碳遥感监测。（省科技厅、省发展改革委、省生态环境厅、省能源局、省工业和信息化厅、省气象局按职责分工负责）

（八）碳汇能力巩固提升行动。

坚持系统观念，推进山水林田湖草沙冰一体化保护和修复，立足全省生态资源，有效发挥森林、草原、湿地、土壤的固碳作用，提升生态系统碳汇总量。

1.巩固生态系统固碳作用。结合国土空间规划编制和实施，形成有利于碳达峰、碳中和的国土空间开发保护格局。构建"两屏两廊一网"的生态格局，打造东部森林生态安全屏障和西部防风固沙生态安全屏障，建设松花江水系生态廊道和辽河水系生态廊道，整合优化各类自然保护地，建立以东北虎豹国家公园为主体、各级自然保护区为基础、各类自然公园为补充的自然保护地体系。划定生态保护、永久基本农田、城镇开发边界等空间管控边界，严格控制城镇建设占用农业和生态空间，稳定现有森林、草原、湿地、耕地等重要生态空间的固碳作用。严格执行土地使用标准，推广节地技术和节地模式。实施最严格的耕地保护制度。开展碳汇本底调查、碳储量评估和潜力分析，探索建立能够体现碳汇价值的生态保护补偿机制。（省自然资源厅、省林草局、省农业农村厅、省生态环境厅、省财政厅按职责分工负责）

2.大力提升森林生态系统碳汇。完善城市绿色空间体系，着力推进园林城市和森林城市建设。实施东北森林带、北方（吉林西部）防沙带、林草湿生态连通等重点生态工程，开展第三个"十年绿美吉林"行动。强化森林资源保护，落实天然林保护修复政策，实施森林抚育经营和低效林改造，开展长白山森林生态保育工程，建设东北东部林区高质量发展示范区。到2030年，森林覆盖率达到46%，森林蓄积量达到11.41亿立方米。（省林草局、省自然资源厅、省发展改革委、省住房城乡建设厅、省生态环境厅按职责分工负责）

3.稳步提升草原湿地生态系统碳汇。加强草原生态保护和修复，开展草原资源调查和监测，提高草原综合植被盖度。加大草原灾害防控力度，健全草原有害生物监管和联防联治机制。加强松花江、东辽河、图们江、鸭绿江等重点流域和查干湖等重要湖泊湿地生态保护和修复，落实湿地管护责任，形成覆盖面广、连通性强、层级合理的湿地保护体系。充分发挥西部河湖连通工程带来的生态环境效益，深度挖掘西部地区河湖沼泽碳汇潜力。开展"智慧湿地"信息化平台建设，加强湿地信息化监管手段。到2025年，草原综合植被盖度力争达到72.3%。到2030年，草原综合植被盖度达到73.5%。（省林草局、省自然资源厅、省发展改革委按职责分工负责）

4.增强黑土地固碳能力。深入实施黑土地保护工程，探索推广东部固土保肥、中部提质增肥、西部改良育肥等技术模式，加快推进高标准农田、保护性耕作、耕地地力培肥等重大工程建设，突出抓好秸秆全量化处置和全域禁烧。深入总结推广"梨树模式"，推进四平黑土地保护示范区建设，扩大黑土地保护利用试点范围。坚持打好"黑土粮仓"科技会战，组建东北黑土地研究院，建设黑土地保护与利用国家重点实验室。大力推广测土配方施肥、农膜回收利用等绿色生产技术，合理控制化肥、农药、地膜使用量，实施化肥农药减量替代计划。到2025年，保护性耕作面积达到4000万亩，累计建成高标准农田5000万亩。到2030年，耕地质量比"十三五"初期提高1个等级。（省农业农村厅、省生态环境厅、省科技厅按职责分工负责）

（九）绿色低碳全民行动。

增强全民节约意识、环保意识、生态意识，倡导简约适度、绿色低碳、文明健康的生活方式，把建设美丽吉林转化为全省人民的自觉行动。

1.加强生态文明宣传教育。深入宣传习近平生态文明思想，创新宣传载体，丰富活动内容，把绿色低碳理念融入人们日常工作学习生活。拓展生态文明教育的广度和深度，将绿色低碳发展纳入国民教育体系，开展多种形式的资源环境国情教育，普及碳达峰、碳中和基础知识。持续开展世界环境日、节能宣传周及低碳日、吉林生态日、黑土地保护日等主题宣传活动，增强社会公众绿色低碳意识，推动生态文明理念更加深入人心。（省委宣传部、省发展改革委、省教育厅、省自然资源厅、省生态环境厅按职责分工负责）

2.推广绿色低碳生活方式。着力破除奢靡铺张的歪风陋习，坚决遏制餐饮浪费等奢侈浪费和不合理消费行为。开展绿色低碳社会行动示范创建，深入推进节约型机关、绿色家庭、绿色学校、绿色社区、绿色出行、绿色商场、绿色建筑创建行动，营造绿色低碳生活新风尚。鼓励居民绿色消费，推广绿色低碳产品，严格落实绿色产品认证和标识制度。按照国家政策要求，加大政府绿色采购力度，扩大绿色产品采购范围。（省发展改革委、省教育厅、省住房城乡建设厅、省交通运输厅、省商务厅、省管局、省妇联、省市场监管厅、省财政厅按职责分工负责）

3.引导企业履行社会责任。引导企业主动适应绿色低碳发展要求，强化环境责任意识，加强能源资源节约，提升绿色创新水平。重点领域国有企业要充分发挥示范引领作用，带头压减落后产能，推广低碳、零碳、负碳技术，制定实施企业碳达峰方案，积极推进绿色低碳转型。重点用能单位要主动核算自身碳排放情况，分析研究碳减排路径，制定专项工作方案，实施节能降碳改造。相关上市公司和发债企业要按照环境信息依法

披露要求，定期公布企业碳排放信息。（省工业和信息化厅、省发展改革委、省国资委、省生态环境厅、吉林证监局按职责分工负责）

4.加强领导干部培训。将学习贯彻习近平生态文明思想和习近平总书记关于碳达峰、碳中和重要讲话重要指示批示精神作为干部教育培训的重要内容，各级党校（行政学院）要把碳达峰、碳中和相关内容纳入教学计划，有针对性地对各级领导干部开展培训，深化各级领导干部对碳达峰、碳中和工作重要性、紧迫性、科学性、系统性的认识。从事绿色低碳发展工作的领导干部要主动学习碳达峰、碳中和业务知识，着力提升能力素养，切实增强推动绿色低碳发展的本领。〔省委组织部、省委党校（省行政学院）、省能源安全暨碳达峰碳中和工作领导小组办公室按职责分工负责〕

（十）各地区梯次有序碳达峰行动。

各地区要围绕深入实施"一主六双"高质量发展战略，准确把握自身发展定位，结合本地区经济社会发展实际和资源环境禀赋，坚持分类施策、因地制宜、上下联动，有力有序推进碳达峰。

1.科学合理确定有序碳达峰目标。产业结构较轻的地区，要坚持绿色低碳发展，严控高耗能、高排放、低水平项目建设，力争率先实现碳达峰。风光资源丰富的地区，要将资源优势转化为产业优势、竞争优势和发展优势，提高可再生能源本地消纳比例，力争尽早实现碳达峰。化工、钢铁等重工业占比较高、能源结构偏煤的地区，要把节能降碳摆在首位，大力优化调整产业结构和能源结构，力争与全省同步实现碳达峰。（省能源安全暨碳达峰碳中和工作领导小组办公室负责）

2.上下联动制定碳达峰方案。各市（州）、长白山保护开发区、梅河口市要结合本地区资源禀赋、产业布局、能源结构、发展阶段等，按照省能源安全暨碳达峰碳中和工作领导小组统一部署，提出符合实际、切实可行的碳达峰时间表、路线图、施工图，科学制定本地区碳达峰方案。各地区碳达峰方案经省能源安全暨碳达峰碳中和工作领导小组综合平衡、审核通过后，由各地自行印发实施。（省能源安全暨碳达峰碳中和工作领导小组办公室负责）

3.开展碳达峰试点示范。鼓励有典型代表性的城市和园区开展碳达峰新路径、新模式探索，推动绿色低碳转型，争创国家级碳达峰试点，及时总结试点先进建设经验，为全国碳达峰提供吉林经验。（省能源安全暨碳达峰碳中和工作领导小组办公室负责）

四、加强绿色低碳区域合作

（一）开展绿色经贸、技术合作。优化贸易结构，大力发展高质量、高附加值的绿色产品贸易。加强节能环保产品和服务进口。加大自主品牌培育，支持企业开展国际认证，提升出口商品附加值，鼓励企业全面融入绿色低碳产业链。稳步扩大开放型国际合作，促进吉林与东北亚相关国家在绿色技术、绿色装备、清洁能源等方面的交流与合作，积极推动我省绿色低碳技术及产品"走出去"。充分发挥我省"大院大所"的科技创新资源优势，推动开展绿色低碳领域科研合作和技术交流，将创新优势转化为产业优

势。（省商务厅、省科技厅按职责分工负责）

（二）**融入国家绿色"一带一路"建设。** 立足区位优势，积极参与打造中蒙俄经济走廊，构建大图们江开发开放经济带，推动"一带一路"倡议在东北亚地区务实落地。推进中国–白俄罗斯先进材料与制造"一带一路"联合实验室等国际合作平台建设，围绕新能源及光电磁材料等领域开展关键技术联合攻关。充分利用东北亚地方合作圆桌会议机制，开展绿色低碳发展交流与合作。促进东北地区多层次、多方位合作，推进东部通化、白山、延边地区与黑龙江、辽宁合作共建东北东部绿色经济带，推动西部松原、白城地区与黑龙江、辽宁、内蒙古合作共建东北西部生态经济带，加强与内蒙古在煤炭、电力等能源领域合作。（省发展改革委、省生态环境厅、省外办、省科技厅、省工业和信息化厅、省能源局按职责分工负责）

五、政策保障

（一）**建立健全统计核算和标准体系。** 按照国家统一规范的碳排放统计核算体系有关要求，建立完善我省碳排放核算体系，规范编制年度温室气体排放清单，充分发挥统计核算对碳达峰的支撑作用。加强能源生产、消费、流通等数据的采集、审核及评估，科学核算全省能源消费数据，加强分析研究和监测预警。落实国家各项绿色标准，严格节能标准实施与监督，推进节能、工业绿色低碳发展等地方标准制修订工作，健全我省绿色标准体系。（省统计局、省发展改革委、省生态环境厅、省工业和信息化厅、省市场监管厅按职责分工负责）

（二）**完善财税、价格、金融政策。** 各级财政要加大对碳达峰、碳中和相关工作的支持力度。全面落实资源综合利用、节能、节水等税收优惠政策。严格执行国家差别电价、阶梯电价等绿色电价政策。完善绿色金融体系，大力发展绿色信贷、绿色基金、绿色债券、绿色保险等金融工具，引导金融机构向具有显著碳减排效应的重点项目提供长期限优惠利率融资。支持符合条件的绿色企业上市融资、挂牌融资和再融资。鼓励社会资本以市场化方式设立绿色低碳产业投资基金。开展绿色金融改革创新。（省财政厅、省税务局、省发展改革委、省地方金融监管局、人民银行长春中心支行、吉林银保监局、吉林证监局按职责分工负责）

（三）**开展市场化交易。** 推动碳排放权市场化交易，做好交易对象核查复核、碳排放权配额发放等工作，指导参与碳排放权交易的企业进行碳市场上线交易、配额清缴履约等。按照国家统一部署，适时开展用能权交易工作，做好与能耗双控制度衔接。积极推行合同能源管理，推广节能咨询、诊断、设计、融资、改造、托管等"一站式"综合服务模式。（省生态环境厅、省发展改革委、省市场监管厅按职责分工负责）

六、组织实施

（一）**加强统筹协调。** 各级党政主要领导要担负起碳达峰、碳中和工作第一责任人责任，严格落实"党政同责、一岗双责"。省能源安全暨碳达峰碳中和工作领导小组办公室要加强对碳达峰工作的统筹协调，定期对各地区和重点领域工作进展情况进行调度，督促各项目标任务落细落实，重要事项及时提请省能源安全暨碳达峰碳中和工作领导小组审议。领导小组各成员单位要按照省委、省政府决策部署和领导小组工作要求，扎实推进相关工作。（省能源安全暨碳达峰碳中和工作领导小组办公室及中省直有关部门按职责分工负责）

（二）**强化责任落实**。各地区、各部门要进一步提高政治站位，围绕碳达峰目标要求，全面实行"五化"闭环工作法，细化分解重点任务，确保各项工作取得实效，落实情况纳入省级生态环境保护督察。各相关单位、人民团体、社会组织要按照碳达峰工作有关部署，最大限度凝聚共识和力量，推进经济社会绿色低碳发展。（省能源安全暨碳达峰碳中和工作领导小组办公室及中省直有关部门按职责分工负责）

（三）**严格监督考核**。落实国家碳强度和碳排放总量控制制度，实行能源消费和碳排放指标同管理、同分解、同考核，推动能耗双控向碳排放总量和强度双控转变，逐步建立系统完善的碳达峰碳中和综合评价考核制度。加强监督考核结果应用，对碳达峰工作成效突出的地区、单位和个人按规定给予表彰奖励，对未完成碳排放控制目标的地区和部门依法依规通报批评和约谈问责。各市（州）政府、长白山管委会、梅河口市政府要组织开展碳达峰目标任务年度评估，有关工作进展和重大问题及时向省能源安全暨碳达峰碳中和工作领导小组报告。（省能源安全暨碳达峰碳中和工作领导小组办公室及中省直有关部门按职责分工负责）

上海市人民政府关于印发《上海市碳达峰实施方案》的通知

（沪府发〔2022〕7号）

各区人民政府，市政府各委、办、局：

现将《上海市碳达峰实施方案》印发给你们，请认真按照执行。

上海市人民政府
2022年7月8日

上海市碳达峰实施方案

为深入贯彻落实党中央、国务院关于碳达峰、碳中和的重大战略决策，扎实推进本市碳达峰工作，制定本实施方案。

一、主要目标

"十四五"期间，产业结构和能源结构明显优化，重点行业能源利用效率明显提升，煤炭消费总量进一步削减，与超大城市相适应的清洁低碳安全高效的现代能源体系和新型电力系统加快构建，绿色低碳技术创新研发和推广应用取得重要进展，绿色生产生活方式得到普遍推行，循环型社会基本形成，绿色低碳循环发展政策体系初步建立。到2025年，单位生产总值能源消耗比2020年下降14%，非化石能源占能源消费总量比重力争达到20%，单位生产总值二氧化碳排放确保完成国家下达指标。

"十五五"期间，产业结构和能源结构优化升级取得重大进展，清洁低碳安全高效的现代能源体系和新型电力系统基本建立，重点领域低碳发展模式基本形成，重点行业能源利用效率达到国际先进水平，绿色低碳技术创新取得突破性进展，简约适度的绿色生活方式全面普及，循环型社会发展水平明显提升，绿色低碳循环发展政策体系基本健全。到2030年，非化石能源占能源消费总量比重力争达到25%，单位生产总值二氧化碳排放比2005年下降70%，确保2030年前实现碳达峰。

二、重点任务

将碳达峰的战略导向和目标要求贯穿于经济社会发展的全过程和各方面，在加强统筹谋划的同时，进一步聚焦重点举措、重点区域、重点行业和重点主体，组织实施"碳达峰十大行动"。

（一）能源绿色低碳转型行动。

加快构建与超大城市相适应的清洁低碳安全高效的现代能源体系和新型电力系统，确保能源供应安全底线、支撑经济社会高质量发展。

1.大力发展非化石能源。 坚持市内、市外并举，落实完成国家下达的可再生能源电力消纳责任权重，推动可再生能源项目有序开发建设。到2025年，可再生能源占全社会用电量比重力争达到36%。大力推进光伏大规模开发和高质量发展，坚持集中式与分布式并重，充分利用农业、园区、市政设施、公共机构、住宅等土地和场址资源，实施一批"光伏+"工程。到2025年，光伏装机容量力争达到400万千瓦；到2030年，力争达到700万千瓦。加快推进奉贤、南汇和金山三大海域风电开发，探索实施深远海风电示范试点，因地制宜推进陆上风电及分散式风电开发。到2025年，风电装机容量力争达到260万千瓦；到2030年，力争达到500万千瓦。结合宝山、浦东生活垃圾焚烧设施新建一批生物质发电项目，加大农作物秸秆、园林废弃物等生物质能利用力度，到2030年，生物质发电装机容量达到84万千瓦。加快探索潮流能、波浪能、温差能等海洋新能源开发利用。大力争取新增外来清洁能源供应，进一步加大市外非化石能源电力的引入力度。加强与非化石能源资源丰富的地区合作，建设大型非化石能源基地，合理布局新增和扩建市外清洁能源通道（可再生能源电量比例原则上不低于50%），力争"十五五"期间基本建成并投入运行。（责任单位：市发展改革委、市经济信息化委、市规划资源局、市住房城乡建设管理委、市机管局、市交通委、市农业农村委、市生态环境局、市绿化市容局）

2.严格控制煤炭消费。 继续实施重点企业煤炭消费总量控制制度，"十四五"期间本市煤炭消费总量下降5%左右，煤炭消费占一次能源消费比重下降到30%以下。"十四五"期间加快推进外高桥、吴泾、石洞口等地区落后燃煤机组等容量替代，并预留碳捕集设施接口和场地，同步推进其他现役燃煤机组节能升级和灵活性改造。加快自备电厂清洁化改造，按照不超过原规模2/3保留煤机，重点推进吴泾八期、宝钢自备电厂机组等实施高温亚临界改造。在保障电力供应安全的前提下，"十四五"期间合理控制发电用煤，"十五五"期间进一步削减发电用煤。"十四五"期间推动宝武集团上海基地钢铁生产工艺加快从长流程向短流程转变，加大天然气喷吹替代的应用力度。推动实施吴泾、高桥地区整体转型，进一步压减石化化工行业煤炭消费。（责任单位：市发展改革委、市经济信息化委、市生态环境局）

3.合理调控油气消费。 保持石油消费处于合理区间，逐步调整汽油消费规模，大力推进低碳燃料替代传统燃油，提升终端燃油产品能效。加快推进机动车和内河船舶等交通工具的电气化、低碳化替代。合理控制航空、航运油品消费增长速度，大力推进可持续航空燃料、先进生物液体燃料等替代传统燃油。提升天然气供应保障能力，有序引导天然气消费。加快建设天然气产供储销体系，推进上海液化天然气站线扩建等项目，完善天然气主干管网布局，提升气源储备能力。加快布局燃气调峰电源，建设约160万千瓦燃机，推广用户侧分布式供能建设。到2025年，天然气年供应能力达到137亿立方米左右，储备能力达到20天；到2030年，天然气年供应能力达到165亿立方米左右，储备能力不低于20天。（责任单位：市发展改革委、市经济信息化委、市住房城乡建设管理委、市交通委）

4.加快建设新型电力系统。构建新能源占比逐渐提高的新型电力系统，基本建成满足国际大都市需求，适应可再生能源大比例接入需要，结构坚强、智能互动、运行灵活的城市电网。大力提升电力系统综合调节能力，推进燃气调峰机组等灵活调节电源建设和高效燃煤机组灵活性改造，引导提升外来电的调节能力。打造国际领先的城市配电网，综合运用新一代信息技术，提高智能化水平，在中心城区、临港新片区等区域推广应用"钻石型"配电网。完善用电需求响应机制，开展虚拟电厂建设，引导工业用电大户和工商业可中断用户积极参与负荷需求侧响应，充分发挥全市大型公共建筑能耗监测平台作用，深入推进黄浦建筑楼宇电力需求侧管理试点示范，并逐步在其他区域和行业推广应用。到2025年，需求侧尖峰负荷响应能力不低于5%。积极推进源网荷储一体化和多能互补发展，推广以分布式"新能源+储能"为主体的微电网和电动汽车有序充电，积极探索应用新型储能技术，大力发展低成本、高安全和长寿命的储能技术。深化电力体制改革，构建公平开放、竞争有序、安全低碳导向的电力市场体系。加快扩大新型储能装机规模。（责任单位：市发展改革委、市经济信息化委、市科委）

（二）节能降碳增效行动。

坚持节约优先，以能源消费强度和总量双控制度作为统领和核心抓手，以精细化管理和技术创新应用为支撑，全面提升全社会能源利用效率和效益。

1.深入推进节能精细化管理。进一步完善"市区联动、条块结合"的节能管理工作机制，合理分解能源消费强度和总量双控目标，优化评价考核制度，层层细化落实各相关部门、各区和重点企业目标责任。在产业项目发展的全过程深入落实能耗双控目标要求，将单位增加值（产值）能耗水平作为规划布局、项目引入、土地出让等环节的重要门槛指标。优化完善节能审查制度，科学评估新增用能项目对能耗双控和碳达峰目标的影响，严格节能验收闭环管理。强化用能单位精细化节能管理，建成覆盖全市所有重点用能单位和大型公共建筑的能耗在线监测平台，推进建立本市建筑碳排放智慧监管平台，推动高耗能企业建立能源管理中心。完善能源计量体系，鼓励采用认证手段提升节能管理水平。强化能源利用状况报告及能源审计管理制度，通过目标考核、能效对标、限额管理、绿色电价、信用监管等激励约束机制，引导督促用能单位提升节能管理水平、深挖节能潜力。加强节能监察能力建设，强化节能监察执法。（责任单位：市发展改革委、市经济信息化委、市规划资源局、市住房城乡建设管理委、市交通委、市市场监管局、市机管局）

2.实施节能降碳重点工程。推进建筑、交通、照明、通讯、供冷（热）等基础设施节能升级改造，推广先进低碳、零碳建筑技术示范应用，推动市政基础设施综合能效提升。实施上海化学工业区、宝武集团上海基地、临港新片区等园区节能降碳工程，以高耗能、高排放、低水平项目（以下简称"两高一低"项目）为重点，推动能源系统优化和梯级利用，推进工艺过程温室气体和污染物协同控制，打造一批达到国际先进水平的节能低碳园区。实施钢铁、石化化工、电力、数据中心等重点行业节能降碳工程，对标国际先进标准，深入开展能效对标达标活动，打造各领域、各行业能效"领跑者"，提升能源资源利用效率。实施重大节能降碳技术示范工程，支持已取得突破的绿色低碳关键技术开展产业化示范应用。（责任单位：市发展改革委、市经济信息化委、市交通委、市住房城乡建设管理委、市科委、市生态环境局）

3.推进重点用能设备节能增效。以电机、风机、泵、压缩机、变压器、换热器、锅炉、制冷机、环保治理设施等为重点，通过更新改造等措施，全面提升系统能效水平。建立以能效为导向的激励约束机制，大力推动绿色低碳产品认证和能效标识制度的实施，落实国家节能环保专用设备税收优惠政策，综合运用多种手段推广先进高效的产品设备，加快淘汰落后低效设备。加强重点用能设备节能监察和日常监管，强化生产、经营、销售、使用、报废全链条管理，严厉打击违法违规行为，确保能效标准和节能要求全面落实。（责任单位：市发展改革委、市经济信息化委、市市场监管局）

4.加强新型基础设施节能降碳。统筹规划、有序推进新型基础设施集约化建设，严控总量规模，向具有重要功能的数据中心适当倾斜。优化新型基础设施空间布局，新建数据中心布局在临港新片区等重点发展区域。优化新型基础设施用能结构，推广采用直流供电、分布式储能、"光伏+储能"等模式，探索多样化能源供应，提高非化石能源消费比重。提升项目能效准入门槛，新建数据中心能源利用效率（PUE）不高于1.3，持续提高效益产出要求，单位增加值能耗原则上优于全市单位生产总值能耗水平。加快既有数据中心升级改造，积极推广使用液冷技术、高效制冷、先进通风、余热利用、智能化用能控制等技术，力争能源利用效率（PUE）不高于1.4。加大"上大压小"力度，将规模小、效益差、能耗高的小散老旧数据中心纳入产业限制和淘汰目录。加强新型基础设施用能管理，将数据中心纳入重点用能单位能耗在线监测系统，开展能源计量审查。（责任单位：市经济信息化委、市发展改革委、市科委、市市场监管局）

（三）工业领域碳达峰行动。

工业发展对全市碳达峰和能耗双控目标实现具有重要影响。要大力发展先进制造业，坚决遏制"两高一低"项目盲目发展，持续优化产业结构、提升用能效率。

1.深入推进产业绿色低碳转型。优化制造业结构，推进低效土地资源退出，大力发展战略性新兴产业，加快传统产业绿色低碳改造，推动产业体系向低碳化、绿色化、高端化优化升级。对照碳达峰、碳中和要求，组织开展全市重点制造业行业低碳评估，对于与传统化石能源使用密切相关的行业，加快推进低碳转型和调整升级。对于能耗量和碳排放量较大的新兴产业，要合理控制发展规模，加大绿色低碳技术应用力度，进一步提高能效水平，严格控制工艺过程温室气体排放。将绿色低碳作为产业发展重要方向和新兴增长点，着力打造有利于绿色低碳技术研发和产业发展的政策制度环境，鼓励支持各区、各园区加大力度开展绿色低碳循环技术创新和应用示范，培育壮大新能源、新能源汽车、节能环保、循环再生利用、储能和智能电网、碳捕集及资源化利用、氢能等绿色低碳循环相关制造和服务产业。建立绿色制造和绿色供应链体系，推动新材料、互联网、大数据、人工智能、移动通信、航空航天、海洋装备等战略性新兴产业与绿色低碳产业深度融合。（责任单位：市经济信息化委、市发展改革委、市科委、市生态环境局）

2. 推动钢铁行业碳达峰。 开展宝武集团上海基地碳达峰、碳中和试点示范行动。严禁钢铁行业新增产能，确保粗钢产量只减不增。大力推进钢铁生产工艺从长流程向短流程转变，提高废钢回收利用水平，推进高炉加快调整，"十五五"期间推进高炉产能逐步转向电炉，到2030年，废钢比提升至30%。推进炼铁工艺和自备电厂清洁能源替代，提升钢铁基地天然气储存和供应能力，加快研发应用新型炉料、天然气替代喷吹煤、富氢碳循环高炉、微波烧结等节能低碳技术，探索开展气基竖炉氢冶炼技术、碳捕集及资源化利用示范试点。加强产品升级，加大高能效变压器用取向硅钢等高性能钢材开发和生产力度。（责任单位：市经济信息化委、市发展改革委、市科委、市生态环境局）

3. 推动石化化工行业碳达峰。 "十四五"期间石化化工行业炼油能力不增加，能耗强度有所下降，能耗增量在工业领域内统筹平衡；"十五五"期间石化化工行业碳排放总量不增加，并力争有所减少。优化产能规模和布局，加快推进高桥、吴泾等重点地区整体转型。对标国际先进水平，推进重点企业节能升级改造。推动化工园区能量梯级利用、物料循环利用，加强炼厂干气、液化气等副产气体高效利用。大力推进石化化工行业高端化、低碳化转型升级，推动原料轻质化，提高低碳化原料比例，优化产品结构，促进产业协同提质增效。在上海化学工业区推进二氧化碳资源化利用等碳中和关键新材料产业为主的"园中园"建设。（责任单位：市经济信息化委、市发展改革委、上海化工区管委会）

4. 坚决遏制"两高一低"项目盲目发展。 采取强有力措施，对"两高一低"项目实行清单管理、分类处置、动态监控。全面排查在建项目，推动能效水平应提尽提，力争全面达到国内乃至国际先进水平。严格控制新增项目，严禁新增行业产能已经饱和的"两高一低"项目，除涉及本市城市运行和产业发展安全保障、环保改造、再生资源利用和强链补链延链等项目外，原则上不得新建、扩建"两高一低"项目。实施市级联合评审机制，对经评审分析后确需新增的"两高一低"项目，按照国家和本市有关要求，严格实施节能、环评审查，对标国际先进水平，提高准入门槛。深入挖潜存量项目，督促改造升级，依法依规推动落后产能退出。强化常态化节能环保监管执法。（责任单位：市发展改革委、市经济信息化委、市生态环境局、市市场监管局）

（四）城乡建设领域碳达峰行动。

建立建筑全生命周期的能耗和碳排放约束机制，推动实施超低能耗建筑规模化发展、既有建筑规模化节能改造、建筑可再生能源规模化应用等重点举措。

1. 推进城乡建设绿色低碳转型。 优化城乡空间布局，科学确定建设规模，合理控制城乡建筑面积总量，严格管控高能耗建筑建设。推进产城融合发展，促进就业岗位和居住空间均衡融合布局。倡导绿色低碳规划设计理念，全面贯彻至国土空间规划、土地出让、方案设计、建设施工等建设全过程，增强城乡气候韧性，建设海绵城市。推行绿色施工，推动建筑信息模型（BIM）等智能化技术应用，大力推进装配式建筑和智能建造融合发展，推行全装修住宅，减少建设过程能源资源消耗。推广绿色低碳建材，大力推进建筑废弃物循环再生利用。在城市更新和旧区改造中，严格实施建筑拆除管理制度，杜绝大拆大建。（责任单位：市住房城乡建设管理委、市规划资源局、市房屋管理局、市发展改革委）

2.加快提升建筑能效水平。形成覆盖建筑全生命周期的超低能耗建筑技术和监管体系，"十四五"期间累计落实超低能耗建筑示范项目不少于800万平方米。到2025年，五个新城、临港新片区、长三角生态绿色一体化发展示范区、崇明世界级生态岛等重点区域在开展规模化超低能耗建筑示范的基础上，全面执行超低能耗建筑标准。"十五五"期间，全市新建居住建筑执行超低能耗建筑标准的比例达到50%，规模化推进新建公共建筑执行超低能耗建筑标准。到2030年，全市新建民用建筑全面执行超低能耗建筑标准。建立低碳建筑技术体系并推行试点。完善居住建筑、各类公共建筑设计能耗和碳排放限额体系，制定土地出让、设计审查、竣工验收等各环节监管要求。新建建筑按照本市绿色建筑管理办法执行。着力发挥绿色建筑规模化效益，全面推行绿色生态城区建设。加快推进既有建筑节能改造，"十四五"和"十五五"期间累计完成既有建筑节能改造8000万平方米以上，其中平均节能率15%及以上的建筑面积达到600万平方米。持续推进国家公共建筑能效提升重点城市建设，不断提升既有公共建筑能效水平。深入开展公共建筑能效对标达标和能源审计，建立公共建筑运行能耗和碳排放限额管理制度。支持公共机构、大型公共建筑采取高效制冷行动，更新淘汰低效设备，运用智能管控等技术实施改造升级。加强公共基础设施建设及运行维护过程中的统筹规划和管理协调，减少市政工程重复建设和施工，持续开展市政基础设施节能降碳改造，提升智能化运行管理水平。（责任单位：市住房城乡建设管理委、市发展改革委、市市场监管局、市机管局、市房屋管理局）

3.加快优化建筑用能结构。持续推动可再生能源在建筑领域的应用，加快建立新建建筑可再生能源综合利用量核算标准和全周期管理体系，2022年起新建公共建筑、居住建筑和工业厂房至少使用一种可再生能源。到2025年，城镇建筑可再生能源替代率达到10%；到2030年，进一步提升到15%。推进适宜的新建建筑安装光伏，2022年起新建政府机关、学校、工业厂房等建筑屋顶安装光伏的面积比例不低于50%，其他类型公共建筑屋顶安装光伏的面积比例不低于30%。推动既有建筑安装光伏，到2025年，公共机构、工业厂房建筑屋顶光伏覆盖率达到50%以上；到2030年，实现应装尽装。推广太阳能光热、光伏与建筑装配一体化，推进浅层地热能、氢能、工业余热等多元化能源应用。提高建筑终端电气化水平，引导建筑供暖、生活热水等向电气化发展，推动新建公共建筑逐步全面电气化。推动建设集光伏发电、储能、直流配电、柔性用电为一体的"光储直柔"建筑。探索建筑设备智能群控和电力需求侧响应，合理调配用电负荷，推动电力少增容、不增容。（责任单位：市住房城乡建设管理委、市发展改革委、市经

济信息化委、市科委、市机管局、市房屋管理局）

4.推进农村建设和用能低碳转型。营造自然紧凑的乡村格局，保护村庄乡土气息，营造良好的自然景观和乡村生境。提升农房绿色低碳设计建造水平，探索新建农房执行节能设计标准，加快既有农房节能改造，鼓励建设低碳、零碳农房。发展节能低碳农业大棚。推广使用高效照明、电动农用车、节能环保灶具、农机、渔船等设施设备。推进太阳能、地热能、空气热能、生物质能等可再生能源在农业生产和农村生活中的应用，推动农房屋顶、院落等安装光伏。加快农村电网建设，提升农村用能的电气化水平。（责任单位：市住房城乡建设管理委、市农业农村委、市规划资源局、市发展改革委）

（五）交通领域绿色低碳行动。

构建绿色低碳的交通运输体系，推动运输工具和基础设施的绿色低碳转型，大力倡导推行绿色低碳出行。

1.构建绿色高效交通运输体系。优化综合交通运输结构，大力发展铁路、水运等集约化的运输方式。加快完善港口集疏运体系，加强铁路与港口的衔接，完善长三角内河运输基础设施建设，大力推进"公转铁""公转水"，到2025年，港口集装箱水水中转比例达52%，海铁联运箱量翻一番。打造世界一流的绿色低碳航空枢纽，加快形成高效便捷的空港集疏运体系，深化空域精细化管理，优化航路和航线布局，进一步提升行业智能化信息服务水平，建立高效现代航空快递物流体系。打造由干线铁路、城际铁路和市域铁路共同构筑的多层次、多网融合的铁路网络。建立完善城市绿色物流体系，加强快递公共末端设施建设，推广集中配送、共同配送。（责任单位：市交通委、市商务委、市发展改革委、市道路运输局、上海海事局、中国铁路上海局集团、民航华东地区管理局）

2.推动运输工具装备低碳转型。加快推进交通工具向电气化、低碳化、智能化转型升级，积极扩大电力、天然气、先进生物液体燃料、氢能等清洁能源在交通领域的应用。加快推进公共领域车辆全面电动化，积极鼓励社会乘用车领域电动化发展，持续推进液化天然气、生物质燃料、氢燃料重型货运车辆的示范试点及推广应用。到2025年，燃料电池汽车应用总量突破1万辆，个人新增购置车辆中纯电动车辆占比超过50%，将新能源车辆纳入总量控制管理，加大传统燃油车辆的低碳替代力度，公交车、巡游出租车新增或更新车辆原则上全部使用新能源汽车，党政机关、国有企事业单位、环卫、邮政等公共领域，以及租赁汽车、市区货运车、市内包车有适配车型的，新增或更新车辆原则上全部使用纯电动车或燃料电池汽车；到2035年，小客车纯电动车辆占比超过40%。持续提高船舶能效水平，加快发展电动内河船舶，新增环卫、轮渡、黄浦江游船、公务船等内河船舶原则上采用电力或液化天然气驱动，积极推广液化天然气燃料、生物质燃料以及探索氢、氨等新能源在远洋船舶中的应用。到2030年，主力运输船型新船设计能效水平在2020年基础上提高20%，液化天然气等清洁能源动力船舶占比力争达到5%以上。持续提升飞机燃油效率，淘汰老旧高能耗飞机，优化机队结构，并积极推动生物质燃料的应用，逐步提高使用占比。积极推进港口、机场等交通枢纽场站内的非道路移动源的清洁能源和新能源替代，到2025年，港口新增和更新作业机械采用清洁能源或新能源，机场新增或更新场内用设备/车辆采用新能源。到2030年，营运交通工具单位换算周转量碳排放强度比2020年下降9.5%左右。（责任单位：市交通委、市发展改革委、市经济信息化委、市绿化市容局、市邮政管理局、市机管局、市公安局、民航华东地区管理局）

3.加快绿色交通基础设施建设。 将绿色低碳理念贯穿于交通基础设施规划、建设、运营和维护全过程，降低全生命周期能耗和碳排放。新建大型交通枢纽设施按照二星级及以上绿色建筑标准建设，并实现光伏应装尽装，实施既有枢纽设施的绿色化改造。加快推进充电桩、配套电网、加注（气）站、加氢站、港口岸电、机场地面辅助电源等配套基础设施建设，"十四五"期间新建各类充电桩20万个，到2025年，港口泊位配备岸电设备实现全覆盖，集装箱码头岸电设施使用率达到30%，邮轮码头岸电设施使用率和港作船舶岸电使用率力争达到100%，具备接电条件的机场地面辅助电源设施全覆盖。到2030年，民用运输机场场内车辆装备等力争全面实现电动化。（责任单位：市交通委、市发展改革委、市规划资源局、市住房城乡建设管理委、中国铁路上海局集团、民航华东地区管理局）

4.积极引导市民绿色低碳出行。 进一步提升城市公共交通和慢行系统的出行环境和服务水平。构建由铁路、城市轨道和公交等构成的多模式客运交通系统。加快形成城际线、市区线、局域线等多层次的轨道交通网络，完善轨道站点配套接驳设施，到2025年，轨道交通市区线和市域（郊）铁路运营里程达到960公里。优化地面公交线网功能和布局，完善中运量及多层次的地面公交系统，保障公交专用道成网，加强重点地区公交保障服务。综合运用多种手段，合理控制城市小客车总量增长，积极推广新能源车，引导车辆合理使用，推动个体机动交通向公共交通方式逐步转移。完善慢行交通基础设施，保障慢行交通路权，提高慢行交通网络的可达性和便捷性，打造品质宜人的慢行空间。到2025年，中心城绿色交通出行比例达到75%；到2035年，达到85%。（责任单位：市交通委、市道路运输局、市发展改革委、市公安局、各区）

（六）循环经济助力降碳行动。

以源头减量、循环使用、再生利用为统领，加快建成覆盖城市各类固体废弃物的循环利用体系，到2025年，主要废弃物循环利用率达到92%左右，努力实现全市固体废弃物近零填埋。

1.打造循环型产业体系。 大力推行绿色设计，深入推进清洁生产，推广应用一批先进适用的生产工艺和设备，在产品全生命周期中最大限度降低能源资源消耗。持续推进园区循环化改造工作，推动设施共建共享、废物综合利用、能量梯级利用、水资源循环利用和污染物集中安全处置，推动产业园区完善固废中转、储运体系，布局利用处置设施，提高区域内能源资源循环利用效率，到2025年，重点园区率先实现固废不出园。推动冶炼废渣、脱硫石膏、粉煤灰、焚烧灰渣等大宗工业固废的高水平利用。结合城市旧改和报废汽车拆解等工作，推动废钢资源化利用。发展再制造产业，扩大汽车零部件、机电产品等领域再制造规模，进一步扩大再制造产业能级和规模。建成3—5个循环利用产业基地，培育一批循环经济龙头企业，提升固废循环利用产业能级。到2025

年，形成全市392吨/日的医废处置能力，建成大中小型医疗机构全覆盖的医废收运体系。到2025年，一般工业固体废物综合利用率达到95%以上，大宗工业固体废物综合利用率达到98%以上。（责任单位：市经济信息化委、市发展改革委、市生态环境局）

2.建设循环型社会。 全面巩固生活垃圾分类实效，完善生活垃圾全程分类体系和转运设施建设，构建常态长效管理机制，打造全国垃圾分类示范城市。推进生活垃圾源头减量，深入推进塑料污染治理，强化一次性塑料制品源头减量，推广应用替代产品和模式，规范塑料废弃物的回收利用。加快推动快递包装绿色转型，减少二次包装，推广可循环、易回收的包装物。推进会展业绿色发展和办展设施循环使用。继续推进净菜上市，促进蔬菜废弃物资源化利用，减少农贸市场蔬菜废弃物产生量。优化完善可回收物"点站场"体系，进一步稳定中转站和集散场布局，加快培育一批高能级回收利用企业和项目，建成管理高效、分类精细、资源化利用渠道通畅的回收利用体系。提升生活垃圾资源化利用能力，加快完善生活垃圾处置设施布局。到2025年，生活垃圾焚烧能力达到2.9万吨/日；推进老港、宝山等湿垃圾集中资源化利用设施建设及分散处理设施达标改造，力争利用能力达到1.1万吨/日，打通湿垃圾资源化产品利用出路。推进餐厨废弃油脂资源化利用设施建设，确保餐厨废弃油脂处置安全、高效。到2025年，全市生活垃圾回收利用率达到45%、资源化利用率达到85%以上，全面实现原生生活垃圾零填埋。（责任单位：市绿化市容局、市发展改革委、市生态环境局、市商务委、市农业农村委）

3.推进建设领域循环发展。 推动节约型工地建设和装修垃圾减量，大力推进工程渣土等废弃物源头减量，探索实施建筑工程废弃物排放限额管理。鼓励采用模块化部件、组合式设计、易回收和重复利用材料进行建筑内装，鼓励大型展会、赛事采用可循环利用装饰材料。稳定优化建筑垃圾资源化利用设施布局，进一步拓宽工程渣土利用消纳途径。推进拆房和装修垃圾资源化利用设施建设，到2025年，资源化利用能力达到810万吨/年。畅通建筑垃圾资源化产品利用渠道，加大建筑垃圾资源化利用技术研发推广力度，制定再生建材强制使用政策，促进再生建材高水平利用。推进污泥资源化利用，以独立焚烧和电厂协同焚烧等方式提升污水厂污泥处置能力，全面实现污水厂污泥零填埋，加快建成一批通沟污泥处理及资源化利用设施，开展疏浚底泥的全过程全覆盖跟踪监管，加强检测分析和分类处置。（责任单位：市住房城乡建设管理委、市绿化市容局、市水务局）

4.发展绿色低碳循环型农业。 研发应用增汇型农业技术，推广二氧化碳气肥等技术，提升土壤有机碳储量。大力发展农业领域可再生能源，结合农业设施、农用地、未利用地一体化规划建设农光互补、渔光互补项目。推动农作物秸秆多元化利用，拓展肥料化、饲料化、基料化、燃料化等多种离田利用方式，到2025年，本市农作物秸秆综合利用率稳定在98%以上。推进规模化园艺场蔬菜废弃物资源化利用，布局一批集中利用设施。加强废弃农膜和农药包装废弃物回收处置，健全废旧农膜、黄板和农药包装废弃物回收体系，力争实现全量回收。鼓励农用棚膜的资源化利用，推进全生物降解地膜的试点应用，将地膜纳入生活垃圾回收处置体系。强化粪污还田利用过程监管，提高畜禽粪污处理利用管理水平，到2025年，本市畜禽粪污综合利用率达到98%。推广绿色生产技术和设施装备，推进化学肥料和农药减施增效，鼓励增施有机肥料，使用生物农药。（责任单位：市农业农村委、市生态环境局、市绿化市容局、市发展改革委）

5.强化行业、区域协同处置利用。按照"以废定产"的原则，布局实施宝山再生资源利用中心等项目，协同处置飞灰等危险废物。探索建立长三角区域固体废物利用处置设施白名单制度，建立供需信息共享机制，以废酸等危险废物和焚烧炉渣为重点，推动建立长期稳定的协同处理机制和设施共建共享机制。（责任单位：市经济信息化委、市住房城乡建设管理委、市绿化市容局、市生态环境局、市发展改革委）

（七）绿色低碳科技创新行动。

聚焦能源、工业、交通、建筑、碳汇等重点领域低碳转型关键技术，持续提升低碳零碳负碳科技创新策源能力，为本市碳达峰、碳中和提供有力支撑。

1.强化基础研究和前沿技术布局。依托科创中心建设，结合国家和本市能源产业低碳转型需求，制订碳中和技术发展路线图。加快布局一批前瞻性、战略性的前沿科技项目，聚焦深远海风电、储能和新型电力系统、可控核聚变发电、绿氢制储、零碳炼钢、二氧化碳资源化利用、生物基高分子材料化工、生物质航空燃料、核动力船舶、碳捕集和封存、超高效光伏电池、人工光合作用等低碳零碳负碳重点领域，深化应用基础研究。（责任单位：市科委、市教委、市发展改革委、市经济信息化委、市气象局）

2.加快先进适用技术研发和推广应用。大力推进低碳冶金、低成本可再生能源制氢、"光储直柔"建筑能源系统、大容量风电、高效光伏、大功率液化天然气发动机、大容量储能、新能源交通工具、低成本二氧化碳捕集利用、合成燃料、节能降碳减污增效协同等技术创新，加快碳纤维、气凝胶、特种钢材等基础材料研发，补齐关键零部件、元器件、软件等短板。推广先进成熟绿色低碳技术，大力推动应用场景和公共资源开放共享，加强共性技术平台建设，推动先进适用技术的规模化应用。推动智能电网、新型储能和高效燃机等关键技术和装备在能源电力领域的示范应用，加快新型电力系统建设。推进建设二氧化碳捕集利用与封存示范项目，加快氢能技术研发和示范应用。（责任单位：市科委、市发展改革委、市经济信息化委）

3.加强创新能力建设和人才培养。依托张江综合性国家科学中心等科研院所资源，培育一批节能降碳和新能源技术重点实验室、技术创新中心、研发与转化功能型平台、专业技术服务平台和碳中和研究机构。引导重点企业、高校、科研院所共建一批绿色低碳产业创新中心。到2025年，建设10个碳中和相关领域的重点实验室和5个绿色技术创新中心。进一步加强碳达峰、碳中和人才队伍的培育和引进，加快形成具有全球吸引力和国际竞争力的人才制度环境。创新人才培养模式，建立健全绿色低碳人才培养机制，鼓励高校、科研院所加快新能源、储能、氢能、碳减排、碳汇、碳排放权交易等学科建设和人才培养，建设一批绿色低碳领域未来技术学院、现代产业学院和示范性能源学院。深化产教融合，鼓励校企联合开展产学合作协同育人项目，建设一批储能技术产教融合创新平台。（责任单位：市科委、市发展改革委、市教委）

4.完善技术创新体制机制。制定科技支撑碳达峰、碳中和实施方案，设立科技支撑碳达峰、碳中和市级重大专项，推行科技攻关"揭榜挂帅"机制，加快低碳零碳负碳关键核心技术创新。强化企业创新主体地位，支持企业承担国家和本市绿色低碳重大科技项目，鼓励企业牵头组建创新联合体，探索建立"产学研金介"深度融合的新机制、新模式，鼓励设施、数据等资源开放共享。持续更新发布上海市绿色技术目录，发挥绿色技术银行、上海技术交易所等平台的作用，健全绿色技术转移转化市场交易体系，加速绿色低碳科技成果向现实生产力转化。探索将绿色低碳技术创新成果纳入高校、科研院所、国有企业有关考核评估体系。加强知识产权保护，完善绿色低碳技术和产品检测、评估、认证体系。（责任单位：市科委、市发展改革委、市经济信息化委、市市场监管局、市教委、市国资委、市知识产权局）

（八）碳汇能力巩固提升行动。

以生态之城建设目标为引领，推进绿地、林地、湿地融合发展，优化布局体系，提高生态质量，打造开放共享、多彩可及高品质生态空间，持续增强生态系统碳汇能力。

1.实施千座公园计划。 按照公园城市理念，到2025年，新增公园600座左右，公园总数达到1000座以上，公园绿地面积增加2500万平方米，实现公园绿地500米服务半径基本全覆盖。持续提升公园品质，丰富公园功能内涵，加快老公园改造更新，形成多彩多景的公园绿地景观。（责任单位：市绿化市容局、市规划资源局、市农业农村委、市发展改革委）

2.巩固提升森林碳汇能力。 聚焦重点结构性生态空间，持续加大造林力度，形成群落多样、生态与景观兼顾的城市森林基底。全面推进构筑城市绿色生态屏障的"1+5+2"重点生态走廊（即黄浦江-大治河生态走廊、五个新城环城森林片区、金山滨海地区和崇明环岛森林片区等）建设，集中连片推进林地建设，因地制宜新增和改造城区绿地，稳步提高乔木种植比例，营造城区森林群落。提升林地服务水平，强化森林资源保护，实施森林抚育。构建点上造林成景、线上绿化成荫、面上连片成网的城市森林。到2025年，累计净增森林面积24万亩，森林覆盖率达到19.5%以上，森林蓄积量达到900万立方米左右；到2030年，森林覆盖率力争达到21%，森林蓄积量达到1100万立方米左右。（责任单位：市绿化市容局、市规划资源局、市发展改革委）

3.增强海洋系统固碳能力。 全面落实海洋生态红线保护管控措施，严格保护自然岸线。强化海洋生态系统整体保护修复，合理降低开发利用强度，保护并有效恢复滨海湿地、河口海湾、近海、海岛等生态系统承载力。持续推进退养还滩、退围还海，实施蓝色海湾、海岸带保护修复等重大工程和整治行动，提升近岸海域生态系统稳定性和自然修复能力。探索开展海洋生态系统碳汇试点。（责任单位：市海洋局、市规划资源局、市发展改革委、市绿化市容局、市农业农村委）

4.增强湿地系统固碳能力。 聚焦长江口、杭州湾北岸、南汇东滩等重点区域，加强新生湿地培育、保育和生态修复。优化提高湿地生态质量，结合环城生态公园带和重点生态廊道建设开展湿地保护修复，增强湿地储碳能力，确保湿地总量不减少。研究推进崇明北沿、九段沙、南汇东滩等重大湿地生态修复。完善湿地分级管理体系，健全湿地监测评价体系。（责任单位：市绿化市容局、市规划资源局、市海洋局、市发展改革委）

5.加强生态系统碳汇基础支撑。建立生态系统碳汇监测核算体系，开展森林、海洋、湿地等碳汇本底调查和储量评估，实施生态保护修复碳汇成效监测评估。加强陆地和海洋生态系统碳汇基础理论、基础方法、前沿颠覆性技术研究。建立健全能够体现碳汇价值的生态保护补偿机制，积极推动碳汇项目参与温室气体自愿减排交易。（责任单位：市绿化市容局、市规划资源局、市海洋局、市农业农村委、市科委、市发展改革委、市生态环境局）

（九）绿色低碳全民行动。

增强全民节约意识、低碳意识、环保意识，大力倡导简约适度的消费理念，全面推行文明健康的生活方式，形成全社会自觉践行绿色低碳的良好氛围。

1.加强生态文明宣传教育。开展多种形式的资源环境国情、市情教育，普及碳达峰、碳中和基础知识。加强对公众的生态文明宣传和教育，充分运用新媒体等创新宣传方式，将绿色低碳理念有机融入影视文艺作品、文创产品和公益广告，持续开展世界地球日、世界环境日、全国节能宣传周、全国低碳日等主题宣传活动，持续深入开展市民低碳行动、节能减排小组活动、减塑限塑和快递包装绿色转型等专项活动，增强社会公众绿色低碳意识，推动生态文明理念更加深入人心。（责任单位：市委宣传部、市发展改革委、市生态环境局、市教委、市经济信息化委、市规划资源局、市住房城乡建设管理委、市交通委、市商务委、市市场监管局、市机管局）

2.推广绿色低碳生活方式。围绕"衣、食、住、行、用"等日常行为，引导市民全面深入践行绿色消费理念和绿色生活方式。坚决遏制奢侈浪费和不合理消费，全面推行光盘行动，坚决制止餐饮浪费。在全社会倡导节约用能，开展各类绿色低碳示范创建，深入推进绿色生活创建行动，营造绿色低碳生活新风尚。引导激励市民积极参与绿色消费、低碳出行、可回收物分类等绿色低碳行动。鼓励发展二手交易市场，推进电子产品、家电、书籍等二手商品的重复使用。推广绿色低碳产品，支持有条件的商场、超市、旅游商品专卖店开设绿色产品销售专区，推行再生产品和材料认证，建立健全推广使用制度，提升绿色产品在政府采购中的比例。（责任单位：市生态环境局、市发展改革委、市经济信息化委、市规划资源局、市住房城乡建设管理委、市交通委、市商务委、市市场监管局、市机管局）

3.引导企业履行社会责任。强化资源节约和环境保护责任意识，提升资源利用和绿色创新水平。支持钢铁、能源等重点领域央企、本市国有企业制定实施企业碳达峰实施方案，积极发挥示范引领作用。重点用能单位要结合能源利用状况报告和温室气体排放报告，制定节能减碳工作方案，推进节能降碳改造和管理水平提升。推动在沪上市公司和发债企业加强环境信息披露，定期公布企业碳排放信息。充分发挥新闻媒体、行业协会和其他各类社会组织作用，督促企业自觉履行社会责任。（责任单位：市发展改革委、市经济信息化委、市国资委、上海证监局、市生态环境局）

4.强化领导干部培训。将学习贯彻习近平生态文明思想作为干部教育培训的重要内容，市、区两级党校（行政学院）要把碳达峰、碳中和相关内容列入教学计划，分阶段、多层次对各级领导干部开展培训，普及科学知识，宣讲政策要点，强化法治意识，深化各级领导干部对碳达峰、碳中和工作重要性、紧迫性、科学性、系统性的认识。从事绿色低碳发展工作的领导干部要提升专业素养和业务能力，切实增强推动绿色低碳发展的本领。[责任单位：市委组织部、市委党校（行政学院）、市发展改革委]

（十）绿色低碳区域行动。

坚持分类施策、因地制宜、上下联动，深入推进各区碳达峰、碳中和工作，鼓励支持重点区域和企业积极开展碳达峰、碳中和试点示范。

1.深入推进各区如期实现碳达峰。各区要深入贯彻落实国家和本市有关要求，强化规划引领，优化区域布局，推动产业优化升级，严格落实能源消费强度和总量双控要求，大力发展太阳能等非化石能源，倡导推动形成绿色生产生活方式，加快推进经济社会发展全面绿色低碳转型。各区要结合自身能源和产业特点，提出符合实际、切实可行的碳达峰时间表、路线图、施工图，科学制订本区碳达峰实施方案，经市碳达峰碳中和工作领导小组办公室审核后，由各区印发实施。（责任单位：各区、市发展改革委）

2.支持推动碳达峰、碳中和"一岛一企"试点示范。聚焦可再生能源开发利用、森林碳汇、绿色交通、循环经济、低碳农业、低碳零碳负碳技术试点应用，推动崇明世界级生态岛开展碳达峰、碳中和示范区建设。鼓励宝武集团开展碳达峰、碳中和行动，加快推进钢铁生产流程低碳转型、清洁能源替代、节能挖潜改造，探索开展低碳冶金、绿氢、二氧化碳资源化利用等钢铁行业低碳前沿技术创新试点，打造钢铁行业碳达峰、碳中和示范标杆。（责任单位：市发展改革委、崇明区、宝武集团）

3.推进重点区域低碳转型示范引领。在临港新片区、长三角生态绿色一体化发展示范区、虹桥国际开放枢纽、五个新城等重点发展区域，打造一批各具特色、可操作、可复制、可推广的绿色低碳发展试点示范样本。推动临港新片区加大力度推进新能源开发利用、低碳交通发展和海绵城市建设，深入推进低碳技术研发应用和新兴产业装备发展深度融合，着力打造国际先进、国内领先的低碳发展示范区和低碳产业新高地。强化长三角生态绿色一体化发展示范区示范引领，以低碳为重要导向，加快探索规划引领、土地集约节约利用、重大产业项目准入、绿色金融引导、区域协同达峰等重大体制机制创新。推动五个新城率先探索以绿色低碳循环发展为导向的产城融合发展新模式，着力打造紧凑集约的空间布局、绿色低碳的产业体系、智慧韧性的基础设施、畅通便捷的公共交通和优美低碳的人居环境。（责任单位：市发展改革委、嘉定区、青浦区、松江区、奉贤区、浦东新区、长三角生态绿色一体化发展示范区执委会、临港新片区管委会、虹桥国际中央商务区管委会）

三、国际国内合作

（一）积极开展绿色经贸合作。优化贸易结构，大力发展高质量、高技术、高附加值绿色产品贸易。落实国家有关高耗能、高排放产品出口政策要求，支持节能低碳产品进口。加强对国际绿色贸易规则的探索研究。充分利用中国国际进口博览会等平台，扩大绿色低碳产品、技术和服务等进出口贸易。（责任单位：市商务委、市发展改革委、

市经济信息化委、市科委、市生态环境局）

（二）服务绿色"一带一路"建设。加快"一带一路"投资合作绿色转型，持续强化应对气候变化领域南南合作，支持共建"一带一路"国家开展清洁能源开发利用和应对气候变化能力建设。发挥"桥头堡"作用，深化与各国在绿色技术、绿色装备、绿色金融、绿色服务、绿色基础设施建设等方面的交流与合作，积极推动本市风机、核电、新能源汽车等低碳产品和装备走出去。（责任单位：市发展改革委、市商务委、市经济信息化委、市国资委、人民银行上海总部、市地方金融监管局）

（三）加强国际国内交流与合作。持续加大在技术、资金、人才等方面的国际合作力度，积极参与国际城市间合作对话，共同推进绿色低碳和应对气候变化基础科学研究、技术创新攻关和制度规则制定。不断深化与长三角区域、对口帮扶地区及其他省市在新能源开发利用、技术产业协同、碳排放权交易市场和绿色金融发展等方面的交流合作和信息共享，加快规划建设清洁电力基地和输送通道，推动开展可再生能源、储能、氢能、二氧化碳资源利用等领域科研合作和技术交流。举办上海国际碳中和技术、产品与成果博览会，加强国内外技术交流、产品展示与成果宣传。（责任单位：市发展改革委、市生态环境局、市科委、市经济信息化委、人民银行上海总部、市地方金融监管局、市政府外办、市政府合作交流办、市气象局）

四、政策保障

（一）建立统一规范的碳排放统计核算体系。按照国家核算体系和方法的统一要求，加快建立本市各区域、重点领域和重点企业统一规范的碳排放统计核算体系。支持行业、企业依据自身特点开展碳排放核算方法学研究，建立健全碳排放计量体系。推进碳排放实测技术发展，加快遥感测量、大数据、云计算等新兴技术在碳排放实测技术领域的应用，提高统计核算水平。（责任单位：市发展改革委、市统计局、市生态环境局、市经济信息化委、市规划资源局、市绿化市容局、市气象局、市海洋局、市市场监管局）

（二）健全法规标准体系。结合本市实际，研究开展碳中和、节约能源、可再生能源、循环经济等领域地方性法规、制度的制订修订，推进清理现行地方性法规、制度体系中与碳达峰、碳中和工作不相适应的内容，建立健全有利于绿色低碳循环发展的地方性法规、制度体系。完善本市节能低碳标准体系建设，制定修订一批地方能耗限额标准，扩大能耗限额标准覆盖范围，提升重点产品的能耗限额要求，完善能源核算、检测认证、评估、审计相关配套标准。支持本市相关机构和重点企业积极参与和推动节能、可再生能源、氢能等国家标准、行业标准制定。鼓励社会团体协调相关市场主体制定节能低碳的团体标准。鼓励企业制定高于国家标准、行业标准、地方标准，具有竞争力的企业标准。（责任单位：市发展改革委、市司法局、市政府办公厅、市市场监管局、市生态环境局、市经济信息化委）

（三）完善经济政策。市、区政府要加大节能减排和应对气候变化专项资金投入力度，加强对节能环保、新能源、低碳交通、绿色低碳建筑、碳捕集利用等项目和产品技术的支持，进一步强化对碳达峰、碳中和重大行动、重大示范、重大工程的支撑。充分发挥政府投资引导作用，构建与碳达峰、碳中和相适应的投融资体系和激励机制。落实国家有关环境保护、节能节水、应用绿色技术装备、购买新能源汽车等绿色低碳税收优惠政策。持续加大绿色低碳领域基础研究支持力度，对符合条件的研发投入落实研发费用加计扣除政策。贯彻执行政府绿色采购要求，推动国有企业率先实行绿色采购，加大绿色低碳产品采购力度。建立健全促进可再生能源规模化发展的价格机制。进一步完善针对落后产能和低效企业实行的绿色电价政策，健全居民阶梯电价制度和分时电价调整机制。（责任单位：市财政局、市税务局、市发展改革委、市经济信息化委、市科委、市生态环境局、市住房城乡建设管理委、市交通委、市国资委）

（四）积极发展绿色金融。 依托国际金融中心建设，充分发挥要素市场和金融机构集聚优势，加快建立完善绿色金融体系，深入推动气候投融资发展，引导金融机构为绿色低碳项目提供长期限、低成本资金。提高高碳项目的融资门槛，严控对不符合要求的"两高一低"项目提供金融支持。建立绿色项目库，鼓励银行业积极开展绿色贷款业务，开辟绿色贷款业务快速审批通道，将绿色贷款占比纳入业绩评价体系。大力发展绿色债券，支持符合条件的绿色企业上市融资、挂牌融资和再融资。鼓励社会资本以市场化方式设立绿色低碳产业投资基金。有序推进绿色保险服务，围绕安全降碳需要，加大金融产品创新力度，助力低碳技术推广和产业绿色低碳转型。（责任单位：市地方金融监管局、人民银行上海总部、市发展改革委、上海银保监局、上海证监局、市科委、市生态环境局、市经济信息化委）

（五）推进市场化机制建设。 组织建设好全国碳排放权交易系统和交易机构，进一步丰富交易品种和方式，拓展交易行业领域覆盖范围，尽快完善相关配套制度。做好碳排放权交易、电力交易及能耗双控制度之间的衔接与协调。借鉴国际电力市场建设经验，结合本市实际，推进以现货为核心的电力市场化改革，建立适应安全、低碳、经济发展导向的现代电力市场体系，积极探索电力金融市场建设。进一步发挥上海石油天然气交易中心、上海国际能源交易中心等平台作用，建设交易品种齐全、期现相互联动、具有国际影响力的油气定价中心。推动建立碳普惠机制。发展市场化节能方式，持续推行合同能源管理和需求侧管理，积极推广"一站式"综合能源服务模式。（责任单位：市生态环境局、市发展改革委、市经济信息化委、市市场监管局）

五、组织实施

（一）加强统筹协调。 加强市碳达峰碳中和工作领导小组对全市碳达峰相关工作的整体部署和系统推进，统筹研究重要事项、制定重大政策。市碳达峰碳中和工作领导小组各成员单位要按照国家和本市有关要求，各司其职，形成合力，扎实推进相关工作。市碳达峰碳中和工作领导小组办公室要加强统筹协调，定期对各区和重点领域、重点行业、重点园区工作进展情况进行调度，督促各项目标任务落实落细。（责任单位：市发

展改革委、各有关部门、各区）

（二）**强化责任落实**。各有关部门、各区要深刻认识碳达峰、碳中和工作的重要性、紧迫性、复杂性，切实扛起责任，着力抓好各项任务落实，确保政策到位、措施到位、成效到位，落实情况纳入生态环境保护督察范围。各相关单位、人民团体、社会组织要对照国家和本市相关要求，积极发挥自身作用，推进绿色低碳发展。（责任单位：市发展改革委、市生态环境局、各有关部门和单位、各区）

（三）**严格监督考核**。完善能耗双控和碳排放控制考核机制，对能源消费和碳排放指标实行协同管理、协同分解、协同考核。将碳达峰、碳中和相关指标纳入经济社会发展综合评价体系，增加考核权重，加强指标约束。将碳达峰、碳中和目标任务落实情况纳入各区、各有关部门领导班子绩效考核评价体系，对工作突出的区、单位和个人按照规定给予表彰奖励，对未完成目标任务的区、部门依规依法实行通报批评和约谈问责。各区、各有关部门组织开展碳达峰目标任务年度评估，有关工作进展和重大问题要及时向市碳达峰碳中和工作领导小组报告。（责任单位：市发展改革委、市委组织部、各有关部门、各区）

安徽省人民政府关于印发《安徽省碳达峰实施方案》的通知

（皖政〔2022〕83号）

各市、县人民政府，省政府各部门、各直属机构：

现将《安徽省碳达峰实施方案》印发给你们，请认真组织实施。

安徽省人民政府

2022年9月23日

安徽省碳达峰实施方案

为深入贯彻党中央、国务院关于碳达峰碳中和的重大战略决策，认真落实《中共安徽省委　安徽省人民政府关于完整准确全面贯彻新发展理念做好碳达峰碳中和工作的实施意见》，扎实推进全省碳达峰行动，制定本实施方案。

一、总体要求

（一）指导思想。以习近平新时代中国特色社会主义思想为指导，深入落实习近平总书记对安徽作出的系列重要讲话指示批示，按照省第十一次党代会部署要求，立足新发展阶段，完整准确全面贯彻新发展理念，服务和融入新发展格局，增强系统观念，坚持稳中求进、逐步实现，坚持降碳、减污、扩绿、增长协同推进，处理好发展和减排、整体和局部、长远目标和短期目标、政府和市场的关系，统筹稳增长和调结构，把碳达峰碳中和纳入经济社会发展全局，坚持先立后破，以结构调整为关键，全面推进能源、工业、交通运输、城乡建设、农业农村、居民生活等重点领域绿色低碳转型，强化科技创新支撑保障，促进三次产业高质量协同发展，建立健全绿色低碳循环发展的经济体系，加快打造具有重要影响力的经济社会发展全面绿色转型区，为现代化美好安徽建设奠定坚实基础。

（二）主要目标。

"十四五"期间，能源结构、产业结构、交通运输结构加快调整，城乡建设、农业农村绿色发展水平不断提高，重点行业能源利用效率大幅提升，新型电力系统加快构建，绿色低碳技术研发和推广应用取得积极进展，有利于绿色低碳循环发展的政策体系进一步完善。到2025年，非化石能源消费比重达到15.5%以上，单位地区生产总值能耗比2020年下降14%，单位地区生产总值二氧化碳排放降幅完成国家下达目标，碳达峰基础支撑逐步夯实。

"十五五"期间，经济结构明显优化，绿色产业比重显著提升，重点领域低碳发展模式基本形成，重点耗能行业能源利用效率达到国际先进水平，绿色低碳技术取得关键突破，绿色生活方式广泛形成，绿色低碳循环发展的政策体系基本健全，具有重要影响力的经济社会发展全面绿色转型区建设取得显著成效。到2030年，非化石能源消费比重达到22%以上，单位地区生产总值二氧化碳排放比2005年下降65%以上，顺利实现2030年前碳达峰目标。

二、重点任务

将碳达峰贯穿于经济社会发展全过程和各方面，重点实施能源清洁低碳转型、节能降碳能效提升、经济结构优化升级、交通运输绿色低碳、城乡建设绿色发展、农业农村减排固碳、生态系统碳汇巩固提升、居民生活绿色低碳、绿色低碳科技创新、循环经济助力降碳、绿色金融支持降碳、梯次有序碳达峰等"碳达峰十二大行动"。

（一）能源清洁低碳转型行动。

立足我省能源资源禀赋，统筹处理好控煤减煤和安全保供的关系，推动煤炭和新能源优化组合，加快构建清洁低碳安全高效的能源体系。

1.推动煤炭清洁高效利用和转型升级。严格合理控制煤炭消费增长，大气污染防治重点区域内新建、改扩建用煤项目严格实施煤炭消费等量或减量替代。合理控制煤电利用小时数，推动煤电由主体电源向支撑性调节性电源转变。实施煤电节能降碳改造、灵活性改造、供热改造"三改联动"。持续压减散煤消费。实施煤炭深加工战略，加大原煤入洗率和精煤产品开发力度，加强煤矿智能化建设。

2.大力发展非化石能源。推动光伏发电规模化发展，充分利用荒山荒坡、采煤沉陷区等未利用空间，建设集中式光伏电站。加快工业园区、公共建筑、居民住宅等屋顶光伏建设，有序推动国家整县（市、区）屋顶分布式光伏开发试点，因地制宜推进"光伏+"项目。积极开发风电资源，在皖北平原、皖西南地区建设集中连片风电，持续推进就近接入、就地消纳的分散式风电建设。推动生物质能多元化利用，发展生物质能发电、清洁供热、热电联产、生物天然气。在光伏、风电发展条件较好的地区，开展可再生能源制氢示范，推进氢能"制储输用"全链条发展。

3.推动油气高效利用。提高成品油供应保障能力，打通"北油南下"输送通道，提升管道输送比例。推动石油消费保持在合理区间，提升燃油油品利用效率。推进天然气入皖战略气源通道、省内天然气干支线管道建设，提高城镇天然气管道覆盖面。依托芜湖、滨海等LNG接收站，集中建设省级储备调峰设施。加快推进两淮煤系天然气勘探开发和煤层气规模化抽采利用，提高10%以下低浓度瓦斯利用率。推进下扬子地区页岩气勘探开发，推动符合城市燃气管网入网技术标准的非常规天然气入网。到2025年，天然气供给和消费量超过120亿立方米，到2030年达到200亿立方米。

4.积极争取清洁电力入皖。加强与西部地区能源电力合作，推动吉泉直流尽快形成满送能力，力争陕西—安徽特高压直流输电通道2025年建成投运，力争第3条"外电入皖"特高压直流输电通道2030年前建成投运，新建通道可再生能源电量比例不低于50%。优化存量准东直流输电通道送电曲线，稳步提高存量通道新能源电量占比。完善长三角特高压交流环网和省际联络线，提升省间输电通道利用效率。到2025年，省外绿电受进规模达到210亿千瓦时左右。到2030年，省外绿电受进规模达到550亿千瓦时左右，全社会绿电消费比重达到34%。

5.加快建设新型电力系统。发展以消纳新能源为主的微电网、局域网、直流配电网，实现与大电网兼容互补，构建新能源占比逐渐提高的新型电力系统，完成国家下达的可再生能源电力消纳责任权重。优化源网荷储配置方案，通过虚拟电厂等一体化聚合模式，调动负荷侧调节能力，提升电力设施利用效率。推进坚强智能电网建设，推动合肥等重点城市建成坚强局部电网。合理配置储能，积极推进风光储、风光火（储）一体化等多能互补项目建设。加快推进抽水蓄能电站建设，打造长三角千万千瓦级绿色储能基地。积极推进电力需求响应，到2025年形成最大用电负荷5%的需求响应能力。

（二）节能降碳能效提升行动。

落实节约优先方针，完善能源消费强度和总量双控制度，提升能源利用效率，建设能源节约型社会。

1.全面提升节能管理能力。强化能耗强度降低约束性指标管理，增加能源消费总量管理弹性，符合条件的重大项目争取国家能耗指标单列。完善能源管理体系，推行用能预算管理，强化固定资产投资项目节能审查，推动能源要素向单位能耗产出效益高的产业和项目倾斜。强化能耗强度及二氧化碳排放控制目标分析预警，严格落实责任，优化评价考核办法。加强节能监察执法能力建设，健全节能监察体系，增强节能监察约束力。

2.推进重点用能设备节能增效。以工业窑炉、锅炉、电机、变压器、水泵、风机、压缩机、换热器等设备为重点，持续推进能效提升。建立以能效为导向的激励约束机制，推广先进高效产品设备。开展用能设备能效提升专项监察，加快淘汰落后用能设备。强化重点用能设备生产、经营、销售、使用、报废全链条管理。

3.加强新型基础设施节能降碳。优化空间布局，新建大型、超大型数据中心原则上布局在国家枢纽节点数据中心集群范围内，推动芜湖数据中心集群高能效、低碳化发展。优化用能结构，新建大型、超大型数据中心电能利用效率不高于1.3，其中芜湖数据中心集群不于1.25，逐年提高数据中心可再生能源利用比例。加快节能5G基站推广应用。

（三）经济结构优化升级行动。

以实施制造业"提质扩量增效"行动计划和服务业"锻长补短"行动计划为引领，积极做大新兴产业增量，优化传统产业存量，推动高耗能行业尽早达峰。

1.**加快工业绿色低碳转型**。大力发展新一代信息技术、人工智能、新材料、新能源和节能环保、新能源汽车和智能网联汽车、高端装备制造、智能家电、生命健康、绿色食品、数字创意十大新兴产业，促进省重大新兴产业基地高质量发展，积极争创国家战略性新兴产业集群。培育发展量子科技、生物制造、先进核能等未来产业。实施绿色制造工程，加快构建绿色工厂、绿色产品、绿色园区、绿色供应链"四位一体"的绿色制造体系，到2030年累计创建国家级绿色工厂200家以上，绿色供应链管理企业50家以上，绿色工业园区30家左右，打造省级绿色工厂800家以上。推进互联网、大数据、人工智能、5G等新兴技术与绿色低碳产业深度融合，培育一批工业互联网平台，用工业互联网推动企业数字化、绿色化转型，推动产业模式创新，发展节能服务产业新业态。加强工业领域电力需求侧管理，提升工业电气化水平。

2.**大力发展现代服务业**。加快发展商贸物流、软件和信息服务、科技服务、金融服务、文化旅游等服务业，积极培育平台经济、节能环保服务等新业态新模式。促进先进制造业和现代服务业深度融合，推进国家"两业融合"试点建设，认定一批省级"两业融合"试点。推动服务业集聚发展，到2025年新增省级服务业集聚区200家左右、集聚示范区50家左右。

3.**推动建材行业碳达峰**。严格执行水泥熟料、平板玻璃产能置换要求，实施水泥常态化错峰生产，有序退出低效产能。优化水泥原料构成，逐步提高含钙固废资源替代石灰石比重。促进水泥减量化使用，推广新型凝胶材料、低碳混凝土、木竹建材等低碳建材产品。推进水泥熟料生产线综合能效提升改造，加快富氧燃烧等新技术推广应用。加快推进非化石燃料替代，鼓励使用生物质燃料、天然气等清洁能源替代燃煤。"一企一策"推动海螺集团等重点企业节能降碳。

4.**推动钢铁行业碳达峰**。严格执行产能置换，严禁新增产能，依法依规淘汰落后产能。推进钢铁行业兼并重组，优化产业布局，发展优特钢产品和钢铁新材料，提高钢铁产业链附加值。推进燃煤窑炉清洁能源替代，逐步淘汰钢铁企业煤气发生炉。有序发展电炉短流程炼钢，鼓励高炉–转炉长流程转型短流程工艺。探索天然气直接炼铁、高炉富氧冶炼、氢冶炼、冶金渣余热回收及综合利用等前沿技术应用。有序推进钢化联产，促进产业协同降碳。

5.**推动石化化工行业碳达峰**。优化产能规模和布局，引导化工企业向产业园区转移，提高集聚发展水平。优化原料结构，推动原料轻质化。引导石化企业"减油增化"，合理平衡油品、烯烃、芳烃关系，加强炼厂干气、液化气等石油炼化副产物高效利用。鼓励天然气代替煤炭作为燃料，提高清洁能源使用比例。促进淮南、淮北等煤化工基地高端化、多元化、低碳化发展。

6.**推动有色金属行业碳达峰**。控制铜、铅、锌等冶炼产能。推进再生有色金属产业集聚发展，加强铜、铝、铅等再生资源回收利用。加快永久不锈钢阴极电解、先进双闪铜冶炼、高端碳阳极制备等先进适用技术研发和推广应用。提升有色金属生产过程余热回收水平，推动单位产品能耗持续下降。加快淮北陶铝新材料和铝基高端金属材料、铜陵铜基新材料等产业基地建设，做大做强阜阳再生铅产业。

226

7.坚决遏制高耗能高排放低水平项目盲目发展。严把高耗能高排放项目准入关口，明确高耗能高排放项目界定标准，建立长效管控机制。全面排查在建、拟建和存量高耗能高排放项目，实施清单管理、分类处置、动态监控。坚决拿下不符合要求的在建项目，深入挖掘存量项目节能减排潜力，严肃查处违规审批和建设的存量项目，科学稳妥推进符合要求的拟建项目。落实好高耗能高排放项目差别化信贷、价格等政策。

（四）交通运输绿色低碳行动。

大力优化交通运输结构，推广节能低碳交通工具，提高运输组织效率，加快形成绿色低碳运输方式。

1.推动运输工具装备低碳转型。大力推广新能源汽车，推动城市公共服务车辆、政府公务用车新能源或清洁能源替代，到2025年，新增及更新城市公交车中，合肥、芜湖市区新能源公交车占比100%（特殊情况经主管部门批准除外），其他区域不低于80%；新增及更新公务用车时，除特殊地理环境、特殊用途等因素经主管部门批准外，应全部购置新能源汽车。推广电力、氢燃料、液化天然气动力重型货运车辆，陆路交通运输石油消费力争2030年前达到峰值。深入打好柴油货车污染治理攻坚战。加快老旧船舶更新改造，发展电动、液化天然气动力船舶。加快港口岸电设施和船舶受电设施改造，提高船舶靠港岸电使用率，到2025年船舶靠港使用岸电量年均增长10%以上。提升机场运行电动化、智能化水平，到2025年民用运输机场场内电动车辆设备占比达到25%以上，到2030年机场场内车辆装备等力争全面实现电动化。

2.提高交通运输效率。发展智能交通，推动不同运输方式合理分工、有效衔接，降低空载率和不合理客货运周转量。优化交通运输结构，大力发展以铁路、水路为骨干的多式联运，加快大宗货物和中长距离货物运输"公转铁""公转水"。推进干线铁路、城际铁路、市域（郊）铁路融合建设，并做好与城市轨道交通的衔接协调。加快城乡物流配送体系建设，优化城乡物流配送节点网络，发展集约化配送。规范发展网络货运等新业态，优化分散物流资源供需对接，提升物流规模化组织水平。

3.加快绿色交通基础设施建设。开展交通基础设施绿色化提升改造，提高土地、岸线、廊道、空域利用效率。建设绿色公路，新开工高速公路全部按照绿色公路要求建设，引导普通国省干线公路、有条件的农村公路按照绿色公路要求建设。创建绿色港口，积极推动沿江、沿淮内河港口绿色转型。完善新能源汽车配套设施，有序推进充电桩、配套电网、加气站、加氢站等基础设施建设，建设一批低碳、零碳枢纽场站。到2025年，充电桩总量达到30万个以上、充电站达到4800座，换电站达到200座，高速公路服务区充电设施实现全覆盖。

4.引导绿色低碳出行。加快城市轨道交通、公交专用道等大容量公共交通基础设施和自行车专用道、行人步道等慢行系统建设，构建"轨道+公交+慢行"网络融合发展的公共交通服务体系。推广城际道路客运公交化运行模式，推动城市公交线路向周边重点乡镇延伸，提升站点覆盖率和服务水平。探索共享交通新模式。加强城市交通拥堵综合治理。

（五）城乡建设绿色发展行动。

大力发展绿色建筑，提升建筑能效水平，深化可再生能源建筑应用，推动建筑领域全过程绿色低碳转型。

1.提升新建建筑绿色化水平。提高新建建筑节能标准，实施绿色建筑统一标识制度。将民用建筑建设执行绿色建筑标准纳入工程建设管理程序，新建城镇民用建筑全部执行节能标准设计和施工。严格管控高能耗公共建筑建设，新建大型公共建筑和政府投资公益性建筑达到一星级及以上。到2025年，星级绿色建筑占比达到30%以上。推动新建农房执行节能设计标准，鼓励建设星级绿色农房和零碳农房。大力发展装配式建筑，推进省级装配式建筑示范城市、产业园区建设，打造长三角装配式建筑产业基地。加快绿色建材评价认证和推广应用，推动建材循环利用。

2.推动既有建筑节能改造。制定既有建筑专项改造计划，开展基本信息调查，完善节能改造标准，分类制定居住、公共建筑用能限额指标。加强节能改造鉴定评估，推动具备改造价值和条件的居住建筑应改尽改。开展公共建筑节能改造，推广合同能源管理运营模式。加快农房节能改造，扩大可再生能源应用。推动老旧供热、供水管网等市政基础设施节能降碳改造，提高基础设施运行效率。建立建筑用能数据共享机制，完善省市公共建筑能耗监测平台，探索实施基于限额指标的建筑用能管理制度。加强建筑拆除管理，杜绝"大拆大建"。

3.优化建筑用能结构。充分利用建筑本体及周边空间，大力推进光伏建筑一体化应用。因地制宜开发利用热泵、生物质能、地热能、太阳能等清洁低碳供暖。加快合肥国家级公共建筑能效提升重点城市建设。提高建筑终端电气化水平，建设一批集光伏发电、储能、直流配电、柔性用电于一体的"光储直柔"示范建筑。到2025年，城镇可再生能源建筑应用面积累计达到6亿平方米，新建工业厂房、公共建筑太阳能光伏应用比例达到50%。

（六）农业农村减排固碳行动。

以实施一产"两强一增"行动计划为引领，深化农业绿色转型，优化农村用能结构，提升农业农村减排固碳能力。

1.发展绿色低碳循环农业。培育发展农业全产业链，打造一批千亿级绿色食品产业。加强种质资源保护利用，培育优质粮食、畜禽水产和特色产品良种。以增汇型农业技术研发为重点，构建农业绿色发展技术体系。加快农机更新换代，调整优化农机购置和报废更新补贴等支持政策，逐步淘汰老旧机械。到2025年，大型复式智能高效机械占比达到30%。加快构建现代水产养殖体系，发展稻渔综合种养、大水面生态渔业等渔业生态健康养殖。加快一二三产业融合发展，促进农业与旅游、文化、健康等产业深度融合。

2.提升农田固碳能力。实施耕地质量提升行动，推进高标准农田建设，加强退化耕地治理。实施保护性耕作，因地制宜推广秸秆还田和少（免）耕等保护性耕作措施。合理控制化肥、农药、地膜使用量，提升土壤有机质含量。选育推广低排放水稻品种，优化稻田水分管理，降低稻田甲烷排放。实施农作物秸秆综合利用和畜禽养殖废弃物资源化利用提升行动。

3.推动农村可再生能源替代。结合实施乡村振兴战略，推动农村建设清洁低碳转型。发展节能低碳农业大棚，推进农村地区清洁取暖，推广节能环保灶具，加快生物质能、太阳能等可再生能源在农业生产和农村生活中的应用。实施"气化乡村"工程，扩大农村天然气利用，推动城市天然气管网向周边乡镇和农村延伸。统筹保障农村电力供应和汇集消纳新能源电力，建设新型农村电网。

（七）生态系统碳汇巩固提升行动。

坚守生态安全底线，推进山水林田湖草沙一体化保护和修复，提高生态系统质量和稳定性。

1.巩固生态系统固碳作用。强化国土空间规划和用途管控，开展资源环境承载能力和国土空间开发适宜性评价，统筹布局农业、生态、城镇等功能空间。将生态保护红线、环境质量底线、资源利用上线落实到区域空间，建成完善的生态环境分区管控体系，加大森林、湿地、草地等生态系统保护力度，加强生物多样性与固碳能力协同保护，防止林草资源过度开发利用，稳定现有森林、草地、湿地、土壤等生态系统固碳作用。优化土地要素资源配置，盘活利用城乡存量建设用地，严格执行土地使用标准，健全节约集约用地评价考核体系，形成高效集聚的城镇空间格局。

2.提升生态系统碳汇能力。实施重点生态功能区生态系统修复工程。科学开展国土绿化，加强林木良种培育选育，推广高固碳树种。充分发挥国有林场带动作用，科学开展森林经营。推进长江、淮河、江淮运河、新安江生态廊道和皖南、皖西生态屏障建设，加快打造合肥骆岗中央公园，把马鞍山打造成长三角"白菜心"，把巢湖打造成合肥"最好名片"。深化新一轮林长制改革，实施"五大森林"行动。强化重点湿地保护与修复，加强退化土地修复治理和水土流失综合治理，构建以大别山区、皖南山区、江淮丘陵区为重点的水土保持综合防护体系。持续开展环巢湖周边等重点区域废弃矿山生态环境修复治理。

3.加强生态系统碳汇基础支撑。建立全省自然资源统一调查监测评价制度。开展林草湿数据与国土调查数据融合工作，构建无缝衔接的林草湿数据、林草生态网络感知系统。开展森林、草地、湿地等生态系统碳汇计量监测，推进林业碳汇方法学研究和乡土优势树种固碳能力研究。实施碳汇本底调查、储量评估、潜力评价，实施生态保护修复碳汇成效监测评估。建立林业碳汇项目储备库，引导资源禀赋较好的区域开发林业碳汇项目。加快黄山市省级生态产品价值实现机制试点建设，支持黄山市等有条件的地区争创国家生态产品价值实现机制试点。

（八）居民生活绿色低碳行动。

增强全民节约意识、环保意识、生态意识，倡导简约适度、绿色低碳、文明健康的生活方式，将绿色低碳理念转化为全体人民的行动自觉。

1.加强生态文明宣传教育。将生态文明教育纳入国民教育体系，加强对公众的生态文明科普教育，普及碳达峰碳中和基础知识。强化碳达峰碳中和相关新闻宣传和舆论引导，持续开展世界地球日、世界环境日、全国节能宣传周、全国低碳日等主题宣传活动，适时曝光负面典型。引导重点领域国有企业制定企业碳达峰实施方案，发挥示范引领作用。充分发挥行业商协会等社会团体作用，督促会员企业自觉履行社会责任，强化环境责任意识。

2.推广绿色低碳生活方式。统筹推进绿色生活创建行动，开展绿色低碳社会行动示范创建，推出一批绿色低碳典型。鼓励电商平台设立绿色低碳产品专区，积极推广绿色低碳产品。加大绿色产品政府采购力度，国有企业带头执行企业绿色采购指南。反对奢侈浪费和不合理消费，减少一次性用品消费。加强全链条粮食节约，坚决遏制餐饮消费环节浪费。推进节水型城市建设，加强城市供水管网漏损控制。探索推广碳普惠产品。

3.强化领导干部培训。将学习贯彻习近平生态文明思想作为干部教育培训的重要内容，各级党校（行政学院）把碳达峰碳中和相关内容列入教学计划，分类分级对党政领导干部、职能部门干部、国有企业领导人员开展培训，深化对碳达峰碳中和工作的认识，切实增强推动绿色低碳发展的本领。

（九）绿色低碳科技创新行动。

持续下好创新先手棋，加快构建市场导向的绿色技术创新体系，推动绿色低碳科技革命。

1.加强关键核心技术攻关。实施"碳达峰碳中和"等科技创新专项，采取揭榜挂帅、竞争赛马等方式，开展低碳零碳负碳关键核心技术攻关。聚焦煤炭清洁高效利用、火电机组掺氨燃烧、可再生能源大规模利用、新型电力系统、氢能安全利用、新型储能、低碳与零碳工业流程再造、二氧化碳捕集利用与封存等重点领域，深化应用基础研究，降低应用成本。

2.强化创新平台和人才队伍建设。大力推进合肥综合性国家科学中心能源研究院建设，争取纳入国家能源实验室基地体系。加快组建环境研究院。高标准建设中国科学技术大学碳中和研究院。在碳达峰碳中和领域培育建设一批省实验室、省技术创新中心、省工程研究中心、新型研发机构等创新平台。引导龙头企业、科研院所牵头组建一批绿色低碳产业创新中心。培育引进一批引领绿色低碳技术创新发展的高层次人才和团队。推进碳中和未来技术学院和示范性能源学院建设，加快碳达峰碳中和领域相关学科建设，鼓励高校与科研院所、骨干企业联合培养碳达峰碳中和专业技术人才队伍。

3.加快先进适用技术推广应用。充分发挥安徽创新馆作用，打造线上线下融合的绿色技术大市场。建设重点绿色技术创新成果库，引导各类市场化基金支持创新成果转化应用。支持企业、高校、科研院所建立绿色低碳技术孵化器和创新创业基地。适时发布首台套装备、首批次新材料、首版次软件等"三首"产品需求清单，调整"三首"产品推广应用指导目录。在钢铁、水泥、电力等行业开展低成本、低能耗二氧化碳捕集利用与封存技术示范，加快氢能在工业、交通、建筑等领域的规模化应用。

（十）循环经济助力降碳行动。

大力发展循环经济，推进资源节约集约利用，加快构建资源循环型产业体系和废旧物资循环利用体系。

1.推动园区循环化改造。以提高能源资源利用效率为目标，"一园一策"推进园区循环化改造。积极利用余热余压资源，推行热电联产、分布式能源及光伏储能一体化系统应用，推动能源梯级利用。构建循环经济产业链，推动产业循环式组合、企业循环式生产。建设园区污水集中收集处理及回用设施，加强污水处理和资源化利用。到2025年，具备条件的省级及以上园区全部实施循环化改造，主要资源产出率比2020年提高20%左右。

2.加强产业废弃物综合利用。 深入推进淮南、淮北、马鞍山、阜阳、亳州、宣城大宗固体废弃物综合利用基地和合肥、铜陵工业资源综合利用基地建设，推动合肥及沿江、沿淮城市创建"无废城市"。支持粉煤灰、冶金渣、工业副产石膏等工业固废在有价组分提取、建材生产、井下填充、生态修复等领域的规模化应用。

3.构建废旧物资循环利用体系。 推广"互联网＋回收"模式，引导回收企业线上线下融合发展。支持符合条件的城市开展废旧物资循环利用体系重点城市建设。实施废钢铁、废塑料、新能源汽车废旧动力蓄电池等再生资源综合利用行业规范管理。加强资源再生产品和再制造产品推广应用。

4.推进生活垃圾减量化资源化。 因地制宜推行生活垃圾分类，构建政府、企业、公众共同参与的垃圾分类回收体系。加强塑料污染全链条治理，大幅减少商品零售、电子商务等重点领域一次性塑料制品不合理使用。加快推进以清洁焚烧为主要方式的生活垃圾处理设施建设，鼓励因地制宜选用厨余垃圾处理工艺。到2025年，全省设区市基本建成生活垃圾分类处理系统，生活垃圾回收利用率达到35%以上。

（十一）绿色金融支持降碳行动。

充分发挥资本市场作用，引导资金要素向碳达峰碳中和领域聚集，提升金融服务绿色低碳发展的能力和水平。

1.用好碳减排支持工具。 聚焦清洁能源、节能环保、碳减排技术等领域，建立绿色低碳项目库，加强项目谋划储备和对接，引导金融机构为碳减排重点领域具有显著减排效应的项目提供优惠利率融资。鼓励开发性政策性金融机构按照市场化法治化原则为碳达峰行动提供长期稳定融资支持。建设碳达峰碳中和领域服务机构名录库，培育第三方环境服务机构。

2.强化绿色金融产品创新。 加大绿色信贷投放力度，稳步提高绿色贷款占比。大力发展绿色债券、绿色票据、碳中和债等金融工具，鼓励银行机构创新推出与企业排污权、碳交易权相挂钩的绿色信贷产品。在全省上市后备资源库中标识绿色企业，支持符合条件的绿色企业在多层次资本市场上市挂牌。鼓励保险机构创新绿色保险产品，拓展绿色项目的保险服务路径。健全政策性融资担保体系，支持符合条件的绿色企业扩大融资担保需求。鼓励社会资本以市场化方式设立绿色低碳产业投资基金。

3.完善绿色金融体制机制。 完善绿色金融评价机制，建立健全绿色金融标准体系。健全企业环境信用评价、修复和信息披露机制，探索建立企业"碳账户"，引导银行机构实行差别化绿色信贷管理。加强对绿色金融业务和产品的监管协调，有效防范绿色金融领域风险。开展绿色金融改革创新。

（十二）梯次有序碳达峰行动。

坚持分类施策、因地制宜、上下联动，引导各地区结合经济社会发展实际和资源环境禀赋，梯次有序推进碳达峰。

1.科学合理确定碳达峰目标。各设区市要结合区域重大战略、区域协调发展战略和主体功能区战略，从实际出发推进本地区绿色低碳发展。产业结构较轻、能源结构较优、经济发展水平较高的地区要坚持绿色低碳发展，坚决不走依靠高耗能高排放低水平项目拉动经济增长的老路，力争率先实现碳达峰。产业结构偏重、能源结构偏煤的地区和资源型地区要把节能降碳摆在突出位置，大力优化调整产业结构和能源结构，力争与全省同步实现碳达峰。生态资源丰富地区要严格落实生态优先、绿色发展战略导向，在绿色低碳发展方面走在全省前列。

2.上下联动制定地方碳达峰方案。各设区市要按照全省总体部署，结合本市资源环境禀赋、产业结构、节能潜力、环境容量等，不抢跑，科学制定本市碳达峰实施方案，提出符合实际、切实可行的碳达峰时间表、路线图、施工图，避免"一刀切"限电限产或运动式"减碳"。各市碳达峰实施方案经省碳达峰碳中和工作领导小组综合平衡、审核通过后，由各市自行印发实施。

3.适时开展试点建设。按照国家部署，围绕能源、工业、交通运输、城乡建设、农业农村、居民生活和科技创新等重点领域，适时选择一批具有代表性的市县和园区，开展碳达峰试点，总结一批可操作、可复制、可推广的经验做法。

三、政策保障

（一）健全法规标准和统计核算体系。构建有利于绿色低碳发展的地方性法规体系，及时清理现行地方性法规、规章、规范性文件等与碳达峰碳中和工作不相适应的内容，适时制定和修改我省相关法规。建立健全碳达峰碳中和标准计量体系。按照国家部署，完善我省碳排放统计核算体系。发挥中国气象局温室气体及碳中和监测评估中心安徽分中心作用，加强温室气体和碳源汇综合监测评估。

（二）落实财税价格政策。统筹各领域资金，加大对碳达峰碳中和工作支持力度。充分发挥政府投资引导作用，激发市场主体绿色低碳投资活力。严格落实碳减排相关税收政策。完善峰谷分时电价政策，进一步拉大峰谷价差，实施季节性尖峰电价和需求响应补偿电价，鼓励用户削峰填谷。落实差别电价政策，严禁对高耗能、高排放、资源型行业实施电价优惠。

（三）推进市场化机制建设。积极参与全国碳排放权交易市场建设，按照国家部署，逐步扩大市场覆盖范围，丰富交易品种和交易方式，完善配额分配管理。推动我省碳汇项目参与温室气体自愿减排交易，探索建立能够体现碳汇价值的生态保护补偿机制。完善用能权有偿使用和交易制度，做好与能耗双控制度的衔接。统筹推进碳排放权、用能权、电力交易等市场建设相关工作，加强市场机制间的衔接协调。

（四）推进能源综合改革。坚持系统谋划、全面推进，统筹加快能源低碳转型、增强能源供应稳定性和安全性、倒逼经济社会发展全面绿色转型等方面，积极推进能源综合改革创新，争创国家能源综合改革创新试点省。聚焦能源低碳转型发展中的关键问题，着力推动一批重点改革事项落地，加快长丰能源综合改革创新试点县建设。支持各地结合自身特点开展能源综合改革，鼓励在重点领域、重点行业开展试点示范，实施一批试点示范项目。

（五）深化开放合作。深入落实长三角一体化发展国家战略，加强绿色低碳科技创新、生态环境联保共治等领域的区域合作。把修复长江生态环境摆在压倒性位置，抓实长江"十年禁渔"，积极打造美丽长江（安徽）经济带。依托安徽自贸试验区等开放平台，探索开展有利于绿色贸易发展的体制机制创新，扩大绿色低碳产品和服务进出口规模。积极参与绿色"一带一路"建设，加强与共建"一带一路"国家在光伏、新能源汽车、绿色技术、绿色装备等领域合作，推动我省新能源技术和产品"走出去"。

四、组织实施

（一）加强统筹协调。按照中央统一部署，省碳达峰碳中和工作领导小组负责指导和统筹做好全省碳达峰碳中和工作。在省碳达峰碳中和工作领导小组领导下，设立能源、工业、交通运输、城乡建设、农业农村5个领域碳达峰工作专班，负责统筹推进本领域碳达峰工作。工作专班分别由相关领域省政府分管负责同志担任组长，成员由省有关单位负责同志组成。工作专班办公室分别设在省能源局、省经济和信息化厅、省交通运输厅、省住房城乡建设厅、省农业农村厅，负责本领域工作专班日常工作。省碳达峰碳中和工作领导小组办公室、各领域碳达峰工作专班办公室建立清单化、闭环式工作推进机制，制定年度目标任务清单，明确责任分工，定期调度各地、各有关部门落实碳达峰目标任务进展情况，协调解决实施中遇到的重大问题，督促各项目标任务落地见效。

（二）强化责任落实。各地、各有关部门要深刻认识碳达峰碳中和工作的重要性、紧迫性、复杂性，切实扛起责任，按照《中共安徽省委　安徽省人民政府关于完整准确全面贯彻新发展理念做好碳达峰碳中和工作的实施意见》和本方案确定的主要目标和重点任务，着力抓好落实，确保政策到位、措施到位、成效到位。各相关单位、人民团体、社会组织要积极发挥自身作用，加快推进绿色低碳发展。

（三）严格监督考核。落实以碳强度控制为主、碳排放总量控制为辅的制度，对能源消费和碳排放指标实行协同管理、协同分解、协同考核，逐步建立系统完善的碳达峰碳中和综合考核评估体系。加强考核结果应用，对碳达峰工作成效突出的地区、单位和个人按规定给予褒扬激励，对未完成目标任务的地区、部门依规依法实行通报批评和约谈问责，有关落实情况纳入省级生态环境保护督察。各设区市要建立工作机制，充实人员力量，组织开展碳达峰目标任务年度评估，有关工作进展和重大问题及时向省碳达峰碳中和工作领导小组报告。

江西省人民政府关于印发《江西省碳达峰实施方案》的通知

（赣府发〔2022〕17号）

各市、县（区）人民政府，省政府各部门：

现将《江西省碳达峰实施方案》印发给你们，请认真贯彻执行。

江西省人民政府
2022年7月8日

江西省碳达峰实施方案

为深入贯彻党中央、国务院关于碳达峰碳中和重大战略决策，全面落实《中共江西省委 江西省人民政府关于完整准确全面贯彻新发展理念做好碳达峰碳中和工作的实施意见》，扎实推进全省碳达峰行动，制定本方案。

一、总体思路

以习近平新时代中国特色社会主义思想为指导，深入贯彻党的十九大和十九届历次全会精神，深化落实习近平生态文明思想和习近平总书记视察江西重要讲话精神，按照省第十五次党代会部署要求，把碳达峰碳中和纳入生态文明建设整体布局和经济社会发展全局，坚持"全国统筹、节约优先、双轮驱动、内外畅通、防范风险"的总方针，处理好发展和减排、整体和局部、长远目标和短期目标、政府和市场的关系，聚焦"确保2030年前实现碳达峰"目标，实施能源绿色低碳转型行动、工业领域碳达峰行动、城乡建设碳达峰行动、交通运输绿色低碳行动、节能降碳增效行动、循环经济降碳行动、科技创新引领行动、固碳增汇强基行动、绿色低碳全民行动、碳达峰试点示范行动"十大行动"，完善统计核算、财税价格、绿色金融、交流合作、权益交易"五大政策"，有力有序有效做好碳达峰工作，推动生态优先绿色低碳发展走在全国前列，全力打造全面绿色转型发展的先行之地、示范之地。

二、主要目标

"十四五"期间，产业结构和能源结构明显优化，重点行业能源利用效率持续提高，煤炭消费增长得到有效控制，新能源占比逐渐提高的新型电力系统和能源供应系统加快构建，绿色低碳技术研发和推广应用取得新进展，绿色生产生活方式普遍推行，有利于绿色低碳循环发展的政策体系逐步完善。到2025年，非化石能源消费比重达到18.3%，单位生产总值能源消耗和单位生产总值二氧化碳排放确保完成国家下达指标，为实现碳达峰奠定坚实基础。

"十五五"期间，产业结构调整取得重大进展，战略性新兴产业和高新技术产业占比大幅提高，重点行业绿色低碳发展模式基本形成，清洁低碳安全高效的能源体系初步建立。经济社会发展全面绿色转型走在全国前列，重点耗能行业能源利用效率达到国内先进水平。新能源占比大幅增加，煤炭消费占比逐步减少，绿色低碳技术实现普遍应用，绿色生活方式成为公众自觉选择，绿色低碳循环发展政策体系全面建立。到2030年，非化石能源消费比重达到国家确定的江西省目标值，顺利实现2030年前碳达峰目标。

三、重点任务

（一）能源绿色低碳转型行动。

能源是经济社会发展的重要物质基础，也是碳排放的主要来源。要坚持安全平稳降碳，在保障能源安全的前提下，大力实施可再生能源替代，加快构建清洁低碳安全高效的能源体系。

1. 推动化石能源清洁高效利用。有序控制煤炭消费增长，合理控制石油消费，大力实施化石能源消费减量替代。统筹煤电发展和保供调峰，做好重大风险研判化解预案，保障能源安全稳定供应。大力推动化石能源清洁高效利用，积极推进现役煤电机组节能降碳改造、灵活性改造和供热改造"三改联动"，推动煤电向基础性和系统调节性电源并重转型。推进瑞金二期、丰城三期、信丰电厂、新余二期等已核准清洁煤电项目建设，支持应急和调峰电源发展。统筹推进煤改电、煤改气，推进终端用能领域电能替代，推广新能源车船、热泵、电窑炉等新兴用能方式，全面提升生产生活终端用能设备的电气化率。严格控制钢铁、建材、化工等行业燃煤消耗量，保持非电用煤消费负增长。加快全省天然气的发展利用，有序引导天然气消费，优化天然气利用结构，优先保障民生用气，支持车船使用液化天然气作为燃料。（省发展改革委、省能源局、省生态环境厅、省工业和信息化厅、省住房城乡建设厅、省交通运输厅、省国资委、国网江西省电力公司等按职责分工负责）

2. 大力发展新能源。以规划为引领，加大新能源开发利用力度，大力推进光伏开发，有序推进风电开发，统筹推进生物质和城镇生活垃圾发电发展。坚持市场导向，集中式与分布式并举，创新"光伏+"应用场景，积极推进"光伏+水面、农业、林业"和光伏建筑一体化（BIPV）等综合利用项目建设。积极对接国家核电发展战略，稳妥推进核电。加大地热能勘查开发力度，因地制宜采用太阳能、风能、地热能、生物质能等多种清洁能源与天然气、电力耦合供热。鼓励利用可再生能源电力实现建筑供热（冷）、炊事、热水，推广太阳能发电与建筑一体化。到2030年，风电、太阳能发电总装机容量达到0.6亿千瓦，生物质发电装机容量力争达到150万千瓦左右。（省能源局、省发展改革委、省水利厅、省农业农村厅、省自然资源厅、省生态环境厅、省国资委、省住房城乡建设厅、省林业局、省气象局等按职责分工负责）

3.加快建设新型电力系统。推动能源基础设施可持续转型，建立健全新能源占比逐渐提高的新型电力系统。优化提升能源输送网络，加快构建"1个中部核心双环网+3个区域电网"的供电主网架、"十"字形输油网架、多点互联互通"县县通气"的输气网架。加快能源基础设施智能化改造和智能系统建设。大力提升电力系统综合调节能力，加快灵活调节电源建设，引导自备电厂、传统高载能工业负荷、工商业可中断负荷、电动汽车充电网络、虚拟电厂等参与系统调节，建设坚强智能电网。鼓励投资建设以消纳可再生能源为主的智能微电网。加强赣南等原中央苏区、罗霄山脉片区和其他已脱贫地区等区域农网改造。积极引入优质区外电力，新建通道可再生能源电量比例原则上不低于50%。加快拓展清洁能源电力特高压入赣通道，推进闽赣联网工程。加强源网荷储协调发展、新型储能系统示范推广应用，发展"新能源+储能"，推动风光储一体化，推进新能源电站与电网协调同步。推动电化学储能、抽水蓄能等调峰设施建设，提升可再生能源消纳和存储能力。到2025年，新型储能装机容量达到100万千瓦。到2030年，抽水蓄能电站装机容量力争达到1000万千瓦，全省电网具备5%左右的尖峰负荷响应能力。（省能源局、省发展改革委、省科技厅、省自然资源厅、省水利厅、国网江西省电力公司等按职责分工负责）

4.全面深化能源制度改革。持续深化电力体制改革，探索建设江西电力现货市场，丰富交易品种，完善交易机制，扩大电力市场化交易规模、交易多样性和反垄断性。稳步推进省级天然气管网改革，加快以市场化方式融入国家管网，推动管网基础设施公平开放。探索城镇燃气特许经营权改革。创新能源监管和治理，完善能源监测预警机制，做好精准科学调控。（省发展改革委、省能源局、省国资委、省住房城乡建设厅、省市场监管局、省统计局、国网江西省电力公司等按职责分工负责）

（二）工业领域碳达峰行动。

工业是二氧化碳排放的主要领域之一，对全省实现碳达峰具有重要影响。要加快工业低碳转型和高质量发展，推进重点行业节能降碳。

1.推动工业低碳发展。优化产业结构，依法依规淘汰落后产能，打造低碳产业链。聚焦航空、电子信息、装备制造、中医药、新能源和新材料等优势产业，延伸产业链、提升价值链、融通供应链。强化能源、钢铁、石化化工、建材、有色金属、纺织、造纸、食品等行业间耦合发展，推动产业循环链接，支持钢化联产、炼化一体化、林纸一体化等模式推广应用。鼓励龙头企业联合上下游企业、行业间企业开展协同降碳行动，构建企业首尾相连、互为供需、互联互通的产业链。建设若干制造业高质量发展中心，培育一批绿色工厂、绿色设计产品、绿色园区和绿色供应链企业。大力实施数字经济做优做强"一号发展工程"，推进制造业数字化智能化迭代升级，推动先进制造业和现代服务业深度融合发展，推广协同制造、服务型制造、智慧制造、个性化定制等"互联网+制造"新模式。优化工业能源消费结构，推动化石能源清洁高效利用，提高可再生能源应用比重。（省工业和信息化厅、省发展改革委、省科技厅、省生态环境厅、省商务厅、省国资委、省能源局等按职责分工负责）

2.推动钢铁行业碳达峰。深入推进钢铁行业供给侧结构性改革，严格执行产能置换政策，严禁违规新增产能，依法依规淘汰落后产能，优化存量。依托重点骨干企业，重点开发先进制造基础零部件、新能源汽车、高端装备、海洋工程等用钢和其他高品质特殊钢技术和产品。推进上下游产业链整合，提高产业集中度和产业链完整度。促进工艺流程结构转型，推进风能、太阳能、氢能等清洁能源替代。推广绿色低碳技术与生产工艺，有序推进钢铁行业超低排放改造。开展非高炉炼铁技术示范，完善废钢资源回收利用体系，推进废钢铁利用产业一体化，提升技术工艺和节能环保水平，积极发展全废钢冶炼。（省工业和信息化厅、省发展改革委、省科技厅、省生态环境厅、省国资委等按职责分工负责）

3.推动有色金属行业碳达峰。加快铜、钨、稀土等产业生产工艺流程改造，推广绿色制造新技术、新工艺、新装备，推进清洁能源替代，提升余热回收水平，推动单位产品能耗持续下降。推进有色金属行业集中集聚集约发展和生产智能化、自动化、低碳化，建设以鹰潭为核心的世界级铜产业集群和以赣州为核心的世界级特色钨、稀土产业集群，打造以新余、宜春为核心的全球锂电产业高地。加快再生有色金属产业发展，提高再生铜、再生铝、再生稀贵金属产量。引导有色金属生产企业建立绿色低碳供应链管理体系。（省工业和信息化厅、省发展改革委、省生态环境厅、省国资委、省能源局等按职责分工负责）

4.推动建材行业碳达峰。坚持绿色、高端、多元发展方向，做优水泥等传统基础产业，做强玻璃纤维、建筑陶瓷等特色优势产业，大力发展非金属矿物及制品、新型绿色建材等新兴成长产业。加快推进低效产能退出，严禁违规新增水泥熟料、平板玻璃产能，引导建材企业向轻型化、集约化、制品化转型。因地制宜提升风能、太阳能、水能等可再生能源利用水平，提高电力、天然气消费比重。做好水泥常态化错峰生产，加强原料、燃料替代，推广新型胶凝材料、低碳混凝土等新型建材产品，开展木竹、非碳酸盐原料替代。提高水泥生料中含钙固废资源替代石灰石比重，鼓励企业使用粉煤灰、工业废渣、尾矿渣等作为原料或水泥混合材。开展全省砂石资源潜力调查评价，优化开采布局和产业结构，形成绿色砂石供应链。对建筑陶瓷等高碳低效行业开展提升整治行动，引导陶瓷行业有序发展，重点发展高技术含量、高附加值的高端陶瓷、精品陶瓷。加大节能技术装备推广使用力度，开展能源管理。（省工业和信息化厅、省发展改革委、省科技厅、省生态环境厅、省住房城乡建设厅、省自然资源厅、省能源局、省国资委、省市场监管局等按职责分工负责）

5.推动石化化工行业碳达峰。优化产业布局，推进化工园区达标认定和规范建设，提高产业集中度和化工园区集聚水平。鼓励石化企业和化工园区建设能源综合管理系统，实现能源系统优化和梯级利用。严格项目准入，落实国家石化、煤化工等产能控制政策，深入推动炼化一体化转型，鼓励企业"减油增化"，有效化解结构性过剩矛盾。鼓励企业以电力、天然气作为煤炭替代燃料。加大富氢原料使用，提高原料低碳化比重，推动化工原料轻质化。加强有机氟硅材料应用开发，发展高端专用化学品和精细化学品，优化氯碱产品结构，着力提升石油化工、有机硅、氯碱化工、精细化工等优势产业链。鼓励企业实施清洁低碳生产升级改造，全流程推动工艺、技术和装备升级，推进余热余压利用和物料循环利用。到2025年，原油一次性加工能力控制在0.1亿吨，主要产品产能利用率稳定在80%以上。（省工业和信息化厅、省发展改革委、省生态环境厅、省应急厅、省能源局等按职责分工）

（三）城乡建设碳达峰行动。

加快推动城乡建设绿色低碳发展，在城市更新和乡村振兴中落实绿色低碳要求。

1.推动城乡建设绿色低碳转型。倡导低碳规划设计理念，推进城乡绿色规划建设，科学合理规划城市建筑面积发展目标。实施绿色建设、绿色运行管理，推动城市组团式发展，建设绿色城市、生态园林城市（镇）、"无废城市"。推进城市安全体系建设，大力实施海绵城市建设，完善城市防洪排涝系统，提高城市防灾减灾能力，打造适应气候变化的韧性城市。实施绿色建筑创建行动，加大绿色建材推广应用，推行施工管理和绿色物业管理。加快推进新型建筑工业化，大力发展装配式建筑，重点推动钢结构装配式住宅建设，推动建材循环利用。建立健全绿色低碳为导向的城乡规划建设管理机制，落实建筑拆除管理制度，杜绝大拆大建。持续推动城镇污水处理提质增效，加快城镇污水管网建设，全面提升城镇污水处理能力。（省住房城乡建设厅、省发展改革委、省自然资源厅、省生态环境厅等按职责分工负责）

2.加快提升建筑能效水平。严格落实建筑节能、绿色建筑、市政基础设施等领域节能降碳标准。加强建筑节能低碳技术研发应用，引导超低能耗、近零能耗建筑、零碳建筑发展，推动高质量绿色建筑规模化发展。加快推进居住建筑和公共建筑节能改造。严格执行绿色建筑标准，发展高星级绿色建筑。提升城镇建筑和基础设施智能化运行管理水平，强化建筑能效监管，推行建筑能效测评标识。加快推广合同能源管理服务模式，降低建筑运行能耗。建立公共建筑能耗限额管理制度和公示制度。到2025年，城镇新建建筑全面执行绿色建筑标准。（省住房城乡建设厅、省发展改革委、省生态环境厅、省市场监管局、国网江西省电力公司等按职责分工负责）

3.大力优化建筑用能结构。深化可再生能源建筑应用，推广光伏发电与建筑一体化应用。因地制宜推行浅层地温能、燃气、生物质能、太阳能等高效清洁低碳供暖。充分利用工业建筑、仓储物流园、公共建筑、民用建筑屋顶等资源实施分布式光伏发电工程。提高建筑终端电气化水平，探索建设光伏柔性直流用电建筑。鼓励发展分户式高效取暖，逐步提高采暖、生活热水等电气化水平。到2025年，城镇建筑可再生能源替代率达到8%，新建公共机构建筑、新建厂房屋顶光伏覆盖率力争达到50%。（省住房城

238

乡建设厅、省能源局、省发展改革委、省管局、省自然资源厅、省生态环境厅、省科技厅、省市场监管局等按职责分工负责）

4.推进农村建设和用能低碳转型。构建农村现代能源体系，因地制宜有序推动绿色农房建设和既有农房节能改造。推进以光伏为主的农村分布式新能源建设，提高农村能源自给率。加强农村电网升级改造，提升农村用能电气化水平。积极推广节能环保农用装备和灶具。因地制宜发展农村沼气，鼓励有条件的地区以农业废弃物为原料，建设规模化沼气或生物天然气工程，推进沼气集中供气、发电上网。（省住房城乡建设厅、省能源局、省农业农村厅、国网江西省电力公司等按职责分工负责）

（四）交通运输绿色低碳行动。

加快构建绿色高效交通运输系统，打造智能绿色物流，确保交通运输物流领域碳排放增长保持在合理区间。

1.推动运输工具装备低碳转型。扩大电力、氢能、天然气、先进生物液体燃料等新能源、清洁能源在交通运输领域的应用。推广应用新能源汽车，逐步降低传统燃油车在新车产销和汽车保有量中的比例，推动公共交通、物流配送等城市公共服务和机场运行车辆电动化替代。推广电力、氢燃料为动力的重型货运车辆。加快老旧船舶更新改造，发展电动、液化天然气动力船舶，推进船舶靠港使用岸电，积极推进鄱阳湖氢能动力船舶应用。到2025年，公交车、出租汽车（含网约车）新能源汽车分别达到72%、35%。到2030年，营运车辆、船舶单位换算周转量碳排放强度比2020年分别下降10%、5%。（省交通运输厅、省发展改革委、省工业和信息化厅、省生态环境厅、省管局、省邮政管理局、省能源局、省公安厅、南昌铁路局、省机场集团公司等按职责分工负责）

2.构建绿色高效交通运输体系。统筹综合交通基础设施布局，重点推进铁路、水路等多种客运、货运系统有机衔接和差异化发展，推动各种交通运输方式独立发展向综合交通运输一体化转变。发展智能交通，依托大数据、物联网等技术优化客货运组织方式，推动大宗货物和中长距离货物运输"公转铁""公转水"。加快综合货运枢纽集疏运网络和多式联运换装设施建设，逐步实现主要港口核心港区铁路进港，畅通多式联运枢纽站场与城市主干道的连接，提高干支衔接能力和转运分拨效率。减少长距离公路客运量，提高铁路客运量。加大城市交通拥堵治理力度，打造高效衔接、快捷舒适的公共交通服务体系。完善城市慢行系统，引导公众选择绿色低碳交通方式。到2030年，城区常住人口100万以上的城市绿色出行比例不低于70%。（省交通运输厅、省发展改革委、省生态环境厅、省住房城乡建设厅、省公安厅、省商务厅、南昌铁路局、省机场集团公司等按职责分工负责）

3.加快绿色交通基础设施建设。坚持将绿色节能理念贯穿到交通规划、设计、建设、运营、管理、养护全过程，降低全生命周期能耗和碳排放。加快城市轨道交通、公交专用道、快速公交系统等大容量城市公共交通基础设施建设，完善现代化综合立体交通网布局。积极谋划绿色公路、绿色港口、生态航道，推进工矿企业、港口、物流园区等铁路专用线建设，加快打造赣州国际陆港、九江红光国际港、南昌向塘国际陆港等多式联运示范工程，推动赣粤运河和浙赣运河研究论证。开展交通基础设施绿色化提升改造，持续推动铁路电气化改造，完善充换电、配套电网、加气站、港口、机场岸电等基础设施建设。加快建设适度超前、快充为主、慢充为辅的高速公路和城乡公共充电网络，完善住宅小区居民自用充电设施。鼓励在港口、航运枢纽等区域布设光伏发电设施，加快推进港口岸电设施和船舶受电设施改造，推动交通与能源领域融合发展。到2030年，民用运输机场场内车辆装备等力争全面实现电动化。（省交通运输厅、省发展改革委、省自然资源厅、省水利厅、省生态环境厅、省住房城乡建设厅、省能源局、南昌铁路局、省机场集团公司等按职责分工负责）

4.打造智能绿色物流。 推进物流业绿色低碳发展，促进物流业与制造业、农业、商贸业、金融业、信息产业等深度融合，培育一批绿色流通主体。优化物流基础设施布局，推进多式联运型和干支衔接型货运枢纽（物流园区）建设，推行物流装备标准化，提高水路、铁路货运量和集装箱铁水联运量。支持智能化设备应用，推动物流全程数字化，培育智慧物流、共享物流等新业态，打造智能交通、智能仓储、智能配送等应用场景。发展壮大现代物流企业和产业聚集区，支持公共物流信息平台建设，全面推行"互联网+货运物流"模式，释放物流空载力。加快构建集约、高效、绿色、智慧的城乡配送网络，推进城市配送业态和模式创新。"十四五"期间，集装箱铁水联运量年均增长15%。到2030年，水路和铁路货运量占比达到23%。（省发展改革委、省交通运输厅、省商务厅、省工业和信息化厅、省邮政管理局、省供销联社、南昌铁路局、省机场集团公司等按职责分工负责）

（五）节能降碳增效行动。

落实节约优先方针，完善能源消费强度和总量双控制度，严格能耗强度控制，加强高耗能、高排放、低水平项目管理，合理控制能源消费总量，推动能源消费革命，建设能源节约型社会。

1.增强节能管理综合能力。 加强对各地区能耗双控目标完成情况分析预警，强化固定资产投资项目节能审查，统筹项目用能和碳排放情况综合评价。加强重点用能单位能源消耗在线监测系统建设，强化重点用能单位节能管理和目标责任，推动高耗能企业建立能源管理中心。健全省、市、县三级节能监察体系，建立跨部门联动的节能监察机制。开展节能监察行动，加强重点区域、重点行业、重点企业节能事中事后监管，综合运用行政处罚、信用监管、阶梯电价等手段，增强节能监察约束力。大力培育一批专业化的节能诊断服务机构和人才队伍，全面提升能源管理专业化、社会化服务水平。（省发展改革委、省工业和信息化厅、省市场监管局、省管局等按职责分工负责）

2.坚决遏制高耗能、高排放、低水平项目盲目发展。 强化高耗能高排放项目常态化监管，实行高耗能高排放项目清单管理、分类处置、动态监控。深入挖掘存量高耗能高排放项目节能潜力，加大节能改造和落后产能淘汰力度。全面排查在建项目，推动在建项目能效水平应提尽提。科学评估拟建项目，严格高耗能高排放项目准入管理。对于产能已饱和的行业，新建、扩建高耗能高排放项目应严格落实国家产能置换政策；产能尚未饱和行业新建、扩建高耗能高排放项目要按照有关要求，对标行业先进水平提高准入门槛；推进绿色技术在能耗量较大新兴产业中的应用，提高能效水平。（省发展改革委、省工业和信息化厅、省生态环境厅、省自然资源厅、省住房城乡建设厅、省金融监管局、人行南昌中心支行、江西银保监局、省国资委、省市场监管局、省能源局等按职责分工负责）

3.实施节能降碳重点工程。实施重点城市节能降碳工程，开展建筑、交通、照明、供热等基础设施节能升级改造，推进先进绿色建筑技术示范应用，推动城市综合能效提升。实施园区节能降碳工程，推动园区制定落实碳达峰碳中和要求的相关措施，鼓励和引导有需求、有条件的园区加快推进集中供热基础设施建设，推动能源系统优化和梯级利用，引导打造节能低碳园区。实施重点行业节能降碳工程，严格落实行业能耗限值，推动高耗能高排放行业和数据中心等开展节能降碳改造，提高能源资源利用效率。实施重大节能降碳技术示范工程，推广高效节能技术装备，推动绿色低碳关键技术产业化示范应用。（省发展改革委、省科技厅、省工业和信息化厅、省生态环境厅、省住房城乡建设厅、省商务厅、省能源局等按职责分工负责）

4.推进重点用能设备节能增效。全面提升电机、风机、水泵、压缩机、变压器、换热器、锅炉、窑炉、电梯等重点设备的能效标准。推广先进高效产品设备，加快淘汰落后低效设备。加强重点用能设备节能审查和日常监管，强化生产、经营、销售、使用、报废全链条管理，严厉打击违法违规行为，全面落实能效标准和节能要求。（省发展改革委、省工业和信息化厅、省市场监管局等按职责分工负责）

5.促进新型基础设施节能降碳。优化新型基础设施空间布局，科学谋划数据中心等新型基础设施建设，切实避免低水平重复建设。优化新型基础设施用能结构，推广分布式储能、"光伏+储能"等多样化能源供应模式。提升通讯、运算、存储、传输等设备能效水平，加快淘汰落后设备和技术。积极推广使用高效制冷、先进通风、余热利用、智能化用能控制等绿色技术，推动现有设施绿色低碳升级改造。加强新型基础设施用能管理，将年综合能耗超过1万吨标准煤的数据中心全部纳入重点用能单位在线监测系统。（省发展改革委、省科技厅、省工业和信息化厅、省自然资源厅、省市场监管局、省能源局等按职责分工负责）

（六）循环经济降碳行动。

抓住资源利用这个源头，大力发展循环经济，优化资源利用方式，健全资源利用机制，全面提高资源利用效率，充分发挥减少资源消耗和降碳的协同作用。

1.推进开发区（园区）循环化发展。以提升资源产出率和循环利用率为目标，优化园区产业布局，深入开展园区循环化改造。推动园区企业循环式生产、产业循环式组合，促进废物综合利用、能量梯级利用、水资源循环使用，推进工业余压余热、废气废液废渣的资源化利用，实现绿色低碳循环发展。推广钢铁、有色金属、石化、装备制造等重点行业循环经济发展模式。深入推进开发区基础设施和公共服务共享平台建设，全面提升开发区管理服务水平。加强低碳工业示范园区、生态工业示范园区建设。到2030年，省级以上园区全部实施循环化改造。（省发展改革委、省工业和信息化厅、省生态环境厅、省水利厅、省科技厅、省商务厅等按职责分工负责）

2.提升大宗固废综合利用水平。实施矿产资源高效利用重大工程，着力提升矿产资源合理开采水平，提高低品位矿、共伴生矿、难选冶矿、尾矿等的综合利用水平。稳步推进金属尾矿有价组分高效提取及整体利用，探索尾矿在生态环境治理领域的利用。支持粉煤灰、煤矸石、冶金渣、工业副产石膏、建筑垃圾、农作物秸秆等大宗固废大掺量、规模化、高值化利用，替代原生非金属矿、砂石等资源，加大在生态修复、绿色开采、绿色建材、交通工程等领域的利用。加强钢渣等复杂难用工业固废规模化利用技术研发应用，在确保安全环保前提下，探索磷石膏在土壤改良、井下充填、路基材料等领域的应用。推动建筑垃圾资源化利用，推行废弃路面材料再生利用，推广沥青刨铣料再生利用技术。全面实施秸秆综合利用行动，完善收储运系统，加快推进离田产业化、高值化利用。鼓励开展大宗固废和工业资源综合利用示范建设。到2025年，秸秆年综合利用率达到95%。（省发展改革委、省工业和信息化厅、省自然资源厅、省应急厅、省生态环境厅、省住房城乡建设厅、省交通运输厅、省农业农村厅等按职责分工负责）

3.加强资源循环利用。 建立健全废旧物资回收网络，统筹推进再生资源回收网点与生活垃圾分类网点"两网融合"，依托"互联网"提升回收效率，实现线上线下协同，推动再生资源应收尽收。完善废弃有色金属资源回收、分选加工、再生利用和销售网络，深化新余、贵溪、丰城国家级"城市矿产"示范基地建设，推动再生资源规范化、规模化、清洁化利用。加强废旧动力电池、光伏组件、风电机叶片等新兴产业废弃物循环利用。促进汽车零部件、工程机械、文办设备等再制造产业高质量发展，建设若干再制造基地。加强资源再生产品和再制造产品推广应用。实施生产者责任延伸制度，完善废旧家电回收利用网络。到2025年，废钢铁、废铜、废铝、废铅、废锌、废纸、废塑料、废橡胶、废玻璃9种主要再生资源循环利用量达到0.4亿吨，到2030年达到0.8亿吨。（省商务厅、省供销联社、省发展改革委、省住房城乡建设厅、省工业和信息化厅、省生态环境厅等按职责分工负责）

4.推进生活垃圾减量化资源化。 扎实推进生活垃圾分类，建立涵盖生产、流通、消费等领域的各类生活垃圾源头减量机制，鼓励使用可循环、可再生、可降解产品。加快健全覆盖全社会的生活垃圾收运处置系统，全面实现分类投放、分类收集、分类运输、分类处理。加强塑料污染全链条治理，推进快递包装绿色化、减量化、循环化，整治过度包装。推进生活垃圾焚烧发电设施建设，提高资源化利用比例，探索厨余垃圾资源化利用有效模式。到2025年，城乡生活垃圾分类闭环体系基本建成，城镇生活垃圾资源化利用率提升至60%左右，到2030年提升至70%。（省发展改革委、省住房城乡建设厅、省生态环境厅、省市场监管局、省商务厅、省农业农村厅、省邮政管理局、省能源局等按职责分工负责）

（七）科技创新引领行动。

充分发挥科技创新引领作用，完善科技创新体制机制，强化创新能力，推进绿色低碳科技革命。

1.加快绿色低碳技术研发推广应用。 实施省级碳达峰碳中和科技创新专项，加快能源结构深度脱碳、高效光伏组件、生物质利用、零碳工业流程再造、安全高效储能、固碳增汇等关键核心技术研发，推动低碳零碳负碳技术实现重大突破。聚焦可再生能源大规模利用、节能、氢能、永磁电机、储能、动力电池等重点领域深化研究。瞄准储能电池中关键基础材料，集中力量开展关键核心技术攻关。积极发展氢能技术，推进氢能在工业、交通、建筑等领域规模化应用。鼓励重点行业、重点领域合理制定碳达峰碳中和技术路线图，在钢铁、有色金属、建材等重点行业实施全流程、集成化、规模化示范应用项目。完善绿色技术目录，加大绿色低碳技术推广，开展新技术示范应用。（省科技厅、省发展改革委、省工业和信息化厅、省自然资源厅、省交通运输厅、省住房城乡建设厅、省教育厅、省科学院等按职责分工负责）

2.推进碳捕集利用与封存技术攻关和应用。加大二氧化碳捕集利用与封存技术研发力度，针对碳捕集、分离、运输、利用、封存及监测等环节开展核心技术攻关。加强成熟二氧化碳捕集利用与封存技术在全省电力、石化、钢铁、陶瓷、水泥等行业的应用。开展全省碳封存资源分布及容量调查，适时启动碳封存重大工程。鼓励开展二氧化碳资源化利用技术研发及应用，积极探索二氧化碳资源化利用的产业化发展路径。（省科技厅、省生态环境厅、省工业和信息化厅、省发展改革委、省自然资源厅、省教育厅、省科学院等按职责分工负责）

3.完善绿色低碳技术创新生态。采取"揭榜挂帅"等创新机制，持续推进低碳零碳负碳和储能关键核心技术攻关。将绿色低碳技术创新成果与转化应用纳入高校、科研院所、国有企业相关绩效考核。强化企业技术创新主体地位，支持企业承担绿色低碳重大科技项目，完善科研设施、数据、检测等资源开放共享机制。建立区域性市场化绿色技术交易综合性服务平台，创新绿色低碳技术评估、交易机制和科技创新服务，促进绿色低碳技术创新成果引进和转化。加强绿色低碳技术知识产权保护与服务，完善金融支持绿色低碳技术创新机制，健全绿色技术创新成果转化机制，完善绿色技术创新成果转化扶持政策，推动绿色技术供需精准对接，推进"产学研金介"深度融合。（省科技厅、省发展改革委、省工业和信息化厅、省教育厅、省国资委、省生态环境厅、省市场监管局、省金融监管局等按职责分工负责）

4.支持绿色低碳创新平台建设。全面推进鄱阳湖国家自主创新示范区建设，深入实施国家级创新平台攻坚行动、引进共建高端研发机构专项行动，扶持节能降碳和能源技术产品研发重大创新平台和新型研发机构。发挥省碳中和研究中心、南昌大学流域碳中和研究院等创新平台作用，积极争创国家科技创新平台。推动创新要素向科创城集聚，支持赣州、九江、景德镇、萍乡、新余、宜春、鹰潭立足本地优势创建科创城。依托中科院赣江创新研究院、国家稀土功能材料创新中心，全面提升有色金属领域创新能力。引导有色金属、建材等行业龙头企业联合高校、科研院所和上下游企业共建绿色低碳产业创新中心、协同创新产业技术联盟。（省科技厅、省发展改革委、省工业和信息化厅、省生态环境厅、省自然资源厅、省教育厅、省市场监管局、省科学院等按职责分工负责）

5.加强碳达峰碳中和人才引育。深入实施省"双千计划"等人才工程、开展组团赴外引才活动，着力引进低碳技术相关领域的高层次人才，培育一批优秀的青年领军人才和创新创业团队。鼓励省内重点高校开设节能、储能、氢能、碳减排、碳市场等专业，构建与绿色低碳发展相适应的人才培养机制，引进培育一批碳达峰碳中和专业化人才队伍。探索多渠道师资培养模式，加快相关专业师资培养和研究团队建设，聚焦碳达峰碳中和目标推进产学研深度融合。（省委组织部、省科技厅、省教育厅、省发展改革委、省人力资源社会保障厅、省工业和信息化厅、省生态环境厅、省科学院等按职责分工负责）

（八）固碳增汇强基行动。

坚持系统观念，积极探索基于自然的解决方案，推进山水林田湖草沙一体化保护和修复，提升生态系统质量和稳定性，提升生态系统碳汇增量。

1.巩固生态系统碳汇成果。 强化国土空间规划和用途管制，严守生态保护红线，严控生态空间占用，严禁擅自改变林地、湿地、草地等生态系统用途和性质。严控新增建设用地规模，盘活城乡存量建设用地。严格执行土地使用标准，大力推广节地技术和模式。进一步完善林长制，深化集体林权制度改革。加强以国家公园为主体的自然保护地体系建设，争创井冈山国家公园，加大森林、湿地、草地等生态系统保护力度，加强生物多样性与固碳能力协同保护，防止资源过度开发利用，稳定固碳作用。科学使用林地定额管理、森林采伐限额，严格凭证采伐制度，加强森林火灾预防和应急处置，提升林业有害生物防治能力，加强外来物种管理，实施松材线虫病疫情防控攻坚行动，稳定森林面积，减少森林资源消耗。（省林业局、省自然资源厅、省农业农村厅、省生态环境厅、省应急厅等按职责分工负责）

2.提升生态系统碳汇能力。 从生态系统整体性和流域性出发，统筹推进山水林田湖草沙系统治理、重要生态系统保护和修复重大工程。科学挖掘造林绿化潜力，持续推进国土绿化，推动废弃矿山、荒山荒坡、裸露山体植被恢复。科学开展森林经营，充分发挥国有林场带动作用，采取封山育林、退化林修复、森林抚育等措施，优化森林结构，提高森林质量，提升森林碳汇总量。加快建设城乡贯通绿网，推进湿地沙化、石漠化和红壤丘陵地水土流失综合治理，加大鄱阳湖湿地、武功山山地草甸等保护修复力度，全面提升生态系统质量。到2030年，全省活立木蓄积量达到9亿立方米。（省林业局、省自然资源厅、省水利厅、省发展改革委、省科技厅、省生态环境厅、省住房城乡建设厅等按职责分工负责）

3.加强生态系统碳汇基础支撑。 依托和拓展自然资源调查监测系统，利用好在赣的国家野外台站监测基础和林草生态综合监测评价成果，建立健全全省生态系统碳汇监测核算制度。开展森林、草地、湿地、土壤等碳汇本底调查、储量评估、潜力评价，实施生态保护修复碳汇成效监测评估。加强典型生态系统碳收支基础研究和乡土优势树种固碳能力研究。健全生态补偿机制，将碳汇价值纳入生态保护补偿核算内容。按照国家碳汇项目方法学，推动生态系统温室气体自愿减排项目（CCER）开发，加强生态系统碳汇项目管理。（省自然资源厅、省林业局、省科技厅、省发展改革委、省生态环境厅、省财政厅、省金融监管局按职责分工负责）

4.推进农业减排固碳。 以保障粮食安全和重要农产品有效供给为根本，全面提升农业综合生产能力，推行农业清洁生产，大力发展低碳循环农业。加强农田保育，开展耕地质量提升行动，推进高标准农田建设，推动秸秆还田、有机肥施用、绿肥种植，提高农田土壤固碳能力，增加农业碳汇。实施化肥农药减量替代计划，规范农业投入品使用，大力推广测土配方施肥、增施有机肥和化肥农药减量增效技术。开展畜禽规模养殖场粪污处理与利用设施提档升级行动，推进畜禽粪污资源化利用、绿色种养循环农业试点，促进粪肥还田利用。到2025年，累计建成高标准农田3079万亩，主要农作物农药化肥利用率达43%，畜禽粪污综合利用率保持在80%以上、力争达到90%。（省农业农村厅、省发展改革委、省生态环境厅、省自然资源厅、省市场监管局等按职责分工负责）

（九）绿色低碳全民行动。

增强全民节约意识、环保意识、生态意识，倡导绿色低碳生活方式，引导企业履行社会责任，把绿色理念转化为全民的自觉行动。

1.加强全民宣传教育。 加强绿色低碳发展国民教育，将生态文明教育融入教育体系，生态宣传内容列入思政教育、家庭教育，开展生态文明科普教育、生态意识教育、生态道德教育和生态法制教育，普及碳达峰碳中和基础知识。充分利用报纸、广播电视等传统新闻媒体和网络、手机客户端等新媒体，打造多维度、多形式的绿色低碳宣传平台。加强对公众的生态文明科普教育，开发绿色低碳文创产品和公益广告。深入开展世界地球日、世界环境日、全国节能宣传周、全国低碳日、省生态文明宣传月等主题宣传活动，不断增强社会公众绿色低碳意识。（省委宣传部、省教育厅、省发展改革委、省生态环境厅、省自然资源厅、省管局、省气象局、省妇联、团省委等按职责分工负责）

2.倡导绿色低碳生活。 坚决遏制奢侈浪费和不合理消费，着力破除奢靡铺张的歪风陋习，坚决制止餐饮浪费行为，减少一次性消费品和包装用品材料使用量。开展绿色低碳社会行动示范创建活动，持续推进节约型机关、绿色（清洁）家庭、绿色社区、绿色出行、绿色商场、绿色建筑等创建活动，把绿色低碳纳入文明创建及有关教育示范基地建设要求，总结宣传一批优秀示范典型，大力营造绿色生活新风尚。完善公众参与制度，发挥民间组织和志愿者的积极作用，鼓励各行业制定绿色行为规范。倡导绿色消费，增加绿色产品供给，畅通绿色产品流通渠道，推广绿色低碳产品。扩大"江西绿色生态"标志覆盖面，提升绿色产品在政府采购中的比例。（省发展改革委、省教育厅、省管局、省住房城乡建设厅、省交通运输厅、省工业和信息化厅、省财政厅、省委宣传部、省国资委、省市场监管局、省妇联、团省委等按职责分工负责）

3.引导企业履行社会责任。 引导企业主动适应绿色低碳发展要求，强化环境责任意识，加强能源资源节约利用，提升绿色创新水平。重点行业龙头企业，特别是国有企业，要制定实施企业碳达峰实施方案，发挥示范引领作用。重点用能单位要全面核算本企业碳排放情况，深入研究节能降碳路径，"一企一策"制定专项工作方案。相关上市公司和发债企业要按照环境信息依法披露要求，定期公布企业碳排放信息。充分发挥行业协会等社会团体作用，督促企业自觉履行社会责任。（省国资委、省发展改革委、省生态环境厅、省工业和信息化厅、江西证监局等按职责分工负责）

4.强化领导干部培训。 把碳达峰碳中和作为干部教育培训体系重要内容，分阶段、分层次对各级领导干部开展碳达峰碳中和专题培训，深化各级领导干部对碳达峰碳中和重要性、紧迫性、科学性、系统性的认识。加强全省各级从事碳达峰碳中和工作的领导干部培养力度，掌握碳达峰碳中和方针政策、基础知识、实现路径和工作要求，增强绿色低碳发展本领。（省委组织部、省委党校、省碳达峰碳中和工作领导小组办公室按职责分工负责）

（十）碳达峰试点示范行动。

统筹推进节能降碳各类试点示范建设，以试点示范带动绿色低碳转型发展。

1.组织开展城市碳达峰试点。以产业绿色转型、低碳能源发展、碳汇能力提升、绿色低碳生活倡导、零碳建筑试点等为重点，深入推进以低碳化和智慧化为导向的"绿色工程"。鼓励引导有条件的地方聚焦优势特色，创新节能降碳路径，开展碳达峰试点城市创建。支持乡镇（街道）、社区开展低碳试点创建，加快绿色低碳转型。到2030年，争取创建30个特色鲜明、差异化发展的碳达峰试点城市（县城）。[省碳达峰碳中和工作领导小组办公室，有关市、县（区）人民政府等按职责分工负责]

2.创建碳达峰试点园区（企业）。组织实施一批碳达峰试点园区，在产业绿色升级、清洁能源利用、公共设施与服务平台共建共享、能源梯级利用、资源循环利用和污染物集中处置等方面打造示范园区。支持有条件的开发区依托本地优势产业开展绿色低碳循环发展示范，推进能源、钢铁、建材、石化、有色金属、矿产等行业企业建设标杆企业，探索开展二氧化碳捕集利用与封存工程建设。[省发展改革委、省科技厅、省工业和信息化厅、省商务厅、省国资委、省自然资源厅、省生态环境厅，有关市、县（区）人民政府等按职责分工负责]

3.深化生态产品价值实现机制试点。充分挖掘绿色生态资源优势和品牌价值，以体制机制改革创新为核心，以产业化利用、价值化补偿、市场化交易为重点，积极争取全省域开展生态产品价值实现机制试点，持续提高生态产品供给能力，探索兼顾生态保护与协调发展的共同富裕模式。深化抚州生态产品价值实现机制国家试点，鼓励婺源县、崇义县、全南县、武宁县、浮梁县、井冈山市、靖安县等地创新探索，总结推广可复制可推广的经验模式。支持因地制宜开展生态产品价值实现路径探索，打造一批生态产品价值实现机制示范基地。[省发展改革委、省自然资源厅、省生态环境厅、省林业局、省金融监管局，有关市、县（区）人民政府等按职责分工负责]

4.开展碳普惠试点。加强碳普惠顶层设计，聚焦企业减碳、公众绿色生活、大型活动碳中和、固碳增汇等领域开展试点，形成政府引导、市场化运作、全社会广泛参与的碳普惠机制。以公共机构低碳积分制为引领，开展碳普惠全民行动，建立碳币兑换等激励机制，鼓励医疗、教育、金融等机构和商超、景区、电商平台创建碳联盟，积极纳入碳普惠平台。（省管局、省生态环境厅、省发展改革委、省体育局、省商务厅、省国资委、省教育厅、省金融监管局、省林业局等按职责分工负责）

四、政策保障

（一）建立碳排放统计核算制度。按照国家统一规范的碳排放统计核算体系有关要求，建立完善碳排放统计核算办法。加强遥感技术、大数据、云计算等新兴技术在碳排放监测中的应用，探索建立"天空地"一体化碳排放观测评估技术体系，开展碳源/碳汇立体监测评估，推广碳排放实测技术成果。利用物联网、区块链等技术实施监测与数据传输，进一步提高碳排放统计核算水平。深化"生态云"大数据平台应用，建立完善统计、生态环境、能源监测及相关职能部门的数据衔接、共享及协同机制，构建碳达峰大数据管理平台，实现智慧控碳。（省碳达峰碳中和工作领导小组办公室、省统计局、省工业和信息化厅、省生态环境厅、省自然资源厅、省市场监管局、省气象局等按职责分工负责）

（二）**加大财税、价格政策支持**。统筹财政专项资金支持碳达峰重大行动、重大示范和重大工程。完善绿色产品推广和消费政策，加大对绿色低碳产品采购力度。强化税收政策绿色低碳导向，全面落实环境保护、节能节水、资源循环利用等领域税收优惠政策，对符合规定的企业绿色低碳技术研发费用给予税前加计扣除。完善差别电价、阶梯电价等绿色电价政策。（省财政厅、省税务局、省发展改革委、省生态环境厅按职责分工负责）

（三）**发展绿色金融**。深化绿色金融改革创新，鼓励有条件的地方、金融机构、行业组织和企业设立碳基金。拓宽绿色低碳企业直接融资渠道，鼓励发行绿色债券，支持符合条件的绿色企业上市融资。鼓励金融机构创新碳金融产品，推进应对气候变化投融资发展。建立健全碳达峰碳中和项目库，加强项目融资对接，引导金融机构加强对清洁能源、节能环保、装配式建筑等领域的支持，鼓励金融机构开发碳排放权、用能权抵押贷款产品。发挥绿色保险保障作用，鼓励保险机构将企业环境社会风险因素纳入投资决策与保费定价机制。积极推进金融机构环境信息披露，引导金融机构做好相关风险监测、预警、评估与处置工作。（省金融监管局、人行南昌中心支行、省财政厅、江西银保监局、江西证监局、省发展改革委、省生态环境厅按职责分工负责）

（四）**加强绿色低碳交流合作**。开展绿色经贸、技术与金融合作，持续优化贸易结构，巩固精深加工农产品和劳动密集型产品等传统产品出口，大力发展高质量、高技术、高附加值的绿色产品贸易。鼓励战略性新兴产业开拓国际市场，提高节能环保服务和产品出口，加强绿色低碳技术、产品和服务进口。积极开展绿色低碳技术合作交流，持续开展国家级大院大所产业技术及高端人才进江西活动，进一步深化绿色低碳领域合作交流层次与渠道。（省商务厅、省工业和信息化厅、省发展改革委、省市场监管局、省生态环境厅、省国资委、省外办按职责分工负责）

（五）**发展环境权益交易市场**。积极参与全国碳排放权交易市场相关工作，严格开展碳排放配额分配和清缴、温室气体排放报告核查，加强对重点排放单位和技术服务机构的监管。积极推进排污权有偿使用与交易，探索开展用能权有偿使用和交易试点，建立健全用能权、绿色电力证书等交易机制，培育交易市场，鼓励企业利用市场机制推进节能减污降碳。实行重点企（事）业单位碳排放报告制度，支持重点排放企业开展碳资产管理。利用好森林、湿地、草地、生物质、风能、太阳能、水能等自然资源，开发碳汇、可再生能源、碳减排技术改造等领域的温室气体自愿减排项目。支持省公共资源交易中心建设用能权、排污权、用水权、林业碳汇等交易平台。（省生态环境厅、省发展改革委、省能源局、省财政厅、省林业局、省市场监管局、国网江西省电力公司等按职责分工负责）

五、组织实施

省碳达峰碳中和工作领导小组加强对各项工作的整体部署和系统推进，研究重大问题、制定重大政策、组织重大工程。各成员单位按照省委、省政府决策部署和领导小组工作要求，扎实推进相关工作。省碳达峰碳中和工作领导小组办公室加强统筹协调，定期对各地区和重点领域、重点行业工作进展情况进行调度，督促各项目标任务落实落细。各设区市、各部门要按照《中共江西省委江西省人民政府关于完整准确全面贯彻新发展理念做好碳达峰碳中和工作的实施意见》和本方案确定的工作目标与重点任务，抓好贯彻落实和工作年度评估，有关工作进展和重大问题要及时向省碳达峰碳中和工作领导小组报告。各类市场主体要积极承担社会责任，主动实施有针对性的节能降碳措施，加快推进绿色低碳发展。各设区市要科学制定本地区碳达峰行动方案，经省碳达峰碳中和工作领导小组综合平衡、审核通过后，由各设区市自行印发实施。（省碳达峰碳中和工作领导小组办公室牵头，各设区市人民政府、各有关部门按职责分工负责）

山东省人民政府关于印发《山东省碳达峰实施方案》的通知

（鲁政字〔2022〕242号）

各市人民政府，各县（市、区）人民政府，省政府各部门、各直属机构，各大企业，各高等院校：

现将《山东省碳达峰实施方案》印发给你们，请结合实际，认真抓好贯彻落实。

山东省人民政府
2022年12月18日

山东省碳达峰实施方案

为深入贯彻党中央、国务院关于碳达峰碳中和重大战略决策部署，有力有序有效做好碳达峰工作，根据国家《2030年前碳达峰行动方案》和山东省《贯彻落实〈中共中央 国务院关于完整准确全面贯彻新发展理念做好碳达峰碳中和工作的意见〉的若干措施》，制定本实施方案。

一、总体要求

以习近平新时代中国特色社会主义思想为指导，全面贯彻党的二十大精神，深入贯彻习近平生态文明思想，立足新发展阶段，完整、准确、全面贯彻新发展理念，主动服务和融入新发展格局，以"走在前、开新局"为目标定位，坚持稳中求进工作总基调，协同推进降碳、减污、扩绿、增长，坚定不移走生态优先、绿色发展的现代化道路，深化新旧动能转换，努力建设绿色低碳高质量发展先行区，推动经济体系、产业体系、能源体系和生活方式绿色低碳转型，充分发挥在黄河流域生态保护和高质量发展中的龙头作用，确保全省2030年前实现碳达峰。

二、主要目标

"十四五"期间，全省产业结构和能源结构优化调整取得明显进展，重点行业能源利用效率大幅提升，严格合理控制煤炭消费增长，新能源占比逐渐提高的新型电力系统加快构建，绿色低碳循环发展的经济体系初步形成。到2025年，非化石能源消费比重提高至13%左右，单位地区生产总值能源消耗、二氧化碳排放分别比2020年下降14.5%、20.5%，为全省如期实现碳达峰奠定坚实基础。

"十五五"期间，全省产业结构调整取得重大进展，重点领域低碳发展模式基本形成，清洁低碳安全高效的能源体系初步建立，重点行业能源利用效率达到国内先进水平，非化石能源消费比重进一步提高，煤炭消费进一步减少，经济社会绿色低碳高质量发展取得显著成效。到2030年，非化石能源消费占比达到20%左右，单位地区生产总值二氧化碳排放比2005年下降68%以上，确保如期实现2030年前碳达峰目标。

三、实施碳达峰"十大工程"

（一）能源绿色低碳转型工程。

制定能源领域碳达峰工作方案，坚持安全平稳降碳，加快构建清洁低碳安全高效的能源体系。

1.大力发展新能源。加快实施新能源倍增行动，统筹推动太阳能、风能、核能等开发利用，完成可再生能源电力消纳责任权重。加快发展光伏发电。坚持集散并举，开展整县屋顶分布式光伏规模化开发建设试点示范，打造鲁北盐碱滩涂地风光储输一体化基地、鲁西南采煤沉陷区百万千瓦级"光伏+"基地，加快探索海上光伏基地建设。大力推进风电开发。以渤中、半岛南、半岛北三大片区为重点，打造千万千瓦级海上风电基地，推动海上风电与海洋牧场融合发展试点示范，有序推进陆上风电开发。积极安全有序发展核电。围绕打造胶东半岛千万千瓦级核电基地，全力推进海阳、荣成等核电厂址开发。加快推进核能供热、海水淡化等综合利用。探索推动核能小堆供热技术研究和示范应用。培育壮大氢能产业。加强工业副产氢纯化技术研发和应用，积极推进可再生能源制氢和低谷电力制氢试点，培育风光+氢储能一体化应用模式。实施"氢进万家"科技示范工程，促进完善制氢、储（运）氢、输氢、加氢、用氢全产业链氢能体系。因地制宜发展其他清洁能源。统筹推进生物质能、地热能、海洋能等清洁能源多元化发展。到2030年，光伏发电、风电、核电、生物质发电装机分别达到9500万千瓦、4500万千瓦、1000万千瓦和500万千瓦。（责任单位：省能源局、省发展改革委、省自然资源厅、省住房城乡建设厅、省工业和信息化厅、省科技厅、省水利厅、省农业农村厅、省海洋局、省生态环境厅）

2.加强煤炭清洁高效利用。全面关停淘汰中温中压及以下参数或未达到供电煤耗标准、超低排放标准的低效燃煤机组，大力推动煤电节能降碳改造、灵活性改造、供热改造"三改联动"。实施机组对标行动，加快煤电机组节能技改，挖掘余热利用潜力，不断降低供电标准煤耗。大幅压减散煤消费，因地制宜推进"煤改气""煤改电"。到2025年，煤电机组正常工况下平均供电煤耗降至295克标准煤/千瓦时左右。（责任单

位：省发展改革委、省能源局、省住房城乡建设厅、省生态环境厅）

3.**有序引导油气消费。**保持石油消费处于合理区间，持续推进成品油质量升级。加快完善天然气基础设施，统筹沿海LNG接收站、陆上天然气入鲁通道建设，推进天然气地下储气库、城市调峰设施和LNG储配库、LNG罐式集装箱及配套堆场建设，构建"一网双环"输气格局。实施燃气发电示范工程，适度发展天然气分布式热电联产项目。稳妥拓展城镇燃气、天然气发电和工业燃料等领域，有序推动交通用气发展，新增天然气优先保障民生用气，优化天然气利用结构。到2030年，天然气综合保供能力达到450亿立方米。（责任单位：省能源局、省发展改革委、省自然资源厅、省住房城乡建设厅）

4.**全面推进"外电入鲁"提质增效。**按照"风光火储一体化"模式，加快电源输出地可再生能源基地建设，提升既有通道送电能力和可再生能源比例。加快陇东至山东±800千伏特高压直流输变电工程建设，配套建设千万千瓦级风光火储一体化电源基地，可再生能源电量比例原则上不低于50%。适时启动第四条特高压直流通道论证建设。到2030年，接纳省外电量达到2000亿千瓦时，可再生能源电量占比达到35%。（责任单位：省能源局、省发展改革委、省自然资源厅）

5.**加快建设新型电力系统。**加快构建新能源占比逐渐提高的新型电力系统，积极推动源网荷储一体化发展，大幅提高新能源电力消纳能力。建立健全储能配套政策，完善储能市场化交易机制和价格形成机制。加快布局建设抽水蓄能，积极推动储电、相变材料储热等储能方式规模化示范，全面提升储能在电源侧、电网侧、用户侧的应用水平。到2030年，新型储能设施、抽水蓄能装机规模均达到1000万千瓦，需求侧响应能力达到750万千瓦左右。（责任单位：省能源局、省发展改革委、省自然资源厅）

专栏1：能源绿色低碳转型重点项目

1.**光伏发电。**（1）鲁北盐碱滩涂地风光储输一体化基地。（2）鲁西南采煤沉陷区百万千瓦级"光伏+"基地。（3）"环渤海""沿黄海"海上光伏基地。（4）整县屋顶分布式光伏规模化开发建设试点示范等。

2.**风电。**（1）山东半岛千万千瓦级海上风电基地。（2）鲁西南风电项目等。

3.**核电。**（1）荣成高温气冷堆示范工程。（2）国和一号示范工程。（3）海阳核电二期工程等。

4.**氢能。**（1）国家电投黄河流域氢能产业基地。（2）华电潍坊制氢加氢一体站试点项目。（3）山东港口集团智慧绿色港项目。（4）潍柴新百万台数字化动力零碳产业园项目。（5）东营胜利油田光伏制绿氢炼化应用项目等。

5.**油气管道及LNG接收站。**（1）山东天然气环网工程。（2）中俄东线天然气管道山东段。（3）董家口—东营原油管道。（4）日照—京博原油及成品油管道。（5）中国石化山东液化天然气（LNG）接收站扩建工程。（6）龙口南山LNG接收站一期工程。（7）烟台港西港区液化天然气（LNG）项目。（8）中国石化龙口液化天然气（LNG）项目等。

6.外电入鲁。（1）陇东—山东±800千伏特高压直流输变电工程。（2）扎鲁特—青州特高压直流通道送端配套电源基地等。

7.抽水蓄能。（1）文登抽水蓄能电站。（2）潍坊抽水蓄能电站。（3）泰安二期抽水蓄能电站。（4）枣庄庄里抽水蓄能电站。（5）日照街头抽水蓄能电站等。

8.储能。（1）临沂沂水、德州齐河、枣庄滕州、济宁微山、德州庆云等储能示范项目。（2）泰安盐穴压缩空气新型储能项目等。

（二）工业领域碳达峰工程。

以加快产业结构转型升级为总抓手，制定工业领域碳达峰工作方案，推动主要行业碳排放有序达峰。

1.推动工业领域绿色低碳发展。加快退出落后产能，推动传统产业绿色化高端化发展，积极发展绿色低碳新兴产业，建立高效绿色低碳的现代工业体系。实施节能降碳行动，严格能效约束，加快重点领域节能降碳步伐，带动全行业绿色低碳转型。提高铸造、有色、化工等行业的园区集聚水平，深入推进园区循环化改造，着力提高工业园区绿色化水平。积极推行绿色设计、建设绿色工厂、打造绿色供应链，深入推进清洁生产，加快发展绿色工业园区和生态工业园区。加强电力需求侧管理，提升工业电气化水平。大力发展节能环保产业。开展全流程二氧化碳减排示范工程，推动企业设备更新和技术改造，加快绿色低碳转型步伐。（责任单位：省工业和信息化厅、省发展改革委、省生态环境厅）

2.推动钢铁行业碳达峰。优化生产力布局，加快建设"日临""莱泰"两大钢铁产业基地，京津冀大气污染传输通道城市钢铁产能实现应退尽退，提升沿海地区钢铁产能占比。促进工艺流程结构转型和清洁能源替代，提升废钢资源回收利用水平，推行全废钢电炉工艺。推广先进适用技术，挖掘节能降碳潜力，探索开展氢冶金等试点示范。到2025年，沿海地区钢铁产能占比力争达到70%。（责任单位：省工业和信息化厅、省发展改革委、省科技厅、省生态环境厅）

3.推动有色金属行业碳达峰。严禁新增电解铝、氧化铝产能，严控电解铜产能。鼓励发展再生铝、再生铜等有色金属产业，完善废弃有色金属资源回收、分选和加工网络，提高再生有色金属产量比例。推广先进适用绿色低碳新技术，推进清洁能源替代，提升生产过程余热回收水平，推动单位产品碳排放持续下降。到2025年，电解铝吨铝电耗争取下降至12500千瓦时左右。（责任单位：省工业和信息化厅、省发展改革委、省科技厅、省能源局）

4.推动建材行业碳达峰。严格执行产能置换政策，加快低效产能退出，引导建材行业向轻型化、集约化、制品化转型。鼓励建材企业使用粉煤灰、工业废渣、尾矿渣等作为原料或水泥混合材。严禁新增水泥熟料、粉磨产能，推广节能技术设备，提升水泥生产线超低排放水平，深挖节能增效空间。到2025年，除特种水泥熟料和化工配套水泥熟料生产线外，2500吨/日及以下的水泥熟料生产线全部整合退出。（责任单位：省工业和信息化厅、省发展改革委、省科技厅）

5.推动石化化工行业碳达峰。严格执行炼化产业产能置换比例，确保全省炼油产能只减不增。严格项目准入，稳妥推进企业兼并重组，推进炼化一体化发展。优化产品结构，促进石化化工与煤炭开采、冶金、建材、化纤等产业协同发展，加强炼厂干气、液化气等副产气体高效利用。加快石化、煤化等行业全流程清洁化、循环化、低碳化改造，推动能量梯级利用、物料循环利用，深入推进化工园区循环化改造。（责任单位：省工业和信息化厅、省发展改革委、省能源局）

6.坚决遏制高耗能、高排放、低水平项目盲目发展。对高耗能高排放项目全面推行清单管理、分类处置、动态监控。严格落实国家产业政策，强化环保、质量、技术、节能、安全标准引领，按照"四个区分"的要求，加快存量项目分类处置，有节能减排潜力的尽快改造提升，依法依规推动落后产能退出。新建项目严格落实产能、煤耗、能耗、碳排放、污染物排放等减量替代要求，主要产品能效水平对标国家能耗限额先进标准。（责任单位：省发展改革委、省工业和信息化厅、省生态环境厅）

专栏2：工业领域绿色低碳发展重点工程

1.重点行业绿色化改造。（1）在建材、化工、印染等领域实施8—10个产业集群绿色化改造工程。（2）以钢铁、焦化、建材、化工等行业为重点，实施100个左右全流程清洁化、循环化、低碳化改造项目。

2.依法依规推动落后产能退出。（1）钢铁行业，京津冀大气污染传输通道城市（不含济南市莱芜区、钢城区）钢铁产能原则上全部转移退出。（2）地炼行业，关停退出参与裕龙岛炼化一体化项目（一期）整合的地炼产能。（3）焦化行业，淘汰炭化室高度小于5.5米焦炉及热回收焦炉。（4）水泥行业，除特种水泥熟料和化工配套水泥熟料生产线外，2500吨/日及以下的水泥熟料生产线全部整合退出。

（三）节能降碳增效工程。

落实能耗双控工作要求，把节能贯穿于经济社会发展的全过程和各领域，推动能源消费革命，加快建设能源节约型社会。

1.全面提升节能管理能力。强化固定资产投资项目节能审查，从源头提升能源利用效率和节能减碳水平。加强重点领域节能管理，大力开发、推广节能高效技术和产品，加快实施节能低碳技术改造。提升能源计量支撑能力，开展重点用能单位能源计量审查，实施低碳计量重点工程，建立健全碳排放计量技术、管理和服务体系。加强节能监察能力建设，健全省、市、县三级节能监察体系，建立跨部门联动的节能监察机制。（责任单位：省发展改革委、省工业和信息化厅、省生态环境厅、省市场监管局、省科技厅、省能源局）

2.推动重点领域节能降碳。开展建筑、交通、照明、供热等基础设施节能升级改造，推进先进绿色建筑技术示范应用，推动城市综合能效提升。实施园区节能降碳工程，以高耗能高排放项目聚集度高的园区为重点，推动能源系统优化和梯级利用，打造一批国际先进节能低碳园区。（责任单位：省发展改革委、省科技厅、省工业和信息化厅、省生态环境厅、省住房城乡建设厅、省能源局）

3.推进重点用能设备节能增效。建立以能效为导向的激励约束机制，综合运用税收、价格、补贴等多种手段，推广先进高效产品设备，加快淘汰落后低效设备。加强重点用能设备能效监测和日常监管，强化生产、经营、销售、使用、报废全链条管理，确保能效标准和节能要求全面落地见效。（责任单位：省发展改革委、省工业和信息化厅、省市场监管局、省能源局）

4.加强新型基础设施节能降碳。统筹谋划新型基础设施建设，优化空间布局，避免低水平重复建设。优化新型基础设施用能结构，采用分布式储能、"光伏＋储能"等模式，探索多样化能源供应，提高非化石能源消费比重。推动既有设施绿色低碳升级改造，积极推广使用高效制冷、先进通风、余热利用、智能化用能控制等绿色技术，提高设施能源利用效率。（责任单位：省发展改革委、省工业和信息化厅、省科技厅、省能源局、省大数据局）

（四）城乡建设绿色低碳工程。

加快推动城乡建设绿色低碳发展，全面建立以绿色低碳为导向的城乡建设管理机制。

1.推动城乡建设绿色低碳转型。优化城乡空间布局，科学确定建设规模，控制新增建设用地过快增长。推动新型建筑工业化全产业链发展，大力发展装配式建筑，推广绿色建材，推动建材循环利用，将绿色发展理念融入工程策划、设计、生产、运输、施工、交付等建造全过程，积极推行绿色建造。完善城乡建设管理机制，制定建筑拆除管理办法，杜绝大拆大建。建设绿色城镇、绿色社区。（责任单位：省住房城乡建设厅、省自然资源厅、省发展改革委）

2.加快提升建筑能效水平。稳步提升建筑节能低碳水平，提高新建建筑节能标准，深入开展既有居住建筑和公共建筑节能改造。城镇新建建筑全面执行绿色建筑标准，完善绿色建筑标准体系，健全星级绿色建筑标识制度。推动超低能耗建筑、低碳建筑规模化发展。加快推广供热计量收费和合同能源管理。加强适用不同类型建筑的节能低碳技术研发和推广，持续推动老旧供热管网等市政基础设施节能降碳改造。到2025年，新增绿色建筑5亿平方米。（责任单位：省住房城乡建设厅、省发展改革委、省市场监管局）

3.大力优化建筑用能结构。大力推进可再生能源建筑应用，推广光伏发电与建筑一体化应用，因地制宜推行热泵、生物质能、地热能、太阳能等清洁低碳供暖。推广清洁能源和跨区域供热体系，推动清洁取暖与热电联产集中供暖，加快工业余热供暖规模化应用。提高建筑终端电气化水平，建设集光伏发电、储能、直流配电、柔性用电为一体的"光储直柔"建筑。到2025年，城镇建筑可再生能源替代率达到8%，新建公共机构、新建厂房屋顶光伏覆盖率达到50%。（责任单位：省住房城乡建设厅、省能源局、省发展改革委、省生态环境厅）

4.推进农村用能结构低碳转型。推进绿色农房建设，推动新建农房执行节能设计标准，鼓励和引导农村居民实施农房节能改造。加快生物质能、太阳能等可再生能源在农村生活和农村建筑中的应用。持续推进农村清洁取暖攻坚行动，推广节能环保灶具，因地制宜选择适宜取暖方式。全面实施乡村电气化提升工程，加快农村电网改造升级。（责任单位：省农业农村厅、省发展改革委、省住房城乡建设厅、省生态环境厅、省能源局）

（五）交通运输低碳转型工程。

科学制定交通领域碳达峰工作方案，加快构建绿色低碳运输体系，确保交通运输领域碳排放增长保持在合理区间。

1.加快绿色交通基础设施建设。优化交通基础设施空间布局，加快推进港口集疏运铁路、物流园区及大型工矿企业铁路专用线项目建设，推动铁路向重要货源地延伸。统筹利用综合运输通道资源，鼓励公路与铁路、高速公路与普通公路共用线位。推进京杭运河黄河以北段适宜河段复航。加快推进绿色公路、绿色铁路、绿色港口和绿色机场建设，提升绿色建设施工水平，推动老旧交通基础设施升级改造，持续完善充电桩、LNG加注站、加氢站等设施。鼓励在交通枢纽场站以及公路、铁路等沿线合理布局光伏发电及储能设施。推广零碳服务区建设。（责任单位：省交通运输厅、省发展改革委、省能源局）

2.深入推动运输结构调整。加快完善多式联运体系，引导大宗货物采用铁路、水路、封闭式皮带廊道、新能源和清洁能源汽车等运输方式。打造高效衔接、快捷舒适的城市公共交通服务体系，提升公共出行比例，积极引导公众优先选择绿色低碳交通方式。加快城乡物流配送绿色发展，推进绿色低碳、集约高效的城市物流配送服务模式创新。到2025年，集装箱铁水联运量年均增长15%以上，沿海主要港口大宗货物绿色运输方式比例达到70%以上，全省80%以上的绿色出行创建城市绿色出行比例达到70%以上。（责任单位：省交通运输厅、省发展改革委、省商务厅）

3.促进运输工具装备低碳转型。加大城市公交、出租等领域新能源车辆推广应用力度，推动城市公共服务车辆电动化替代，鼓励将老旧车辆和非道路移动机械替换为清洁能源车辆。鼓励各市开展燃料电池汽车推广应用，在济南、青岛、潍坊、济宁、聊城、滨州等市推进氢燃料电池公交车的运行。发展智能交通，降低空载率和不合理客货运周转量，提升运输工具能源利用效率。实施港口岸电改造工程。到2030年，城市建成区每年新增和更新的城市公共汽车（除应急救援车辆外）新能源车辆比例为100%，新增和更新的出租新能源和清洁能源车辆比例不低于80%，营运车辆、船舶换算周转量碳排放强度比2020年分别降低10%、5%左右。陆路交通运输石油消费力争2030年前达到峰值。（责任单位：省交通运输厅、省发展改革委、省工业和信息化厅）

专栏3：绿色交通基础设施重点项目

1.货运、疏港铁路。（1）水发国际物流铁路专用线。（2）董家口至潍坊铁路线。（3）兖矿东平陆港专用线。（4）董家口至沂水西铁路。（5）烟台港芝罘湾港区接轨珠烟线。（6）烟台港龙口港区进港铁路专用线二期。（7）山东淄海铁路专用线。（8）岚山疏港铁路工程。（9）坪岚铁路扩能改造工程。（10）临沂临港疏港铁路。（11）临沂山东港汇国际物流铁路专用线。（12）山钢临港铁路物流园支线永锋专用线。（13）兰陵县金石建设铁路专用线。（14）山东如通铁路货运专用线。（15）博兴鑫圣华铁路专用线。（16）菏泽广源陆港铁路专用线。（17）郓城至巨野铁路等。

2.轨道交通。（1）济南城市轨道交通二期工程。（2）青岛城市轨道交通三期工程等。

3.内河水运。（1）小清河复航及沿线港口项目。（2）京杭运河主航道"三改二"提升工程。（3）湖西航道改造工程。（4）新万福河复航二期工程后楼至关桥段。（5）郓城新河通航工程。（6）京杭运河微山三线船闸工程。（7）泰安港。（8）济宁港等。

（六）循环经济助力降碳工程。

大力发展循环经济，不断提高资源利用效率，充分发挥减少资源消耗和降碳的协同作用。

1.推进园区循环化改造。开展园区循环化改造，推动园区企业循环式生产、产业循环式组合，推进工业余压余热、废水废气废液的资源化利用，积极推广集中供气供热。搭建基础设施和公共服务共享平台，加强园区物质流管理。到2030年，省级以上园区全部实施循环化改造。（责任单位：省发展改革委、省工业和信息化厅）

2.促进大宗固体废物综合利用。完善省级固体废物资源化利用政策、标准、规范、技术，坚持绿色消费引领源头减量，提高资源化利用水平，最大限度减少填埋量。促进秸秆、畜禽粪污等主要农业废弃物全量利用。推动建筑垃圾资源化利用，推广废弃路面材料原地再生利用。加快大宗固废综合利用示范建设。到2030年，大宗固废年利用量达到2亿吨。（责任单位：省发展改革委、省工业和信息化厅、省住房城乡建设厅、省生态环境厅、省农业农村厅、省畜牧局）

3.扎实推行生活垃圾分类和资源化利用。严格落实城市生活垃圾分类制度实施方案，完善垃圾分类标识体系，健全垃圾分类奖励制度。加快建立覆盖全社会的生活垃圾收运处置体系，完善分类投放、分类收集、分类运输、分类处理的生活垃圾处理系统。

推进生活垃圾焚烧处理等设施建设和改造提升，优化处理工艺，增强处理能力，降低垃圾填埋比例。到2030年，城镇生活垃圾分类实现全覆盖。（责任单位：省住房城乡建设厅、省发展改革委、省生态环境厅、省能源局）

4.健全再生资源循环利用体系。完善废旧物资回收网络，搭建"互联网＋回收"应用平台，鼓励企业创新综合利用技术，不断提升废旧物资循环利用水平。推进退役动力电池、光伏组件、风电机组叶片等新兴产业废弃物循环利用。推行废旧家电、消费电子等耐用消费品生产企业"逆向回收"模式。加大再生水利用力度，加快推动城镇生活污水、工业废水、农业农村污水资源化利用。到2030年，废钢、废纸、废塑料、废橡胶、废玻璃、废弃电器电子产品、报废机动车等再生资源产品利用量达到5000万吨。（责任单位：省发展改革委、省住房城乡建设厅、省工业和信息化厅、省商务厅）

（七）绿色低碳科技创新工程。

发挥科技创新在碳达峰碳中和工作中的引领作用，强化科技支撑能力，加快绿色低碳科技革命。

1.完善绿色低碳技术创新机制。发挥科研机构作用，强化绿色技术产学研协同攻关，鼓励相关设施、数据、检测等资源开发共享。成立山东省绿色技术银行，支持重点绿色技术创新成果转化应用。打造省级生态环境科技成果转化综合服务平台，建设一批生态环境科技成果转移转化基地。成立山东能源科技创新联盟，举办能源科技高端论坛。加强知识产权保护，完善绿色低碳技术和产品评估体系。（责任单位：省科技厅、省发展改革委、省市场监管局、省生态环境厅）

2.提升绿色低碳技术创新能力建设。积极推动相关领域重点实验室、工程研究中心等科技创新平台建设。引导行业龙头企业联合高校、科研院所和上下游企业，共建绿色低碳产业创新中心。加强基础科学研究，支持科研单位在气候变化成因、生态系统碳汇、低碳零碳负碳技术等方面，加强基础理论、基础方法、基础材料研究。建立完善绿色技术创新科研人员激励机制，激发领军人才绿色技术创新活力。（责任单位：省科技厅、省发展改革委、省教育厅、省生态环境厅）

3.加强绿色低碳技术研发应用。实行"揭榜挂帅"机制，加大绿色低碳科技研发力度，重点突破绿色低碳领域"卡脖子"和共性关键技术。集中力量开展复杂大电网安全稳定运行和控制、大容量风电、高效光伏、大容量电化学储能、低成本可再生能源制氢、磁悬浮冷媒压缩机、CCUS等关键技术攻关。加快攻克碳纤维、气凝胶、特种钢材等基础材料和关键零部件、元器件、软件等技术短板。推广先进成熟绿色低碳技术，更新绿色技术推广目录，开展技术示范应用。加快氢能技术发展，推进氢能在工业、交通、城镇建筑等领域规模化应用。建设二氧化碳捕集利用与封存一体化示范项目。（责任单位：省科技厅、省发展改革委、省工业和信息化厅、省生态环境厅、省能源局）

4.加强碳达峰碳中和人才引育。对接国家碳达峰碳中和专业人才培养支持计划，完善碳达峰碳中和人才培养体系。建立顶尖人才"直通车"机制，着力引进低碳技术相关领域的高层次人才，培育一批优秀的青年领军人才和创新创业团队。支持中央驻鲁高校和省属高校开设节能、储能、氢能、碳减排、碳市场等相关专业，建立多学科交叉的绿色低碳人才培养模式。（责任单位：省发展改革委、省委组织部、省科技厅、省教育厅、省人力资源社会保障厅）

（八）碳汇能力巩固提升工程。

坚持系统观念，推进山水林田湖草沙一体化保护和修复，提升生态系统的质量与稳定性，充分发挥森林、农田、湿地、海洋等固碳作用，提升生态系统碳汇增量。

1.巩固生态系统碳汇作用。强化国土空间规划战略引领和刚性管控作用，实施国土空间格局优化策略。实施整体保护、系统修复、综合治理，加快构建以国家公园为主体的自然保护地体系，守住自然生态安全边界。大力推动存量建设用地盘活利用。严格执行土地使用标准，开展工业用地利用情况调查，加强节约集约用地评价，推广应用节地技术和节地模式。（责任单位：省自然资源厅、省发展改革委、省生态环境厅、省水利厅）

2.提升生态系统碳汇能力。深入推进科学绿化试点示范省建设，实施森林质量精准提升工程，加快鲁中南和鲁东山地丘陵区两大生态屏障建设，提高森林质量。强化森林资源保护，切实加强森林抚育经营和低效林改造。完善湿地分级管理体系，实施湿地保护修复工程，通过退养还滩、生态补水等措施，修复退化湿地，增强固碳能力。到2030年，全省森林覆盖率完成国家下达任务。（责任单位：省自然资源厅、省水利厅、省发展改革委）

3.大力发展海洋生态系统碳汇。推进海洋碳汇标准体系建设。开展全省海洋生态系统碳汇分布状况家底调查，完善海洋碳汇监测系统。开展海洋生态保护修复，持续推进"蓝色海湾"整治行动和海岸带保护修复工程，提升海洋生态系统碳汇能力，探索海洋生态系统固碳增汇实现路径，推动海洋碳汇开发利用。（责任单位：省海洋局、省生态环境厅、省发展改革委、省农业农村厅）

4.加强生态系统碳汇基础支撑。建立健全林业碳汇计量监测体系、价值评价体系和经营开发体系，完善森林碳库现状及动态数据库，开展林业碳汇评估。推动山东省林业碳汇交易。建设海洋碳汇领域院士工作站、海洋负排放研究中心、黄渤海蓝碳监测和评估研究中心等创新平台，加强海洋碳汇技术研究。（责任单位：省自然资源厅、省海洋局、省生态环境厅、省发展改革委、省科技厅）

5.推进农业农村减排固碳。加快先进适用、节能环保农机装备和渔船推广应用，发展节能农业大棚。大力推进农业生态技术、绿色技术和增汇型技术研发和推广应用，深入实施农药化肥减量增效行动，合理控制化肥、农药、地膜使用量。大力发展绿色循环农业，整县推进畜禽粪污、秸秆等农业生产废弃物综合利用。整县提升农村人居环境，提高农村污水垃圾处理能力，实施控源截污、清淤疏浚、水体净化等工程。（责任单位：省农业农村厅、省发展改革委、省工业和信息化厅、省住房城乡建设厅、省生态环境厅、省自然资源厅、省水利厅、省畜牧局）

专栏4：碳汇巩固提升重点项目

  1.山水林田湖草沙系统治理。（1）沂蒙山区域山水林田湖草沙一体化保护和修复工程。（2）大运河沿线生态修复工程。（3）鲁东低山丘陵区生态修复工程。（4）森林质量精准提升工程。（5）在东营、济宁、泰安、威海、日照等市开展6—8个湿地保护修复工程。

  2.黄河口国家公园建设。（1）黄河三角洲国家级自然保护区生态保护修复工程。（2）湿地公园、近海水环境与水生态修复工程。（3）海岸带生态防护工程等。

  3.长岛国家公园建设。（1）岛陆生态系统修复工程。（2）海草床和海藻场修复工程。

  4.沿黄生态廊道建设。（1）黄河沿岸绿色生态廊道工程。（2）湿地退化修复工程。（3）小清河生态景观带改造提升工程。（4）东平湖生态保护与修复工程等。

  5.重点海域海洋生态保护修复。（1）莱州湾生态保护修复。（2）贝壳堤岛海洋自然保护区生态保护与修复。（3）庙岛群岛生态保护修复。（4）胶州湾生态保护修复。（5）崂山湾生态保护修复。（6）丁字湾生态保护修复。（7）黄河三角洲国家级自然保护区南部海洋生态保护修复等。

（九）全民绿色低碳工程。

着力增强全民节约意识、环保意识、生态意识，倡导文明、节约、绿色、低碳的生活方式，引领民众自觉参与美丽中国建设。

1.提高全民节能低碳意识。加强资源能源环境国情宣传，开展全民节能低碳教育，普及碳达峰碳中和基础知识。深入实施节能减排降碳全民行动，办好全国节能宣传周、科普活动周、全国低碳日、世界环境日等主题宣传活动，推动生态文明理念更加深入人心。（责任单位：省发展改革委、省委宣传部、省教育厅、省生态环境厅、省能源局）

2.推广节能低碳生活方式。推动低碳进商场、进社区、进校园、进家庭，开展节约型机关、绿色家庭、绿色学校、绿色社区、绿色出行、绿色商场、绿色建筑等创建行动。继续推广节能环保汽车、节能家电、高效照明产品等节能产品。探索建立个人碳账户等绿色消费激励机制。加快畅通节能绿色产品流通渠道，拓展节能绿色产品农村消费市场。（责任单位：省发展改革委、省商务厅、省机关事务局、省住房城乡建设厅、省生态环境厅）

3.引导企业履行社会责任。增强企业减碳主动性，强化环境责任意识，加强能源资源节约，提升绿色创新水平。鼓励重点领域用能单位制定实施碳达峰工作方案，国有企业要发挥示范引领作用。充分发挥行业协会等社会团体作用，督促企业自觉履行社会责任。（责任单位：省发展改革委、省国资委、省工业和信息化厅）

4.强化领导干部培训。将学习贯彻习近平生态文明思想作为干部教育培训的重要内容，组织开展碳达峰碳中和专题培训，分阶段、分层次对各级领导干部开展培训。从事绿色低碳发展工作的领导干部，要尽快提升专业能力素养，切实增强抓好绿色低碳发展的本领。（责任单位：省委组织部、省委党校、省碳达峰碳中和工作领导小组办公室）

（十）绿色低碳国际合作工程。

完善绿色贸易体系，加强低碳对外合作，全面提高对外开放绿色低碳发展水平。

1.加快发展绿色贸易。 充分利用自由贸易试验区制度创新优势，大力发展高质量、高附加值的绿色产品和技术贸易。落实国家关于高耗能高排放产品退税政策，合理调节出口规模。积极扩大绿色产品和技术进口比例，发挥正向促进作用，鼓励企业全面融入绿色低碳产业链。全面研究并有力应对国际"碳边境调节机制"等贸易规则。（责任单位：省商务厅、省税务局、省发展改革委、省工业和信息化厅）

2.开展国际交流合作。 在国家确定的国际交流与合作框架下，积极开展清洁能源、生态保护、气候变化、海洋和森林资源保护等相关国际合作。推动开展可再生能源、储能、氢能、CCUS等绿色低碳领域科研联合攻关和技术交流。加强与"一带一路"沿线国家在绿色能源、绿色金融、绿色技术、绿色装备、绿色服务、绿色基础设施建设等方面的交流与合作。支持烟台市举办碳达峰碳中和国际论坛。（责任单位：省委外办、省科技厅、省商务厅、省发展改革委、省生态环境厅、省国资委、省能源局）

四、政策保障

（一）完善碳排放统计核算制度。 按照国家统一规范的碳排放统计核算体系有关要求，完善能源活动和工业生产过程碳排放核算方法，建立覆盖重点领域的碳排放统计监测体系。利用大数据手段，加强关联分析和融合应用，增强碳排放监测、计量、核算的准确性。依托和拓展自然资源调查监测体系，建立覆盖陆地和海洋生态系统的碳汇核算体系，定期开展森林、海洋、岩溶、土壤等生态系统碳汇本底调查和碳储量评估。（责任单位：省统计局、省生态环境厅、省自然资源厅、省大数据局、省发展改革委）

（二）强化经济政策支持。 统筹资金加大对相关领域重大行动、重大示范、重大工程的支持力度。强化财政激励、税收引导功能，支持新能源产业技术创新，支持产能出清的企业转型升级。持续加大绿色低碳领域基础研究支持力度。整合发挥现有绿色发展方向基金作用。支持实体企业通过发行绿色债券、上市等方式融资。按照国家统一部署，推进环境污染责任保险等绿色保险发展。建立"两高"行业重点企业碳账户，并逐步推广到全行业。探索建立集融资服务、披露核查、评价评级、政策集成于一体的碳金融服务平台。支持青岛西海岸新区开展气候投融资试点。（责任单位：省财政厅、省税务局、省科技厅、省发展改革委、省能源局、省生态环境厅、省地方金融监管局、人民银行济南分行、山东银保监局、山东证监局）

（三）建立市场化机制。 积极支持重点排放单位参与全国碳排放权交易，加强碳排放配额分配管理。探索生态产品价值实现机制和碳汇补偿机制。进一步完善省级能耗指标收储使用管理制度，积极推行合同能源管理，推广节能咨询、诊断、设计、融资、改造、托管等"一站式"综合服务模式。探索开展重点产品全生命周期碳足迹核算。（责任单位：省生态环境厅、省发展改革委、省自然资源厅、省财政厅）

（四）**完善价格调控机制**。建立完善差别化的资源要素价格形成机制和动态调整机制，对高耗能、高排放、产能过剩行业实施差别价格、超额累进价格等政策，促进能源资源集约高效利用。全面清理高耗能高排放项目优惠电价。全面推广供热分户计量和按供热热量收费，完善超低能耗建筑、可再生能源建筑应用及农村地区清洁取暖用气、用电价格优惠政策。（责任单位：省发展改革委、省住房城乡建设厅、省市场监管局）

（五）**开展碳达峰试点建设**。加大推进碳达峰的支持力度，选择具有典型代表性的区域和园区开展碳达峰试点建设，在政策、资金、技术等方面给予支持，帮助试点地区和园区加快实现绿色低碳转型，提供可复制可推广经验做法。（责任单位：省碳达峰碳中和工作领导小组办公室、各市人民政府）

五、组织实施

（一）**加强统筹协调**。加强全省碳达峰工作的集中统一领导，由省碳达峰碳中和工作领导小组进行整体部署和系统推进，研究重大问题、建立政策体系、开展重大工程。省碳达峰碳中和工作领导小组成员单位要按照职责分工，制定具体工作方案并分解落实到每个年度，明确推进措施，扎实抓好落地落实。省碳达峰碳中和工作领导小组办公室要加强统筹协调，定期对各市和重点领域、重点行业工作进展情况进行调度，督促各项目标任务落实落细。（责任单位：省碳达峰碳中和工作领导小组办公室、各市人民政府、各有关部门）

（二）**强化责任落实**。各市各部门要深刻认识碳达峰碳中和工作的重要性、紧迫性、复杂性，按照《贯彻落实〈中共中央、国务院关于完整准确全面贯彻新发展理念做好碳达峰碳中和工作的意见〉的若干措施》和本方案确定的工作目标和重点任务，严格落实工作责任。各市要结合本地区资源禀赋、产业布局、发展阶段等，提出符合实际、切实可行的碳达峰时间表、路线图，科学制定本地区碳达峰工作方案，经省碳达峰碳中和工作领导小组综合平衡、审议通过后，由各市印发实施。（责任单位：省碳达峰碳中和工作领导小组办公室、各市人民政府、各有关部门）

（三）**严格监督评价**。完善能源消耗总量和强度调控，合理控制化石能源消费，逐步转向碳排放总量和强度双控制度。逐步建立系统完善的碳达峰碳中和综合评价体系，纳入16市高质量发展综合绩效考核。强化监督评价结果应用，对工作突出的单位和个人按规定给予表彰奖励，对未完成碳排放控制目标的市和部门依法依规实行通报批评和约谈问责。各市人民政府要组织开展碳达峰目标任务年度评价，有关工作进展和重大问题要及时向省碳达峰碳中和工作领导小组报告。（责任单位：省碳达峰碳中和工作领导小组办公室、各市人民政府、各有关部门）

中共河南省委　河南省人民政府关于印发《河南省碳达峰实施方案》的通知

（豫发〔2022〕29号）

各省辖市党委和人民政府，济源示范区、航空港区党工委和管委会，省委各部委，省直机关各单位，省管各企业和高等院校，各人民团体：

现将《河南省碳达峰实施方案》印发给你们，请结合实际认真贯彻落实。

中共河南省委
河南省人民政府
2022年8月15日

（本文有删减）

河南省碳达峰实施方案

为有力有序有效做好碳达峰工作，根据《中共中央　国务院关于完整准确全面贯彻新发展理念做好碳达峰碳中和工作的意见》等文件精神，结合我省实际，制定如下实施方案。

一、总体要求

（一）指导思想。以习近平新时代中国特色社会主义思想为指导，全面贯彻党的十九大和十九届历次全会精神，深入贯彻习近平生态文明思想，落实促进中部地区崛起、黄河流域生态保护和高质量发展等国家战略，立足新发展阶段，完整、准确、全面贯彻新发展理念，服务构建新发展格局，深入践行绿水青山就是金山银山理念，把碳达峰、碳中和纳入经济社会发展全局，坚持系统观念，统筹发展和安全，以经济社会发展全面绿色转型为引领，以推动能源绿色低碳发展为关键，深入推进碳达峰行动，加快形成节约资源和保护环境的产业结构、生产方式、生活方式、空间格局，确保如期实现2030年前碳达峰目标。

（二）工作原则。

统筹规划，协同推进。坚持前瞻性思维，加强统筹协调，一体谋划、一体部署、一体推动、一体考核碳达峰、碳中和工作。处理好发展和减排、整体和局部、长远目标和短期目标、政府和市场的关系，抢抓发展机遇，推动经济社会绿色低碳转型发展。

稳妥有序，安全降碳。坚持底线思维，强化风险意识，统筹经济增长和平稳降碳，确保能源安全、产业链供应链安全、粮食安全和人民群众正常生产生活。

目标引领，分类施策。坚持一盘棋思维，按照系统性、动态性要求，科学设置各地及重点领域、行业、企业碳达峰目标任务。坚持目标导向、结果导向，精准施策，分类推进，为实现碳达峰目标提供有力支撑。

政府引导，市场推动。更好发挥政府作用，加快绿色低碳科技和机制创新，健全绿色低碳法规标准体系、政策体系，提升要素资源配置效益。发挥市场在资源配置中的决定性作用，落实用能权交易、碳排放权交易和生态保护补偿等制度，激发市场主体活力，形成有效激励约束机制。

二、主要目标

"十四五"期间，全省产业结构和能源结构优化调整取得明显进展，能源资源利用效率大幅提升，煤炭消费持续减少，新能源占比逐渐提高的新型电力系统加快构建，绿色低碳技术研发和推广应用取得新进展，减污降碳协同推进，人才队伍发展壮大，绿色生产生活方式得到普遍推行，绿色低碳循环发展经济体系初步形成。到2025年，全省非化石能源消费比重比2020年提高5个百分点，确保单位生产总值能源消耗、单位生产总值二氧化碳排放和煤炭消费总量控制完成国家下达指标，为实现碳达峰奠定坚实基础。

"十五五"期间，产业结构调整取得重大进展，清洁低碳安全高效的能源体系初步建立，非化石能源成为新增用能供给主体，煤炭消费占比持续下降，重点行业能源利用效率达到国内先进水平，科技创新水平明显增强，市场机制更加灵活，全民践行简约适度、绿色低碳生活理念的氛围基本形成，经济社会发展全面绿色转型取得显著成效。到2030年，全省非化石能源消费比重进一步提高，单位生产总值能源消耗和单位生产总值二氧化碳排放持续下降，顺利实现碳达峰目标，为实现2060年前碳中和目标打下坚实基础。

三、重点任务

（一）能源绿色低碳转型行动。

统筹能源低碳发展和安全保供，加快发展新能源，稳定油气消费增长，科学控制煤炭消费，加快构建清洁低碳高效安全的能源体系。

1.大力发展新能源。加快风能资源开发利用，以沿黄浅山丘陵（含黄河故道）和中东部平原地区为重点，规划建设一批百万千瓦级高质量风电基地，到2025年，风电累计并网容量达到2700万千瓦以上。加快智能光伏产业创新升级和特色应用，鼓励利用大中型城市屋顶资源和开发区、工业园区、标准厂房、大型公共建筑屋顶等发展分布式光伏发电，推进登封、商城等整县（市、区）屋顶分布式光伏试点建设，结合采煤沉陷区、石漠化、油井矿山废弃地治理等，建设一批高标准"光伏+"基地，到2025年，光伏发电并网容量达到2000万千瓦以上。因地制宜发展生物质发电、生物质能清洁供暖和生物质天然气，建立健全资源收集、加工转换、就近利用的生产消费体系，以热定电设计建设生物质热电联产项目，"十四五"期间，新增生物质天然气产能3000万立方米/年以上。探索深化地热能开发利用，建设郑州、开封、濮阳、周口4个千万平方米地热供暖规模化利用示范区。科学发展氢能产业，按照"保障需求、适度超前"原则统筹布局加氢网络，优先支持在氢能产业发展较快地区布局建设一批加氢基础设施，鼓励建设氢电油气综合能源站。推进郑州、新乡、开封、焦作、安阳、洛阳建设国家氢燃料电池汽车示范城市群，打造郑汴洛濮氢走廊。到2025年，全省可再生能源发电装机容量达到5000万千瓦以上，发电装机比重达到40%以上，推广示范各类氢燃料电池汽车数量力争突破5000辆。到2030年，可再生能源发电装机容量超过8000万千瓦，发电装机比重提高至50%以上。

2.加快火电结构优化升级。统筹电力安全保供与转型升级，严格控制除民生热电以外的煤电项目建设，按照等容量置换原则，积极推进城区煤电机组"退城进郊（园）"，在严格落实国家电力规划布局的前提下，在豫南、豫东等电力缺口较大地方有序建设大容量高效清洁支撑电源。持续优化调整存量煤电，淘汰退出落后和布局不合理煤电机组，有序关停整合30万千瓦及以上热电联产机组供热合理半径范围内的落后燃煤小热电机组（含自备电厂）。实施煤电机组标杆引领行动，深化煤电行业节能降碳改造、供热改造、灵活性改造"三改联动"，鼓励煤电企业建设碳捕集利用与封存示范项目，推动煤电向基础保障性和系统调节性电源并重转型。加强工业余热回收再利用，积极发展余热发电。

3.合理调控油气消费。保持石油消费处于合理区间，逐步调整汽油消费规模，大力推进先进生物液体燃料、可持续航空燃料等替代传统燃油，提升终端燃油产品能效。有序引导天然气消费，优化利用结构，优先保障民生用气，大力推动天然气与多种能源融合发展，因地制宜建设郑州、洛阳、濮阳等天然气调峰电站，合理引导工业用气和化工原料用气。支持船舶使用液化天然气作为燃料。鼓励推进页岩气、煤层气、致密油气等非常规油气资源开发利用。到2025年，天然气管输供应能力超过200亿立方米，2030年达到260亿立方米以上。

4.建设新型电力系统。扩大外电引入规模，充分挖掘哈密—郑州、青海—河南特高压直流输电工程送电能力，建成投用陕西—河南直流输电工程，谋划推进第四条直流输电通道建设。推动省内骨干网架优化升级，提升豫西外送断面、豫东受电断面、豫中—豫南大通道输电能力，建设一批城市新区、工业园区及末端地区220千伏变电站，实施城镇老旧小区配套改造，持续完善农村电网架构，形成各电压等级灵活调配、多元化负荷安全接入的坚强智能电网。加快电力系统调节能力建设，建成投用南阳天池、洛宁大鱼沟、光山五岳、鲁山花园沟等抽水蓄能电站，引导燃煤自备电厂调峰消纳可再生能源。积极推动源网荷储一体化和多能互补发展，开展西华经开区、焦作矿区等增量配电网区域源网荷储一体化示范，推进濮阳、商丘、信阳等"风光火储一体化""风光水火储一体化"示范项目建设。加快新型储能规模化应用，推动新能源场站合理配置新型储能，优化电网侧储能布局，鼓励大用户、工业园区布局新型储能，支持家庭储能示范应用。深化电力体制改革，完善电力价格市场化形成机制。到2025年，新型储能装机规模达到220万千瓦以上，新增抽水蓄能装机规模240万千瓦。到2030年，抽水蓄能电站装机规模达到1500万千瓦以上，电力系统基本具备5%以上的尖峰负荷响应能力。

5.有序推动煤炭消费转型。立足以煤为主的基本国情和省情，坚持先立后破，合理控制煤炭消费，抓好煤炭清洁高效利用工作。推动重点用煤行业减煤限煤，持续实施新建（含改扩建）项目煤炭消费等量或减量替代。稳妥有序推进燃料类煤气发生炉、燃煤热风炉、加热炉、热处理炉、干燥炉（窑）以及建材行业煤炭减量，实施清洁电力和天然气替代，推动淘汰供热管网覆盖范围内的燃煤锅炉和散煤。加大落后燃煤锅炉和燃煤小热电退出力度，推动以工业余热、电厂余热、清洁能源等替代煤炭供热（蒸汽）。有序推进电代煤、气代煤、生物质代煤。大力推动煤炭清洁利用，合理划定禁止散烧区域，积极有序推进散煤替代，逐步减少直至禁止煤炭散烧。

（二）工业领域碳达峰行动。

抢抓发展机遇，大力发展低碳高效产业，加快传统产业绿色转型，坚决遏制"两高一低"（高耗能、高排放、低水平）项目盲目发展，构建绿色低碳循环产业体系。

1.大力发展低碳高效产业。优化产业结构，实施战略性新兴产业跨越工程，强化"建链引链育链"，推进新型显示和智能终端、生物医药、节能环保、新能源及网联汽车、新一代人工智能、网络安全、尼龙新材料、智能装备、智能传感器、5G等十个新兴产业链现代化提升，打造具有战略性和全局性的产业链。积极创建国家和省级战略性新兴产业集群，创新组织管理和专业化推进机制，加快完善创新和公共服务综合体。引领未来产业谋篇布局，重点围绕量子信息、氢能与储能、类脑智能、未来网络、生命健康、前沿新材料等未来产业，推动重大原创性科技和技术突破，争创国家未来产业先导试验区。

2.坚决遏制"两高一低"项目盲目发展。健全"两高一低"项目管理机制，实行清单管理、动态监控。全面排查在建项目，对未按要求落实煤炭消费减量替代或能效水平未达到本行业标杆水平的，按有关规定停工整改，推动能效水平应提尽提，力争达到国内先进水平。深入挖潜存量项目，实施节能降碳改造行动。规范拟建高耗能高排放项目部门会商联审，严格执行国家产业政策，严把新建项目审批、能耗和环境准入关口。

3.推动传统产业绿色低碳改造。加快退出落后产能，引导重点行业和领域改造升级，支持企业建设能源消费和碳排放一体化智慧管控中心，构建能源管理体系，推动工业领域数字化、智能化、绿色化融合发展，加快产业"绿色、高效、清洁、智慧"转型。促进工业能源消费低碳化，推动化石能源清洁高效利用，提高可再生能源应用比重，加强电力需求侧管理，提升工业电气化水平，支持园区、企业建设绿色微电网。深入实施绿色制造工程，大力推行绿色设计，完善绿色制造体系，打造绿色低碳工厂、绿色低碳工业园区、绿色低碳供应链，通过典型示范带动生产模式绿色转型。围绕工业节能、绿色制造、循环利用、数字赋能等方向，支持钢铁、有色金属、建材、化工等传统产业联合科研院所、第三方机构等专业力量组建绿色技术创新联合体，打造省级绿色制造公共服务平台。

4. 推动钢铁行业碳达峰。严格执行产能置换，优化存量，淘汰落后产能，提高行业集中度。促进钢铁行业结构优化和清洁能源替代，大力推进非高炉炼铁技术示范，提升废钢资源回收利用水平，推行全废钢电炉工艺。瞄准下游用钢产业升级与战略性新兴产业发展方向，持续优化产品结构，推动钢铁行业向服务型制造转型。实施钢铁行业超低排放改造，深挖节能降碳潜力，实现减污降碳协同推进。推广先进适用技术，鼓励钢化联产，探索开展氢冶金、二氧化碳捕集利用一体化等试点示范，推动低品位余热供暖发展。

5. 推动有色金属行业碳达峰。巩固化解电解铝过剩产能成果，严格执行产能置换，严控新增产能。推进清洁能源替代，提高风电、太阳能发电等应用比重。加快再生有色金属产业发展，加强废旧金属回收市场建设，完善废弃有色金属资源回收、分选和加工网络，提高再生有色金属产量。推进全过程智能化控制技术应用，加强碳减排与"三废"污染物协同控制，提高全生命周期冶炼技术水平。加快推广应用先进适用绿色低碳技术，提升有色金属生产过程余热回收水平，推动单位产品能耗持续下降。

6. 推动建材行业碳达峰。严格执行产能置换，加快低效产能退出，引导建材行业向轻型化、集约化、制品化转型。推动水泥错峰生产常态化，合理缩短水泥熟料装置运转时间。因地制宜利用风能、太阳能等可再生能源，逐步提高电力、天然气及其他清洁能源应用比重。鼓励建材企业使用粉煤灰、工业废渣、尾矿渣等作为原料或水泥混合材。加快推进绿色建材产品认证和应用推广，加强新型胶凝材料、低碳混凝土、木竹建材等低碳建材产品研发应用。推广节能技术设备，开展能源管理体系建设，实现节能增效。

7. 推动石化化工行业碳达峰。优化产能规模和布局，加大落后产能淘汰力度，依法依规化解过剩产能。严格项目准入，合理安排建设时序，严控新增炼油和传统煤化工生产能力。未纳入国家有关领域产业规划的，一律不得新建改扩建炼油和新建乙烯、对二甲苯、煤制烯烃项目。推动化工行业园区化、循环化、绿色化发展，提升上下游产业关联度、耦合度。引导企业转变用能方式，促进煤炭分质分级清洁高效利用，鼓励以电力、天然气等替代煤炭。引导生物质制合成气，调整原料结构，拓展富氢原料来源，推动石化化工原料轻质化。优化产品结构，促进石化化工与煤炭开采、冶金、建材、化纤等产业协同发展，加强炼厂干气、液化气等副产气体高效利用。鼓励企业节能升级改造，加强二氧化碳资源化综合利用技术攻关，推动能量梯级利用、物料循环利用。

（三）城乡建设绿色低碳发展行动。

全面转变城乡建设模式，提升绿色建筑品质，优化建筑用能结构，执行绿色建筑标准，提高建筑能效水平。

1. 推动城乡建设低碳转型。推动城市组团式发展，优化城乡空间布局，倡导绿色低碳规划设计理念，将绿色低碳发展指标体系纳入国土空间总体规划、详细规划和专项规划，控制新增建设用地过快增长，增强城乡气候韧性，建设海绵城市，积极参与国家气候标志评价。推动城乡存量建设用地盘活利用，建设集约紧凑型城市。推广绿色建造方式，加快推进新型建筑工业化发展，大力发展装配式混凝土建筑和钢结构建筑，推动装配化装修，落实年度建设用地供应面积中装配式建筑建设面积比例。到2025年，全省新开工装配式建筑面积占新建建筑面积比例力争达到40%。促进绿色建材应用，不断提高绿色建材应用比例。树立建筑全寿命周期理念，推行建筑绿色规划、绿色设计、绿色施工、绿色运营、绿色维护、绿色拆除全过程管理制度，杜绝大拆大建。建设绿色城镇、绿色社区。

2.大力发展节能低碳建筑。 持续提升绿色建筑比例，大型公共建筑和国家机关办公建筑、国有资金参与投资建设的其他公共建筑按照一星级以上绿色建筑标准进行建设。开展超低能耗建筑示范，推动超低能耗建筑、低碳建筑规模化发展。深入推进居住建筑和公共建筑节能节水改造与功能提升，推动老旧供热管网等市政基础设施节能降碳改造。探索既有建筑节能改造市场化模式，推进公共建筑能效提升试点城市建设。提升城镇建筑和基础设施运行管理智能化水平，加快推广供热计量收费和合同能源管理，逐步开展公共建筑能耗限额管理。到2025年，城镇新建建筑100%执行绿色建筑标准；到2030年，全省新建建筑严格执行建筑节能设计标准。

3.加快优化建筑用能结构。 鼓励在建筑领域规模化应用可再生能源，提高太阳能、风能、地热能、生物质能等可再生能源综合利用水平。可再生能源利用设施与建筑主体工程同步设计、同步施工、同步验收。开展建筑屋顶光伏行动，充分利用既有建筑屋顶资源建设光伏发电设施，鼓励工业厂房屋顶建设光伏发电设施，大幅提高建筑采暖、生活热水、炊事等电气化普及率。推进热电联产集中供暖，加快推动工业余热供暖规模化发展，因地制宜推行热泵、生物质能、地热能等清洁低碳供暖。提高建筑终端电气化水平，建设集光伏发电、储能、直流配电、柔性用电于一体的"光储直柔"建筑。到2025年，城镇建筑可再生能源替代率达到8%，新建公共机构建筑、新建厂房屋顶光伏覆盖率力争达到50%。

4.推进农村建设和用能绿色低碳转型。 推进绿色农房建设，结合农村人居环境改善，提升农房设计建造水平，因地制宜解决日照间距、保温采暖、通风采光等问题。推广使用绿色建材，鼓励农民新建和改建农房执行绿色建筑评价标准，选用装配式钢结构等安全可靠的新型建造方式。实施既有农房节能改造，加快农村电网建设，推动农村用能电气化。深化推广兰考县农村能源革命试点成果。

（四）交通运输绿色低碳发展行动。

加快调整优化交通运输结构，提高交通运输工具能效水平，推进基础设施低碳建设改造，引导形成绿色低碳运输方式、出行方式。

1.构建绿色高效交通运输体系。 推动不同运输方式合理分工、有效衔接，降低空载率和不合理客货运周转量。推广高效运输组织模式，加快发展多式联运，推进铁路场站适货化改造，创新发展高铁快运，建设空公铁、铁公水等多式联运枢纽。优化客运组织，构建以高铁、城际铁路为主体的大容量快速低碳客运服务体系。加快城乡物流配送绿色发展，完善邮政和快递服务网络，大力发展集中配送、共同配送、夜间配送，提高城市物流配送效率。加快先进适用技术应用，提升民航运行管理效率，引导航空企业加强智慧运行，实现系统化节能降碳。加快推进"公转铁""公转水"，建设大型工矿企业、物流园区和主要港口等铁路专用线，实施铁路专用线进企入园工程，"十四五"期间新增铁路专用线15条，确保打通铁路货运"最后一公里"；实施内河水运畅通工程，推进淮河、沙颍河、唐河等航道及周口、信阳、南阳等港口建设。

2.推动交通运输工具低碳转型。 积极扩大电力、氢能、先进生物液体燃料等新能源、清洁能源在交通运输领域应用范围。大力推广新能源汽车，逐步降低传统燃油汽车在新车产销和汽车保有量中的占比，推动城市公共服务车辆电动化替代，除保留必要应急车辆外，推动城市地面公交、城市物流配送、邮政快递、出租汽车、公务用车、环卫车辆新能源替代，推广电力、氢燃料重型货运车辆。加快老旧船舶更新改造，发展电动、液化天然气动力船舶，深入推进船舶靠港使用岸电，因地制宜开展内河绿色智能船舶示范应用。提升机场运行电动化、智能化水平。持续提升运输工具能源利用效率，健全交通运输装备能效标识制度。加快发展智能交通、共享交通。到2025年，城市地面公交新能源车替代率达到100%（不含应急保障车辆），营运交通工具单位换算周转量碳排放强度比2020年下降4.5%左右。到2030年，营运交通工具单位换算周转量碳排放强度比2020年下降13%左右，铁路综合能耗强度较2020年下降9.5%左右。

3.推进低碳交通基础设施建设运营。 将绿色低碳理念贯穿交通基础设施规划、建设、运营和维护全过程，降低全生命周期能耗和碳排放。开展交通基础设施绿色化提升改造，统筹利用综合运输通道线位、土地、空域等资源，加大岸线、锚地等资源整合力度，提高利用效率。推动在公路桥隧边坡、服务区、轨道交通两侧等因地制宜建设光伏发电设施。有序推进充电桩、配套电网、加注（气）站、加氢站等基础设施建设，提升城市公共交通基础设施水平。加快构建布局合理、车桩相随的充电网络，重点推进居民区自用及公共机构等专用充电桩建设，加快公路沿线服务区快速充电设施布局。到2025年，全省累计建成集中式公共充换电站2000座以上，实现高速公路服务区充电设施全覆盖；公共服务领域停车场配建充电设施的车位比例不低于25%，示范性集中式充电站实现县域全覆盖；新建大型公共建筑停车场、社会公共停车场、公共文化娱乐场所停车场配建充电设施的车位比例不低于15%，并将其纳入整体工程验收范畴。到2030年，形成覆盖全省、功能完善、"车-桩-网"互联的公共充电智能服务网络，民用运输机场场内车辆装备等力争全面实现电动化。

4.积极引导绿色低碳出行。 加快城市轨道交通建设，推广快速公交系统，打造以城市轨道交通为骨干、公交为主体的低碳高效城市客运体系。加强城市步行和自行车等慢行交通系统和配套设施建设。合理布置城市功能区，推进职住平衡和产城融合发展，减少出行通勤时间。积极倡导绿色交通理念，开展绿色出行创建行动，引导公众主动选择低碳交通方式。到2025年，特大城市公共交通机动化出行分担率不低于50%，大城市公共交通机动化出行分担率不低于40%，中小城市和县城绿色出行比例不低于60%。到2030年，特大城市公共交通机动化出行分担率不低于60%，大城市公共交通机动化出行分担率不低于50%，中小城市和县城绿色出行比例不低于65%。

（五）节能降碳增效行动。

贯彻节约资源基本国策，健全能源消费强度和总量双控制度，实施节能降碳重点工程，推动资源循环利用，加快形成能源节约型社会。

1.强化节能管理能力。建立完善用能预算管理制度，建立能源消费预算指标核算体系，实现用能科学化、精细化、长效化管理。强化固定资产投资项目节能审查，提高能耗准入门槛，加强事中事后监管，新建项目能耗水平要达到国内领先水平。完善重点用能单位能耗在线监测系统，建设智慧能源管理平台，推动重点用能单位建设能源消费和碳排放管理中心。加强节能监察能力建设，健全省、市、县三级节能监察体系，加强执法队伍建设，完善节能监察制度，规范执法程序，建立跨部门联动的节能监察机制，综合运用行政处罚、信用监管、绿色电价等手段，增强节能监察约束力。

2.实施节能降碳重点工程。实施重点行业节能降碳工程，推动电力、钢铁、有色金属、建材、石化化工等行业开展节能降碳改造，提升能源资源利用效率。实施园区节能降碳工程，以高耗能高排放项目集聚度高的园区为重点，推动能源系统优化和梯级利用，建设一批节能低碳园区。实施城市节能降碳工程，开展建筑、交通、照明、供热等基础设施节能升级改造，推进先进绿色建筑技术示范应用，推动城市综合能效提升。实施高效制冷能效提升工程，推动公共机构、大型公共建筑、地铁、机场等实施中央空调节能改造，农产品、食品、医药等领域实施冷链物流绿色改造。实施节能降碳技术产业化示范工程，加快绿色低碳关键技术产业化示范应用。实施节能降碳基础能力提升工程，支持行业龙头企业、科研院所、行业协会组建多元化的绿色制造公共服务平台，鼓励节能环保新业态、新模式发展，提升节能降碳服务基础支撑能力。

3.提高重点用能设备能效。以电机、风机、泵、压缩机、变压器、换热器、工业锅炉等设备为重点，全面提升能效标准。以重点用能单位和公共机构为主，组织开展高耗能落后设备核查，全面淘汰落后用能设备。建立以能效为导向的激励约束机制，推广先进高效产品设备，加快淘汰落后低效设备。加强重点用能设备节能审查和日常监管，建立重点用能设备监管服务平台，强化生产、经营、销售、使用、报废全链条管理，严厉打击违法违规行为，确保能效标准和节能要求全面落实。

4.推进新型基础设施节能降碳。优化新型基础设施空间布局，统筹谋划、科学配置数据中心等新型基础设施，避免低水平重复建设。优化新型基础设施用能结构，采用直流供电、分布式储能、"光伏+储能"等模式，探索多样化能源供应，提高非化石能源消费比重。加强绿色数据中心建设，合理配置储能和备用电源装置。健全数据中心能耗监测机制和技术体系，将年综合能耗超过1万吨标准煤的数据中心纳入省重点用能单位能耗在线监测系统，开展能源计量审查。分类分批推动存量"老旧小散"数据中心改造升级，推广使用智能化用能控制等绿色技术，提高现有设施能效水平。

5.发展循环经济助力降碳。推进产业园区循环化发展，以提升资源产出率为目标，开展园区循环化改造，推动园区企业循环式生产、产业循环式组合，到2030年，省级以上重点产业园区全部实施循环化改造。组织企业实施清洁生产改造，促进废物综合利用、能量梯级利用、水资源循环利用，推进工业余压余热、废气废液废渣资源化利用。搭建基础设施和公共服务共享平台，加强园区物质流管理。加强大宗固废综合利用，加快大宗固废综合利用示范项目建设，拓宽煤矸石、粉煤灰、尾矿、共伴生矿、冶炼渣、工业副产石膏、建筑垃圾、农作物秸秆等大宗固废综合利用渠道，支持大掺量、规模化、高值化利用，扩大在生态修复、绿色开采、绿色建材、交通工程等领域的利用规模，在确保安全环保的前提下，探索赤泥、磷石膏等大宗工业固废综合利用在路基修筑、井下充填等领域的应用。加快推进秸秆高值化利用，完善收储运体系，严格禁烧管控。健全资源循环利用体系，完善废旧物资回收网络，加强废钢铁、废铝、废铅等主要再生资源回收体系建设，加强资源再生产品和再制造产品推广应用，高水平利用"城市矿产"资源。推进退役动力电池、光伏组件、风电机组叶片等新兴产业废弃物循环利用。促进汽车零部件、工程机械、文办设备等再制造业高质量发展。大力推进生活垃圾减量化资源化，加强塑料污染全链条治理，统筹布局建设城乡生活垃圾、餐厨垃圾和污泥处理设施。到2025年，城市生活垃圾分类体系基本健全，城市生活垃圾资源化利用比例提升至60%左右。

（六）碳汇能力提升行动。

大力开展森林河南生态建设，发展生态农业，加强生态敏感脆弱区的生态保护和修复，统筹推进全省山水林田湖草沙整体保护、系统修复和综合治理。

1. 巩固生态系统固碳能力。 强化国土空间规划和用途管控，严守生态保护红线，全面清理占用生态红线的建设项目，健全长效机制，确保功能不降低、面积不减少、性质不改变。优化国土空间生态修复和森林河南建设总体布局，推进国土空间全域生态保护修复，积极开展山水林田湖草沙保护和修复工程，增强生态系统固碳能力。严格执行土地使用标准，加强节约集约用地评价，推广节地技术和节地模式。

2. 提升生态系统碳汇增量。 实施国土绿化重点工程，大力推进山区困难地造林和平原绿化，抓好生态廊道提质，开展森林城市、美丽乡村建设。加强优质森林资源培育，实施集约人工林栽培、现有林改培，大力培育乡土树种、珍贵树种、大径级用材林，形成树种搭配合理、结构优化的人工林资源体系。实施森林质量精准提升工程，大力开展森林抚育经营、退化林修复，培育健康稳定、优质高效的森林资源。巩固退耕还林还草成果，加强退化土地修复治理，开展荒漠化、石漠化、水土流失综合治理，实施历史遗留矿山生态修复工程。开展退养还滩、生态补水，实施湿地保护修复，全面提升黄河干流、淮河干流、沙颖河、唐白河、淄河、伊洛河及平原地区等湿地生态系统质量。完善湿地保护治理体系，加快河湖水库周边观光林带和生态湿地建设，提高湿地涵养水源、保持水土和固沙能力，防止水土流失，改善湿地生态质量，维护湿地生态系统的完整性和稳定性。到2025年，全省森林覆盖率达到26.09%，森林蓄积量达到22269万立方米，全省生态安全屏障进一步筑牢，森林河南基本建成。

3. 稳步提升生态农业碳汇能力。 加强对农田防护与生态环境保持工程的规划，以高标准农田项目区防护林网建设为重点，推进平原农区农田防护林改扩建，建设带、片、网相结合，多树种、多层次稳固的平原农林复合生态系统。发展"生态绿色、品质优良、环境友好"绿色低碳循环农业，有序发展沼气、生物质等新能源，推行"农光互补""光伏+"设施农业等低碳农业模式，提升农业设施利用太阳能等可再生能源水平。开展耕地质量提升行动，推动保护性耕作，提升秸秆肥料化利用水平，实施粪肥利用综合养分管理，建设以农作物秸秆、畜禽粪污为主要原料的有机肥工程，推广水肥一体化、有机肥合理施用和绿肥种植技术，提升农田土壤有机质含量，增强固碳能力。合理控制化肥、农药、地膜使用量，实施化肥农药减量增效行动，进一步完善主要农作物施肥指标体系，强化病虫害监测预警和统防统治，促进肥料新产品新技术、高效低毒低风险农药、绿色防控技术示范和推广，加强农膜及农药包装废弃物回收治理。到2025年，全省主要粮食作物化肥、农药利用率达到43%，秸秆综合利用率达到93%。

（七）减碳科技创新行动。

完善科技创新体制机制，提升创新能力，聚焦绿色低碳循环发展关键核心技术，促进先进适用技术规模化利用、产业化发展。

1.完善创新体制机制。制定我省科技支撑碳达峰碳中和行动方案，实施碳达峰碳中和重大科技创新项目，建立高水平创新载体平台，加大研究与试验发展经费投入，建立以企业为主体、市场为导向、产学研相结合的技术创新体系，鼓励企业承担绿色低碳重大科技项目，持续推进绿色低碳关键核心技术攻关。完善绿色低碳创新体系，加强知识产权保护，落实绿色低碳技术和产品检测、评估、认证体系。建立健全绿色低碳创新绩效考核制度，提高科研成果转化质量和效率。

2.加强创新能力建设。发挥科技创新的引领支撑作用，在绿色低碳领域建成一批技术创新中心和重点实验室，适度超前布局碳达峰、碳中和相关重大科技基础设施，建设一批绿色低碳技术产教融合创新平台。提高绿色低碳技术自主创新能力，强化企业在技术创新中的主体地位，引导行业龙头企业联合高校、科研单位和上下游企业建设一批省级绿色低碳产业创新中心。积极引入外省市低碳研究机构、企业，汇聚更多科技资源推进绿色低碳技术创新，增强核心竞争力，形成良性竞争的市场环境。

3.强化绿色低碳重大科技攻关。围绕重点领域节能减碳、优化升级的重大科技需求，整合集聚各类创新要素，开展一批具有前瞻性、战略性的前沿科技项目攻关。聚焦低碳零碳负碳技术，大力研发电能替代、氢基工业、生物燃料等工艺革新技术，研发新能源利用气象保障、新能源耦合利用、绿氢、能源回收与再利用、资源循环高效利用、原料多元化炼化、生物质高效高质化利用、物质流和能量流协同优化、能源流网络集成技术。

4.加快先进适用技术研发和推广应用。集中力量开展复杂大电网安全稳定运行和控制、大容量风电、高效光伏、大容量电化学储能、低成本可再生能源制氢、碳捕集利用与封存等技术创新。加快推广先进成熟绿色低碳技术，推进规模化碳捕集利用与封存技术研发、示范和产业化应用。加强氢能技术发展，推进氢能在工业、交通、城镇建筑等领域规模化应用。

（八）绿色低碳招商引资行动。

建立健全绿色招商机制，用绿色招商推进绿色发展，实现高质量、高水平、可持续发展。

1.建立精准招商机制。创新多元化招商方式，动态完善绿色低碳产业重点产业链图谱和招商路线图，鼓励引进绿色低碳产业链关键节点和薄弱环节相关企业，聚焦绿色低碳循环发展关键节点企业，着力引进一批绿色低碳重点项目。充分运用市场化手段，创新资本招商、产业链招商、"飞地"招商、线上招商、驻地招商、乡情招商等方式。按照国家部署参与应对气候变化国际交流，深化与共建"一带一路"重点地区合作，积极参与共建"一带一路"绿色低碳行业科技创新行动，争取实力雄厚外企在豫投资。

2.充分利用招商平台。持续办好中国（河南）国际投资贸易洽谈会、中国·河南招才引智创新发展大会、中国·河南开放创新暨跨国技术转移大会、中国农产品加工业投资贸易洽谈会、中国（郑州）产业转移系列对接等重大活动，积极参与中国中部投资贸易博览会、国际服务贸易交易会、厦门国际投资贸易洽谈会、中国国际进口博览会、高新技术成果交易会等国家级经贸活动。举办粤港澳大湾区、京津冀、长三角、中央企业等专题招商活动。利用中阿博览会、东盟博览会等区域性展会，开展针对性招商活动。支持各地举办特色节会，集中优势资源和力量开展投资促进活动。

3.营造良好营商环境。深化"放管服效"改革，营造高效便捷的政务环境，推进政务服务标准化、规范化、便利化，精简行政许可事项，全面推行"一件事一次办"，提升政务服务水平。强化要素保障，对绿色低碳领域产生关键带动作用的重大项目和企业投资项目给予支持。加强信用体系建设，健全信用信息共享平台，完善守信联合激励和失信联合惩戒机制。健全营商环境评价体系，建立全省营商环境监测服务平台，开展全省营商环境评价。

（九）绿色低碳招才引智行动。

高度重视人才对实现碳达峰、碳中和目标的智力支撑作用，通过项目引才、平台育才、活动聚才，形成绿色低碳产业和人才的双向磁场效应，加快构建与省情相适应的碳达峰、碳中和人才体系。

1.加强人才队伍培养建设。组建河南省碳达峰碳中和专家库，形成涵盖大气、水文、地质、生态、林业、能源、交通、建筑、经济、政策等领域的咨询机构。深入实施"中原英才计划"，培育绿色低碳领域学术带头人、中青年人才、研究团队，建设科研人才队伍，加快绿色低碳发展人才培养。鼓励郑州大学、河南大学等开设应对气候变化相关学科，组建绿色低碳领域研究院，推动绿色低碳相关学科建设。鼓励省属企业、大型工业企业开展低碳发展战略研究，积极与国内高校、职业院校合作，探索引进国内外先进技术，推动"产学研"一体化发展。

2.加大人才引进力度。加强绿色低碳领域高水平科研院所、新型研发机构、创新型企业、高端人才团队引进和培育，制定实施更有竞争力、吸引力的人才政策，更好发挥中国·河南招才引智创新发展大会等载体作用，健全以创新能力、质量、实效、贡献为导向的科技人才评价体系，畅通科技成果转移转化通道。

（十）绿色低碳全民行动。

着力增强全民节约意识、环保意识，积极倡导绿色生活、绿色消费，充分发挥公共机构表率作用，引导企业履行社会责任，把建设美丽河南转化为全省人民自觉行动。

1.增强全民节能低碳意识。将绿色低碳发展纳入国民教育体系，开展多种形式的资源能源环境国情省情教育，普及碳达峰、碳中和基础知识。广泛宣传绿色低碳发展理念，加大宣传力度，持续开展世界地球日、世界环境日、世界气象日、全国低碳日、全省节能宣传月等主题宣传活动，推动生态文明理念更加深入人心，引导全民在衣、食、住、行等方面更加勤俭节约、绿色低碳、文明健康。支持具有典型代表性的城市、园区、企业开展碳达峰试点建设，加快实现绿色低碳转型，为全省提供可操作、可复制、可推广的经验做法。

2.推广绿色低碳生活方式。根据国家部署开展国家绿色低碳社会行动示范创建，深入推进绿色生活创建行动，评选宣传一批优秀示范典型、倡导简约适度、绿色低碳、文明健康的生活理念和生活方式。大力发展绿色消费，推广绿色低碳产品，推动增加绿色产品和服务供给，支持发展共享经济，构建绿色产品流通体系，拓展绿色产品消费市场，提升绿色低碳产品市场占有率。倡导节能环保生活方式，合理控制室内空调温度，减少无效照明，提倡家庭节水节电，减少使用一次性用品，做好生活垃圾减量分类处理工作，完善居民社区再生资源回收利用体系。

3.发挥公共机构示范引领作用。对标碳达峰、碳中和目标，加强公共机构碳排放核算，开展绿色低碳试点，宣传节能降碳成效经验。组织公共机构实施绿色化改造，提高建筑和用能设备能效水平。优化公共机构能源消费结构，大力推进太阳能光伏、光热项目建设。到2025年，全省公共机构新建建筑可安装光伏屋顶面积光伏覆盖率力争达到50%。强化水资源节约，提升用水效率，全部省直机关及60%以上的省属事业单位建成节水型单位。分级有序推动公共机构生活垃圾分类处理，引导干部职工带头在家庭、社区开展生活垃圾分类，分批建成公共机构生活垃圾分类示范点。推行绿色办公，提高办公设备和资产使用效率。全面开展节约型机关建设，到2025年，80%以上的县级及以上机关达到建设要求。组织开展公共机构能效、水效领跑者引领行动。强化公共机构节能低碳管理，加强管理体系建设，完善管理制度，提升信息化管理水平。

4.引导企业履行社会责任。引导企业主动适应绿色低碳发展要求，强化环境责任意识，加强能源资源节约，提升绿色创新水平。重点领域省属国有企业制定实施企业碳达峰行动方案，发挥示范引领作用。重点用能单位要梳理核算自身碳排放情况，深入研究碳减排路径，"一企一策"制定专项工作方案，推进节能降碳。相关上市公司和发债企业按照环境信息依法披露要求，定期公布企业碳排放信息。充分发挥行业协会、产业联盟等社会团体作用，督促引导企业自觉履行社会责任。

5.强化领导干部培训。将学习贯彻习近平生态文明思想作为干部教育培训的重要内容，各级党校（行政学院）要把碳达峰、碳中和相关内容列入教学计划，分阶段、分层次对各级领导干部开展培训，普及科学知识，宣讲政策要点，强化法治意识，深化各级领导干部对碳达峰、碳中和工作重要性、紧迫性、科学性、系统性的认识。从事绿色低碳发展相关工作的领导干部要尽快提升专业素养和业务能力，切实增强推动绿色低碳发展的本领。

四、政策保障

（一）健全法规标准及统计体系。构建有利于绿色低碳发展的地方法规体系，全面清理现行法规规章中与碳达峰、碳中和工作不相适应的内容。在国家标准框架内制定出台一批节能低碳地方标准，按照国家部署支持相关机构积极参与国际和国家能效、低碳标准制定修订。按照国家统一规范的碳排放统计核算体系有关要求，加强碳排放统计监测能力建设，健全建筑、交通、公共机构等重点领域及煤炭、化工、建材、钢铁、有色金属、电力等重点耗能行业的能耗统计监测制度，提升信息化监测水平。

（二）完善绿色低碳政策体系。强化财政支持碳达峰、碳中和相关资金政策，加大财政资金统筹力度，积极盘活存量资金，逐步加大对碳达峰、碳中和重大行动、重大示范、重大工程的支持力度。严格落实绿色采购制度，提高政府绿色采购力度。落实支持碳达峰、碳中和税收政策，落实节能节水、资源循环利用等领域税收优惠政策，按规定对企业开展绿色低碳领域基础研究给予税收优惠。完善差别化电价、分时电价政策和居民阶梯电价制度，探索建立分时电价动态调整机制。严禁对高耗能、高排放、资源型行业实施电价优惠。加快推进供热计量改革和按供热量收费。完善绿色金融体系，大力发展绿色信贷、绿色股权、绿色债券、绿色保险、绿色基金等金融工具，完善绿色金融评价体系，引导金融机构为绿色低碳项目提供长期限、低成本资金。推动建立碳排放投融资统计监测平台，探索制定企业碳排放绩效评价标准，严控煤电、钢铁、电解铝、水泥、石化等高碳项目投资，支持高碳项目节能改造和能效提升。发挥新兴产业投资引导基金、创业投资引导基金、河南省绿色发展基金等政府投资基金的引导作用，撬动更多社会资金投入节能环保、新能源、碳捕集封存利用等绿色产业。加大可再生能源发展支持力度，有效破解项目建设中的土地供应、城乡建设、环境保护、电网适应性等瓶颈制约，完善可再生能源消纳保障机制，出台促进可再生能源发展的空间要素、财政金融等保障性措施。推广节能环保服务政府采购，强化节能环保产品政府强制采购和优先采购制度执行。

（三）建立健全市场化机制。组织省内电力企业积极参与全国碳排放权交易，加强企业碳核查，做好排放配额分配、自愿交易、配套服务等工作。修订用能权有偿使用和交易试点实施方案，完善用能权配额分配办法，推动用能权交易扩围，优化能源资源配置。积极推行合同能源管理，推广节能咨询、诊断、设计、融资、改造、托管等"一站式"综合服务模式。

五、组织实施

（一）加强组织领导。加强党对碳达峰、碳中和工作的领导，省碳达峰碳中和工作领导小组要加强整体部署和系统推进，研究重大问题、组织重大工程、发布重要数据；领导小组成员单位要加强配合，扎实推进相关工作；领导小组办公室要加强统筹协调，定期对各地和重点领域、重点行业工作进展情况进行调度，加强跟踪评估和督促检查，确保各项任务落实落细。

（二）强化责任落实。各地各部门要深刻认识碳达峰、碳中和工作的重要性、紧迫性、复杂性，切实扛起责任，按照本实施方案确定的主要目标和重点任务，着力抓好各项任务落实，确保政策到位、措施到位、成效到位。工作落实情况纳入省委生态环境保护督察。

（三）严格监督考核。落实国家碳达峰碳中和综合评价考核制度，建立碳达峰碳中和工作专项考核机制，对能源消费和碳排放指标实行协同管理、协同分解、协同考核。加强考核结果应用，按照国家和省有关规定对碳达峰工作成效突出的单位和个人给予表彰奖励，对未完成目标任务的地方、部门依规依纪依法进行通报批评和约谈问责。各地各有关部门贯彻落实情况每年向省委和省政府报告。

湖南省人民政府关于印发
《湖南省碳达峰实施方案》的通知

（湘政发〔2022〕19号）

各市州、县市区人民政府，省政府各厅委、各直属机构：

现将《湖南省碳达峰实施方案》印发给你们，请认真贯彻执行。

湖南省人民政府
2022年10月28日

湖南省碳达峰实施方案

为深入贯彻落实党中央、国务院关于碳达峰碳中和的重大战略决策部署，有力有序推进全省碳达峰行动，特制定本实施方案。

一、总体要求

以习近平新时代中国特色社会主义思想为指导，全面贯彻党的二十大精神，完整、准确、全面贯彻新发展理念，落实"三高四新"战略定位和使命任务，将碳达峰碳中和纳入经济社会发展和生态文明建设整体布局，坚持"总体部署、分类施策，系统推进、重点突破，双轮驱动、两手发力，稳妥有序、安全降碳"的原则，坚定不移走生态优先、绿色发展之路，全面推进经济社会绿色低碳转型，建设富强民主文明和谐美丽的社会主义现代化新湖南，确保如期实现2030年前碳达峰目标。

二、主要目标

"十四五"期间，全省产业结构、能源结构优化调整取得明显进展，重点行业能源利用效率显著提升，煤炭消费增长得到严格合理控制，新型电力系统加快构建，绿色低碳技术研发和推广应用取得新进展，绿色生产生活方式得到普遍推行，绿色低碳循环发展的政策体系进一步完善。到2025年，非化石能源消费比重达到22%左右，单位地区生产总值能源消耗和二氧化碳排放下降确保完成国家下达目标，为实现碳达峰目标奠定坚实基础。

"十五五"期间，全省产业结构调整取得重大进展，清洁低碳安全高效的能源体系初步建立，重点领域低碳发展模式基本形成，重点耗能行业能源利用效率达到国际先进水平，非化石能源消费比重进一步提高，绿色低碳技术取得关键突破，绿色生活方式成为公众自觉选择，绿色低碳循环发展政策体系基本健全。到2030年，非化石能源消费比重达到25%左右，单位地区生产总值能耗和碳排放下降完成国家下达目标，顺利实现2030年前碳达峰目标。

三、重点任务

重点实施能源绿色低碳转型、节能减污协同降碳、工业领域碳达峰、城乡建设碳达峰、交通运输绿色低碳、资源循环利用助力降碳、绿色低碳科技创新、碳汇能力巩固提升、绿色低碳全民行动、绿色金融支持等"碳达峰十大行动"。

（一）能源绿色低碳转型行动。

1.优化调整煤炭消费结构。在确保能源安全保供的基础上，科学合理控制煤炭消费总量。落实控煤保电要求，除符合国家和省规划布局的煤电、石化、热电联产等重大项目外，原则上不再新增煤炭消费，新建项目煤炭消费量通过存量挖潜置换。加快存量煤电机组节煤降耗改造、供热改造、灵活性改造"三改联动"，对供电煤耗在300克标准煤/千瓦时以上的煤电机组加快实施节能改造，无法改造的机组逐步淘汰关停，并视情况将具备条件的转为应急备用电源。原则上不新建超超临界以下参数等级煤电项目，新建煤电机组煤耗标准达到国际先进水平。积极引导钢铁、建材和化工等重点行业减煤降碳、节能增效。持续推动工业、三产、公共机构和居民消费端"煤改电""煤改气"，进一步扩大散煤禁燃区域，多措并举逐步减少直至禁止煤炭散烧。加强煤炭消费监测监管，建设全省重点行业煤炭消费监测系统。（省发展改革委、省能源局、省工业和信息化厅、省生态环境厅按职责分工负责）

2.大力发展可再生能源。加快提升省内可再生能源利用比例。大力促进具备条件的风电和光伏发电快速规模化发展，加大具有资源优势的地热能开发利用力度。因地制宜发展农林生物质发电、垃圾焚烧发电，鼓励生物质直燃发电向热电联产转型，积极探索开展区域智慧能源建设，形成多能互补的能源格局。因地制宜开发水能，做好水电挖潜增容工作。落实新增可再生能源消费不纳入能源消费总量考核。到2030年，新能源发电总装机容量达到4000万千瓦以上。（省能源局、省发展改革委、省水利厅、省农业农村厅、省生态环境厅、省林业局、省气象局按职责分工负责）

3.合理调控油气消费。合理控制石油在一次能源消费中的占比，持续推动成品油质量升级，以交通领域为重点推动燃油清洁替代和能效提升。提升天然气储备输配能力，引导玻璃、建筑陶瓷、机电、医药、轻纺以及食品加工等企业提高天然气利用水平。（省发展改革委、省能源局、省工业和信息化厅、省交通运输厅、省商务厅按职责分工负责）

4.加大区外电力引入力度。积极拓展外电入湘通道，提升外电输入能力。加快华中交流特高压环网建设，力争祁韶直流输送能力提升至800万千瓦，实现雅江直流分电湖南400万千瓦。加快推进"宁电入湘"工程建设，力争"十四五"末建成投产。有序开展其他省外电力输入通道前期工作。新建跨区域输电通道可再生能源比例原则上不低于50%。（省能源局、省发展改革委、国网湖南省电力公司按职责分工负责）

5.构建新型电力系统。推动构建现代化新型能源电力系统，大力提升电力系统综合调节能力。加快平江、安化抽水蓄能电站建设进度，推动已纳入国家规划的抽水蓄能项目能开尽开。加快灵活调节电源建设，因地制宜建设天然气调峰电站。积极建设坚强电网主网架、智能配电网和微网，适应高比例可再生能源消纳。建立完善全省电力需求响应机制，引导自备电厂、工商业可中断负荷、电动汽车充电网络参与系统调节。开展省、市、县三级和园区源网荷储一体化建设。积极发展"新能源+储能"模式，促进能源集约利用，解决弃水、弃风、弃光问题。支持分布式新能源合理配置储能系统，加快新型储能示范推广应用，加强储能电站安全管理。到2025年，新型储能实现规模化应用。到2030年，抽水蓄能电站装机容量达到2000万千瓦左右。（省能源局、省发展改革委、国网湖南省电力公司按职责分工负责）

（二）节能减污协同降碳行动。

1.全面提升节能管理水平。实施用能预算管理制度，强化固定资产投资项目节能审查和事中事后监管，对项目用能和碳排放情况进行综合评价，从源头推进节能降碳。提高节能管理数字化水平，完善全省能源信息系统、重点用能单位能耗在线监测系统建设。建立健全节能管理、监察、执法"三位一体"的节能管理体系，完善省、市、县三级节能监察体系。依法依规综合运用行政处罚、信用监管、绿色电价等手段，建立跨部门联合执法机制，增强节能监察约束力。（省发展改革委、省工业和信息化厅、省能源局、省市场监管局按职责分工负责）

2.开展节能减煤降碳攻坚行动。统筹推进节能增效、减煤降碳和能源安全、产业链供应链安全。组织钢铁、有色金属、建材、石化化工、煤电等重点行业和数据中心对标行业能效基准水平和标杆水平，建立企业能效清单目录。开展煤炭消费普查，建立全省煤炭消费数据库，推进涉煤企业加快技术改造、能源替代、产能整合和技术创新。（省发展改革委、省工业和信息化厅、省能源局按职责分工负责）

3.推进重点用能设备能效提升。全面提升能效标准，加快淘汰落后用能设备，推进变压器、电机、水泵、工业锅炉等通用设备升级改造，推广节能高效先进适用工艺设备。加强重点用能设备节能审查和监察监管，新建项目主要用能设备原则上要达到能效二级以上水平，鼓励优先选用达到国家一级能效或列入国家、省"重点节能低碳技术"推广目录的技术、产品和设备。将能效指标作为重要的技术指标列入设备招标文件和采购合同。积极推广用能设备节能设计、诊断、改造一体化服务模式，推动重点用能企业开展节能服务。（省发展改革委、省工业和信息化厅、省住房城乡建设厅、省国资委、省市场监管局、省机关事务局按职责分工负责）

4.加强新基建节能降碳。优化新型基础设施空间布局，统筹谋划、科学配置数据中心、5G通信基站等高耗能新型基础设施，鼓励新建设施优先布局在可再生能源相对丰富区域。优化新型基础设施用能结构，探索多样化能源供应模式，因地制宜采用自然冷源、直流供电、"光伏＋储能"等技术。推动既有大型和超大型数据中心绿色节能改造，推广高效制冷、先进通风、余热利用、智能化用能控制等绿色技术，提高现有设施能源利用效率。新建大型、超大型数据中心电能利用效率不高于1.3，逐步对电能利用效率超过1.5的数据中心进行节能降碳改造。（省委网信办、省发展改革委、省科技厅、省工业和信息化厅、省能源局、省市场监管局、省通信管理局按职责分工负责）

5.加大减污降碳协同治理力度。 推进污染物与温室气体协同控制，将碳达峰碳中和目标和要求纳入"三线一单"分区管控体系。统筹协调污染物减排和碳排放控制，优化水、气、土、固废等重点要素环境治理领域协同控制，探索建立碳排放强度和总量"双控"制度。选取重点行业探索构建碳排放影响评价制度，纳入环境影响评价体系。研究将温室气体排放纳入生态环境统计制度，完善指标体系，明确统计范围、核算方法。（省生态环境厅、省发展改革委、省统计局按职责分工负责）

（三）工业领域碳达峰行动。

1.坚决遏制高耗能高排放低水平项目盲目发展。 制定"两高"项目管理目录，实行清单管理、分类处置、动态监控，严格落实国家产业政策和产能置换要求。全面排查在建项目，对能效水平低于本行业能耗限额准入值的，按有关规定停工整改，推动能效水平应提尽提，力争全面达到国内先进水平。严格控制新建项目，原则上能效达到先进值水平。深入挖掘存量项目节能减排潜力，积极引导开展节能诊断和清洁生产审核。强化常态化监管，严禁高耗能高排放低水平项目未批先建、违规上马。（省发展改革委、省工业和信息化厅、省生态环境厅按职责分工负责）

2.推动冶金行业有序达峰。 深化钢铁行业供给侧结构性改革，严格执行产能置换，严禁违规新增产能。大力发展短流程电炉炼钢和废钢炼钢，加快建立废钢资源循环利用体系，推广使用转炉煤气和蒸汽回收、高炉渣余热回收、富氧燃烧等节能降碳工艺。积极探索发展氢冶金。加快推进再生有色金属产业发展，完善废弃有色金属资源回收、分选和加工网络体系建设。提高再生有色金属深加工利用能力，加快推广先进适用绿色低碳新技术，推动有色金属单位产品能耗持续下降。（省发展改革委、省工业和信息化厅、省国资委按职责分工负责）

3.推动建材行业有序达峰。 严格执行产能置换政策，推动水泥、建筑陶瓷和平板玻璃等企业对标行业先进能效进行节能改造，依法依规淘汰落后产能。鼓励燃煤替代，推动烧结砖瓦行业规模化经营，逐步提高电力、天然气消费比重。鼓励建材企业使用粉煤灰、工业废渣、尾矿渣等作为原料或水泥混合材。加快推进绿色建材产品生产、认证和应用推广，加强新型胶凝材料、低碳混凝土、木竹建材等低碳建材产品研发应用。（省工业和信息化厅、省发展改革委、省住房城乡建设厅、省国资委按职责分工负责）

4.推动石化化工行业有序达峰。 严格石化化工项目绿色低碳准入，严控新增炼油和煤化工生产能力。引导化工企业向化工园区聚集，推动企业转变用能方式，推动蒸汽系统能量梯级利用、汽轮机改造，鼓励以电力、天然气等替代煤炭。推广集中式供气供热，推动石化化工原料轻质化。优化产品结构，促进石化化工与煤炭开采、冶金、建材、化纤等产业协同发展，加强炼厂干气、液化气、氢气等副产气体高效利用。到2025年，省内原油一次性加工能力控制在1500万吨以内，主要产品产能利用率提升至80%以上。（省发展改革委、省工业和信息化厅按职责分工负责）

5.积极培育绿色低碳新动能。 积极培育发展绿色低碳产业，巩固和扩大工业绿色制造体系建设成果。打造新能源与节能产业国家级产业集群，重点发展输变电成套技术装备、柔性输电技术装备、智能型风力发电成套系统等新能源电力装备。打造新能源汽车产业体系，加快推进整车研发和整零密切协同，加速动力电池、电机、电控等关键零部件配套产业发展，完善充（换）电基础设施、动力电池回收利用体系，引导整车企业开展氢燃料汽车技术研发与产业推广应用。培育壮大装配式建筑产业，重点支持装配式新型一体化复合板材生产，鼓励钢结构装配式施工企业与其他类别建筑施工企业强强联合，建立上下游产业协作关系。（省工业和信息化厅、省发展改革委、省科技厅、省住房城乡建设厅、省国资委、省能源局按职责分工负责）

（四）城乡建设碳达峰行动。

1.推动城乡建设绿色低碳转型。 建立健全区域、城市群、城镇开发绿色发展协调机制，科学确定建设规模，控制新增建设用地过快增长。优化城市空间格局，科学布局城市通风廊道，增强城市气候韧性。实施城市生态修复工程，因地制宜建设一批海绵城市、生态园林城市，提升城市绿化水平。完善绿色设计和绿色施工管理模式，加快推广绿色低碳建材和绿色建造方式，促进建材循环利用。推进以县城为重要载体的新型城镇化建设，贯彻绿色低碳理念，完善公共设施，提升服务水平。推动建立绿色低碳为导向的城乡规划建设管理机制，鼓励TOD模式（以公共交通为导向）的城市规划开发。制定建筑拆除管理制度，杜绝大拆大建。（省自然资源厅、省住房城乡建设厅、省发展改革委按职责分工负责）

2.提升建筑能效水平。 完善建筑节能、减碳、绿色改造等标准体系，研究出台建筑运行能耗和碳排放等相关管理办法和政策文件，提高节能减碳要求。加快建筑节能适用技术推广应用，推动超低能耗、低碳建筑规模化发展。加快推进既有居住建筑绿色改造，开展公共建筑节能改造，推广合同能源管理等模式，提升建筑用能精细化、智能化管理水平，探索实施民用建筑能耗限额管理制度。加快绿色社区建设，推广绿色物业管理。到2025年，城镇新建建筑全面执行绿色建筑标准。（省住房城乡建设厅、省发展改革委、省机关事务局、省市场监管局按职责分工负责）

3.优化城乡建筑用能结构。 深化可再生能源建筑应用，推广光伏发电与建筑一体化应用。全面提高建筑用能电气化水平，因地制宜利用地热能、太阳能、生物质能等可再生能源，逐步实现采暖、供冷、生活热水用能清洁化。加快建设光伏发电、储能、直流配电、柔性用电为一体的"光储直柔"建筑。到2025年，城镇建筑可再生能源替代率达到8%，新建公共机构建筑、新建厂房屋顶光伏覆盖率力争达到50%。（省住房城乡建设厅、省机关事务局、省能源局按职责分工负责）

4.推进农村建设和用能低碳转型。 推进绿色农房建设和现有农房绿色改造，研究推广适合绿色农房建设的关键技术及产品。推广使用绿色建材，鼓励选用装配式钢结构、木结构等建造方式。加快生物质能、太阳能等可再生能源在农业生产和农村生活中的应用。推广节能环保灶具、电动农用车辆、节能环保农机和渔船。加强农村电网建设，提升农村电气化水平。（省住房城乡建设厅、省农业农村厅、省能源局、省乡村振兴局、国网湖南省电力公司按职责分工负责）

（五）交通运输绿色低碳行动。

1.推动运输工具装备低碳转型。加快推广电动汽车、氢能汽车、液化天然气船舶等新能源运输工具，推动城市公共服务车辆电动化替代，组织实施高效清洁运输装备推广工程，逐步降低传统燃油汽车在新车产销和汽车保有量中的占比。全面推进货运车辆标准化、厢式化、轻量化，促进燃油客货运交通智能化，降低空载率和不合理客货运周转量，提升能源利用效率。实施港口岸电改造工程，加快1000吨级及以上泊位岸电设施配套建设。加快淘汰低效率、高能耗的老旧船舶，适当发展集装箱专用船和大型散装多用船舶，开展液化天然气动力船舶、电动船舶等绿色智能船舶示范应用。"十四五"期间，新增公交车辆全部采用新能源及清洁能源，到2030年，当年新增非化石能源动力交通工具比例达到40%，营运交通工具单位换算周转量碳排放强度比2020年下降9.5%左右，铁路单位换算周转量综合能耗与国家要求保持一致。陆路交通运输石油消费力争2030年前达到峰值。（省交通运输厅、省发展改革委、省工业和信息化厅、省公安厅按职责分工负责）

2.构建绿色高效交通运输体系。充分发挥水运资源禀赋和铁路运输优势，加快推进大宗货物和中长距离运输"公转铁""公转水"。大力发展以铁路为骨干的多式联运，完善工矿企业、物流园区、港口等铁路专用线建设，充分利用岳阳港、长沙港、常德港、衡阳港等港口区位优势，积极发展集装箱铁路进出港，实现与集装箱"水上巴士"无缝对接，提升集装箱铁水联运比例。加快城乡绿色货运配送体系建设，加大城市绿色货运配送示范工程实施力度。积极推动长沙、岳阳、衡阳、郴州、怀化等建设国家物流枢纽，推动长株潭国家物流枢纽共建共享。构建以长株潭都市圈为中心的"3+5"环长株潭城市群城际交通网。提高公共出行比例，打造高效衔接、快捷舒适的城市公共交通体系，推进快速公交等公共交通系统建设，推动超、特大城市中心城区构建以轨道交通为骨干的客运体系，支持利用既有铁路开行市域（郊）列车，深化"市区、城乡、村镇"为基本框架的"全域公交"体系建设，积极引导公众主动选择绿色低碳交通方式。"十四五"期间，集装箱铁水联运量力争年均增长15%左右；城区常住人口100万以上城市绿色出行比例不低于50%，到2030年，不低于70%。（省交通运输厅、省发展改革委、省住房城乡建设厅、省水利厅、省公安厅、省商务厅、省邮政管理局按职责分工负责）

3.加快低碳智慧交通基础设施建设。将绿色低碳理念贯穿于交通基础设施规划、建设、运营和维护全过程，降低全生命周期能耗和碳排放。推动交通基础设施全要素、全周期数字化改造升级，开展"绿色公路"和"绿色港口"项目建设。加快新能源交通配套设施建设，推进充（换）电设施、配套电网、加气站、加氢站等基础设施建设，力争高速公路、普通国省道服务区充（换）电设施全覆盖。全面推广高速公路等隧道、桥梁和码头智能绿色照明，推动公路、铁路等沿线合理布局光伏发电储电设施。推广智能网联主动式公交优先系统，提升智能驾驶产业化应用水平。到2030年，民用运输机场场内通用车辆装备等力争全面实现电动化。（省交通运输厅、省发展改革委、省住房和城乡建设厅、省商务厅、省公安厅、省能源局、省机场管理集团按职责分工负责）

（六）资源循环利用助力降碳行动。

1.推进产业园区循环发展。推动园区企业循环式生产、产业循环式组合，促进废物综合利用、水资源循环使用。推进工业余压余热余气、废气废液的资源化利用和园区集中供气供热，推动电、热、冷多能协同供应和能源综合梯级利用。推进非常规水资源利用，建设园区雨水、污水集中收集处理及回用设施，提高雨水、污水、污泥资源化利用水平。推动园区建设公共信息服务平台，加强园区物质流管理。大力实施园区循环化改造工程，按照"一园一策"原则逐个制定循环化改造方案。到2030年，具备条件的省级及以上产业园区全部实施循环化改造。（省发展改革委、省工业和信息化厅、省生态环境厅、省水利厅按职责分工负责）

2.加强大宗固废综合利用。提高矿产资源综合开发利用水平和综合利用率，以粉煤灰、煤矸石、冶炼渣、工业副产石膏、尾矿（共伴生矿）、建筑垃圾、农作物秸秆、农林废弃物等为重点，支持大宗固废大掺量、规模化、高值化利用。有序推进大宗固废综合利用示范基地、工业资源综合利用示范基地建设，培育壮大一批骨干企业。着力推动建筑垃圾资源化利用，建立建筑垃圾分类管理制度，完善建筑垃圾回收利用政策和再生产品认证标准体系，构建全程覆盖、精细高效的监管体系。到2025年，大宗固废年利用量达到1.3亿吨左右；到2030年，年利用量达到1.8亿吨左右。（省发展改革委、省工业和信息化厅、省自然资源厅、省住房城乡建设厅、省生态环境厅、省农业农村厅、省商务厅、省林业局按职责分工负责）

3.构建资源循环利用体系。加强废旧物资回收基础设施规划建设，完善城市废旧物资回收分拣硬件水平。推行生产企业"逆向回收"和"互联网+"回收等模式，建立健全线上线下融合、流向可控的资源回收体系，实现再生资源应收尽收。高水平建设国家"城市矿产"示范基地，推动创建"无废园区""无废城市"。加快建立再生原材料推广使用制度，拓展再生原材料市场应用渠道。推进废有色金属、废弃电器电子产品、报废机动车等集中处置和分类利用，加快发展退役动力电池、光伏组件、风电机组叶片等循环利用产业，提升再生资源利用行业清洁化和高值化水平。大力推动长沙（浏阳、宁乡）国家再制造产业示范基地建设，提升再制造产业智能化、数字化水平。到2025年，废钢铁、废铜、废铝、废铅、废锌、废纸、废塑料、废橡胶、废玻璃等9种主要再生资源循环利用量达到1800万吨，到2030年达到2300万吨。（省发展改革委、省工业和信息化厅、省生态环境厅、省商务厅按职责分工负责）

4.推进生活垃圾减量化资源化。加快建立覆盖全社会的生活垃圾收运处置体系，全面实现城市生活垃圾分类投放、分类收集、分类运输、分类处理。完善厨余垃圾管理机制，创新处理技术，提高厨余垃圾资源化利用率。加强塑料污染全链条治理，推广电商快件原件直发，推进产品与快递包装一体化，整治过度包装，推动生活垃圾源头减量。因地制宜发展垃圾焚烧发电，降低垃圾填埋比例。到2025年，城市生活垃圾分类体系基本健全，生活垃圾资源化比例提升至60%左右。到2030年，城市生活垃圾分类实现全覆盖，生活垃圾资源化比例提升至65%。（省住房城乡建设厅、省发展改革委、省生态环境厅、省商务厅、省邮政管理局、省能源局按职责分工负责）

（七）绿色低碳科技创新行动。

1.打造绿色低碳技术创新高地。强化科技任务统筹布局，明确技术路线图，抢占技术制高点。建设高水平科技创新载体，加快长沙、株洲、衡阳等国家创新型城市建设，推动长株潭国家自主创新示范区、岳阳长江经济带绿色发展示范区、郴州国家可持续发展议程创新示范区等高水平功能载体发展。强化企业技术创新主体地位，实施"绿色湘军"行动，支持和培育绿色低碳领域创新型领军企业，鼓励承担国家、省相关重大科技项目。强化绿色低碳技术和产品知识产权保护。将绿色低碳创新成果纳入高校、科研单位、国有企业绩效考核。引导"校企院"开展绿色技术通用标准研究、参与国家重点领域绿色技术、产品标准制修订工作。（省科技厅、省发展改革委、省市场监管局、省教育厅、省国资委按职责分工负责）

2.加强创新能力建设和人才培养。聚焦绿色低碳、减污降碳、零碳负碳等技术研究方向，加快布局一批绿色低碳领域省工程研究中心、省重点实验室、省技术创新中心、省企业技术中心等创新平台。推进建设绿色低碳领域国家科技创新基地、创新中心等国家级创新平台。完善省级新型研发机构认定管理办法，鼓励绿色低碳领域领军企业、高校和科研院所产学研结合，共建共享创新平台、实验室和新型研发机构，开展关键技术协同攻关。深入实施芙蓉人才行动计划，着力培育绿色低碳领域科技人才，依托重点企业和重大科技创新平台，精准集聚创新团队和急需紧缺人才。加强基础学科培养，鼓励省内高校开设储能新材料、氢能产业、可再生能源、绿色金融、碳市场、碳核查、碳汇等相关专业。支持科技型企业与高校、科研院所开展人才订单式培养，造就一批高水平绿色技术人才和多学科交叉的产业领军人才。加强温室气体及碳中和监测评估能力建设。加快建设一批绿色技术转移机构，培育一批专业化绿色技术经理人。（省委组织部、省发展改革委、省科技厅、省教育厅、省人力资源社会保障厅、省工业和信息化厅、省生态环境厅按职责分工负责）

3.推动关键低碳技术研发和攻关。聚焦制约绿色低碳产业发展的"卡脖子"技术和产业重大技术，组织实施一批碳达峰碳中和科技重大专项。采取重点项目"揭榜挂帅"机制，持续推进关键核心技术攻关行动。加强基础前沿创新引领，重点开展新一代太阳能电池、储能、氢能、直接空气碳捕集、化学链载体材料等方向机制、理论研究。强化应用研究协同创新，促进新能源、新材料、生物技术、新一代信息技术等交叉融合，重点推进规模化可再生能源储能、多能互补智慧能源系统、二氧化碳捕集封存利用等关键技术研究。实施核心工程关键技术创新，重点推进零碳流程重塑、低碳技术集成与优化、生态系统增汇、零碳电力技术等工程技术创新。（省科技厅、省教育厅按职责分工负责）

4.加快科技成果转化和先进适用技术推广应用。构建市场导向的绿色低碳技术创新体系，推进低碳技术领域公共创新服务平台、技术交易平台等科技成果转化体系建设，加快潇湘科技要素大市场各市州分市场建设。提升绿色技术交易中介机构能力。支持"校企院"等创新主体建立绿色技术创新项目孵化器、创新创业基地。强化绿色低碳先进适用技术推广政策引导，积极落实国家绿色技术与装备淘汰目录，建立湖南省碳达峰碳中和适用性先进技术征集、筛选和推广制度，定期更新发布技术推荐目录，持续组织实施传统产业低碳工艺革新。积极开展可再生能源替代、智能电网、氢能产业、装配式建筑技术、碳捕集封存与利用等领域示范项目和规模化应用。深入实施政府采购两型（绿色）产品政策，奖励首台（套）绿色技术创新装备应用和绿色技术创新首次应用工程。（省科技厅、省工业和信息化厅、省发展改革委、省财政厅按职责分工负责）

（八）碳汇能力巩固提升行动。

1.巩固提升林业生态系统碳汇。加强国土空间规划和用途管控，严控建设项目用地规模、土地利用结构和空间布局，严守生态保护红线，划定森林最低保有量。深入推进国土绿化行动和国家森林城市建设，推行林长制，实施林业碳汇工程、天然林（公益林）保护修复工程，提升森林生态系统固碳能力。加强森林重大灾害预测预警与防治技术研究。加强"湘资沅澧"四水上游及两岸天然林保护、公益林建设和造林绿化。加大长株潭城市群生态绿心地区生态保护，建设绿心生态屏障，打造城市群绿心中央公园。到2030年，全省森林覆盖率稳定在60%以上，森林蓄积量不低于8.45亿立方米。（省林业局、省自然资源厅、省发展改革委、省应急厅、省生态环境厅按职责分工负责）

2.稳步提升耕地湿地碳汇。开展农业农村减排固碳行动，推进农光互补、光伏+设施农业等绿色低碳循环农业模式。积极推动农业智慧技术、生态技术、增汇技术的研发和应用，加快普及节能低耗智能化农业装备，推进化肥、农药减量增效，加强农作物秸秆和畜禽粪污资源化利用。加快推进历史遗留矿坑、采煤沉陷区、石漠化地区等退化土地生态修复和治理。加强洞庭湖区、湘资沅澧四带等区域内湿地保护，推进东洞庭湖、西洞庭湖、南洞庭湖等国际重要湿地和浪畔湖、江口鸟洲等国家级省级重要湿地的保护修复，加强南山牧场等南方草地的保护修复力度，增强固碳能力。落实新一轮国土空间规划下达的耕地和永久基本农田保护任务，坚持最严格的耕地保护制度。（省农业农村厅、省林业局、省自然资源厅、省发展改革委按职责分工负责）

3.建立碳汇补偿机制。加强林业、农业、湿地、草地等碳源汇计量监测技术基础研究，开展碳汇调查监测评估业务化体系建设，建立全省碳汇管理平台。开展林农微碳汇试点、区域碳中和试点、跨区域联合碳中和试点，探索制定相关标准、路径和制度安排。完善碳汇生态补偿机制，按照国家统一规范的碳排放统计核算体系有关要求，建立完善有关碳汇核算标准和合理补偿标准，引导社会资金进入碳汇产业。开发全省国家核证自愿减排量碳汇项目，促进省内碳汇项目的交易。（省自然资源厅、省农业农村厅、省林业局、省气象局、省财政厅、省生态环境厅、省统计局按职责分工负责）

（九）绿色低碳全民行动。

1.加强全民低碳宣传教育。将碳达峰碳中和作为国民教育培训体系的重要内容，编制绿色低碳教材，开发文创产品和公益广告，建立长效宣传机制，提高全民低碳意识和素质。大力发展绿色商贸、促进绿色消费，广泛倡导绿色低碳节能生产生活方式。深入开展节约型机关、绿色家庭、绿色学校、绿色社区、绿色出行、绿色商场、绿色建筑等绿色生活创建活动。建立绿色低碳宣传展示平台，提升节能宣传周、湖南国际绿色发展博览会等活动区域影响力。持续开展能效领跑者、水效领跑者、光盘行动、节水节能和循环经济典型案例宣讲等主题活动，增强社会公众简约适度、遏制浪费的绿色低碳意识，推动碳达峰碳中和理念深入人心。（省委宣传部、省委网信办、省发展改革委、省教育厅、省生态环境厅、省水利厅、省机关事务局、共青团湖南省委按职责分工负责）

2.引导企业履行社会责任。 鼓励企业积极实施绿色采购和绿色办公，广泛使用循环、低碳、再生、有机等绿色认证产品。省属国有企业要制定企业碳达峰实施方案，积极发挥示范引领作用。重点用能单位要梳理核算自身碳排放情况，深入研究碳减排路径，制定达峰专项工作方案，推进节能降碳。支持自贸区建设双碳服务平台，引导上市公司、进出口企业、碳交易重点企业等对标国际规则建立碳排放信息披露制度，定期公布企业碳排放信息，计入企业环保信用。充分发挥节能、环保、循环经济领域行业协会等社会团体作用，督促行业企业自觉履行生态环保社会责任。（省工业和信息化厅、省发展改革委、省生态环境厅、省民政厅、省商务厅、省国资委按职责分工负责）

3.强化领导干部培训。 将学习贯彻习近平生态文明思想作为干部教育培训的重要内容。各级党校（行政学院）要把碳达峰碳中和相关内容列入教学计划，创新学习形式，分阶段、多层次对各级领导干部开展培训，普及科学知识，宣讲政策要点，强化法治意识，深化各级领导干部对碳达峰碳中和工作重要性、紧迫性、科学性、系统性的认识。尽快提升从事绿色低碳发展相关工作的领导干部专业素养和业务能力，切实增强推动绿色低碳发展的本领。（省委组织部、省委宣传部、省委党校、省发展改革委按职责分工负责）

4.加强低碳国际合作。 大力发展高质量、高技术、高附加值绿色产品贸易，积极扩大绿色低碳产品、节能环保服务、环境服务等进出口。推进自由贸易试验区与长株潭国家自主创新示范区、国家级跨境电商综合试验区、产业园区等协同配合、联动发展。加强国际交流，持续深化中非经贸合作，构建能源资源绿色开发长效合作机制。鼓励和支持优势行业龙头企业，积极参与绿色"一带一路"建设。将亚太绿色低碳发展高峰论坛打造为常态化、机构化、市场化的国际绿色发展交流平台。（省商务厅、省财政厅、省政府外事办、省发展改革委、省科技厅、省生态环境厅按职责分工负责）

（十）绿色金融支撑行动。

1.大力发展绿色金融。 大力发展绿色贷款、绿色股权、绿色债券、绿色保险、绿色基金等金融工具。利用好碳减排支持工具，引导金融机构为绿色低碳项目提供长期限、低成本资金。支持符合条件的绿色企业上市融资、挂牌融资和再融资，鼓励金融机构、社会资本开发绿色科创基金，发行绿色债券。支持金融机构和相关企业在国际市场开展绿色融资。通过省级有关基金，并争取国家低碳转型基金、绿色发展基金支持，促进传统企业转型升级和绿色低碳产业发展。鼓励社会资本以市场化方式设立绿色低碳产业基金和企业股权投资基金。（人民银行长沙中心支行、省财政厅、省地方金融监管局、省发展改革委、湖南银保监局、湖南证监局按职责分工负责）

2.积极推进碳达峰气候投融资。积极争取国家气候投融资试点，探索差异化的投融资模式、组织形式、服务方式和管理制度创新。支持地方与国际金融机构和外资机构开展气候投融资合作，推广复制气候投融资"湘潭经验"。积极推动在碳排放报告和信息披露制度、气候投融资、绿色债券等方面创新金融产品和服务。（省生态环境厅、省财政厅、省发展改革委、人民银行长沙中心支行按职责分工负责）

3.完善绿色产融对接机制。加快建立碳达峰碳中和项目库，挖掘高质量的低碳项目，动态更新项目库内容。强化数字赋能，建立绿色金融服务对接平台，实现政府部门、金融部门、企业在碳金融、碳核算、碳交易等方面信息共享，打通政策、资金支持与企业减碳融资需求渠道，推动低碳领域产融合作。（人民银行长沙中心支行、省地方金融监管局、省发展改革委、省财政厅、省生态环境厅、湖南银保监局、湖南证监局按职责分工负责）

4.建立绿色交易市场机制。统筹推进碳排放权、用能权、电力交易等市场建设，加强不同市场机制间的衔接。鼓励金融机构以绿色交易市场机制为基础开发金融产品，拓宽企业节能降碳融资渠道。在具备条件的区域，探索完善市场化环境权益定价机制，健全排污权等环境权益交易制度。推动建立用能权有偿使用和交易机制，做好与能耗双控制度的衔接。有序开发林业碳汇市场。审慎稳妥探索将碳排放权、国家核证自愿减排量等碳资产、碳确权、环境权益等作为合格抵质押物，提高绿色企业和项目信贷可得性。（省发展改革委、省生态环境厅、省林业局、省地方金融监管局、湖南银保监局、湖南证监局、人民银行长沙中心支行按职责分工负责）

5.建立绿色金融激励约束机制。强化对金融机构的绿色金融考核评价，扩大考评结果应用场景。各类财政贴息资金、风险补偿资金，将绿色金融产品优先纳入支持范围。推动金融机构开展环境信息披露工作，根据绿色金融环境效益实施财政资金奖补激励。（人民银行长沙中心支行、省财政厅、省地方金融监管局按职责分工负责）

四、政策保障

（一）建立配套规范的碳排放统计核算体系。对照国家标准要求，建立全省统一规范的碳排放统计核算体系。健全区域、重点行业、企业碳排放基础统计报表制度，完善能源消费计量、统计、监测体系。支持行业、高校、科研院所依据自身特点开展碳排放核算、碳汇等方法学研究，建立健全碳排放、碳汇计量体系。推进碳排放实测技术发展，积极推进遥感测量、大数据、云计算等新兴技术在碳排放施策技术领域的应用，提升核算水平。推动能源统计信息资源共享，制定碳排放数据管理和发布制度。加强省、市、县碳排放统计核算能力建设，建立健全碳排放统计核算人员业务培训机制，加强能源统计队伍建设和信息化体系建设。（省统计局、省发展改革委、省生态环境厅、省林业局、省市场监管局按职责分工负责）

（二）**健全制度标准。**构建有利于绿色低碳发展的制度体系，推动修订节约能源法、电力法、煤炭法、可再生能源法、循环经济促进法、清洁生产促进法等配套实施办法，完善湖南省固定资产投资项目节能审查实施办法、电力需求侧管理办法、能源效率标识管理办法等制度体系。结合实际修订一批重点行业能耗限额、产品设备能效和工程建设地方标准。按照国家要求，健全可再生能源标准体系、工业绿色低碳标准体系。推动完善氢制、储、输、用相关标准。（省发展改革委、省司法厅、省生态环境厅、省市场监管局、省能源局按职责分工负责）

（三）**完善财税价格支持政策。**省财政加大对碳达峰重大项目、重大行动、重大示范、重点企业的支持力度，引导社会资金加大对绿色低碳发展领域投资，落实节能节水、资源综合利用等税收优惠政策，更好发挥税收对市场主体绿色低碳发展的促进作用。完善风电、光伏发电价格形成机制，建立新型储能价格机制，鼓励和推动新能源及相关储能产业发展。深入推进输配电价改革，提升电价机制灵活性，促进新能源就近消纳。完善针对高耗能、高排放行业的差别电价、阶梯电价等绿色电价政策，加大实施力度，促进节能减碳。完善居民阶梯电价制度，引导节约用电，优化电力消费行为。（省财政厅、省税务局、省发展改革委按职责分工负责）

五、组织实施

（一）**加强统筹协调。**坚持党的领导，省碳达峰碳中和工作领导小组加强对各项工作的整体部署和系统推进，研究重大问题、制定重大政策、组织重大工程。组建省碳达峰碳中和专家咨询委员会，开展重大政策研究和战略咨询，提供专业和智力支撑。各成员单位要按照省委省政府决策部署和领导小组工作要求，扎实推进相关工作。领导小组办公室要加强统筹协调，定期调度各地区和重点领域、重点行业工作进展，督促各项目标任务落实落细。各地区各部门要深刻认识碳达峰碳中和工作的重要性、紧迫性、复杂性，切实扛起政治责任，按照本方案确定的工作目标和重点任务，着力抓好落实。各市州碳达峰实施方案和省有关部门分行业分领域实施方案经省碳达峰碳中和工作领导小组综合平衡、审核通过后按程序印发实施。（省碳达峰碳中和工作领导小组办公室、省碳达峰碳中和工作领导小组成员单位按职责分工负责）

（二）**突出因地制宜。**各地区要准确把握自身发展定位，结合经济社会发展实际和资源禀赋，坚持分类施策、因地制宜、上下联动，有力有序推进碳达峰工作。长株潭地区要发挥国家低碳试点城市优势，率先推动经济社会发展全面绿色转型。洞庭湖区、湘南地区要着力优化能源消费结构，构建多元化产业体系，培育绿色发展动能。湘西地区要按照生态优先、绿色发展战略导向，建立产业生态化和生态产业化的生态经济体系，发展创新型绿色经济。根据国家部署，结合实际，选择一批具有典型代表性的城市和园区开展碳达峰试点建设，探索可复制可推广经验做法。（省碳达峰碳中和工作领导小组办公室、各市州人民政府按职责负责）

（三）**严格监督考核。**以能耗双控制度为基础，逐步建立碳达峰碳中和综合评价考核制度，实行能耗指标和碳排放指标的协同管理、协同分解、协同考核。加强监督考核结果应用，对碳达峰工作突出的地区、单位和个人按规定给予表彰奖励，对未完成碳排放控制目标的地区和部门实行通报批评和问责，落实情况纳入政府年度目标责任考核。各市州人民政府、领导小组成员单位要组织开展碳达峰目标任务年度评估，有关工作进展和重大问题及时向省碳达峰碳中和工作领导小组报告。（省碳达峰碳中和工作领导小组办公室负责）

本方案自发布之日起施行。

广东省人民政府关于印发《广东省碳达峰实施方案》的通知

（粤府〔2022〕56号）

各地级以上市人民政府，省政府各部门、各直属机构：

现将《广东省碳达峰实施方案》印发给你们，请认真组织实施。实施过程中遇到的问题，请径向省发展改革委反映。

广东省人民政府

2022年6月23日

广东省碳达峰实施方案

为深入贯彻落实党中央关于碳达峰、碳中和重大战略决策部署和国务院相关工作安排，有力有序有效做好全省碳达峰工作，确保如期实现碳达峰目标，制定本方案。

一、总体要求

（一）**指导思想**。坚持以习近平新时代中国特色社会主义思想为指导，全面贯彻党的十九大和十九届历次全会精神，深入贯彻习近平生态文明思想和习近平总书记对广东系列重要讲话、重要指示批示精神，完整、准确、全面贯彻新发展理念，坚持先立后破、稳中求进，强化系统观念和战略思维，突出科学降碳、精准降碳、依法降碳、安全降碳，统筹稳增长和调结构，坚持降碳、减污、扩绿、增长协同推进，明确各地区、各领域、各行业目标任务，加快实现生产方式和生活方式的绿色变革，推动经济社会发展建立在资源高效利用和绿色低碳发展的基础之上，为全国碳达峰工作提供重要支撑、作出应有贡献。

（二）**主要目标**。

"十四五"期间，绿色低碳循环发展的经济体系基本形成，产业结构、能源结构和交通运输结构调整取得明显进展，全社会能源资源利用和碳排放效率持续提升。到2025年，非化石能源消费比重力争达到32%以上，单位地区生产总值能源消耗和单位地区生产总值二氧化碳排放确保完成国家下达指标，为全省碳达峰奠定坚实基础。

"十五五"期间，经济社会发展绿色转型取得显著成效，清洁低碳安全高效的能源体系初步建立，具有国际竞争力的高质量现代产业体系基本形成，在全社会广泛形成绿色低碳的生产生活方式。到2030年，单位地区生产总值能源消耗和单位地区生产总值二氧化碳排放的控制水平继续走在全国前列，非化石能源消费比重达到35%左右，顺利实现2030年前碳达峰目标。

二、重点任务

坚决把碳达峰贯穿于经济社会发展各方面和全过程，扭住碳排放重点领域和关键环节，重点实施"碳达峰十五大行动"。

（一）产业绿色提质行动。

深度调整优化产业结构，坚决遏制高耗能高排放低水平项目盲目发展，大力发展绿色低碳产业，加快形成绿色经济新动能和可持续增长极。

1.加快产业结构优化升级。强化产业规划布局和碳达峰、碳中和的政策衔接，引导各地区重点布局高附加值、低消耗、低碳排放的重大产业项目。深入实施制造业高质量发展"六大工程"，推动传统制造业绿色化改造，打造以绿色低碳为主要特征的世界级先进制造业集群。加快培育发展十大战略性支柱产业集群、十大战略性新兴产业集群，提前布局人工智能、卫星互联网、光通信和太赫兹、超材料、天然气水合物、可控核聚变等未来产业。加快服务业数字化网络化智能化发展，推动现代服务业与先进制造业、现代农业深度融合。到2025年，高技术制造业增加值占规模以上工业增加值比重提高到33%。

2.大力发展绿色低碳产业。制定绿色低碳产业引导目录及配套支持政策，重点发展节能环保、清洁生产、清洁能源、生态环境和基础设施绿色升级、绿色服务等绿色产业，加快培育低碳零碳负碳等新兴产业。推动绿色低碳产业集群化发展，依托珠三角地区打造节能环保技术装备研发基地，依托粤东粤西粤北地区打造资源综合利用示范基地，培育一批绿色标杆园区和企业。加快发展先进核能、海上风电装备等优势产业，打造沿海新能源产业带和新能源产业集聚区。制定氢能、储能、智慧能源等产业发展规划，打造大湾区氢能产业高地。发挥技术研发和产业示范先发优势，加快二氧化碳捕集利用与封存（CCUS）全产业链布局。

3.坚决遏制高耗能高排放低水平项目盲目发展。对高耗能高排放项目实行清单管理、分类处置、动态监控。全面排查在建项目，推动能效水平应提尽提，力争全面达到国内乃至国际先进水平。科学评估拟建项目，严格落实产业规划和政策，产能已饱和的行业按照"减量替代"原则压减产能，尚未饱和的要对标国际先进水平提高准入门槛。深入挖潜存量项目，依法依规淘汰落后低效产能，提高行业整体能效水平。到2030年，钢铁、水泥、炼油、乙烯等重点行业整体能效水平和碳排放强度达到国际先进水平。

（二）能源绿色低碳转型行动。

严格控制化石能源消费，大力发展新能源，传统能源逐步退出必须建立在新能源安全可靠替代的基础上，建设以新能源为主体的新型电力系统，加快构建清洁低碳安全高效的能源体系。

4.严格合理控制煤炭消费增长。立足以煤为主的基本国情，合理安排支撑性和调节性清洁煤电建设，有序推动煤电节能降碳改造、灵活性改造、供热改造"三改联动"，保障能源供应安全。推进煤炭消费减量替代和清洁高效利用，提高电煤消费比重，大力压减非发电用煤，有序推进重点地区、重点行业燃煤自备电厂和锅炉"煤改气"，科学推进"煤改电"工程。

5.大力发展新能源。落实完成国家下达的可再生能源电力消纳责任权重。规模化开发海上风电，打造粤东粤西两个千万千瓦级海上风电基地，适度开发风能资源较为丰富地区的陆上风电。积极发展分布式光伏发电，因地制宜建设集中式光伏电站示范项目。因地制宜发展生物质能，统筹规划垃圾焚烧发电、农林生物质发电、生物天然气项目开发。到2030年，风电和光伏发电装机容量达到7400万千瓦以上。

6.安全有序发展核电。在确保安全的前提下，积极有序发展核电，高效建设惠州太平岭核电一期项目，推动陆丰核电、廉江核电等项目开工建设。保持核电项目平稳建设节奏，同步推进后续备选项目前期工作，稳妥做好核电厂址保护。实行最严格的安全标准和最严格的监管，持续提升核安全监管能力。

7.积极扩大省外清洁电力送粤规模。持续提升西电东送能力，加快建设藏东南至粤港澳大湾区±800千伏直流等省外输电通道，积极推动后续的西北、西南等地区清洁能源开发及送粤，新增跨省跨区通道原则上以可再生能源为主。充分发挥市场配置资源作用，持续推进西电东送计划放开，推动西电与广东电力市场有效衔接，促进清洁能源消纳。到2030年，西电东送通道最大送电能力达到5500万千瓦。

8.合理调控油气消费。有效控制新增石化、化工项目，加快交通领域油品替代，保持油品消费处于合理区间，"十五五"期间油品消费达峰并稳中有降。发挥天然气在能源结构低碳转型过程中的支撑过渡作用，在珠三角等负荷中心合理规划布局调峰气电，"十四五"期间新增气电装机容量约3600万千瓦。大力推进天然气与多种能源融合发展，全面推进天然气在交通、商业、居民生活等领域的高效利用。加大南海油气勘探开发力度，支持中海油乌石17-2等油气田勘探开发，争取实现油气资源增储上产。

9.加快建设新型电力系统。强化电力调峰和应急能力建设，提升电网安全保障水平。推进源网荷储一体化和多能互补发展，支持区域综合能源示范项目建设。大力提升电力需求侧响应调节能力，完善市场化需求响应交易机制和品种设计，加快形成较成熟的需求侧响应商业模式。增强电力供给侧灵活调节能力，推进煤电灵活性改造，加快已纳入规划的抽水蓄能电站建设。因地制宜开展新型储能电站示范及规模化应用，稳步推进"新能源+储能"项目建设。到2025年，新型储能装机容量达到200万千瓦以上。到2030年，抽水蓄能电站装机容量超过1500万千瓦，省级电网基本具备5%以上的尖峰负荷响应能力。

（三）节能降碳增效行动。

坚持节约优先，不断降低单位产出能源资源消耗和碳排放，从源头和入口形成有效的碳排放控制阀门。

10.全面提升节能降碳管理能力。统筹建立碳排放强度控制为主、碳排放总量控制为辅的制度，推动能耗"双控"向碳排放总量和强度"双控"转变。加快形成减污降碳的激励约束机制，防止简单层层分解。推行用能预算管理，强化固定资产投资项目节能审查，对项目用能和碳排放情况进行综合评价，从源头推进节能降碳。完善能源计量体系，鼓励采用认证手段提升节能管理水平。建立跨部门联动的节能监察机制，综合运用行政处罚、信用监管、绿色电价等手段，增强节能监察约束力。探索区域能评、碳评工作机制，推动区域能效和碳排放水平综合提升。

11.推动减污降碳协同增效。加强温室气体和大气污染物协同控制，从政策规划、技术标准、数据统计及考核机制等层面探索构建协同控制框架体系。加快推广应用减污降碳技术，从源头减少废弃物产生和污染排放，在石化行业统筹开展有关建设项目减污降碳协同治理试点。

12.加强重点用能单位节能降碳。实施城市节能降碳工程，开展建筑、交通、照明、供热等基础设施节能升级改造，推进先进绿色建筑技术示范应用，推动城市综合能效提升。以高耗能高排放项目聚集度高的园区为重点，实施园区节能降碳改造，推进能源系统优化和梯级利用。实施钢铁、水泥、炼油、乙烯等高耗能行业和数据中心提效达标改造工程，对拟建、在建项目力争全面达到国家标杆水平，对能效低于行业基准水平的存量项目，限期分批改造升级和淘汰。在建筑、交通等领域实施节能降碳重点工程，对标国际先进标准，引导重点用能单位深入挖掘节能降碳潜力。建立以能效为导向的激励约束机制，推广先进高效产品设备，加快淘汰落后低效设备。推进重点用能单位能耗在线监测系统建设，强化对重点用能设备的能效监测，严厉打击违法违规用能行为。

13.推动新型基础设施节能降碳。优化新型基础设施空间布局，支持全国一体化算力网络粤港澳大湾区国家枢纽节点建设，推动全省数据中心集约化、规模化、绿色化发展。对标国际先进水平，加快完善通讯、运算、存储、传输等设备能效标准，提升准入门槛。推广高效制冷、先进通风、余热利用、智能化用能控制等绿色技术，有序推动老旧基站、"老旧小散"数据中心绿色技术改造。加强新型基础设施用能管理，将年综合能耗超过1万吨标准煤的数据中心纳入重点用能单位能耗在线监测系统，开展能源计量审查。新建大型和超大型数据中心全部达到绿色数据中心要求，绿色低碳等级达到4A级以上，电能利用效率（PUE）不高于1.3，国家枢纽节点进一步降到1.25以下。严禁利用数据中心开展虚拟货币"挖矿"活动。

（四）工业重点行业碳达峰行动。

工业是产生碳排放的主要领域，要抓住重点行业和关键环节，积极推行绿色制造，深入推进清洁生产，不断提升行业整体能效水平，推动钢铁、石化化工、水泥、陶瓷、造纸等重点行业节能降碳，助推工业整体有序达峰。

14.推动钢铁行业碳达峰。以湛江、韶关和阳江等产业集中地区为重点，严格执行产能置换，推进存量优化，提升"高、精、尖"钢材生产能力。优化工艺流程和燃料、原料结构，有序引导短流程电炉炼钢发展，开发优质、高强度、长寿命、可循环的低碳钢铁产品。推广先进适用技术，降低化石能源消耗，推动钢铁副产资源能源与石化、电力、建材等行业协同联动，探索开展非高炉炼铁、氢能冶炼、二氧化碳捕集利用一体化等低碳冶金技术试点示范。到2030年，长流程粗钢单位产品碳排放比2020年降低8%以上。

15.推动石化化工行业碳达峰。推进沿海石化产业带集群建设，加快推动减油增化，积极发展绿氢化工产业。调整燃料、原料结构，鼓励以电力、天然气代替煤炭作为燃料，推动烯烃原料轻质化。优化产品结构，积极开发优质、耐用、可循环的绿色石化产品。推广应用原料优化、能源梯级利用、物料循环利用、流程再造等工艺技术及装备，探索开展绿色炼化和二氧化碳捕集利用等示范项目。到2030年，原油加工和乙烯单位产品碳排放比2020年分别下降4%和5%以上。

16.推动水泥行业碳达峰。以清远、肇庆、梅州、云浮和惠州等产业集中地区为重点，引导水泥行业向集约化、制品化、低碳化转型。完善水泥常态化错峰生产机制。推广应用第二代新型干法水泥技术与装备，到2025年，符合二代技术标准的水泥生产线比重达到50%左右。加强新型胶凝材料、低碳混凝土等低碳建材产品的研发应用。加强燃料、原料替代，鼓励水泥窑协同处置生活垃圾、工业废渣等废弃物。合理控制生产过程碳排放，探索水泥窑尾气二氧化碳捕集利用。到2030年，全省单位水泥熟料碳排放比2020年降低8%以上。

17.推动陶瓷行业碳达峰。以佛山、肇庆、清远、云浮、潮州和江门等产业集中地区为重点，发展高端建筑陶瓷和电子陶瓷等先进材料产业。推广应用电窑炉和喷雾塔燃煤替代工艺，提高清洁能源消费比重。推广隧道窑和辊道窑大型化、陶瓷生产干法制粉、连续球磨工艺等低碳节能技术，加强薄型建筑陶瓷砖（板）、轻量化卫生陶瓷、发泡陶瓷等低碳产品研发应用。

18.推动造纸行业碳达峰。以东莞、湛江和江门等产业集中地区为重点，推动分散中小企业入园，实行统一供电供热，提升造纸行业集约化、高端化、绿色化水平。探索开展电气化改造，充分利用太阳能以及造纸废液废渣等生物质能源。推广节能工艺技术，推进造纸行业林浆纸一体化。

（五）城乡建设碳达峰行动。

城乡建设领域碳排放保持持续增长态势，要将绿色低碳要求贯穿城乡规划建设管理各环节，结合城市更新、新型城镇化和乡村振兴，加快推进城乡建设绿色低碳发展。

19.推动城乡建设绿色转型。优化城乡空间布局，推动城市组团式发展。合理规划城市建设面积发展目标，控制新增建设用地过快增长。统筹推进海绵城市等"韧性城市"建设，大力建设绿色城镇、绿色社区和美丽乡村，增强城乡应对气候变化能力。建立完善以绿色低碳为突出导向的城乡规划建设管理机制，杜绝大拆大建。

20.推广绿色建筑设计。加快提升建筑能效水平，研究制订不同类型民用建筑的绿色建筑设计标准，鼓励农民自建住房参照绿色建筑标准建设。编制实施超低能耗建筑、近零碳建筑设计标准，在广州、深圳等地区开展近零碳建筑试点示范。到2025年，城镇新建建筑全面执行绿色建筑标准，星级绿色建筑占比达到30%以上，新建政府投资公益性建筑和大型公共建筑全部达到星级以上。

21.全面推行绿色施工。加快推进建筑工业化，大力发展装配式建筑，推广钢结构住宅，开展装配式装修试点。推广应用绿色建材，优先选用获得绿色建材认证标识的建材产品。鼓励利用建筑废弃物生产建筑材料和再生利用，提高资源化利用水平，降低建筑材料消耗。到2030年，装配式建筑占当年城镇新建建筑的比例达到40%，星级绿色建筑全面推广绿色建材，施工现场建筑材料损耗率比2020年降低20%以上，建筑废弃物资源化利用率达到55%。

22.加强绿色运营管理。强化公共建筑节能，重点抓好办公楼、学校、医院、商场、酒店等能耗限额管理，提升物业节能降碳管理水平。编制绿色建筑后评估技术指南，建立绿色建筑用户评价和反馈机制，对星级绿色建筑实行动态管理。到2030年，大型公共建筑制冷能效比2020年提升20%，公共机构单位建筑面积能耗和人均综合能耗分别比2020年降低7%和8%。

23.优化建筑用能结构。大力推进可再生能源建筑应用，积极推广应用太阳能光伏、太阳能光热、空气源热泵等技术，鼓励光伏建筑一体化建设。提高城乡居民生活电气化水平，积极研发并推广生活热水、炊事高效电气化技术与设备。提升城乡居民管道天然气普及率。到2025年，城镇建筑可再生能源替代率达到8%，新建公共机构建筑、新建厂房屋顶光伏覆盖率力争达到50%。

（六）交通运输绿色低碳行动。

交通运输是碳排放的重点领域，要加快推进低碳交通运输体系建设，推广节能低碳型交通工具，优化交通运输结构，完善基础设施网络，确保交通运输领域碳排放增长保持在合理区间。

24.推动运输工具装备低碳转型。大力推广节能及新能源汽车，研究制定补贴政策，推动城市公共服务及货运配送车辆电动化替代。逐步降低传统燃油汽车占比，促进私家车电动化。有序发展氢燃料电池汽车，稳步推动电力、氢燃料车辆对燃油商用、专用等车辆的替代。提升铁路系统电气化水平，推进内河航运船舶电气化替代。加快生物燃油技术攻关，促进航空、水路运输燃油清洁化。加快运输船舶LNG清洁动力改造及加注站建设。加快推进码头岸电设施建设，推进船舶靠岸使用岸电应接尽接。到2030年，当年新增新能源、清洁能源动力的交通工具比例达到40%左右，电动乘用车销售量力争达到乘用车新车销售量的30%以上，营运交通工具单位换算周转量碳排放强度比2020年下降10%，铁路单位换算周转量综合能耗比2020年下降10%，陆路交通运输石油消费力争2030年前达到峰值。

25.构建绿色高效交通运输体系。发展智能交通，推动不同运输方式的合理分工、有效衔接，降低空载率和不合理客货运周转量，提升综合运输效率。加快大宗货物和中长途货运"公转铁""公转水"，积极推行公铁、空铁、铁水、江海等多式联运，推动发展"一票式""一单制"联程客货运服务。推进工矿企业、港口、物流园区等铁路专用线建设，加快内河高等级航道网建设。支持广州、深圳、汕头、湛江等建立以铁水联运为重点的多式联运通道运营平台。建设以高速铁路、城际铁路、城市轨道交通为主体，多网融合的大容量快速低碳客运服务体系。加快城乡物流配送绿色发展，推进绿色低碳、集约高效的城市物流配送服务模式创新。实施公交优先战略，强化城市公共交通与城际客运的无缝衔接，打造高效衔接、快捷舒适的城市公共交通服务体系，积极引导绿色出行。到2025年，港口集装箱铁水联运量年均增长率达15%。到2030年，城区常住人口100万以上的城市绿色出行比例不低于70%。

26.加快绿色交通基础设施建设。将绿色节能低碳贯穿交通基础设施规划、建设、运营和维护全过程，有效降低交通基础设施建设全生命周期能耗和碳排放。积极推广可再生能源在交通基础设施建设运营中的应用，构建综合交通枢纽场站绿色能源系统。加快布局城乡公共充换电网络，积极建设城际充电网络和高速公路服务区快充站配套设施，加强与电网双向智能互动，到2025年，实现高速公路服务区快充站全覆盖。积极推动新材料、新技术、新工艺在交通运输领域的应用，打造一批绿色交通基础设施工程。到2030年，民用运输机场场内车辆装备等力争全面实现电动化。

（七）农业农村减排固碳行动。

大力发展绿色低碳循环农业，加快农业农村用能方式转变，提升农业生产效率和能效水平，提高农业减排固碳能力。

27.提升农业生产效率和能效水平。严守耕地保护红线，全面落实永久基本农田特殊保护政策措施。推进高标准农田建设，全面发展农业机械化。实施智慧农业工程，建设农业大数据和广东智慧农机装备。实施化肥农药减量增效行动，合理控制化肥、农药使用量，推广商品有机肥施用、绿肥种植、秸秆还田，开展农膜回收。

28.加快农业农村用能方式转变。实施新一轮农村电网升级改造，提高农村电网供电可靠率，提升农村用能电气化水平。加快太阳能、风能、生物质能、地热能等可再生能源在农用生产和农村建筑中的利用，促进乡村分布式储能、新能源并网试点应用。推广节能环保灶具、电动农用车辆、节能环保农机和渔船。大力发展绿色低碳循环农业，发展节能低碳农业大棚，推进农光互补、"光伏+设施农业"、"海上风电+海洋牧场"等低碳农业模式。建设安全可靠的乡村储气罐站和微管网供气系统，有序推动供气设施向农村延伸。

29.提高农业减排固碳能力。选育高产低排放良种，改善水分和肥料管理，推广水稻间歇灌溉、节水灌溉、施用缓释肥等技术，控制甲烷、氧化亚氮等温室气体排放。加强农作物秸秆和畜禽粪污资源化、能源化利用，提升农业废弃物综合利用水平。开展耕地质量提升行动，通过农业技术改进、种植模式调整等措施，提升土壤有机碳储量。研发应用增汇型农业技术，探索推广二氧化碳气肥等固碳技术。

（八）循环经济助力降碳行动。

大力发展循环经济，推动资源节约集约循环利用，推进废弃物减量化资源化，通过提高资源利用效率助力实现碳达峰。

30.建立健全资源循环利用体系。深入推进园区循环化改造，推动企业循环式生产、产业循环式组合，搭建资源共享、废物处理、服务高效的公共平台。到2030年，省级以上产业园区全部完成循环化改造。完善废旧物资回收网络，推行"互联网+"回收模式。积极培育再制造产业，推动汽车零部件、工程机械、办公设备等方面再制造产业高质量发展。加快大宗固废综合利用示范基地建设，拓宽建筑垃圾、尾矿（共伴生矿）、冶炼渣等大宗固废综合利用渠道，推动退役动力电池、光伏组件、风电机组叶片等新兴产业固废循环利用。到2025年，大宗固废年利用量达到3亿吨左右，废钢铁、废铜、废铝、废铅、废锌、废纸、废塑料、废橡胶、废玻璃等9种主要再生资源循环利用量达到5500万吨左右。到2030年，大宗固废年利用量达到3.5亿吨左右，9种主要再生资源循环利用量达到6000万吨左右。

31.推进废弃物减量化资源化。全面推行生活垃圾分类，加快建立分类投放、分类收集、分类运输、分类处理的生活垃圾管理系统，提升生活垃圾减量化、资源化、无害化处理水平。高标准建设生活垃圾无害化处理设施，加快发展以焚烧为主的垃圾处理方式，进一步提高焚烧处理占比。实施塑料污染全链条治理，加快推广应用替代产品和模式，推进塑料废弃物资源化、能源化利用。积极推进非常规水和污水资源化利用，合理布局再生水利用基础设施。到2025年，城市生活垃圾资源化利用比例不低于60%。到2030年，城市生活垃圾资源化利用比例达到65%以上，全省规模以上工业用水重复利用率提高到90%以上。

（九）科技赋能碳达峰行动。

聚焦绿色低碳关键核心技术，完善科技创新体制机制，强化创新和成果转化能力，抢占绿色低碳技术制高点，为实现碳达峰注入强大动能。

32.低碳基础前沿科学研究行动。强化绿色低碳领域基础研究和前沿性颠覆性技术布局，聚焦二氧化碳捕集利用与封存（CCUS）技术、新能源、天然气水合物、非二氧化碳温室气体减排/替代等重点领域和方向，重点开展低成本二氧化碳捕集利用与海底封存、二氧化碳高值转化利用、可控核聚变实验堆、远海大型风电系统、超高效光伏电池、兆瓦级海洋能发电、天然气水合物高效勘探开采、非二氧化碳温室气体减排关键材料等方向基础研究。加强新能源、新材料、新技术的交叉融合研究。

33.低碳关键核心技术创新行动。强化核能、可再生能源、氢能、储能、新型电力系统等新能源技术创新。加强钢铁、石化等传统高耗能行业的低碳燃料与原料替代、零碳工业流程再造、数据中心和5G等新型基础设施的过程智能调控等关键核心技术与装备研发。推进建筑、交通运输行业节能减排关键技术研究与示范。推动森林、农田、湿地等生态碳汇关键技术研究。加快典型固废、电子废弃物等资源循环利用关键核心技术攻关。

34.低碳先进技术成果转化行动。建立绿色技术推广机制，深入推动传统高耗能行业、数据中心和5G等新基建、建筑和交通等行业节能降碳先进适用技术、装备、工艺的推广应用。积极推动核电、大容量风电、高效光伏、大容量储能、低成本可再生能源制氢等技术创新，推动新能源技术在能源消纳、电网调峰等场景以及交通、建筑、工业等不同领域的示范应用。鼓励二氧化碳规模化利用，支持二氧化碳捕集利用与封存（CCUS）技术研发和示范应用。加快生态系统碳汇、固废资源回收利用等潜力行业成果培育示范，稳步推进天然气水合物开采利用的先导示范及产业化进程。建设绿色技术交易市场，以市场手段促进绿色技术创新成果转化。

35.低碳科技创新能力提升行动。加强绿色技术创新能力建设，创建一批国家、省级绿色低碳技术重点实验室等重大科技创新平台，推动基础研究和前沿技术创新发展。培育企业创新能力，强化企业创新主体地位，构建产学研技术转化平台，引导行业龙头企业联合高校、科研院所和上下游企业共建低碳产业创新中心，开展关键技术协同创新。培育低碳科技创新主体，实施高端人才团队引进和培育工程，鼓励高校建立多学科交叉的绿色低碳人才培养体系，形成一批碳达峰、碳中和科技人才队伍。深化产教融合，鼓励校企联合开展产学合作协同育人项目。

（十）绿色要素交易市场建设行动。

发挥市场配置资源的决定性作用，用好碳排放权交易、用能权交易、电力交易等市场机制，健全生态产品价值实现机制，激发各类市场主体绿色低碳转型的内生动力和市场活力。

36.完善碳交易等市场机制。深化广东碳排放权交易试点，逐步探索将陶瓷、纺织、数据中心、公共建筑、交通运输等行业领域重点企业纳入广东碳市场覆盖范围，继续为全国发挥先行先试作用。制定碳交易支持碳达峰、碳中和实施方案，做好控排企业碳排放配额分配方案与全省碳达峰工作的衔接。积极参与全国碳市场建设，严厉打击碳排放数据造假行为。在广州期货交易所探索开发碳排放权等绿色低碳期货交易品种。开展用能权交易试点，探索碳交易市场和用能权交易市场协同运行机制。全面推广碳普惠制，开发和完善碳普惠核证方法学。统筹推进碳排放权、碳普惠制、碳汇交易等市场机制融合发展，打造具有广东特色并与国际接轨的自愿减排机制。

37.深化能源电力市场改革。推进电力市场化改革，逐步构建完善的"中长期+现货""电能量+辅助服务"电力市场交易体系，支持各类市场主体提供多元辅助服务，扩大电力市场化交易规模。健全促进新能源发展的价格机制，完善风电、光伏发电价格形成机制，建立新型储能价格机制。持续推动天然气市场化改革，完善油气管网公平接入机制。

38.健全生态产品价值实现机制。推进自然资源确权登记，探索将生态产品价值核算基础数据纳入国民经济核算体系。鼓励地市先行开展以生态产品实物量为重点的生态价值核算，探索不同类型生态产品经济价值核算规范，推动生态产品价值核算结果在生态保护补偿、生态环境损害赔偿、生态资源权益交易等方面的应用。健全生态保护补偿机制，完善重点生态功能区转移支付资金分配机制。

（十一）绿色经贸合作行动。

开展绿色经贸、技术与金融合作，推进绿色"一带一路"建设，深化粤港澳低碳领域交流合作，发展高质量、高技术、高附加值的绿色低碳产品国际贸易。

39.提高外贸行业绿色竞争力。全面建设贸易强省，实施贸易高质量发展"十大工程"，发展高质量、高技术、高附加值的绿色低碳产品国际贸易，提高外贸行业绿色竞争力。积极应对绿色贸易国际规则，探索建立广东产品碳足迹评价与标识制度。加强绿色标准国际合作，推动落实合格评定合作和互认机制，做好绿色贸易规则与进出口政策的衔接。扩大绿色低碳贸易主体规模，培育一批低碳外向型骨干企业和绿色低碳进口贸易促进创新示范区，促进外贸转型升级基地、国家级经济技术开发区和海关特殊监管区域绿色发展。

40.推进绿色"一带一路"建设。 坚持互惠共赢原则，建立健全双边产能合作机制，加强与沿线国家绿色贸易规则对接、绿色产业政策对接和绿色投资项目对接。支持企业结合自身优势对接沿线国家绿色产业和新能源项目，深化国际产能合作，扩大新能源技术和装备出口。加强在应对气候变化、海洋合作、荒漠化防治等方面的国际交流合作。推进"绿色展会"建设，在展馆设置、搭建及组织参展等工作环节上减少污染和浪费。发挥中国进出口商品交易会、中国国际高新技术成果交易会等重要展会平台绿色低碳引领作用，支持绿色低碳贸易主体参展。

41.深化粤港澳低碳领域合作交流。 建立健全粤港澳应对气候变化联络协调机制。积极推进粤港清洁生产伙伴计划，构建粤港澳大湾区清洁生产技术研发、推广和融资体系。持续推进绿色金融合作，探索建立粤港澳大湾区绿色金融标准体系。支持香港、澳门国际环保展及相关活动，推进粤港澳在新能源汽车、绿色建筑、绿色交通、碳标签、近零碳排放区示范等方面的交流合作。

（十二）生态碳汇能力巩固提升行动。

坚持系统观念，推进山水林田湖草沙一体化保护和系统治理，提高生态系统质量和稳定性，有效提升森林、湿地、海洋等生态系统碳汇增量。

42.巩固生态系统固碳作用。 加快建立全省国土空间规划体系，构建有利于碳达峰、碳中和的国土空间开发保护格局。严守生态保护红线，严控生态空间占用，建立以国家公园为主体的自然保护地体系。划定城镇开发边界，严控新增建设用地规模，推动城乡存量建设用地盘活利用。严格执行土地使用标准，加强节约集约用地评价，推广节地技术和节地模式。

43.持续提升森林碳汇能力。 大力推进重要生态系统保护和修复重大工程，全面实施绿美广东大行动，努力提高全省森林覆盖率，扩大森林碳汇增量规模。完善天然林保护制度，推进公益林提质增效，加强中幼林抚育和低效林改造，不断提高森林碳汇能力。建立健全能够体现碳汇价值的林业生态保护补偿机制，完善森林碳汇交易市场机制。到2030年，全省森林覆盖率达到59%左右，森林蓄积量达到6.6亿立方米。

44.巩固提升湿地碳汇能力。 加强湿地保护建设，充分发挥湿地、泥炭的碳汇作用，保护自然湿地，维护湿地生态系统健康稳定。深入推进"美丽河湖"创建，建立功能完整的河涌水系和绿色生态水网，推动水生态保护修复，保障河湖生态流量。严格红树林用途管制，严守红树林生态空间，开展红树林保护修复行动，建设万亩级红树林示范区。到2025年，全省完成营造和修复红树林12万亩。

45.大力发掘海洋碳汇潜力。 推进海洋生态系统保护和修复重大工程建设，养护海洋生物资源，维护海洋生物多样性，构建以海岸带、海岛链和各类自然保护地为支撑的海洋生态安全格局。加强海洋碳汇基础理论和方法研究，构建海洋碳汇计量标准体系，完善海洋碳汇监测系统，开展海洋碳汇摸底调查。严格保护和修复红树林、海草床、珊瑚礁、盐沼等海洋生态系统，积极推动海洋碳汇开发利用。探索开展海洋生态系统碳汇试点，推进海洋生态牧场建设，有序发展海水立体综合养殖，提高海洋渔业碳汇功能。

（十三）绿色低碳全民行动。

加强生态文明宣传教育，增强全民节约意识、环保意识、生态意识，倡导简约适度、绿色低碳、文明健康的生活方式，把绿色低碳理念转化为全社会自觉行动。

46.加强生态文明宣传教育。开展全民节能降碳教育，将绿色低碳发展纳入国民教育体系和高校公共课、中小学主题课程建设，开展多种形式的资源环境国情教育，普及碳达峰、碳中和基础知识。把节能降碳纳入文明城市、文明村镇、文明单位、文明家庭、文明校园创建及有关教育示范基地建设要求。加强生态文明科普教育，办好世界地球日、世界环境日、节能宣传周、全国低碳日等主题宣传活动。广泛组织开展生态环保、绿色低碳志愿活动。支持和鼓励公众、社会组织对节能降碳工作进行舆论监督，各类新闻媒体及时宣传报道节能降碳的先进典型、经验和做法，营造良好社会氛围。

47.推广绿色低碳生活方式。坚决遏制奢侈浪费和不合理消费，杜绝过度包装，制止餐饮浪费行为。深入开展节约型机关、绿色家庭、绿色学校、绿色社区、绿色出行、绿色商场、绿色建筑等绿色生活创建行动，广泛宣传推广简约适度、绿色低碳、文明健康的生活理念和生活方式，评选宣传一批优秀示范典型。积极倡导绿色消费，大力推广高效节能电机、节能环保汽车、高效照明等节能低碳产品，探索碳普惠商业模式创新。

48.引导企业履行社会责任。推动重点国有企业和重点用能单位制定实施碳达峰行动方案，深入研究碳减排路径，发挥示范引领作用。督促上市公司和发债企业按照强制性环境信息披露要求，定期公布企业碳排放信息。完善绿色产品认证与标识制度。充分发挥行业协会等社会团体作用，引导企业主动适应绿色低碳发展要求，加强能源资源节约，自觉履行低碳环保社会责任。

49.强化领导干部培训。积极组织开展碳达峰、碳中和专题培训，把相关内容列入党校（行政学院）教学计划，分阶段、分层次对各级领导干部开展培训，深化各级领导干部对碳达峰、碳中和工作重要性、紧迫性、科学性、系统性的认识。从事绿色低碳发展工作的领导干部，要提升专业能力素养，切实增强抓好绿色低碳发展的本领。

（十四）各地区梯次有序达峰行动。

坚持全省统筹、分类施策、因地制宜、上下联动，引导各地制定科学可行的碳达峰路线图和时间表，梯次有序推进各地区碳达峰。

50.科学合理确定碳达峰目标。兼顾发展阶段、资源禀赋、产业结构和减排潜力差异，统筹协调各地区碳达峰目标。工业化、城镇化进程已基本完成、能源利用效率领先、碳排放已经基本稳定的地区，要巩固节能降碳成果，进一步降低碳排放，为全省碳达峰发挥示范引领作用。经济发展仍处于中高速增长阶段、产业结构较轻、能源结构较优的地区，要坚持绿色低碳发展，以发展先进制造业和绿色低碳产业为重点，逐步实现经济增长与碳排放脱钩，与全省同步实现碳达峰。工业化、城镇化进程相对滞后、经济发展水平较低的地区，坚持绿色低碳循环发展，坚决不走依靠高耗能高排放低水平项目拉动经济增长的老路，尽快进入碳达峰平台期。

51.因地制宜推进绿色低碳发展。各地级以上市要抓住粤港澳大湾区、深圳中国特色社会主义先行示范区"双区"建设和横琴、前海两个合作区建设重大机遇，结合"一核一带一区"区域协调发展格局和主体功能区战略，因地制宜推进本地区绿色低碳发展。珠三角核心区要充分发挥粤港澳大湾区高质量发展动力源和增长极作用，率先推动经济社会发展全面绿色转型。沿海经济带要在做好节能挖潜的基础上，加快打造世界级沿海重化产业带和国家级海洋经济发展示范区。北部生态发展区要持之以恒落实生态优先、绿色发展战略导向，推进产业生态化和生态产业化。

52.上下联动制定碳达峰方案。各地级以上市政府要按照省碳达峰碳中和工作领导小组的统筹部署，因地制宜、分类施策，制定切实可行的碳达峰实施方案，把握区域差异和发展节奏，合理设置目标任务，经省碳达峰碳中和工作领导小组综合平衡、审议通过后，由各地印发实施。各部门要引导行业、企业制定落实碳达峰的路径举措。

（十五）多层次试点示范创建行动。

开展绿色低碳试点和先行示范建设，支持有条件的地方和重点行业、重点企业率先实现碳达峰，形成一批可操作、可复制、可推广的经验做法。

53.开展碳达峰试点城市建设。加大省对地方推进碳达峰的支持力度，综合考虑各地区经济发展程度、产业布局、资源能源禀赋、主体功能定位和碳排放趋势等因素，在政策、资金、技术等方面给予支持，支持有条件的地区建设碳达峰、碳中和试点城市、城镇、乡村，加快推进绿色低碳转型，为全省提供可复制可推广经验做法。"十四五"期间，选择5—10个具有典型代表性的城市和一批城镇、乡村开展碳达峰试点示范建设。

54.开展绿色低碳试点示范。研究制定多层级的碳达峰、碳中和试点示范创建评价体系，支持企业、园区、社区、公共机构深入开展绿色低碳试点示范，着力打造一批各具特色、具有示范引领效应的近零碳/零碳企业、园区、社区、学校、医院、交通枢纽等。推动钢铁、石化、水泥等重点行业企业提出碳达峰、碳中和目标并制定中长期行动方案，鼓励示范推广二氧化碳捕集利用与封存（CCUS）技术。"十四五"期间，选择50—100个单位开展绿色低碳试点示范。

三、政策保障

（一）建立碳排放统计监测体系。按照国家统一规范的碳排放统计核算体系有关要求，加强碳排放统计核算能力建设，完善地方、行业碳排放统计核算方法。充分利用云计算、大数据、区块链等先进技术，集成能源、工业、交通、建筑、农业等重点领域碳排放和林业碳汇数据，打造全省碳排放监测智慧云平台。深化温室气体排放核算方法学研究，完善能源活动、工业生产过程、农业、土地利用变化与林业、废弃物处理等领域的统计体系。建立覆盖陆地和海洋生态系统的碳汇核算监测体系，开展生态系统碳汇本底调查和碳储量评估。

（二）健全法规规章标准。全面清理地方现行法规规章中与碳达峰、碳中和工作不相适应的内容，构建有利于绿色低碳发展的制度体系。加快能效标准制定修订，提高重点产品能耗限额标准，制定新型基础设施能效标准，扩大能耗限额标准覆盖范围。加快完善碳排放核算、监测、评估、审计等配套标准，建立传统高耗能企业生产碳排放可计量体系。支持相关机构积极参与国际国内的能效、低碳、可再生能源标准制定修订，加强与国际和港澳标准的衔接和互认。

（三）**完善投资金融政策**。加快构建与碳达峰、碳中和相适应的投融资政策体系，激发市场主体投资活力。加大对节能环保、新能源、新能源汽车、二氧化碳捕集利用与封存（CCUS）等项目的支持力度。国有企业要加大绿色低碳投资，积极研发推广低碳零碳负碳技术。建立健全绿色金融标准体系，有序推进绿色低碳金融产品和工具创新。研究设立绿色低碳发展基金，加大对绿色低碳产业发展、技术研发等的支持力度。鼓励社会资本以市场化方式设立绿色低碳产业投资基金。支持符合条件的企业上市融资和再融资用于绿色低碳项目建设运营，扩大绿色信贷、绿色债券、绿色保险规模。高质量建设绿色金融改革创新试验区，积极争取国家气候投融资试点。

（四）**完善财税价格信用政策**。各级财政要统筹做好碳达峰、碳中和重大改革、重大示范、重大工程的资金保障。落实环境保护、节能节水、资源综合利用等各项税收优惠政策。对企业的绿色低碳研发投入支出，符合条件的可以享受企业所得税研发费用加计扣除政策。落实新能源汽车税收减免政策。研究完善可再生能源并网消纳财税支持政策。深入推进能源价格改革，完善绿色电价政策体系，对能源消耗超过单位产品能耗限额标准的用能单位严格执行惩罚性电价政策，对高耗能、高排放行业实行差别电价、阶梯电价政策。完善居民阶梯电价制度和峰谷分时电价政策。健全天然气输配价格形成机制，完善与可再生能源规模化发展相适应的价格机制。依托"信用广东"平台加强企业节能降碳信用信息归集共享，建立企业守信激励和失信惩戒措施清单。

四、组织实施

（一）**加强统筹协调**。坚持把党的领导贯穿碳达峰、碳中和工作全过程。省碳达峰碳中和工作领导小组对各项工作进行整体部署和系统推进，统筹研究重要事项、制定重大政策，组织开展碳达峰、碳中和先行示范、改革创新。省碳达峰碳中和工作领导小组成员单位要按照省委、省政府决策部署和领导小组工作要求，扎实推进相关工作。省碳达峰碳中和工作领导小组办公室要加强统筹协调，定期对各地区和重点领域、重点行业工作进展情况进行调度，督促将各项目标任务落实落细。

（二）**强化责任落实**。各地区、各部门要深刻认识碳达峰、碳中和工作的重要性、紧迫性、复杂性，切实扛起责任，按照《中共广东省委 广东省人民政府关于完整准确全面贯彻新发展理念推进碳达峰碳中和工作的实施意见》和本方案确定的主要目标和重点任务，着力抓好各项任务落实，确保政策到位、措施到位、成效到位，落实情况纳入省级生态环境保护督察。各相关单位、人民团体、社会组织要按照国家和省有关部署，积极发挥自身作用，推进绿色低碳发展。

（三）**严格监督考核**。加强碳达峰、碳中和目标任务完成情况的监测、评价和考核，逐步建立和完善碳排放总量和强度"双控"制度，对能源消费和碳排放指标实行协同管理、协同分解、协同考核。加强监督考核结果应用，对碳达峰工作突出的集体和个人按规定给予表彰奖励，对未完成目标任务的地区和部门实行通报批评和约谈问责。各地级以上市人民政府、省各有关部门要组织开展碳达峰目标任务年度评估，有关工作进展和重大问题要及时向省碳达峰碳中和工作领导小组报告。

广西壮族自治区人民政府关于印发
《广西壮族自治区碳达峰实施方案》的通知

（桂政发〔2022〕37号）

各市、县人民政府，自治区人民政府各组成部门、各直属机构：

现将《广西壮族自治区碳达峰实施方案》印发给你们，请认真组织实施。

广西壮族自治区人民政府

2022年12月29日

（本文有删减）

广西壮族自治区碳达峰实施方案

为深入贯彻落实党中央、国务院关于碳达峰、碳中和的重大战略决策部署和国务院印发的《2030年前碳达峰行动方案》，以及《中共广西壮族自治区委员会 广西壮族自治区人民政府关于完整准确全面贯彻新发展理念做好碳达峰碳中和工作的实施意见》，扎实推进广西碳达峰行动，特制定本实施方案。

一、总体要求

（一）指导思想。坚持以习近平新时代中国特色社会主义思想为指导，全面贯彻落实党的二十大精神，深入贯彻习近平新时代中国特色社会主义经济思想、习近平生态文明思想，认真学习贯彻习近平总书记对广西"五个更大"重要要求，深入贯彻落实习近平总书记视察广西"4·27"重要讲话和对广西工作系列重要指示精神，按照自治区第十二次党代会部署要求，立足新发展阶段，完整准确全面贯彻新发展理念，服务和融入新发展格局，坚持系统观念，处理好发展和减排、整体和局部、短期和中长期、政府和市场的关系，统筹稳增长和调结构，把碳达峰、碳中和纳入经济社会发展和生态文明建设整体布局，加快构建绿色低碳循环发展经济体系，明确各市、各重点领域、各重点行业目标任务，加快实现生产生活方式绿色变革，推动经济社会发展建立在资源高效利用和绿色低碳发展的基础之上，与全国同步实现碳达峰。

（二）工作原则。

统筹协调、分类施策。坚持全区统筹，强化规划引领，各市、各重点领域、各重点行业因地制宜、科学合理确定碳达峰目标任务。

系统推进、重点突破。全面准确认识碳达峰行动对经济社会发展的深远影响，加强政策系统性，协同推进降碳、减污、扩绿、增长。抓住主要矛盾和矛盾的主要方面，支持有条件的市、重点领域、重点行业率先达峰。

双轮驱动、两手发力。政府和市场两手发力，集中优势资源要素，大力推进绿色低碳科技创新和体制创新，深化能源和相关领域改革，充分发挥市场作用，形成有效激励约束机制。

开放合作、内外联动。发挥独特区位优势，积极融入区域能源合作，全面对接粤港澳大湾区发展，统筹做好面向东盟的绿色低碳合作，加快建立绿色贸易和投资体系。

稳妥有序、安全降碳。立足广西缺煤少油乏气的能源资源禀赋，坚持先立后破，稳住存量，拓展增量，以保障能源安全和经济发展为底线，传统能源逐步退出建立在新能源安全可靠替代基础上，争取时间实现新能源的逐渐替代，推动能源低碳转型平稳过渡，切实保障能源安全、产业链供应链安全、粮食安全和群众正常生产生活，着力化解各类风险隐患，防止过度反应，有计划分步骤实施碳达峰行动，积极稳妥推进碳达峰、碳中和，确保安全降碳。

二、主要目标

"十四五"期间，产业结构和能源结构调整优化取得明显进展，重点行业能源利用效率大幅提升，煤炭消费增长得到严格合理控制，新型电力系统加快构建，绿色低碳技术研发和推广应用取得新进展，绿色生产生活方式得到普遍推行，有利于绿色低碳循环发展的政策体系进一步完善，绿色发展迈出坚实步伐。到2025年，非化石能源消费比重达到30%左右，单位地区生产总值能源消耗和二氧化碳排放下降确保完成国家下达的目标，为实现碳达峰奠定坚实基础。

"十五五"期间，经济社会发展全面绿色转型取得明显成效，产业结构持续优化，清洁低碳安全高效的能源体系初步建立，重点领域低碳发展模式基本形成，重点耗能行业能源利用效率达到国际先进水平，非化石能源消费比重进一步提高，绿色低碳技术创新应用取得关键突破，绿色生活方式成为公众自觉选择，绿色低碳循环发展政策体系基本健全。到2030年，非化石能源消费比重达到35%左右，单位地区生产总值二氧化碳排放下降确保完成国家下达的目标，与全国同步实现碳达峰。

三、重点任务

将碳达峰贯穿于经济社会发展全过程和各方面，重点实施能源绿色低碳转型行动、节能降碳增效行动、工业领域碳达峰行动、城乡建设碳达峰行动、交通运输绿色低碳行动、循环经济助力降碳行动、绿色低碳科技创新行动、碳汇能力巩固提升行动、绿色低碳全民行动、各市县扎实推进碳达峰行动等"碳达峰十大行动"。

（一）能源绿色低碳转型行动。

能源是经济社会发展的重要物质基础，也是碳排放的最主要来源。要深入推进能源革命，加强能源产供储销体系建设；要坚持安全降碳，在保障能源安全的前提下，加强煤炭清洁高效利用，大力实施可再生能源替代，加快构建清洁低碳安全高效的能源体系。

1.推进煤炭消费替代和转型升级。加快煤炭替代步伐，严格合理控制煤炭消费增长。坚守能源安全底线，合理发展清洁煤电，对标国内先进煤耗标准，推动煤电行业实施节能降耗改造、供热改造和灵活性改造，新建机组煤耗标准要达到国际先进水平。推动煤电向基础保障性和系统调节性电源并重转型。有序淘汰煤电落后产能，支持淘汰关停的煤电机组在符合能效、环保、安全等政策和标准要求前提下，"关而不拆"作为应急备用电源。推动钢铁、有色金属、建材等重点用煤行业减煤和使用清洁能源替代。积极开展散煤综合治理，深入推进燃煤小锅炉整治，大力推动煤炭清洁利用，多措并举、积极有序推进散煤替代，逐步减少直至禁止煤炭散烧。

2.大力发展新能源。全面推进风电、光伏发电大规模开发和高质量发展，坚持集中式与分布式并举，建设一批百万千瓦级风电和光伏发电基地。坚持陆海并重，推进桂北、桂西、桂中等风能资源密集区陆上集中式风电建设，因地制宜发展分散式风电，规模化、集约化发展海上风电，打造广西北部湾海上风电基地。加快智能光伏产业创新升级和特色应用，创新"光伏+"模式，推进光伏发电多元布局。因地制宜发展农林生物质发电，加快构建以发电为主的生活垃圾无害化处理体系，积极开展生物天然气示范应用。统筹推进氢能"制储输用"全产业链，推动氢能在工业、交通等领域应用。积极与能源资源富集省份合作，大力争取青海、西藏、甘肃等清洁能源基地送电广西。进一步完善可再生能源电力消纳保障机制。到2030年，风电、太阳能发电总装机容量达到7000万千瓦左右。

3.深度开发水电。全力推进大藤峡水利枢纽等在建大中型水利水电工程建设投产，加快八渡水电站等规划项目开工建设。挖掘水电机组调节能力，加快开工建设龙滩水电站扩建工程，推进红水河干流水电站及其他主要河流梯级水电站扩机改造和更新扩容。优化小水电布局，加强分类指导，推动小水电绿色发展。推动水电与风电、太阳能发电协同互补。统筹水电开发和生态保护，探索建立水能资源开发生态保护补偿机制。深化"西电东送"通道作用，持续推进金中直流送桂，深入落实乌东德水电送桂。

4.积极安全有序发展核电。在确保安全的前提下，稳妥推进沿海核电项目建设。支持高温气冷堆等先进堆型在产业园区开展热电联供示范，探索建设快堆、模块化小型堆、海上浮动堆等先进堆型示范工程，开展核能综合利用示范。稳步开展核电新厂址勘探和普选，增加潜在核电厂址储备，积极推动优选厂址纳入国家核电中长期规划。做好核电厂址保护，适时启动新建项目前期工作。按照国家最严格的安全标准和最严格的监管要求，持续提升核安全监管能力。

5. 合理调控油气消费。保持石油消费处于合理区间，大力推广先进生物液体燃料，逐步推进传统燃油替代，持续提升终端燃油产品能效。强化天然气气源保障，建设以北部湾沿海大型液化天然气（LNG）接收站为主的天然气储备基地。完善区内油气主干管网、配套支线管道和区外管网互联互通工程。建成天然气"全区一张网"，加快形成主体多元、竞争适度、价格合理、统一开放的天然气市场体系。加快推进页岩气、可燃冰等非常规油气资源开发，争取布局建设可燃冰上岸登陆点。有序引导天然气消费，优化利用结构，优先保障民生用气，大力推动天然气与多种能源融合发展，加快建设综合供能服务站，研究布局天然气调峰发电，合理引导工业用气和化工原料用气。支持车船使用液化天然气作为燃料。

6. 加快建设新型电力系统。构建新能源占比逐渐提高的新型电力系统，大力提升电力系统综合调节能力，加快灵活调节电源建设。加快国家抽水蓄能规划站点开发建设，鼓励具备条件的常规水电站增建混合式抽水蓄能电站，探索中小型抽水蓄能电站建设试点，建成南宁抽水蓄能电站等一批抽水蓄能电站。加快新型储能推广应用，加强储能电站安全管理，积极发展"新能源+储能"、源网荷储一体化和多能互补，支持分布式新能源合理配置储能系统，建立储能成本回收机制。建立健全电力需求侧响应市场机制，通过市场化方式引导工商用户参与系统调节，引导自备电厂、传统高载能工业负荷、工商业可中断负荷、电动汽车充电网络、虚拟电厂等参与系统调节。建设坚强智能电网，提升电网安全保障水平。提升配电网数字化和柔性化水平，积极发展分布式智能电网，强化对分布式电源和多元负荷的承载力，加快提高智能调度运行能力，推动能源资源优化配置。深化电力体制机制改革，加快构建和完善中长期、现货和辅助服务统筹协调的电力市场体系，扩大市场化交易规模。到2025年，新型储能装机容量达到200万千瓦左右。到2030年，力争抽水蓄能电站装机容量达到840万千瓦左右，自治区级电网基本具备5%以上的尖峰负荷响应能力。

7. 加快建设国家综合能源安全保障区。依托区位条件和综合资源优势，深度融入国内国际双循环，着力畅通西部陆海新通道，全面提高煤电油气集疏运能力，加快能源基础设施互联互通。加快建设大型清洁能源基地、天然气战略储运基地、煤炭战略储备基地、石油战略储备基地等能源安全保障区，形成支撑能源强国建设、能源高质量发展的国家综合能源安全保障区。深化能源体制机制改革，创建统一开放的区域能源交易市场平台，持续深化电力、天然气市场化改革，提升区域能源资源优化配置能力。积极打造国家综合能源安全保障区，多措并举提升能源保障能力，探索能源要素短缺地区碳达峰解决方案，增强能源供应稳定性和安全性。

（二）节能降碳增效行动。

落实节约优先方针，完善能源消费强度和总量双控，严格控制能耗强度，合理控制能源消费总量，推动能源消费革命，建设能源节约型社会。

1. 全面提升节能管理能力。推行用能预算管理，建立用能管理体系，提升用能精细化管理水平，保障有效投资重要项目合理用能。强化固定资产投资项目节能审查，对项目用能和碳排放情况进行综合评价，从源头推进节能降碳。做好产业布局、结构调整、节能审查与能耗双控的衔接，强化节能监察和执法。重点控制化石能源消费，新增可再生能源和原料用能不纳入能源消费总量控制。提高节能管理信息化水平，完善重点用能单位能耗在线监测系统，推动高耗能企业建立能源管理中心。完善能源计量体系，鼓励采用认证手段提升节能管理水平。加快引入云计算、大数据等数字化技术辅助挖掘节能潜力。加强各级节能监察能力建设，健全自治区、市、县三级节能监察体系，建立跨部门联动机制，综合运用行政处罚、信用监管、绿色电价等手段，增强节能监察约束力。持续提高能效水平，创造条件尽早实现能耗双控向碳排放总量和强度双控转变。

2.实施节能降碳重点工作。 推进城市节能降碳，重点开展建筑、交通、照明等基础设施节能升级改造，推进先进绿色建筑技术示范应用，推动城市综合能效提升。推进园区节能降碳，以高耗能高排放项目集聚度高的园区为重点，推动能源系统优化和梯级利用。按照"整体推进、一企一策"要求，制定全区节能降碳技术改造总体实施方案和企业具体工作方案。推进重点行业节能降碳，重点开展电力、钢铁、有色金属、建材、制糖、石化化工、造纸等行业节能降碳改造，加强高温散料与液态熔渣余热、含尘废气余热、低品位余能等回收利用，加快实施工业企业超低排放改造、锅炉和炉窑整治等项目，提升能源资源利用效率。推进重大节能降碳技术示范，鼓励应用节能与清洁生产技术，实施能效提升、清洁生产、循环利用等专项技术改造，支持已取得突破的绿色低碳关键技术开展产业化示范应用。对标对表国家重点领域能效基准水平和标杆水平，推动未达到基准水平的企业加强节能降碳技术改造，确保拟建、在建项目对照能效标杆水平实施建设。

3.推进重点用能设备节能增效。 建立以能效为导向的激励约束机制，推广先进高效产品设备，加快淘汰落后低效设备。加强重点用能设备节能审查和日常监管，实施电机、风机、泵、空压机、变压器、工业锅炉等通用设备能效提升工程，全面提升重点用能设备能效水平。鼓励企业对低效运行的电机系统开展匹配性节能改造和运行控制优化。推广特大功率高压变频变压器、可控热管式节能热处理炉、三角形立体卷铁芯结构变压器、稀土永磁无铁芯电机、变频无极变速风机、磁悬浮离心风机、电缸抽油机、新一代高效内燃机、高效蓄热式烧嘴等新型节能设备。强化生产、经营、销售、使用、报废全链条管理，严厉打击违法违规行为，确保能效标准和节能要求全面落实。

4.加强新型基础设施节能降碳。 优化新型基础设施空间布局，统筹谋划、科学配置数据中心等新型基础设施，加快传统基建数字化改造和智慧升级，避免低水平重复建设。优化新型基础设施用能结构，采用直流供电、分布式储能、"光伏+储能"等模式，探索多样化能源供应，提高非化石能源消费比重。加强新型基础设施用能管理，开展能源计量审查。对标国际先进水平，加快完善通信、运算、存储、传输等设备能效标准，提升准入门槛，淘汰落后设备和技术。将年综合能耗超过1万吨标准煤的数据中心全部纳入重点用能单位能耗在线监测系统。推动既有设施绿色升级改造，提高设施能效水平。构建基站设备、站点和网络三级节能体系，采用人工智能、深度休眠、下行功率优化、错峰用电等技术实现基站节能。推动数据中心建设全模块化、预制化，加快发展液冷系统、高密度集成IT设备，提升间接式蒸发冷却系统、列间空调等高效制冷系统应用水平。

（三）工业领域碳达峰行动。

工业是产生碳排放的主要领域之一，对全区整体实现碳达峰具有重要影响。工业领域要加快绿色低碳转型和高质量发展，与全区同步实现碳达峰。

1.推动工业领域绿色低碳发展。 优化产业结构，加快退出落后产能，大力发展战略性新兴产业，加快传统产业绿色低碳改造。推动制糖、有色金属、机械、汽车、钢铁、建材、石化化工等传统产业加快产业结构、产品结构优化调整。加快推进工业数字化进程，将5G（第五代移动通信）、大数据、人工智能、工业互联网、物联网、云计算等技术融入工业生产全流程，以全场景的数字化智能化实现行业绿色转型。推动新一代信息技术、新能源及智能汽车、高端装备制造、生物医药、绿色环保、新材料等战略性新兴产业融合化、集群化、生态化发展，做大做强一批龙头骨干企业，培育一批专精特新"小巨人"企业和制造业单项冠军企业。积极培育各类市场主体，壮大数字经济企业规模。促进工业能源消费低碳化，推动化石能源清洁高效利用，提高可再生能源应用比重，加强电力需求侧管理，提升工业电气化水平，推进清洁能源替代，加快工业行业煤改电、煤改气。深入实施绿色制造工程，大力推行绿色设计，构建绿色低碳产品、绿色工厂、绿色园区、绿色供应链四位一体的绿色低碳制造体系。

2.推动钢铁行业碳达峰。 深化钢铁行业供给侧结构性改革，严格执行产能置换，推进存量优化，淘汰落后产能。促进钢铁行业结构优化和清洁能源替代，提升废钢资源回收利用水平，研究布局建设临港进口废钢交易及加工中心。加快调整工艺流程结构，推广电弧炉短流程炼钢、球团替代烧结等结构性降碳工艺，推动绿色低碳关键技术创新，开发富氢碳循环氧气高炉等重大行业技术，加强高炉低焦比、高煤比冶炼技术研究应用。开展钢铁产品绿色设计，研发高强高韧、耐蚀耐候、特种钢、节材节能等高附加值产品，拓展钢铁产品应用领域和应用场景，重点发展汽车板、家电板、型材、装配式建材等新型钢铁材料。

3.推动有色金属行业碳达峰。 巩固化解电解铝过剩产能成果，严格执行电解铝产能置换，突出结构调整优化，推动低效产能退出，坚决淘汰落后产能。推进清洁能源替代，提高水电、风电、太阳能发电等应用比重。加快再生有色金属产业发展，建设集约化废旧有色金属回收、分类、提纯园区，完善废弃有色金属资源回收、分选和加工网络，提高再生有色金属产量。创新发展短流程冶炼工艺，降低设备能耗。加快推广应用先进适用绿色低碳技术，提升有色金属生产过程余热回收水平，推动单位产品能耗持续下降。

4.推动建材行业碳达峰。 加强产能置换监管，加快低效产能退出，严禁新增水泥熟料、平板玻璃产能，引导建材行业向轻型化、集约化、制品化转型。推动水泥错峰生产常态化，合理缩短水泥熟料装置运转时间。因地制宜利用风能、太阳能等可再生能源，逐步提高电力、天然气应用比重。鼓励建材企业使用粉煤灰、工业废渣、尾矿渣、建筑废弃物等作为原料或水泥混合材料。加快推进绿色建材产品认证和应用推广，加强新型胶凝材料、低碳混凝土、木竹建材等低碳建材产品研发应用。开展回转窑篦冷机节能技

308

术改造，推广高效节能粉磨、低阻旋风预热器、陶瓷干法制粉等节能技术设备，开展能源管理体系建设，实现节能增效。

5.推动石化化工行业碳达峰。优化产业布局，加大落后产能淘汰力度，严格项目准入，合理安排建设时序，严控新增炼油和传统煤化工生产能力，稳妥有序发展现代煤化工。引导企业转变用能方式，鼓励以电力、天然气等替代煤炭。调整原料结构，拓展富氢原料进口来源，推动石化化工原料轻质化。以"减油增化"、精深加工为方向，推动延链补链、产品升级，延长石化产业链，大力发展下游精细化工产业。优化产品结构，促进石化化工与冶金、建材、化纤等产业协同发展，加强炼厂干气、液化气等副产气体高效利用。布局建设一批精细化工循环经济产业园，推动广西北部湾石化基地打造成为国家级绿色石化产业基地。鼓励企业节能升级改造，推动能量梯级利用、物料循环利用。到2025年，原油一次加工能力控制在1840万吨以内，主要产品产能利用率达到80%以上。

6.坚决遏制高耗能、高排放、低水平项目盲目发展。采取强有力措施，对高耗能、高排放、低水平项目实行清单管理、分类处置、动态监控。全面排查在建项目，对能效水平低于本行业能耗限额准入值的，按有关规定停工整改，推动能效水平应提尽提，力争全面达到国内乃至国际先进水平。科学评估拟建项目，对产能已饱和的行业，按照"减量替代"原则压减产能；对产能尚未饱和的行业，按照国家布局和审批备案等要求，对标国际先进水平提高准入门槛；对能耗量较大的新兴产业，支持引导企业应用绿色低碳技术，提高能效水平。深入挖潜存量项目，加快淘汰落后产能，通过改造升级挖掘节能减排潜力。强化常态化监管，坚决拿下不符合要求的高耗能、高排放、低水平项目。

（四）城乡建设碳达峰行动。

加快推进城乡建设绿色低碳发展，在城市更新和乡村振兴领域严格落实绿色低碳要求。

1.推进城乡建设绿色低碳转型。倡导绿色低碳规划设计理念，推广绿色低碳建材和绿色建造方式，加快推进新型建筑工业化。大力发展装配式建筑，拓宽装配式建筑应用范围，确保单体建筑装配率达到要求。推广钢结构住宅，推动建材循环利用。强化绿色设计和绿色施工管理。持续开展绿色建造创建行动，进一步提升绿色建造占比。开展"智慧工地"建设，综合运用信息化手段，推进建筑业现代化。推动建立以绿色低碳为导向的城乡规划建设管理机制，加强新建高层建筑管控，健全建筑拆除管理制度，严格既有建筑拆除管理，杜绝大拆大建。加强县城绿色低碳建设，强化县城建设密度、开发强度、建筑高度管理。实施乡村建设行动，推进绿色农房建设和既有农房节能改造，鼓励使用太阳能等可再生能源和新型墙体材料。建设绿色城镇、绿色社区。

2.加快提升建筑能效水平。加快更新建筑节能、市政基础设施等标准，提高节能降碳要求。加强适用于不同建筑类型的节能低碳技术研发和推广，推动超低能耗建筑、低碳建筑规模化发展。加快推进居住建筑和公共建筑节能改造。规范绿色建筑设计、施工、运行、管理，促进超低能耗建筑、近零能耗建筑、零碳建筑发展。实施绿色建筑统一标识制度，建设高品质绿色建筑。结合城市基础设施改造、旧城改造、城中村改造等，同步实施城镇既有公共建筑和市政基础设施节能改造。提升城镇建筑和基础设施运行管理智能化水平，逐步开展公共建筑能耗限额管理。鼓励将楼宇自控、能耗监管、分布式发电等系统进行集成整合，打造智能建筑管理系统。到2025年，城镇新建建筑全面执行绿色建筑标准。

3.加快优化建筑用能结构。深化可再生能源建筑应用，推广光伏发电与建筑一体化应用。提高建筑终端电气化水平，加快推动建筑用能电气化和低碳化。有序开发屋顶分布式光伏，促进建筑屋顶光伏高质量推广应用。积极探索分布式光伏发电与微电网、智慧楼宇、光储充一体化等融合发展，鼓励建设集光伏发电、储能、直流配电、柔性用电于一体的"光储直柔"建筑。支持在新建建筑和既有建筑节能改造中采用太阳能、空气能、浅层地能等可再生能源。推行地源热泵、太阳能等清洁低碳供热。建立城市建筑用水、用电、用气等数据共享机制，提升建筑能耗监测能力。推广合同能源管理服务模式，降低建筑运行能耗，鼓励智能光伏与绿色建筑融合创新发展。到2025年，力争城镇建筑可再生能源替代率达到8%，力争新建公共机构建筑、新建厂房屋顶光伏覆盖率达到50%。

4.提升城市绿色生态发展水平。按照"一群三带"（北部湾城市群、南北通道城镇带、西江城镇带、边海联动城镇带）城镇格局，优化城镇体系布局，加强新型城市建设，提升城市承载能力和服务功能。推动城市组团式发展，加强生态廊道、景观视廊、滨水空间、城市绿道统筹布局和建设，着力提升城市绿地总量和均衡性。推进生态修复和功能完善，建设公园城市、森林城市、园林城市和海绵城市。选择条件成熟、基础较好的城市新区或高新技术开发区等开展零碳新城建设试点。推动南宁、柳州、桂林"无废城市"建设，持续推进固体废物源头减量和资源化利用，最大限度减少固体废物填埋量。实施城市更新行动，加快城镇人居环境建设和整治，建设富有活力的绿色街道和绿色社区。

5.推进农村用能低碳转型。优化农村可再生能源结构，推动农村发展生物质能、太阳能等可再生能源，提升农村能源利用水平。有序发展节能低碳农业大棚，以光伏设施大棚为载体，建成现代化光伏农业园区，推动光伏发电、农业生产加工、休闲观光旅游与耕地及永久基本农田保护有机结合。加强农村电网建设，提升农村用能电气化水平。推广节能环保灶具、电动农用车辆、节能环保农机和渔船。提升农业数字化水平，充分发挥数字化对乡村振兴的驱动赋能作用，提升乡村数字化治理效能。

（五）交通运输绿色低碳行动。

加快形成绿色低碳运输方式，确保交通运输领域碳排放增长保持在合理区间。

1.推动运输工具装备低碳转型。积极扩大电力、氢能、天然气、先进生物液体燃料等新能源、清洁能源在交通运输领域应用。大力推广新能源汽车，逐步降低传统燃油汽车在新车产销和汽车保有量中的占比。加快城市公交、出租、物流配送、环卫、邮政快递车辆电动化进程，推广电力、氢燃料、液化天然气动力重型货运车辆。加快中置轴汽车列车等先进车型推广，持续开展货运车辆标准化专项行动，加快淘汰落后运能。提升铁路系统电气化水平，构建便捷、高效、安全的铁路运输体系。加快老旧船舶更新改

310

造，淘汰高能耗、高排放老旧运输车船和港作机械，实施气化西江工程，发展电动、液化天然气动力船舶，深入推进船舶靠港使用岸电，因地制宜开展沿海、内河绿色智能船舶示范应用。提升机场运行电动化智能化水平。到2030年，当年新增新能源、清洁能源动力的交通工具比例达到40%左右，营运交通工具单位换算周转量碳排放强度比2020年下降9.5%左右，按要求完成国家下达的铁路单位换算周转量综合能耗下降目标任务。陆路交通运输石油消费力争2030年前达到峰值。

2.构建绿色高效交通运输体系。发展智能交通，推动不同运输方式合理分工、有效衔接，降低空载率和不合理客货运周转量。围绕高水平共建西部陆海新通道，加快建设广西北部湾国际门户港，持续推进运输结构调整。大力发展以铁路、水路为骨干的多式联运，积极参与国家多式联运示范工程创建，推进工矿企业、港口、物流园区等铁路专用线建设，构建高效多式联运集疏运体系。加快内河高等级航道网建设，加快建设平陆运河，研究建设湘桂运河，推进建设沟通长江、珠江和北部湾的水运大通道。加快建设连通广西北部湾港、西江重要港口及重点产业园区的支专线铁路项目，扩大货运铁路路网覆盖面，加快大宗货物和中长距离货物运输"公转铁""公转水"。加快推进综合客运枢纽一体化规划、同步建设、协调运营、统筹管理。实施旅客联程联运，积极发展"空铁通"、"空巴通"、公铁联运、海空联运等服务产品，实现铁路、航空和道路旅客运输零距离换乘。加快先进适用技术应用，提升民航运行管理效率，引导航空企业加强智慧运行，实现系统化节能降碳。加快城乡物流配送体系建设，创新绿色低碳、集约高效的配送模式。鼓励争创城市绿色货运配送示范工程，加快物流配送绿色化发展，鼓励运输物流、邮政快递、城市配送等企业发展统一配送、集中配送、共同配送等集约运输模式，优化城市货运和快递配送体系。支持符合条件的市县争创国家公交都市建设示范城市，积极开展绿色出行创建行动，发展定制公交、网约公交等多层次公交服务。"十四五"期间，集装箱铁水联运量年均增长15%左右。到2030年，城区常住人口100万以上的城市绿色出行比例不低于70%。

3.加快绿色交通基础设施建设。将绿色低碳理念贯穿于交通基础设施规划、建设、运营和维护全过程，降低全生命周期能耗和碳排放。提升基础设施环保水平，创建绿色公路、绿色港口，打造西江生态航道等绿色交通基础设施示范工程。推广应用节能型建筑养护装备、材料及施工工艺工法，积极扩大绿色照明技术、用能设备能效提升技术及新能源、可再生能源在交通领域基础设施建设运营中的应用。完善高速公路服务区、港区、客运枢纽、物流园区、公交场站等区域汽车充换电、加气、加氢等新能源基础设施建设。加快推动公交专用道、快速公交系统等公共交通基础设施建设，推动特大城市中心城区构建以轨道交通为骨干的客运体系。加强城市慢行交通、静态交通设施的规划和配置，因地制宜建设自行车专用道和绿道。鼓励电网公司与新能源汽车企业签订战略合作协议，在充换电场站共建、电动汽车与电网互动、清洁能源消纳、充电技术、储能、品牌运营等领域开展合作。推动船舶充换电、加氢等设施建设，推进码头岸电配套设施建设，着力提升靠港船舶岸电使用率。提升机场运行电动化智能化水平。到2030年，除消防、救护、加油、除冰雪、应急保障等车辆外，民用运输机场场内车辆装备等力争全面实现电动化。

4.提升交通运输绿色化和数字化管理水平。建立交通物流能源与碳排放统计、监测体系，开展公路客运、公路货运、城市客运、运输船舶、港口等领域节能减排监测、统计与评价系统建设。推广应用智能交通系统（ITS）技术和电子不停车收费（ETC）技术，缓解交通拥堵。严格实施车辆燃料消耗量限值标准和排放标准，落实市场准入退出制度。提高智能出行服务水平，建立和完善广西出行综合信息服务系统，推行出行信息服务"一站式"查询。推广电子站牌、一卡通、电子客票、移动支付等，提升公众出行体验。加快布局智能交通系统，提高通行效率。搭建中心城市交通"智慧大脑"，优化城市交通信号灯控制机制，优化中心城市智能交通系统，提升交通运输效率。提升城市交通管理水平，优化交通信息引导，加强停车场管理。支持网络货运平台建设，提升供需精准匹配度，减少运输空驶率。

（六）循环经济助力降碳行动。

大力发展循环经济，推进资源全面节约、集约、循环利用。全面提高资源利用效率，充分发挥减少资源消耗和降碳的协同作用。

1.打造绿色低碳园区。推动园区减污降碳协同增效，加快园区生态化、绿色节能化改造，建设一批绿色产业示范基地、生态工业园区和循环经济园区。推动园区企业循环式生产、产业循环式组合，组织企业实施清洁生产改造，促进废物综合利用、能量梯级利用、水资源循环利用，推进工业余压余热、废气废液废渣资源化利用，积极推广集中供气供热。制定绿色低碳园区准入标准，积极推动园区产业结构向低碳新业态发展，淘汰落后高能耗、高污染产业，积极引入低碳产业、节能环保产业、清洁生产产业。建立低碳技术企业孵化器，推动低碳技术产业化。充分利用智慧化手段和大数据等数字化技术，健全完善园区节能降碳等信息化管理平台。搭建基础设施和公共服务共享平台，加强园区物质流管理。到2030年，自治区级以上重点产业园区全部实施循环化改造。

2.加强大宗固废综合利用。提高矿产资源综合开发利用水平和综合利用率，推动赤泥路基化建材化应用，推进冶炼渣、碳酸钙废料等工业固废综合利用，推动废旧路面、沥青、疏浚土等材料以及建筑垃圾的资源化利用，开展农业灌溉器材、农资及包装等废弃物回收利用。加快废弃物资源化利用和无害化处理、再生资源回收、资源综合利用基地、园区循环化改造等示范试点建设。到2025年，大宗固废年利用量达到6800万吨左右；到2030年，年利用量达到7400万吨左右。

3.健全资源循环利用体系。加快构建废旧物资循环利用体系，强化废旧家电、废钢铁、废有色金属、废纸、废塑料、废旧轮胎、废玻璃等再生资源回收综合利用，推行"互联网+"回收模式。加强再生资源综合利用行业规范管理，促进产业集聚发展。推进退役动力电池、光伏组件、风电机组叶片等新兴产业废物循环利用。大力发展汽车关键零部件、机电、工程机械、办公设备等再制造产业，加强资源再生产品和再制造产品推广应用。推进垃圾分类回收与再生资源回收"两网融合"，鼓励企业采用现代信息技术实现废物回收线上线下有机结合。高水平建设梧州、玉林等"城市矿产"基地，推动再生资源规范化、规模化、清洁化利用。开展节水行动，大力推进农业、工业等重点领域结构性节水，深入开展公共领域节水，全面推进节水型社会建设。到2025年，废钢铁、废铜、废铝、废铅、废锌、废纸、废塑料、废橡胶、废玻璃等9种主要再生资源循环利用量达到1400万吨左右，到2030年达到2000万吨左右。

4.大力发展绿色低碳循环农业。深入推进农业供给侧结构性改革，打造绿色低碳农业产业链。实施低碳循环农业试点建设，开展农作物秸秆肥料化、饲料化、燃料化、基料化、原料化"五化"利用，推进农产品加工副产物的高值化利用，打造生态循环农业。健全完善农产品绿色流通体系，加快建设覆盖农业主产区和消费地的冷链物流基础设施。加大生物肥、缓（控）释肥、水溶肥等高效新型肥料和有机肥的推广应用力度。推进农药减量增效，推动规模种养园区和基地综合实施健康栽培、生物防治、物理防治等绿色防控技术。推动畜禽养殖废弃物资源化利用，加快规模化养殖场配套粪污处理设施建设，大力推进生态循环农业发展。

5.大力推进生活垃圾减量化资源化。扎实推进生活垃圾分类，加快建立覆盖全社会的生活垃圾收运处置体系，加快建立分类投放、分类收集、分类运输、分类资源化无害化处理的生活垃圾处理系统。加强塑料污染全链条治理，整治过度包装，推动生活垃圾源头减量。推进生活垃圾焚烧处理，降低填埋比例。鼓励厨余垃圾资源化利用。提升城乡生活污水收集治理水平，推进污水资源化利用。加强农村厕所粪污无害化处理和资源化利用，推广"三个两、无动力、低成本"农村黑灰污水处理利用模式。到2025年，城市生活垃圾分类体系基本健全，生活垃圾资源化利用比例提升至60%左右。到2030年，城市生活垃圾分类实现全覆盖，生活垃圾资源化利用比例提升至65%左右。

（七）绿色低碳科技创新行动。

发挥科技创新的支撑引领作用，完善科技创新体制机制，强化创新能力，加快绿色低碳科技革命。

1.完善创新体制机制。制定科技支撑碳达峰碳中和行动方案。构建数字化创新体系，加快培育创新生态，提升数字化创新发展能力。采取"揭榜挂帅"、"赛马"等多种机制，开展新一代太阳能电池、电化学储能、催化制氢等低碳、零碳、负碳储能新材料、新技术、新装备攻关和前沿关键技术研究探索。将绿色低碳科技创新纳入自治区科技计划项目申报指南，绿色低碳技术创新成果和转化应用纳入高等学校、科研单位、国有企业有关绩效考核。强化企业创新主体地位，支持企业承担国家绿色低碳重大科技项目，鼓励设施、数据等资源开放共享，加快创新成果转化。优化科技奖励和补助项目，健全奖补结合的资金支持机制。支持企业整合高等学校、科研单位、产业园区等力量建立市场化运行的绿色技术创新联合体，鼓励企业牵头或参与财政资金支持的绿色技术研发项目、市场导向明确的绿色技术创新项目建设。鼓励创业投资等各类基金支持绿色技术创新成果转化应用。加强绿色低碳技术和产品知识产权保护。

2.加强创新能力建设和人才培养。围绕节能减排降碳和新能源技术产品研发，打造一批自治区级工程研究中心、企业技术中心、重点实验室等创新平台，培育创建国家级创新平台。适度超前布局一批科技基础设施，引导企业、高等学校、科研单位共建一批绿色低碳产业创新中心。创新人才培养模式，鼓励高等学校加快新能源、储能、氢能、碳减排、碳汇、碳排放权交易等学科建设和人才培养。引进高层次创新人才和高水平创新团队，依托重大绿色低碳科技任务和重大创新基地培养人才，组建碳达峰碳中和专家委员会。深化产教融合、科教融合，面向产业需求开展应用基础研究和应用研究，鼓励校企联合开展产学合作协同育人项目，组建碳达峰、碳中和产教融合发展联盟，建设一批产教融合创新平台。

3. 开展应用基础研究。根据自治区产业绿色低碳转型需求，构建应用基础研究多元支持体系，争取国家自然科学基金支持，加大广西自然科学基金支持力度。聚焦化石能源绿色智能开发和清洁低碳利用、可再生能源大规模利用、新型电力系统、节能、氢能、储能、动力电池、二氧化碳捕集利用与封存等重点，开展应用基础研究。鼓励和引导各市人民政府、企业、社会力量增加应用基础研究投入，形成持续稳定投入机制。

4. 加快先进适用技术研发和推广应用。深化数字化创新应用，推进数字技术在经济社会各领域深度融合应用。推进零碳电力技术创新，重点突破火电机组提效降碳、可再生能源发电、规模化储能、先进输配电等关键技术，积极推动储能、氢能、能源互联网等技术应用。推进高碳行业零碳流程重塑，着力强化低碳燃料与原料替代、过程智能调控、余热余能高效利用等研究，持续挖掘节能减排潜力。重点开展生态保护与修复等固碳增汇技术攻关，挖掘生态系统碳汇潜力。推广先进成熟绿色低碳技术，开展示范应用。加强低能耗建筑、建筑碳排放控制、交通低碳燃料替代、智能交通、综合能源、碳标签认证等技术研发和推广。狠抓绿色低碳技术攻关，推进碳减排关键技术突破与创新，鼓励二氧化碳规模化利用，支持二氧化碳捕集利用与封存技术示范应用。加快建立完善绿色低碳技术评估、中介服务和科技创新服务平台。

（八）碳汇能力巩固提升行动。

坚持系统观念，推进山水林田湖草海湿地一体化保护和系统治理，提高生态系统多样性、稳定性、持续性，巩固提升生态系统碳汇增量。

1. 巩固生态系统固碳作用。结合广西国土空间规划，加快构建有利于碳达峰、碳中和的国土空间开发保护格局。严守生态保护红线，构建科学合理的自然保护地体系，严格自然保护地管理。统筹生态空间布局，强化生态空间保护和管控，稳定现有森林、湿地、草原、海洋、土壤、岩溶等固碳作用。建立"亩均效率"综合评价体系，全面提高自然资源利用效率。实施建设用地总量和强度双控制度，持续推进建设用地"增存挂钩"制度，实施盘活存量土地专项行动，大力推进低效用地再开发。完善并严格执行土地使用标准，加强土地节约集约利用评价考核管理，改进开发区土地节约集约利用评价方式，完善城市建设用地节约集约利用评价更新制度，强化评价结果运用，推广节地技术和节地模式。强化森林火灾、有害生物等生态灾害防治，完善森林火灾预防、监测体系，开展松材线虫病疫情防控，降低灾害对生态固碳能力的损害。

2. 提升生态系统碳汇能力。统筹实施南岭山地森林和生物多样性保护、湘桂岩溶地区石漠化综合治理、广西北部湾滨海湿地生态系统保护和修复等生态保护修复重大工程，加强重点河流生态保护和治理，开展以桂林漓江和西江流域（广西段）为主的山水林田湖草海湿地一体化保护与修复。深入开展国土科学绿化行动，大力推进国家储备林基地建设，精准提升森林质量。加强草原生态保护修复，持续推进草原种草改良，提升草原碳汇能力。开展红树林保护修复专项行动，加强湿地生态保护修复。加大蓝碳生态系统修复力度，整体推进"蓝色海湾"整治行动、海岸带保护和修复工程，提升海洋生态碳汇能力。开展岩溶碳循环调查与岩溶碳汇效应评价，积极推动岩溶碳汇开发利用。到2030年，森林覆盖率保持在62.6%左右，森林蓄积量保持在10.5亿立方米左右。

3.加强生态系统碳汇基础支撑。依托和拓展自然资源调查监测体系，利用好森林草原湿地生态综合监测评价成果，建立生态系统碳汇计量监测核算体系，开展森林、湿地、草原、海洋、土壤、岩溶等碳汇本底与更新调查、碳储量评估、潜力分析。健全陆地和海洋生态系统碳汇监测网络，识别生态系统碳汇功能重要空间，实施海洋标准化碳汇监测，建设广西海洋碳汇野外观测平台，建立海洋碳汇数据库。实施生态保护修复碳汇成效监测评估。加强生态气象监测评估体系建设，深入推进气象预报预警以及气候资源评估技术研究和应用。开展生态系统碳汇监测和增汇减排评估等技术攻关，加强陆地和海洋生态系统碳汇基础理论、基础方法等相关研究，开展岩溶地区土壤地下漏失监测与水土保持技术研究。建立健全能够体现碳汇价值的生态保护补偿机制。建设林业碳汇开发和交易试点。

4.推进农业农村减排固碳。大力发展绿色低碳循环农业，推进农光互补、"光伏+设施农业"、"海上风电+海洋牧场"等低碳农业模式。优化农业生产结构和区域布局，研发应用增汇型农业技术，推广绿色生产技术和模式，科学使用农业投入品，推动种植业、养殖业单位农产品排放强度下降。开展耕地质量提升行动，构建用地养地结合的培肥固碳模式，实施保护性耕作，有效减轻土壤风蚀水蚀，提升土壤有机碳储量，增强农田土壤固碳能力。持续推进高标准农田建设，加快补齐农业基础设施短板，提高水土资源利用效率。合理控制化肥、农药、地膜使用量，实施化肥农药减量替代计划，加强农作物秸秆综合利用和畜禽粪污资源化利用。

（九）绿色低碳全民行动。

增强全民节约意识、环保意识、生态意识，倡导简约适度、绿色低碳、文明健康的生活方式，把绿色理念转化为全体人民的自觉行动，形成崇尚绿色生活的社会氛围。

1.加强生态文明宣传教育。加强节约资源和保护环境基本国策宣传教育，健全生态文明教育网络，推动生态文明相关知识纳入各类国民教育体系和各类教学培训计划，开展多种形式的资源环境国情教育，普及碳达峰、碳中和基础知识。加强对公众的生态文明科普教育，将绿色低碳理念有机融入文艺作品，制作文创产品和公益广告。结合世界环境日、世界水日、世界地球日、世界湿地日、全国低碳日、生物多样性日、节能宣传周等主题宣传活动，利用公园、广场、图书馆、博物馆、科技馆、非遗陈列馆等文化设施，开展生态文化宣传教育。积极申报国家生态文明教育基地，在生活垃圾焚烧发电厂、生态园区、特色农业生产基地等配套建设文化教育设施，打造生态文化宣传教育基地。充分发挥传统媒体和新媒体的互补优势，整合"线上+线下"资源，开展形式多样、主题丰富的宣传活动，营造绿色低碳、勤俭节约的社会氛围，鼓励社会各界积极投身碳达峰行动。

2. 推广绿色低碳生活方式。坚决遏制奢侈浪费和不合理消费，着力破除奢靡铺张的歪风陋习，坚决制止餐饮浪费行为。在全社会倡导节约用能，开展绿色低碳社会行动示范创建，深入推进绿色生活创建行动，营造绿色低碳生活新风尚。提升公共服务业数字化水平，加快推进购物消费、居家生活、交通出行等各类场景数字化。引导居民优先购买使用节能节水器具，减少塑料购物袋等一次性物品使用，持续完善低碳出行激励机制，倡导步行、自行车、公交和共享出行方式，自觉实行垃圾减量分类，在衣、食、住、行各方面自觉践行绿色低碳的生活方式。大力发展绿色消费，推广节能家电、高效照明产品，扩大节能、节水、环保、再生利用等绿色产品消费，推行绿色产品认证与标识制度。充分发挥公共机构示范引领作用，深入推进节约型机关创建行动，积极推进既有建筑绿色化改造，进一步加大绿色采购力度，提升绿色产品在政府采购中的比例，优先使用循环再生办公产品，积极推进绿色办公。

3. 引导企业履行社会责任。引导企业主动适应绿色低碳发展要求，强化环境责任意识，加强能源资源节约，提升绿色创新水平。重点领域国有企业要制定实施企业碳达峰行动方案，发挥示范引领作用。重点用能单位要梳理核算自身碳排放情况，深入研究碳减排路径，"一企一策"制定专项工作方案，推进节能降碳。相关上市公司和发债企业要按照环境信息依法披露要求，定期公布企业碳排放信息。充分发挥行业协会等社会团体作用，督促企业自觉履行社会责任。

4. 强化领导干部培训。将深入学习贯彻习近平生态文明思想作为干部教育培训的重要内容，各级党校（行政学院）、干部学院要把碳达峰、碳中和相关内容列入教学计划，分阶段、多层次对各级领导干部开展培训，普及科学知识，宣讲政策要点，强化法治意识，深化各级领导干部对碳达峰、碳中和工作重要性、紧迫性、科学性、系统性的认识。从事绿色低碳发展相关工作的领导干部要加快提升专业素养和业务能力，切实增强推动绿色低碳发展的本领。

（十）各市县扎实推进碳达峰行动。

各市县要精准把握自身发展定位，结合本地区经济社会发展实际和资源环境禀赋，坚持分类施策、因地制宜、上下联动，扎实推进碳达峰行动。

1. 科学合理确定碳达峰目标。各市县要严格落实绿色发展战略导向，立足自身实际，结合发展定位，建立健全绿色低碳循环发展经济体系，逐步实现碳排放增长与经济增长脱钩。碳排放总量较大、碳排放强度较高的地区，要把节能降碳目标摆在突出位置，大力优化调整产业结构和能源结构，为全区实现碳达峰目标多作贡献；碳排放总量较小、碳排放强度较低的地区，要在绿色低碳发展方面走在全区前列；其他地区要持续贯彻落实碳达峰、碳中和各项措施，力争与全区同步实现碳达峰。

2. 上下联动制定各市碳达峰方案。各市要按照自治区总体部署，坚持全区一盘棋，科学合理制定碳达峰实施方案，提出符合实际、切实可行的碳达峰时间表、路线图、施工图，避免"一刀切"限电限产或运动式"减碳"。各市碳达峰实施方案经自治区碳达峰碳中和工作领导小组综合平衡、审核通过后，自行印发实施。

3. 开展示范创建。推动有条件的地区、园区、行业等开展碳达峰示范建设，在政策、资金、技术等方面对示范试点给予支持。支持基础较好的地区探索开展近零碳排放与碳中和试点示范创建工作。积极开展园区碳达峰示范工作，推动示范园区产业结构向低碳新业态发展，推动能源替代技术、碳捕集利用与封存技术、工艺降碳技术、低碳管理技术在园区率先开展示范应用。在电力、钢铁、建材、有色金属、石化化工等重点行业开展碳排放环境影响评价试点，因地制宜开展建设项目碳排放环境影响评价技术体系的建设，从能源利用、原料使用、工艺优化、节能降碳技术、运输方式等方面分类提出碳减排措施。修订完善生态文明示范、绿色低碳循环试点等相关建设规范、评估标准和配套政策，积极推进现有试点示范融合创新。充分发挥试点示范效应，梳理提炼可操作、可复制、可推广的经验做法，加强宣传推广。

四、开放合作

（一）**加强区域绿色低碳合作**。加强区域低碳转型战略的政策衔接，加快能源基础设施互联互通步伐，促进低碳绿色发展能力建设，支持企业开展跨区域绿色产品、技术和服务合作。全面对接粤港澳大湾区，加强新一代信息技术、智能家电、高清视频显示、高端装备制造、智能机器人等绿色低碳产业链精准对接，深化与香港、澳门、广州、深圳等地的务实合作，构建"粤港澳大湾区–广西北部湾经济区–东盟"跨区域跨境产业链供应链。加强生态环境联防联治，共建珠江–西江千里绿色生态走廊。加强与长江经济带等区域绿色低碳发展合作，共建共享绿色低碳技术科研平台，创建"科创飞地"，推动更多创新成果来桂转化。主动对接长江经济带新能源及智能汽车、新材料、循环经济及节能环保等低碳产业发展，打造绿色低碳产业集群。

（二）**加强中国—东盟绿色开放合作**。用好《区域全面经济伙伴关系协定》（RCEP）规则，推动投资合作绿色转型政策融通和经贸规则衔接，积极参与制定面向东盟的开放绿色低碳领域合作首创性制度机制和标准。高标准建设中国（广西）自由贸易试验区，拓展智能家电、绿色家居、绿色建材、新能源汽车等绿色低碳产品出口市场。依托面向东盟科技创新合作区，深化跨境科技创新合作，推动开展可再生能源、储能、氢能、二氧化碳捕集利用与封存等领域科研合作和技术交流，支持建设国际联合实验室等科技创新合作平台。加快推进以数字互联互通建设、拓展面向东盟的数字化应用为重点的中国–东盟信息港建设。加快建设面向东盟的金融开放门户，深化跨境金融创新与合作。依托中国–东盟博览会、中国–东盟商务与投资峰会升级版等开放合作平台，积极筹划开展绿色合作主题国际性交流活动，加强与东盟国家在低碳经济和可持续发展领域的交流合作。

（三）**积极参与共建绿色"一带一路"**。积极对接"一带一路"绿色发展国际联盟，加快建立绿色贸易和投资体系，深度融入国内国际双循环，优化贸易结构，大力发展高质量、高技术、高附加值绿色产品贸易，加强以"政策沟通、设施联通、贸易畅通、资金融通、民心相通"为主要内容的"五通"建设，推动服务贸易创新发展。实施"加工贸易+"、"互市贸易+"计划，促进节能环保产品和服务进出口稳定增长。提高广西绿色低碳产品对国内国际需求的适配性和竞争力，贯通生产、分配、流通、消费各环节，促进供需有效对接。强化绿色技术、绿色装备、绿色服务、绿色基础设施建设等交流与合作，积极推动绿色低碳技术和产品走出去。推进"一带一路"生态环保大数据服务平台广西分平台等建设，加强环保标准领域的交流合作。着力推动产业投资绿色转型，推进一批强基础、增功能、利长远的重大项目建设。进一步提升双向投资自由化便利化水平，加大引进外资力度，鼓励优势产业走出去，深入推进对外投资合作，加快形成区域大合作格局。

五、政策保障

（一）**推动健全法规及标准体系**。推动全面清理地方性法规、单行条例、地方政府规章和其他规范性文件中与碳达峰、碳中和工作不相适应的内容。推动制定有利于绿色低碳发展的地方性法规，推动出台广西生态文明建设促进条例。加强节能低碳标准、认证、计量体系建设，加快节能标准更新升级，提升重点产品能耗限额要求。大力推行绿色、低碳产品认证及标准标识制度，完善绿色低碳技术和产品检测、评估、认证体系。按照国家统一规范的碳排放统计核算体系要求，建立完善有关碳排放统计核算管理办法，强化碳排放数据管理。加强碳排放监测和计量体系建设，推进碳排放实测技术发展，加快遥感测量、大数据、云计算等新兴数字化技术在碳排放实测技术领域的应用，提高统计核算水平，探索建立碳排放基础数据共享机制。

（二）**完善经济政策**。建立健全促进绿色低碳发展的财政政策体系，合理确定碳达峰、碳中和等方面财政事权和支出责任。全区各级人民政府要加大对碳达峰、碳中和工作的支持力度，多渠道筹措资金，加大对清洁能源发展、绿色低碳产业、资源节约利用、低碳科技创新、碳汇能力提升等支持力度，加快形成减污降碳的激励机制。落实环境保护、节能节水、新能源和节约能源车船等相关税收优惠政策。落实促进可再生能源规模化发展的价格机制，严格执行阶梯电价等差别化电价政策，组织实施峰谷分时电价政策。继续深化绿色金融体制机制改革，创建绿色金融改革创新试验区。用好碳减排货币政策工具，引导银行等金融机构为绿色低碳项目提供长期限、低成本资金。建立多层次绿色金融服务体系，加快绿色信贷产品和服务创新，鼓励开发性政策性金融机构按照市场化法治化原则为碳达峰行动提供长期稳定融资支持。支持符合条件的绿色企业上市融资、挂牌融资和再融资。大力发展绿色保险，支持保险资金以股权、基金、债权等形式投资绿色项目，鼓励有条件的合格投资者按市场化方式设立各类绿色低碳科创、产业投资基金。

（三）**建立健全市场化机制**。健全资源环境要素市场化配置体系，积极参与全国碳排放权交易市场建设，建立排污权、用能权、水权等有偿使用和交易制度，强化电力交易、用能权交易等市场机制与各类政策的统筹衔接。建立健全生态产品价值实现机制，加快推进自然资源统一确权登记，推进设立生态资产与生态产品交易平台。推行合同能源管理、合同节水管理、环境污染第三方治理，推广节能咨询、诊断、设计、融资、改造、托管等"一站式"综合服务模式。

六、组织实施

（一）**加强统筹协调**。自治区碳达峰碳中和工作领导小组对碳达峰相关工作进行整体部署和系统推进，牵头组织实施标志性重大项目，建立重点工作领域试点单位、实施单位或监督推进单位名单制度，以上率下、领衔示范、点面结合推进工作，加快构建全区统一谋划、整体部署、全面推进、系统考核的制度机制。自治区碳达峰碳中和工作领导小组各成员单位要按照自治区党委、自治区人民政府决策部署和领导小组工作要求，各司其职、各负其责，密切协作配合，形成工作合力，扎实推进相关工作。自治区碳达峰碳中和工作领导小组办公室要加强统筹协调，督促指导各市和重点领域、重点行业分类施策、因地制宜，科学合理制定实现碳达峰分步骤的时间表、路线图，将各项目标任务落实落细。

（二）**强化责任落实**。全区各级各有关部门要思想到位、行动到位，深刻认识碳达峰、碳中和工作的重要性、紧迫性、复杂性，坚决扛起政治责任，按照本实施方案确定的主要目标和重点任务，细化措施、分工协作、共同发力，确保政策到位、措施到位、成效到位。将落实本实施方案情况纳入自治区生态环境保护督察。相关单位、人民团体、社会组织要按照国家和自治区有关部署，积极发挥自身作用，推进绿色低碳发展。

（三）**严格监督考核**。落实以碳强度控制为主、碳排放总量控制为辅的制度，对能源消费和碳排放指标实行协同管理、协同分解、协同考核。将碳达峰碳中和相关指标纳入经济社会发展综合评价体系，建立健全碳达峰碳中和综合评价考核制度。加强监督考核结果应用，对碳达峰工作成效突出的地区、部门按规定给予激励奖励，对未完成目标任务的地区、部门依规依法实行通报批评和约谈问责。各市人民政府要组织开展碳达峰目标任务年度评估工作，有关工作进展情况和重大问题要及时向自治区碳达峰碳中和工作领导小组报告。

海南省人民政府关于印发
《海南省碳达峰实施方案》的通知

（琼府〔2022〕27号）

各市、县、自治县人民政府，省政府直属各单位，相关企事业单位：

《海南省碳达峰实施方案》已经省委、省政府同意，现印发给你们，请结合实际认真贯彻执行。

海南省人民政府
2022年8月9日

（本文有删减）

海南省碳达峰实施方案

为贯彻落实《关于完整准确全面贯彻新发展理念做好碳达峰碳中和工作的意见》和《2030年前碳达峰行动方案》（国发〔2021〕23号），推动我省碳达峰碳中和工作走在全国前列，特制定本实施方案。

一、总体要求

（一）**指导思想**。以习近平新时代中国特色社会主义思想为指导，全面贯彻党的十九大和十九届历次全会精神，深入贯彻习近平生态文明思想和习近平总书记对海南发展的系列重要指示批示，立足新发展阶段，完整、准确、全面贯彻新发展理念，服务和融入新发展格局，围绕"三区一中心"战略定位，以经济社会发展绿色转型为引领，以能源绿色低碳发展为关键，协调推动能源、产业、交通与城乡建设四大领域节能降碳，加快形成节约资源和保护环境的产业结构、生产方式、生活方式、空间格局，蹄疾步稳推进国家生态文明试验区建设，确保如期实现碳达峰，争做碳达峰碳中和工作"优等生"。

（二）**战略路径**。源头减碳，重塑清洁能源结构；过程少碳，提高提质增效水平；生态固碳，推动陆海增绿添蓝；技术存碳，强化科技研发应用；人人低碳，建立全民参与机制；联合治碳，积极引导国际合作。通过全程精准控碳，推动全民节能降碳，助力海南自由贸易港碳达峰碳中和工作提质升级。

（三）基本原则。

全省统筹、科学谋划。将碳达峰碳中和纳入全省生态文明建设整体布局，着力探索热带岛屿特色的低碳绿色发展新模式、新路子。科学规划部署重点任务，推动重点领域低碳转型发展，建立科学精准、细化量化的硬指标、硬计划、硬举措，压实各部门、各行业、各地方的主体责任，以抓铁有痕、踏石留印的劲头争做碳达峰碳中和工作"优等生"。

双轮驱动、提质增效。坚持政府和市场"双轮驱动"，加快构建有利于创新绿色高质量发展的体制机制，实现政府有为、市场有效，为海南实现碳达峰碳中和形成有效激励约束机制。推进机制创新，形成强大工作合力；推进科技创新，充分调动绿色低碳科技创新内生动力；推进管理创新，系统谋划协同攻关体系，推动项目、基地、人才、资金、要素等一体化配置。

节约优先、全民参与。坚持实施节约优先战略，建立全社会参与机制，引导全民树牢节约意识、环保意识、生态意识，努力营造全社会节能减排浓厚氛围。在生产领域，推进资源全面节约、集约、循环利用，持续推进产业转型升级、降低资源消耗；在消费领域，倡导简约适度、绿色低碳的生活方式，推动生态环境增值、民生福祉优化。

有序减碳，防范风险。坚持降碳、减污、扩绿、增长协同推进，正确处理好发展和减排、整体和局部、长远目标和短期目标、政府和市场的关系，实事求是、稳妥有序推进，实现多维度、多目标下的统筹，不把碳达峰变成"攀高峰"。坚持先立后破、通盘谋划，健全预警机制，有效防范经济社会绿色低碳转型可能伴生的各种风险。

二、总体目标

在能源结构清洁低碳化、产业结构优质现代化、交通运输结构去油化、城乡建筑低能耗化、海洋和森林碳汇贡献、低碳技术推广应用、低碳政策体系制度集成创新等方面，加快形成一批标志性成果，走在全国前列，争做碳达峰碳中和工作"优等生"，在国际应对气候变化交流中展示出海南靓丽名片。

到2025年，初步建立绿色低碳循环发展的经济体系与清洁低碳、安全高效的能源体系，碳排放强度得到合理控制，为实现碳达峰目标打牢基础。非化石能源消费比重提高至22%以上，可再生能源消费比重达到10%以上，单位国内生产总值能源消耗和二氧化碳排放下降确保完成国家下达目标，单位地区生产总值能源消耗和二氧化碳排放继续下降。

到2030年，现代化经济体系加快构建，重点领域绿色低碳发展模式基本形成，清洁能源岛建设不断深化，绿色低碳循环发展政策体系不断健全。非化石能源消费比重力争提高至54%左右，单位国内生产总值二氧化碳排放相比2005年下降65%以上，顺利实现2030年前碳达峰目标。

三、重点任务

（一）建设安全高效清洁能源岛。

1.高比例发展非化石能源。 着力优化能源结构，大力发展风、光、生物质等可再生能源，高效安全、积极有序发展核电，不断提高非化石能源在能源消费中的比重。坚持分布式与集中式并举，加大分布式光伏应用，推广光伏建筑一体化应用，按照农光互补、渔光互补、林光互补模式有序发展集中式光伏，配套建设储能设施。积极发展海上风电。推进城市垃圾和农林废弃物等生物质发电建设。建立制氢、储运氢及用氢的全产业链，打造一区（氢能产业先行示范区）、一环（全岛场景应用示范环）、多点（氢能产业发展落地平台）的氢能发展路径。探索推进波浪能、温差能等海洋新能源开发应用，在海岛开展多类型新能源集成利用示范。加快推进昌江核电二期、昌江多功能模块化小型堆科技示范工程建设，适时推进浮动堆示范建设和新建核电项目选址工作。探索解决远海岛屿和大型海上设施的供能问题，打造海岛微电网，提升岛礁能源自给能力和用能清洁化水平。继续在中深层地热能、天然气水合物等领域开展技术研究和工程应用。到2025年，新增光伏发电装机400万千瓦，投产风电装机约200万千瓦，非化石能源发电装机比重达55%。到2030年，非化石能源资源充分开发利用，发电装机比重达75%，低碳能源生态系统初具规模。

2.清洁高效利用化石能源。 持续推进"去煤减油"，逐步降低煤炭消费比例，合理控制化石能源消费总量。通过集中供热、能源综合利用等途径，大力推进散煤治理，全面淘汰分散燃煤小锅炉。在电力、水泥等重点行业推进煤炭清洁化改造，推进燃煤锅炉、工业炉窑和农副产品加工等"煤改电""煤改气"。深度挖掘各类机组调峰潜力，大力支持煤电机组灵活性改造。有序发展天然气发电工程，鼓励发展天然气冷热电三联供分布式能源项目，重点建设洋浦热电、海口气电、三亚西气电、海口气电二期、三亚东气电等气电项目，在重点园区适时建设分布式天然气综合能源站。到2025年，煤炭、石油消费比重进一步下降，能源治理水平和能源结构显著改善。到2030年，能源消费结构更加清洁、高效，能源清洁转型基本实现。

3.全面提升绿色电力消纳能力。 以现代电力能源网络与新一代信息网络为基础，依托数字化、智慧化等先进的前沿技术，不断提高电网数字化、网络化、智能化水平，优化整合电源侧、电网侧、负荷侧、储能侧资源，坚守安全底线，探索构建具有绿色高效、柔性开放、数字赋能等特征的新型电力系统。在资源禀赋较好的地方开展微电网建设，促进微电网、局部电网与大电网协调发展，推动微电网参与大电网的频率/电压调节以及削峰填谷等，扩大储能技术在电力系统中的场景应用。推动电动汽车有序充电和车网互动（V2G）技术示范应用。引导用户优化用电模式，释放居民、商业和一般工业负荷的用电弹性。进一步完善电力市场化体系构建，积极参与南方区域统一电力市场建设，加快推动电力现货市场、辅助服务市场建设，扩大电力市场化交易规模。完善输配电价定价机制及节能环保电价政策，推动健全能源电力上下游各环节价格形成和成本疏导机制。到2025年，对可再生能源的消纳能力显著提升，新型电力系统示范省初步建立，成为新型电力系统建设先行地。到2030年，电网调节能力进一步增强，全面建成数字电网，全面建成新型电力系统示范省。

4.优化能源安全供应体系。 坚持以能源安全保供为重心，以安全为前提、以稳定为基础，统筹兼顾能源平稳转型、安全转型、低成本转型，坚持算清需求账、可靠性供应账和需求侧管理账。从能源保供的全链条入手，建立健全能源安全保供预警机制，以数字化赋能为抓手，构建由电网企业、能源供应企业、能源设备企业、能源服务企业、互联网企业等主体共同参与的全面可观、精确可测、高度可控的能源安全监管体系。针对风、光等新能源不确定性、波动性、对极端天气耐受能力相对脆弱等特性，进一步加强各类电源协调规划发展，支持主力电源送出工程建设，保障电力安全稳定供应。针对大面积停电、极端天气、煤炭供应特别是电煤保供、油气管道安全等可能存在的风险，谋划应对措施、制定应急预案，扎实做好碳达峰碳中和目标背景下的能源安全保供。加快推进能源终端设备全方位智慧化发展和智能化改造，依托一、二次能源管网及各类能源数据采集、传输通信等网架，构建分级、分层次的智慧综合管控平台。到2025年，海南清洁低碳、安全高效的能源体系初步建立，能源自给率达24%。到2030年，能源自给率达54%。

（二）打造海南自由贸易港特色产业体系。

1.持续优化绿色低碳产业结构。 发挥绿色、生态、服务、开放优势，推动实现海南绿色经济和数字经济"两翼"驱动新模式，推动形成以服务型经济为主的产业结构，建立开放型、生态型、服务型产业体系。推进传统工业绿色低碳转型，实施能源资源综合利用和梯级利用，推动现有制造业向智能化、绿色化和服务型转变。坚决遏制高耗能、高排放、低水平项目盲目发展，严格执行固定资产投资项目节能审查制度，制定项目引进低碳指南，创造条件推动能耗双控向碳排放总量和强度双控转变。完成石化、化工、水泥、玻璃等行业重点用能企业节能改造，实现产品能效向标杆水平靠拢。持续推进石化、化工、涂装、包装印刷、油品储运销等重点行业挥发性有机物综合整治，推动实施低挥发性有机物含量产品源头替代。加强节能监察能力建设，确保重点用能企业全面落实能效标准与节能要求。全面推行重点行业、重点领域实行清洁生产、能源审计，提高产业整体能源利用效率。到2025年，旅游业、现代服务业、高新技术产业增加值占地区生产总值的比重分别达到12%、35%、15%，产业发展和基础设施绿色化水平不断提高，清洁生产水平持续提高。到2030年，绿色产业比重进一步提升，产业发展绿色化水平再上台阶，海南自由贸易港绿色产业体系更加健全。

2.创新旅游低碳发展新模式。 严守生态底线，确保海南旅游业走生态优先、绿色低碳的高质量发展道路。创建零碳、低碳旅游景区试点，创新低碳旅游形式，开发多样性低碳旅游项目。依托海南热带雨林国家公园自然保护区，打造低碳休闲房车营地，谋划低碳露营地，配置低碳旅游设施，建设生态停车场、生态厕所、生态垃圾桶等。促进旅游交通低碳发展，在万宁、琼海、陵水、文昌等市县，开展氢燃料汽车应用示范试点。发展低碳旅游酒店，到2022年底，全省范围内星级宾馆、酒店等场所不再主动提供一次性塑料用品，可通过设置自助购买机、提供续充型洗洁剂等方式提供相关服务；到2025年底，实施范围扩大至所有宾馆、酒店、民宿。

3.加快发展绿色现代服务产业。提升现代服务业绿色发展水平，以现代物流、医疗健康、现代金融、商务服务为发展重点，对标国际先进水平，推动服务业绿色化、低碳化发展，构建海南自由贸易港现代服务业体系。推进海口商贸服务型、三亚空港型、洋浦港口型国家物流枢纽，加快推进海南湾岭、澄迈金马等物流园区建设。充分释放博鳌乐城国际医疗旅游先行区新旧"国九条"政策红利，打造医药研究、临床试验、临床治疗、健康疗养为一体的高水平医疗服务产业集群。积极吸引境内外银行、证券、保险等金融机构在琼落地，推动发展贸易金融、消费金融、绿色金融、科技金融等特色金融业务。推动会展业绿色高质量发展，鼓励办展设施循环利用。有序发展外卖配送、网约车、即时递达、住宿共享等领域共享经济，规范发展闲置资源交易。加快信息服务业绿色转型，做好数据中心、网络机房绿色建设和改造，建立绿色运营维护体系。加快创意设计、建筑设计、工业设计和集成电路为主的"国际设计岛"建设。到2025年，现代服务业增加值占服务业比重达到54%，占地区生产总值比重达到35%以上。

4.着力培育低碳高新技术产业。以科技创新为引领，以重大产业平台为支撑，以高新技术企业为主体，以重点产业园区为载体，壮大绿色低碳型高新技术产业规模。优化石油化工产业结构，深化芳烃、烯烃、新材料三大产业链，鼓励应用节能新技术、新工艺，减少能耗，降低碳排放。鼓励园区、企业积极参与绿色园区、绿色企业、绿色工艺标准体系认定，推进石油化工产业"5G+工业互联网"两化融合智能提升改造，加快智能工厂建设。加快推进新能源汽车、智能汽车制造业发展，分阶段实现汽车清洁能源化。通过组合绿电制氢和捕集二氧化碳，探索开展二氧化碳制甲醇工程化研究，并上溯技术研发、设计、制造新型高端装备制造业产业链，下延碳基新材料、甲醇燃料电池、新型绿色化工、多元电力智能调控等行业，同时辅以微藻生物固碳等技术为主的高附加值经济产品制造。拓展数字技术与高新技术产业融合应用，在数字化转型过程中推进绿色发展。鼓励开展节能环保咨询服务、节能环保设施设备建设及运营管理、环境污染第三方治理和合同环境服务、节能环保贸易及金融服务等。到2025年，高新技术产业产值突破8000亿元，在清洁能源产业领域投入800亿元，产值突破330亿元；节能环保产业产值达到350亿元。到2030年，分别在儋州市、东方市和昌江黎族自治县推动建成1—2个绿色新材料基地。

5.大力推进农业绿色低碳发展。全省推进国家农业绿色发展先行区，提升生态循环农业示范省建设水平。适度推动农业规模化经营，支持推广使用现代农业机械化装备。大力推进农业节水，推广高效节水技术。以"向岸上走、往深海走、往休闲渔业走"为方向，引导发展绿色生态健康渔业，推行水产健康养殖。加快构建园区化、产业化、品牌化、数字化的现代农业新型产业融合体系。支持发展观光农业、体验农业、创意农业、智慧农业、休闲渔业、美丽乡村、民宿等新业态。推进动植物保护能力提升工程、生态环境提升工程、农产品质量安全保障工程。鼓励推广生态种植、生态养殖，加强绿色食品、有机农产品管理。强化耕地质量保护与提升，推进退化耕地综合治理，加强农

324

膜污染治理。实施农药、兽用抗菌药使用减量和产地环境净化行动。

（三）推进绿色宜居型城乡建设。

1.推进城乡布局绿色低碳化。推动城镇更新由传统"大拆大建"模式向渐进式、适应式的综合环境整治更新模式转型，在有条件的地区探索形成空间资源高度"循环利用"的"海南模式"，打造热带滨海岛屿特色的绿色低碳发展道路。优化城乡空间布局，合理规划城市建筑规模，统筹安排各地区建设用地指标，控制新增建设用地过快增长，将低碳发展理念纳入各级国土空间规划、城乡建设规划。优化城市空间形态，推动城市组团式发展。合理规划建设城市绿色空间、一级通风廊道、环城绿带、交通走廊绿化通道，提升城市绿色化水平，积极推进海绵型城市建设。在沿海地区推动生态岸段和生态海域保护，在中部地区高质量建设森林城市。推动建立以绿色低碳为突出导向的城乡建设管理机制，加强建筑拆除管控。加强县城绿色低碳建设，加快农房和村庄现代化建设，促进县城、小城镇、村庄融合发展。开展绿色社区创建行动，构建服务便捷、配置完善、布局合理的城乡公共服务体系，缩短城乡居民出行距离和时间。推进装配式建筑高质量发展，2022年新建装配式建筑占比达60%以上，带动建筑业转型升级。

2.建设和谐发展生态型城镇。以建设和谐发展生态型城镇和区域为抓手，加快打造经济高质量发展与生态环境高水平保护示范样板。深入推进"无废城市"建设，带动工业源、农业源、生活领域源和其他类的固体废物减排与处置方式转变，减少固体废物的产生和排放，协同降低温室气体排放。加快推进三亚市、琼中黎族苗族自治县国家低碳试点城市及海口市气候适应型城市建设。加强县城绿色低碳建设，结合海南自由贸易港重大开放平台建设，支持文昌市、陵水黎族自治县、东方市、临高县、琼海市建设产城融合的低碳城镇，探索打造一批富有特色的生态示范村、镇。支持海口江东新区、海口国家高新技术产业开发区、三亚崖州湾科技城、三亚中央商务区、博鳌乐城国际医疗旅游先行区、海南生态软件园等园区根据产业发展定位和资源禀赋探索开展不同类型低碳园区试点建设工作。推动各市县创建一批低碳城市、低碳园区、低碳社区、低碳校区、低碳景区、低碳建筑试点。到2025年，各市县至少完成3个近零碳排放社区试点的创建。到2030年，全省建成一批可推广、可复制、可借鉴的低碳示范区域试点。

3.有效降低建筑全寿命期能耗。探索适宜夏热冬暖地区既有居住建筑节能改造的模式和技术路径，逐步将建筑节能改造纳入基础类改造。以老旧小区改造、棚户区改造为契机，以应用热带海岛气候适配型高效制冷、热泵、LED等节能低碳技术为重点，推动既有居住建筑绿色节能改造，有条件的同步开展电气化改造，预留适宜的配电网容量，为接入更多零碳电力创造便利条件。加强公共建筑用能监管，推动超过能耗限额的公共建筑节能改造，推进公共建筑能耗、碳排放监测监管系统建设和运行管理。完善制定既有建筑绿色改造相关技术标准，加大既有建筑绿色改造关键技术研究推广力度。提高城镇新建建筑节能设计标准，加快推广集光伏发电、储能、智慧用电为一体的新型绿色建筑，探索研究试行"光储直柔"建筑和超低能耗建筑。

4.推动城市运行绿色化转型。加快建设城市运行管理服务等重大平台，实现各类要素数字化、虚拟化、实时可视可控，通过城市管理信息化水平的提升助力城市绿色转型。加快推进CIM平台集成创新应用，提升数据质量并赋能行业多元应用。积极推广应用温拌沥青、智能通风、辅助动力替代和节能灯具、隔声屏障等节能环保先进技术和产品。加大工程建设中废弃资源综合利用力度，推动废旧路面、沥青、疏浚土等材料以及建筑垃圾的资源化利用。推动城市道路桥梁、公共照明等市政公用设施智能化改造。到2025年，城市管理运行体系日趋精细化，基础设施绿色、智能、协调、安全水平逐步提高。到2030年，海口、三亚、儋州、琼海等地基本建成城市综合管理服务平台。

5.深入推行农村清洁化用能。实施农村清洁能源建设行动，推动能源生产清洁化、消费电气化、配置智慧化，构建农村现代能源体系。加快生物质能、太阳能等可再生能源在农业生产和农村生活中的应用，开展示范项目建设，在有条件地区推行整村试点，探索适合海岛农村电气化和零碳用能新模式。发展节能低碳农业大棚，推广节能环保灶具、电动农用车辆、节能环保农机和渔船，持续推进农村电网改造升级，基本实现城乡供电服务均等化，提升农村用能电气化水平，积极推进农业生产、村民生活等领域电能替代，鼓励居民炊事、卫生热水等以电代气。打造琼海市会山镇加略村和琼中烟园村综合能源示范村等示范工程。引导新建农房执行节能及绿色建筑标准，鼓励农房节能改造，推广使用绿色建材，鼓励选用装配式钢结构等新型建造方式。到2030年，电能成为农村用能的主要方式，占比进一步提高。

（四）构建低碳化海岛交通系统。

1.加快交通运输能源清洁转型。建立全省全域性绿色、智慧、高效的新型交通网络体系，加快交通电气化进程，推动航空、铁路、公路、航运低碳发展。进一步推动公转铁、公转水，显著提升铁路货运比例。充分利用既有环岛高铁，有序推进"海口经济圈""三亚经济圈"城际铁路规划，构建以铁路为骨架的岛内客货运输体系。逐步提高清洁能源在机场能耗中的占比，降低货物运输空载率。推动码头等改建岸电设施，推广靠港船舶使用岸电，推进港口原油、成品油装船作业油气回收。建设覆盖高速公路服务区、交通枢纽、公交场站、物流中心等公共区域的充电桩与充电站，形成高速公路和城乡充电网络。打造全省统一的充换电基础设施智能监管服务平台，推动新能源汽车充换电全岛"一张网"运营发展。以液化天然气（LNG）为主，压缩天然气（CNG）和充电为辅，推动原有加气站进行改造升级。

2.大力推广新能源车船应用。落实新能源汽车车辆购置税优惠政策和相关扶持政策，分阶段分领域逐步推进全省各类汽车清洁能源化，建设世界新能源汽车体验中心。加快推进社会运营交通领域清洁能源化，以轻型物流配送、城市环卫、租赁车、网约车等领域为重点，推动新能源车替代，鼓励私人用车新能源化。加快淘汰高能耗、高排放、低效率的老旧船舶，加快电、氢等新能源在船舶领域的应用，推进船舶"油改气"工作，重点在海口、琼海、三亚、三沙以及洋浦经济开发区等地建设船用液化天然气加注站，发展天然气车船。到2025年，公共服务领域和社会运营领域新增和更换车辆使用清洁能源比例达100%。到2030年，全岛全面禁止销售燃油汽车。除特殊用途外，全省公共服务领域、社会运营领域车辆全面实现清洁能源化，私人用车领域新增和更换新能源汽车占比达100%。

3.建设低碳智慧交通物流体系。加速发展货物多式联运，因地制宜推动公铁、公水、空陆等形式多样的多式联运发展，探索多式联运"一单制"。积极推进城市绿色货运配送发展，推动新能源和清洁能源车船在城市轻型物流配送、邮政快递、铁路货场、港口和机场服务等领域应用。引入物流企业加强智慧运行，优化物流路线布局，整合运输资源，提高利用效率，推进系统化节能降碳。继续完善冷链食品可信追溯平台体系，鼓励大型企业建设冷链物流供应链数字平台，提升物流信息服务水平。"十四五"期间，全省公水联运集装箱比例年均增长15%以上。到2030年，力争构建完善县、乡、村三级农村物流网络节点体系，积极打造农村物流服务品牌。

4.打造全岛绿色出行友好环境。加快推进全岛智慧交通一张网，构建绿色出行体系。深入实施公共交通优先发展战略，推进公共交通向乡村延伸覆盖，建设高效便捷的公共交通体系，提升公共交通品质与吸引力，提高公共交通出行比例。发展省内重点城市的步行和自行车等慢行服务系统，强化省内公共交通与慢行交通衔接，增强公众绿色出行意识，打造全岛绿色出行友好环境。到2025年，提高绿色交通方式分担率、增加绿色出行方式吸引力，进一步提高绿色出行水平，加快构建形成布局合理、生态友好、清洁低碳、集约高效的绿色出行服务体系。到2030年，三亚等城市绿色出行比例达70%以上，打造绿色生态交通，努力争创国家绿色交通范例。

（五）巩固提升生态系统碳汇能力。

1.多措并举推动蓝碳增汇。高标准建设蓝碳研究中心，搭建科研创新交流平台，开展蓝碳核算与监测技术、增汇方案、投融资机制等研究。积极参与蓝碳标准制定，开发各类碳汇方法学，开展试点示范，挖掘我省蓝碳潜力。依托重点园区高校和科研机构，探索开展南海海域地质碳封存、碳封存适宜性评价指标体系研究，积极推进地质碳封存标准规范和监测技术体系。开展蓝碳生态系统提升工程，落实湿地生态修复工程，推进基于生态系统的海岸带综合管理。到2025年，新增红树林面积2.55万亩，修复退化红树林湿地4.8万亩。

2.稳步推动林业固碳增汇。落实国家公园体制，将抓实抓好海南热带雨林国家公园建设作为生态立省的重中之重，充分挖掘海南林业资源碳汇潜力。持续开展生态产品价值实现指标核算研究，推动森林资源价值核算试点工作，为政府工作决策提供支撑。实施生态系统重大修复工程，以环海南岛重点海洋生态区和海南岛中部山区热带雨林国家重点生态功能区为重点，推进中部山地生态保护修复区、海岸带保护修复区、台地平原生态修复区、流域生态廊道生态保护修复区等四类国土空间生态修复分区生态修复。持续开展国土绿化行动，扩大和优化城乡绿化空间与质量。通过加强森林资源培育，着力增加森林碳储量；改造低质低效老残林，提高林地生产力、森林经营效益和森林碳汇。研究成立海南省林业碳汇研究中心。

3.挖掘农业固碳增汇潜力。开展耕地质量提升行动，提升土壤有机碳储量。采用保护性耕作措施、扩大水田种植面积、秸秆还田、有机肥施用、采用轮作制度和土地利用方式等，使土壤有机碳库产生显著差别，将农田土壤由碳源转化为碳汇。增加因地制宜推广保护性耕作，坚持有机无机肥料配合施用，开展农作物轮作及其多样性种植。推进农光互补、渔光互补等低碳农业模式。研发应用增汇型农业技术，分区域、分类型推动农业固碳试点示范项目，提升农业系统碳汇增量。

（六）强化低碳科技创新支撑力。

1.加强低碳关键核心技术研发。支持省内外企业、高校等院校、科研院所建立绿色技术基地、创新创业基地，鼓励各类创业投资基金支持绿色低碳技术创新成果转化，培育创新型企业梯队，并通过合作开发、技术入股等方式，联合承担各类绿色低碳科技研发项目。围绕清洁能源替代、节能减排等关键领域，立足应用导向，强化低碳、零碳、负碳技术攻关，在化石能源、可再生能源、氢能、储能、工业流程再造、碳捕集利用与封存（CCUS）、生态碳汇等重点领域加强前沿探索与创新实践。将低碳技术研究列入省科技创新规划的重点，开展一批绿色低碳领域的科技创新研究项目，推动解决制约低碳产业发展的重大关键核心技术问题。

2.构建低碳领域科技创新平台。搭建低碳科技创新平台，将产业和科研深度融合，探索重点科技项目，协同推进成果转化与试点应用工程。完善绿色技术全链条转移转化机制，推进绿色技术交易应用，建立绿色技术转移、交易和产业化服务平台。加强知识产权保护，完善绿色低碳技术和产品检测、评估、认证体系。支持国内外一流科研机构针对低碳科技设立分支机构、重点研究所或孵化中心。联合国内高校、科研机构打造低碳智库平台。

3.推动低碳技术成果应用示范。推广先进成熟的国内外绿色低碳技术，在省内开展示范应用。立足我省可再生能源资源优势，应用国内外低碳技术，构建可再生能源生产体系，扩大应用场景。在省水泥、石化化工等重点排放领域开展可再生能源替代示范，提高电能占终端能源消费比重。依托国家气象观象台，建设温室气体气象观测站网，开展区域生态碳汇模拟分析评估。积极探索使用国家二氧化碳监测科学实验卫星等科学监测数据，对全省碳排放情况进行监测和分析。开展碳捕捉、封存和利用（CCUS）示范，以福山油田CCUS项目为范例，在水泥、石化和化工领域推进二氧化碳捕捉、封存和利用等技术试点工作，为海南自由贸易港温室气体控制、碳达峰碳中和提供更可靠有力的技术支撑。到2030年，CCUS等技术得到更广泛应用，碳封存能力达50万吨/年。

（七）创建高水平绿色低碳社会。

1.全省推广绿色低碳生活方式。厉行节约，着力破除奢靡铺张的歪风陋习，坚决遏制餐饮浪费等奢侈浪费和不合理消费行为。深入推进节约型机关、绿色家庭、绿色学校、绿色社区、绿色出行、绿色商场创建行动，营造绿色低碳生活新时尚。优先在各类大型商场营造绿色消费场景，并逐渐推广到全省购物中心、超市、专营店等，提升游客在岛绿色消费水平。鼓励居民绿色消费，推广绿色低碳产品，严格落实绿色产品认证和标识制度。加大政府绿色采购力度，扩大绿色产品采购范围，国有企业率先全面执行企业绿色采购指南。做好垃圾分类和再生资源回收。在海口市、三亚市、文昌市、琼海市创建生活垃圾分类示范样板城市，在其他市县创建不少于70个生活垃圾分类示范样板乡镇。在充分总结推广试点工作经验的基础上，在全省全域实行生活垃圾分类管理。到2025年，新增大宗固废综合利用率达60%。到2030年，初步建设基本完善的废旧物资循环利用体系。

2.积极发挥碳普惠机制作用。研究制定系统科学、开放融合且符合海南生态产品特点的碳普惠机制。优先选取涉及旅游消费吃、穿、住、用、行等密切相关产品，统一制定碳普惠认证实施规则和认证标识，建立以商业激励、政策鼓励和碳减排量相结合的正向引导机制。率先在党政机关等公共机构开展碳中和实践活动，通过植树造林、认养珊瑚、购买绿色电力、驾驶新能源车等方式中和自身碳排放，带动更多社会主体参与碳普惠活动；发挥"海易办"APP已有的平台功能与数据资源，开发"碳账户"管理系统，建立绿色低碳行为相关数据收集分析平台，探索开展碳普惠应用实践。到2025年，初步建立全省碳普惠应用平台，基本建成应用场景丰富、系统平台完善、规则流程明晰的碳普惠系统。到2030年，碳普惠机制更加健全，形成人人低碳的良好氛围。

3.推动企业落实绿色发展责任。推动企业承担绿色发展的社会责任，激发企业自觉走绿色发展道路的内在动力。通过政策引导，实施清洁生产评价、能源审计等，鼓励企业加大对环保事业的投入，将环境成本纳入企业生产经营成本之中，倒逼企业减少其经营活动对生态环境的负面影响。持续实行双强制绿色采购"全省一张网"，引导企业开展绿色产品、有机产品等高端品质认证，鼓励电商企业、市场、商场、超市设立绿色产品销售专区。建立企业承担绿色发展责任的评估体系，对企业履行生态环境保护责任的表现和绩效进行评估，对于不符合要求的企业给予通报。

（八）开拓国际交流合作新模式。

1.深化应对气候变化国际合作。主动对接国际规则，积极举办各类论坛、交流会议、搭建展示平台，深化绿色产品、技术、经济等的国际合作与交流，推动绿色国际合作机制创新，形成国际低碳岛建设的海南经验。用好海洋合作与治理论坛、绿水青山生态文明济州论坛、海南－加州应对气候变化合作对话、澳门国际环保展等外宣平台，发挥海南在"一带一路"的地缘优势，深化在应对气候变化、新污染物治理等领域的国际气候变化务实合作，与"一带一路"沿线国家探索开展减排项目及配额互认，服务绿色丝绸之路建设。充分挖掘利用博鳌亚洲论坛资源，联合东盟各国科研机构，重点开展"自由贸易港低碳建设－区域气候使者行动""基于自然的解决方案""应对气候变化与红树林保护行动""能源与气候（空气污染防治协同）行动""蓝碳城市与海洋减塑行动"等应对气候变化合作项目。鼓励高等院校、科研机构、高科技企业等在技术研发、人才培养方面开展对外合作交流。谋划海南可持续发展示范工作，争取国家支持海南成为联合国可持续发展议程示范样板，开展SDG大数据综合应用示范。

2.加强绿色经贸技术交流合作。发挥海南自由贸易港对外开放前沿优势，积极引进全球优质资源，鼓励研发设计、节能环保、环境服务等知识技术密集型服务进口。大力发展高质量、高附加值的绿色产品贸易，加大自主品牌培育，支持企业开展国际认证，提升出口商品附加值，鼓励企业全面融入绿色低碳产业链。利用海南自由贸易港进口原辅料减免关税政策，形成成本优势，打造海上风电装备出口制造中心，鼓励相关企业积极开拓东南亚市场。支持科研机构与企业协同开展先进生物降解材料关键技术研发、成果转化与产业化，鼓励面向东南亚等潜在市场进行合作推广。在绿色技术、绿色装备、清洁能源等方面加强与国际交流合作，积极推动供应链管理、咨询、法律、会计等专业服务与制造业协同走出去。切实推动海南自由贸易港碳金融国际合作与交流，建立并深化与全球领先的碳金融机构和人才的交流合作机制，努力将海南打造成我国碳金融国际交流和合作的支点与窗口，促进省内碳金融产业转化，全力助推省内碳金融企业"走出去"。

3.探索共建自由贸易港绿色发展联盟。 积极发挥对外开放的前沿优势，全面对标接轨国际，持续推进生态环境国际合作，积极搭建生态低碳合作平台，开展绿色低碳技术交流与合作，推动共建绿色"一带一路"。强化与其他自由贸易港在绿色基础设施建设、绿色投资与贸易等领域的合作与交流，建设信息共享平台、技术交流平台与高端智库平台，共担绿色发展责任，开拓绿色发展模式，探索共建自由贸易港绿色发展联盟。

四、绿色低碳示范引领专项工程

聚焦重点任务相关领域，谋划推动一批特色、亮点工程，作为碳达峰碳中和工作的重要抓手和切入点，为碳达峰工作提供坚实支撑，引领碳达峰碳中和工作深入实施和系统推进。

（一）新型电力系统示范建设工程。 加快"源网荷储一体化"重点项目建设，优化整合电源侧、电网侧、负荷侧资源要素，提高电网与各侧的交互响应能力，实现源、网、荷、储深度协同。智能输电建设方面，持续优化主网架，高起点高标准建设500千伏主网架，加快建成投产覆盖全岛的500千伏口字型环网，进一步形成覆盖全岛的"日"字形目标网架结构。在智能配电建设方面，全面推进以故障自愈为方向的配电自动化建设。在智能用电方面，加快推动"新电气化"进程，促进电能占终端能源消费比重和能源利用效率持续提升，积极推进电力需求响应，加强工业领域电力需求侧管理，提升工业电气化水平，持续提高单位工业增加值能效。在数字化方面，充分发挥能源电力大数据"生产要素"和"算力+算法"叠加倍增效应，以数字电网赋能新型电力系统建设。到2025年，力争清洁能源发电装机、电量比重分别达85%、75%左右，科学合理控制尖峰负荷规模，以智能配电网及智能微网建设为突破口，探索构建源网荷储体系和市场机制，基本建成新型电力系统示范省。到2030年，力争非化石能源装机比重75%左右，清洁能源装机比重92%左右，大电网与配电网、微网、微网群协调发展的电网形态基本形成，逐步形成占年度最大用电负荷5%左右的需求侧机动调节能力，大幅度提高能源资源优化配置能力和能源利用效率，全面建成数字电网、全面建成新型电力系统示范省。

（二）重点园区低碳循环发展工程。 推动现有园区循环化、节能低碳化改造。着力在产业园区构建循环型产业链，抓好石化、化工、造纸等重点企业资源消耗减量化。以提高资源、能源的投入产出效率为主线，围绕资源输入、利用、输出三个环节，紧抓园区循环经济产业链构建，各产业体系和企业发展的上下游衔接更加紧密，形成企业之间、产业之间大循环大发展的格局。开展化工类园区与绿色能源消费融合，重点推进绿氢化工示范工程建设。到2025年，海口国家高新技术产业园区、东方临港产业园区、三亚市亚龙湾国家旅游度假区完成循环化改造工作。到2030年，基本完成全省重点园区循环化改造工作。

（三）零碳示范区域创建引领工程。以生态能源为依托，以科技创新为驱动，以"零碳、智慧、循环"为方向，按照生态优先、低碳集约、量化管控的原则，在海口、三亚、博鳌等市镇，结合各地产业发展定位和资源禀赋，因地制宜发挥科技创新、旅游康养、会议培训、体育农渔等地区发展特色要素，差异化打造一批高质量近零碳、零碳示范区域。通过示范区总体路线制定、全面推广可再生能源替代、数字赋能实现智慧控碳、绿色建筑全配套、低碳交通方式改造和碳中和科技应用等，探索开展零碳试点工作。对零碳试点加大政策和资金支持力度，加强工作指导和跟踪管理，优化零碳实现路径。利用三年时间，按照"世界一流、国内领先、全面对标"目标，多维度对标对表国际一流指标，通过制度集成创新和技术集成应用，将博鳌零碳示范区打造成为省部共建的全国性示范项目和具有国际引领示范作用的零碳绿色发展标杆。2030年前，率先建成三亚蜈支洲岛、琼海市会山镇加略村、琼中黎族苗族自治县等零碳先行示范区和五指山市微电网零碳能源先行示范区。

（四）热带海岛绿色建筑探索工程。立足海南高温高湿、风大雷暴多等气候特征，研究建立适应海南地区应用特征的超低能耗建筑设计、施工技术、检测技术和评价技术标准体系，助力低能耗建筑高质量发展。积极探索适宜海南的可再生能源应用新模式，利用风能、生物质能、水能、天然气等资源组合优势，研究推进空气源热泵、太阳能空调等技术在建筑中的应用试点，积极推进储能等技术研发应用，拓展可再生能源建筑应用体系。选取有条件的市县开展绿色建筑发展示范工程，以完善的绿色建筑推广政策、标准、监管、金融体系为引领，以适合海南热带海岛气候的绿色建筑技术、产品研发技术和绿色建筑信息管理系统为支撑，以统一的绿色建筑标识认定、管理与撤销制度作保障，实现绿色建筑的全过程管理，建立可复制、可推广的绿色建筑全生命周期建设运营体系。到2022年，全省城镇新建建筑中绿色建筑面积占比达到70%，其中海口市、三亚市占比达到80%，其他市县占比达到60%。到2025年，力争编制完成《海南省超低能耗建筑技术导则》《海南省超低能耗建筑设计技术标准》，全省绿色建筑占新建建筑比例达到80%，城镇新建建筑全面执行绿色建筑标准。到2030年，全省新建建筑100%符合绿色建筑规范。

（五）禁售燃油汽车垒土筑基工程。着力解决充电不便问题，优化新能源汽车使用体验。以构建覆盖海南的充电基础设施服务网络、促进新能源汽车发展应用为目标，桩站先行、适当超前推进海南充电基础设施建设。到2025年，省内充电基础设施总体车桩比例确保小于2.5：1，公共充电桩方面小于7：1，重点先行区域充电网络平均服务半径力争小于1公里，优先发展区域小于3公里，积极促进区域小于5公里。加强政策引导，推动燃油汽车加快退出。通过实行差异化上牌、行驶、停放等交通管理措施逐步引导使用新能源汽车，研究制定鼓励燃油汽车加快退出的财税支持政策措施，分阶段实现全域汽车清洁能源化。鼓励地级市率先建设机动车零排放区。根据大气环境质量状况和道路交通发展等情况，划定并公布低排放区域和零排放区域。加快构建统一的海南省充换电一张网服务与监管平台，到2022年，组建海南省新能源汽车充换电基础设施运营公司，打造海南充换电基础设施运营平台。到2025年，新能源汽车在全省存量汽车和新增汽车中占比明显提高，燃油汽车退出速度明显加快、新增规模明显降低。到2030年，全岛全面禁止销售燃油汽车，新能源汽车占比超过45%，各市县基本建成一个机动车零排放区。

（六）海洋蓝碳生态系统建设工程。依托已开展的蓝碳交易研究工作，打造国家级蓝碳科技创新管理平台，全面开展海南省蓝碳资源调查统计，碳储量调查和方法学开发等工作，摸清蓝碳资源家底。建设蓝碳研究实践基地，以红树林、盐沼、海草和其他藻类为重点，综合考虑水质和地貌等外在因素，构建具有海南特色的蓝碳生态系统，并结合人工干预和监测管理，以海口东寨港红树林、陵水新村与黎安港海草床、文昌与琼海麒麟菜等增汇工程，以及三亚湾、万宁小海和老爷海等生态治理修复工程为重点，分阶段分层次建设一批可观察、可核查、可复制、可推广的蓝碳样板工程，努力建设国家蓝碳示范区，为蓝碳系列理论提供实践基地和发展基础。整体推进海洋垃圾治理，全面加强海岸带蓝碳生态系统的保护与修复工作，完善海洋生态补偿机制和海洋可持续发展方式，充分挖掘全省蓝碳潜力。到2025年，基本建成知识共享与学术成果国际交流平台，努力建设高水平蓝碳研究机构，主动服务国家应对气候变化战略。到2030年，力争成为在国际上展示我国积极参与应对全球气候变化和生态文明建设成果的靓丽名片。

（七）全面深入实施全省禁塑工程。贯彻国家塑料污染治理政策，倡导绿色产品消费，适时修订完善《海南经济特区禁止一次性不可降解塑料制品规定》，制定《海南省"十四五"塑料污染治理行动方案》。加强一次性塑料制品输入源头治理，禁止名录内一次性塑料制品通过港口、邮寄、电商等渠道向岛内输入。持续推进生活垃圾分类和全社会禁塑工作，建立案件曝光和新闻发布机制，有关行政处罚等信息纳入国家企业信用信息公示系统和海南自由贸易港信用信息共享平台。落实《关于加快建立健全绿色低碳循环发展经济体系的实施意见》《海南省快递包装绿色转型行动计划（2021—2025）》等要求，不断提高快递包装的系统化治理水平和能力，建立健全绿色低碳循环发展经济体系。到2025年，全省全面禁止生产、销售和使用列入目录塑料制品成效进一步提升，在海口市、澄迈县、东方市等地工业园区建设全生物降解材料完整产业链。到2030年，禁塑制度体系更加健全，替代产品成本进一步降低、质量进一步提升，替代品得到充分推广，一次性塑料制品减量成效保持全国领先水平。

五、政策保障

（一）优化核算规则体系。组织开展国家碳排放核算规则体系集中学习研讨交流活动，推动深入应用，理清核算边界，强化对碳排放的跟踪分析，加快建立符合海南省情的碳排放数据统一发布制度。支持重点行业、企业依据自身特点及优势开展碳排放方法学研究，进一步验证后作为海南省碳排放数据发布佐证依据。

（二）**健全完善法规标准**。探索符合海南自由贸易港发展的减缓和应对气候变化创新性制度及具体措施，在修订已有环境保护法规的同时，探索制定促进碳达峰碳中和实现的倡导性条款。针对适应气候变化、节能降碳等重点领域，探索制定专项条例或政府规章。建立健全符合热带海岛气候特征的可再生能源标准体系，加快新能源并网、电力系统安全稳定等技术领域标准制修订。健全碳标识体系，制定碳标识管理办法，明确产品"碳足迹"。落实节能绿色低碳产品认证管理办法，做好认证目录发布和认证结果采信工作。完善绿色建筑和绿色建材标识制度。制订海南省绿色建筑发展规定。制修订绿色商场、绿色宾馆、绿色饭店、绿色旅游等绿色服务评价办法。鼓励支持相关单位、机构积极参与国际能效、低碳等相关标准制修订。

（三）**推动落实支持政策**。充分利用国家下放给海南自由贸易港的各项政策，重点完善节能环保电价政策，严格落实居民和高耗能产业阶梯电价政策。持续加大财政对绿色低碳领域基础研究、应用研究的投入和支持力度，支持能源高效利用、资源循环利用、碳减排技术、生态系统增汇工程等。继续落实节能节水环保、资源综合利用以及合同能源管理、环境污染第三方治理等方面的所得税、增值税等优惠政策。依托海南省智慧金融综合服务平台，建立绿色金融信息共享机制，探索构建集绿色信用服务、绿色金融服务、绿色企业、项目评级等为一体的绿色金融服务体。完善绿色信贷制度，加大对清洁能源、节能环保、碳减排技术等重点领域的信贷支持力度，创新基于用能权、排污权、碳排放权等抵质押品的绿色信贷产品，出台科学有效的绿色信贷综合解决方案。鼓励探索绿色低碳领域发行基础设施不动产投资信托基金（REITs），积极盘活存量资产。积极开展绿色项目债券融资，重点支持节能环保、清洁生产、可再生能源、生态环境、基础设施绿色升级和绿色服务等绿色产业中符合条件的企业发行绿色债券。发展绿色保险，推行环境污染强制责任保险制度，支持保险机构开展气象指数类保险。鼓励社会资本设立各类绿色发展产业基金，推动设立政府出资参与的碳达峰碳中和基金，支持绿色产业发展和技术创新。进一步完善海南合格境外有限合伙人（QFLP）制度，引进国际资金和境外投资者参与气候投融资活动。鼓励银行业金融机构归集有绿色转型升级需求、运营绿色项目的客户信息，探索建立绿色项目库，加大对入库企业的支持，并以此为基础，建立全省绿色重大项目库。

（四）**发挥市场机制作用**。积极参与全国碳排放权、用能权交易，发挥市场机制优化配置碳排放资源的作用，有效引导资金流向低碳发展领域，倒逼能源消费和产业结构低碳化。支持用户侧储能、虚拟电厂等资源参与市场化交易，鼓励可再生能源电力消纳机制创新，完善绿色电力消费认证机制。积极推进碳普惠机制，建设全省统一的碳普惠应用平台，逐步建立可持续的碳普惠商业模式。

六、组织实施

（一）**加强组织领导**。省碳达峰碳中和工作领导小组统筹和指导各市县、各部门和各行业落实碳达峰碳中和工作，协调解决工作中的重大问题。领导小组办公室设在省发展改革委，负责具体组织实施，加强与国家方案衔接，跟踪、调度各市县、各部门和各行业达峰工作的总体进展。组建省绿色低碳发展服务中心，深化政策研究、设计和情景分析，加强重点项目谋划和实施，促进低碳科技成果转化和技术应用。加强碳达峰碳中和工作人才队伍建设，配备专职人员，落实碳达峰碳中和专项工作经费支撑。

（二）**压实各方责任**。按照我省"1+N"政策体系要求，省直有关部门要制定本领域碳达峰专项实施方案，明确碳达峰时间表、路线图。各市县要根据资源禀赋与发展定位，坚持分类施策、因地制宜开展碳达峰路线图研究，制定积极可行、符合实际的落实举措。鼓励有条件的市县、园区、行业和企业开展相关试点示范，积极探索有效模式和有益经验。各市县各部门要加强风险防范，处理好碳达峰与能源安全、产业链供应链安全、粮食安全、群众日常生活的关系，确保安全降碳。

（三）**加强培训宣传**。加强培训力度，开展国内外交流合作，培训考察、交流研讨等活动，不断提高各级领导干部推动碳达峰碳中和工作的能力和水平。结合海南实际，在各级党校（行政学院）、干部学院、各类学校等增加相关特色课程，培训各级领导干部和广大学生深入贯彻落实中央关于碳达峰碳中和重大决策部署，了解掌握海南碳达峰碳中和工作进展情况。采取多种形式加强教育宣传和舆论引导，普及相关法律法规标准和科学知识。深入宣传习近平生态文明思想，创新宣传载体，丰富活动内容，持续开展"六五环境日""节能宣传周"及"低碳日"等主题宣传活动，将绿色低碳理念融入广大人民群众日常工作学习生活之中。

（四）**强化监督考核**。依照有关规定将碳达峰碳中和相关指标纳入高质量发展综合评价体系，作为党政领导班子和领导干部评价的重要内容。各市县、各部门每年将推动落实碳达峰碳中和工作情况向省委、省政府报告。开展碳达峰实施情况评估，科学评估工作进展与成效。编制碳达峰目标责任评价考核方案，依照有关规定将重点行业与区域碳达峰落实情况纳入生态环境保护督查，建立有力有效的监督落实机制。

四川省人民政府
关于印发《四川省碳达峰实施方案》的通知

（川府发〔2022〕37号）

各市（州）、县（市、区）人民政府，省政府各部门、各直属机构，有关单位：

现将《四川省碳达峰实施方案》印发给你们，请结合实际认真贯彻落实。

四川省人民政府
2022年12月31日

（本文有删减）

四川省碳达峰实施方案

为深入贯彻落实党中央、国务院关于碳达峰、碳中和重大战略决策和省委、省政府工作部署，有力有序推进碳达峰、碳中和，确保实现碳达峰目标，打牢碳中和工作基础，制定本方案。

一、总体要求

（一）指导思想。以习近平新时代中国特色社会主义思想为指导，全面贯彻党的二十大精神，深入贯彻习近平生态文明思想和习近平总书记对四川工作系列重要指示精神，认真落实省第十二次党代会和省委十二届二次全会精神，立足新发展阶段，完整、准确、全面贯彻新发展理念，服务和融入新发展格局，坚持系统观念，统筹发展和减排、整体和局部、长远目标和短期目标、政府和市场的关系，把碳达峰、碳中和纳入经济社会发展全局和生态文明建设整体布局，坚持降碳、减污、扩绿、增长协同推进，明确各地区、各领域、各行业目标任务，以能源绿色低碳发展为关键，加快实现生产生活方式绿色变革，推动经济社会发展建立在资源高效利用和绿色低碳发展的基础之上，确保2030年前如期实现碳达峰。

（二）工作原则。

总体部署、分类施策。坚持全省"一盘棋"，强化顶层设计，加强统筹部署，综合考虑发展定位、发展阶段、减排潜力和成本、产业基础、重大项目布局、能源禀赋等，科学确定各地区、重点行业领域碳排放目标任务。

系统推进、重点突破。 碳达峰、碳中和是一场广泛而深刻的经济社会系统性变革，推进碳达峰要抓住主要矛盾和矛盾的主要方面，增强政策措施的系统性、协同性，推动重点领域、重点行业梯次有序达峰。

双轮驱动、两手发力。 注重发挥市场主体作用，完善各类市场化机制，形成减排长效机制。更好发挥政府引导作用，大力推动绿色低碳科技创新，深化能源和相关领域改革，构建与市场机制相耦合的低碳政策体系。

稳妥有序、安全降碳。 立足水多气丰煤少油缺和部分地区风光资源较好的省情实际，坚持先立后破，以保障国家能源安全和经济发展为底线，在切实保障产业链供应链安全、粮食安全和群众正常生产生活的同时，稳妥有序、循序渐进实施碳达峰行动，着力化解各类风险隐患，防止运动式"减碳"和"碳冲锋"，确保安全降碳。

（三）主要目标。

牢牢把握将清洁能源优势转化为高质量发展优势的着力方向，统筹推动产业结构、能源结构、交通运输结构、用地结构优化调整，加快建成全国重要的实现碳达峰碳中和目标战略支撑区，为全国实现碳达峰贡献四川力量。

"十四五"期间，产业结构和能源结构调整优化取得明显进展，重点行业能源利用效率大幅提升，煤炭消费持续下降，加快构建以水电为主，水风光多能互补的可再生能源体系，形成以清洁能源为主体的新型电力系统，绿色低碳技术研发和推广应用取得新进展，绿色生产生活方式得到普遍推行，绿色低碳循环发展政策体系进一步完善。到2025年，全省非化石能源消费比重达到41.5%左右，水电、风电、太阳能发电总装机容量达到1.38亿千瓦以上，单位地区生产总值能源消耗下降14%以上，单位地区生产总值二氧化碳排放确保完成国家下达指标，为实现碳达峰奠定坚实基础。

"十五五"期间，产业结构调整取得重大进展，清洁低碳安全高效的能源体系初步建立，重点领域低碳发展模式基本形成，重点耗能行业能源利用效率达到国内先进水平，非化石能源消费比重进一步提高，煤炭消费逐步减少，绿色低碳技术取得关键突破，绿色生活方式成为公众自觉选择，绿色低碳循环发展政策体系基本健全。到2030年，全省非化石能源消费比重达到43.5%左右，水电、风电、太阳能发电总装机容量达到1.68亿千瓦左右，单位地区生产总值二氧化碳排放比2005年下降70%以上，如期实现碳达峰目标。

二、重点行动

（一）围绕建设世界级优质清洁能源基地，实施能源绿色低碳转型行动。

统筹做好清洁能源外送和能源安全保障，进一步优化能源生产、消费结构，强化水电主力军作用，培育风光发电新增长点，增强火电托底保供能力，构建沿江清洁能源走廊，持续推进清洁能源替代，加快构建清洁低碳安全高效的现代能源体系。

1.科学有序开发水电。加快金沙江、雅砻江、大渡河"三江"水电基地建设，有序推进其他流域大中型水电工程建设。着力调整优化水电开发结构，优先建设具有季以上调节能力的水库电站。在新能源开发集中区和电力负荷中心，结合水利工程水资源再利用，统筹规划建设抽水蓄能电站。加快推进金沙江叶巴滩、雅砻江卡拉、大渡河双江口等水电站建设，新建金沙江旭龙、岗托，雅砻江牙根二级，大渡河丹巴等水电站。全面优化水电设计、施工、管理，切实有效降低水电开发成本。"十四五""十五五"期间分别新增水电装机容量2500万千瓦、1300万千瓦左右，以水电为主的可再生能源体系更加巩固。

2.大力发展新能源。大力发展风电、光伏发电，重点推动凉山州风电基地和"三州一市"光伏发电基地建设，支持有条件的地区建设分散式风电。加快打造金沙江上游、金沙江下游、雅砻江、大渡河中上游4个水风光一体化可再生能源综合开发基地，同步推进其他流域水库电站水风光多能互补开发。加快智能光伏产业创新升级和特色应用，创新"光伏+"模式，推进光伏发电多元布局。因地制宜推动生物质能综合利用。加快推进地热资源勘探开发，因地制宜开展地热资源综合利用试点示范。到2025年，全省风电装机容量约1000万千瓦，光伏发电装机容量约2200万千瓦。到2030年，全省风电、光伏发电总装机容量达到5000万千瓦左右。

3.加大天然气（页岩气）勘探开发力度。加快建设国家天然气（页岩气）千亿立方米级产能基地，重点实施川中安岳气田、川东北普光和元坝气田、川西气田、川南页岩气田滚动开发等项目。加快川气东送二线（四川段）、威远和泸州区块页岩气集输干线等管道建设，完善省内输气管道网络，加强与国家干线管道的互联互通，积极推进老翁场、牟家坪等地下储气库建设，补齐储气调峰能力短板。到2025年，天然气（页岩气）年产量达到630亿立方米；到2030年，天然气（页岩气）年产量达到850亿立方米。

4.推进能源消费低碳化。严控煤电装机规模，促进煤炭清洁利用，推动煤炭消费量稳定下降，到2025年原煤消费量不超过7000万吨，到2030年原煤消费量不超过6500万吨。将石油消费增速保持在合理区间，逐步调整汽油消费规模，推进生物液体燃料、可持续航空燃料等替代传统燃油，力争石油消费"十五五"时期进入峰值平台期。有序引导天然气消费，优先保障民生用气，统筹工业用气和化工原料用气。大力推进天然气与多种能源融合发展，加快保供调峰天然气机组建设，有序发展天然气分布式能源，实施工业、交通等领域天然气燃料替代。持续推进可再生能源消纳，实施"电动四川"行动计划，进一步扩大电能替代范围。在工业生产领域持续推广电锅炉、电窑炉替代燃煤（油、柴、气）锅炉、窑炉；加快公共交通、环卫、旅游景区、工程作业、家庭用车等领域的电动化进程；结合地方产业特色推广电烤烟、电制茶替代燃煤烤烟制茶。

5.加快建设新型电力系统。提高电网对高比例大规模可再生能源的消纳和调控能力，构建水电和新能源高占比的新型电力系统。持续优化完善电网主网架，加快推进川渝电网特高压交流目标网架、攀西电网至省内负荷中心1000千伏特高压交流输变电工程建设，建成甘孜—天府南—成都东、阿坝—成都东1000千伏特高压交流输变电工程。全面推进四川电网500千伏主网架优化，构建相对独立、互联互济的"立体双环网"主网结构，提升电网分层分区运行水平。推动新能源送出通道建设，以金沙江上游、金沙江下游、雅砻江、大渡河中上游等水风光一体化可再生能源综合开发基地为重点，有序推动水风光一体化送出工程建设，新增跨省跨区通道可再生能源电量比例原则上不低于50%。加大风光等新能源资源配置统筹力度，支持"新能源+储能"、源网荷储一体化和多能互补、水火联营项目建设。加快配电网升级换代，推进适应大规模高比例新能源友好并网等电网技术创新。深化电力体制改革，推进电力市场建设，开展绿色电力交易，完成国家下达的可再生能源电力消纳责任权重。到2030年，全省具备季以上调节能力的水电装机容量达到4900万千瓦左右，省级电网基本具备5%以上的尖峰负荷响应能力。

（二）围绕全面提高能源资源利用效率，实施节能降碳增效行动。

科学合理做好能耗管控，坚持节约优先方针，全面推进节能降碳技术创新，加大技术改造力度，不断提升能源利用效率，建设能源节约型社会。

1.全面提升节能降碳管理能力。细化各市（州）及重点行业领域节能目标，严格控制二氧化碳排放强度，统筹建立二氧化碳排放总量控制制度及配套机制。加强能耗及二氧化碳排放控制目标分析预警，强化责任落实和评价考核。严格固定资产投资项目节能审查，对项目用能和碳排放情况进行综合评价，从源头推进节能降碳。健全省、市、县三级节能监察体系，建立跨部门联动机制，综合运用行政处罚、信用监管、惩罚性电价等手段，增强节能监察约束力。提高节能管理信息化水平，完善重点用能单位能耗在线监测系统，开展能源计量审查，推动高耗能企业建立能源管理中心，实行重点用能单位分级管理。推进能源大数据中心建设，构建省级碳排放监测服务平台，共享共用能源数据。加快推进公共机构能耗数据纵向直报系统全省"一张网"建设。

2.实施节能降碳重点工程。实施城市节能降碳工程，开展建筑、交通、照明、供热等基础设施节能升级改造，推进先进绿色建筑技术示范应用，推动城市综合能效提升。实施园区节能降碳工程，以高耗能高排放项目集聚度高的园区为重点，推动能源系统优化和梯级利用。实施重点行业节能降碳工程，推动电力、钢铁、有色金属、建材、化工等行业加快节能技术创新和应用，持续开展节能减碳改造，提升能源资源利用效率。

3.推进重点用能设备节能增效。以工业锅炉、变压器、电机、风机、泵、压缩机、换热器、电梯等设备为重点，全面提升能效水平。加强新一代信息技术、人工智能、大数据等新技术在节能领域的推广应用，开展重点用能设备、工艺流程的智能化升级，利用数字技术开展能效监测，推动高效用能设备与生产系统的优化匹配。建立以能效为导向的激励约束机制，大力推广先进高效产品设备，加快淘汰落后低效设备。加强重点用能设备节能监察和日常监管，强化生产、经营、销售、使用、报废全链条管理，确保能效标准和节能要求全面落地见效。

4.加强新型基础设施节能降碳。统筹集约建设第五代移动通信技术（5G）、数据中心等高耗能信息基础设施，避免低水平重复建设。采用直流供电、分布式储能、"光伏+储能"等模式，推进光储充一体化充电站建设。通过淘汰落后或改造升级，提高装备技术水平，提升通信、运算、存储、传输等设备能效，积极推广使用高效制冷、先进通风、余热利用、智能化用能控制等绿色技术，提升数据中心等数字信息基础设施能效水平。

（三）聚焦构建现代工业体系，实施工业领域碳达峰行动。

加快工业领域绿色低碳转型，持续淘汰落后产能，大力推进绿色制造和清洁生产，坚决遏制高耗能高排放低水平项目盲目发展，实现节能降耗、减污降碳。

1.推动工业领域绿色低碳发展。深入实施制造强省战略，加快发展新一代信息技术、生物技术、新能源、新材料、高端装备、新能源车船、绿色环保及航空航天等战略性新兴产业。充分发挥清洁能源优势，聚力发展清洁能源、晶硅光伏、动力电池、钒钛、存储等绿色低碳优势产业，支持宜宾建设"动力电池之都"、遂宁建设"锂电之都"，成都建设"绿氢之都"，打造德阳"世界级清洁能源装备制造基地"、乐山"中国绿色硅谷"。深入推动绿色工厂、绿色园区、绿色产品、绿色供应链等绿色制造示范单位创建工作，支持打造一批绿色低碳园区和绿色低碳工厂，推行绿色设计，构建绿色制造体系。推进工业领域数字化智能化绿色化融合发展，推动钢铁、电解铝、水泥、平板玻璃、炼油、乙烯、合成氨、电石等行业节能降碳改造。

2.推动钢铁行业碳达峰。严格执行钢铁产能等量或减量置换相关规定，依法依规推动落后产能退出，严防"地条钢"死灰复燃和已化解过剩产能复产。对于确有必要新选址建设的钢铁冶炼项目，必须按照钢铁行业最先进工艺装备水平和最领先指标建设。对2025年前达不到超低排放要求、竞争力弱的钢铁企业，采取限期整改、压减产能等措施，推进存量优化，淘汰落后产能。建立以碳排放、污染物排放、能耗强度、产能利用率等要求为主的钢铁企业产量约束机制。促进工艺流程结构转型和清洁能源替代，优化原燃料结构，大力推进非高炉炼铁技术示范，提升废钢资源回收利用水平，推进全废钢电炉工艺，鼓励发展电炉短流程炼钢，力争2030年电炉钢比重提升至40%以上。积极争取开展氢冶金、二氧化碳捕集利用一体化等试点示范。

3.推动有色金属行业碳达峰。严格执行电解铝产能置换政策，严控新增产能。严控铜、铅、锌、镁等有色金属产能总量。加快再生有色金属产业发展，提升再生有色金属行业企业规范化、规模化发展水平，完善废弃有色金属资源回收、分选和加工网络。加强余热回收等综合节能技术创新，提高余热余能利用率，推动单位产品能耗持续下降。提升短流程工艺行业占比，持续优化工艺过程控制，进一步降低能耗、物耗，降低行业碳排放强度。

4.推动建材行业碳达峰。加强产能置换监管，严格执行减量置换政策，严禁新增水泥熟料、平板玻璃产能。加快低效产能退出，加大压减传统产业过剩产能力度。推动水泥错峰生产常态化，合理缩短水泥熟料装置运转时间。引导建材行业向轻型化、集约化、终端化、制品化转型。支持建材企业发展绿色低碳新业态、新技术、新装备、新产品。鼓励建材企业使用粉煤灰、工业废渣、尾矿渣、建筑垃圾等作为原料或水泥混合材。加快推进绿色建材产品认证和应用推广，加强新型胶凝材料技术、低碳混凝土技术、吸碳技术研发，开发低碳水泥等低碳建材新产品。

5.推动化工行业碳达峰。严格项目准入，严控新增炼油、乙烯、合成氨、电石生产能力，加大落后产能淘汰力度。优化产品结构，积极开发优质耐用可循环的绿色石化产品。引导企业转变用能方式，鼓励以电力、天然气代替煤炭作为燃料。鼓励企业节能升级改造，推动能量梯级利用。推进化工产业资源利用循环化，大力实施低碳或可再生原料替代，推广具备能源高效利用、污染物减量化、废弃物资源化利用和无害化处理等功能的工艺技术和设备。到2025年，原油一次加工能力控制在1500万吨以内，主要产品产能利用率力争提升至80%以上。

6.坚决遏制"两高一低"项目盲目发展。 对高耗能、高排放、低水平项目实行清单管理、分类处置、动态监控。全面排查在建和存量"两高一低"项目，坚决拿下不符合要求的项目，对手续不全、达不到能耗限额标准要求的违规项目按有关规定严格整改，整改不到位的不得继续建设或生产。科学评估拟建项目，对于产能已饱和的行业，按照"减量替代"原则压减产能；对于产能尚未饱和的行业，按照国家布局和审批备案等要求，对标国际先进水平提高能效准入门槛；对于能耗量较大的新兴产业，支持引导企业应用绿色技术，提高能效水平。

（四）围绕推进新型城镇化和乡村振兴，实施城乡建设碳达峰行动。

加快推动城乡建设绿色低碳发展，在城市更新和乡村振兴中严格落实绿色低碳要求。

1.推进城乡建设和管理模式低碳转型。 合理确定城市开发建设密度和强度，控制新增建设用地过快增长。推动城市组团式发展，建设城市生态廊道，鼓励城市"留白增绿"。积极开展生态园林城市建设，持续扩大生态绿量。倡导绿色低碳规划设计理念，增强城乡气候韧性，建设海绵城市。推动建设绿色城镇、绿色社区，实施工程建设全过程绿色建造，加快推进建筑工业化，大力发展装配式建筑，推广钢结构住宅，全面推广节能门窗、绿色建材。加强建筑拆除管理，杜绝大拆大建，加强建筑垃圾管理和资源化利用。

2.加快提升建筑能效水平。 加强适用于不同气候区、不同建筑类型的节能低碳技术研发和推广，全面推进绿色建筑创建行动，推动超低能耗建筑、低碳建筑规模化发展，严格管控高能耗公共建筑建设。加快推进既有居住建筑和政府机关、学校、医院等公共建筑节能降碳改造，加强公共建筑能耗监测和统计分析，逐步实施能耗限额管理。推行建筑能效测评标识，提升城镇建筑和基础设施运行管理智能化水平。到2025年，城镇新建建筑全面执行绿色建筑标准。

3.加快优化建筑用能结构。 深入推进太阳能、地热能、生物质能、空气热能等可再生能源在建筑中的应用，逐步提高城镇建筑可再生能源替代率。因地制宜开展建筑屋顶光伏行动，推行光伏发电与建筑一体化，推动建设集光伏发电、储能、直流配电、柔性用电为一体的"光储直柔"建筑。加快推动建筑用能电气化和低碳化，大幅提高建筑采暖、采光、炊事等电气化普及率，提高建筑终端电气化水平。引导高寒地区科学取暖，因地制宜采用清洁高效取暖方式。到2025年，全省城镇建筑可再生能源替代率达到8%，在太阳能资源丰富且具备条件的地区新建公共机构建筑、新建厂房屋顶光伏覆盖率力争达到50%。

4.推进农村建设和用能低碳转型。推进绿色农房建设，加快农房节能改造。推广节能环保灶具、电动农用车辆、节能环保农机，发展节能低碳农业大棚。改进农业农村用能方式，因地制宜推进生物质能、太阳能等可再生能源在农业生产和农村生活中的应用。加强农村电网建设，完善配电网及电力接入设施，提升农村用能电气化水平。

（五）加快交通强省建设，实施交通运输绿色低碳行动。

加快构建现代综合交通运输体系，形成绿色低碳运输方式，确保交通运输领域碳排放增长保持在合理区间，力争尽快实现碳达峰。

1.推动运输工具装备低碳转型。积极扩大电力、氢能、天然气、先进生物液体燃料等新能源、清洁能源在交通领域应用。大力推广新能源汽车，逐步降低传统燃油汽车在新车产销和汽车保有量中的占比，推动城市公共服务及货运配送车辆电动化替代。积极推广液化天然气动力重型货运车辆和船舶，加快发展电动船舶。稳步推进换电模式和氢燃料电池在重型货运车辆、营运大客车领域的试点应用。推进主要港口港作机械、物流枢纽和园区场内车辆装备电动化更新改造，到2030年基本实现电动化。提高燃油车船能效标准，健全交通运输装备能效标识制度，加快淘汰高能耗高排放老旧车船。推动机场桥载设备电能替代改造，提升机场运行电动化智能化水平。到2030年，当年新增新能源、清洁能源动力的交通工具比例（不含摩托车）达到40%左右，营运交通工具单位换算周转量碳排放强度比2020年下降9.5%左右，省内铁路单位换算周转量综合能耗比2020年下降10%。陆路交通运输石油消费力争"十五五"末进入峰值平台期。

2.构建绿色高效交通运输体系。加快推进出川战略大通道建设和运能紧张线路扩能改造，提升铁路干线运输能力。加快推进物流园区、工矿企业铁路专用线建设。推广智能交通，推动不同运输方式合理分工、有效衔接，降低空载率和不合理客货运周转量。大力发展以铁路、水运为骨干的多式联运，鼓励"公转水""公转铁"运输结构调整，建设一批多式联运型物流枢纽，提升集装箱铁水联运比例。加快推动港口大宗货物采用铁路、水路、封闭式皮带廊道等绿色运输方式。加快建设专业化、规模化的内河港口，推进长江、沱江、嘉陵江、岷江、渠江航道等级提升，全面提升内河水运运输效能，推进宜宾、泸州合江水路货运干支流中转基地建设。引导航空企业加强智慧运行，实现系统化节能降碳。深入实施公交优先战略，构建"地铁+公交+慢行"出行体系，高质量推进公交都市创建，积极推进公交信号优先和智能化系统建设，引导公众主动选择绿色低碳交通方式。加快城乡物流配送绿色发展，推进绿色低碳、集约高效的城市物流配送服务模式创新。"十四五"期间，全省集装箱铁水联运年均增长率达到15%。到2030年，常住人口100万以上的城市中心城区绿色出行比例达到70%。

3.加快绿色交通基础设施建设。将绿色低碳理念贯穿交通基础设施规划、建设、运营和维护全过程，探索建立交通基础设施建设全生命周期碳排放评估监测和跟踪报告制度。开展交通基础设施绿色化提升改造，统筹利用综合运输通道线位、土地、空域等资源，提高利用效率。提升城市公共交通基础设施水平，加快城乡公共充（换）电网络布局，积极建设城际充（换）电网络，鼓励企业投资相关设施建设和运营。合理布局加氢基础设施，鼓励加氢站与加气站、加油场站合建，推动已建加油站拓展加氢、加气功能。推进港口岸电设施和船舶受电设施安装。到2025年，基本完成集装箱船、滚装船、2000载重吨及以上干散货船和多用途船等的受电设施改造，重点港口码头全部完成岸电设施改造，实现快充站（换电站）覆盖80%的高速公路服务区和50%的公路客运枢纽站。到2030年，实现高速公路服务区充（换）电设施全覆盖，民用运输机场内车辆装备等全面实现电动化。

（六）聚焦全面提高资源利用效率，实施循环经济助力降碳行动。

遵循"减量化、再利用、资源化"原则，大力发展循环经济，加强资源节约集约循环利用，充分发挥减少资源消耗和减碳的协同作用。

1.推进产业园区循环化发展。 以节约资源能源、减少废物和碳排放、提高经济效益和生态效益为目标，优化园区空间布局，开展产业园区循环化改造。推动园区企业循环式生产、产业循环式组合，组织企业实施清洁生产改造，推进工业余热余压、废气废液废渣资源化利用，推行工业园区集中供热。搭建基础设施和公共服务共享平台，加强园区物质流管理。到2025年，所有具备条件的省级及以上产业园区全部实施循环化改造，实现园区主要资源产出率、资源综合利用率大幅上升。

2.加强大宗固体废物综合利用。 以尾矿、冶金渣、化工渣、农林废弃物、建筑垃圾等大宗固体废物为重点，支持基础较好、条件成熟的地区建设大宗固体废物综合利用基地，培育一批具有较强竞争力的骨干企业，构建和延伸跨企业、跨行业、跨区域的资源综合利用产业链条。加强资源综合利用产品推广，在政府绿色采购、绿色生活创建、乡村建设等方面加大综合利用产品的应用和推广。在确保安全环保前提下，探索将磷石膏应用于土壤改良、井下充填、路基修筑、制备建材等。加快推进秸秆高值化利用，完善收储运体系，严格禁烧管控。到2025年，全省大宗固体废物年利用量达到1.95亿吨左右，到2030年达到2.2亿吨左右。

3.健全资源循环利用体系。 完善废旧物资回收网络，协同推进垃圾分类回收与再生资源回收体系建设，加快落实生产者责任延伸制度。推行"互联网+"回收模式，加强废纸、废塑料、废旧家电、废旧轮胎、废金属、废玻璃等再生资源回收利用，提升回收利用率和资源转化率。发展和规范二手商品流通交易，推动线上线下二手市场规范建设和运营。促进再生资源产业集聚发展，探索建立再生资源区域交易中心和数字化信息平台。推进退役动力电池、光伏组件、风电机组叶片等新兴产业废弃物循环利用。促进汽车零部件、工程机械、文办设备等再制造产业高质量发展，加强资源再生产品和再制造产品推广应用。到2025年，废钢铁、废铜、废铝、废铅、废锌、废纸、废塑料、废橡胶、废玻璃等9种主要再生资源循环利用量达到2000万吨，到2030年达到2300万吨。

4.大力推进生活垃圾减量化资源化。 加快构建分类投放、分类收集、分类运输、分类处理的生活垃圾处理系统。加强塑料污染全链条治理，整治过度包装，减少一次性用品使用。建设城市废弃物资源循环利用基地，强化生活垃圾、厨余垃圾、污泥资源化利用，统筹规划建设生活垃圾焚烧发电设施。到2025年，城市生活垃圾分类体系基本健全，生活垃圾资源化利用比例提升至60%左右。到2030年，城市生活垃圾分类实现全覆盖，生活垃圾资源化利用比例提升至65%。

（七）推动科教兴川和人才强省，实施绿色低碳科技创新行动。

强化"双碳"目标科技支撑，完善科技创新体制机制，提升创新能力，加强先进绿色低碳技术研发应用，建成全国重要的先进绿色低碳技术创新策源地。

1.完善绿色低碳技术创新体制机制。制定科技支撑碳达峰碳中和实施方案，采取"揭榜挂帅"机制，开展低碳零碳负碳关键核心技术攻关。强化企业创新主体地位，支持企业参与财政资金支持的绿色技术研发项目、市场导向明确的绿色技术创新项目。将绿色低碳技术创新成果纳入高等学校、科研单位、国有企业有关绩效考核。加强绿色低碳技术和产品知识产权保护，完善绿色低碳技术和产品检测、评估、认证体系，建立绿色低碳产业专利数据库，开展绿色低碳产业专利导航、专利快速预审、维权援助等服务。

2.加强创新能力建设和人才培养。在节能降碳、新能源技术和绿色技术领域培育创建一批重点实验室、工程（技术）研究中心、产业（技术）创新中心等国家级或省级创新基地平台，支持天府永兴实验室建设发展。制定绿色低碳优势产业技术攻关路线图，支持绿色技术创新基地平台申报国家计划项目。支持科技领军企业联合高等学校、科研院所等建立绿色技术创新联合体。支持企业、高等学校、科研单位等建立绿色技术创新项目孵化器、创新创业基地、中试公共设施。创新人才培养模式，鼓励高等学校加快新能源、储能、氢能、碳减排、碳汇、碳排放权交易等专业学科建设和人才培养，加快建设一批绿色低碳领域现代产业学院。深化产教融合，鼓励校企联合开展产学合作协同育人项目。依托"天府峨眉计划""天府青城计划"、四川科技英才培养计划、四川高端引智计划等，引进培养低碳领域高端人才及团队。

3.强化应用基础研究。围绕低碳零碳负碳领域，实施一批前瞻性、战略性的重大前沿科技项目，推动技术装备研发取得突破性进展。重点推进新型电力系统、节能、氢能、储能、动力电池、高效率太阳能电池、生物质燃料替代、零碳综合供能、零碳工业流程再造等基础前沿技术攻关。积极研发先进核电技术，加强可控核聚变等前沿颠覆性技术研究。

4.加快先进适用技术研发和推广应用。集中力量开展复杂大电网安全稳定运行和控制、高效光伏、大容量储能、低成本可再生能源制氢等技术创新，加快攻克燃料电池系统、储能装备、氢能储运装备、特种钢材、二氧化碳转化催化剂等基础材料和关键零部件、元器件、软件等技术短板。鼓励二氧化碳规模化利用，支持二氧化碳捕集利用与封存技术研发和示范应用。实施重大节能降碳技术示范工程，支持取得突破的绿色低碳关键技术开展产业化示范应用。加快氢能技术研发和应用，以打造完善的氢能产业生态为导向，统筹推进氢能安全生产和"制储输用"全链条发展，探索在工业、交通运输等领域规模化应用。

（八）筑牢长江黄河上游生态屏障，实施碳汇能力巩固提升行动。

强化国土空间规划和用途管控，统筹山水林田湖草沙一体化保护和系统治理，实施生态系统保护与修复工程，加强森林资源保育，提升生态系统碳汇增量。

1.巩固生态系统固碳作用。发挥国土空间规划导向作用，构建有利于碳达峰、碳中和的国土空间开发保护格局。全面构建"两廊四区、八带多点"生态安全格局，严守生态保护红线，严控生态空间占用，加快建设大熊猫国家公园，建立以国家公园为主体的自然保护地体系，稳定现有森林、草原、湿地、土壤、冻土、岩溶等固碳作用。强化森林、草原资源保护，切实加强森林草原火灾防控和有害生物防治。严格执行土地使用标准，加强节约集约用地评价，推广节地技术和节地模式。

2.提升生态系统碳汇能力。推动国土空间生态修复规划实施，改善自然资源生态系统整体质量，持续提高重点生态地区生态碳汇增量。充分利用适宜空间科学安排绿化用地，推进重点区域植被恢复。抓好宜林荒山、荒坡、荒丘、荒滩造林和25度以上坡耕地退耕还林还草工作。加强长江干支流、黄河上游水源涵养区、秦巴山区、乌蒙山区等区域水源涵养林建设和退化林修复。加强中幼林抚育，建设一批国家储备林基地。加强草原生态保护修复，提高草原综合植被盖度。加强河湖、湿地、冻土层保护修复。系统实施天然林保护、水土保持、干旱半干旱地区生态综合治理、岩溶地区石漠化综合治理等生态保护修复工程。加快推进退化土地修复治理，实施历史遗留矿山生态修复、川西北沙化土地治理、川西高原退化湿地恢复等工程。到2025年，全省森林覆盖率达到41%左右，森林蓄积量达到21亿立方米。

3.加强生态系统碳汇基础支撑。依托和拓展自然资源调查监测体系，以第三次国土调查成果为底版，利用好国家林草湿调查监测成果，建立完善生态系统碳汇监测核算体系，开展森林、草原、湿地、土壤、冻土、岩溶等生态碳汇本底调查、碳储量评估、潜力分析，实施生态保护修复碳汇成效监测评估。建立健全能够体现碳汇价值的生态保护补偿机制。

4.推进农业农村减排固碳。大力发展绿色低碳循环农业，推进农光互补、"光伏+设施农业"等低碳农业模式。组织开展农业农村减排固碳联合攻关，研发应用减碳增汇型农业技术，推广二氧化碳气肥等技术，形成一批综合性技术解决方案。开展耕地质量提升行动，完善农用地分类管理，开展土壤污染治理与修复，加强污染耕地安全利用，严格控制土壤污染来源，提升土壤有机碳储量。推进化肥农药减量增效，提升农膜回收利用率，加强农作物秸秆和畜禽粪污资源化利用。严控过度放牧，持续推进高原牧区草畜动态平衡。

（九）围绕践行生态文明理念，实施绿色低碳全民行动。

强化宣传教育，增强全民节约意识、环保意识、生态意识，倡导简约适度、绿色低碳、文明健康的生活方式，把建设美丽四川转化为全川人民的自觉行动。

1.加强生态文明宣传教育。将生态文明教育纳入国民教育全过程，开展多种形式的资源环境国情教育，普及碳达峰、碳中和基础知识。建立绿色生活宣传和展示平台，充分发挥公共文化数字化、智慧广电、应急广播体系和环境教育等基地作用，加强对公众的生态文明科普教育。提升文化产品绿色低碳内涵，创作反映提倡绿色低碳理念题材的文艺作品，制作文创产品和公益广告。依托世界环境日、世界地球日、全国节能宣传周、全国低碳日等开展绿色低碳主题活动，增强社会公众绿色低碳意识，推动生态文明理念更加深入人心。

2.推广绿色低碳生活方式。深入实施节能减排全民行动、节俭养德全民节约行动、节水行动，开展绿色家庭、绿色学校、绿色出行、绿色商场等绿色生活创建行动，评选宣传一批优秀典型。持续推动"节约型机关"建设，加快公共机构绿色低碳转型，充分发挥公共机构示范引领作用。坚决遏制奢侈浪费和不合理消费，着力破除奢靡铺张的歪风陋习，推进粮食节约减损，防止食品浪费。大力发展绿色消费，推广绿色低碳产品，完善绿色产品认证与标识制度。支持成都构建以"碳惠天府"为品牌的碳普惠机制，适时在全省推广。提升绿色低碳产品在政府采购中的比例。

3.引导企业履行社会责任。 强化企业环境责任意识，加强能源资源节约，提升绿色创新水平。重点领域国有企业要制定实施企业碳达峰行动方案，发挥示范引领作用。重点用能单位要根据自身碳排放情况，"一企一策"制定碳减排专项工作方案，推进节能减碳。倡导零碳活动，鼓励各类企业在赛事、会议、论坛、展览等各类活动中采取措施推进节能降耗、绿色消费。相关上市公司和发债企业要按照环境信息依法披露要求，定期公布企业碳排放信息，主动接受社会监督。

4.强化领导干部培训。 将学习贯彻习近平生态文明思想作为干部教育培训的重要内容，把碳达峰、碳中和相关内容纳入各级党校（行政院校）有关班次教学计划，分阶段、多层次对各级领导干部开展培训，普及科学知识，宣传政策要点，强化法治意识，深化各级领导干部对碳达峰、碳中和工作重要性、紧迫性、科学性、系统性的认识，提升推动绿色低碳发展工作的专业能力素养，切实增强推动绿色低碳发展的本领。

（十）坚持全省"一盘棋"思维，实施市（州）梯次有序碳达峰行动。

各市（州）要准确把握自身发展定位，结合经济社会发展和资源环境禀赋，坚持分类施策、因地制宜、上下联动，梯次有序推进碳达峰。

1.因地制宜推进绿色低碳发展。 各市（州）要结合落实推动成渝地区双城经济圈建设区域重大战略，坚持从实际出发推进本地区绿色低碳发展，推动我省在绿色低碳发展方面走在全国前列。支持成都建设践行新发展理念的公园城市示范区，加快培育壮大绿色低碳产业。推动主导产业特色化集群化绿色化发展，促进成都平原、川南、川东北和攀西经济区绿色低碳高质量发展。推动川西北生态示范区绿色发展，建成国家生态文明建设示范区、国家全域旅游示范区。

2.上下联动制定碳达峰方案。 各市（州）人民政府要按照国家总体部署，结合本地区资源禀赋、产业布局、发展阶段等，科学制定碳达峰实施方案，提出符合实际、切实可行的碳达峰时间表、路线图、施工图，避免"一刀切"限电限产或运动式"减碳"。各市（州）碳达峰实施方案经省碳达峰碳中和工作委员会综合平衡、审核通过后，由各地自行印发实施。

三、对外合作

（一）开展绿色经贸、技术与金融合作。 大力发展高质量、高技术、高附加值绿色产品贸易，扩大节能环保产品和服务进出口。加大绿色技术国际合作力度，推动开展可再生能源、储能、氢能、二氧化碳捕集利用与封存等领域科研合作和技术交流。深化绿色金融国际合作，与有关各方共同推进绿色低碳转型。

（二）推进绿色"一带一路"建设。依托中欧班列、西部陆海新通道等，加快"一带一路"投资绿色合作转型，加强与"一带一路"沿线国家和地区在绿色能源、绿色装备、绿色服务、绿色基建、绿色金融等方面的交流与合作，统筹推进境外项目绿色发展，支持新能源开发龙头企业、能源装备生产企业参与国际产业链供应链合作，扩大新能源技术和产品出口。

四、政策保障

（一）健全统一规范的统计核算体系。按照国家有关要求，结合我省实际和特点，完善地区、行业碳排放核算方法，统一管理全省碳排放相关数据。着力推进碳排放实测技术发展，加快遥感测量、大数据、云计算等新兴技术在碳排放实测技术领域的应用，支持成都开展碳监测评估综合试点。建立健全电力、钢铁等重点行业领域能耗统计监测和计量体系。

（二）健全法规规章标准。全面清理现行法规规章中与碳达峰、碳中和工作不相适应的内容，适时修订、废止一批地方性法规、政府规章。推动完善节约能源、清洁生产、循环经济等方面法规规章制度。落实能耗限额、产品设备能效强制性国家标准，提升重点产品能耗限额要求，扩大能耗限额标准覆盖范围，完善能源核算、检测认证、评估、审计等配套标准。推动完善氢能"制储输用"标准体系。完善工业绿色低碳标准体系。探索开展出口工业品碳足迹认证。

（三）落实经济政策。统筹整合现有财政支持政策，积极盘活存量资金，加大对碳达峰、碳中和重大行动、重大示范、重大工程的支持力度。落实绿色低碳产品的政府采购需求标准体系。全面落实企业从事符合条件的节能环保项目所得减免企业所得税等税费优惠政策。建立健全促进可再生能源规模化发展的价格形成机制。严格执行差别电价、分时电价和居民阶梯电价政策。完善绿色金融体系，用好绿色信贷、绿色基金、绿色债券、绿色保险等金融工具，加大绿色金融评价力度，引导金融机构向绿色低碳项目提供优惠利率贷款支持。将符合条件的绿色低碳发展项目纳入地方政府债券支持范围。鼓励有条件的地方、金融机构、企业设立低碳转型基金。支持成都开展绿色金融改革创新。支持天府新区开展国家气候投融资试点工作。推动发展绿色农业保险、环境污染责任险和林木保险等绿色保险产品。

（四）建立健全市场化机制。落实全国碳排放权交易市场建设相关要求，加强数据质量监管、配额管理和清缴履约，推动林草碳汇开发和交易，健全企业碳排放报告和信息披露制度，开展公共机构碳排放核查，创新推广碳披露和碳标签。完善用能权有偿使用和交易制度，推动用能权交易市场落实节能降碳政策要求，统筹推进碳排放权、用能权、电力交易等市场建设。支持通过绿色技术交易市场促进绿色技术创新成果转化。推行合同能源管理，推广节能咨询、诊断、设计、融资、改造、托管等"一站式"综合服务模式。

346

五、组织实施

（一）**加强统筹协调**。充分发挥省碳达峰碳中和工作委员会作用，加强对各项工作的整体部署和系统推进，研究重大问题、制定重大政策、组织重大工程。省碳达峰碳中和工作委员会办公室要加强工作统筹和研究谋划，定期调度落实进展情况，加强跟踪评估和督促检查，确保各项目标任务落实落细。省碳达峰碳中和工作委员会成员单位要按照省委、省政府决策部署和工作委员会要求，加强协调配合，形成工作合力，扎实推进各行业领域碳达峰工作，确保政策取向一致、步骤力度衔接。

（二）**强化责任落实**。各地各有关部门（单位）要深刻认识碳达峰、碳中和工作的重要性、紧迫性、复杂性，切实扛起责任，按照省委、省政府印发的《关于完整准确全面贯彻新发展理念做好碳达峰碳中和工作的实施意见》和本方案确定的工作目标和重点任务，着力抓好各项任务落实，确保政策到位、措施到位。各类市场主体要积极承担社会责任，对照国家相关政策要求，主动实施有针对性的节能降碳措施，加快推进绿色低碳发展。

（三）**严格监督考核**。加快推动能耗"双控"向碳排放总量和强度"双控"转变，实行能源消费和碳排放指标协同管理、协同分解、协同考核，逐步建立系统完善的碳达峰、碳中和综合评价考核制度。强化碳达峰、碳中和任务目标落实情况考核，将有关落实情况纳入省级生态环境保护督察内容，将碳达峰、碳中和相关指标纳入经济社会发展综合评价体系，增加考核权重，强化指标约束。对工作突出的地方、单位和个人，按规定给予表彰奖励，对未完成目标的地方和单位依规依法实行通报批评和约谈问责。

中共贵州省委　贵州省人民政府
关于印发《贵州省碳达峰实施方案》的通知

（黔党发〔2022〕24号）

各市（自治州）、县（市、区）党委和人民政府，省委各部委，省级国家机关各部门，省军区、武警贵州省总队党委，各人民团体：

现将《贵州省碳达峰实施方案》印发给你们，请结合实际认真贯彻落实。

中共贵州省委
贵州省人民政府
2022年11月4日

贵州省碳达峰实施方案

为全面贯彻落实党中央、国务院和省委、省政府关于碳达峰碳中和的决策部署，推动全省域全方位稳妥有序做好碳达峰工作，根据《中共中央　国务院关于完整准确全面贯彻新发展理念做好碳达峰碳中和工作的意见》和《国务院关于印发2030年前碳达峰行动方案的通知》要求，结合《国务院关于支持贵州在新时代西部大开发上闯新路的意见》精神，制定本实施方案。

一、总体要求

（一）指导思想。以习近平新时代中国特色社会主义思想为指导，全面贯彻党的二十大精神，深入贯彻习近平生态文明思想和习近平总书记在十九届中央政治局第三十六次集体学习时的重要讲话精神，认真落实省第十三次党代会部署，立足新发展阶段，完整、准确、全面贯彻新发展理念，服务和融入新发展格局，坚持以高质量发展统揽全局，坚持围绕"四新"主攻"四化"主战略，聚焦"四区一高地"主定位，着力将碳达峰碳中和纳入全省经济社会发展和生态文明建设整体布局，坚持系统性思维、一盘棋谋划，牢牢守好发展和生态两条底线，统筹发展和安全，以供给侧结构性改革和数字化改革为引领，以科技和制度创新为动力，以能源结构调整和产业结构优化为关键，兼顾经济发展、能源安全、生态保护和居民生活，注重短期碳达峰与长期碳中和衔接协调，全省域全方位深入推进碳达峰行动，加快走出一条以低水平碳排放支撑高质量发展的绿色低碳转型发展路径，确保与全国基本同步实现2030年前碳达峰目标，为高质量打造生态文明建设先行区，奋力谱写多彩贵州现代化建设新篇章提供坚实支撑。

（二）工作原则。

总体谋划、分类施策。 坚持全省一盘棋，省碳达峰碳中和工作领导小组强化对碳达峰工作的统筹协调和整体谋划。各市（州）、各领域、各行业按照全省总体部署要求，坚持分类施策、因地制宜、上下联动，制定符合实际、切实可行的碳达峰实施方案。

系统推进、重点突破。 全面准确把握碳达峰行动对经济社会发展、能源安全、生态环境保护、居民生活的深刻影响，寻求实现多重目标的全局最优解。聚焦碳排放绝对量大、增幅快的重点区域、重点领域和重点行业，做好存量减碳和增量低碳"协同文章"。

政府引导、市场发力。 积极发挥政府推动改革创新的引导作用，着力破解制约碳达峰最直接、最突出、最迫切的体制机制障碍，加快推动供给侧结构性改革和数字化改革，深入实施科技创新和制度创新。充分发挥市场在资源配置中的决定性作用，完善推动绿色低碳发展的市场化机制，形成有效激励约束，加快减碳、零碳、负碳新技术、新产品、新设备创新推广应用。

稳妥有序、安全降碳。 筑牢安全底线红线，坚持先立后破，推动能源低碳转型平稳过渡，切实保障全省能源安全、产业链供应链安全、生态环境安全、粮食安全和群众正常生产生活，稳妥有序推进碳达峰工作，积极化解各类可能存在的风险隐患，防止过度反应，确保安全降碳。

（三）主要目标。

"十四五"期间，全省产业结构、能源结构、交通运输结构、建筑结构明显优化，低碳产业比重显著提升，电力、钢铁、有色金属、建材、化工等重点用能行业能源利用效率持续提高，适应大规模高比例新能源的新型电力系统加快构建，基础设施绿色化水平不断提高，绿色低碳技术推广应用取得新进展，生产生活方式绿色转型成效显著，以森林为主的碳汇能力巩固提升，有利于绿色低碳循环发展的政策体系初步建立。到2025年非化石能源消费比重达到20%左右、力争达到21.6%，单位地区生产总值能耗和单位地区生产总值二氧化碳排放确保完成国家下达指标，为实现碳达峰奠定坚实基础。

"十五五"期间，全省产业结构、能源结构、交通运输结构、建筑结构调整取得重大进展，低碳产业规模迈上新台阶，重点用能行业能源利用效率达到国内先进水平，新型电力系统稳定运行，清洁低碳、安全高效的现代能源体系初步建立，绿色低碳技术取得重大突破，广泛形成绿色生产生活方式，以森林和岩溶为主的碳汇能力大幅提升，绿色低碳循环发展政策体系基本健全。到2030年非化石能源消费比重提高到25%左右，单位地区生产总值二氧化碳排放比2005年下降65%以上，确保2030年前实现碳达峰目标。

二、重点任务

将碳达峰目标要求贯穿于经济社会发展全过程和各领域，重点实施能源绿色低碳转型、节能降碳增效、产业绿色低碳提升、城乡建设碳达峰、交通运输绿色低碳升级、循环经济助力降碳、绿色低碳科技创新、碳汇能力巩固提升、全民绿色低碳、各市（州）梯次有序碳达峰等"碳达峰十大行动"。

（一）能源绿色低碳转型行动。

守住能源安全底线，妥善处理好能源低碳转型和供应安全的关系，高水平建设国家新型综合能源战略基地，大力实施可再生能源替代，加快构建清洁低碳、安全高效的现代能源体系。

1.推进煤炭消费替代和转型升级。 优化煤电项目建设布局，推动毕节、六盘水、黔西南、遵义等煤炭资源富集地区建设合理规模煤电作为基础性安全保障电源。全面推进现役煤电机组升级改造，鼓励实施灵活性改造，推动能耗和排放不达标煤电机组淘汰退出、升级改造或"上大压小"。优先建设大容量、高参数、超低排放煤电机组，积极推进66万千瓦高硫无烟煤示范机组建设，鼓励建设100万千瓦级高效超超临界机组，推动煤电向基础保障性和系统调节性电源并重转型。推动重点用煤行业减煤限煤，合理划定禁止散烧区域，积极有序推进煤改气、煤改电，逐步减少直至禁止煤炭散烧。到2025年煤电装机占总装机比例降至42%左右，到2030年进一步降低。（省发展改革委、省能源局牵头，省工业和信息化厅、省自然资源厅、省生态环境厅、省国资委等按职责分工负责）

2.大力发展新能源。 按照基地化、规模化、一体化发展思路，坚持集中式与分散式并举，依托大型水电站、现有火电厂、投运的风电场和光伏电站，建设乌江、南盘江、北盘江、清水江四个一体化可再生能源综合基地以及一批风光水火储一体化项目。推进毕节、六盘水、安顺、黔西南、黔南等五个百万千瓦级光伏基地建设，积极推进光伏与农业种养殖结合、光伏治理石漠化等。加快推进城市功能区、城镇集中区、工业园区、农业园区、旅游景区浅层地热能供暖（制冷）项目应用。新增跨省区通道可再生能源电量比例原则上不低于50%。到2025年光伏、风电和生物质发电装机容量分别达3100万千瓦、1080万千瓦、60万千瓦，浅层地热能利用面积达到2500万平方米；到2030年光伏、风电和生物质发电装机容量分别提高到6000万千瓦、1500万千瓦、80万千瓦以上，浅层地热能利用面积达到5000万平方米。（省能源局、省发展改革委牵头，省工业和信息化厅、省自然资源厅、省生态环境厅、省住房城乡建设厅、省农业农村厅、省水利厅、省国资委、省林业局、省机关事务局等按职责分工负责）

3.因地制宜开发水电。 积极推进水电基地建设，加快乌江等流域水电机组扩机，推动已纳入流域规划、符合国土空间规划和生态保护要求的水电项目开工建设。统筹水电开发和生态保护，对具备条件的小水电站实施绿色改造，对遵义、毕节赤水河流域的相关小水电开展清理整改，探索建立水能资源开发生态保护补偿机制。规划新建水库要充分利用洪水资源，配套建设坝后水电站；已建水库和水电站可结合生态流量泄放设施改造，配套增加生态流量发电装机；原有灌溉功能减弱或丧失的老旧水库通过改造和调整功能，增设发电装机。到2025年水电装机容量达2200万千瓦以上，到2030年提高到2400万千瓦以上。（省能源局、省发展改革委牵头，省自然资源厅、省生态环境厅、省水利厅、省国资委等按职责分工负责）

4.积极安全有序推进核能利用。在确保安全的前提下有序推进核能利用，积极推动核能工业供热应用示范，加快推进铜仁玉屏清洁热能（核能小堆）项目前期工作，力争"十四五"后期开工建设。继续做好铜仁沿河核电项目柏杨坨厂址保护工作，根据国家内陆核电政策，适时加快推进前期工作。（省能源局、省发展改革委牵头，省工业和信息化厅、省自然资源厅、省生态环境厅、省国资委等按职责分工负责）

5.合理调控油气消费。合理控制成品油消费，大力推进生物乙醇、生物甲醇等替代传统燃油，提升终端燃油产品能效。加快非常规天然气勘探开发，推动"毕水兴"煤层气产业化基地、遵义－铜仁页岩气示范区增储上产。构建气源来源多元、管网布局完善、储气调峰配套、用气结构合理、运行安全可靠的天然气产供储销体系。优化用气结构，优先保障民生用气，合理引导工业用气和化工原料用气，大力推进交通领域天然气替代。稳妥推进大用户直接交易，优先通过已建管网输送直供气，优先在贵阳、安顺等地园区开展天然气直供试点，逐步向其他地区推广。大力推动天然气与多种能源融合发展，鼓励建设天然气分布式能源项目，支持有条件的地方建设天然气调峰电源及应急电源。到2025年天然气发电装机容量达100万千瓦以上，到2030年提高到150万千瓦以上。（省发展改革委、省能源局牵头，省工业和信息化厅、省自然资源厅、省生态环境厅、省住房城乡建设厅、省交通运输厅、省国资委等按职责分工负责）

6.加快建设新型电力系统。构建新能源占比逐渐提高的新型电力系统，增强清洁能源资源优化配置能力。大力提升电力系统综合调节能力，加快灵活调节电源建设，制定需求侧响应体制机制，引导自备电厂、传统高载能工业负荷、工商业可中断负荷、电动汽车充电网络、虚拟电厂等参与系统调节，建设坚强智能电网，提升电网安全保障水平。落实新能源企业同步配套建设储能设施要求，推动电网更好适应大规模集中式和分布式能源发展，提高新能源消纳存储能力。积极发展"源网荷储一体化"和多能互补，提升系统运行效率和电源开发综合效益。构建常规纯抽蓄、混合式抽蓄和中小型抽蓄多元发展的抽水蓄能开发格局，"十四五"加快推进贵阳、黔南等抽水蓄能电站开工建设，积极开展新一轮抽水蓄能电站选点规划。科学布局氢能产业，打造"贵阳－安顺－六盘水"氢能产业发展核心轴、"毕节－六盘水－兴义"氢能产业循环经济带和三条"红色旅游－绿色氢途"氢能应用示范专线，开展新型储能、分布式多能联供、大数据中心分布式能源站、通信基站备用电源等领域示范推广应用，加快推动氢能在可再生能源消纳、电网调峰等场景应用，支持六盘水创建氢能产业示范城市。到2025年新型储能装机容量不低于100万千瓦，建成加氢站15座（含油气氢综合能源站），开展可调节负荷资源整合，需求侧具备3%左右的尖峰负荷响应能力；到2030年新型储能装机容量提高到400万千瓦左右，抽水蓄能电站装机规模达到500万千瓦，加氢站数量进一步提高，可调节负荷资源进一步整合，需求侧具备5%的尖峰负荷响应能力。（省能源局、省发展改革委牵头，省科技厅、省工业和信息化厅、省自然资源厅、省水利厅、贵州电网公司等按职责分工负责）

（二）节能降碳增效行动。

坚持节约优先、效率优先，严格控制能耗强度，合理控制能源消费总量，把节能降碳增效贯穿于经济社会发展的全过程和各领域，推动能源消费革命，加快形成能源节约型社会。

1.全面提升节能管理能力。推行用能预算管理，强化固定资产投资项目节能评估和审查，对项目用能和碳排放情况进行综合评价，从源头推进节能降碳。加强对新建项目的能耗双控影响评估和用能指标来源审查。提高节能管理信息化水平，完善重点用能单位能耗在线监测系统，推动年综合能耗超过1万吨标准煤的重点用能单位建立能源管理中心。完善能源计量体系，鼓励采用认证手段提升节能管理水平。健全节能审查闭环管理机制，强化事中事后监管。加强节能监察能力建设，健全省、市、县三级节能监察体系，建立跨部门联动的节能监察机制，综合运用行政处罚、信用监管、绿色电价等手段，增强节能监察约束力。（省发展改革委、省工业和信息化厅牵头，省市场监管局、省机关事务局等按职责分工负责）

2.实施节能降碳重点工程。聚焦城镇化水平较低的城市，实施重点城市节能降碳工程，开展建筑、交通、照明、供热等基础设施节能升级改造，推进先进节能绿色技术示范应用，提升城市综合能效水平。以"两高"项目集聚度高的园区为重点，实施重点园区节能降碳工程，加快推动园区循环化改造，实现物质流、能量流、信息流的有序流动、高效配置和梯级利用，打造一批达到国内先进水平的节能低碳园区。立足传统优势行业，实施重点行业节能降碳工程，对标国内先进标准，实施能效领跑者行动，推动能源、钢铁、有色金属、建材、化工等行业开展节能降碳改造，争取各行业能源资源利用效率达到国家平均水平以上。锚定亟待突破的节能降碳"卡脖子"关键技术，实施重大节能降碳技术示范工程，支持取得突破的绿色低碳技术开展产业化示范应用。（省发展改革委牵头，省科技厅、省工业和信息化厅、省市场监管局、省生态环境厅、省住房城乡建设厅、省商务厅、省能源局等按职责分工负责）

3.推进重点用能设备节能增效。严格执行电机、风机、泵、压缩机、变压器、换热器、工业锅炉等设备的国家最新能效标准。建立以能效为导向的激励约束机制，综合运用财税、金融、价格、补贴等多种政策，推广先进高效产品设备，鼓励企业加快更新落后低效设备。聚焦能源、工业、建筑等节能重点领域，推广一批节能先进技术装备和产品。加强重点用能设备节能审查和日常监管，强化生产、经营、销售、使用、报废全链条管理，严厉打击违法违规行为，确保能效标准和节能要求全面落实。（省发展改革委、省工业和信息化厅、省市场监管局等按职责分工负责）

4.加强新型基础设施节能降碳。优化第五代移动通信、大数据中心、工业互联网、物联网、人工智能、区块链、北斗等新型基础设施空间布局，深入贯彻落实《全国一体化大数据中心协同创新体系算力枢纽实施方案》，加快建设全国一体化算力网络国家枢纽节点，全力发展贵安新区数据中心集群，引导数据中心集约化、规模化、绿色化发展，重点承接全国范围后台加工、离线分析、存储备份等算力需求，打造面向全国的算力保障基地。建立数据中心能耗监测平台，支持数据中心企业参与用能权交易和可再生能源市场交易。优化新型基础设施用能结构，采用直流供电、分布式储能等模式，探索多样化能源供应，配套建设可再生能源电站，提高非化石能源消费比重。严格执行通讯、运算、存储、传输等设备的国家能效标准，提升准入门槛，淘汰落后设备和技术。加强新型基础设施用能管理，将年综合能耗超过1万吨标准煤的数据中心全部纳入重点用能单位在线监测系统，开展能源计量审查。推动既有设施绿色低碳升级改造，积极推广使用高效制冷、蓝光存储、机柜模块化、动力电池梯级利用、先进通风、余热利用、智能化用能控制等技术，提高设施能效水平，创建一批星级绿色数据中心。（省大数据局、省发展改革委、省科技厅、省工业和信息化厅、省自然资源厅、省市场监管局、省能源局、省通信管理局等按职责分工负责）

（三）产业绿色低碳提升行动。

产业绿色低碳转型为产业加"竞争力"，为生态环境减"破坏力"。将生态文明理念贯穿"四化"建设全过程各方面，推动"四化"产业高端化、集约化、绿色化发展，进一步降低能源资源消耗，加快发展生态友好型、循环高效型、清洁低碳型等绿色产业，坚定不移走出一条生态优先、绿色发展的高质量发展路子。

1.加快推动传统工业转型升级。优化能源、钢铁、有色金属、建材、化工等传统工业生产工艺流程和产品结构，加快退出落后产能，推动传统工业绿色低碳改造。促进工业用能低碳化，推动化石能源清洁高效利用，提高可再生能源应用比重，加强电力需求侧管理，提升工业终端用能电气化水平。深入实施绿色制造工程，大力推行绿色设计，完善绿色制造体系，建设绿色工厂和绿色工业园区。通过节能提效技改、调整用能结构、优化工艺流程、调整产业链等措施，进一步提高传统工业的碳生产力。（省发展改革委、省工业和信息化厅牵头，省科技厅、省生态环境厅、省商务厅、省国资委、省能源局、贵州电网公司等按职责分工负责）

（1）推动钢铁行业碳达峰。以首钢水钢、首钢贵钢等大型钢铁企业为重点，深化钢铁行业供给侧结构性改革，严格执行产能置换，严禁新增产能，推进存量优化，淘汰落后产能，加快推进企业兼并重组，提高行业集聚度。科学优化生产力布局，促进钢铁行业结构优化和清洁能源替代，大力推进非高炉炼铁技术示范，提升废钢资源回收利用水平，推进全废钢电炉工艺。推广先进适用技术，深挖节能降碳潜力，鼓励钢化联产，探索开展氢冶金、氧气高炉、非高炉冶炼、二氧化碳捕集利用一体化等试点示范，扩大低品位余热供暖发展规模。（省发展改革委牵头，省工业和信息化厅、省科技厅、省生态环境厅、省国资委等按职责分工负责）

（2）推动有色金属行业碳达峰。重点发展铝加工产业，积极发展锰加工、钛加工产业，多元化发展黄金产业，有序发展铅、锌、镁、锑、钾等其他有色金属产业，强化资源精深加工和产业链上下游配套衔接，巩固提升优势产业链条，持续优化产业结构，加快基础材料向新材料领域提升转化，以大龙经开区、碧江经开区等重点园区为载体，加快建设铜仁国家级新型功能材料产业集群。严格执行产能置换，严控新增产能。推进清洁能源替代，提高水电、风电、光伏等清洁能源使用比例。加快再生有色金属产业发展，完善废弃有色金属资源回收、分选和加工网络，提高再生有色金属产量。加快推广应用先进适用绿色低碳新技术，提升生产过程余热回收水平，推动单位产品能耗持续下降。（省工业和信息化厅牵头，省发展改革委、省科技厅、省生态环境厅、省国资委、省能源局等按职责分工负责）

（3）推动建材行业碳达峰。推动水泥、预拌混凝土、机制砂、玻璃及加工等传统建材行业技术创新，推进绿色智能化生产，促进行业提质增效；积极发展先进无机非金属材料和高性能复合材料等绿色新型建材，推进六盘水新型建材生产基地建设。加强产能置换监管，加快低效产能退出，严控新增水泥熟料产能，严禁新增平板玻璃产能，推动建材产品向轻质、高强、隔音、节能、低碳、环保方向转型。推动水泥错峰生产常态化，合理缩短水泥熟料装置运转时间。因地制宜利用风能、太阳能等可再生能源，逐步提高电力、天然气应用比重。扩大绿色建材产业规模，提高粉煤灰、煤矸石、工业副产石膏（磷石膏、脱硫石膏）、电解锰渣等大宗固废的综合利用率，推进绿色建材产品认证和应用。推广节能技术设备，开展能源管理体系建设，实现节能增效。（省工业和信息化厅牵头，省发展改革委、省科技厅、省生态环境厅、省住房城乡建设厅、省国资委、省市场监管局等按职责分工负责）

（4）推动煤化工、磷化工行业碳达峰。以煤炭资源高效利用为主攻方向，改造提升传统煤化工产业。推进磷化工产业精细化发展，科学合理开发利用磷矿资源，加快发展水溶肥、缓控释肥、有机—无机复合肥等新型肥料，大力发展湿法净化磷酸精深加工产品、黄磷后加工产品，提高磷矿共伴生资源利用和磷石膏综合利用比重，支持贵州磷化集团推动磷化工产业精细化发展，打造全国重要磷煤化工产业基地。优化产能规模和布局，加大落后产能淘汰力度，有效化解结构性过剩矛盾。严格项目准入，合理安排建设时序，稳妥有序发展现代煤化工、磷化工，强化焦化、电石、合成氨等行业总量调控，落实产能等量、减量置换要求。引导企业转变用能方式，鼓励以电力、天然气等替代煤炭。优化产品结构，促进煤化工、磷化工与煤炭开采、冶金、建材、化纤等产业协同发展，加强副产物和废弃资源的综合利用。鼓励企业节能升级改造，推动能量梯级利用、物料循环利用。（省发展改革委牵头，省工业和信息化厅、省生态环境厅、省国资委、省能源局等按职责分工负责）

2.坚决遏制高耗能、高排放、低水平项目盲目发展。采取强有力措施，对高耗能、高排放、低水平项目实行清单管理、分类处置、动态监控。全面排查在建和建成投产项目，对能效水平低于全省对应行业控制目标的，按有关规定停工整改，推动能效水平应提尽提，力争全面达到国内先进水平。对照产业规划、产业政策、产能置换、"三线一单"、节能审查、环评审批等要求，严格甄别不符合要求的拟建项目。对符合审批程序要求的，若对应行业产能已饱和，按照"减量替代"原则压减产能；若对应行业产能尚未饱和，按照全省布局和审批备案等要求，对标国内先进水平提高准入门槛；若对应行业是能耗量较大的新兴产业，支持引导企业应用绿色低碳技术，提高能效水平。深入挖潜有节能空间的建成投产项目，加快淘汰落后产能，通过改造升级挖掘节能减排潜力。强化节能诊断和产能过剩分析预警，加强窗口指导，坚决拿下不符合要求的高耗能、高排放、低水平项目。（省发展改革委、省工业和信息化厅、省生态环境厅牵头，人行贵阳中心支行、省市场监管局、贵州银保监局、贵州证监局、省能源局等按职责分工负责）

3.培育发展低碳型新兴产业。依托生态环境、数据资源和军工技术等优势，聚焦数字化、智能化、绿色化，积极发展健康医药、大数据电子信息、先进装备制造、新能源汽车、节能环保等低碳型新兴产业，构建工业高质量增长主引擎，打造全国绿色发展示范型产业和企业。持续做好"贵州良药"，大力发展化学药和生物药，加快壮大保健品及医疗器械产业规模。着力打造数据中心、智能终端、数据应用三个主导产业集群，加快提升电子信息制造业产业链和产品层级，打造全国大数据电子信息产业集聚区。重点发展航空航天产业，积极发展电力机械装备，培育发展智能装备及特色装备，打造全国重要高端装备制造及应用基地。依托瓮安－福泉千亿级园区和磷化工产业优势，加快发展磷酸铁、磷酸铁锂等新型电池材料，打造新能源材料产业基地，推动新能源汽车提质增量，推进节能型燃油汽车结构调整，布局智能网联汽车。着力突破能源高效利用、资源回收循环利用等关键核心技术，重点发展锂电池回收、汽车拆解等循环产业，积极发展节能环保专用设备。到2025年健康医药、大数据电子信息、先进装备制造、新能源汽车产业总产值分别达到560亿元、3500亿元、2000亿元、800亿元，到2030年分别提高到760亿元、4200亿元、3000亿元、2000亿元。（省发展改革委、省工业和信息化厅、省大数据局牵头，省科技厅、省交通运输厅、省商务厅等按职责分工负责）

4.做大做强城镇特色产业。深入推进以人为核心的新型城镇化，大力实施城镇化提升行动，加快城镇化地区高效集聚经济和人口，提升城镇经济发展能级，引导城镇特色产业节约集约绿色发展。加快发展城镇服务经济，大力推动城镇现代物流、金融商贸、健康养老、会展服务等产业发展。积极发展城镇消费经济，培育消费新业态、营造消费新场景，促进文旅产业深度融合发展。着力发展城镇创新经济，加快推进新型建筑绿色建材、城市更新等关键技术研究与集成示范应用，支持城市高新区聚集创新资源，培育引进高新技术企业，建设更多"双创"基地。加快发展县域经济，创新发展路径，做大做强特色产业，推动县域经济向城市经济升级。到2025年县城及市（州）政府所在地城市中心城区经济总量占全省地区生产总值比重达到60%左右，到2030年提高到70%左右。（省发展改革委牵头，省工业和信息化厅、省科技厅、省商务厅、省文化和旅游厅等按职责分工负责）

5.大力发展生态循环农业。强化绿色导向，调整优化农业产业结构，大力发展特色优势农业、林特产业和林下经济，加快构建现代农业产业体系，建设现代山地特色高效农业强省。做大做强12个农业特色优势产业，大力发展竹子、油茶、花椒、皂角、刺梨、核桃、木本中药材、猕猴桃等特色林业和林菌、林药、林禽、林蜂、林菜等林下经济，提高重要农产品市场化、标准化、规模化、品牌化水平。深入实施农业绿色生产行动，加快推动农业投入品减量化、生产清洁化、废弃物资源化、产业生态化。继续推进化肥农药零增长行动。推广农作物病虫害绿色防控技术和测土配方施肥，大力推行有机肥替代化肥。优先采用生态调控、免疫诱抗、生物防治、理化诱抗、药剂拌种等技术措施，实施科学安全用药。发展高效节水、节肥、节能、节地农业。到2025年主要农作物化肥农药利用率不低于43%，畜禽粪污资源化综合利用率不低于80%；到2030年主要农作物农药利用率和化肥利用率达43%以上，畜禽粪污资源化综合利用率稳定在80%以上。（省农业农村厅牵头，省发展改革委、省林业局、省科技厅等按职责分工负责）

6. 加快发展现代绿色服务业。 坚持将绿色低碳理念融入服务产业链各方面各环节，探索开展近零碳排放和零碳排放景区、物流、餐饮、数据中心等服务业试点示范，全面提升服务业绿色发展水平。积极发展绿色旅游业，加大绿色旅游产品开发与供给，因地制宜开发类型多样的生态旅游产品，鼓励旅游景区使用可再生能源和清洁能源交通工具，打造"全电景区"，争创全域旅游示范省；加快发展绿色物流业，积极开发新型绿色物流技术和手段，支持建设标准托盘使用及循环共用体系，建设物流标准化的公共信息服务平台，提升贵州物流云等信息平台的覆盖率；大力发展绿色大数据服务业，加快大中型数据中心、网络机房绿色建设和改造，构建绿色运营维护体系；大力发展现代金融业，深入推进绿色金融改革创新试验区建设，积极推动省级绿色金融创新发展试点县建设，积极打造绿色金融与十大工业产业融合发展试点示范工程，激励支持金融机构积极开发、拓展绿色金融业务，为绿色低碳发展赋能；促进会展业绿色发展，研究制定行业相关绿色标准，引导物流运输、设计搭建、展览展示、会议活动、观众组织等各环节全面贯彻绿色低碳理念，推动办展设施循环使用；促进住宿业、餐饮业绿色发展，建立节约长效机制，推广使用节能环保技术和产品，倡导不主动提供一次性用品。到2025年A级旅游景区观光车清洁能源使用率达到80%，标准化物流载具使用率达到30%以上，新建大型、超大型数据中心能效值（PUE）达到1.3；到2030年A级旅游景区观光车清洁能源使用率提高到100%，标准化物流载具使用率提高到40%以上，新建大型、超大型数据中心能效值达到1.2。（省发展改革委牵头，省商务厅、省文化和旅游厅、省大数据局、省地方金融监管局等按职责分工负责）

（四）城乡建设碳达峰行动。

满足深入推进以人为核心的新型城镇化需求，聚焦城市更新和乡村振兴，以提高建筑能效和优化建筑用能结构为重点，加快推动城乡建设绿色低碳发展，确保建筑领域尽早实现碳达峰。

1. 推动城乡建设绿色低碳转型。 统筹考虑全省生态、生产、生活因素，优化城乡空间格局，控制新增建设用地规模，推动城乡存量建设用地盘活利用。倡导绿色低碳规划设计理念，加强城乡气候韧性，因地制宜建设海绵城市。推广预拌混凝土、预拌砂浆、工业副产石膏（磷石膏、脱硫石膏）建材、新型墙体材料、保温材料、建筑节能玻璃、陶瓷砖等绿色低碳建材和绿色建造、绿色施工方式，加快推进建筑工业化，大力发展装配式建筑，推广钢结构住宅，推动建材循环利用。推动建立以绿色低碳为导向的城乡规划建设管理机制，制定建筑拆除管理办法，杜绝大拆大建。建设绿色城镇、绿色社区。（省住房城乡建设厅、省发展改革委、省自然资源厅、省生态环境厅

356

等按职责分工负责）

2.加快提升建筑能效水平。 推动新建建筑、市政基础设施绿色低碳标准提升，逐步将超低能耗建筑基本要求纳入工程建设强制规范。加强适用不同建筑类型的节能低碳技术研发和推广，推动超低能耗建筑、低碳建筑规模化发展。完善既有建筑节能改造相关标准体系，加快推进既有居住建筑、公共建筑和老旧市政基础设施节能降碳改造。提升城镇建筑和基础设施运行管理智能化水平，推进热能表检定能力建设，加快推广供热计量收费和合同能源管理，逐步开展公共建筑能耗限额管理。到2025年城镇新建建筑全面执行绿色建筑标准。（省住房城乡建设厅牵头，省发展改革委、省生态环境厅、省市场监管局、省机关事务局等按职责分工负责）

3.大力优化建筑用能结构。 提高建筑可再生能源应用力度，推广光伏发电与建筑一体化应用。科学引导清洁取暖，加快工业余热供暖规模化应用，积极稳妥开展核能供热示范，因地制宜推行太阳能、热泵、地热能等清洁低碳供暖。提高建筑终端用能电气化水平，加快建设集光伏发电、储能、直流配电、柔性用电为一体的"光储直柔"建筑。到2025年城镇建筑可再生能源替代率达8%，新建公共机构建筑、新建厂房屋顶光伏覆盖率力争达50%；到2030年城镇建筑可再生能源替代率和新建公共机构建筑、新建厂房屋顶光伏覆盖率进一步提高。（省住房城乡建设厅、省能源局、省发展改革委、省工业和信息化厅、省机关事务局、省科技厅、省自然资源厅、省生态环境厅等按职责分工负责）

4.推进农村建设和用能低碳转型。 推进绿色农房建设，加快农房节能改造。发展节能低碳农业大棚。引导农村不断减少低质燃煤、秸秆、薪柴直接燃烧等传统能源使用，鼓励使用适合当地特点和农民需求的清洁能源。加快生物质能、太阳能等可再生能源在农业生产和农村生活中的应用。积极推广节能环保灶具、电动农用车辆、节能环保农机和渔船，推动农民日常照明、炊事、采暖制冷、生产作业等用能绿色低碳转型。加强农村电网建设，提升农村用能电气化水平，推动城乡电力公共服务均等化。（省农业农村厅、省住房城乡建设厅、省发展改革委、省生态环境厅、省能源局、省林业局、贵州电网公司等按职责分工负责）

（五）交通运输绿色低碳升级行动。

深入开展交通强国建设试点，加快形成绿色低碳运输方式，构建便捷高效、绿色低碳的交通运输体系，确保交通运输领域碳排放增长保持在合理区间。

1.推动运输工具装备低碳转型。 积极扩大电力、天然气、氢能、先进生物液体燃料等新能源、清洁能源在交通领域应用。大力推广新能源汽车，推动城市公共汽车、巡游出租汽车和网络预约出租汽车等应用新能源及清洁能源车辆；在城市物流配送领域以及物流园区、枢纽场站等区域，优先使用新能源和清洁能源车辆及作业机械；鼓励引导重型货运车辆使用新能源、清洁能源。提升铁路系统电气化水平。因地制宜推动湖泊库区纯电动游船应用。推进港口节能和清洁能源利用，加快推进现有码头根据需要有序建设岸电设施，新建码头同步规划、设计、建设岸基供电设施，引导现有船舶加快配备受电设施，提高岸电设施使用比例。提升机场运行电动化智能化水平。到2025年当年新增和更新新能源、清洁能源动力的营运车辆和船舶比例达25%左右，营运车辆和船舶单位换算周转量碳排放强度比2020年下降4%左右；到2030年当年新增和更新新能源、清洁能源动力的营运车辆和船舶比例达40%左右，营运车辆和船舶单位换算周转量碳排放强度比2020年下降9.5%左右，国家铁路单位换算周转量综合能耗比2020年下降10%，陆路交通运输石油消费力争2030年前达到峰值。（省交通运输厅、省发展改革委牵头，省工业和信息化厅、省生态环境厅、省机关事务局、省能源局、民航贵州监管局、成都铁路局贵阳办事处、贵州电网公司等按职责分工负责）

2.构建绿色高效交通运输体系。发展智能交通，推动不同运输方式合理分工、有效衔接，降低空载率和不合理客货运周转量。充分发挥铁路和水运在大宗货物中远距离运输中的骨干作用，提高铁路和水运货运量，加快完善铁路货车连接线等配套基础设施建设短板。紧抓西部陆海新通道建设契机，依托铁路物流基地、公路港、内河港口等推进多式联运型和干支衔接型货运枢纽（物流园区）建设，加快推进多式联运发展，支持贵阳改貌铁路货场、镇远县无水港等项目以及集装箱运输、全程冷链运输、电商快递班列等领域申报国家多式联运示范工程。全面推进城市绿色货运配送发展，推广统一配送、集中配送、共同配送、夜间配送等集约化组织方式，提高城市配送效率；完善农村寄递物流体系，鼓励农村电商、邮政快递、物流设施资源共建共享和配送网点多功能共用。全面推进和深入实施公共交通优先发展战略，构建多样化公共交通服务体系，加强轨道交通、快速公交系统（BRT）、常规公交等多层次出行体系的衔接，进一步完善慢行交通系统建设，积极引导公众主动选择绿色低碳交通方式。到2025年各市（州）中心城市公共交通机动化出行分担率平均达到45%以上，贵阳市、遵义市城市绿色出行比例达到60%以上；到2030年各市（州）中心城市公共交通机动化出行分担率平均提高到50%以上，贵阳市、遵义市城市绿色出行比例达到70%以上，新增城区常住人口100万以上的城市不断提升绿色出行比例。（省交通运输厅、省发展改革委牵头，省生态环境厅、省住房城乡建设厅、省商务厅、省邮政管理局、成都铁路局贵阳办事处等按职责分工负责）

3.加快绿色交通基础设施建设。将绿色低碳理念贯穿交通基础设施规划、建设、运营和维护全过程，降低全生命周期能耗和碳排放。积极应用节能技术和清洁能源，全面实施高速公路标准化施工，新建及改扩建公路积极落实绿色公路建设要求，依托绿色公路推进绿色服务区建设与运营，鼓励在公路服务区和收费站顶棚等区域开展节能减排技术改造，试点开展太阳能风光互补方式供电改造。推进绿色港口及航道建设，加快港口建筑节能和设施设备节能改造，在港口码头及港区堆场推广使用LED灯替代传统的高压钠灯。加快推进高速公路服务区、公交场站、停车场、客货枢纽等区域充电桩、充电站、加气站等配套设施规划及建设。打造一批零碳、低碳枢纽和服务区试点示范。到2025年高速公路服务区充电设施覆盖率达到100%；到2030年民用运输机场内车辆装备（民航特种车辆装备除外）等力争全面实现电动化。（省交通运输厅、省发展改革委牵头，省自然资源厅、省生态环境厅、省能源局、民航贵州监管局、成都铁路局贵阳办事处等按职责分工负责）

（六）循环经济助力降碳行动。

抓住资源利用这个源头，全力打造资源型循环经济升级版，进一步提高资源利用效率，充分发挥减少资源消耗和降碳的协同作用。

1.推动产业园区循环化发展。以提升资源产出率和资源循环利用率为目标，优化全省产业园区空间布局，开展园区循环化改造，深化大龙经济开发区、盘州红果经济开发区、六盘水高新技术产业开发区、西秀工业园区、遵义经济技术开发区等国家级园区循环化改造示范试点建设，推动建立新能源、装备制造、新型建材等循环经济产业链条。大力发展工业资源型循环经济，全面推行产业园区和企业用地集约化、原料无害化、生产洁净化、废物资源化、能源低碳化、技术集约化，综合提升工艺技术水平和节能低碳效能。搭建基础设施和公共服务共享平台，加强园区物质流、能量流、信息流智能化管理。打造若干个国家级绿色产业示范基地。到2025年省级以上园区实施循环化改造比例达70%，到2030年实现全覆盖。（省发展改革委牵头，省工业和信息化厅、省生态环境厅、省水利厅、省商务厅等按职责分工负责）

2.加强大宗固废综合利用。提高磷石膏、煤矸石综合利用水平，加强赤泥、电解锰渣综合利用技术研发。积极推进工业固废减量化、无害化、资源化和再利用。加强建筑垃圾、农作物秸秆等大宗固废综合利用，提高综合利用水平。推进新能源汽车废弃动力电池、废钢、电子废弃物等再生资源回收利用。大力培育资源综合利用产业，深化铜仁市（松桃县、大龙经济开发区）、兴义市工业园区、和平经济开发区等国家大宗固体废弃物综合利用基地和清镇经济开发区国家绿色产业示范基地建设，打造资源综合利用示范标杆。贯彻落实生产者责任延伸制度。到2025年大宗固废年利用量达到9000万吨左右；到2030年提高到1.1亿吨左右。（省发展改革委、省工业和信息化厅、省自然资源厅、省生态环境厅、省住房城乡建设厅、省农业农村厅、省科技厅等按职责分工负责）

3.健全资源循环利用体系。完善废旧物资回收网络，推进垃圾分类和再生资源回收"两网融合"，推广"互联网+"回收新模式，促进再生资源应收尽收。促进再生资源产业集聚发展，高水平开发利用"城市矿产"，推动再生资源规范化、规模化、清洁化利用。推进退役动力蓄电池、光伏组件、风电机组叶片等新兴产业废弃物梯级利用和规范回收处理，加快推进镍钴锰资源综合利用及废旧锂离子电池回收工程建设。促进汽车零部件、机械装备、特色装备等再制造产业高质量发展，加强资源再生产品和再制造产品推广应用。到2025年废钢铁、废铜、废铝、废铅、废锌、废纸、废塑料、废橡胶、废玻璃等9种主要再生资源循环利用量达到200万吨；到2030年提高到250万吨。（省发展改革委牵头，省工业和信息化厅、省生态环境厅、省商务厅等按职责分工负责）

4.大力推进生活垃圾减量化资源化。扎实推进生活垃圾分类，加快建立覆盖全社会的生活垃圾收运处置体系，全面实现分类投放、分类收集、分类运输、分类处理。加强塑料污染全链条治理，整治过度包装，推动生活垃圾源头减量。推进以焚烧发电为主的生活垃圾处理体系建设，降低垃圾填埋比例。加快餐厨废弃物处置设施建设，推动餐厨垃圾无害化处理和资源化利用，逐步实现市级餐厨垃圾处理能力全覆盖。完善城镇生活污水收集系统，因地制宜推广农村生活污水生态处理技术，推进污水资源化利用。到

2025年基本实现原生生活垃圾零填埋，城市生活垃圾分类体系基本健全，县城生活垃圾无害化处理率达到97%，城市生活垃圾资源化利用率达到60%左右；到2030年城市生活垃圾分类实现全覆盖，县城生活垃圾无害化处理率提高到99%以上，城市生活垃圾资源化利用率提高到70%。（省住房城乡建设厅、省发展改革委、省生态环境厅、省水利厅、省商务厅等按职责分工负责）

（七）绿色低碳科技创新行动。

发挥科技创新在碳达峰碳中和工作中的支撑引领作用，完善科技创新体制机制，强化创新能力，力争碳达峰碳中和若干关键核心技术取得重大突破。

1.完善创新体制机制。 制定科技支撑碳达峰碳中和实施方案，实施碳达峰碳中和相关领域省级科技重大专项，实行"揭榜挂帅"制度，持续推进绿色低碳和岩溶固碳关键核心技术攻关工程。将绿色低碳技术创新研究成果纳入高校、科研单位、国有企业有关绩效考核。强化企业创新主体地位，支持企业立足自身产业转型发展实际需求，承担绿色低碳重大科技项目，加快绿色低碳技术创新成果转化应用。加强与中国科学院、中国工程院、"双一流"高校等院所学校开展创新合作。加强绿色低碳技术和产品知识产权保护。（省科技厅、省发展改革委牵头，省工业和信息化厅、省生态环境厅、省国资委、省市场监管局、省教育厅、省能源局等按职责分工负责）

2.加强创新能力建设和人才培养。 积极争取碳达峰碳中和相关国家实验室、国家重点实验室、国家技术创新中心及国家重大科技基础设施在我省布局。依托贵州科学城、花溪大学城联动发展，打造面向全省的绿色技术集聚地和输出地。创建一批省级绿色低碳产业技术重点实验室、企业技术中心、技术创新中心等创新平台，支持行业龙头企业联合高校、科研院所和上下游企业争创国家绿色低碳产业创新中心。创新人才培养模式，鼓励高校加快新能源、储能、氢能、碳减排、碳汇、碳排放权交易等相关学科专业建设和人才培养，建设一批绿色低碳领域现代产业学院。深化产教融合，鼓励校企联合开展产学合作协同育人项目，争创国家储能技术产教融合创新平台。（省科技厅、省教育厅牵头，省发展改革委、省工业和信息化厅、省生态环境厅、省能源局等按职责分工负责）

3.强化应用基础研究。 聚焦煤矿绿色智能开发、化石能源清洁低碳利用、可再生能源大规模利用、新型电力系统、节能、氢能、储能、动力电池、二氧化碳捕集利用与封存（CCUS）等重点领域，深化应用基础研究，实现应用成本大幅下降，争取在低碳零碳负碳技术装备方面取得突破性进展。深入研究喀斯特地貌特征下的岩溶碳汇潜力，持续开展岩溶碳汇调查和监测，积极开发规模化二氧化碳捕集利用与封存和岩溶地质捕获先进适用的固碳方法，加快突破关键基础技术，持续提升岩溶碳汇能力。（省科技厅牵头，省发展改革委、省教育厅、省自然资源厅、省生态环境厅、省气象局、省能源局等按职责分工负责）

4.加快先进适用技术推广应用。 集中力量开展复杂大电网安全稳定运行和控制、大容量风电、高效光伏、大容量电化学储能、低成本可再生能源制氢、低成本二氧化碳捕集利用与封存等关键技术攻关，加快攻克碳纤维、气凝胶、特种钢材等基础材料和关键零部件、元器件、软件等技术短板。开展"省外研发＋贵州转化"试点，创建国家科技成果转移转化示范区，推广先进成熟的绿色低碳技术和人为干预增加岩溶碳汇技术，开展相关技术示范应用。建设二氧化碳捕集利用与封存全流程、集成化、规模化示范项目。加快智能储能集成技术及装备研发和产业化，推进氢能在工业、交通、城镇建筑等领域规模化应用。（省科技厅、省发展改革委、省工业和信息化厅、省自然资源厅、省生态环境厅、省交通运输厅、省国资委、省能源局等按职责分工负责）

5.加快建设全省低碳数据"一张网"。利用数字经济和能源资源禀赋优势，集成全省分企业、分行业、分领域和分地域等各层级碳排放数据，打造"数据多源、纵横贯通、高效协同、治理闭环"的碳排放数字监测数智平台，以数字化手段推进业务流程再造和工作机制重塑，形成全面实现行业"碳监测"、精准定位企业"碳足迹"、政企联合实施"碳激励"、全景深化智慧"碳应用"的全链式闭环管理。引导和约束各地按照碳承载力谋划产业发展，强化碳生产力布局，实现"数智"控碳。（省发展改革委牵头，省大数据局、省工业和信息化厅、省生态环境厅、省能源局、省自然资源厅、省住房城乡建设厅、省交通运输厅、省机关事务局、省商务厅、省农业农村厅、省林业局等按职责分工负责）

（八）碳汇能力巩固提升行动。

坚持系统观念，坚持山水林田湖草沙一体化保护和系统治理，全面提升重要生态安全屏障功能和质量，切实增强生态系统稳定性，提升生态系统碳汇增量。

1.巩固生态系统固碳作用。强化国土空间规划和用途管控，构建有利于碳达峰碳中和的国土空间开发保护新格局。推动生态功能区强化生态红线保护，严守生态保护红线，严控生态空间占用，加快自然保护地体系建设，稳定现有森林、草原、湿地、土壤、岩溶等固碳作用。严格执行土地使用标准，加强节约集约用地评价，推广节地技术和节地模式。（省自然资源厅、省林业局牵头，省发展改革委、省生态环境厅、省水利厅等按职责分工负责）

2.全面提升森林碳汇能力。实施贵州省武陵山区山水林田湖草沙一体化保护和修复工程、国家水土保持重点工程，筑牢长江、珠江上游重要生态安全屏障。深入开展国土绿化美化行动，巩固退耕还林还草成果，加强天然林、公益林、防护林、储备林、碳汇林等分类保护建设，强化森林经营和树种结构调整，推进低产低效林改造和退化林修复，加大森林草原防火和林业有害生物防治能力建设，提高森林草原防灾减灾能力。推进重点区域历史遗留矿山生态修复。持续推进森林碳汇和单株碳汇项目，做好国家温室气体自愿减排项目（CCER项目）开发工作，建立健全能够体现碳汇价值的生态保护补偿机制，探索在全省开展火电企业排放二氧化碳与森林碳汇生态补偿机制试点。到2025年全省森林覆盖率达到64%，森林蓄积量达到7亿立方米；到2030年全省森林覆盖率和森林蓄积量均稳中有升。（省自然资源厅、省林业局牵头，省发展改革委、省生态环境厅、省水利厅等按职责分工负责）

3.稳步提升农田草原湿地碳汇能力。开展农业农村减排固碳行动，大力发展绿色低碳循环农业，推广农光互补、光伏＋设施农业等低碳农业模式。应用增汇型农业技术，探索推广二氧化碳气肥等技术。加快补齐农田基础设施短板，推进坡耕地改造，持续提升耕地质量，提高土壤有机碳储量。加强农作物秸秆和畜禽粪污资源化利用。合理保护喀斯特地形地貌，加快岩溶碳汇开发利用。加强草原保护修复，开展人工种草、草地改良和围栏建设，对草地石漠化区域，采取草地改良、人工种草、补播、施肥、围栏封育等措施，恢复草地植被，逐渐提高草地生产力和草原综合植被盖度。加快推进生态湿地保护修复，完善湿地保护管理制度体系，强化湿地资源动态监测。到2025年湿地保护率达到55%以上，到2030年提高到60%以上。（省农业农村厅、省自然资源厅、省林业局、省水利厅、省发展改革委、省能源局等按职责分工负责）

（九）全民绿色低碳行动。

着力增强全民节约意识、环保意识、生态意识，倡导简约适度、绿色低碳、文明健康的生活方式，把建设美丽贵州转化为全省人民自觉行动。

1.加强生态文明宣传教育。将生态文明教育纳入全民教育体系，开展多种形式的资源环境教育，普及碳达峰碳中和基础知识。持续开展世界地球日、世界环境日、全国节能宣传周、全国低碳日、"贵州生态日"等绿色低碳主题宣传活动，增强社会公众绿色低碳意识，推动生态文明理念入脑入心。加快推进生态文明贵阳国际论坛永久会址场馆及配套设施建设，高规格、高质量办好生态文明贵阳国际论坛，重点宣传习近平生态文明思想，积极分享生态文明、绿色发展新理念在贵州的实践成效，持续提升论坛绿色品牌影响力和国际知名度。发挥绿色丝绸之路重要节点作用，加强与"一带一路"沿线国家地区在生态环境治理、生物多样性保护、绿色产业发展、应对气候变化等生态文明领域的交流合作。（省委宣传部、省发展改革委、省教育厅、省自然资源厅、省生态环境厅、省气象局，贵阳市人民政府等按职责分工负责）

2.推广绿色低碳生活方式。强化绿色生活方式宣传引导，深入推进绿色生活创建行动。加快节约型机关、最美绿色生态家庭、绿色学校、绿色社区、绿色商场、绿色餐饮建设，厉行节约，坚决制止餐饮浪费行为，合理控制室内空调温度，减少无效照明，鼓励步行、共享单车、公共交通等绿色低碳出行，减少一次性日用品、塑料制品使用。扩大绿色产品消费，严格执行政府对节能环保产品的优先采购和强制采购制度，扩大绿色采购范围。建立绿色消费激励约束机制，加大新能源汽车和节能节水环保家电、建材、照明产品等推广力度，落实新能源汽车购置补贴、税收优惠等政策，切实提高能效标识二级以上家电、环保装修材料等市场占有率和使用率。（省发展改革委牵头，省教育厅、省工业和信息化厅、省财政厅、省生态环境厅、省住房城乡建设厅、省交通运输厅、省商务厅、省国资委、省市场监管局、省机关事务局、省妇联等按职责分工负责）

3.引导企业履行社会责任。引导企业主动适应绿色低碳发展要求，强化环境责任意识，加强能源资源节约，提升绿色创新水平。特别是在黔中央企业和省属国有企业，要发挥示范引领作用，率先制定实施企业碳达峰实施方案。重点用能单位要梳理核算自身碳排放情况，深入研究碳减排路径，开展清洁生产评价认证，"一企一策"制定专项工作方案，推进节能降碳。上市公司和发债企业要按照强制性环境信息披露要求，定期公布企业碳排放信息。发挥行业协会等社会团体作用，督促引导企业自觉履行生态环保社

会责任。（省国资委、贵州证监局、省发展改革委、省工业和信息化厅、省生态环境厅等按职责分工负责）

4.强化干部教育培训。 各级党校（行政学院）要将习近平生态文明思想纳入相关班次教学内容，分阶段、多层次对各级领导干部开展培训，普及科学知识，宣讲政策要点，强化法治意识，深化各级领导干部对碳达峰碳中和工作重要性、紧迫性、科学性、系统性的认识。从事绿色低碳发展工作的领导干部，要尽快提升专业能力素质，切实增强推动绿色低碳发展的本领。〔省委组织部、省委党校（贵州行政学院）、省碳达峰碳中和工作领导小组办公室等按职责分工负责〕

（十）各市（州）梯次有序碳达峰行动。

各市（州）要准确把握自身发展定位，结合本地经济社会发展和资源环境禀赋，坚持分类施策、因地制宜、上下联动、先立后破，稳妥有序推进碳达峰。

1.科学合理确定碳达峰目标。 碳排放已经基本稳定的市（州），要巩固减排成果，进一步降低碳排放。产业结构较轻、能源结构较优的市（州），要坚持绿色低碳发展，坚决不走依靠"两高一低"项目拉动经济增长的老路。产业结构偏重、能源结构偏煤的六盘水、毕节、黔西南等市（州），要大力优化调整产业结构和能源结构，逐步实现能源消耗、碳排放与经济增长脱钩，与全省同步实现碳达峰。〔省碳达峰碳中和工作领导小组办公室、各市（州）人民政府、省有关部门负责〕

2.因地制宜推进绿色低碳发展。 各市（州）要结合区域重大战略、区域协调发展战略和主体功能区战略，坚持从实际出发推进本地绿色低碳发展。黔中经济区要发挥高质量发展动力源和增长极作用，率先推动经济社会发展全面绿色转型。遵义、铜仁、黔东南等市（州）要严格落实生态优先、绿色发展战略导向，努力在绿色低碳发展方面走在全省前列。六盘水、毕节、黔西南等市（州）要着力优化能源消费结构，推动高耗能行业绿色低碳转型升级，积极培育绿色发展新动能。〔各市（州）人民政府、省有关部门负责〕

3.上下联动制定碳达峰方案。 各市（州）要结合本地资源禀赋、产业布局、发展阶段等，提出符合实际、切实可行的碳达峰时间表、路线图、施工图，科学制定本地碳达峰实施方案，经省碳达峰碳中和工作领导小组办公室综合平衡、审核通过后，由各市（州）印发实施。〔省碳达峰碳中和工作领导小组办公室、各市（州）人民政府、省有关部门负责〕

三、政策保障

（一）建立统计核算体系。 探索建立全省重点碳排放企业碳账户，核算企业碳排放信息数据。按照国家统一规范的碳排放统计核算体系有关要求，支持行业、企业依据自身特点开展碳排放核算方法学研究。着力推进碳排放实测技术发展，加快遥感测量、大数据、云计算等新兴技术在碳排放实测技术领域的应用，进一步提高统计核算水平。（省碳达峰碳中和工作领导小组办公室牵头，省发展改革委、省生态环境厅、省统计局、

省市场监管局、省气象局、省林业局等按职责分工负责）

（二）健全法规标准体系。构建有利于绿色低碳发展的法规体系，充分论证制订修订相关法规的必要性和可行性，有序推动节约能源条例、民用建筑节能条例、生态环境保护条例、大气污染防治条例等制定修订。对标国家能耗限额、产品设备能效强制性标准和工程建设标准，推动能效提升。结合贵州实际情况，推动可再生能源、氢能、工业绿色低碳发展等一批相关领域地方标准制定修订。支持相关研究机构和行业龙头企业积极参与国家能效、低碳等标准制定修订。（省人大常委会法工委、省人大财经委、省人大环资委、省司法厅、省市场监管局、省发展改革委、省工业和信息化厅、省生态环境厅、省自然资源厅、省住房城乡建设厅、省能源局等按职责分工负责）

（三）完善各类政策。统筹用好省级应对气候变化、省级预算内投资、省级节能减排等专项资金，重点支持碳达峰碳中和重大行动、重大示范、重大工程。各市（州）要加大对碳达峰碳中和工作的支持力度。按照国家统一部署，深化资源税改革，落实成品油消费税等从生产侧转到消费侧的改革任务。持续加大绿色低碳领域基础研究支持力度，对企业研发投入严格兑现研发费用加计扣除税收优惠。加大对绿色低碳产品补贴力度。深化能源价格改革，建立绿色价格政策体系，完善差别电价、阶梯电价等绿色电价政策，健全居民阶梯电价制度和分时电价政策，探索建立分时电价动态调整机制，稳步推进城镇集中供暖计量收费改革。加强财政、金融、产业政策联动，建立健全支持绿色金融改革创新试验区建设和全省绿色金融发展政策措施，进一步完善绿色金融机构、产品服务、评价考评体系，建立健全绿色金融正向激励机制、风险补偿机制，大力发展绿色贷款、绿色债券、绿色保险、绿色基金等金融工具，用足用好人民银行再贷款再贴现、碳减排支持工具等货币政策工具，引导金融机构向具有显著减碳零碳负碳效应的绿色项目提供长期限优惠利率融资。提升绿色债券市场的深度和广度，支持符合条件的绿色产业企业上市融资和再融资。推动开发性、政策性金融机构按照市场化、法治化原则为实现碳达峰提供长期稳定融资支持。用好省级生态环保发展等基金，吸引行业组织、企业等社会资本，撬动金融资本参与碳达峰碳中和事业。（省财政厅、省税务局、省发展改革委、省地方金融监管局、人行贵阳中心支行、贵州银保监局、贵州证监局、省生态环境厅、省自然资源厅、省工业和信息化厅、省能源局等按职责分工负责）

（四）加快建立市场机制。积极参与全国碳排放权交易市场，根据国家温室气体自愿减排交易机制，推进以森林碳汇、湿地碳汇和岩溶碳汇为主，可再生能源、甲烷利用和余热余能利用为辅的自愿减排交易机制项目。主动参与全国用能权交易市场，建立用能权有偿使用和交易制度，做好用能权交易与能耗双控工作的衔接。充分发挥碳排放权、用能权、排污权、可再生能源电力消纳责任权重等市场机制的综合调控作用，加强不同市场机制间的衔接。完善能源要素市场机制建设，探索新能源参与电力市场化交易，探索开展现货市场交易，做好中长期市场与现货市场的衔接，加快推进电力交易机构独立规范运行。深化油气销售市场等竞争性环节改革，建立"X+1+X"油气市场体系。积极推行合同能源管理，推广节能咨询、诊断、设计、融资、改造、托管等"一站式"综合服务模式。(省生态环境厅、省发展改革委、省工业和信息化厅、省财政厅、省自然资源厅、省市场监管局、省林业局、省能源局等按职责分工负责)

四、组织实施

（一）**加强组织领导**。加强党对碳达峰碳中和工作的领导。省碳达峰碳中和工作领导小组加强对各项工作的整体部署和系统推进，统筹研究重大问题。省碳达峰碳中和工作领导小组办公室要加强统筹协调和日常指导，定期对各市（州）和重点领域、重点行业工作进展情况进行调度，督促各项目标任务落实落细。〔省碳达峰碳中和工作领导小组办公室牵头，各市（州）人民政府、省有关部门按职责分工负责〕

（二）**强化责任落实**。省碳达峰碳中和工作领导小组办公室要会同有关部门，加快制定分领域分行业实施方案，研究提出金融、价格、财税、土地等保障方案，构建碳达峰碳中和"1+N"政策体系。省碳达峰碳中和工作领导小组成员单位要按照领导小组工作要求和职责分工，制定政策清单、任务清单和项目清单，明确各项清单负责人、具体措施和完成时限，倒排时间，压茬推进，确保政策到位、任务到位、项目到位。(省碳达峰碳中和工作领导小组办公室牵头，省有关部门按职责分工负责)

（三）**严格监督考核**。完善能源消耗总量和强度调控，逐步转向碳排放总量和强度"双控"制度。实施以碳强度控制为主、碳排放总量控制为辅的制度，对能源消费和碳排放指标实行协同管理、协同分解、协同考核，逐步建立系统完善的碳达峰碳中和综合评价考核制度。省碳达峰碳中和工作领导小组办公室要定期组织开展对领导小组成员单位和各市（州）人民政府碳达峰目标任务的评估考核，有关工作进展和重大问题及时向省碳达峰碳中和工作领导小组报告。强化监督考核结果应用，对碳达峰工作成效突出的市（州）、单位和个人按规定给予表彰奖励，对未完成碳排放控制目标的市（州）和单位要依规依法进行通报批评和约谈问责。〔省碳达峰碳中和工作领导小组办公室牵头，各市（州）人民政府、省有关部门按职责分工负责〕

云南省人民政府关于印发
《云南省碳达峰实施方案》的通知

（云政发〔2022〕45号）

各州、市人民政府，省直各委、办、厅、局：

现将《云南省碳达峰实施方案》印发给你们，请认真贯彻执行。

云南省人民政府
2022年8月11日

（本文有删减）

云南省碳达峰实施方案

实现碳达峰碳中和是推动经济社会高质量发展的内在要求，为贯彻落实《中共中央 国务院关于完整准确全面贯彻新发展理念做好碳达峰碳中和工作的意见》和《国务院关于印发2030年前碳达峰行动方案的通知》，全力推进云南省碳达峰工作，确保云南省在全国一盘棋推进碳达峰进程中主动担当作为，制定本方案。

一、总体要求

（一）指导思想。 以习近平新时代中国特色社会主义思想为指导，深入贯彻党的十九大和十九届历次全会精神，全面贯彻习近平生态文明思想、习近平总书记关于碳达峰碳中和的重要论述和考察云南重要讲话精神，立足新发展阶段，完整、准确、全面贯彻新发展理念，服务和融入新发展格局，推动高质量发展，统筹处理好发展和减排、整体和局部、长远目标和短期目标、政府和市场的关系，坚持稳中求进工作总基调，坚持降碳、减污、扩绿、增长协同推进，坚持国家所需和云南贡献相结合，先立后破、通盘谋划、持续发力推动碳达峰，加快形成节约资源和保护环境的产业结构、生产方式、生活方式、空间格局，把碳达峰碳中和工作纳入生态文明建设整体布局和经济社会发展全局，努力走出一条生态优先、绿色低碳的高质量发展道路。

（二）主要目标。

"十四五"期间，能源供应的稳定性、安全性、可持续性进一步增强，绿色低碳工艺革新和数字化转型进一步加快，新兴技术与绿色低碳产业深度融合，绿色低碳产业在经济总量中的比重进一步提高，绿色生活方式得到普遍推行。到2025年，风电、太阳能发电总装机容量大幅提升，非化石能源消费比重不断提高，单位地区生产总值能源消耗和二氧化碳排放下降完成国家下达目标，为实现碳达峰创造有利条件。

"十五五"期间，产业结构调整取得重大进展，现代产业体系基本形成，清洁低碳安全高效的能源体系达到全国领先，绿色低碳技术取得关键突破，经济社会绿色全面转型取得显著成效，生产力布局更加优化，简约适度、绿色低碳、文明健康的生活理念深入人心。绿色低碳循环发展政策体系得到健全。到2030年，单位地区生产总值能源消耗和二氧化碳排放持续下降，力争与全国同步实现碳达峰。

二、重点任务

（一）绿色能源强省建设行动。

绿色能源资源富集和绿色能源产业发展基础良好是云南碳达峰的坚实支撑。

1.持续扩大绿色能源领先优势。建设绿色能源强省，加快构建清洁低碳安全高效的能源体系。建设国家清洁能源基地，依托水电做足电源，继续稳妥推进金沙江、澜沧江等水电资源开发。全面提速新能源开发，大力开发风光资源，坚持集中式与分布式并举，提高风光发电规模，加快"风光水火储"多能互补基地建设。因地制宜扩大生活垃圾、秸秆、沼气等生物质发电规模，推动生物质制气、成型燃料规模化应用。结合省内实际情况，有序探索地热发电建设。培育发展氢能产业，支持有条件地区开展氢能产业试点。到2030年，可再生能源装机占比进一步提升。

2.加快构建适应高比例可再生能源的新型电力系统。建设数字赋能、调控灵活、绿色高效的源网荷储一体化新型电力系统，建设绿色智能电网和能源互联网，推进新能源电力系统技术创新及规模化示范。积极推动火电灵活性改造、抽蓄、水电扩机、调峰气电等储能设施建设，提高系统灵活性调节能力、能源接纳能力和高峰电力保障能力。

3.推动能源消费绿色低碳高效变革。构建清洁高效先进节能的煤电支撑体系，加快纳入国家规划的煤电项目建设，支持各地与央企联合建设煤电项目，推动煤电向基础保障性和系统调节性电源并重转型。在保障调峰备用及枯期保供的情况下，大力推动煤炭清洁高效利用，推进煤炭消费替代和转型升级。推进昭通页岩气勘探及低成本规模化开发，加快开展煤层气利用规划布局和规模化试点示范。有序扩大天然气利用，优化天然气利用结构，优先保障民生用气，因地制宜建设天然气调峰电站。加快终端用能领域可再生能源替代，支持以电代煤、以电代油、生物质代煤。

（二）工业绿色低碳转型行动。

工业是云南产生碳排放的最大领域，推动工业绿色低碳转型事关全省碳达峰全局。

4.加快产业链延链补链强链。加快推进重点行业产业高端化、智能化、绿色化转型升级，加大传统产业绿色低碳转型，全产业链重塑烟草、有色金属等支柱产业发展新优势，大力发展高附加值产品，提升产业链现代化水平。推动绿色能源、新兴技术与绿色先进制造业产业链深度融合和高端跃升，推动绿色能源产业集群发展，加快形成绿色能源产业规模和品牌效应，打造一批先进制造业集群。加快关键技术和重要产品产业化攻关，培育壮大新材料、生物医药、新一代信息技术、高端装备制造、新能源、节能环保等战略性新兴产业，谋划布局生命科学、人工智能、卫星应用等前沿产业，把昆明、玉溪、楚雄等建设成为信息技术、新材料、生物产业集聚区。

5.深入推进传统产业优化升级。依法依规推动落后低效产能退出，促进产业优化升级。推广先进适用技术，深挖节能降碳潜力，大力提升企业和园区的能源资源利用效率。推动钢铁、有色金属、化工等传统产业高端化、智能化、绿色化改造，大力发展循环经济，培育绿色低碳循环产业园区。深化钢铁、建材行业供给侧结构性改革，加快推进企业跨地区、跨所有制兼并重组。优化产能规模和布局，提高有色金属、化工、建材、钢铁等行业产业集中度。到2025年，现有限制类装备完成升级改造。到2030年，高性能产品供给能力明显提升。

6.全力推动重点行业碳达峰。坚决遏制高耗能、高排放、低水平项目盲目发展，严控新增产能，推进存量优化。持续提高行业清洁能源应用比重，加强工业领域电力需求侧管理，提升工业电气化水平。大力提高行业能效水平，加快推进绿色产品认证和应用推广。

推动钢铁行业碳达峰。大力推进非高炉炼铁技术示范，提升废钢资源回收利用水平，推行电炉工艺，持续促进钢铁工艺流程结构转型。鼓励钢化联产，探索开展氢冶金、二氧化碳捕集利用一体化等试点示范，推动低品位余热回收利用。

推动建材行业碳达峰。引导建材行业向轻型化、集约化、制品化转型，鼓励建材企业使用粉煤灰、工业废渣、尾矿渣等作为原料或水泥混合材料，加强新型胶凝材料、低碳混凝土、木竹建材等低碳建材产品研发应用。

推动有色金属行业碳达峰。加快再生有色金属产业发展，完善废弃有色金属资源回收、分选和加工网络，提高再生有色金属产量，提升有色金属生产过程余热回收利用水平。

推动石化化工行业碳达峰。依托石油炼化一体化项目，探索推进下游高附加值化工产品，加强炼厂干气、液化气等副产气体高效利用，促进石化化工与煤炭开采、冶金、建材、化纤等行业协同发展。稳妥有序发展现代煤化工。

（三）交通运输绿色低碳行动。

瞄准低碳运输、低碳交通基础设施、低碳交通能力建设三大方向，持续优化交通运输结构。

7.建设绿色低碳交通运输体系。大力调整运输结构，构建"宜铁则铁、宜水则水、宜公则公"的综合运输服务格局，提速铁路建设，提高铁路路网密度和复线率，加快货运"公转铁、公转水"。推广绿色运输装备应用，推进绿色维修、绿色驾培企业示范创建，推进绿色网点、绿色分拨中心建设。快递包装减量化、循环化水平逐步提高，循环中转袋使用基本全覆盖。到2025年，建设一批汽车排放性能维护（维修）站（M站）示范站、创建一批低碳示范标杆企业和示范工程。到2030年，新增新能源、清洁能源动力的交通工具比例不断提高，营运交通工具单位换算周转量碳排放强度、铁路单位换算周转量综合能耗持续下降。

8.建设绿色交通基础设施。统筹交通基础设施布局，优化铁路、公路、水运、民航、邮政等规划，加强运输方式资源优化配置和协调衔接，保障国土主体功能区和生态功能区要求，全面推进绿色公路、绿色铁路、绿色机场、绿色航道、绿色港口、绿色运输场站和综合交通枢纽建设，稳步提升集装箱铁水联运量。加快已建住宅小区、加油站、公路服务区充换电设施安装。推进船舶靠港使用岸电，不断提高岸电使用率。加强低碳交通能力建设，大力宣传低碳出行，做好数字交通国家试点建设，推进城市绿色出行比例不断提高。

（四）城乡建设低碳转型行动。

加快推进城乡建设绿色低碳发展，城市更新和乡村振兴要落实绿色低碳要求。结合云南省立体性、多样性地理特征，因地制宜推进城乡建设碳达峰。

9.推进城乡建设绿色低碳转型。推动城市组团式发展，科学确定建设规模，控制新增建设用地过快增长。建设海绵城市，加强县城绿色低碳建设，建设绿色城镇、绿色社区。推广工程建设全过程绿色建造，加快推进新型建筑工业化，结合云南大部分地区抗震高烈度设防实际，在确保质量安全前提下，积极稳妥发展装配式建筑，鼓励更多建筑采用装配式技术体系，推广钢结构住宅，加大绿色低碳建材推广力度，推动建材循环利用。建立健全绿色低碳城乡规划建设管理机制，落实国家有关部委建筑拆除管理办法，杜绝大拆大建。

10.加快提升建筑能效水平。加大建筑节能降碳标准规范宣传贯彻力度，推广适用的建筑节能低碳技术，推动超低能耗建筑、低碳建筑规模化发展，探索近零能耗建筑。加快推进既有民用建筑节能改造，持续推动市政基础设施节能降碳改造。提升城镇建筑和基础设施运行管理智能化水平，加快推广合同能源管理，在供热地区加快推广计量收费。逐步开展公共建筑能耗限额管理。到2025年，城镇新建建筑全面执行绿色建筑标准。

11.加快优化建筑用能结构。深化可再生能源建筑应用，推广光伏发电与建筑一体化应用。提高建筑终端电气化水平，建设集光伏发电、储能、直流配电、柔性用电于一体的"光储直柔"建筑。到2025年，城镇建筑可再生能源替代率达到国家下达的考核目标任务。加快推动国家整县、市、区屋顶分布式光伏开发试点建设。引导严寒、寒冷地区和夏热冬冷地区因地制宜采用清洁高效取暖方式。

12.推进农村建设和用能低碳转型。推进绿色农房建设，加快农房节能改造。推广使用绿色建材，鼓励选用装配式钢结构等新型建造方式。持续推进农村地区清洁取暖，因地制宜选择适宜取暖方式。发展节能低碳农业大棚。推广节能环保灶具、电动农用车辆、节能环保农机和渔船。加快生物质能、太阳能等可再生能源在农业生产和农村生活中的应用。加强农村电网建设，提升农村用能电气化水平。

（五）绿美云南行动。

统筹推进山水林田湖草沙一体化保护和修复，开展全域绿化，巩固提升碳汇增量，做好碳汇交易项目储备。

13.巩固生态系统固碳作用。 构建有利于碳达峰碳中和的国土空间开发保护格局，持续优化自然保护地布局，加快建设以国家公园为主体的自然保护地体系，提升保护管理能力，探索协同保护生物多样性与应对气候变化路径措施。加强林草防灾体系建设，强化生态系统碳汇科技支撑，加强全国碳市场的碳汇储备。

14.提升生态系统碳汇能力。 实施生态保护修复重大工程，持续开展国土绿化行动。全面推行林长制，加强生态资源监督管理，严守生态保护红线，与乡村振兴、生物多样性保护相结合，充分利用生态补偿、财政转移支付等政策措施，切实加强森林经营和退化林修复，提高森林质量和稳定性。加强草原和湿地保护修复，提高草原综合植被盖度和湿地生态系统固碳增汇能力。

15.大力开展全域扩绿建设。 实施城乡绿化美化行动，着力提升城乡建成区绿化覆盖率、公园和绿化活动场地面积，大规模开展沿路、沿河湖、沿集镇绿化，开展规划建绿、拆违增绿、破硬增绿、留白增绿、见缝插绿，全力打造道路绿地、居住绿地、公共建筑绿地，建设一批各具特色的生态大道和生态廊道，不断提高绿化水平。

16.推进农业农村减排固碳。 不断增加城乡生态绿量，发展绿色低碳循环农业，提升生态农业减碳增汇，推广二氧化碳气肥等技术，推动畜禽粪污、秸秆等资源化利用和藻类能源化利用，实施化肥农药减量化行动。

（六）节能降碳增效行动。

坚持节约优先，实现节能降碳减污协同增效。

17.推动能效水平应提尽提。 统筹抓好规划、设计、建设、运营等全过程节能管理，做到结构节能、管理节能、技术节能和智慧节能，推行用能预算管理，不断提高能源利用效率。实施节能降碳重点工程，开展建筑、交通、照明等节能升级改造，支持取得突破的绿色低碳关键技术开展产业化示范应用。推进用能设备节能增效，加快淘汰落后低效设备，全面提升电机、变压器、锅（窑）炉、电梯等重点用能设备能效标准，大力推广先进高效节能设备利用。加强新型基础设施节能降碳，优化新型基础设施空间布局和用能结构。

（七）循环经济协同降碳行动。

大力发展循环经济，全面提高资源利用效率，通过减少资源消耗实现协同降碳。

18.推动产业园区循环化发展。 推动产业园区优化提升和提质增效，推进园区产业集群循环化改造，建设绿色工厂、绿色园区，符合条件的省级产业园区3年内完成循环化改造。搭建基础设施和公共服务共享平台，加强园区物质流管理，推行绿色供应链管理，推广集中供气供热，促进废物综合利用、能量梯级利用、水资源循环利用，推进工业余压余热、废水废气废液的资源化利用。

19.加强大宗固废资源综合利用。 以煤矸石、粉煤灰、尾矿、共伴生矿、冶炼渣、工业副产石膏、建筑垃圾等大宗固废为重点，支持大掺量、规模化、高值化利用。推动建筑垃圾资源化利用，推广废弃路面材料再生利用。完善再生资源回收网络，推行"互联网＋回收"模式，促进再生资源应收尽收，提高废钢铁、废铜、废铝、废铅、废锌、废纸、废塑料、废橡胶、废玻璃等主要再生资源循环利用量，加强塑料污染全链条治理。扎实推进生活垃圾减量化资源化利用。到2025年，城市生活垃圾分类体系基本健全，生活垃圾资源化比例不断提升；到2030年，城市生活垃圾分类实现全覆盖，生活垃圾资源化比例进一步提升。

（八）绿色低碳科技创新行动。

发挥科技创新的支撑引领作用，加快绿色低碳科技革命。

20.加大绿色低碳技术研发和推广应用。狠抓绿色低碳技术攻关，定期发布低碳、零碳、负碳等前沿关键技术攻关清单和绿色技术推广目录，强化企业创新主体地位，畅通创新链条，加大创新支持力度，在打通科技与经济结合通道、促进成果转化和产业化上下更大功夫，加快创新成果转化。突破钢铁、有色金属、化工、建材、交通、能源、建筑等领域延链补链强链关键技术，推动一批绿色低碳技术应用和示范工程建设。鼓励二氧化碳规模化利用，支持二氧化碳捕集利用与封存（CCUS）技术研发和示范应用。推进区域绿色技术交易中心建设，加快绿色低碳技术创新成果转化。加强知识产权保护，完善绿色低碳技术评估体系。促进政产学研金介用融合，优化创新生态环境，集中全省高校、科研院所力量组建一批一流重点低碳技术创新平台、碳中和创新中心、碳中和实验室、碳汇计量检测研究中心，鼓励开放共享相关设施、数据、检测等资源。

（九）绿色低碳全民行动。

倡导简约适度、绿色低碳、文明健康的生活方式，增强全民节约意识、环保意识、生态意识。

21.开展绿色低碳社会行动示范创建。加强宣传教育，把碳达峰碳中和作为生态文明教育的重要内容，纳入绿色低碳发展国民教育体系建设，普及碳达峰碳中和基础知识，办好全国节能宣传周、科普活动周、全国低碳日、环境日等主题宣传活动，推广绿色低碳生活方式。发挥政府和企事业单位示范引领作用，实施公共机构绿色低碳引领行动。促进绿色低碳消费，推广绿色低碳产品，完善绿色产品认证与标识制度，落实绿色产品采购政策。增强企业履行绿色低碳发展社会责任。加强碳达峰碳中和专业人才培养，增强碳达峰工作人才储备。强化领导干部培训，把碳达峰碳中和工作作为干部教育培训体系重要内容，增强各级领导干部推动绿色低碳发展的本领。

（十）州、市梯次有序碳达峰行动。

准确把握各州、市发展阶段、发展需求和发展定位，梯次有序推进碳达峰。

22.因地制宜、稳妥有序推进碳达峰。各州、市结合本地区经济社会发展实际和资源环境禀赋，着力优化能源结构，深度调整产业结构，积极培育绿色发展新动能，科学合理确定有序达峰目标，提出符合实际、切实可行的碳达峰时间表、路线图和施工图。支持生态产品价值实现机制试点地区等有条件的城市和园区开展碳达峰先行先试，争取成为国家试点，加快实现绿色低碳转型，提供可复制可推广的经验做法。各州、市碳达峰方案经省碳达峰碳中和工作领导小组综合平衡、审核通过后，由各地自行印发实施。

三、政策保障

（一）**健全法规规章标准**。进一步建立和完善与碳达峰目标相适应的地方性法规政策，加大违法行为查处和问责力度。严格能耗限额标准执行力度，鼓励企业达到或超越标准先进值，支持创建企业标准。加强能效寻标对标达标创标，强化"能效领跑者"制度。落实国家低碳标准与认证制度，研究制定重点行业、重点产品的碳排放限额。探索研究重点产品全生命周期碳足迹标准。

（二）**提升统计监测能力**。完善并建立与国家计量监测体系相衔接的全行业二氧化碳等温室气体排放、碳汇计量监测体系，实施常态化统计。加强行业产品能效水平监测，加强能耗监测与碳排放核算系统协同建设，对全省重点控排单位能耗、碳排放实施监控、分析、预警，探索建立季度快报制度。

（三）**落实财税、价格、金融政策**。落实节能节水、环境保护、资源综合利用等税收优惠政策及可再生能源并网消纳财政支持政策，加大对绿色低碳产品补贴力度。进一步落实惩罚性电价、差别电价等绿色电价政策。完善居民阶梯电价和分时电价政策，在迪庆州等高寒地区探索推进清洁取暖电价。研究设立低碳产业引导基金，充分发挥融资担保作用，大力发展绿色金融，探索建立低碳产业行业清单制度，推动金融机构向具有显著碳减排效应的重点项目提供长期稳定融资支持，吸引社会资金参与碳达峰工作。

（四）**推进市场化机制建设**。进一步完善能源体制机制，鼓励市场主体积极参与电力保供调峰。优化完善电力交易体系，做好参与建设碳交易市场的准备，探索建设用能权交易。规范碳汇资源管理，探索市场化生态保护补偿，鼓励利用碳普惠等方式开展企事业单位的大型活动碳中和工作。推进中国（云南）自由贸易试验区碳排放权交易资源储备制度创新。发展合同能源管理等市场化节能降碳新模式，积极推广节能咨询、诊断、设计、融资、改造、托管等"一站式"综合服务模式。

（五）**加强对外合作**。加快建设面向南亚东南亚辐射中心，加强在清洁能源、气候变化、生物多样性保护等方面合作。推进绿能"一带一路"建设，支持参与开展清洁能源开发利用，加强能源领域互联互通，参与周边国家能源基础设施建设、运营，推动建设面向南亚东南亚的跨境电力合作交易平台，引导整合境内外资金投向绿色低碳项目。开展多元化国际交流合作，深化与周边国家在绿色基础科学研究、绿色低碳技术、绿色装备、绿色服务、清洁能源贸易、宣传引导等方面的国际交流合作。推进国内区域电力市场建设，加强国际绿色能源枢纽建设，服务于国家清洁能源整体布局。

四、组织实施

（一）**加强统筹协调**。省碳达峰碳中和工作领导小组对碳达峰相关工作进行整体部署和系统推进，统筹研究重要事项、制定重大政策。省碳达峰碳中和工作领导小组成员单位要按照省委、省政府决策部署和领导小组工作要求，扎实推进相关工作。省碳达峰碳中和工作领导小组办公室要加强统筹协调，定期对各地区和重点领域、重点行业工作进展情况进行调度，督促将各项目标任务落实落细。

（二）强化责任落实。各州、市和省直有关部门要齐抓共管、协同发力，形成部门互相配合、上下良性互动的推进机制，着力抓好本方案确定的主要目标和各项任务落实，确保碳达峰工作有力有序开展。有关单位、人民团体、社会组织要积极发挥自身作用，推进绿色低碳发展。

（三）严格监督考核。按照国家统一部署，尽早实现能耗双控向碳排放总量和强度双控转变，逐步建立系统完善的碳达峰碳中和综合评价考核制度。加强监督考核结果应用，加快形成减污降碳的激励约束机制。建立定期调度分析和预警制度，有关工作进展和重大问题及时向省碳达峰碳中和工作领导小组报告。

青海省人民政府
关于印发《青海省碳达峰实施方案》的通知

(青政〔2022〕65号)

各市、自治州人民政府，省政府各委、办、厅、局：

《青海省碳达峰实施方案》已经省碳达峰碳中和工作领导小组第二次全体会议、省政府第120次常务会议审议通过，现印发给你们，请按照工作职责认真抓好贯彻落实。

青海省人民政府
2022年12月18日

(本文有删减)

青海省碳达峰实施方案

为深入贯彻落实党中央、国务院关于碳达峰碳中和的重大战略决策和总体部署，扎实推进青海省碳达峰工作，根据《国务院关于印发2030年前碳达峰行动方案的通知》(国发〔2021〕23号)和《中共青海省委　青海省政府贯彻落实〈关于完整准确全面贯彻新发展理念做好碳达峰碳中和工作的意见〉的实施意见》(青发〔2022〕5号)精神，结合省情实际，制定本实施方案。

一、总体要求

(一)指导思想。坚持以习近平新时代中国特色社会主义思想为指导，深入贯彻习近平生态文明思想，全面落实习近平总书记考察青海时的重要讲话和指示批示精神，全面贯彻落实党的二十大精神，立足新发展阶段、贯彻新发展理念、构建新发展格局，坚持系统观念，将碳达峰碳中和纳入经济社会发展和生态文明建设整体布局，赋能产业"四地"建设，从供给、消费、固碳"三端"发力，立足资源禀赋，突出青海特色，科学制定全省碳达峰目标任务和时间表、路线图，构建"1+6+8"省级、领域、地区达峰体系，稳步实施碳达峰十大行动，加快形成节约资源和保护环境的产业结构、生产方式、生活方式、空间格局，率先推动经济社会发展全面绿色低碳转型，率先实现能耗

"双控"向碳排放总量和强度"双控"转变，率先实现碳达峰目标，率先走出生态友好、绿色低碳、具有高原特色的高质量发展道路，为争创国家生态文明试验区，将青海打造成全国乃至国际生态文明高地奠定坚实基础。

（二）工作原则。

统筹谋划，稳妥推进。锚定2030年前碳达峰目标，强化对碳达峰工作的全局性谋划、战略性布局，提升政策的系统性、协同性，因地制宜、统筹兼顾、分类施策、协同联动，守牢能源安全和发展底线，有效化解各类风险隐患，确保方向一致、步调一致、安全降碳，坚决不搞"一刀切"，严肃纠正罔顾客观实际的运动式"减碳"。

赋能"四地"，重点突破。全方位落实国家生态战略，多维度深挖资源禀赋，聚焦产业"四地"建设，发展壮大优势产业，培育厚植新兴产业，坚持先立后破，在清洁能源、特色产业、生态增汇、体制机制等方面精准发力、大胆创新，推动重点领域、重点行业和有条件的地区率先达峰，为全国能源结构转型、降碳减排作出更多青海贡献。

创新驱动，节约优先。按照有利于提高能效水平、有利于发展新能源、有利于强化全面节约的导向，统筹衔接能耗强度和碳排放强度降低目标，进一步优化能耗双控政策，完善保障方案及配套制度，聚力推进能源治理和相关领域改革，加快构建绿色低碳技术和产业创新体系，为实现达峰目标注入不竭动力。

两手发力，全民参与。更好发挥政府作用，加快构筑"省级牵头抓总、部门高效协同、行业协调推动、地方细化落实"的工作格局。充分发挥市场在资源配置中的决定性作用，推进科技制度创新发展，完善碳交易、用能权交易等各类市场化机制，形成有效激励约束。大力倡导社会各界深入践行绿色生活、扩大绿色消费，形成共建共享、全民参与、协同推进的碳达峰工作整体合力。

二、总体目标

全面落实国家总体部署，充分发挥青海资源优势，稳妥有序推进碳达峰工作，加快推进经济社会全面绿色低碳转型，为全国能源结构转型、降碳减排作出贡献。

（一）主要目标。

"十四五"期间，产业结构和能源结构调整优化取得明显进展，重点行业能源利用效率大幅提升，清洁低碳安全高效的能源体系初步建立，绿色低碳技术研发和推广应用取得新进展，绿色生产生活方式得到普遍推行，有利于绿色低碳循环发展的政策体系进一步完善，体制机制日趋健全。单位生产总值能源消耗和单位生产总值二氧化碳排放确保完成国家下达指标；清洁能源发电量占比超过95%，非化石能源占能源消费总量比重达52.2%；森林覆盖率达到8%，森林蓄积量达到5300万立方米，草原综合植被盖度达58.5%，为实现碳达峰碳中和奠定坚实基础。

"十五五"期间，产业结构调整取得重大进展，探索构建覆盖全省的零碳电力系统，重点领域低碳发展模式基本形成，重点耗能行业能源利用效率达到国际先进水平，非化石能源消费比重进一步提高，煤炭消费逐步减少，绿色低碳技术取得关键突破，绿色生活方式成为公众自觉行为，绿色低碳循环发展政策体系基本健全。到2030年，清洁能源发电量占比保持全国领先，非化石能源消费比重达到55%左右；森林覆盖率、森林蓄积量、草原综合植被盖度稳步提高，确保2030年前实现碳达峰。

循环经济发展成为新引擎。到2025年，园区绿色低碳循环发展水平显著提升，规模以上工业企业重复用水率达到94%，一般工业固体废物综合利用率达到60%。

能源绿色低碳转型成为新动能。到2025年，清洁能源装机占比达到90.6%，2030年达到全国领先水平。清洁电力外送量2025年达到512亿千瓦时，2030年达到1450亿千瓦时。电化学储能装机2025年达到600万千瓦，建成国家储能先行示范区。海南州、海西州两个千万千瓦级清洁能源基地顺利建成。

农业农村减排增汇展现新气象。到2025年，全省规模养殖场配套建设粪污处理设施比例达到100%，养殖废弃物综合利用率达到85%以上。到2030年，基本实现绿色低碳的农业农村现代化。

工业领域达峰取得新成效。到2025年，行业能效全面达到国内基准水平，规上工业单位增加值能耗下降12.5%，力争下降14.5%。到2030年，基本实现工业绿色低碳循环高质量发展。

服务业绿色低碳呈现新活力。到2025年，国家铁路单位运输工作量综合能耗7吨标准煤/百万换算吨公里，新增和更新新能源或清洁能源公交车、出租车比例达到80%，营运车辆单位运输周转量碳排放较2020年下降3.5%。到2030年，基本建成便捷通达、绿色低碳的现代化交通运输体系。

城乡建设低碳发展成为新常态。到2025年，城镇新建建筑中绿色建筑占比达到100%，新建城镇居住建筑全面执行75%以上节能设计标准，新建公共建筑全面执行72%节能设计标准，城镇新建建筑中装配式建筑新开工面积达到15%以上，城镇新建住宅全装修率达到30%以上，城镇社区物业覆盖率达到90%以上。到2030年，基本实现建筑全过程绿色化、低碳化。

生态碳汇巩固提升成为新支撑。推进国家生态文明试验区建设，进一步提升生态系统碳汇增量。到2025年，草原综合植被盖度达到58.5%，森林覆盖率达到8%。

全民低碳行动成为新时尚。开展生态文明建设，倡导绿色低碳生活方式，普及低碳节能教育，积极推进碳达峰碳中和工作学习培训，全民践行简约适度、绿色低碳的生活理念基本形成。到2025年，党政领导干部参加碳达峰碳中和培训的人数比例达到100%。

（二）特色发展目标。

立足青海"三个最大"省情，坚持生态保护优先，推动高质量发展，在推进清洁能源、特色产业、生态增汇、体制机制等方面探索"青海经验"，培育"青海亮点"，助力碳达峰工作稳步有序推进。

清洁能源提质扩能。深度挖掘青藏高原风、光、水能潜力，加强全省风电、太阳能发电为主的多类型清洁能源规模化开发和高质量发展，通过建设新型电力系统增强对新能源的调节能力，率先打造国家储能先行示范区，推进煤电等电源碳捕集、利用与封存技术应用，探索构建全国首个省域零碳电力系统，加大绿电输出，为全国碳达峰目标实现做出"青海贡献"。

特色产业转型升级。充分发挥青海省自然资源禀赋，加速产业转型升级，围绕高原蓝天碧水净土，推进全域绿色有机农产品生产，打造绿色有机农畜产品输出地。利用得天独厚的盐湖资源，通过延链补链强链，打造世界级盐湖产业基地。用足用活绿电资源，加快培育零碳产业体系，打造创新零碳产业园区。依托丰富生态旅游资源，打造国际生态旅游目的地。通过打造多元化循环经济体系，助力产业脱碳。

生态系统固碳增汇。扎实推进国家公园示范省建设，加强生态环境保护修复，大力推进山水林田湖草沙冰整体保护、系统修复和综合治理。实施国土空间绿化和人工造林行动，提升森林覆盖率；强化沙化草地和黑土滩治理，提高草原综合植被盖度；开展湿地保护与修复，提升湿地生态系统功能。全面提高生态系统质量与韧性、巩固生态系统固碳能力，提升生态系统碳汇增量，支撑青藏高原碳中和先行示范区建设。

体制机制优化创新。以绿色低碳为导向，推动发展循环经济，建立健全具有青海特色的绿色低碳循环发展体系。积极创建国家生态文明试验区，探索推动生态文明体制改革，有效增加生态产品稳定供给，完善跨区域生态补偿制度，建立健全生态产品价值实现机制。建立全省绿电核算体系，推进省域间绿电互换合作，创新探索绿电核算与合作模式，加快构建有利于绿色低碳发展、可复制可推广的体制机制。

三、重点任务

将碳达峰贯穿于青海经济社会发展全局，系统谋划、有序推进，重点实施循环经济助力降碳行动、能源绿色低碳转型行动、服务业绿色低碳行动、农业农村减排增汇行动、工业领域碳达峰行动、生态碳汇巩固提升行动、城乡建设绿色发展行动、绿色低碳全民行动、绿色低碳科技创新行动、各市州有序达峰行动等"碳达峰十大行动"。

（一）以世界级盐湖产业基地建设为抓手，实施循环经济助力降碳行动。

1.强化盐湖资源综合利用。以青海省盐湖资源优势为依托，充分发挥企业技术创新主体地位，打通关键技术环节，通过延链补链强链探索形成循环经济新模式。加强钾资源可持续性保障，合理有序开发系列产品，提高资源转化率和生产回收率，建设世界级钾产业基地。发展镁系资源下游产业，拓宽镁系材料应用范围，建设世界级镁产业基地。提高锂资源生产工艺水平，释放锂资源产能，打造世界级锂电新能源与轻金属材料产业基地。发展金属钠下游轻金属合金及精细无机盐化工产品，实现钠资源深度开发，建设世界级钠产业基地。发展硼回收利用技术，适度扩大硼酸产能，拓展下游精细化学品、新材料，打造硼产业基地。开展盐湖卤水提铷研究，开发溴、铷、铯为主的稀散元素提取和深加工，不断提升盐湖资源综合利用水平。推动盐湖产业与煤化工、油气化工相互融合，解决盐湖资源综合利用过程中伴生的氯平衡关键问题。到2025年，盐湖产业产值突破340亿元，世界级盐湖产业基地建设稳步推进。到2030年，盐湖产业结构继续优化，产值达到700亿元，世界级盐湖产业基地建设初见成效。

2.推进产业链供应链低碳化升级。发挥全省清洁能源优势，完善"装备制造－清洁能源生产－绿电输送－消纳"循环产业链条，提高清洁能源就地消纳比重。推进盐湖产业与新能源融合发展，鼓励盐湖资源开发企业优先使用光伏、风能等清洁能源，提升盐湖产业绿色发展水平。鼓励电解铝、钢铁、铁合金等行业提高清洁用能占比，加大应用和推广新技术、新工艺、新装备力度，完成绿色化改造，提升能源利用效率，推动传统产业高端化、智能化、绿色化发展，降低产业碳排放，形成以新能源为驱动的多元循环经济体系。

3.推进园区循环化改造。按照"横向耦合、纵向延伸、循环链接"原则，建设和引进关键项目，合理延伸产业链，推动产业循环式组合、企业循环式生产，促进项目间、企业间、产业间物料闭路循环、物尽其用，优化煤化工、特色生物资源开发利用等循环经济产业链，切实提高资源产出率。推动园区重点企业清洁生产，促进原料和废弃物源头减量，推进产业废弃物回收及资源化利用。实施节能降碳改造，推进能源梯级利用和余热余压回收利用。开展绿色电力交易，提高园区绿电供能占比，持续推进更多增量电网建设，支持建设一定规模的离网微网，降低生产碳排放。加强水资源高效利用、循环利用，加快园区废水资源化和处理设施建设，推进实施污水集中处置系统，推动中水回用，提高水资源循环利用效率。到2025年，规模以上工业企业重复用水率达到94%。

4.健全资源循环利用体系。全面实施《青海省"十四五"推行清洁生产实施方案》，系统推进工业、农业、建筑业、交通运输业、服务业等领域清洁生产，积极实施清洁生产改造，探索黄河流域、湟水流域清洁生产协同推进模式，推动形成绿色生产生活方式。完善再生资源回收体系，加强回收网点、分拣加工中心、集散交易市场"三级网络"体系建设，推进废钢铁、废旧动力电池、废旧电子电器、报废汽车、废塑料等废旧物资规模化、清洁化利用。建设区域性大宗废弃物综合利用产业基地和技术平台，扩大粉煤灰、煤矸石、冶金渣、工业副产石膏、建筑垃圾等在生态修复、冶金、建材、基础设施建设等领域的利用规模。推动农作物秸秆、畜禽粪污、林业废弃物等农林废弃物资源化利用，完善秸秆收储运体系，加大农田残膜、农兽药包装废弃物、灌溉器材、农机具等回收处置力度。到2025年，一般工业固体废物综合利用率达到60%，城市生活垃圾无害化处理率达到97%，农牧区秸秆资源化、畜禽粪污综合利用率分别达到90%以上和85%以上。

5.推进不同行业产业融合发展。坚持区域资源整体开发、产业协同联动发展，促进资源、产品的综合开发、循环利用和产业融合，着力打造资源综合开发、深度加工、副产物资源化再利用循环型产业链，形成盐湖化工、油气化工、新材料、新能源等各产业间纵向延伸、横向融合，资源、产品多层联动发展循环型产业新格局。把循环发展作为生产生活方式绿色化的基本途径，加强生产过程中副产物在生活系统中的循环利用，生活系统中产生的各类废弃物用于生产过程，推动实现生产、生活、流通、消费各环节融合发展。充分发挥市场的决定性作用，推动物质流、资金流、产品链之间流通互补，实现各类资源的集约高效利用。

（二）以国家清洁能源产业高地建设为引领，实施能源绿色低碳转型行动。

1.加快清洁能源产业规模化发展。依托资源优势，统筹兼顾内需和外送，形成以海南州、海西州两个千万千瓦级清洁能源基地为依托，辐射海东市、海北州、黄南州的清洁能源开发格局。充分利用高原太阳能资源、土地资源富集优势，持续推进新能源发电规模化、集约化发展，积极打造国家级光伏发电和风电基地、技术发展高地，引领全国清洁能源发展。统筹水电开发和生态保护，科学有序组织黄河上游水能资源开发。积极推进规划内大中型水电站有序建设，全力推进玛尔挡、羊曲水电站建成投产，加快推进茨哈峡、尔多和宁木特等水电站的前期工作。稳步开展黄河上游已建水电站扩机改造，提高水电站运行效率。坚持集中式与分布式并举，积极推进整县（市、区）屋顶分布式光伏开发试点，发展分散式风电，扩大分布式清洁能源就地开发、就地消纳。深入推进共和至贵德、西宁至海东地区地热资源、共和盆地干热岩资源开发利用，实现试验性发电及推广应用。加快培育能源新品种，科学布局氢能、核能等能源供给，形成未来能源发展新支撑；创新氢能与光伏、储能等融合发展模式，在海西、海南等地区开展可再生能源制氢示范项目。到2025年，全省清洁能源装机总量达8900万千瓦，力争占比超过90.6%。到2030年，全省清洁能源装机占比达到全国领先水平。

2.提升能源供给保障能力。加大油气勘探开发力度，充分挖掘柴达木盆地油气勘探开发潜力，建设高原千万吨级油气当量勘探开发基地，筑牢国家后备能源基础。合理选址建设天然气储气库，和省内天然气管网与国家管网实现互联互通。严格按照生态文明建设要求，科学规范煤炭资源勘查开发秩序，向绿色化、集约化、智能化方向深度转变，显著提升煤矿安全水平。

3.优化新型电力系统资源配置。加快推进特高压外送通道建设，积极扩大绿色电力跨省跨区外送规模，支撑清洁能源基地建设，实现青海清洁能源在全国范围内优化配置。重点围绕海西清洁能源基地，加快推进青海第二条特高压外送通道工程及配套电源前期工作，适时研究论证后续跨区特高压外送输电通道和配套清洁能源基地。加强交流骨干网架建设，重点围绕清洁能源基地开发和输送、负荷中心地区电力需求增长、省内大型清洁电源接入需求，建设各电压等级协调发展的坚强智能电网。发挥青海与周边省区资源互补、调节能力互补、系统特性互补的优势，加强省际电网互联，扩大资源优化配置范围。提升配电网柔性开放接入能力、灵活控制能力和抗扰动能力，积极服务分布式电源、储能、电动汽车充电、电采暖等多元化负荷接入需求，打造清洁低碳的新型城农网配电系统。力争到2025年，电力外送量达到512亿千瓦时。

4.提升多能互补储能调峰能力。积极推动水储能、电化学储能、压缩空气、太阳能光热发电等储能技术示范，形成多种技术路线叠加多重应用场景的储能多元发展格局。按照国家新一轮抽水蓄能中长期规划，积极推动抽水蓄能电站建设。建设黄河上游梯级电站大型储能项目，充分挖掘水电调节潜力，实现水电二次开发利用。挖掘黄河上游梯级水库储能潜力，推动常规水电、可逆式机组、储能工厂协同开发模式，实现电力系统长周期储能调节。开展太阳能热发电参与系统调峰的联调运行示范，提高电力系统安全稳定水平。发挥燃气电站深度应急调峰和快速启停等优势，结合天然气供应能力和电力系统发展需求，以气定改、以供定需，因地制宜合理布局一定规模的燃气电站。围绕海南州、海西州千万千瓦级清洁能源基地建设，推进电化学储能合理布局。积极推广"新能源+储能"模式，探索建立共享储能运行模式，推进商业化发展。力争到2025年，电化学储能装机规模达到600万千瓦，建成国家储能先行示范区。

5.合理调控化石能源消费。 加快化石能源消费替代和转型升级，逐步降低煤油气在能源结构中的占比。统筹电力供应安全保障，合理控制煤电新增规模，新建机组煤耗标准达到国际先进水平，有序淘汰煤电落后产能，加快现役机组节能升级和灵活性改造，稳妥推进供热改造，推动煤电向基础保障性和系统调节性电源并重转型。保持石油消费处于合理区间，有序引导天然气消费，合理优化利用结构，优先保障民生用气，推动气电与新能源融合发展。力争到2025年，全省非化石能源消费比重达到52.2%。到2030年，非化石能源消费比重达55%以上。

（三）以国际生态旅游目的地建设为契机，实施服务业绿色低碳行动。

1.推进旅游业低碳化发展。 优化生态旅游布局，构建"一环引领、六区示范、两廊联动、多点带动"的生态旅游发展框架。建设青藏高原生态旅游大环线，建成青海湖、塔尔寺、茶卡盐湖等国际生态旅游目的地省级实验区，推动旅游服务设施低碳化升级，构建低碳生态旅游产品体系。推动交通旅游生态化发展，采用清洁能源车辆，发展公转铁、公转空等多式联运方式，低碳化升级改造旅游交通服务设施。积极创建"生态住宿""绿色餐饮""生态农家乐""生态牧家乐"，提升现有农家乐、牧家乐低碳化水平，培育一批节能减排、低碳发展的示范企业。通过旅游业的绿色低碳发展，带动交通、住宿餐饮、仓储邮政等行业绿色转型。到2030年，低碳生态旅游的产品体系更加成熟、市场体系更加完善，全面建成集约化、低碳化、绿色化的国际旅游目的地。

2.构建低碳交通体系。 加快推进以绿色低碳旅游交通为突破口、以公共交通为主体的绿色低碳交通体系建设。构建"快进漫游"综合旅游交通网络，优化旅客运输结构。打造青海湖慢行环线，构建生态廊道，提升道路生态功能和景观品质。推动旅游服务基础设施低碳化升级，在旅游景区建设生态停车场、充电桩、新能源汽车营地。积极推广电瓶车、混合动力车等交通工具在景区内应用。结合旅游交通网络，推进现代综合交通体系建设，打造青海省"一轴十射四环多联"高等级公路格局、"两心、三环、三横四纵"复合型铁路布局，着力将公路与铁路、机场高效衔接，优化综合运输网络布局，完善公交优先的城市交通运输体系。加强智能交通平台建设，大力推进巡游、网约车融合发展，持续降低出租车道路空驶率。积极建设城际充电网络和高速公路服务区快充站配套设施，推动加氢站建设使用。探索交通运输工具清洁能源替代技术，强化新能源和清洁能源汽车推广应用。到2025年，城市公交车中新能源和清洁能源车辆占比达95.5%，营运车辆单位运输周转量碳排放较2020年下降3.5%，普通国省道宜绿化路段绿化率达100%，公路干线废旧路面材料回收率和循环利用率分别达98%和85%。

3.形成批发零售、住宿餐饮业低碳新业态。 促进批发零售、住宿餐饮绿色低碳发展，引导批发零售企业参与低碳节能活动，支持住宿、餐饮老店开展低碳化节能改造，鼓励新店建设应用低碳节能技术，提高太阳能、风能等清洁能源的使用比例。完善绿色采购制度，增加绿色产品和服务供给。鼓励餐饮行业推行清洁生产工艺，推广绿色食材、绿色餐具，减少一次性用品使用。建立低碳消费常态化宣传机制，倡导绿色消费理念。在旅游景区酒店不主动免费提供一次性用品，标示"低碳营业商店"、建立绿色产品专柜，引导游客绿色旅行，保护景区自然资源环境。到2025年，酒店、宾馆等场所不得主动提供一次性塑料用品，餐饮行业禁止使用不可降解一次性塑料餐具。

4.加速仓储物流低碳化。建立绿色低碳循环物流网络，构建低碳物流体系，推动绿色物流快速发展。支持物流企业构建数字化运营平台，推进智慧物流发展，提升货运集约化水平，优化仓储布局，减少运输频次及运输过程碳排放。加快绿色物流基础设施建设，加快车用加气站、充电桩布局，在快递转运中心、物流园区等建设充电基础设施。推广清洁能源车、新能源车等绿色低碳运输工具，落实新能源货车差别化通行管理政策。以绿色物流为突破口，带动上下游企业发展绿色供应链，使用绿色包材，减少过度包装和二次包装，实施货物包装减量化。探索建设"零碳物流"产业示范园区，加大推进高比例清洁电力建设力度，为园区物流企业创造100%清洁电力使用环境。到2025年，现代物流业与制造业深度融合，流通企业向供应链综合服务转型，全省社会物流总费用占地区生产总值比重下降至13%左右。

（四）以绿色有机农畜产品输出地建设为支点，实施农业农村减排增汇行动。

1.加快农牧业低碳发展。推行绿色有机标准化生产，做大做强有机品牌，打造绿色有机农畜产品输出地。围绕牦牛、藏羊、青稞、蔬菜、休闲农牧业五大特色产业，坚持"有机肥+N"模式替代化肥减量，加快有机肥替代化肥。大力推广测土配方施肥、农田深耕深松、水肥一体化、优质饲草种植等农牧业增产增效技术，提升绿色有机农畜产品生产科技水平。以"有标采标、无标创标、全程贯标"为原则，着力构建生产各环节全产业链标准体系，实现重点品种、重点环节标准化生产全覆盖。利用青海冷凉气候优势，大力实施"青字号"农畜产品品牌培育行动，积极培育一批特色鲜明、带动力强、有竞争力的企业品牌和农畜产品品牌。推行食用农产品合格证制度，加快建设农畜产品质量安全追溯管理信息平台。到2025年，绿色有机种植面积占全省耕地总面积的70%以上，农畜产品加工转化率达到65%以上，"青字号"品牌影响力持续扩大，做强农牧企业品牌100个，培育做大农畜产品区域公用品牌30个，农畜产品品牌300个。到2030年，建成国内乃至国际具有鲜明特色的绿色有机农畜产品输出地。

2.大力推动农牧业降碳增汇。重点围绕农药化肥减量增效、绿色降碳技术推广、农业废弃物再利用、土壤质量治理，开展农牧业降碳增汇。围绕"一控两减"目标任务，实施化肥减量增效、农药减量控害。加强宣传引导，改变农民施肥观念，引导农民自觉采用科学施肥技术。应用物联网、云计算、大数据移动互联等现代信息技术，推动农业全产业链改造升级。实施农作物秸秆综合利用，因地制宜推广农作物秸秆肥料化、饲料化、基料化、原料化、燃料化等利用方式。实施农田残膜回收行动，完善废旧地膜和农兽药包装废弃物等回收处理制度。实施畜禽粪污、秸秆等资源化利用工程，提高农牧业废弃物资源化利用效率。开展盐渍化耕地治理及耕地土壤质量提升试点，提升土壤固碳能力。引进符合青海特色具有碳汇潜力新品种进行培育，筛选出适合推广种植的高生态价值作物。力争到2025年全省规模养殖场配套建设粪污处理设施比例达到100%，化肥农药减量增效全覆盖，废弃农膜回收利用率达95%左右，养殖废弃物综合利用率达到85%以上。

3.打造低碳示范美丽乡村。实施乡村能源革命，完善农牧区能源基础设施，推进农牧地区用能清洁化、低碳化转型，加快形成绿色生产生活方式，积极推进低碳示范美丽乡村试点建设。大力推广农牧地区分布式光伏发电应用。重点实施农村电网升级工程，提升农牧地区供电质量。按照"宜管则管""宜罐则罐"的原则，因地制宜，在具备条件的农牧区积极推进燃气下乡，实现燃气到户。有序实施"煤改电""煤改气"等项目，引导农牧民取暖与炊事用能清洁化、低碳化，积极探索地热、工业余热进行供暖使用。推广集保温隔热等多功能一体新型绿色建筑材料，引导农牧民建设节能型住房。开展"乡村节能行动"，推动高效生产机械、节能家电器材入户到家，提升农牧民用能效率。力争到2025年，农牧区低碳生活生产格局基本形成，建设200个低碳示范美丽乡村。到2030年，农牧地区实现生产生活用能清洁化。

（五）以现代绿色低碳工业体系建设为目标，实施工业领域碳达峰行动。

1.推动工业领域绿色低碳发展。加快传统产业绿色转型升级，推动有色冶金、能源化工、特色轻工等传统产业智能化绿色化，壮大新能源、新材料、生物医药等战略性新兴产业，培育发展生态经济和数字经济。严格落实《"十四五"重点领域能耗管控方案》，有序推进重点行业结构调整，加快存量产能技术改造，倒逼低效产能有序退出，加强新建项目能耗准入管理，整体提升绿色低碳发展水平。深入实施绿色制造工程，建设绿色工厂和绿色工业园区，鼓励工业企业开发绿色产品，创建工业产品绿色设计示范企业，打造绿色制造工艺、推行绿色包装、开展绿色运输、做好废弃产品回收利用，构建完整贯通的绿色供应链，全面提升绿色发展基础能力。

2.推动石化化工行业碳达峰。以盐湖化工、石油天然气化工、煤化工等重点产业转型升级为侧重点，优化产能和布局，推动产业绿色化改造，加大落后产能淘汰力度，完善产业供能体系。提升盐湖镁系、锂系新材料、烯烃、纯碱等化工新材料和精细化工产品所占比重。开展绿氢绿氧直供煤化工技术研究，发展二氧化碳、绿氢结合转化制备甲醇等液体燃料以及合成氨等清洁基础化工原料技术，建设液态阳光示范项目。提升新能源消纳能力，为精细化学品、高端新材料、氢能材料等领域发展提供动力支撑。

3.推动有色行业碳达峰。依托青海省有色金属资源禀赋，优化产业供能结构，推进有色金属深加工及衍生高性能新产品深度开发。提高加工过程硫平衡能力，推进有色冶金产业与盐湖化工、氟化工融合发展，实现副产硫酸的高值化利用。升级改造电解铝工艺，提升青海省电解铝及铝锭、铝板带箔等领域的清洁生产水平。推动钛、钠等金属资源深加工，拓宽产业链条推动产业低碳发展。加快有色金属再生产业发展，完善废弃有色金属资源回收、分选和加工网络。

4.推动钢铁行业碳达峰。深化钢铁行业供给侧结构性改革，推进存量优化。重视冶炼尾渣、高炉煤气等副产资源的综合利用，提升废钢资源回收利用水平，推行全废钢电炉工艺。开展铁合金行业自动化系统技术升级，促进钢铁行业清洁能源替代，深入开展钢铁行业节能降碳技术改造，探索氢气替代焦炭作为还原剂的技术路径，提升钢铁、铁合金行业整体能效水平，降低碳排放强度。根据市场需求及时调整产品结构，提高先进钢材生产水平，增加钢铁产业链附加值。

5. 推动建材行业碳达峰。围绕建材产业绿色高端化、高质化、高新化发展，开展行业绿色化改造升级、新型材料研发和废弃资源回收利用。通过节能技术设备推广、能源管理体系建设、产能整合及技术改造，降低能耗水平，加快低效产能退出。严格落实新增水泥、玻璃项目产能置换要求，引导建材行业向轻型化、集约化、制品化转型。在国家产业政策允许前提下，发展太阳能光伏玻璃、光热反射超白玻璃、钢化玻璃、中空玻璃等，推动特种玻璃在省内建筑、光伏制造等领域的使用。推动水泥错峰生产常态化，合理缩短水泥熟料装置运转时间。推广发展高分子材料、复合材料、环境友好型涂料、防水和密封材料等新型化学建材。

6. 坚决遏制高耗能、高排放、低水平项目盲目发展。采取强有力措施，对高耗能高排放低水平项目实行清单管理、分类处置、动态监控。依据高耗能行业重点领域能效要求，推动能效水平应提尽提，拟建、在建项目对照能效标杆水平建设实施，力争全面达到标杆水平。对能效低于本行业能效基准水平的项目，合理设置政策实施过渡期，引导企业有序开展节能降碳技术改造，提高生产运行能效，坚决依法依规淘汰落后产能、落后工艺、落后产品。严控市（州）高耗能高排放低水平指标总量，实施碳排放减量替代，严格落实高耗能高排放项目节能审查，新建项目能效水平应达到国内、国际先进水平或行业标杆水平，对未能完成能耗强度下降进度目标的市（州），实行高耗能高排放项目缓批限批。

7. 严格落实减污降碳激励约束机制。以控碳、降碳、减碳为导向，充分考虑产业布局和能源基础设施建设的长周期性、能源消费的季节性，按照先强度、后总量，预期指标与约束指标相结合的思路，有机衔接能耗"双控"与碳排放"双控"。全面落实新增清洁能源和原料用能不再纳入能源消费总量控制政策，引导企业就地就近消纳新能源，释放经济增长对能源的需求，推动产业结构调整、高效节能技术应用、节能管理普及，尽早实现能耗"双控"向碳排放总量和强度"双控"转变。统筹推进能耗预算管理，建立省、市州、县三级能耗双控预算管理机制，削减能耗存量，严控能耗增量，严肃查处违法、违规用能行为。

（六）以国家公园示范省建设为载体，实施生态碳汇巩固提升行动。

1. 巩固提升以国家公园为主体的自然保护地体系固碳作用。全面开展现有自然保护地的科学分类与整合优化，进一步强化以国家公园为主体的自然保护地体系建设。实施三江源、祁连山国家公园提质项目和国家草原自然公园试点项目，推进青海湖、昆仑山国家公园规划编制和申报。发挥国家公园体制机制优势，实现资源统一管理，促进生态环境科学保护。建立健全保护地调查监测体系，明确国家公园和各类自然保护地范围边界，建立保护地矢量数据库，统筹自然保护地体系。依托环境监测平台、大数据、云计算等高科技手段和现代化设备，推进巡护监测信息化、智能化的"智慧保护地"建设。加强国家公园管理体制创新，到2030年，率先建成特色鲜明、具有国际影响力的自然保护地管理模式和样板，确保独特的高寒生态系统和原真性顶级生态群落得到系统性的有效保护，巩固自然保护地的固碳作用。

2.强化生态屏障碳汇功能。以重大生态系统保护和修复工程为抓手，全面提升全省草原、森林、湿地生态系统碳汇功能。严格落实划区轮牧、禁牧休牧、草畜平衡制度，加强草原生态系统保护和治理。推进国土绿化，重点扩大河湟谷地、三江源、祁连山地区森林资源总量。建立以碳汇功能为核心的分级分类体系和动态评估机制，摸底全省现有森林资源质量。实施天然林保护修复，巩固原生森林生态系统固碳功能。探索建立森林抚育模式和经营模式样板，提高森林碳汇能力。因地制宜实施林木保活提质措施，实现低质量森林全面修复。开展湿地保护和修复工作，实现保护生物多样性和提升碳汇功能协同增效。建立湿地分级体系，规范湿地用途，推进湿地自然保护区、湿地公园建设，形成全省湿地保护网络。加强全省历史遗留废弃矿山治理，形成适用于高寒生态系统的矿山生态修复样板。到2025年，湿地面积稳定在510万公顷，矿山修复治理总面积达到1000公顷。

3.建立健全生态系统碳汇支撑体系。加快推进新兴观测技术在生态碳汇核算中的广泛应用，建立健全青海省碳汇动态监测系统，加快开展草原、土壤、湿地、冰川、冻土等固碳增汇计量监测方法学和实施途径研究，筑牢碳汇精准核算的数据基础。开展土地利用、土地利用变化与林业生态系统碳汇监测计量体系本地化工作，建立符合青海省情、获得国家认可的生态碳汇核算理论、技术、方法、标准体系。鼓励社会资本参与生态保护修复，培育省内生态碳汇产业，打造生态碳汇市场化运营的青海方案。

4.推动黄河流域生态保护和高质量发展。加快实施《"十四五"黄河青海流域生态保护和高质量发展实施方案》，协调推进黄河青海流域生态环境保护、水资源水安全管理、黄河文化保护传承弘扬、高质量发展，完善生态补偿、要素保障、金融支持、用能管理等政策保障体系，着力构建"两屏护水、三区联治、一群驱动、一廊融通"的黄河青海流域生态保护和高质量发展格局。实施黄河两岸规模绿化连片提升工程，推进黄河流域自然保护区整合优化，加强生物多样性保护，制定生态断裂点修复、野生动植物管护、栖息地建设，全面提升水源涵养能力，着力打造沿黄绿色生态屏障。

（七）以高原美丽城镇示范省建设为依托，实施城乡建设绿色发展行动。

1.加速提升建筑能效水平。以高原美丽城镇示范省建设为抓手，统筹加强绿色建筑推广力度，推动新建建筑全面执行绿色建筑标准，改扩建建筑全面实施绿色化改造，制定出台《城镇绿色建筑行动计划方案》。大力发展超低能耗建筑、近零能耗建筑、可再生能源建筑，开展项目试点示范。结合城镇老旧小区改造、清洁取暖试点城市建设、海绵城市建设等工作，推动既有居住建筑节能改造，开展公共建筑能效提升行动。到2025年，城镇新建建筑中绿色建筑占比达到100%，新建城镇居住建筑全面执行75%以上节能设计标准，新建公共建筑全面执行72%节能设计标准，城镇新建建筑中装配式建筑新开工面积达到15%以上，城镇新建住宅全装修率达到30%以上。

2.优化建筑用能结构。推进城乡用能清洁化、电气化发展，扩大生活消费端化石能源替代以及生产领域清洁能源消纳，全面提升建筑的绿色品质和综合性能。实施建筑电气化工程，完善配电网建设及电力接入设施、农业生产配套供电设施，积极推进居民生活、农业生产等领域电能替代，推广智能楼宇、智能家居、智能家电。围绕高性能围护结构、绿色建材和智能控制等绿色技术，提高建筑的绿色品质。加大清洁供暖力度，推进清洁供暖基础设施建设，以西宁、海东为重点，扩大城镇热电联产供热范围，多路径实施清洁取暖。稳步实施牧区城镇集中供热清洁取暖改造提升工程，积极推进可再生能源供热试点示范。

3.推动高原美丽城镇建设。强化城镇发展的自然环境硬约束，建设绿色廊道。推进设市城市"生态修复、城市修补"工作形成常态机制，恢复城市废弃地植被与生境，提高城市固碳能力。搭建智慧城市综合管理平台，加强城市基础设施智慧化管理与监控服务，提高运行管理水平。制定高原美丽城镇宜居环境建设标准，科学规范建设行为。增加绿地总量，改善公共绿地布局。推进城镇地区自然生态修复，建设城镇集雨型绿地，构建城镇良性水循环系统，加强河道系统整治和生态修复，逐步改善水生态和水环境质量。到2025年，创建"美丽庭院"10万户，城镇社区物业服务覆盖率到达90%以上，地级城市再生水利用率达到25%，力争创建国家园林城市1—2个。

（八）以民族团结示范省建设为基础，实施绿色低碳全民行动。

1.加强绿色低碳宣传教育。全面贯彻党的民族政策，铸牢中华民族共同体意识，将生态文明教育融入民族团结进步示范省建设。发挥宣传教育在全民绿色低碳行动中的整体引导作用。打造公众教育平台，融合多媒体、广播、视频等多方式，加快普及全民生态文明、碳达峰碳中和基础知识。依托青海省的传统文化底蕴，开展多民族、多文化绿色低碳科普活动，持续开展世界地球日、世界环境日、世界湿地日、全国低碳日等主题宣传活动，增强全民绿色低碳意识，推动全民绿色低碳行动深入人心。有效结合传统文化模式与创新推动，打造青海省民族特色的碳达峰碳中和宣传精品示范，促进各族群众将建设大美青海、实现碳达峰作为共同奋斗目标。持续开展校园生态文明教育，厚植师生生态文明思想。

2.推广绿色低碳生活方式。制定和完善绿色消费指南，推广绿色产品，倡导绿色消费。增加绿色产品和服务供给，建立再生产品推广使用制度和一次性消费品限制使用制度。积极倡导节约用能、绿色低碳生活方式，反对奢侈浪费和不合理消费，大力实施"光盘行动"，出台措施惩罚浪费行为。积极践行绿色消费，构建绿色产品体系，实施绿色产品认证与标识制度，鼓励和引导企事业单位与公众购买和使用低碳产品。逐步开展社区、乡村、学校"绿色细胞"工程建设，评选一批优秀的示范社区、示范乡村、示范学校，推动全民绿色发展由被动变主动。到2025年，家庭达到绿色家庭标准比例达到65%。到2030年全民绿色低碳生活方式基本形成。

3.引导企业自觉履行社会责任。引导企业主动适应低碳发展要求，将绿色低碳理念融入企业文化，提升资源节约意识，自觉履行绿色低碳发展义务，切实承担企业环境责任。建立健全绿色低碳循环发展体系，推进重点领域和重点行业绿色化改造，促进生产系统和生活系统循环链接，逐步实现节能降碳。重点用能单位需要加强碳核算机制，按照环境信息依法披露制度，定期发布企业碳核算报告。重点工业园区、重点企业需要制定园区或企业碳达峰实施方案，发挥园区和企业示范引领作用。

4.**强化领导干部培训**。将学习贯彻习近平生态文明思想作为干部教育培训的重要内容，各级党校（行政学院）要把碳达峰碳中和相关内容列入教学计划，分阶段、分层次对各级领导干部开展培训，普及科学知识，宣讲政策要点，强化法制意识，切实增强全省和市州各级领导干部对碳达峰碳中和工作重要性、紧迫性、科学性、系统性的认识，提升专业素养和业务能力，增强推动绿色低碳发展的本领。到2025年，党政领导干部参加生态文明培训的人数比例达到100%。

（九）以创新驱动发展战略为支撑，实施绿色低碳科技创新行动。

1.**加快技术研发和推广应用**。部署开展农作物种质资源保护与利用、育种技术、新品种选育及改良技术研究，加快乡土草种扩繁及商业化育种体系建设，创制重大品种。积极推动清洁能源开发、氢能发电、智能电网等技术研究与应用，力争解决青海省季节性缺电问题。建立健全以陆地生态系统碳循环"源-汇"转换关系研究、生态修复新型材料研发、生态系统碳汇监测核算体系创建、退化草地修复微生物调控及草地资源空间优化配置研究等为核心的固碳增汇技术体系，提升生态系统固碳能力。开展二氧化碳捕集利用与封存（CCUS）等应用基础研究，选择有条件的区域和行业探索开展CCUS技术试点示范。

2.**完善科技创新体制机制**。围绕国家即将实施的科技体制改革三年行动，不断深化全省科技体制创新，坚持规划引领，以重大需求为导向，以解决"卡脖子"等关键技术难题为目标，分年度细化生态价值转化专项目标。在省级科技计划中推进实施"揭榜挂帅""帅才科学家负责制"等科研项目管理改革，优化科技创新资源配置。强化企业创新主体地位，引导企业牵头承担绿色低碳类科技计划项目。充分发挥各类重大科技创新平台的资源辐射作用，鼓励科研设施、数据等资源开放共享。加强绿色低碳技术和产品知识产权保护。

3.**加强创新能力建设和人才培养**。围绕盐湖资源综合利用、多能互补绿色储能、大气本底基准观测、高原种质资源等领域建设一批引领性、带动性、示范性显著的科技创新平台。重点建设第二次青藏高原科学考察综合服务平台和野外综合科考基地，推动科考成果转化。落实青海省政府与中国科协"全面战略"合作协议，探索"科研飞地"模式。建设青海省"碳达峰碳中和"高端智库，聘请省内外能源、生态环境、绿色金融等领域知名院士专家组成碳达峰碳中和专家咨询委员会。深入实施"昆仑英才"行动计划，通过"人才+项目"模式瞄准双碳关键问题引进核心人才，开展创新人才队伍建设，鼓励柔性引进专家学者，为推进碳达峰工作提供智力支撑。

（十）坚持"全国一盘棋"总要求，实施市州有序达峰行动。

准确把握各市州发展定位，综合考虑本地区经济发展水平、产业结构、节能潜力、环境容量、重大项目等因素，结合当前碳排放现状、自身条件及未来发展方向，制定符合实际、切实可行的碳达峰实施方案。支持经济发展水平较高、产业结构较轻、能源结构较优、资源禀赋较好的地区率先达峰。鼓励西宁、海东、海西等有条件的地区探索实施二氧化碳排放强度和总量双控，开展空气质量达标与碳排放达峰"双达"试点示范，打造低碳试点省市升级版，力争在达峰行动中走在全省前列。开展净零碳排放示范工程建设，打造零碳产业园和零碳电力系统。鼓励在国家公园内开展"零碳城镇"试点示范。

西宁市。加大生产设备低碳改造力度，提升能源使用效率，降低生产排放强度。持续推进国土绿化巩固提升、流域生态治理与修复、公园绿地建设工程，加快公园城市建设，推动公共空间与自然生态相融合，提升生态活力，聚力建设"现代美丽幸福大西宁"。大力倡导绿色低碳生活方式，加快推进垃圾资源化利用，构建资源循环利用体系，广泛开展绿色学校、绿色社区、绿色家庭等绿色细胞创建行动，减少生活碳排放。加快光伏光热制造、锂电储能、有色合金材料、生物医药、特色化工新材料等集群产业发展。

海东市。全面推动以电解铝、铁合金、碳化硅为重点的基础原材料产业高质量低碳转型，推动绿色建材生产和应用，打造千亿级零碳产业园。实施农业园区提档升级工程，推进现代生态循环低碳农业园区建设。构建绿色交通体系，加快推进加气站、充电桩、绿色仓储等设施建设，加快普及清洁能源车辆。推进黄河及湟水河流域生态环境综合整治，实施生态修复、国土综合整治、生物多样性保护等重大工程，提升各类生态系统的稳定性和固碳能力。

海西州。加快建设高原生态文明高地和国家重要的战略性产业基地。推动国家公园建设和水生态保护工程，持续强化荒漠化保护治理，开展光伏治沙，巩固天然草地生产力，提升湿地生态系统服务供给能力。扎实推进祁连山（海西片区）生态保护与综合治理。推进世界级盐湖产业基地和清洁能源高地建设，促进柴达木绿色低碳循环发展示范区高质量发展，推动"荷储网源"和"多能互补"一体化新能源项目建设。布局新能源装备制造产业集群、绿氢产业化应用示范。以突破盐湖锂盐高纯化、新型动力电池及其关键材料产业化提升、镁合金深加工等技术难题为导向，加强循环经济关键核心技术体系建设，全面激活循环产业发展新动能。

海南州。以现代生态农牧业、新型清洁能源产业、文化旅游及服务业、大数据信息技术产业作为经济发展主攻方向，着力打造现代生态农牧业集聚发展先行区、新型清洁能源及大数据产业示范区、国家可持续发展议程创新示范区，推动泛共和盆地高质量发展。突出黄河流域生态保护，系统推进山水林田湖草冰沙治理，重点建设三江源、共和盆地和青海湖流域三大生态圈。加快"千万千瓦级"新能源基地建设，推进大型水电站抽水蓄能工程，打造"绿电特区"。大力发展大数据等高载能绿色产业，推动清洁能源就地转化，加快构建现代化绿色产业体系。

海北州。加快推进国家公园示范区建设工程，深入推进山水林田湖草沙冰系统治理，高标准推进祁连山国家公园建设，开展青海湖国家公园体制试点建设，提升国家公园生态安全水平与生态固碳能力。拓展生态产品价值实现模式，建设森林小镇、冰雪小镇、羚羊小镇、牦牛小镇等特色小镇，努力打造美丽城镇、美丽乡村、零碳城镇，促进生态旅游业健康发展。积极发展风电、光伏产业，优化能源结构，发掘电网输送能力，打造全省清洁能源后备基地。

玉树州。推进青藏高原生态屏障区生态保护和修复重大工程，增强"中华水塔"水源涵养功能，提升草地保护与修复水平，促进森林资源保护恢复，开展沙化土地综合治理，强化生态保护支撑体系建设。提升国家公园建设水平，推动杂多、治多、曲麻莱三县公园城市建设。巩固提升现有的玉树牦牛特优区，高标准打造中国特色农产品优势区，促进生态畜牧业长足发展。推进清洁能源示范州建设，加快清洁供暖改造。

果洛州。加快三江源国家公园黄河源区建设，建成生态环境变化监测预警体系。加强荒漠化土地防治、黑土滩治理和有害生物防治，提升草原生态固碳能力。加快风、光、水电建设，推进玛尔挡水电站建设，提高新能源利用率。推广先进种养殖技术，提升农畜产品品质，提高农牧业产业化水平。突出生态资源优势，推动"旅游+"产业融合。

黄南州。以打造"全省生态有机畜牧业示范区、全省文化旅游融合发展示范区、藏区社会治理示范区"为重点，持续推动国家公园建设工程，有序实施国土绿化扩面提质工程，加快坎布拉、麦秀等林场生态建设，推进退化草原、湿地治理，巩固提升生态服务功能。以黄南国家农业科技园建设为引领，加快泽库国家级现代农业产业园、河南县国家农村产业融合发展示范园建设，打造特色农畜产品基地。加快风光水电设施建设，实施清洁能源转型行动，提高清洁能源利用率。

四、政策措施

（一）建立统一规范的碳排放统计核算体系。按照国家统一制定的省级碳排放统计核算方法，组织开展全省年度碳排放总量核算。制定市（州）碳排放核算方法，统一核算口径。加快碳达峰碳中和数字支撑体系建设，充分应用云计算、物联网、遥感测量、大数据等信息技术，依托能源大数据中心，整合相关资源，推动建成青海省智慧双碳大数据中心，构建双碳数字服务体系。完善电网输入（输出）电量监测，建立可再生电力输入（输出）电量、新增电量等基础数据共享机制。健全电力、钢铁、建筑等行业领域能耗统计监测体系，加强重点用能单位能耗在线监测系统项目建设，完善能耗统计监测体系，提升信息化实测水平。

（二）完善绿色经济政策。构建与碳达峰碳中和相适应的财税、金融、投资、价格等政策体系，持续加大对碳达峰碳中和工作的支持力度。加大对绿色低碳产业发展、技术研发等的财政支持力度。全面落实环境保护、节能节水、新能源储能和清洁能源车船税收优惠。落实好国家碳减排相关税收政策，积极研究促进我省实现碳达峰碳中和的环境保护税政策。大力发展绿色信贷、绿色保险、绿色债券、绿色基金等金融工具，引导银行保险等金融机构在风险可控的情况下为绿色低碳项目提供长期限、低成本资金支持及保险保障。鼓励有条件的金融机构提供长期稳定融资支持。充分发挥我省已设立的各类政府投资基金和青海省政府投资母基金引导撬动作用，吸引社会资本投向碳达峰碳中和关键领域，鼓励与社会资本合作设立绿色低碳产业投资基金。执行差别化电价、分时电价和居民阶梯电价政策。

（三）**推进市场化机制建设**。积极融入全国碳排放权交易市场，强化碳排放数据质量管理，为全国碳市场稳定运行提供保障。促进碳汇开发，体现具有青海特色重要生态系统的碳汇价值。运用区块链等数字化技术，推进绿电"证电合一"，积极推进能源生产和消费主体与中东部省份开展碳排放权、绿色电力证书交易，不断扩大交易市场范围。鼓励清洁能源发电企业通过出售绿证等方式，促进资金和资源在不同区域间融通，助力完成消纳责任权重考核，实现清洁电力的绿色价值。加大电力、天然气市场化改革力度，完善风电、光伏发电、抽水蓄能价格形成机制。有序推进碳排放权、用水权和排污权交易，探索建立用能权、绿色电力、林业碳汇交易机制。支持林业碳汇项目开发，引导碳交易履约企业和对口帮扶省份优先购买林业碳汇项目产生的减排量。发展市场化节能方式，推行合同能源管理，推广节能综合服务模式。

（四）**健全制度及标准体系**。加快构建有利于绿色低碳发展的政策体系，制定完善涉及绿色低碳转型的相关制度。适时修订青海省应对气候变化办法。严格执行国家产业结构调整政策，依法依规推动违规高耗能高排放项目、高碳低效落后产能淘汰退出、转型升级。建立健全碳达峰碳中和标准体系，实施低碳产品标准标识制度，支持企业开展绿色产品认证。鼓励我省相关机构积极参与国家及国际能效、低碳标准体系制定，加强与国家标准、行业标准的衔接。

五、组织保障

（一）**加强组织领导**。切实加强党对碳达峰碳中和工作的领导。省碳达峰碳中和工作领导小组要加强对各项工作的统筹谋划、整体部署和系统推进，研究解决重大问题、重大政策和重要事项。省碳达峰碳中和工作领导小组各成员单位要积极落实省委省政府决策部署和领导小组工作要求，主动作为、密切配合，扎实推进相关工作。省碳达峰碳中和工作领导小组办公室要加强统筹协调，定期对各地和重点领域、重点行业工作进展情况进行调度，加强跟踪评估和督促检查，确保各项目标任务落实落地落细。

（二）**稳妥有序推进**。深刻认识碳达峰碳中和是一场广泛而深刻的经济社会系统性变革，将碳达峰碳中和目标要求融入经济社会中长期发展规划，加强与国土空间规划、区域规划及各级各类专项规划的衔接协调。统筹谋划本地区、本领域碳达峰的实现路径和目标任务，科学制定并推进实施本地区、本领域碳达峰实施方案。坚持先立后破、科学统筹，稳妥有序、循序渐进推进碳达峰行动，助力经济社会全面绿色低碳转型，力争实现高质量达峰，为碳中和奠定坚实基础。有关工作进展情况每年向国家和省委、省政府报告。

（三）**强化责任落实**。各地各部门要深刻领会党中央国务院、省委省政府推进碳达峰碳中和工作的坚定决心，充分认识碳达峰碳中和工作的重要性、紧迫性、复杂性，实行党政同责，压实主体责任，切实扛起政治责任。要围绕《贯彻落实〈关于完整准确全面贯彻新发展理念做好碳达峰碳中和工作的意见〉的实施意见》和本方案确定的工作目标与重点任务，制定任务清单，落实有效举措，确保政策到位、措施到位、成效到位，落实情况将纳入生态环境保护督查。各行业、企业等市场主体要主动承担并积极履行社会责任，严格对照碳达峰碳中和相关政策要求，全面落实节能降碳各项措施，共建共治共享，合力推进绿色低碳转型和高质量发展。

（四）**严格监督考核**。将碳达峰碳中和相关指标纳入经济社会发展综合评价体系，作为党政领导班子和领导干部评价的重要参考，并列入生态环境保护督查的重要内容。建立年度工作目标分解机制，实行年度报告、中期评估、目标考核制度，加强监督考核结果应用，对工作突出的地区、单位和个人按规定给予表彰奖励，对未完成目标任务的地区、部门依规依法实行通报批评和约谈问责，对履职不力、偏离任务的及时予以调整。

宁夏回族自治区党委　自治区人民政府关于印发《宁夏回族自治区碳达峰实施方案》的通知

（宁党发〔2022〕30号）

各市、县（区）党委和人民政府，区直各部委办厅局，各人民团体、直属事业单位，中央驻宁各单位，各大型企业：

现将《宁夏回族自治区碳达峰实施方案》印发给你们，请结合实际认真贯彻落实。

中共宁夏回族自治区委员会
宁夏回族自治区人民政府
2022年9月30日

宁夏回族自治区碳达峰实施方案

为深入贯彻落实党中央、国务院关于碳达峰、碳中和的重大战略决策部署，扎实推进全区碳达峰工作，制定如下实施方案。

一、总体要求

以习近平新时代中国特色社会主义思想为指导，忠实践行习近平生态文明思想，深入落实习近平总书记关于碳达峰碳中和重要论述及视察宁夏重要讲话重要指示批示精神，按照自治区第十三次党代会部署要求，以黄河流域生态保护和高质量发展先行区建设为牵引，立足新发展阶段，完整准确全面贯彻新发展理念，主动融入和服务新发展格局，坚持系统观念，处理好发展和减排、整体和局部、长远目标和短期目标、政府和市场的关系，把碳达峰、碳中和纳入经济社会发展全局，坚持"服务全局、节约优先、双轮驱动、协同联动、防范风险"的总方针，深入扎实推进"碳达峰十大行动"，高水平建设国家新能源综合示范区，推动经济社会发展建立在资源高效利用和绿色低碳发展的基础之上，坚定不移走出一条高质量发展的新路子，确保如期实现碳达峰目标。

二、主要目标

"十四五"时期，全区产业结构和能源结构优化取得明显进展，重点行业能源利用效率显著提升，煤炭消费增长得到严格合理控制，绿色低碳循环发展的政策体系进一步完善，绿色低碳技术研发和示范取得新进展，绿色低碳发展水平明显提升。到2025年，新能源发电装机容量超过5000万千瓦、力争达到5500万千瓦，非水可再生能源电力消纳比重提高到28%以上，非化石能源消费比重达到15%左右，单位地区生产总值能源消耗和二氧化碳排放下降确保完成国家下达目标，为实现碳排放达峰奠定坚实基础。

"十五五"时期，产业结构调整取得重大进展，清洁低碳、安全高效的能源体系初步建立，重点领域低碳发展模式基本形成，碳达峰目标顺利实现。到2030年，新能源发电装机容量达到7450万千瓦以上，非水可再生能源电力消纳比重提高到35.2%以上，非化石能源消费比重达到20%左右。

"十六五"时期，可再生能源装机比重持续提升，清洁低碳、安全高效的能源体系更加成熟，广泛形成绿色低碳的生产和生活模式。到2035年，非化石能源消费比重达到30%左右。

三、重点任务

（一）能源绿色低碳转型行动。

高水平建设国家新能源综合示范区，在保障能源安全的前提下，大力实施可再生能源替代，加快构建清洁低碳安全高效的能源体系。

1. 大力发展新能源。 坚持集中开发和分布开发并举、扩大外送和就地消纳相结合的原则，重点依托沙漠、戈壁、荒漠、采煤沉陷区等建设一批百万千瓦级光伏基地，因地制宜建设各类"光伏+"综合利用项目，探索自发自用和就地交易新模式，有效扩大用户侧光电应用。稳步推进集中式平价风电项目建设和分散风能资源开发，加快老旧风电项目技改升级，推广高塔筒、大功率、长叶片风机及先进技术，积极发展低风速风电。适时发展太阳能光热发电，推动光热发电与光伏发电、风电互补调节。因地制宜发展生物天然气、生物成型燃料、生物质（垃圾）发电等生物质能源，加快生物质成型燃料在工业供热和民用采暖等领域推广应用。积极推广浅层地热能供暖，探索开展中深层地热能供暖。到2025年，风电、太阳能发电总装机容量分别达到1750万千瓦和3250万千瓦以上。到2030年，风电、太阳能发电总装机容量分别达到2450万千瓦和5000万千瓦以上。（责任单位：自治区发展改革委、自然资源厅、住房城乡建设厅、农业农村厅、林草局、国网宁夏电力公司）

2. 推进氢能应用示范建设。 推进氢能产业化、规模化、商业化进程，加快氢能替代，助力减煤降碳。以建设宁东能源化工基地新能源产业园为重点，推进规模化光伏制氢项目建设，积极开展可再生能源制氢耦合煤化工产业示范，实现"绿氢"换"灰氢"。开展储氢、输氢、氢能综合利用等技术攻关，培育氢能装备制造产业，形成集群发展。推进氢燃料电池汽车在物流运输、公共交通、市政环卫等领域试点应用，促进氢能制输储用一体化发展。到2030年，绿氢生产规模达到30万吨/年以上。（责任单位：自治区发展改革委、宁东能源化工基地管委会、工业和信息化厅、交通运输厅、科技厅、国网宁夏电力公司）

3.严格合理控制煤炭消费。坚持煤电节能降碳改造、灵活性改造和供热改造"三改联动"，按照分类处置、保障供应的原则有序推动淘汰煤电落后产能，持续淘汰关停不达标落后煤电机组，将符合安全、环保等政策和标准要求的淘汰机组转为应急备用电源。加强燃煤自备电厂规范管理，支持自备燃煤机组实施清洁能源替代。大力推动煤炭清洁利用，合理划定禁止散烧区域，持续压减散煤消费，积极推进城乡居民清洁取暖，减少种植业、养殖业、农产品加工等农业领域散煤使用，在集中供热无法覆盖的区域加快推进"煤改气""煤改电"清洁供暖工程。"十四五"期间，煤炭消费增长得到严格合理控制，2025年燃煤电厂平均供电标准煤耗降低到300克/千瓦时以下，单位地区生产总值煤炭消耗下降15%；"十五五"期间煤炭消费逐步减少。（责任单位：自治区发展改革委、财政厅、生态环境厅、住房城乡建设厅、农业农村厅）

4.合理调控油气消费。合理控制石油消费增速，提升燃油油品利用效率。加大油气勘探开发力度，加快青石峁、定北两个千亿方级气田开发，积极推进石嘴山煤层气试点开发，推进西气东输三线、四线和盐池至银川等天然气输气管道建设，加强天然气储气能力建设。有序引导天然气消费，优化天然气利用结构，优先保障民生用气，拓展天然气在交通、分布式能源等领域的应用，合理引导工业用气和化工原料用气，推动天然气与多种能源融合发展。到2025年，全区天然气产量力争达到10亿立方米以上，城镇居民气化率达到75%；到2030年，保持全区石油消费基本稳定，天然气保障能力稳步提升。（责任单位：自治区发展改革委、住房城乡建设厅、生态环境厅、商务厅）

5.加快建设新型电力系统。构建新能源占比逐渐提高的新型电力系统，建设坚强智能电网，优化完善配电网网架结构，适应更大规模新能源电力接入及消纳。新建通道可再生能源电量比例原则上不低于50%，建成以输送新能源为主的宁夏至湖南±800千伏特高压直流输电工程，推动清洁能源在更大范围优化配置。推进黄河黑山峡水利枢纽工程立项建设，建设牛首山、中宁等抽水蓄能电站，加快新型储能设施推广应用，提升电网调峰能力。积极发展"新能源+储能""源网荷储"一体化和多能互补，支持分布式新能源合理配置储能系统。加强储能电站安全管理。加快实施电能替代工程，持续提升电能占终端能源消费比重。加强需求侧管理和响应体系建设，引导工商业可中断负荷、电动汽车充电网络、加氢站、虚拟电厂等参与系统调节，提升电力需求侧响应和电力系统综合调节能力。到2025年，全区直流电力外送能力提升至2200万千瓦以上，全区储能设施容量不低于新能源装机规模的10%、连续储能时长2小时以上，需求侧响应能力达到最大用电负荷的5%以上；到2030年，抽水蓄能电站装机容量达到680万千瓦，新型储能建设取得显著成果，需求侧响应能力稳步提升。（责任单位：自治区发展改革委、科技厅、自然资源厅、水利厅、国网宁夏电力公司）

（二）节能降碳增效行动。

严格落实节约优先方针，完善能源消费强度和总量双控制度，严格控制能耗强度，合理控制能源消费总量，推动能源消费革命，建设能源节约型社会。

1.全面提升节能管理能力。按照国家要求，逐步建立用能预算管理制。强化固定资产投资项目节能审查，对项目用能和碳排放情况进行综合评价，从源头推进节能降碳。提高节能管理信息化水平，完善重点用能单位能耗在线监测系统，推动高耗能企业建设能源管理中心，建立区域性行业性节能技术推广服务平台。加强节能监察能力建设，持续完善自治区、市、县三级节能监察体系，建立健全跨部门联动节能监察工作机制，综合运用行政处罚、信用监管、绿色电价等手段，增强节能监察约束力。加强人才队伍和技术能力建设，形成一支高水平节能监察队伍。（责任单位：自治区发展改革委、工业和信息化厅、财政厅、市场监管厅）

2.实施节能降碳重点工程。实施城市节能降碳工程，开展建筑、交通、照明、供热等基础设施节能升级改造，推行绿色社区试点，推进先进绿色建筑技术示范应用，推动城市综合能效提升。实施园区节能降碳工程，推动能源系统优化和梯级利用，鼓励开发区建设分布式能源项目，积极打造低碳园区。实施重点行业节能降碳工程，推进重点行业强制性清洁生产审核和改造，推广应用新技术、新工艺、新装备和新材料，推动煤电、钢铁、有色金属、建材、煤化工等行业开展节能降碳改造，制定3年改造计划，对于不能按期改造完毕的项目依法依规淘汰，提升能源资源利用效率。到2025年，规模以上工业企业单位增加值能耗较2020年下降18%，重点行业产能能效达到标杆水平的比例超过30%；到2030年，重点耗能行业能源利用效率达到国内先进水平。（责任单位：自治区住房城乡建设厅、交通运输厅、发展改革委、工业和信息化厅、生态环境厅）

3.推进重点用能设备节能降碳。以电机、风机、泵、压缩机、变压器、换热器、工业锅炉、民用锅炉、电梯等设备为重点，全力推进能效相关标准实施。建立以能效为导向的激励约束机制，综合运用税收、价格等政策，推广先进高效产品设备，加快淘汰落后低效设备。加强重点用能设备节能监管，强化生产、经营、销售、使用、报废全链条管理，严厉打击违法违规行为，确保能效标准和节能要求全面落实。引导工业、交通、农业等终端用户优先选用清洁能源，大力推广新能源汽车、热泵、电窑炉等新型设备，推动清洁能源取代化石能源。（责任单位：自治区工业和信息化厅、发展改革委、市场监管厅、商务厅、农业农村厅）

4.加强新型基础设施节能降碳。优化新型数字基础设施空间布局，统筹谋划、科学配置数据中心等新型基础设施，避免低水平重复建设。优化新型基础设施用能结构，因地制宜采用自然冷源、直流供电、"光伏＋储能"5G基站、氢燃料电池备用电源等技术，建立多样化能源供应模式，提高非化石能源利用比重。对标国际先进水平，加快完善通讯、运算、存储、传输等设备能效标准，提升准入门槛，淘汰落后设备和技术。加强新型基础设施用能管理，将年综合能耗超过1万吨标准煤的数据中心纳入重点用能单位能耗在线监测系统，开展能源计量审查。推动既有新型基础设施绿色低碳升级改造，推广使用高效制冷、先进通风、余热利用、智能化用能控制等绿色技术和能耗管理平台，提高设施能效水平。到2025年，新建大型、超大型数据中心电能利用效率不高于1.2；到2030年，数据中心电能利用效率和可再生能源使用率进一步提升。（责任单位：自治区发展改革委、科技厅、工业和信息化厅、市场监管厅、宁夏通信管理局）

（三）工业领域碳达峰行动。

聚焦重点排放工业行业，大力实施创新驱动和绿色可持续发展战略，推动产业结构、产品结构、产能结构不断优化，降低能源消耗，提升能效水平，确保如期实现碳达峰。

1.推动工业领域绿色低碳发展。 加快优化工业结构，大力发展"低碳高效"产业，严格控制"高碳低效"产业扩张，支持绿色低碳新技术、新产业、新业态、新模式发展，构建绿色低碳工业体系。实施绿色制造工程，大力推进绿色设计，深度推广绿色技术，完善绿色制造体系，建设绿色工厂、绿色工业园区。推进数字赋能升级，实施重点行业和领域"四大改造"攻坚行动，推动工业领域高端化、绿色化、智能化、融合化发展。到2025年，建成绿色园区12个以上、绿色工厂100家以上，规上工业战略性新兴产业增加值比重超过20%，高技术制造业增加值比重达到10%；到2030年，高效清洁低碳循环的绿色工业体系基本形成。（责任单位：自治区工业和信息化厅、发展改革委、科技厅、生态环境厅）

2.推动化工行业碳达峰。 优化产能规模和布局，严控新增传统煤化工生产能力，稳妥有序发展现代煤化工，未纳入国家规划和《石化产业规划布局方案》的石化、煤化工等项目不得建设。坚决依法淘汰落后产能、落后工艺、落后产品，遏制高耗能项目不合理用能。严格执行市场准入标准，新建煤化工项目能耗水平必须达到国家先进标准。对煤制甲醇、煤制烯烃（含焦炭制烯烃）、煤间接液化、焦炭等项目开展系统的节能诊断，推进未达标项目节能改造，降低能耗水平。推动煤化工行业延链补链，提升产品附加值，大幅降低碳排放强度。到2025年，单位电石、甲醇生产综合能耗分别下降10%、6%；到2030年，化工行业能效达到国内先进水平。（责任单位：自治区工业和信息化厅、发展改革委）

3.推动冶金行业碳达峰。 巩固钢铁行业化解过剩产能成果，淘汰落后生产工艺，实施节能减碳改造。推动钢化联产，依托钢铁、铁合金企业副产煤气、尾气，创新生产乙醇、蛋白等高附加值化工产品。鼓励氢冶金废钢预热、复吹、冷却水闭路循环等技术应用，减少炼铁焦炭用量，提高炼钢转炉原料中废钢比重。严控铁合金行业新增产能，实施高硅锰硅合金矿热炉及尾气发电综合利用、电机及变压器等电气设备能效提升、电煅炉煤气余热综合利用等项目。鼓励电解锰企业使用新技术、新设备，持续降低单位产品能耗水平。到2025年，钢铁产能控制在700万吨以内，严控铁合金、电解锰新增产能，冶金行业碳排放总量保持稳定；"十五五"期间不再新增产能，碳排放总量稳中有降。（责任单位：自治区工业和信息化厅、发展改革委）

4.推动有色金属行业碳达峰。 严控电解铝、金属镁新增产能，推广高效率、低能耗、环保型冶炼新技术新工艺，扩大精深加工，丰富产品品种。鼓励电解铝企业推广铝电解槽侧部散热余热回收等先进工艺，镁冶炼企业使用新型竖窑煅烧等新技术，持续降低单位产品能耗水平。到2025年，电解铝产能控制在130万吨以内，有色行业碳排放总量保持稳定；"十五五"期间，有色行业碳排放总量稳中有降。（责任单位：自治区工业和信息化厅、发展改革委）

5.推动建材行业碳达峰。严格执行产能置换政策，严禁新增高耗能、高排放项目产能，引导低效产能有序退出，推动建材行业向轻型化、集约化、制品化转型。实施水泥错峰生产常态化，合理缩短水泥熟料装置运转时间。加强固废再利用，鼓励建材企业使用粉煤灰、煤矸石、电石渣、脱硫石膏等作为原料或水泥混合材。加强新型胶凝材料、低碳混凝土等低碳建材产品研发和推广应用，加快绿色建材评价认证，逐步提升绿色建材应用比例。到2025年，水泥熟料产能控制在2200万吨以内；"十五五"期间，水泥行业碳排放总量稳中有降。（自治区工业和信息化厅、发展改革委、科技厅、住房城乡建设厅、市场监管厅）

6.坚决遏制高耗能高排放低水平项目盲目发展。严格落实自治区能耗双控产业结构调整指导目录，采取强有力措施，对高耗能高排放项目实行清单管理、分类处置、动态监控。对标国际国内先进水平，推动在建项目能效水平应提尽提。科学评估新建项目，把好准入关，落实自治区产能置换政策，对标重点行业国家能效标准，引导企业应用绿色低碳技术，提高能效水平。深入挖潜存量项目，加快淘汰落后产能，通过改造升级挖掘节能减排潜力。强化常态化监管，坚决淘汰不符合要求的高耗能高排放低水平项目。（责任单位：自治区发展改革委、工业和信息化厅、生态环境厅）

（四）城乡建设低碳发展行动。

构建城乡绿色低碳发展制度、政策体系和体制机制，优化建筑用能结构和方式，推广建筑可再生能源应用，大幅提升建筑节能水平，促进城乡建设绿色低碳发展。

1.推进城乡建设低碳转型。坚持绿色低碳发展的要求，优化城乡建设空间布局，引导人口和经济向以银川为中心的沿黄城市群集聚，推动城市组团式发展，协同建设区域生态网络和绿廊体系，提升城市绿化水平，集约适度划定并严守城镇开发边界，形成与地区资源环境承载能力相匹配的空间格局。加快转变城乡建设方式，结合低碳化、集约化的城镇化进程，合理规划城镇建筑面积发展目标，严格管控高能耗建筑建设。倡导绿色低碳设计理念，建设绿色城市、海绵城市、森林城市、"无废城市"。推广绿色低碳建材和绿色节能低碳建造方式，强化绿色施工管理。推进"互联网+城乡供水"示范区建设，实现城乡供水管理服务数字化、市场化、一体化，确保全区城乡居民喝上"放心水"。结合实施乡村建设行动，保护塑造乡村风貌，延续乡村历史文脉，推进农村绿色低碳发展。加强县城绿色低碳建设，大力提升县城公共设施和服务水平。推进绿色社区创建行动，加快数字化社区改造升级。推动建立绿色低碳城乡规划建设管理机制，动态管控建设进程，确保一张蓝图实施不走样不变形。（责任单位：自治区住房城乡建设厅、自然资源厅、林草局、水利厅、农业农村厅）

2.推行新建建筑全面绿色化。持续开展绿色建筑创建行动，提高政府投资公益性建筑、大型公共建筑以及绿色生态城区、重点功能区内新建建筑中星级绿色建筑比例。实施民用建筑能效提升行动，更新提升居住建筑节能标准。积极推广新型建筑技术，推进超低能耗建筑、近零能耗建筑等建设。提升城镇建筑和基础设施运行管理智能化水平。到2025年，装配式建筑占同期新开工建筑面积比重达25%，新建居住建筑全部达到75%节能要求，新建建筑100%执行绿色建筑标准，政府投资公益性建筑、大型公共建筑100%达到一星级以上标准；到2030年，装配式建筑占同期新开工建筑面积比重达到35%，新建居住建筑本体达到83%节能要求，新建公共建筑本体达到78%节能要求。（责任单位：自治区住房城乡建设厅、机管局、农业农村厅）

3.推动既有建筑节能改造。加强既有建筑节能改造鉴定评估，对具备节能改造价值和条件的既有居住建筑应改尽改，改造部分节能效果达到现行标准规定。加快推动老旧供热管网等市政基础设施节能降碳改造，持续推进居住建筑、公共建筑等用户侧能效提升、供热管网保温及智能调控改造，强化建筑空调、照明、电梯等重点用能设备智能化运行管理。加快推进居住建筑供热计量收费，推动公共建筑能耗监测和统计分析，逐步实施公共建筑合同能源管理和能耗限额管理。到2030年，各地级市全部完成公共建筑节能改造任务，改造后实现整体能效提升20%以上。（责任单位：自治区住房城乡建设厅、财政厅、机管局）

4.优化建筑用能结构。充分利用建筑本体及周边空间，推进建筑太阳能光伏一体化技术创新与集成应用。积极推动清洁取暖，推进热电联产和工业余热集中供暖，因地制宜推行清洁供暖。推动集光伏发电、储能、直流配电、柔性用电为一体的"光储直柔"技术应用。引导建筑供暖、生活热水、炊事等向电气化发展，推动高效直流电器与设备应用。到2025年，新建工业厂房、公共建筑光伏一体化应用比例达到50%，党政机关、学校、医院等既有公共建筑太阳能光伏系统应用比例达到15%；到2030年，建筑用电占建筑能耗比例超过65%。（责任单位：自治区住房城乡建设厅、生态环境厅、发展改革委、科技厅、财政厅、机管局、国网宁夏电力公司）

5.推进农村建设和用能低碳转型。持续加大农村电网改造提升力度，提高农村用能电气化水平。淘汰和更新老旧农业机械装备，实施大中型灌区节水改造。推广农用电动车辆等节能机械和设备设施，发展节能农业大棚。鼓励农村住房建设同步实施墙体保温、屋面隔热、节能门窗、被动式太阳能暖房等节能降耗措施，引导建设结构安全、风貌乡土、功能适用、成本经济、绿色环保的新型农房。推广生物质能资源化利用，优先采用太阳能、空气源热能、浅层地热能等解决农业农村用能需求。在集中供暖未覆盖的农村地区，大力推动太阳能+空气源热泵（水源热泵、生物质锅炉）等小型可再生能源供热。加快推进生物质成型燃料+生物质锅炉替代散煤取暖。鼓励生物质热电联产、生活垃圾发电、风能和光伏发电取暖。积极发展地热能供暖，因地制宜开展浅层、中深层地热能开发利用。鼓励使用高效节能家用电器、半导体照明产品和节能环保炉具。到2030年，建成一批绿色农房，鼓励建设星级绿色农房和零碳农房。（责任单位：自治区住房城乡建设厅、农业农村厅、水利厅、商务厅、发展改革委、生态环境厅、国网宁夏电力公司）

（五）交通运输低碳转型行动。

以发展绿色交通为引领，积极推进节能减排和清洁能源替代，建设便捷顺畅、经济高效、绿色集约、智能先进、安全可靠的综合交通运输体系，形成绿色低碳运输方式。

1.推广节能低碳型交通工具。推广新能源和清洁能源车辆使用，促进交通能源动力系统的电动化、清洁化、高效化，积极扩大电力、氢能、天然气等清洁能源在交通领域应用。推动城市公共服务车辆电动化替代，新增和更新的城市公交、出租、物流配送优先采用清洁能源车辆。推广电力、氢燃料、液化天然气动力重型货运车辆和工程机械，加快轻量化挂车和智能仓储配送设备的推广应用。逐步降低传统燃油汽车在新车销售和汽车保有量中的占比，严格实施道路运输车辆达标车型制度，加快淘汰高耗能、高排放的老旧货运车辆，持续推进老旧柴油货车淘汰更新。到2025年，新能源汽车销量占新车销量比例达到20%左右，市政车辆全部实现新能源替代；营运车辆单位运输周转量二氧化碳排放较2020年下降4%左右；到2030年，当年新增新能源、清洁能源动力的交通工具比例达到40%左右，营运车辆单位运输周转量二氧化碳排放较2020年下降9.5%左右，铁路单位换算周转量综合能耗比2020年下降10%。公路交通运输石油消费力争在2030年前达到峰值。（责任单位：自治区交通运输厅、公安厅、商务厅、生态环境厅、发展改革委、财政厅、住房城乡建设厅、宁夏邮政管理局）

2.构建绿色高效交通体系。加大铁路建设力度，加强大型工矿企业和工业园区铁路专用线建设，推进大宗货物和中长距离货物运输"公转铁""散改集"，发展全程集装箱绿色运输，不断优化运输结构，持续降低运输能耗和二氧化碳排放强度。提高智能化水平，积极推进多式联运示范工程创建，降低空载率和不合理客货运周转量，切实提高运输组织水平。综合运用法律、经济、技术、行政等多种手段，加大城市交通拥堵治理力度，提高道路通达性和通畅性。打造公共交通体系，构建快速公交系统、公交、自行车、步行等城市多元化绿色出行系统，逐步提高绿色出行在公共出行中的比例。到2025年，铁路运输量较2020年增加4000万吨，各地级市城市绿色出行比例力争达到65%以上；到2030年，铁路运输量较2020年增加5000万吨，各地级市城市绿色出行比例力争达到70%以上。（责任单位：自治区交通运输厅、住房城乡建设厅、财政厅、发展改革委、公安厅）

3.建设现代绿色物流体系。加强绿色物流体系规划引导，科学组织物流基础设施空间布局，促进不同层级物流网点的协同配合，提高运行效率。提高物流组织标准化水平，合理组织和实施运输、仓储、装卸、搬运、包装、流通加工、配送、信息处理等物流活动，提升揽收、分拣、运输、投递等环节的自动化水平，推动仓储配送与快递包装绿色化发展。创新运营组织模式，鼓励发展统一配送、集中配送、共同配送等集约化运输组织模式，提高城市货运配送效率，降低物流成本、能耗水平和二氧化碳排放。（责任单位：自治区商务厅、交通运输厅、宁夏邮政管理局）

4.完善绿色交通基础设施。将绿色低碳理念贯穿于交通基础设施规划、设计、施工、运营、养护和管理全过程，降低全生命周期能耗和碳排放。优化公路与其他线性基础设施的线位布设，推进废旧路面材料、轮胎以及建筑垃圾等循环利用，加快发展绿色低碳公路建设和养护新技术、新材料和新工艺。加快充电桩、换电站、加气站、加氢站等基础设施建设，科学推进银川市一体化绿色交通建设项目。到2025年，建设公共充电桩6000台以上；到2030年，建设公共充电桩1万台以上，除消防、救护、加油、除冰雪、应急保障等车辆外，民用运输机场场内车辆设备力争全面实现电动化。（责任单位：自治区交通运输厅、住房城乡建设厅、发展改革委、自然资源厅、宁东能源化工基地管委会、国网宁夏电力公司）

（六）循环经济助力降碳行动。

紧抓资源利用源头，大力发展循环经济，全面提高资源利用效率，开展"无废城市"建设，建设覆盖全社会的资源高效、循环利用体系，充分发挥减少资源消耗和降碳的协同作用。

1.推进产业园区绿色循环化发展。以提升资源产出率和循环利用率为目标，持续优化园区空间布局，实施产业链精准招商行动，推动园区产业循环链接和绿色升级。推动企业循环式生产、产业循环式组合，促进废物综合利用、能量梯级利用、水资源循环利用，推进形成企业内小循环、园区内大循环的发展模式。完善循环经济技术研发及孵化中心等公共服务设施，提升园区循环发展技术支撑能力。搭建资源共享、废物处理、服务高效的公共平台，建立园区能源资源环境管理和统计监测体系，加强园区物质流管理。到2025年，具备条件的园区全部实现循环化改造；到2030年，园区绿色循环化发展水平进一步提升，资源产出率持续提高。（责任单位：自治区发展改革委、工业和信息化厅、生态环境厅、水利厅、商务厅）

2.加强大宗固废综合利用。提高矿产资源综合开发利用水平和综合利用率，加强对低品位矿、共伴生矿、尾矿等的综合利用，推进有价组分高效提取利用。完善和落实大宗固废用于建筑材料、道路建设、农业领域等标准和规范。在道路设计时，优先选用工业固废替代粘土实施方案，大力推广工业固废在路基填筑等方面的应用。积极推广以工业固废为主要原料生产的新型墙体材料产品。制定自治区固体废物污染环境防治条例，强化工业固废产生企业综合利用主体责任。加强财政资金引导作用，支持工业固废资源化利用。进一步拓宽建筑垃圾、工业固废综合利用渠道。到2025年，一般工业固废综合利用率达到43%；到2030年，大宗固废综合利用水平不断提高，综合利用产业体系不断完善。（责任单位：自治区工业和信息化厅、发展改革委、交通运输厅、住房城乡建设厅、农业农村厅、生态环境厅、财政厅、国资委）

3.健全资源循环利用体系。完善废旧物资回收网络，将废旧物资回收相关基础设施建设纳入城乡发展总体规划。加快培育和引进资源回收利用龙头企业，因地制宜完善乡村回收网络，推动城乡再生资源回收处理一体化发展。提高再生资源加工利用水平，完善再生资源废弃物分类、收集和处理系统，加强再生资源综合利用行业规范管理，积极推进主要再生资源高值化循环利用。强化循环经济"链性"，促进再生资源产业集聚高质量发展。推进退役动力电池、光伏组件、风电机组等新兴产业废物循环利用，促进矿山机械、机床、工业机器人等再制造产业发展。到2025年，城市建成区废旧物资回收网络基本覆盖，废钢铁、废塑料、废橡胶等主要废弃物循环利用率达到65%，主要再生资源回收率达85%以上；到2030年，废钢铁、废塑料、废橡胶等主要废弃物循环利用率和主要再生资源回收率持续提高。（责任单位：自治区商务厅、市场监管厅、发展改革委、工业和信息化厅、住房城乡建设厅、生态环境厅）

4.推进生活垃圾减量化资源化。扎实推进生活垃圾分类，加快建立和完善城乡生活垃圾分类投放、分类收集、分类运输、分类处理体系。加快推进生活垃圾焚烧发电项目建设，逐步减少生活垃圾填埋处理。推进厨余垃圾、园林废弃物、污水厂污泥等低值有机废物的统筹协同处置。合理推进塑料源头减量、末端回收和再生利用，加大塑料废弃物能源资源化利用力度，健全塑料废弃物回收、利用、处置等环节监管，最大限度降低塑料垃圾直接填埋量。到2025年，银川市全面建成生活垃圾分类处理系统，其他地级城市基本建成生活垃圾分类处理系统，城市生活垃圾分类体系基本健全，生活垃圾资源化利用比例提升至60%左右。到2030年，城市生活垃圾分类系统全面建成，城市生活垃圾分类实现全覆盖，生活垃圾资源化利用比例提升至65%。（责任单位：自治区住房城乡建设厅、发展改革委、市场监管厅、农业农村厅、生态环境厅）

（七）生态碳汇建设行动。

坚持系统观念，严守生态保护红线，推进山水林田湖草沙一体化保护和修复，提高生态系统质量和稳定性，提升生态系统碳汇增量。

1.巩固生态系统固碳作用。持续优化重大基础设施、重大生产力和公共资源布局，逐步形成有利于碳达峰、碳中和的国土空间开发保护新格局。严守生态保护红线，严控生态空间占用，建立以国家公园为主体、自然保护区为基础、各类自然公园为补充的自然保护地体系，确保重要生态系统、自然遗迹、自然景观和生物多样性得到系统性保护，固碳作用在稳定的基础上得到提升。严格执行土地利用标准，加强集约节约用地评价，推广节地技术和节地模式。到2025年，全区单位地区生产总值建设用地使用面积力争下降15%，完成自然保护地整合优化，争创贺兰山国家公园，建设西华山国家草原自然公园、香山寺国家草原自然公园试点。到2030年，争创六盘山国家公园。（责任单位：自治区自然资源厅、生态环境厅、林草局）

2.提升生态系统碳汇能力。持续推进大规模国土绿化，实施贺兰山、六盘山、罗山生态保护和修复及黄土高原水土流失综合治理等生态保护修复重大工程，巩固退耕还林还草成果，扩大林草资源总量。实施森林质量精准提升工程，提高森林单位面积碳汇量。坚持自然恢复与人工修复相结合，推进草原生态修复，实施沙化退化草原生态修复工程，提高单位面积草原产草量和质量等级，积极增加草原碳汇。科学实施河湖、湿地保护修复工程，恢复生态功能，增强碳汇能力。开展荒漠化沙化土地、水土流失综合治理，实施矿山地质环境治理工程，提高城镇绿化率，增强城镇绿地碳汇能力。到2025年，全区森林覆盖率达到20%，森林蓄积量达到1195万立方米，草原综合植被盖度达到57%，湿地面积稳定在310万亩，湿地保护率提高到58%；到2030年，森林覆盖率达到21%，森林蓄积量达到1395万立方米，草原综合植被盖度稳定在57%，湿地保护率达到58%以上。（责任单位：自治区林草局、自然资源厅、生态环境厅、水利厅）

3.加强生态系统碳汇基础支撑。建立健全林草湿地等生态系统碳汇计量体系，实现碳汇计量监测常态化，为提升全区生态系统固碳能力提供有力支撑。依托和拓展自然资源调查监测体系，利用好国家林草生态综合监测评价成果，开展森林、草原、湿地等生态系统碳储量本底调查、碳汇能力评估潜力分析，实施生态保护修复碳汇成效监测评估。提升对温室气体清单编制、林草碳汇交易、碳汇效益核算、生态产品价值实现等支撑能力。培育林草碳汇项目，建立林草碳汇项目开发机制，加强林草碳汇项目管理，全面加强森林经营和可持续管理。建立健全森林、草原等生态系统产品价值实现机制，完善体现碳汇价值的多元化生态补偿机制。（责任单位：自治区林草局、自然资源厅、发展改革委、财政厅）

4. 推进农业农村减排固碳。大力发展绿色低碳循环农业，推广以种带养、以养促种、种养结合的生态循环模式，建设"光伏＋设施农业"等农光互补低碳农业。推进化肥、农药、地膜减量增效，推广环保型肥料和生物农药，改进施肥施药方式。深入开展农业标准化生产行动，加大现代农业示范区、园艺作物标准园、畜禽标准化示范场创建。统筹资源环境承载能力，支持整县推进秸秆综合利用、农膜回收利用和畜禽粪污资源化利用。实施高标准农田建设、盐碱地改良等地力保护工程，提升土壤有机质含量和耕地质量，增加土壤固碳能力。到2025年，全区主要农作物化肥、农药利用率达到43%以上，畜禽粪污综合利用率达到90%以上，秸秆综合利用率、农膜回收率达到90%以上；到2030年，全区化肥、农药利用率持续提高，绿色低碳化农业发展新模式逐步形成。（责任单位：自治区农业农村厅、自然资源厅、生态环境厅）

（八）绿色低碳科技创新行动。

实施科技强区行动，提升自主创新能力，加强关键技术攻关，提高科技成果转化效率，加快构建支撑绿色低碳发展的技术创新体系。

1. 完善创新体制机制。制定自治区碳达峰碳中和科技支撑行动方案，编制重点行业碳达峰碳中和技术发展路线图。将绿色低碳技术创新成果纳入高等学校、科研单位、国有企业绩效考核。强化企业创新主体地位，培育一批绿色低碳创新型示范企业，利用"前引导＋后支持"、企业研发费用后补助和"揭榜挂帅"等机制，支持企业承担国家和自治区绿色低碳重大科技项目。建立专业化技术转移机构，支持企业通过技术转让、技术许可等方式，实施一批绿色低碳重大科技成果转化项目。完善自治区绿色低碳技术和产品检测、评估、认证体系，推广绿色低碳产品和碳足迹认证，规范第三方认证机构服务市场。加强绿色低碳技术、产品的知识产权运用和保护。（责任单位：自治区科技厅、发展改革委、工业和信息化厅、市场监管厅、国资委）

2. 加强创新能力和人才培养。整合优化创新平台资源，培育建设一批自治区碳达峰碳中和相关领域重点实验室、工程技术研究中心等科技创新平台。鼓励区内企业、高校、科研院所与国内外各类创新主体共同开展绿色低碳技术协同创新，大力推进新型研发机构建设，组建自治区新能源研究院。支持低碳领域科技创新团队建设，采取柔性引才等方式积极引进领军人才及团队，培养科技成果转化和低碳技术服务复合型人才。创新人才培养模式，深化产教融合，鼓励校企联合开展产学研合作协同育人项目，支持高等学校加快新能源、储能、氢能、碳减排、碳汇、碳排放权交易等学科建设和人才培养。探索组建碳达峰碳中和产教融合发展联盟，努力创建国家储能技术产教融合创新平台。（责任单位：自治区科技厅、工业和信息化厅、教育厅、人力资源社会保障厅）

3.强化应用基础研究和先进适用技术研发应用。加强化石能源绿色智能开发和清洁低碳利用、可再生能源大规模利用、新型电力系统、节能、氢能、储能、动力电池、二氧化碳捕集利用与封存等重点领域的应用基础研究。集中力量开展复杂大电网安全稳定运行和控制、高效光伏、大容量新型储能、低成本可再生能源制氢、低成本二氧化碳捕集利用与封存等技术创新，加强高性能光伏材料、半导体硅材料、先进正极材料等研发。开展火力发电智能燃烧优化控制、深度调峰调频的网源协调发电等智慧电厂技术的研发与示范应用。开展二氧化碳资源化利用产业发展研究，建设二氧化碳捕集利用与封存全流程、集成化、规模化示范项目，促进循环经济发展和碳减排典型技术应用。开展碳排放监测技术研究和体系建设。（责任单位：自治区科技厅、工业和信息化厅、发展改革委、宁东能源化工基地管委会）

（九）绿色低碳全民行动。

着力增强全民节约意识、环保意识、生态意识，倡导简约适度、绿色低碳、文明健康的生活方式，把绿色理念转化为全区人民的自觉行动。

1.加强生态文明宣传教育。将生态文明教育纳入国民教育体系，开展多种形式的资源环境国情教育，普及碳达峰、碳中和基础知识。拓展生态文明教育的广度和深度，广泛开展多层次、多形式的宣传教育，大力传播绿色发展理念，形成绿色文明新风尚。引导公众树立绿色消费理念，从消费环节倒逼生产方式改变，为节能降碳及循环经济发展营造良好环境。加强生态文明科普教育，持续开展世界地球日、世界环境日、节能宣传周、全国低碳日等主题宣传活动，增强社会公众绿色低碳意识。积极鼓励、支持公众参与有利于节能降碳和发展循环经济的行动，切实保障人民群众的知情权、参与权和监督权，使公众舆论成为节能减排工作的推动力。（责任单位：自治区党委宣传部、发展改革委、教育厅、自然资源厅、生态环境厅）

2.推广绿色低碳生活方式。坚决遏制奢侈浪费和不合理消费，着力破除奢靡铺张的歪风陋习，坚决制止餐饮浪费行为。开展绿色低碳社会行动示范创建活动，评选宣传一批优秀示范典型。大力发展绿色消费，推广绿色低碳产品，完善绿色产品认证与标识制度。充分发挥政府主导作用和企业带头作用，提升绿色产品在政府采购中的比例，国有企业带头执行企业绿色采购指南。（责任单位：自治区文明办、教育厅、住房城乡建设厅、交通运输厅、商务厅、生态环境厅、妇联、文化和旅游厅、市场监管厅、机管局、财政厅、国资委）

3.引导企业履行社会责任。引导企业主动适应绿色低碳发展要求，强化环境责任意识，加强能源资源节约，提升绿色创新水平。自治区国有企业要制定实施企业碳达峰行动方案，积极发挥示范引领作用。重点用能单位要梳理核算自身碳排放情况，深入研究碳减排路径，开展清洁生产评价认证，"一企一策"制定专项工作方案，推进节能降碳。相关上市公司和发债企业要按照环境信息依法披露要求，定期公布企业碳排放信息。充分发挥行业协会等社会团体作用，督促引导企业自觉履行生态环保社会责任。（责任单

位：自治区国资委、发展改革委、工业和信息化厅、生态环境厅、宁夏银保监局、宁夏证监局）

4.强化能力建设培训。将学习贯彻习近平生态文明思想作为干部教育培训的重要内容，各级党委组织部门、发展改革部门要共同分阶段、多层次对各级领导干部开展培训，各级党校（行政学院）要把碳达峰、碳中和相关内容列入教学计划，组织相关培训和专题学习，提升各级领导干部对碳达峰、碳中和工作的认识。从事绿色低碳发展相关工作的领导干部要尽快提升专业素养和业务能力。综合运用实践养成、专业培训、产业带动等多种方式，加快建立一支适应经济社会低碳转型发展的专业人才队伍。〔责任单位：自治区党委组织部、宣传部、党校（行政学院）、发展改革委、财政厅、人力资源社会保障厅、国资委〕

（十）各地梯次有序达峰行动。

各地级市和宁东能源化工基地要准确把握发展阶段和发展定位，结合本地区经济社会发展实际和资源环境禀赋，坚持分类施策、因地制宜、上下联动，梯次有序推进碳达峰。

1.科学合理确定碳达峰目标。各地级市要基于经济社会发展形势，结合自身产业结构、能源结构现状，全面摸清本地区重点领域、重点行业、重点企业碳排放情况，科学研判未来碳排放趋势，确定碳达峰目标。产业结构较轻、能源结构较优的银川市、吴忠市、固原市要坚持绿色低碳发展，力争率先实现碳达峰。产业结构偏重、能源结构偏煤的石嘴山市、中卫市、宁东能源化工基地要把节能降碳摆在突出位置，大力优化调整产业结构和能源结构，力争与全区同步实现碳达峰。（责任单位：各地级市、宁东能源化工基地管委会）

2.因地制宜推进绿色低碳发展。银川市坚持生态优先、绿色发展，提高特色农业、先进制造业、现代服务业产业基础高级化和产业链现代化水平，加快建立健全绿色低碳循环发展经济体系；石嘴山市加快资源枯竭型城市转型步伐，加强低碳发展基础能力建设，大力培育特色专精产业，建设创新型山水园林工业城市；吴忠市科学规划、统筹推进清洁能源发展，不断提高可再生能源本地化消纳比例，有效助力全区能源供给结构的调整；固原市持续放大生态优势，巩固提升碳汇能力，大力发展碳汇经济，建成特色鲜明的生态友好型产业体系；中卫市建设大数据产业中心、区域物流中心和全域旅游示范城市，打造国家一体化大数据中心，依托丰富的可再生能源，实现区域经济绿色发展；宁东能源化工基地加快构建高效率、低排放、清洁加工转化利用的现代煤化工产业体系，推动产业链纵向延伸补强、横向壮大集群，提升产业发展效率，加速绿色低碳转型。（责任单位：各地级市、宁东能源化工基地管委会）

3.协调联动制定碳达峰方案。各地级市和宁东能源化工基地要按照国家部署及自治区要求，科学制定本辖区碳达峰实施方案，提出符合实际、切实可行的碳达峰时间表、路线图、施工图，避免"一刀切"限电限产或运动式"减碳"。区直各有关部门（单位）要制定各重点领域碳达峰实施方案，加强与自治区碳达峰实施方案的衔接。各地级市、宁东能源化工基地制定的碳达峰实施方案需经自治区碳达峰碳中和工作领导小组办公室审核。（责任单位：自治区发展改革委、各地级市、宁东能源化工基地管委会、工业和信息化厅、住房城乡建设厅、交通运输厅、农业农村厅）

4.组织开展碳达峰试点建设。积极争取有条件的城市和园区纳入碳达峰建设试点。组织开展自治区试点示范，加大在政策、资金、技术等方面支持力度，建设2—3个低碳城市，积极开展低碳园区试点工作，力争打造3—5个低碳园区，培育一批零碳企业，为全区乃至全国提供更多可操作、可复制、可推广的经验做法。（责任单位：自治区发展改革委、工业和信息化厅、生态环境厅、财政厅、住房城乡建设厅）

四、对外合作

（一）推进绿色贸易合作。积极优化贸易结构，加大力度拓展高质量、高新技术、高附加值绿色产品贸易，严格控制高耗能高排放产品出口。大力发展绿色会展经济，鼓励引导外贸企业全面推行绿色发展模式，积极对接国际先进技术和装备，推进产品全生命周期绿色低碳转型，广泛开展绿色低碳产品认证。开展绿色贸易试点，支持外贸转型升级基地绿色转型，强化绿色发展评价体系。积极扩大绿色技术、绿色低碳产品、节能环保服务等进口，推进贸易与环境协调发展。（责任单位：自治区商务厅、发展改革委、科技厅、市场监管厅）

（二）积极参与绿色"一带一路"建设。积极引导我区新能源企业"走出去"开展绿色投资，加强与"一带一路"国家清洁能源开发合作，积极参与"一带一路"沿线国家绿色基础设施建设项目。依托中国–阿拉伯国家博览会、中阿技术转移与创新合作大会等平台，深化绿色技术、绿色装备、绿色服务等方面的交流与合作。（责任单位：自治区商务厅、发展改革委、科技厅）

五、政策保障

（一）完善统计核算体系。加强自治区、市、县碳排放统计核算能力建设，建立健全碳排放基础数据统计、核算、计量、评估体系。搭建自治区"双碳"数字化管理服务平台，实现精准核碳、科学控碳、智慧减碳。建立和完善能源、工业、建筑、交通、农林等领域碳排放统计体系，鼓励企业依据自身特点建立健全碳排放计量体系。推行遥感测量、大数据、云计算等新兴技术在碳排放实测技术领域的应用，提高统计核算智能化、信息化水平。（责任单位：自治区统计局、生态环境厅、发展改革委、工业和信息化厅、市场监管厅、住房城乡建设厅、交通运输厅、农业农村厅、林草局）

（二）健全地方性法规和标准。推进自治区碳达峰碳中和地方立法，根据国家制定修订法律、行政法规情况，积极推进地方性法规制定修订工作，及时修改完善与碳达峰要求不相适应的政策，构建有利于绿色低碳发展的地方性法规体系。探索制定地方低碳标准体系，积极参与可再生能源、氢能等国家相关标准制定，加强标准的上下衔接。修订宁夏工业单位产品能源消耗限额标准，提升高耗能行业能耗限额标准，扩大能耗限额标准覆盖范围。严格落实重点企业碳排放核算、报告、核查等标准，探索开展重点产品全生命周期碳足迹追踪。（责任单位：自治区司法厅、市场监管厅、发展改革委、工业和信息化厅、生态环境厅）

（三）完善经济政策。各级政府要统筹财政资金，加大对碳达峰、碳中和工作的支持力度，给予重点行业低碳技术示范工作资金支持。落实好资源综合利用、合同能源管理等方面税收优惠政策。完善绿色电价政策，建立健全适应我区新能源大规模发展的电价机制。严禁对高耗能、高排放、资源型行业实施电价优惠。鼓励银行等金融机构创新研发绿色低碳金融产品和相关服务，用好碳减排支持工具，引导银行等金融机构为绿色低碳项目提供长期限、低成本资金。鼓励开发性政策性金融机构按照市场化法治化原则提供长期稳定融资支持。支持符合条件的企业上市融资和再融资、发行绿色债券。鼓励社会资本以市场化方式设立自治区绿色低碳产业投资基金。（责任单位：自治区财政厅、发展改革委、地方金融监管局、人民银行银川中心支行、宁夏税务局、宁夏银保监局、宁夏证监局）

（四）强化市场机制。主动融入全国碳排放交易市场，做好配额分配管理，按国家要求逐步扩大碳排放权交易主体范围。研究制定全区用能权有偿使用和交易实施方案，通过开展用能权有偿使用和交易试点，逐步完善用能权制度体系，并做好与能耗双控制度的衔接。全面推进林长制、山林权改革，进一步盘活林地林木资源，推动生态价值持续增值。（责任单位：自治区生态环境厅、发展改革委、财政厅、林草局、公共资源交易管理局）

六、组织实施

（一）加强组织领导。自治区党委加强对碳达峰、碳中和工作的领导，自治区碳达峰碳中和工作领导小组加强对碳达峰相关工作进行整体部署和系统推进，统筹研究重要事项、制定重大政策、解决重大问题。自治区碳达峰碳中和工作领导小组成员单位要按照工作要求，扎实推进相关工作。自治区碳达峰碳中和工作领导小组办公室（发展改革委）要加强统筹协调，定期对各地级市和重点领域、重点行业工作进展情况进行调度、评估，协调解决碳达峰工作中遇到的问题，督促各项目标任务落实落细。

（二）强化责任落实。各地级市和各部门（单位）要深刻认识碳达峰、碳中和工作的重要性、紧迫性、复杂性，切实扛起责任，按照自治区党委、人民政府《关于完整准确全面贯彻新发展理念做好碳达峰碳中和工作的实施意见》（宁党发〔2022〕2号）和本方案确定的主要目标、重点任务，着力抓好各项任务落实，推进绿色低碳发展，落实情况纳入自治区生态环境保护督察。

（三）强化项目支撑。各市、县（区）和各部门（单位）要按照本方案确定的目标任务，积极谋划储备一批重大项目，建立碳达峰碳中和重大项目库。将重大项目分解到年度工作计划，明确实施主体、责任单位和推进措施。建立重大项目动态调整机制，分年度更新项目库，形成"谋划一批、开工一批、投产一批、达效一批"滚动发展态势，有力支撑碳达峰目标任务实现。

（四）**严格监督考核**。将能源消费、二氧化碳排放等碳达峰、碳中和相关指标纳入全区经济社会发展综合评价体系和效能目标管理考核指标体系，逐步建立系统完善的碳达峰碳中和综合评价考核制度。强化碳达峰、碳中和目标任务落实情况考核，对工作突出的地方、部门（单位）和个人按规定给予表彰奖励，对未完成目标任务的地区、部门（单位）依规依法进行通报和约谈问责。各地级市和各有关部门（单位）每年1月上旬将上年度碳达峰工作贯彻落实情况报送自治区碳达峰碳中和工作领导小组办公室（发展改革委）。